国家科学技术学术著作出版基金资助出版

生产建设项目水土流失过程与预报模型

王文龙　李建明　康宏亮　郭明明　著

科学出版社
北　京

内 容 简 介

本书系统论述生产建设项目水土流失特征和土壤侵蚀过程与机理，并建立生产建设项目水土流失预报模型。第一，通过野外实地调查，探明了生产建设项目水土流失特征与危害，阐明了生产建设项目水土流失的主要影响因素并提出相应的防治对策；第二，研究了原生坡面、扰动坡面、土质道路、弃土体、弃渣体和煤矸石堆积体等不同下垫面径流产沙特征及土壤侵蚀动力机制；第三，揭示了壤土、砂土和黏土三种典型生产建设项目工程堆积体侵蚀过程与机理；第四，建立了生产建设项目水土流失预报模型；第五，探讨了生产建设项目工程堆积体边坡水土流失防治措施及其减水减沙效益。本书可为生产建设项目水土流失预防和治理提供科学指导。

本书可供水土保持、水利、土壤、城市规划、资源、环境等领域的管理人员、科技工作者，以及高等院校相关专业师生参考阅读。

图书在版编目(CIP)数据

生产建设项目水土流失过程与预报模型 / 王文龙等著. —北京：科学出版社，2024.1

ISBN 978-7-03-076634-2

Ⅰ. ①生… Ⅱ. ①王… Ⅲ. ①基本建设项目－水土流失－预报－模型 Ⅳ. ①S157.1

中国国家版本馆 CIP 数据核字（2023）第 199407 号

责任编辑：祝 洁 罗 瑶 / 责任校对：崔向琳

责任印制：师艳茹 / 封面设计：陈 敬

科学出版社出版

北京东黄城根北街 16 号

邮政编码：100717

http://www.sciencep.com

北京中科印刷有限公司印刷

科学出版社发行 各地新华书店经销

*

2024 年 1 月第 一 版 开本：720×1000 1/16

2024 年 1 月第一次印刷 印张：30

字数：605 000

定价：398.00 元

（如有印装质量问题，我社负责调换）

序

生产建设项目施工和运行过程中有时会毁坏植被、破坏原地貌，形成的各类易蚀下垫面单元，在暴雨径流冲刷和重力双重作用下，极易发生水土流失甚至诱发崩塌、滑坡、泥石流等地质灾害，成为新增水土流失主要原因之一。然而，目前对生产建设项目水土流失特征、土壤侵蚀动力机制、预报模型和防治措施等研究与生产建设项目水土保持实践及国家生态文明建设的需求相差甚远，这种情况已引起国家各级水行政主管部门和学术界的广泛关注，亟须加强和完善生产建设项目水土流失规律及防治研究体系。该书以晋陕蒙能源区生产建设项目作为典型代表，以矿区水土流失及工程堆积体土壤侵蚀作为切入点，系统阐述生产建设项目不同类型下垫面水土流失发生发展过程、侵蚀动力机制和机理，揭示了影响生产建设项目土壤侵蚀的主要影响因素；通过原位放水冲刷试验和室内外模拟降雨试验，建立了生产建设项目水土流失预报模型；定量分析了不同水土保持措施对生产建设项目侵蚀下垫面的减水减沙效益，明确生产建设项目侵蚀边坡典型水土保持措施防护体系。该书丰富并深化了我国土壤侵蚀与水土保持学科理论体系，提升了生产建设项目水土流失规律定量研究水平，有力地推动了生产建设项目土壤侵蚀与水土保持研究的发展；在实践应用方面，科学指导生产建设项目水土保持措施配置，为生产建设项目土壤侵蚀预测和防治提供了科学依据与技术参数。该书具有较高学术价值与生产指导意义，出版值得庆贺。

该书是作者 20 多年来的野外调查、定位监测、野外原位试验和室内模拟研究的系统总结，按照“水土流失特征调查→侵蚀过程试验研究→侵蚀机制分析→预报模型构建→水土流失治理”的研究体系进行系统性阐述与分析，具有以下四个鲜明特点：第一，基于长期野外调查、原位试验和室内模拟的大量基础数据，进行了系统研究与成果总结，数据资料翔实；第二，针对目前生产建设项目研究零散、系统性不强、基础研究薄弱等特点，定量揭示了各影响因素对生产建设项目水土流失特征的影响，创新特色明显；第三，基于水土保持学、土壤学、地貌学、水力学、植物学等多学科理论基础，系统阐明了生产建设项目不同下垫面水土流失特征及发展过程，研究内容丰富；第四，构建了野外原位试验和室内模拟等不同条件下的生产建设项目水土流失预报模型，为生产建设项目水土保持措施体系布设、水土流失预防治理等提供科学依据与技术支撑，生产应用性强。

该书作者王文龙研究员长期从事土壤侵蚀与水土保持研究工作，在国内外主流期刊发表学术论文 200 余篇，尤其在生产建设项目土壤侵蚀与水土保持研究方面成果斐然。1994 年参加神府东胜矿区一期、二期工程环境效应考察开始，王文龙研究员先后主持了国家自然科学基金项目、中国科学院西部行动计划项目、国家重点研发计划项目子课题等与生产建设项目水土保持密切相关的科研项目十余项，对生产建设项目土壤侵蚀过程有极为深刻的认识，并取得了丰硕的研究成果，构建的野外和室内生产建设项目水土流失预报模型为我国生产建设项目水土流失机理及防治研究奠定了坚实的基础。

是为序。

唐克丽

欧亚科学院院士　唐克丽

前　言

随着经济社会快速发展，生产建设项目数量和规模与日俱增，各种地表扰动、开挖和堆积现象频繁，不仅造成植被损毁、原地貌破坏，还引发了严重水土流失。尤其是城市周边的大型弃土弃渣坡面和开挖面，受降雨及重力作用，容易发生滑坡、泥石流、崩塌等地质灾害，严重威胁人民生命财产安全及生产生活，已引起社会公众和学术界的广泛关注。但目前针对生产建设项目侵蚀过程与机理的研究大部分仍是以个别或者某一类型项目为基础，尤其在水土流失量预报方面缺乏能够推广且具有普适性的模型，无法满足生产建设单位需求，该领域研究还十分薄弱，相关理论体系尚不完善，研究水平无法满足生产实际的需要。本书集作者近20年的调查、试验、模拟、观测等全方位的研究成果，深入阐明生产建设项目的现状、危害、水土流失特征及其机理，构建了生产建设项目水土流失预报模型，并分析了当前水土保持措施防治效益，完善了我国关于生产建设项目土壤侵蚀预测领域的理论，成果居国内领先水平。在学术价值方面，本书从野外调查、原位试验、室内模拟等多层次、多方位出发，详细阐明了生产建设项目水土流失各影响因素的内在特征，基于大量试验资料，建立了生产建设项目水土流失预报模型，进一步丰富和深化了土壤侵蚀与水土保持学科体系，提升了生产建设项目水土流失研究学科质量，具有重要的科学价值和指导实践的意义。作者在该领域主持多项科研项目，培养了一支高水平的研究队伍，为学科发展和持续深入的研究积蓄了科研力量，对拓展和深入研究生产建设项目水土流失和土壤侵蚀机理奠定了坚实的基础。

“十一五”以来，作者先后主持了国家自然科学基金面上项目、国家重点研发计划项目子课题、水利部公益性行业专项、中国科学院西部行动计划项目等与生产建设项目水土保持密切相关的科研项目。本书运用土壤侵蚀与水土保持相关理论方法，以晋陕蒙能源区和神府东胜煤田为研究对象，按水土流失特征调查→侵蚀过程试验研究→侵蚀机制分析→预报模型构建→水土流失治理的研究体系，开展生产建设项目水土流失与水土保持的系统分析，重点阐述人为扰动下不同下垫面径流产沙过程及其影响因素，以土壤质地类型划分不同生产建设项目工程堆积体类型，阐明各外营力和内营力对侵蚀过程的影响，最终建立生产建设项目水土流失预报模型。通过多年自然观测和原位测试试验，对当前生产建设项目边坡的水土保持措施进行效益量化分析，旨在系统介绍生产建设项目水土流失过程、机理、预测及防治。

全书共 8 章，撰写分工如下：第 1 章由王文龙、李建明撰写；第 2 章由李建明、王文龙、康宏亮撰写；第 3 章由王文龙、李建明撰写；第 4 章由郭明明撰写；第 5 章由康宏亮、李建明撰写；第 6 章由王文龙、李建明、郭明明撰写；第 7 章由康宏亮撰写；第 8 章由王文龙、李建明撰写。全书统稿工作由王文龙完成，资料总结及修改完善由李建明、康宏亮、郭明明负责。本书重点介绍生产建设项目不同典型下垫面径流产沙特征及土壤侵蚀动力机制的差异性，不同工况下的工程堆积体边坡降雨侵蚀的产流产沙过程与机制，生产建设项目水土流失预报模型构建及生产建设项目区典型水土保持措施的减水减沙效益。长序列的野外观测和室内外模拟试验研究资料为本书的撰写奠定了基础，成为本书一大亮点；更重要的是，基于翔实的调查和试验数据，本书建立了生产建设项目水土流失预报模型，该模型为准确预测生产建设项目水土流失量提供了科学指导，具有重要意义。章后附有参考文献，对读者进一步了解本书内容有一定的帮助。

感谢科技部、国家自然科学基金委员会和黄土高原土壤侵蚀与旱地农业国家重点实验室对本书相关研究工作的资助，感谢西北农林科技大学/中国科学院水利部水土保持研究所唐克丽研究员、王占礼研究员提出的宝贵意见。感谢研究生李宏伟、白芸、邓利强、杨波、黄鹏飞、王正、刘瑞顺、史倩华、罗婷、董玉锟、陈同德、赵满、陈卓鑫、王天超、欧阳潮波、詹松参与野外调查或模拟试验工作的辛勤劳动。

由于作者水平有限，书中难免出现不妥之处，恳请读者提出宝贵意见，以便进一步修改和完善。

目　　录

第1章 绪 论

1.1 研究背景及目的意义

1.1.1 研究背景

土壤侵蚀不仅造成水土资源流失，而且对粮食安全、生态环境质量及实现可持续发展等造成严重威胁，已成为全球共同面临的重大环境问题之一，是国际土壤学、农业科学及环境科学界共同关注的热点问题。随着人类环境保护意识的提高，农业生产造成的土壤侵蚀，如陡坡开荒、坡耕地水土流失与养分迁移、土地退化等问题受到了广泛关注。传统侵蚀造成的水土流失量在整个侵蚀体系中所占比例已逐渐缩小，而生产建设项目造成的工程水土流失问题随着经济高速发展愈加凸显。生产建设项目形成的土壤侵蚀是一种典型的人为加速侵蚀，又称“岩土侵蚀”或“工程侵蚀”，水力侵蚀搬运的不仅是单纯的土壤、土体或母质，而且是岩、土、废弃物的混合物，其主要发生在剥离地、挖损地、废弃物堆置场所、人工构筑和开挖的坡面，侵蚀方式有溅蚀、片蚀、细沟侵蚀、切沟侵蚀及泻溜、滑坡等（王贞，2011；蒲玉宏和王伟，1995）。

国外学者较早关注了建设工程施工引起的水土流失问题，研究多集中在矿产开采及道路建设方面（Turner and Schuster, 1996；Wolman et al., 1967），认为采矿废弃地的土地复垦和植被恢复是水土保持工作的一项重要内容，受到广泛关注（李建明，2015）。例如，西方发达国家在20世纪初开始研究机场、公路边坡的空地种植植被恢复技术，至20世纪中期，欧美等国家就制定了关于新建公路生态恢复技术和施工技术的专项法律法规。美国于1997年颁布了《露天采矿管理与土地复垦法》。我国生产建设活动造成的侵蚀引发较大关注始于20世纪50年代，且主要集中在采矿行业，早期针对矿区复垦的研究也是矿区水土保持工作的重要体现。至20世纪90年代，相关政府机构及社会团体也积极组织相关学术会议，针对生产建设项目造成土地退化如何进行有效防治召开研讨会。此后，关于生产建设项目水土流失及其防治等关键技术的研究取得较深入的进展（李建明，2015）。随着我国经济实力的持续增强，对基础建设的投资力度也不断增加，各类生产建设项目数量日益增多，在实施过程中产生大规模侵蚀下垫面，极大程度地改变了土地原地貌（Tadesse et al., 2017；黄鹏飞等，2015），成为新增水土流失的主要泥沙策源地（张翔和高照良，2018）。在生产建设项目满足人们生产、生活需求的同时，不同侵蚀下垫面的特殊地貌严重破坏地区水土资源，甚至对局部区域生态环境造成不可逆转的危害（Abidin et al., 2017；王治国等，1998），导致城市建设与生态保护之间的矛盾日益突出（Shi et al., 2016；Wang et al., 2012）。同时，存在监督管理体系不完善、疏于防护等问题，在暴雨作用下，即使是很小的径流也会对侵蚀边坡造成严重影响，其侵蚀模数可高达 10000t/（km^2·a），比裸露荒地侵蚀模数大 9～11 倍（Riley, 1995），与农耕地、撂荒地等传统坡面相比，生产建设项目边坡侵蚀更为强烈且复杂（速欢等，2019）。我国针对工矿企业、公路、铁路、水利电力工程及城镇建设等生产建设项目在施工和生产运行过程中产生的弃土弃渣，形成的新增水土流失问题也展开系列研究（倪含斌等，2006），其中煤矿开采造成的土壤侵蚀最受关注。

随着经济的发展能源地位愈加凸显，而煤矿资源开发又成为其中的重中之重，矿产开发促进经济发展的同时也带来一系列的环境问题。调查发现，露天矿每采万吨煤破坏土地面积约 0.22hm^2，排放剥离物 20000～61000m^3（杨选民和丁长印，2000）。矿区开采造成的弃土弃渣无序堆积，加速矿区土壤侵蚀，出现滑塌、滑坡甚至泥石流等灾害（李建明等，2014；Bian et al., 2010；张丽萍和唐克丽，2001）。煤炭开采过程中，剥离、排土、排矸、修路、建厂等建设活动，加剧了矿区生态破坏，尤其是中小型煤矿的无序开采，产生大量的松散弃土弃渣堆积物，遇暴雨时产生严重的土壤侵蚀，并诱发地质灾害（李建明等，2013；Dong et al., 2012）。

我国是世界上最大的煤炭生产国和消费国，煤炭产量约占世界产量的 37%，2022 年全国煤炭总产量为 45.6 亿 t（《2022 年中国煤炭工业经济运行报告》）。电力工业能源的 76%、家庭消费能源的 80%及能源化学原料的 60%是由煤炭提供的（姜澍，2009）。因此，煤炭在我国能源生产和消费结构中占据极其重要的地位。其中，由于露天煤矿开采能力大、成本相对较低、安全程度高、易机械化等优势，我国露天煤矿生产与建设快速发展，2019 年煤炭产量已占煤炭总产量的 15%～17%。同时，随着露天煤矿的建设和发展，露天开采对矿区土地资源及生态环境的破坏日益严重。我国露天开采每万吨煤约损毁土地 0.22hm^2，其中挖损 0.12hm^2，外排土场压占土地 0.10hm^2（芮素生和成玉琪，1994），据此计算，我国因露天开采煤炭每年损毁的土地面积在 6600hm^2 左右，其中外排土场压占土地面积为 3000hm^2 左右。露天开采对地表产生剧烈扰动，由大量剥离物堆积而成的排土场土壤瘠薄，水土流失严重。对占排土场面积主要部分的平台而言，表层土被严重压实，容重大，土壤渗透系数低，一般植物较难生长，自然恢复时间漫长，排土场对原生态环境造成重大破坏。晋陕蒙能源基地（又称“能源区”）位于黄河中游的陕北、晋西北与内蒙古南部接壤地带，总面积为 4.88 万 km^2，基地煤炭储量占全国的三分之一，是我国重要的能源重化工基地（李锐，1996）。区域内世界级的大型煤矿密布，以神府东胜矿区和平朔矿区最具代表性。目前，国内外已经对露天煤矿排土场生态恢复与重建过程有了一定的研究，主要集中在植被恢复、土地复垦、水土流失防治等方面。但从生产实践情况与国家需求来看，针对风蚀水蚀交错带露天煤矿排土场边坡防护措施减水减沙效益的研究仍较为缺乏，亟须进一步开展深入研究（速欢等，2020；刘瑞顺，2014）。

除矿产开发项目以外，其他类型生产建设项目容易发生水土流失且水土流失强度及程度较大的区域主要是由弃土弃渣形成的工程堆积体。工程堆积体属于典型人为扰动地貌单元，其堆积时间较短，坡面物质松散，在降雨尤其是强降雨条件下容易造成水土流失，甚至诱发地质灾害。因此，我国在20世纪80年代开始对生产建设项目造成的土壤侵蚀及植被破坏进行土地复垦及植被恢复相关研究。1991年颁布的《中华人民共和国水土保持法》及1993年颁布的《中华人民共和国水土保持法实施条例》明确规定了编制水土保持方案的生产建设项目主要分布在山区、丘陵区和风沙区，标志着我国水土保持执法工作的全方位开展。鉴于生产建设项目形成的大量工程堆积体不仅产生严重的水土流失，而且压占了大量土地资源，许多学者针对生产建设项目造成的弃土弃渣体进行了大量研究（李建明，2015；张乐涛等，2013c；倪含斌等，2006；王文龙等，2004）。经调查发现，生产建设项目工程堆积体物质组成复杂，不仅包含了地表疏松土壤，还包含了大量的砾石、卵石、块石、砂粒及由人工开挖、翻耕至表层以下2～5m的成土母质，不同堆积体中各类物质的比例各不相同。砾石又是生产建设项目侵蚀下垫面侵蚀量及侵蚀程度与传统坡面有较大差异的重要原因，各类大型生产建设项目在生产、运行过程中都会产生大量废弃堆积体，由于其人为扰动强，堆积松散、抗蚀性较差，且堆积体为非均质土壤，在遇暴雨时容易产生严重的滑坡、泥石流等灾害。已有研究认为，一方面砾石保护表土免受雨滴直接击溅，减少表土承雨面积，进而影响径流对表土的冲刷侵蚀，且砾石的存在可以改变下垫面的粗糙度及水流运行线路，进一步影响径流产沙过程；另一方面砾石改变了土壤的入渗、孔隙状况、黏结性等理化性状（Poesen and Lavee, 1994）。研究砾石土壤的侵蚀特征对于明确砾石土壤侵蚀机理、拓展土壤侵蚀学科等具有重大意义（李建明，2015）。

国外关于含砾石土壤的研究较早，主要集中在砾石对入渗、径流及侵蚀等方面的影响（Coppola et al., 2013；Lavee and Poesen, 1991）。室内试验进一步表明，砾石的存在导致强烈的土壤侵蚀，但也有研究表明，砾石覆盖会减小雨滴对坡面的作用面积而减少泥沙的产生（马洪超，2016；Yair and Lavee, 1976）。国内关于砾石土壤的研究较晚，且集中在砾石土壤入渗等理化性质方面。

迄今为止，对于生产建设项目土壤侵蚀的研究，主要集中在宏观方面的预测预报，其基础性研究较少，针对砾石类型、大小、质量分数不同的堆积体侵蚀机理的研究更少，客观来讲，砾石及粗颗粒物质对于工程堆积体侵蚀产沙的影响极大，需要在水蚀估算中予以体现。因此，本书基于对全国不同地区生产建设项目工程堆积体的实地调查，按照堆积混合体中土与石的质量比对下垫面物质组成进行仿真概化，通过大量人工模拟降雨试验，推求不同土壤类型区、不同砾石含量、不同地形条件下工程堆积体水土流失特征，可拓宽传统土壤侵蚀研究的范畴。另外，也在神府东胜矿区对开采后形成的不同下垫面类型展开原位试验，探索不同下垫面类型的水土流失特征（李建明，2015）。

生产建设项目新增水土流失预测直接影响水土保持措施效益发挥及投资成本的预算，也是生产建设项目水土流失防治的重要依据。生产建设项目在施工准备期、施工期、运行期等均会扰动原地表，进而导致较严重的水土流失，必须同时配置相应水土保持措施，而进行不同时段水土流失量预测预报是其重要环节（马洪超，2016；李建明，2015）。蔺明华等（2006）通过天然降雨、人工模拟降雨、放水冲刷等试验研究成果及典型区域建设项目水土流失新增量分析，总结了新增水土流失评价的数学模型法、新增土壤侵蚀系数法和水土流失系数法等 3 种方法；王利军和鲍永刚（2008）采用实测数据、类比法、水文资料查阅法，以及模数修正法等确定原地貌和扰动地表土壤侵蚀模数；宁建国（2006）采用简易径流观测场、侵蚀沟体积量测法监测广东省南部地区土壤侵蚀强度和流失过程，总结出广东省西南部地区生产建设项目的土壤流失特点；苏彩秀等（2006）着重指出采用美国修正的通用土壤流失方程（revised universal soil loss equation，RUSLE）和地理信息系统（GIS）评估工程建设中产生的土壤流失量将是今后的发展趋势；王玲玲等（2009）以西霞院反调节水库工程弃土弃渣场堆渣为调查对象，在降雨、径流冲刷条件下，对弃土弃渣场的水土流失进行动态监测和调查，分析了生产建设项目弃土弃渣水土流失特征；拓俊绒等（2012）采用调查、定位观测、典型调查法对弃土弃渣进行监测，指标包括弃土弃渣数量、组成、流向和危害，对于日益恶化的矿区生态环境问题产生的原因、类型及防护措施等进行了大量的研究。综合以上分析可知，现今应用于生产建设项目水土流失预测方法主要包括：类比分析法、数学模型法、实地调查法和专家预测法，各方法对所需资料的详尽程度、适用类型、操作者的文化和技术要求等均有所不同。因此，在预测建设项目新增水土流失量时，必须做到具体问题具体分析，选择适宜方法，方可起到较好效果（李璐等，2004）。

综上，目前关于生产建设项目不同下垫面类型的水土流失规律已有较多的研究成果，采用的方法涵盖了野外调查、原位试验、室内外模拟试验等，生产建设项目侵蚀特征、预测及水土流失防护等方面均有所涉及。但目前的研究受研究对象、试验条件及研究目的等差异的影响，整体较为零散，研究成果也不成体系。因此，本书在近 20 年来对生产建设项目水土流失过程、预报模型及水土流失防治的长序列研究成果基础上，系统总结、凝练，深入阐明生产建设项目的现状、危害、水土流失特征及其机理，并提出相应的水土流失防护措施及效益分析，完善我国生产建设项目土壤侵蚀及水土流失防治体系（李宏伟，2013；赵暄，2013）。

1.1.2 研究目的与意义

各类生产建设项目大范围的挖填方活动，造成了严重的土地资源及水资源破坏，水土流失问题也日益凸显，成为了社会各界关注的焦点，也是新增水土流失的主要来源之一。生产建设项目水土流失造成的危害具有多样性、突发性和严重性，对环境危害的程度明显高于传统农耕地造成的水土流失，与农耕地相比其土壤侵蚀也具有明显的独特性和差异性。人类活动是生产建设项目水土流失特殊差异特征的主要驱动力，导致受破坏和侵蚀的物质源复杂，不局限于传统的土壤和水资源，还包括环境。

生产建设项目造成水土流失，不仅破坏原生植被，形成的大量废弃堆积体淤积河道，加剧洪涝灾害，破坏基础设施，且能降低岩土稳定性，引发地面塌陷、山体滑坡、泥石流等地质灾害。鉴于此，国内外学者针对生产建设项目造成的侵蚀进行研究，但由于生产建设项目类型多样、分布广泛，地域、类型等差异使得研究成果在现实应用中并不广泛。目前，针对生产建设项目堆积体，尤其是在砾石作用下的侵蚀机制研究仍不充足，不仅对生态环境造成破坏，对社会经济的持续发展也是一项挑战。为实现新时期提出的生态文明建设，有效预测、控制生产建设项目造成的生态危害成为其中一个重要方面。

从国家需求来看，生产建设项目土壤侵蚀造成了巨大的危害，涉及经济、社会、生态等各个方面，与现阶段国家大力推行的“生态文明建设”“无废城市建设”“固体废弃物综合利用”“矿区生态保护修复”等举措和理念不符。开展生产建设项目水土流失发生、发展规律研究，探索影响生产建设项目土壤侵蚀的主要影响因素，制定有效的生产建设项目水土流失防护措施体系，建立普适性的生产建设项目水土流失量预报模型，能够有效缓解并逐步解决生产建设项目造成的水土流失危害，不仅在经济上减少生态修复的投资，更重要的是能够有效改善生态环境，是一项造福全民的伟大事业。

从学科发展来看，传统的土壤侵蚀从宏观和微观上已有深入研究并形成系统，但生产建设项目存在下垫面差异，导致侵蚀发生发展规律和影响因素都有较大差异，而目前针对生产建设项目土壤侵蚀的研究仍较散乱，大部分以单独项目或者同一类型项目为研究对象，未对生产建设项目进行系统概化，导致其侵蚀的内在机制尚不明确。生产建设项目水土流失量预测仍大部分沿用传统土壤侵蚀方法，其精度和有效性较低，研究生产建设项目水土流失过程和预测预报模型，对于拓宽土壤侵蚀研究范畴，进一步明晰土壤侵蚀机理具有重要的意义。

从指导生产实践和实际应用来看，生产建设项目水土流失过程、水土流失防护机制及其预报模型的研究，不仅能够指导相关从业者在生产实践过程中从源头上减少土壤侵蚀，也为水行政主管部门进行水土保持监督执法提供科学依据（邓利强，2014），具有重要的理论意义和现实价值。

1.2 生产建设项目概况

1.2.1 生产建设项目概念及其发展历程

1. 概念

《中华人民共和国水土保持法》第二十五条规定：在山区、丘陵区、风沙区以及水土保持规划确定的容易发生水土流失的其他区域开办可能造成水土流失的生产建设项目，生产建设单位应当编制水土保持方案，报县级以上人民政府水行政主管部门审批，并按照经批准的水土保持方案，采取水土流失预防和治理措施。没有能力编制水土保持方案的，应当委托具备相应技术条件的机构编制。对于水土保持工作者，怎样定义生产建设项目，就显得尤其重要。

生产建设项目是指固定资产的形成是直接为物质生产服务的项目。生产建设项目水土保持是为了保护、改良和合理利用生产建设项目区水土资源采取的预防和治理水土流失的各项措施和工作的总称，包括水土保持措施设计、施工、监理、监测、工程管理、监督执法、制度建设等诸多方面的内容（姜广争，2018），其中水土保持措施体系确定和措施设计是生产建设项目水土保持的基础，是做好后续工作的前提。生产建设项目土壤侵蚀是指生产建设活动扰动地表、破坏植被，导致土壤（砾石）在降雨及径流冲刷条件下被剥离、搬运、沉积的循环往复过程。

随着我国社会经济的高速发展，生产建设项目数量大规模增加，产生的弃土弃渣堆积体成为人为水土流失的主要策源地，造成的水土流失强度高、范围广、危害大，严重危及人类赖以生存的水土资源和自然环境，给经济社会发展、生态安全及人民群众的生产、生活带来严重威胁（李宏伟，2013）。

2. 发展历程

国外研究生产建设项目造成的土壤侵蚀最初主要集中在采矿行业。采矿废弃地的土地复垦和植被恢复作为水土保持工作的一项重要内容受到广泛关注（李建明，2015）。1967 年，Wolman 等（1967）研究了由于施工和采矿堆积形成松散物的侵蚀问题。矿产资源开采不可避免需要进行表土剥离、搬迁、堆积，由于人为大量扰动，将会直接或者间接改变矿区废弃堆积体的径流和产沙过程（Gardner and Gerrard, 2003；Takken et al., 2001）。Aksoy 和 Kavvas（2005）采用 RUSLE

对矿区水土流失进行预测预报研究，并取得了一定的成果。有学者研究提出，矿区破坏土地应采取工程措施与生物措施相结合进行土地复垦（Christoph and Gerhard, 1998）。同时，对于各类点型、线型项目，如水电站、公路及铁路等造成的水土流失也给予了高度的关注。20世纪70年代，美国等发达国家开始研究公路建设对土壤侵蚀的影响并取得系列成果（邓利强，2014）。例如，Lal（1983）研究表明，道路建设会形成大量裸露面，加剧了土壤侵蚀过程；Macdonald等（2001）研究表明，道路建设对地表造成的破坏改变了坡面原有的地表径流、地下水流及水文要素，并改变了土壤侵蚀过程；Wemple等（2015）经调查指出，道路填方边坡的重力侵蚀是道路侵蚀泥沙的主要来源；Selkirk and Riley（1996）也认为道路建设对道路边坡的沟蚀和重力侵蚀会产生重要影响；Megahan等（1991）通过对小区进行定位观测分析，提出了花岗岩填方公路边坡的年均土壤侵蚀预报模型。

此外，Rubio-montoya和Brom（1984）对人为松散堆积物（又称“松散堆积体”）的侵蚀开展了相关研究，指明生产建设项目弃土弃渣堆积体会造成严重的水土流失，是河流泥沙的主要来源之一。1994年2月，国际侵蚀控制学会（International Erosion Control Association）在美国内华达州里诺市召开的第25届学术大会主题报告中，强调了控制建筑场地的侵蚀问题。一方面，国外研究者通过对河流泥沙沉积量的系统分析，认为生产建设活动会对地表造成高强度的扰动破坏，尤其是建坝、采矿和水库建设等，导致河床淤高，甚至会导致洪涝等灾害（邓利强，2014；Rovira et al., 2005）。另一方面，国外针对生产建设项目生态修复的研究也开展较早，西方发达国家在20世纪初开始研究机场、公路边坡的空地种植植被恢复技术；至20世纪50年代，美国等国家就制定了关于新建公路生态恢复技术和施工技术研究的专项法律法规；1997年，美国颁布的《露天采矿管理与土地复垦法》，明确要求工业建设造成破坏的土地必须进行恢复；澳大利亚从1980年也开始了大规模的复垦工作；日本针对表土剥离及其再利用制定了较为完善的法律法规保护体系；法国将生产项目建设与环境、生态保护相结合，指出在建设造成破坏的同时需要及时进行恢复（李建明，2015；杨健等，2010）。

我国生产建设项目水土流失与水土保持工作的研究始于20世纪中期，阐明生产建设项目新增水土流失研究直接影响水土保持措施效益发挥及投资成本的预算，也是生产建设项目水土流失防治规划的重要依据。20世纪50年代开始，生产建设活动造成的严重侵蚀引发关注，朱显谟院士在70年代提出人类需要对人为侵蚀加以控制，80年代随着采矿行业高速发展，矿区的复垦研究也进入深入研究阶段，90年代召开了关于建设项目造成土地退化的防治技术研讨会（李建明，2015）。1991年，《中华人民共和国水土保持法》颁布并实施，标志着我国水土保持尤其是生产建设项目水土保持工作迈入一个全新的阶段，伴随着生产建设项目水土流失关键技术的研究也逐步获得发展（姜德文，2012）。同时，生产建设项目水土保持工作被逐步纳入相关的教育体系中。1999 年，北京林业大学首次将水土保持专业纳入本科教学计划，其中“开发建设项目水土保持”作为水土保持专业的选修课。随后，国内相关农林院校（西北农林科技大学、山西农业大学、山东农业大学等）也陆续开设了开发建设项目水土保持课程（杨健等，2010）。2006 年，贺康宁等主编的《开发建设项目水土保持》（中国林业出版社）列入普通高等教育“十一五”国家级规划教材。2007 年，“开发建设项目水土保持”列入北京林业大学水土保持专业必修课。此后，设置水土保持专业的高校均把生产建设项目水土保持纳入相关本科教育中，进一步促进并深化了生产建设项目水土保持专业的发展，也拓展了土壤侵蚀与水土保持专业的发展。

1.2.2 生产建设项目类型及特点

1. 项目类型

根据行业管理和生产建设的特点，生产建设项目分为公路铁路工程、涉水交通工程、机场工程、电力工程、水利工程、水电工程、金属矿工程、非金属矿工程、煤矿工程、煤化工工程、水泥工程、管道工程、城建工程、输变电工程、农林开发工程和移民工程等（李宏伟，2013）。

根据项目占地特点，生产建设项目分为线型生产建设项目和点型生产建设项目。布局跨度较大、呈线状分布的项目为线型生产建设项目（王凯，2021），如公路铁路工程，涉水交通工程（独立大桥与隧道、海堤防），电力线路工程，水利工程（引调水工程、输配水工程），输变电工程和管道工程等；布局相对集中、呈点状分布的项目为点型生产建设项目，如机场工程，电力工程（厂建工程），水利工程（枢纽、水库工程），涉水交通工程（港口、码头），水电工程，金属矿工程，非金属矿工程，煤矿工程，煤化工工程，水泥工程，城建工程，农林开发工程和移民工程等（李宏伟，2013）。

生产建设项目根据运行期是否有开挖等土石方工程，分为建设类项目和建设生产类项目。建设类项目生产建设活动造成的水土流失只发生在项目建设期间，工程竣工后，运行期没有开挖，取土（石、砂），弃土（石、渣、灰、矸石、尾矿）等扰动地表活动的项目，投产运行后不造成或者很少造成水土流失的项目，如公路铁路工程、涉水交通工程、机场工程、水利工程、水电工程、管道工程、城建工程、输变电工程、农林开发工程和移民工程等；建设生产类项目生产建设活动不仅在项目建设期间而且在运行期间都产生水土流失，运行期仍存在扰动地表活动，如电力工程、金属矿工程、非金属矿工程、煤矿工程、煤化工工程、水泥工程等（王凯，2021）。

2. 项目特点

1）公路铁路工程

公路铁路工程属于建设类项目线型工程，其线路长、跨越地貌类型多、土石方量较大，沿线取（弃）土场多而分散。工程建设过程中，除永久占地区的路基、路面、服务区、生活区、立交、互通等穿越交叉工程会出于主体工程安全的考虑，高标准采取路基边坡防护、排水工程、防洪工程、路面硬化等；高填深挖与隧洞桥涵的料场、弃渣场、施工道路、施工生产生活区、临时堆土场、混凝土拌合站及其他辅助工程区等临时占地区的水土流失较为严重。水土流失主要发生在建设期及运行初期。

2）涉水交通工程

涉水交通工程包括涉水交通的码头（含专业装卸货码头），港口等点式工程，以及跨海（江、河）独立大桥与隧道，海堤防工程等线型工程。涉水交通工程占地性质多为永久占地，土地的原有功能完全转变；由于涉河涉水兴建此类工程，其环境敏感性强，引发的水土流失危害及环境影响较为直接；土石方挖填方量大，施工过程中发生的水土流失直接进入江河湖海。港口码头工程占地集中，涉及拆迁安置少，用水量小。隧道和大桥等工程主要在河面、海湾，占用水域比例较高，多数占地完全转变了原有土地利用方式和功能。海堤防工程改变了原有土地性质，占地相对分散，属于线型项目，扰动范围相对集中，扰动时间短。

3）机场工程

机场工程属于建设类项目，占地较为集中，地形较为平坦、开阔，场地平整且土石方量一般较大，其引起的水土流失主要为场地平整、航站楼建设等土石方工程，施工期做好临时排水、沉沙及拦挡等措施可有效防止工程造成的水土流失。

4）电力工程

电力工程分为火电工程、核电工程和风电工程，其中火电工程、核电工程属于建设生产类项目，风电工程属于建设类项目。火电工程属于点式工程，一般占地面积不大，建设期开展“五通一平”、电厂土建、路基修筑、给排水管道等建设，水土流失较为常规；生产运行期，发电燃煤所产生的灰渣、石膏等废弃物需得到综合利用。核电工程属于大型综合性生产建设项目，水土流失主要发生在建设期，水土流失特征与火电厂工程类似，运行期会有核废料排放，但其属非常特殊的问题，水土保持不予考虑。风电工程主要是安装风力发电机组，包括风轮（含尾舵）、发电机和铁塔，一般来说风速大于4m/s时才可以发电，风力发电机组安装的区域均是有条件产生较强风力侵蚀的地区。

5）水利水电工程

水利水电工程建设周期较长，由于其移民安置、专项设施迁建及水库调洪的季节性变化，水利水电工程的影响会延伸至上下游及周边更大区域。水利水电工程包含点型工程和线型工程。点型工程主要包括水利枢纽工程、电站、闸站、泵站等，建设地点多为山区，交通不便利，施工场地狭窄，一般需要切坡削坡，对地表植被造成毁灭性破坏，枢纽工程的库岸再造、水位消落等易诱发滑坡崩岸。线型工程主要包括输水工程、河道工程、灌溉工程、供水工程等，线型工程局部包括一些点式建筑物，如闸站、泵站、倒虹吸等具有点型工程的特点，线型工程沿线涉及的地形地貌类型较多，且多邻山、邻河、邻水，防护条件较为复杂，对于线型工程一般需配较长的施工便道，施工便道临时占地面积较大，较易产生水土流失。

6）矿山开采工程

矿山开采工程包括金属矿工程、非金属矿工程、煤矿工程，从水土保持角度考虑，上述三类矿山开采工程具有相同的特征。矿山开采根据开采方式分为井工开采矿山工程和露天开采矿山工程。井工开采又称地下开采，项目组成包括工业场地、选矿厂与地面生产系统、废石（尾矿）或煤矸石场（库）、生活区，以及交通、给排水、供电、通信等配套设施。地下开采占地面积较少，但易造成地表塌陷，破坏原地貌，造成水土资源损失。

露天开采是通过剥离覆盖层后直接采掘矿产资源的项目，建设内容主要包括采掘场地、废石（尾矿）场（库）、排土场、选矿厂，以及地面生产系统、运输系统、给排水、供电、通信等配套设施。项目占地面积较大，采矿的过程实际是对地貌再造重塑的过程，对地表造成毁灭性破坏，采掘场开挖面和排土（石、渣）场松散堆积体裸露时间较长，采掘形成的高陡边坡，很容易造成边坡坍塌和滑坡。采掘场水疏干会造成地表和地下水循环系统破坏。排土场、废石（尾矿）场（库）一般呈台阶式塔状松散堆积体，易造成水土流失。

7）煤化工工程

煤化工工程水土流失特点与一般的工业场地类似，较为简单，防护以排水、沉沙、拦挡等为主，运行期主要是环境问题，水土流失问题相对较小。

8）水泥工程

水泥工程一般包括厂区工程和石灰石矿山工程，厂区工程与工业企业相同，石灰石矿山工程与矿山开采工程一致。厂区工程包括厂房、水泥生产线、配套生产辅助措施，以及供水、供电、通信等设施；石灰石矿山工程包括矿山开采工程、矿山工业场地及矿区截排水工程等。水泥生产一般包括“两磨一烧”，分别为生料制备（一磨）、熟料煅烧（一烧）、水泥粉磨（二磨）。

9）管道工程

管道工程项目情况较为简单，一般包括站场、阀室、管道、道路、作业带、取（弃）土场、施工生产生活区等，除站场、阀室外多为临时占地，管道施工后可以复耕或者恢复林草地，管道工程线路较长，穿越多种地形地貌，山区可能还需穿越山体，施工条件复杂。管线分段施工，施工期较短，穿（跨）越建筑物较多。在施工期，项目施工作业带宽，开挖管沟的土方临时堆放在管道一旁，临时堆土量较大，水土流失呈带状分布，如不进行必要的拦挡、苫盖措施将产生较为严重的水土流失。

10）输变电工程

输变电工程是生产建设项目线型工程的一类典型代表，占地面积不大，但线路较长，一般跨越多个水土流失类型区且水土流失类型较为多样。在建设过程中塔基开挖、施工场地修建、牵张场平整等活动，会扰动大量土地。输电线路塔基一般布置在山坡或山脊上，工程施工需布设人抬道路，一般利用原有山路，没有山路的地方新开辟道路，工程所需建筑材料及施工机械在条件恶劣地区，需要由骡、马等从人抬道路运输至塔基施工区。输变电工程虽为线型工程，但也是多个点状工程的结合。输变电工程设置区域，一般表土层较薄，植被破坏后很难恢复。

11）城市建设工程

城市建设工程主要是指城市建设开发及与之相关的土石方工程。一般包括工业区、商业区、经济开发园区、住宅区及配套采石取土区、旅游区和交通基础设施建设等。城市人口密度大，城市建设对建设区周边生产生活环境影响较大，含沙水流易造成城市排水系统堵塞，风沙扬尘影响城市环境。城市建设要求绿化与周边建筑、河流等现有景观相协调，对水土保持绿化提出了更高的要求。城市建设造成大面积硬化地面，严重影响区域水循环，增加城市防洪排水系统的负担。因此，在城市建设过程中，要重视海绵城市的建设。

12）农林开发工程

农林开发工程主要是指“龙头企业+农民合作经济组织+农户”“公司+基地+农户”“林场+基地+农户”等多种发展模式，采取独资、合资、联营、股份制等多种经营方式开展的陡坡（山地）开垦种植、定向用材林开发、规模化农林开发、造林、小流域综合治理等工程。农林开发工程在施工期会扰动现状地表，造成水土流失。但是农林开发工程在成规模后，显著降低建设区域的水土流失。农林开发工程需注意控制化肥和农药的使用，否则易使土壤中农药、除草剂、重金属等富集，从而形成农业面源污染，致使流域内河湖水库等水体富营养化和农药污染，造成流域内水体污染。

13）移民工程

移民工程一般为大型水利水电工程、交通道路工程等需要安置人口较多的配套工程。移民工程包括征用地、移民拆迁、安置和专项设施复建改建等内容。按照安置类型分为农村移民安置，集镇、城镇、工业企业迁建，专业项目复建改建，防护工程，水库水域开发利用和水库库底清理。农村移民安置主要为房屋重建和基础设施配套建设的移民安置，土地被占用或淹没需要提供必要的土地资源或者其他就业机会的生产安置。

在山区丘陵区，迁建工程与选址有很大关系，一般迁建工程涉及山体开挖或者大范围的土石挖填，平原区一般涉及的土石方工程量较少，对水土流失的影响也小。专业项目复建改建主要包括公路、铁路、输变电等项目，水土流失主要发生在施工期。防护工程主要是指由于蓄水及库岸再造等，对移民安置的房屋、道路的安全产生影响时采取的筑堤防护工程、排水工程、护岸工程等必要防护措施。水库水域开发利用一般包括养殖、航运、旅游、疗养、水上运动、水利风景区等项目，基本不产生水土流失。水库库底清理多数情况是在下闸蓄水前进行，蓄水后被淹没，一般对水土流失的影响较小。

1.2.3　生产建设项目水土流失特征与危害

1. 水土流失特征

伴随经济快速增长，生产建设项目类型及数量呈急剧上升趋势，导致的水土流失发生频次和强度愈加凸显（姚莉，2018；黄鹏飞，2013；陈健，2006）。尤其是矿山开采、工业园区建设、交通（公路和铁路）运输工程建设、水利水电工程开发，以及城镇建设等涉及土方开挖量大的建设项目，由于扰动范围大，建设周期长，在施工期和生产运行期常产生大量弃土弃渣，如不采取合理的防护措施，其裸露边坡遇到雨水冲刷将产生严重的水土流失（储召蒙，2018；邓利强，2014；王禹生和万彩兵，2004）。“十五”以来，我国每 5 年由生产建设项目产生的弃土弃渣体总量均接近 100 亿 t。我国弃土弃渣总量巨大，亟须做好水土保持工作，防止造成严重的水土流失危害（李建明等，2020）。生产建设项目尤其是弃土弃渣堆积体有不同于原始下垫面的结构和性质，主要体现在松散堆弃导致结构不稳定，从而使土体或土石混合体的抗蚀抗冲性显著降低，在降雨或径流冲刷条件下极易发生侵蚀。由于生产建设项目松散堆积物的颗粒组成不一致，在水力和重力共同的作用下，时常发生不同程度的沉陷，并且伴随着坍塌、滑坡现象（黄鹏飞，2013）。

国内外有关试验观测资料表明，堆置不当、未作防护的生产建设项目弃土弃渣体，其总流弃比达 30%～60%，有时甚至占新增水土流失总量的 65%以上（黄鹏飞，2013；钟诚等，2008；王小芹等，2006）。新堆积的松散土体侵蚀模数达 14000～18000t/（km^2·a），达到强度侵蚀和极强度侵蚀级别（陈健，2006）。另有研究指出，紫色土丘陵区生产项目建设过程中大量扰动地表、损坏水保设施、边坡开挖、弃土堆积松散、未采取防护措施，侵蚀模数达 13895～52400t/（km^2·a），是原坡地的 19～142 倍（朱波等，2005）。孙虎和唐克丽（1998）对黄土土质弃土的降雨侵蚀过程研究后指出，人为弃土（坡度 32°～35°）侵蚀模数达到 32142.70t/（km^2·a），弃土坡面侵蚀量是裸露自然坡面的 10.76～12.23 倍。

生产建设项目造成水土流失特征相较于传统的坡面侵蚀也具有特殊性，主要体现在：①水资源及循环系统被破坏，有毒物质可能由于地面硬化、增加径流而进入水循环系统，造成水资源污染；②侵蚀搬运物质复杂，除母质、土壤外，还包括砾石及各种工业废弃物，导致侵蚀量显著增大，侵蚀过程及形式更加复杂；③人为将废弃堆积体堆置于河道或岸边，阻塞行洪，加剧洪涝灾害风险；④破坏山体边坡稳定结构，加剧山体滑坡、泥石流等灾害（李建明，2015）。生产建设项目造成的土壤侵蚀已成为人为加速侵蚀的主要代表之一，针对生产建设项目尤其是弃土弃渣水土流失规律展开研究具有十分重要的现实意义和理论价值（Li et al., 2020；Nearing et al., 2017；王文龙等，2004）。

类型多样的生产建设项目，尤其是松散工程堆积体引发的人为水土流失已成为当前新增水土流失的主要来源之一，也成为该研究领域的热点与难点（郭索彦等，2008）。与传统农耕地、裸地等比较，生产建设项目土壤侵蚀有其特有性质，是在生产建设活动中扰动地表及岩土层，形成大量松散的土石混合堆积体，成为一种典型的人为加速侵蚀类型，在遇暴雨时容易产生严重的泥石流、高含沙水流等灾害，进而威胁生命财产安全（Gao et al., 2019；李建明，2015；王治国等，1998）。由于生产活动造成的侵蚀较传统的土壤侵蚀有较大区别，其作用力仍为水力、风力和重力作用，但其坡面主要是通过人为活动堆积或开挖而成，下垫面物质组成较复杂，自身抗蚀抗冲能力较差，且被侵蚀的物质不仅有土壤、母质，还包括块石、砾石、工业垃圾等；侵蚀方式也较复杂，包含溅蚀、片蚀、沟蚀、泻溜及滑坡等，既可能是单纯的一种表现形式，也可能是多种形式的组合（焦局仁等，1998）。

生产建设项目水土流失是指在项目工程建设和生产运行过程中，由于开挖填筑、堆填、弃土、弃石、弃渣等活动，扰动、挖损、占压土地，导致地貌、土壤、植被被损坏，在水力、风力、重力及冻融等外营力作用下对岩土、废弃物的混合搬运、迁移和沉积，其结果导致水土资源的破坏和损失，最终使土地生产力下降甚至完全丧失，是一种严重的人为水土流失现象（王国，2013）。生产建设项目水土流失是在人为作用下诱发产生的，它与原地貌条件下的水土流失有着天然的联系，但也存在着明显的区别。归纳起来，具有以下几方面的特征。

1）与人类的不合理活动有关

生产建设项目水土流失是人为水土流失的一种，必然与人类的活动有关。但这并不是说，凡是有人类活动的地方就有人为水土流失，只有人类的不合理活动才有可能造成水土流失。特别是工程施工中缺乏保护和合理利用水土资源措施，对自然资源进行掠夺式开发是水土流失的主要原因（宋晓强等，2007）。

2）呈现区域及地域差异性

生产建设项目由于占地的复杂性，其水土流失呈现出“点”“线”“面”单一或几种类型的不同组合。其中，“点”式工程一般在一个区域范围内，范围相对小，但受扰动强度较大，后期恢复困难；“线”型工程跨越区域广，水土流失地类多样，扰动范围较大。同时，类似输变电、输油管道等典型工程是“点+线”的混合型工程，水土流失在结构上更加复杂（孙厚才和赵永军，2007）。

3）地面组成物质复杂

生产建设项目在机械作用下扰动的不仅是地表层，对于深层母质等也会造成影响，其组成物质不仅包括土壤，还可能包括深层母质等。因此，生产建设项目被侵蚀的物质源组成较复杂，往往都是土石混合介质，还包括碎屑、岩屑、建筑垃圾等。例如，矿山弃渣包括矸石、毛石、尾矿、尾砂及其他固体废弃物，火电类项目还有粉煤灰、炉渣等，有色金属工程、化工企业等在生产过程中还会排放有害固体废弃物。

4）水土流失形式多样

与传统侵蚀坡面的侵蚀营力（降雨、径流冲刷）有差异，生产建设项目受人为扰动强烈，下垫面一般是重塑构造，存在较多不平的凹凸界面，降雨和径流等对其侵蚀下垫面的作用常常出现原地面水蚀、风蚀、重力侵蚀等时空交错和复合，这种变化同时受到区域气候和地貌类型的影响，使生产建设项目水土流失形式变得更为复杂。

5）水土流失强度大且时空分布不均匀

生产建设项目施工期间进行不同程度及频次的挖填活动，严重破坏了原地貌，开挖边坡打破荷载平衡，甚至使地下岩层应力释放和结构崩解，松散的弃土弃渣体稳定性较差且抗蚀力弱，加剧了侵蚀程度。工程建设开挖和取弃土石方量越大的区段水土流失越严重。例如，弃土弃渣场、取土取石场、高填深挖段水土流失强度大，而施工生产生活区、永久办公生活区等区域受挖填等活动影响小，侵蚀强度减弱。

6）水土流失危害严重且具有潜在性

生产建设项目对地表进行大范围及深度的开挖、扰动、取料、弃渣等活动，降低了原地表的生产力和利用价值，多余的弃土弃渣等废弃物无序堆放，尤其是堆弃在沟道、河道、岸边等区域，在强降雨条件下易进入沟道、河道，对行洪安全造成严重威胁，甚至诱发、加剧洪涝灾害。建设和施工扰动破坏了原有的地质结构，在诱发营力的作用下，极易造成突发性水土流失灾害，如滑坡、泥石流等。

生产建设项目产生的危害可能是直接的，也可能是间接的，其灾害效应可能存在一定的滞后性，导致其水土流失危害存在一定时间的潜伏期。

7）水土流失影响因素复杂多变

造成生产建设项目水土流失的因素主要包括自然因素和人为因素两大类。两种因素在不同区域、不同工程类型、不同施工时段等条件下的贡献比有差异，呈现出显著的复杂多变性。工程建设技术水平和手段的提高对水土流失防治起着十分重要的作用。

2. 水土流失危害

生产建设项目水土流失危害主要体现在以下几方面。

1）造成水土资源流失及迁移

工程施工过程中通过机械作用对地表进行剥离、翻耕和扰动，使得原始地表发生迁移变动，露天采矿项目最为典型。

2）占压有限土地资源使原地表功能丧失

一方面，生产建设项目由于开挖扰动，临时堆土及永久弃渣等需要占用土地，导致了土地资源的损失。另一方面，特殊行业，如采矿工程等产生的废气、废水污染土壤，造成危害。

3）水土保持设施损毁降低区域水土保持功能

工程建设过程中损坏原有水土保持设施，如排水沟、梯田、淤地坝、植被覆盖等，进而导致原水土保持功能降低发生水土流失。

4）降低原地表植被防蚀功能

植被作为土壤侵蚀典型的措施，一方面可以减少降雨雨滴的击溅侵蚀，植被茎秆还能阻滞径流流速，降低径流的剥蚀和搬运能力；另一方面，植被根系及腐殖质可以改善土体结构，增强土体抗蚀能力，达到防蚀作用。

5）破坏水资源循环系统造成水资源损失

水是人类赖以生存的珍贵资源，同时也是水土流失的主要动力。因此，防止水的流失既是水土保持的一个重要目标，也是控制土壤侵蚀的主要手段。生产建设活动扰动、破坏、重塑了地形地貌和地质结构，特别是大量生产建设工程给排水设施的建设，改变了原有水系的自然条件和水文特征，减少了地下径流的补给，地表径流量增大，汇流速度加快，造成大量地表水的无效损失（宋晓强等，2007）。

6）诱发多种特殊侵蚀

生产建设活动包括人工开挖及回填、弃土弃渣（含建筑垃圾）堆弃、边坡构筑、地下开采等方面，其形成的开挖创面较自然地貌更加复杂。在不同的侵蚀外营力作用下，发生泻溜与土砂流泻、崩塌、滑坡等特殊侵蚀。

1.2.4 生产建设项目水土保持

水土保持是我国生态文明建设的重要组成部分，是江河治理的根本，是山丘区小康社会建设和新农村建设的基础工程，事关国家生态安全、防洪安全、饮水安全和粮食安全。《中华人民共和国水土保持法》规定："生产建设项目水土保持方案的编制和审批办法，由国务院水行政主管部门制定。依法应当编制水土保持方案的生产建设项目，生产建设单位未编制水土保持方案或者水土保持方案未经水行政主管部门批准的，生产建设项目不得开工建设。"这就从立法角度对水土保持工作特别是生产建设项目水土保持工作予以大力支持（李宏伟，2013）。

我国新增水土流失主要是生产建设项目水土流失。控制水土流失，实施以新代老，治理区域水土流失，实施生产建设项目水土保持尤为重要。只有严格落实生产建设项目水土保持，严格执行各级水土保持规划及水土流失重点预防区和重点治理区实施项目的相关要求，在项目实施前期，编制科学的水土保持方案，水土保持工作与主体工程达到"三同时"，能够切实起到减少水土流失，维护区域生态功能。

伴随经济社会的高速发展，我国经济呈现现代化、工业化、城镇化进程加快的趋势，日益突出的资源、环境与人口之间呈现出显著的矛盾，严重制约着我国经济社会快速发展。当前各类基础设施建设和资源开发活动规模空前，大面积占压扰动地表植被及产生大量弃土弃渣，人为水土流失防治形势十分严峻。切实落实生产建设项目水土保持，将生产建设项目水土保持作为国家水土保持工作中的重中之重，加强生产建设项目水土保持全过程监管，严格按照要求落实"三同时"，可以从源头上减少人为水土流失，是实现水土资源可持续利用和生态环境保护的有效途径。

1.3　生产建设项目土壤侵蚀及防治研究进展

1.3.1　生产建设项目土壤侵蚀影响因素

1. 侵蚀营力

1）降雨

降雨是生产建设项目水土流失的主导因素，短历时、高强度及长历时降雨均会导致坡面形成径流进而发生侵蚀，而且水分的入渗增加了坡面物质的重量，破坏了原有土体平衡结构，降低了边坡稳定性，易诱发水土流失。

国内外学者对降雨条件下生产建设项目边坡的产流产沙规律、入渗特性及边坡稳定性机理方面做了大量的研究工作：储小院等（2007）通过观测资料并分析认为，降雨侵蚀力是造成弃土场坡面侵蚀的主要因素；肖建芳等（2007）通过收集径流小区观测资料，并经野外实地调研，得出弃土场侵蚀量与降雨量呈显著线性关系的结论；景峰等（2007）通过人工模拟降雨试验，对堆土场、弃渣场及原状地貌耕地的径流量和泥沙量进行了系统的研究，表明在降雨量相同的情况下，径流量与泥沙量的排序均为堆土场>弃渣场>耕地；Defersha 和 Melesse（2012）研究得出，降雨强度（雨强）和坡度对坡面侵蚀造成的影响与土壤类型、前期含水量相关；赵暄等（2012）通过室内人工模拟降雨研究了散乱锥状堆置、分层碾压坡顶散乱堆置等堆积体下垫面的入渗产流特征，认为各类型弃土堆积体平均入渗率随降雨强度增加而增大。其他学者针对不同降雨强度和径流强度的模拟试验也得出坡面侵蚀程度受降雨和径流影响显著（康宏亮等，2016；Zhang et al., 2015）。

2）上方汇水

生产建设项目形成的工程堆积体一般存在上方平台汇水，在各类调查中有汇水影响工程堆积体占总堆积体数量的绝大部分，即绝大多数堆积体发生水土流失的外营力不仅包括降雨还包括上方来水（李建明等，2021）。

当坡面接受上方汇水后，各侵蚀方式演变速度明显加快，侵蚀产沙量迅速增大。有研究表明，上方来水对坡面侵蚀的影响甚至超过降雨（Tian et al., 2017；Xu et al., 2017）。上方有汇水时，坡面下方的径流量和流速增大，从而引起坡面径流侵蚀能力加大。研究也表明，坡面细沟一旦产生，细沟侵蚀速率即可占坡面侵蚀速率的62.2%～84.8%，平均达到73.4%，细沟侵蚀对坡面土壤侵蚀过程具有重要贡献（沈海鸥等，2015）。张乐涛等（2013a）通过模拟放水冲刷试验结果表明，汇流作为坡面径流侵蚀动力和水流能量的传递纽带及泥沙输移载体，直接参与土壤侵蚀的各个环节，加速了坡面侵蚀的发展，其本质是汇流改变了坡面下部的水文输入条件，调节了径流侵蚀力的分配。基于野外放水冲刷试验研究高速公路陡坡堆积体（坡度36°）水动力学特性，表明平均流速随平台汇水流量增大呈幂函数增加，即平台汇水流量能通过改变坡面力学性质进而对坡面侵蚀产沙过程产生影响（张乐涛等，2013b）。牛耀彬（2019）研究表明，单独降雨条件时的径流率和侵蚀速率在小雨强时以平稳变化为主，大雨强波动变化显著；当侵蚀营力包括上方汇流条件下，产流率随历时呈现持续波动变化趋势，产沙速率随历时呈现减小趋势，且坡面均出现侵蚀沟，侵蚀沟发育位置具有随机性，加入上方来水后，堆积体坡面侵蚀形态发生改变，细沟发生的概率增大，甚至发生滑塌。平台汇水不仅增加了坡面侵蚀，也使得坡面的侵蚀形态由溅蚀→面蚀→沟蚀发展为面蚀→沟蚀→重力侵蚀，即平台汇水加剧边坡侵蚀。

2. 地形

生产建设项目尤其是弃土弃渣堆积体边坡松散，稳定性差，加之坡度较陡，抗蚀性极差，侵蚀强度往往达到剧烈级别（黄鹏飞，2013）。国内诸多学者对地形影响生产建设项目弃土弃渣土壤侵蚀相继开展了相关定性及定量方面的研究。现有研究坡度一般在 5°～40°，且模型一般是针对缓坡开展，对于堆积体这种陡坡且构造复杂的下垫面开展定量研究仍较少。除了坡度以外，坡长是另一个影响坡面侵蚀的主要地形因子，是坡面能量转换的重要因素。Lal（1983）研究表明径流随着坡长增大呈递减变化，可用幂函数表示；Truman 等（2001）对坡长分别为 0.6m、3.0m 和 43m 的 3 个野外小区观测分析表明，坡面侵蚀随坡长变化存在临界值；Xu 等（2013）等研究得出径流深、侵蚀量等与坡长均具有显著关系，一般随坡长增大呈递减趋势变化。

除了坡长以外，坡度是影响坡面侵蚀的另一个主要地形因子，直接影响坡面水流的剥蚀和搬运能力。已有研究表明，一个区域发生侵蚀的面积概率随坡度变化而变化，在坡度为 25°～55°变化较小，随后呈现递减趋势，当坡度达到 86°时主要为重力侵蚀，基本不发生水蚀（Renner, 1936）。坡度影响土壤侵蚀过程的主要切入点是降雨入渗时间和径流的速度，坡度的缓急决定了径流的动力比降，坡度越陡，水流切应力越大。另外，通用土壤流失方程（universal soil loss equation，USLE）中，土壤侵蚀与坡度或坡度正弦值呈二次多项式关系。

国内不少学者也对地形因子对坡面产流产沙的影响进行了大量的研究。黎四龙等（1998）、蔡强国（1988）、朱显谟（1958）针对不同坡度、坡长对坡面侵蚀的影响开展定量研究，取得系列成果。何凡等（2008）认为，弃土边坡土壤侵蚀量随坡度增加而大幅度增大；受研究对象、目标和研究方法等差异影响，坡面侵蚀量与坡度之间可能存在一个临界关系，该临界值受土壤自身特性影响显著（靳长兴，1995）。也有分析表明，红壤坡面和黄土坡面的侵蚀过程随着坡度的增加其产流率基本呈减小趋势，产沙速率呈递增趋势，但也存在阈值，红壤阈值大致在坡度 20°，黄土阈值在坡度 25°左右（张会茹，2009）。

3. 物质组成

1）土质

我国地域辽阔，不同地区生产建设项目的土壤质地、气候、施工方式等均有差异，导致侵蚀各具特点。针对不同土壤质地的侵蚀差异进行对比分析，能够加深化土壤侵蚀内涵。Knapen 等（2007）提出坡面侵蚀的难易程度受土质影响。室内人工模拟降雨试验表明相同条件下，壤土入渗慢，产流时间、流速均快于黄绵土，且侵蚀量比黄绵土大（陈俊杰等，2013）。相同试验条件下，研究紫色土及黄土坡面侵蚀过程表明，紫色土坡度对侵蚀过程影响较显著，黄土坡面侵蚀过程受雨强影响大，且坡度对二者产沙影响均存在临界值，大致在坡度 20°～25°（刘力，2006）；分析坡度对红壤坡面和黄土坡面的侵蚀量结果表明，两种土质的侵蚀受坡度及降雨强度的影响显著，其中在雨强为 75mm/h、坡度为 5°红壤坡面的侵蚀量是黄土坡面的 11.50 倍，随着坡度的增加二者的产流率基本呈减小趋势，产沙速率呈递增趋势（张会茹，2009）。史东梅等（2015）采用土工试验方法及野外实地放水冲刷法研究房地产建设地基开挖的黄沙壤及紫色土弃土弃渣的侵蚀特征，表明堆积体边坡沟壁崩塌脱落是产沙速率波动的重要原因，且黄沙壤的产流量高于紫色土。Peng 等（2014）研究表明，砂土堆积体的侵蚀速率大于粉壤土堆积体。丁文斌等（2017）选择广泛存在的紫色土和黄沙壤工程堆积体为研究对象，采用野外实地放水冲刷试验，对比分析了不同土石比及坡度的工程堆积体边坡径流侵蚀过程，表明工程堆积体土壤入渗率随冲刷过程呈先快速减小后逐渐稳定的变化趋势，且波动幅度随冲刷流量的不同出现差异，下垫面稳定入渗率均在 0.40～1.70mm/min，黄沙壤堆积体平均产流率最大可为紫色土堆积体的 1.89 倍。

2）砾石

生产建设项目侵蚀区别于原生坡面主要的特征即下垫面物质组成复杂，其中最常见的就是土石混合，研究砾石作用下生产建设项目及堆积体的侵蚀特征对于明确人为扰动坡面侵蚀机制、拓展土壤侵蚀学科等都具有重大意义。

国外关于砾石（质）土的研究较早，有学者集中研究了砾石存在对入渗、径流及侵蚀等方面的影响（Lavee and Poesen, 1991）；通过室内试验表明砾石的存在导致强烈的土壤侵蚀，而砾石覆盖会减小雨滴对坡面的作用面积从而减少泥沙的产生（Yair and Lavee, 1976）。我国砾石（质）土分布广泛，包括了北方土石山区、西南地区及西北黄土高原区，尤其是生产建设项目造成大量的人为土石混合松散堆积体尤其显著。国内关于砾石土的研究开始且集中在对其入渗等理化性质方面：周蓓蓓和邵明安（2007）采用 7 种不同砾石质量分数及 4 种砾石直径研究砾石对土壤入渗过程的影响，认为砾石质量分数对入渗湿润锋、累计入渗量等影响显著；时忠杰等（2008）研究结果表明，砾石质量分数与土壤有效贮水量呈正相关关系，土壤蒸发速率随砾石粒径增大有升高的趋势；朱元骏和邵明安（2006）研究结果表明，砾石质量分数为 10%时土壤入渗率最大，此时土壤侵蚀含沙率一直保持稳定且在较低水平；赵暄等（2012）通过对生产建设项目弃土堆积体的野外调查及抽象概化，采用人工模拟降雨方法研究不同堆积体的侵蚀特征，并对堆积体的下垫面物质组成、坡度、坡长进行了概化处理；王小燕等（2011）总结研究认为，表层砾石可以截留大部分溅起的细土颗粒，砾石减少径流冲刷的泥沙来源，碎石存在对溅蚀分散、细沟间及细沟侵蚀等坡面侵蚀过程有重要影响；胡明鉴等（2006）提出含水量 11%是砾石土强度及斜坡稳定性的一个临界点；有学者认为我国土壤实测可蚀性 K 值比用美国的公式计算值明显偏小，可能是没有考虑其中砾石的作用，土壤表面覆盖砾石一般可以起到稳定土壤，保护细颗粒免受降雨和径流侵蚀的作用（师长兴，2009；Poesen and Lavee,1994）。

针对砾石对生产建设项目坡面径流产沙影响的研究主要集中在近十几年。生产建设项目堆积体中的砾石一方面保护表土免受雨滴直接击溅，减少表土承雨面积，进而影响径流对表土的冲刷侵蚀，且砾石可以改变下垫面的粗糙度及水流运行线路，进一步影响径流产沙过程；另一方面，砾石改变了土壤的孔隙状况、黏结性、入渗等理化性状（Poesen and Lavee,1994）；周蓓蓓等（2011）通过研究含砾石土壤及矿区料姜石、煤矸石等混合介质的入渗特性，表明砾石种类及粒径大小差异导致土石混合介质的入渗过程发生改变；Peng 等（2014）研究认为生产建设造成的大量松散工程堆积体的侵蚀特性主要受砾石影响较大，由于砾石的类型、大小、分布等不同，呈现出不均匀、离散程度大、坡度陡、有机质缺乏等特性。砾石掺杂改变了土体理化特性，进而影响水文和侵蚀过程，其中砾石特性包括类型、粒径和含量等方面。王雪松和谢永生（2015）研究认为，堆积体水沙特性受粒径影响较大，而砾石类型对其影响不显著；在相同降雨条件下，砾石会加速径流发生发展，但减少侵蚀（丁亚东等，2014；景民晓等，2014）；甘凤玲等（2016）指出，径流平均含沙量和累计含沙量随着砾石质量分数的增加而减小；Li 等（2020）通过模拟降雨试验，得出砾石质量分数对堆积体坡面侵蚀的影响并非简单的线性函数关系，而是存在一个临时含量，在 10%左右；Lv 等（2019）和 Luo 等（2019）基于连续性降雨研究了砾石质量分数及粒径对矸石山径流产沙的影响，结果表明砾石覆盖减少了矸石山堆积体 35%～76%的侵蚀量，砾石粒径 4～7cm 对增加入渗影响最大，较大岩屑比较小的岩屑更能阻碍渗流，并进一步证实了砾石不仅可以保护细粒物质不受侵蚀，但也通过增加地表粗糙度降低径流的输送能力。

4. 堆积年限及不同下垫面类型

1）堆积年限

生产建设项目弃土弃渣的理化性质随着堆积年限及植被恢复发生改变，已有研究表明，随着堆积年限延长，弃土弃渣体的抗蚀性增强，且室内放水冲刷试验研究煤矸石松散堆积体坡面侵蚀规律，表明在大坡度及流量下侵蚀具有突发性，冲刷初期含沙量最大，随后降低并趋于稳定（胡振华等，2007；王文龙等，2004）。牛耀彬等（2019）研究指出，相比未复垦，恢复 5a 可以显著降低堆积体土壤分离能力，其降低幅度为 57.35%，相比耕地，土壤分离能力降低 60.41%。史倩华等（2016）为研究排土场边坡细沟侵蚀特征，采用野外调查方法，以内蒙古永利煤矿为研究对象，测定不同排土年限（1a、3a、5a）和植被措施的排土场边坡物理指标和细沟形态指标，结果表明排土年限为 5a 时，同一措施下分形维数和土壤容重较 1a 增大 3.60%～7.20%和 7.26%～20.00%，含植被措施土壤颗粒分形维数较裸地小 0.40%～3.80%，且排土年限为 3a 和 5a 时裸地细沟侵蚀模数较 1a 增加 4.11%和 581.28%。王答相（2004）分析和计算了包括扰动土、非硬化路面、1994 年堆积的弃土、1997 年堆积的弃土、2001 年堆积的弃渣等在内的人类扰动下几种下垫面坡面在不同设计雨型和设计频率暴雨下的侵蚀产沙量，并以相同条件下原状土坡面侵蚀产沙量为参考，对神府东胜矿区煤田开采在上述几种人为扰动的下垫面坡面上产生的新增水土流失量进行了分析和计算，表明神府东胜矿区弃土弃渣堆边坡（包括1994年弃土堆、1997年弃土堆及2001年弃土堆）发生严重水土流失的主要动力是弃土堆堆积平台上的地表径流在边坡上方汇集而成的集中径流，而不是坡面降雨漫流，坡面产沙量随着堆积年限的增大而减少。刘子壮等（2014）以陕南土石山区不同植被恢复年限高速公路边坡为研究对象，表明土石山区高速公路边坡土壤养分条件受恢复年限的影响显著，随着边坡植被恢复年限延长及植被的演替进程推移，植被长势渐好。

2）下垫面类型

生产建设项目不同下垫面的侵蚀也有差异。王答相（2004）研究表明，扰动土坡面、非硬化路面和弃土弃渣等下垫面坡面的土壤流失量都比原生坡面的水土流失量大。李强等（2008）研究指出，在相同降雨强度条件下，不同类型下垫面对入渗速率的影响差异性较大，稳渗率大小顺序为扰动地面>原状地面>非硬化路面，在降雨过程中不同类型下垫面的径流量随时间增加而增大，其大小顺序为非硬化路面>扰动地面>原状地面，而不同类型下垫面的侵蚀产沙高峰期均出现在降雨初期的0～20min，随后侵蚀产沙均下降并趋于稳定，非硬化路面的径流含沙量一直稳定在较低水平，而其他类型下垫面的径流含沙量在降雨初期很大而后急剧下降，并逐渐接近非硬化路面的径流含沙量。Guo等（2020）通过野外模拟降雨试验，分析了采矿项目形成的沙多石少弃渣体、沙少石多弃渣体、弃土体、扰动土体的侵蚀特征，并以撂荒地作为对照，结果表明，沙多石少弃渣体、沙少石多弃渣体、弃土体的径流量分别比撂荒地高38.83%、71.39%和63.16%，而扰动土体的径流量比撂荒地减少9.25%；沙多石少弃渣体、沙少石多弃渣体、弃土体、扰动土体的平均侵蚀速率分别是撂荒地的11.19倍、138.67倍、73.47倍和2.82倍，即工程扰动坡面造成的水土流失远超过未扰动坡面。

1.3.2 生产建设项目土壤侵蚀过程及侵蚀动力机制

1. 土壤侵蚀过程

20世纪80年代开始，科研工作者针对生产建设项目中存在的水土流失问题进行了大量研究。例如，对矿山开采、公路建设、弃渣堆放等径流产沙过程进行了研究，表明雨强、坡度、侵蚀下垫面类型和堆置方式均会对工程堆积体坡面径流产沙产生显著影响（郭星星等，2019；王美芝等，2004），且雨强、坡度越大，土壤流失量也越大，沟蚀现象越严重（李艳梅等，2011）。进一步表明生产建设项目水土流失与原地貌有着明显不同的径流产沙规律（陈奇伯等，2008）。已有研究对径流产沙与影响因子之间的相关关系进行了量化研究，并建立了函数关系（牛耀彬等，2016；奚成刚等，2002）。也有利用室内人工模拟降雨试验，研究弃土弃渣径流产沙与影响因子的关系，对于揭示生产建设项目水土流失规律具有重要意义（张荣华等，2018；郭成久等，2010）。同时，利用野外放水冲刷试验定量研究了不同生产建设项目的水土流失规律，建立了一系列函数关系，有力地弥补了室内模拟试验的不足（张翔等，2016；马春艳等，2009）。虽然野外条件限制较多，野外原位模拟降雨试验也有少量开展，对于验证室内试验结果，确定室内试验模型概况参数，建立模型等均有着重要的意义（张冠华等，2015）。

截至目前，生产建设项目水土流失规律的研究结论虽然有一定差异，但是仍然发现了许多共性的规律，对于模型的建立提供了依据。王文龙课题组对生产建设项目工程堆积体径流产沙过程进行了大量研究，例如砾石对流速及产沙影响，不同砾石质量分数、不同土壤类型的径流产沙规律，为侵蚀模型的建立提供了依据（李建明等，2016；康宏亮等，2016；史倩华等，2015）。郭明明等（2015）对工程弃土弃渣侵蚀规律也进行了相关研究，对比研究了弃土弃渣体、扰动土体与撂荒地侵蚀特征的差异，并定量对侵蚀规律进行表达。倪含斌和张丽萍（2007）、郭朝旭（2013）采用人工模拟降雨试验研究堆积体的入渗规律，表明新的堆积体入渗率显著高于原状土，降雨进程可分为降雨入渗—渗透产流—渗流快速增长（径流缓慢增长）—最终稳定阶段。崔斌等（2012）采用室内人工模拟降雨研究了工程弃土的径流产沙过程，表明产沙量随侵蚀模数的增加而减少，但对径流量影响较小。

综上，生产建设项目土壤侵蚀的研究发展迅速，主要以探索土壤侵蚀形式及不同影响因素对土壤侵蚀影响的定量化研究为主，进而阐明生产建设项目土壤侵蚀内在机理。但目前对生产建设项目径流产沙规律仍需进一步开展研究，以积累丰富的科研资料，为学科发展的提升进一步提供坚实的数据基础，为建立适用于我国生产建设项目水土流失预报模型奠定基础。

2. 土壤侵蚀动力机制

土壤侵蚀的主要动力是含沙水流，了解并进一步掌握水蚀过程动力机制是深入认识土壤侵蚀尤其是生产建设项目水土流失内在机理的基础（高儒学等，2018）。针对工程建设扰动下垫面侵蚀动力开展了相关研究并取得一定成果，但研究方法、目标等差异导致研究结果不一。

李永红等（2015）对堆积体边坡（20m×5m 标准监测小区）进行模拟放水冲刷试验，选取径流流速、径流深、雷诺数、弗劳德数、径流阻力系数、径流剪切力、径流功率等参数进行分析，结果表明，工程堆积体坡面侵蚀位置主要集中在坡面上部（0～10m），侵蚀时段主要集中在产流后期（12～30min），坡度和流量增大会导致流速快速增大，随着坡面流由层流向紊流、急流向缓流的过渡，坡面径流阻力系数随之增大，基于水流剪切应力和径流功率分别计算获得的工程堆积体坡面细沟侵蚀土壤可蚀性参数分别为 $2.63\times10^{-2}s^2/m^2$ 和 $0.1s^2/m^2$，对应的临界径流功率为 0.8N/(m·s)。牛耀彬等（2016）研究也表明，径流剪切力和径流功率均可作为侵蚀速率表征参数。采用模拟降雨、放水冲刷等试验方法研究了不同类型工程堆积体侵蚀水动力机制，主要研究各水动力学参数随产流历时的变化趋势，也取得了丰硕的成果（李宏伟等，2013；黄鹏飞等，2013；罗婷等，2011）。李宏伟等（2013）研究表明，阻力系数与产沙量之间呈现负相关的关系。张翔等（2016）研究表明，阻力系数与雷诺数、阻力系数和弗劳德数之间呈正相关关系。但张乐涛等（2013b）研究表明，阻力系数与弗劳德数呈负相关，与雷诺数呈正相关。王雪松和谢永生（2015）研究表明水流功率与侵蚀速率相关性最好（R^2=0.97），并认为水流功率是描述锥状工程堆积体侵蚀动力过程最好的水力学参数，由赣北红土与砾石混合而成的堆积体可蚀性参数介于 0.0053～$0.0059s^2/m^2$，比纯红土的可蚀性参数大 20～30 倍。

可采用径流剪切力、径流功率、过水断面单位能量作为坡面侵蚀的动力表征参数，且与径流功率拟合效果最佳（史倩华等，2015；Zhang et al., 2015）。然而，也有研究认为堆积体侵蚀与水动力学参数相关性不显著（王仁新等，2016）。对于堆积体坡面侵蚀中侵蚀速率与雷诺数、弗劳德数、阻力系数等参数的定量关系还受砾石特性影响（李天阳等，2014）。刘子壮（2014）研究表明，堆积体坡面径流多处于紊流状态，坡面径流基本处于急流范畴，弗劳德数随冲刷历时呈幂函数递减，随坡长呈先增大后减小的趋势，径流阻力系数随时间的增加有整体增大的趋势。马春艳（2009）研究表明，不同供水流量、坡度下均处于层流，平均雷诺数在 86～339，并计算得到水流平均弗劳德数在 1.32～7.50。统计表明，对于生产建设项目工程堆积体的定量研究，主要包括模拟降雨和放水冲刷 2 种，但对于不同方法导致生产建设项目堆积体侵蚀差异性的对比研究，目前仍较薄弱。

1.3.3　生产建设项目土壤侵蚀预测

1. 预报模型研究概况

水土流失估算与预测研究可加深对土壤侵蚀过程及其机理的认识，为坡面水土保持措施配置提供科学依据。作为普适性和通用性强的代表，美国通用土壤流失方程（universal soil loss equation，USLE）的诞生让土壤侵蚀研究进入了崭新阶段。借鉴 USLE 的经验基础，修正通用土壤流失方程（revised universal soil loss equation，RUSLE）、水蚀预测模型（water erosion prediction project，WEPP）坡面版等陆续得到报道和应用。USLE 是由美国研制的用于预报农地或草地坡面多年平均年土壤流失量的一个经验性水土流失预报模型，1965 年美国农业部以农业手册第 282 号文件将该方程正式发表以来，其间不断修订完善，重新修订后的模型命名为 RUSLE，在美国乃至世界范围得到了迅速推广和应用（白芸，2014；贾媛媛等，2004）。

通用土壤流失方程及其修订后的模型对我国水土流失预报模型的研究起到了积极的促进作用。国内不少学者以 USLE 为模板，修正了地方的土壤流失预报模型，具有代表性的有江忠善等（2005）、符素华等（2001）和蔡强国等（1996）提出的模型。另外，根据地域的分区，先后有学者对我国不同地区（红壤丘陵区、东北漫岗丘陵、黄土高原、滇东北山区、闽东南地区、华南地区、长江三峡库区等）水土流失预报模型进行了探索，并取得了系列成果。现有各水土流失预报模型主要针对的是传统农耕地或撂荒地，无法直接应用于人为扰动强烈的生产建设项目水土流失预报（张岩等，2012；蔡强国和刘纪根，2003）。

随着生产建设项目水土流失与水土保持的持续发展，如何准确预测生产建设项目建设期造成的水土流失成为了关键。鉴于此，对生产建设项目造成的水土流失进行预报势在必行。1997 年，经美国内务部、矿务复垦及环境办公室的努力，成立了工作组，提出了适于生产建设项目的土壤流失方程 1.06 版 RULSE。相对于 USLE，其坡度因子 *S* 是通过大量数据计算获得的。RUSLE 可用于极短（几十厘米长）和极陡（坡度 90°）的坡面。可用于矿区、建筑工地及复垦土地的 1.06 版 RUSLE 能计算凸形坡、直形坡、凹形坡或复杂坡形的坡长和坡度因子（*LS*），由坡度和坡长计算每段坡的 *LS*，最终求得整个坡面的 *LS*，这样计算出不同坡形对土壤侵蚀的定量关系。当其他因子相同时，*LS* 最大的坡段就是侵蚀最强烈的位置。将修订土壤流失方程 RUSLE 应用于矿区水土流失预测预报研究也取得了一定的成果（Shamshad et al., 2008；Aksoy and Kavvas, 2005）。1.06 版 RUSLE 模型已较成功地应用于生产建设项目水土流失量的测算，这对我国的水土流失研究提供了有力的借鉴。

2. 典型生产建设项目水土流失预报模型

我国工程建设项目水土流失量的预测方法有以下几种：①类比分析法，采用毗邻地区成果，或已完成项目的详细调查资料通过类比分析，计算项目不同防治分区的水土流失量，该方法简单易行，但科学性较差，是目前水土保持方案中用得最多的方法。②数学模型法，包括了 USLE 模型或 RUSLE 模型，其应用也存在很多问题，必须充分考虑土地扰动后土壤可蚀性的变化，同时还需要考虑未采取任何水土保持措施的覆盖-管理因子和水土保持措施因子值如何衡量，以及需要测定的数据如何获得等实际操作问题；也有利用地方经验模型，地方经验模型是在区域资料的基础上建立，具有一定的区域性，不能普遍推广和盲目采用，即使是用作类似的工程建设，也必须进行各方面的分析，修订模型中的参数后使用。③实地调查法，通过对各个预测区段的侵蚀情况进行实地调查和布设一些试验，野外直接观测径流小区的产沙量及量测沟蚀量等，相对来说投入较大、实际操作需要技术性强，其预测结果最为可靠，但它在操作上必须掌握好参数，同时需要有一定的试验费用支持。④侵蚀等级划分法，参照《土壤侵蚀分类分级标准》（SL 190—2007）中所列的数据标准，参考有关资料，根据项目建设的设计资料，结合原生水土流失条件，对项目责任区各个预测区段水土流失因子在建设前后的变化趋势进行综合评判和对比分析，从而选取合适的侵蚀等级和侵蚀模数。⑤专家预测法，是指依据专家的经验，根据项目区各个预测区段的原生地形、地貌、水文、植被等及水土流失情况，结合工程项目主体工程本身的建设，对各个预测区段的土壤侵蚀模数进行专家预测，这种方法实行起来比较简单易行，但是难以做到定量预测，一般在资料极度缺乏的情况下选用（李璐等，2004）。

生产建设项目土壤侵蚀模型的研究是水土保持领域的热点问题。在我国，蔺明华等（2006）通过天然降雨、人工模拟降雨、放水冲刷等试验对典型区域建设项目水土流失新增量进行分析，总结了新增水土流失评价的数学模型法、新增土壤侵蚀系数法和水土流失系数法等 3 种方法；苏彩秀等（2006）着重指出采用 RUSLE 和 GIS 评估工程建设中产生的土壤流失量将是今后的发展趋势；黄翌等（2014）以 RUSLE 结合数字地形分析、遥感影像融合等技术，揭示了黄土高原山地煤矿开采导致地表平均坡度、坡长及侵蚀量在 10 年内呈减少趋势，且坡长及坡度逐步减少，在较小降雨量情况下导致侵蚀量减少。针对不同类别生产建设项目，各研究者也提出了不同的预测方法，具体如下。

1）经验数学模型法

一般采用 USLE 进行水土流失测算。通过研究降雨、地形、植被、地面物质及管理措施等因子对土壤侵蚀的定量关系，结合生产建设项目的实际情况及野外调查数据，确定各参数因子的计算方法。例如，L、S 为地形因子，可通过式（1-1）和式（1-2）进行计算（杨文利和伍木根，2000；程胜高和吴登定，1999）。

$$L=\left(\lambda/22.13\right)^{0.44} \tag{1-1}$$

$$S=-1.5+17/(1+\mathrm{e}^{2.3-6.1\sin\theta}) \tag{1-2}$$

式中，L 为坡长因子（量纲为 1）；λ 为实际坡长长度（量纲为 1）；S 为坡度因子（量纲为 1）；θ 为实际坡度（量纲为 1）。

2）类比法

类比法，即对工程建设项目区进行现场观察，寻找与工程建设项目类似的已建或在建工程项目，对已建或在建工程项目进行现场勘察，计算出其土壤侵蚀模数，然后类推本工程建设项目的土壤侵蚀模数，再根据数学模型法计算土壤侵蚀量的方法，这种方法适用于多数新建项目（胡玉平等，2004；孙希华，2001）。计算方法见式（1-3）。

$$W_{\mathrm{r}} = \sum_{i=1}^{N} \left(S_i M_i T_i \right) \tag{1-3}$$

式中，W_{r}为扰动地表水土流失量（t）；M_i为土壤侵蚀模数[t/(km^2·a)]；S_i为扰动地表面积（km^2）；T_i为水土流失预测时段（a）。该方法要选择的类比工程区应与拟建工程区属同一类型，其施工程序、规模、地面扰动程度等尽可能相近或相似，预测的精度较高。

3）经验预测法

经验预测法又称专家评测法，就是利用专家的知识和经验进行预测，该方法适用于所在研究区域相关水土流失资料十分短缺，无法采取其他预测方法的情况下使用。例如，高速公路建设项目产生的弃土弃渣边坡松散，稳定性差，抗蚀性差，容易形成面蚀或沟蚀，侵蚀强度为剧烈侵蚀，其计算方法见式（1-4）（胡玉平等，2003）。

$$W_{\mathrm{q}} = kW_{\mathrm{qz}} \tag{1-4}$$

式中，W_{q}为弃土弃渣流失量（t）；k为弃土弃渣流失系数，一般取k=0.3；W_{qz}为弃土弃渣总量（t）。关于弃土弃渣等固体物质流失量的计算方法，多采用弃土弃渣总量（体积或质量）乘以约为0.3的流失系数（郭锐等，2000）。

4）实地测量法

对工程建设项目进行现场连续监测，考虑项目区不同地点、临时弃土弃渣量、侵蚀年限、土壤容重、原生地貌侵蚀模数、水土流失面积等因素的影响，利用实地调查测试资料计算弃土弃渣流失量的方法。利用该方法需要计算流弃比和加速侵蚀系数（孟繁盛和王璞，2005；周天佑和卿太明，2004）。

综上可以看出，生产建设项目水土流失规律已经开始有较多的关注，并取得了相关的成果与进展，对工程堆积体侵蚀机理的认识也在进一步加深。但由于堆积体物质组成复杂，侵蚀形式多变，且目前提出的各种土壤侵蚀模型由于试验研究对象、采用的试验方法等限制，无法进行推广应用，仍存在文献资料贫乏、试验研究少、理论研究薄弱等问题。同时，尚未提出普适性的生产建设项目工程堆积体水土流失量的预报模型，使水土保持方案中水土流失量预测缺乏必要的科学依据，严重滞后于生产实际的需要。就目前而言，我国关于扰动地表后的土壤侵蚀资料相对较少，未能开发出适合我国工程建设土壤侵蚀的专门预报模型。这一直是生产建设项目中影响水土保持方案编制质量的一个重要限制因素。因此，研究生产建设项目土壤侵蚀规律已迫在眉睫，需要科研工作者进一步努力探索生产建设项目与土壤侵蚀的内在关系。

1.3.4 生产建设项目水土流失防治

1. 植被防护坡面侵蚀研究

土壤侵蚀造成水、土资源的损失，同时带走土壤养分，使土地贫瘠，影响粮食产量。采用工程措施、耕作措施及植物措施进行水土流失综合治理，均可有效防治土壤侵蚀，其中植物措施能够发挥最大的生态、经济和社会效益。植被防护坡面水土流失的机理主要包括两大方面：第一，植被冠层通过截留降雨、减少地表净雨、消减降雨动能、减少降雨侵蚀力、增加地表粗糙度、降低径流对地表冲刷能力等方面来实现；第二，地下部分的作用主要体现在根系增加土壤抗蚀抗冲性能和改善土壤结构等方面（赵春红等，2013）。根系提高土壤抗蚀抗冲能力的机理主要表现在两个方面：第一，根系可以促进产生抗冲性强的土体构型，增强土壤水稳性团粒和有机质含量，从而稳定土壤结构，提高土壤颗粒抵抗水流分散的能力（Loch et al., 1998）；第二，根系可以通过增强土壤的渗透性能，减弱径流冲刷能力（Zhao et al., 2017）。

植被防护土壤侵蚀已有较多研究成果，众多学者针对植被盖度及植被类型等方面开展了系列试验：魏天兴（2010）从防治水土流失和土壤水分容量两个方面出发，认为乔木成林林分郁闭度达到40%，草本植物的盖度达到90%时，在小流域尺度上有较好的防蚀功能；山西省水土保持科学试验所（白中科等，1999a；1998）通过试验得出，黄土地貌控制水土流失的有效植被盖度为75%；张建军等（2002）从水土保持作用角度出发，研究了晋西黄土区刺槐和油松林的适宜种植密度，结果表明幼林的种植密度以3000株/hm^{2}为宜，成林密度应控制在700株/hm^{2}以内为宜；潘占兵等（2004）在盐池干旱风沙区的研究认为，柠条林带距为7m（密度为2490丛/hm^2）或大于7m时为宜。以上这些研究表明，植被恢复过程中，造林密度或植被盖度的选择对于植被防蚀效果具有重要作用，该方面已经取得了较大的进展。另外，针对植被的减水减沙效益也取得一定进展，冯浩等（2005）通过坡面放水冲刷试验研究了不同放水流量下草地的减水减沙效益，结果表明60%盖度的苜蓿草地具有明显的减水减沙效益，其减水效益为28%，减沙效益为78%；王光谦等（2006）通过遥感和数字流域模型的方法，研究了黄河流域多沙粗沙区植被覆盖变化与减水减沙效益之间的关系，发现十年内，区域内的减水效益为7.6%，减沙效益为10.56%。

植被生长的不同阶段，也会对土壤质地变化产生影响，进而影响植被防护坡面侵蚀的效益。Barthes等（2000）研究认为土壤紧实度、水稳性团聚体含量、土壤容重及有机质含量等指标在很大程度上受土壤表层覆盖植被的影响；熊燕梅等（2007）研究认为现有研究普遍接受植物根系固坡机理的模型是Wu-Wal-dron模型，植物根系中直径小于1mm的须根在提高土壤抗侵蚀性方面起主要作用，须根通过增加土壤水稳性团聚体的数量可有效提高土壤的稳定性、增强土壤渗透性，从而减少坡面土壤流失。

利用室内人工模拟降雨或放水冲刷试验，以及野外调查等手段探讨植被根系对土壤抗蚀抗冲性及径流产沙的影响方面也有相关研究。仲启铖等（2010）通过野外调查采样分析滨岸4种植物配置模式下根系空间分布特征，发现根系空间分布受植物本身及所处环境双重影响，其对防止土壤侵蚀和坍塌均有明显作用；甘卓亭等（2010）采用人工模拟降雨试验，研究了黄土高原地区不同生长阶段黑麦草、红豆草及裸地坡面的径流产沙过程及不同植被组分对水沙调控的贡献，结果表明草地植被具有较强的抑制坡面土壤侵蚀的能力，黑麦草主要通过冠层截留降雨进而调控坡面径流的产生，而红豆草主要通过发达的根系增强入渗，减少坡面径流，根系对减少坡面径流产沙都发挥出巨大的贡献；嵇晓雷和杨平（2013）以夹竹桃为对象，利用非线性有限元计算方法研究降雨条件下不同分布密度和不同侧根数量的根系对边坡表层土体稳定性的影响，结果表明植物根系有效提高边坡表层土体整体刚度，随根系的侧根数量和植株分布密度的增大，边坡表层位移量、土体侵蚀量逐渐减小。李强（2014）通过室内放水冲刷试验，以黄绵土和沙黄土为对象，研究了根系网络串连固结、根土黏结性和生物化学作用在强化土壤抗冲性能的相对重要性，以及在两种土壤类型上的差异，结果表明植物根系物理固结效应与根系表面积密度在极显著水平上呈指数递增函数关系，土壤团聚体和根系密度在各土层中均是影响土壤抗冲性的关键指标；钟荣华等（2015）采用放水冲刷试验，研究了狗牙根和牛鞭草两种草被的消浪减蚀效果，结果表明两种草被减蚀效应均大于89%，且地下根系固土贡献率显著高于地上部分，而狗牙根的消浪能力和综合减蚀效果均强于牛鞭草。

王库（2001）综述了国内外植物根系对土壤抗侵蚀能力的影响，认为植物根系通过改变土体理化特性能够有效提高抗侵蚀能力。植被根系不仅能有效减少坡面径流产沙，而且对土壤分离及侵蚀动力特征也有显著效应，杨帆等（2016）研究了2种草本植物草冠、根系对降雨和径流的影响，认为草本植物叶面积指数及根系形态分布与植被减水减沙效益具有显著相关性，草本植物能显著降低降雨侵蚀力和径流剪切力。张冠华（2012）研究了茵陈蒿群落分布格局对坡面侵蚀及坡面水流动力学特性的影响，认为不同格局下植被均能有效控制坡面土壤侵蚀，根长密度和植株数量是影响坡面径流率的主要因素，根表面积密度和根生物量密度是影响侵蚀速率的主要因素。

2. 生产建设项目植被防蚀研究

以往研究针对的下垫面大部分是天然形成或受人为影响较小，而生产建设项目下垫面人为扰动强、坡度陡、下垫面物质组成复杂、侵蚀形式多样，使得其水土流失形式与传统水土流失有较大差异。近30年来，针对生产建设项目（如公路、铁路、矿山等）下垫面采用植被恢复其生态环境，也有一定研究。王华（2010）以渝怀铁路江北车站为试验点，通过含水量与土体抗剪强度关系试验、护坡植物根系抗拉试验、护坡植物根系抗拔试验等研究植被根系固土机理及根系力学特征，并现场调查植被护坡后坡面侵蚀特征，对坡面侵蚀机理进行探讨，结果表明根系增强土体抗剪强度得益于土体黏聚力的增强，植被护坡后坡面侵蚀主要形式为鳞片状面蚀和细沟状面蚀两种形式；宋坤（2013）研究了灌木、草本等不同配置模式防护公路路基边坡的效应，结果表明灌草组合模式整体优于单一物种模式，根系生物量、根系长度、土壤有机质含量对土壤抗冲性增强效应起主要作用，而根系生物量、大团聚体对土壤抗蚀性增强效应起主要作用；潘声旺等（2013）统计分析了天然降雨条件下高速公路边坡一年生草本及多年生草本植物的护坡效益，结果表明一年生草本在初期有较强的护坡性能，具有发达根系结构的狗牙根所在群落护坡性能最强；吕钊（2013）通过野外调查分析，对宁夏北部弃渣场进行立地类型划分，并给出行之有效的植被恢复配置，以提高弃渣场生态修复水平，改善弃渣场及其周边环境的生态景观，减少植被建设工程投资成本；杜捷等（2016）通过放水冲刷试验研究了布设植物篱下工程堆积体坡面径流产沙特征，表明植物篱能有效减少坡面径流产沙效益，但减水减沙效益与坡度相关。

在各类生产建设项目中，采矿边坡尤其是露采矿形成的排土场边坡是生产建设项目典型堆积体的代表，其严重的水土流失会带来一系列的危害，所以必须针对当前的水土流失情况，加强水土流失规律研究，采取相应的措施予以防护和治理。露天矿排土场边坡地表组成物质风化强烈、结构性差、恶劣的气候、植被覆盖差等因素是风蚀水蚀交错带土壤侵蚀强烈的主要原因。露天煤矿排土场形成的最终弃土边坡由于人为因素，在形成初期，植被盖度几乎为零，且重构后的边坡土体没有机械碾压，其结构较原状土体更为松散，更易发生非均匀沉降，风化也更为强烈，一旦暴雨出现，排土场边坡极可能产生严重的水土流失，甚至会伴随着滑坡、泥石流的出现。另外，有研究表明，露天煤矿排土场边坡的稳定性在一定程度上决定了受损生态系统的稳定性和抗逆能力（白中科等，1999b）。因此，对排土场边坡进行水土保持防护就显得尤为重要。

我国露天煤矿的开采进入了快车道，矿区生态恢复与重建也逐渐成为研究人员关注的热点问题之一，但需要指出的是，针对露天矿排土场边坡水土流失防护措施的研究多集中于植物措施（台培东等，2002）。以露采为主的澳大利亚、加拿大、美国等都把建立稳定地表、控制土壤侵蚀作为矿区生态恢复过程中的首要研究领域，且重点集中在坡度、坡形、坡比变化与控制侵蚀的关系，以及控制地表侵蚀的覆盖材料和不同植被控制侵蚀方法的选择等方面（胡振琪，1995）。露天煤矿排土场水土流失的治理已不能借用原黄土区已有的大量参数或照搬其经验（张乐涛和高照良，2014），必须有目的地对这类快速形成的人工巨型松散堆积体进行总体调查、分析和研究。然而，针对排土场区域开展水土流失防护及其不同防护措施下边坡的水蚀规律及水土保持效果研究较少，尤其是定量研究仍较薄弱。有学者通过对平朔露天煤矿排土场进行的野外定位观测发现，植被恢复年限对径流小区径流产沙影响显著，10 年恢复年限的边坡水土流失形势依然不容乐观，研究区排土场边坡的径流产沙经验预测模型具有较好的应用价值（韩武波等，2004；魏忠义等，2004）。通过对露天矿排土场水土流失特点及影响因素的分析，王治国等（1998）首次提出了岩土侵蚀的防治策略，建议对排土场的径流进行调控，迅速恢复植被，并结合工程措施对排土场边坡的水土流失进行综合防治。

有研究认为，植草边坡发生滑坡的概率大于灌木边坡和未治理边坡（白中科等，1998），可能原因是草本根系较浅，且根系的拖拉作用有助于覆土层滑坡面的形成，这一结果与以往研究认为植被主要起到防护边坡侵蚀的作用有差异。但不可否认的是，植被恢复是退化生态系统正向演替的重要手段（彭少麟，1996），并且植被是生态系统的重要组成部分，它不仅可以涵养水源，促进土壤-大气之间的水分循环，而且可以有效地改善土壤质量，促进生态系统中的物质循环及能量流动。另外，植被不仅可以有效减弱雨滴对地面产生的击溅侵蚀，而且可以减轻雨水径流对地面的冲刷，增强土壤的抗冲性。地表土壤抗冲性差是黄土高原风蚀水蚀交错带土壤侵蚀严重的重要原因，黄土高原风蚀水蚀交错带受损生态系统恢复与重建过程中，植被护坡措施的研究尤显重要。除此之外，科学合理的人工植被建设可以大大地加速植被恢复过程（卫智军等，2003）。总之，边坡植被的恢复与重建是治理和修复受损生态系统的重要途径（刘瑞顺，2014）。

对于新生的排土场边坡而言，植被无法迅速恢复，植物措施布设初期的减水减沙效益还有待进一步探讨。研究表明，无纺布覆盖、稻草帘子覆盖、遮阳网覆盖、秸秆覆盖等措施可以较好地对坡面径流进行调控，增加降雨入渗，4 种措施减水效益为 11%～70%，这 4 种覆盖措施施工工艺简单，造价较低，不受地域、气候条件限制，效果良好（骆汉等，2013；唐涛等，2008）。白中科等（1999a）通过野外调查、类比试验、室内模拟等研究手段，针对黄土区露天矿排土场的生态恢复与重建提出了坡脚种植高大乔木，坡面以恢复灌木为主并混播豆科禾本科牧草，坡肩位置构建乔木带的技术体系。王青杵等（2001）通过径流小区试验研究了植物篱的水土保持效益，指出植物篱可以有效地拦蓄降雨径流，增加土壤水分和养分，防止土壤侵蚀。肖培青等（2003）通过人工模拟降雨和径流冲刷试验，研究了陡坡条件下植被对边坡防护和防治水土流失作用的影响，结果表明在草地几乎郁闭的条件下，砂砾土坡面细沟发育不明显。有学者在黑岱沟露天煤矿的研究表明，油松+沙棘+草本植物的混交配置方式更加利于土壤肥力的提高（姚敏娟等，2007）。李晴（2010）在对霍林河露天煤矿植被恢复与重建的研究中指出，沙棘+山杏的混交模式是草原露天煤矿排土场理想的植被恢复模式。项元和等（2013）认为排土场边坡植物配置模式较好的有紫穗槐+柠条+紫花苜蓿模式、沙棘护坡模式、山杏+沙棘+柠条护坡模式等3种。水土保持措施的减水减沙效益是衡量水土保持效果的重要指标，对于流域尺度水土保持措施减水减沙效益的计算通常采用流域产沙模型（汤立群，1996）。

综上所述，生产建设项目造成的水土流失已成为现阶段水土流失类型及来源的一个重要方面，特别是近些年各类生产建设项目边坡引发的生产建设事故，造成重大的财产损失，甚至威胁周边人员的生命安全，引起了社会各界广泛关注。针对生产建设项目水土流失提出的水土保持措施是防治生产建设项目土壤侵蚀的重要举措，但目前的研究主要集中于宏观方面，对于微观方面的研究仍较薄弱，需要进一步系统深入地探索。

1.4 本章小结

生产建设项目水土流失相较于传统的坡耕地水土流失而言，已成为现阶段新增水土流失的主要来源。本章在总结国内外已有研究的基础上，对生产建设项目水土流失规律及其防治策略进行了分析总结，主要从生产建设项目的类型及危害、水土流失特征、影响因素、侵蚀过程与机制等方面阐述水土流失机理，并对目前生产建设项目土壤侵蚀量估算与预测的研究进行了概述，最终总结分析现阶段生产建设项目水土流失防治的经验。综合以上分析可知，当前关于生产建设项目的水土流失过程及其预报模型已有相关研究并取得系列成果，但由于研究者的研究对象、方法、目标差异，并未形成较一致的结论，成果的推广和适用性不强，仍需进一步深入系统研究，当前研究存在的问题分析如下：

（1）生产建设项目由于类型多样、分布广泛，其水土流失特征虽然受自然因素影响，但是人为因素是生产建设项目发生严重水土流失更主要的原因。

（2）在影响生产建设项目土壤侵蚀诸多因素中，降雨、汇水面积、地形、下垫面物质组成和堆积年限是五个主要因素。当前针对各因素影响生产建设项目水土流失过程已有较多研究，但生产建设项目受人为影响大，各因素之间并非孤立存在而是相互联系甚至是制约的，目前对于多因素共同作用下的综合分析研究仍较少且不成系统。

（3）目前，大多数的研究仍将传统土壤侵蚀预测方法应用于生产建设项目中，由于各影响因素受人为扰动差异较大，尤其是侵蚀物质源和下垫面类型相较于传统坡耕地有很大差别，预测结果往往不如人意，但至今尚未有能够适用于各种不同类别生产建设项目水土流失量估算模型的文献资料可供借鉴。因此，开展生产建设项目水土流失量预报模型的研究已迫在眉睫。

（4）已有的研究均提出植被措施是防治生产建设项目水土流失及退化生态系统向正向演替的重要手段，但对于植被措施的具体布设、类型搭配等方面仍缺少相关研究资料，亟待完善。

参考文献

白芸, 2014. 工程堆积体坡面水蚀过程及土质可蚀性研究[D]. 杨凌: 西北农林科技大学.

白中科, 王文英, 李晋川, 等, 1998. 黄土区大型露天煤矿剧烈扰动土地生态重建研究[J]. 应用生态学报, 9(6): 621-626.

白中科, 赵景逵, 李晋川, 等, 1999a. 大型露天煤矿生态系统受损研究——以平朔露天煤矿为例[J]. 生态学报, 19(6): 870-875.

白中科, 赵景逵, 朱荫湄, 1999b. 试论矿区生态重建[J]. 自然资源学报, 14(1): 35-41.

蔡强国, 1988. 坡面侵蚀产沙模型的研究[J]. 地理研究, 7(4): 94-102.

蔡强国, 刘纪根, 2003. 关于我国土壤侵蚀模型研究进展[J]. 地理科学进展, 22(3): 242-250.

蔡强国, 陆兆熊, 王贵平, 1996. 黄土丘陵沟壑区典型小流域侵蚀产沙过程模型[J]. 地理学报, 51(2): 108-117.

陈健, 2006. 公路建设项目水土流失特征及防治对策[J]. 亚热带水土保持, 18(1): 58-59, 62.

陈俊杰, 孙莉英, 蔡崇法, 2013. 不同土壤坡面细沟侵蚀差异与其影响因素[J]. 土壤学报, 50(2): 281-288.

陈奇伯, 黎建强, 王克勤, 等, 2008. 水电站弃渣场岩土侵蚀人工模拟降雨试验研究[J]. 水土保持学报, 22(5): 1-4, 10.

程胜高, 吴登定, 1999. 高速公路建设的环境问题与对策研究[J]. 环境保护, (10): 27-28.

储小院, 张洪江, 王玉杰, 等, 2007. 高速公路建设中不同类型弃土场的土壤流失特征[J]. 中国水土保持科学, 5(2): 102-106.

储召蒙, 2018. 深圳地铁 8 号线一期工程中水土流失危害及防治对策[J]. 水资源开发与管理, (1): 39-41.

崔斌, 苏芳莉, 郭成久, 2012. 模拟降雨条件下不同颗粒级配工程弃土的侵蚀实验[J]. 中国水土保持科学, 10(2): 61-65.

邓利强, 2014. 黄土区工程堆积体水蚀特征及测算模型坡长因子试验研究[D]. 杨凌: 中国科学院大学(中国科学院教育部水土保持与生态环境研究中心).

丁文斌, 李叶鑫, 史东梅, 等, 2017. 两种工程堆积体边坡模拟径流侵蚀对比研究[J]. 土壤学报, 54(3): 558-569.

丁亚东, 谢永生, 景民晓, 等, 2014. 轻壤土散乱锥状堆置体侵蚀产沙规律研究[J]. 水土保持学报, 28(5): 31-36.

杜捷, 高照良, 王凯, 2016. 布设植物篱条件下工程堆积体坡面产流产沙过程研究[J]. 水土保持学报, 30(2): 102-106.

冯浩, 吴淑芳, 吴普特, 等, 2005. 草地坡面径流调控放水试验研究[J]. 水土保持学报, 19(6): 23-25, 109.

符素华, 张卫国, 刘宝元, 等, 2001. 北京山区小流域土壤侵蚀模型[J]. 水土保持研究, 8(4): 114-120.

高儒学, 戴全厚, 甘艺贤, 等, 2018. 土石混合堆积体坡面土壤侵蚀研究进展[J]. 水土保持学报, 32(6): 1-8, 29.

甘凤玲, 何丙辉, 王涛, 2016. 人工模拟降雨下汶川震区滑坡堆积体产沙规律[J]. 农业工程学报, 32(12): 158-164.

甘卓亭, 叶佳, 周旗, 等, 2010. 模拟降雨下草地植被调控坡面土壤侵蚀过程[J]. 生态学报, 30(9): 2387-2396.

郭朝旭, 2013. 松散滑坡堆积体降雨入渗过程的实验研究[C]. 北京: 中国地理学会.

郭成久，安晓奇，武敏，等, 2010. 弃土场侵蚀产沙模拟试验研究[J]. 中国水土保持, (3): 29-31.
郭明明，王文龙，李建明，等, 2015. 神府矿区弃土弃渣体侵蚀特征及预测[J]. 土壤学报, 52(5): 1044-1057.
郭锐，薛志敏，刘勇，2000. 开发建设项目水土流失预测易出现的问题及其对策——以公路建设项目为例[J]. 中国水土保持, (2): 36-37.
郭索彦，赵永军，张峰, 2008. 开发建设项目水土流失科学考察成果简介[J]. 中国水土保持, (12): 67-70.
郭星星，吕春娟，陈丹，等, 2019. 雨强和坡度对铁尾矿砂坡面复垦前后产流产沙的影响[J]. 水土保持研究, 26(1): 8-13.
韩武波，马锐，白中科，等, 2004. 黄土区大型露天矿排土场水土流失评价[J]. 煤炭学报, 29(4): 400-404.
何凡，尹婧，陈宗伟，等, 2008. 青海省公路弃土场土壤侵蚀规律天然降雨试验研究[J]. 水土保持通报, 28(2): 131-134.
胡明鉴，汪稔，孟庆山，等, 2006. 降雨作用下砾石土斜坡坡面形态及临界特性[J]. 岩土力学, 27(9): 1549-1553.
胡玉平，王慧觉，姜超, 2004. 对公路建设项目水保方案中水土流失监测的研究[J]. 水土保持科技情报, (3): 33-34.
胡玉平，王慧觉，李思悦, 2003. 高速公路建设项目水土流失预测方法研究[J]. 水土保持科技情报, (8): 8-10.
胡振华，王电龙，呼起跃, 2007. 煤矸石松散堆置体坡面侵蚀规律研究[J]. 水土保持学报, 21(3): 23-27.
胡振琪, 1995. 国外侵蚀控制新进展[J]. 中国水土保持, (1): 15-16.
黄鹏飞，2013. 黄土区工程堆积体水蚀特征及坡度因子试验研究[D]. 杨凌：中国科学院大学(中国科学院教育部水土保持与生态环境研究中心).
黄鹏飞，王文龙，江忠善，等, 2015. 黄土区工程堆积体水蚀测算模型坡度因子研究[J]. 泥沙研究, (5): 57-62.
黄鹏飞，王文龙，罗婷，等, 2013. 非硬化土路径流侵蚀产沙动力参数分析[J]. 应用生态学报, 24(2): 497-502.
黄翌，汪云甲，王猛，等, 2014. 黄土高原山地采煤沉陷对土壤侵蚀的影响[J]. 农业工程学报, 30(1): 228-235.
嵇晓雷，杨平, 2013. 基于根系形态的根系固坡作用数值分析[J]. 南京林业大学学报(自然科学版), 37(2): 113-117.
贾媛媛，郑粉莉，杨勤科, 2004, 等. 国内坡面土壤侵蚀预报模型述评[J]. 水土保持研究, (4): 109-112.
姜广争, 2018. 开发建设项目水土保持工作现状及对策[J]. 绿色科技, (12): 25-26.
江忠善，郑粉莉，武敏, 2005. 中国坡面水蚀预报模型研究[J]. 泥沙研究, (4): 1-6.
姜德文, 2012. 新水土保持法实施后水土保持方案审查审批的新趋向[J]. 中国水土保持, (4): 11-13.
姜澍, 2009. 煤炭产量统计数据解析[J]. 数据, (4): 32-33.
焦局仁，姜德文，蔡建勋, 1998. 开发建设项目水土保持[M]. 北京：中国法制出版社.
靳长兴, 1995. 论坡面侵蚀的临界坡度[J]. 地理学报, (3): 234-239.
景峰，张学培，郭汉清，等, 2007. 山西省葛铺煤矿弃土弃渣径流泥沙研究[J]. 水土保持研究, 14(4): 61-64, 73.
景民晓，谢永生，李文华，等, 2014. 不同土石比例弃土堆置体产流产沙模拟研究[J]. 水土保持学报, 28(3): 78-82.
康宏亮，王文龙，薛智德，等, 2016. 北方风沙区砾石对堆积体坡面径流及侵蚀特征的影响[J]. 农业工程学报, 32(3): 125-134.
黎四龙，蔡强国，吴淑安，等, 1998. 坡长对径流及侵蚀的影响[J]. 干旱区资源与环境, 12(1): 29-34.
李宏伟, 2013. 黄土区工程堆积体水蚀特征及土质可蚀性 K 因子研究[D]. 杨凌：西北农林科技大学.
李宏伟，牛俊文，宋立旺，等, 2013. 工程堆积体水动力学参数及其产沙效应[J]. 水土保持学报, 27(5): 63-67.
李建明, 2015. 生产建设项目工程堆积体水土流失规律及测算模型研究[D]. 杨凌：西北农林科技大学.
李建明，王志刚，张长伟，等, 2020. 生产建设项目弃土弃渣特性及资源化利用潜力评价[J]. 水土保持学报, 34(2): 1-8.
李建明，牛俊，王文龙，等, 2016. 不同土质工程堆积体径流产沙差异[J]. 农业工程学报, 32(14): 187-194.
李建明，牛俊，孙蓓，等, 2021. 两种驱动力作用下植被调控堆积体坡面减水减沙效益[J]. 农业工程学报, 37(11): 76-84.

李建明, 王文龙, 王贞, 等, 2013. 神府东胜煤田弃土弃渣体径流产沙过程的野外试验[J]. 应用生态学报, 24(12): 3537-3545.
李建明, 王文龙, 王贞, 等, 2014. 神府煤田废弃堆积体新增水土流失研究[J]. 自然灾害学报, 23(2): 239-249.
李璐, 袁建平, 刘宝元, 2004. 开发建设项目水蚀量预测方法研究[J]. 水土保持研究, 11(2): 81-84.
李强, 2014. 黄土丘陵区植物根系强化土壤抗冲性机理及固土效应[D]. 杨凌: 中国科学院大学(中国科学院教育部水土保持与生态环境研究中心).
李强, 李占斌, 鲁克新, 等, 2008. 神府东胜矿区不同下垫面产流产沙试验研究[J]. 水土保持研究, 15(3): 1-3.
李晴, 2010. 霍林河露天矿区植被类型与植被恢复重建的研究[D]. 上海: 华东师范大学.
李锐, 1996. 晋陕蒙能源基地建设与环境整治[J]. 中国科学院院刊, (3): 180-185.
李天阳, 何丙辉, 雷廷武, 等, 2014. 汶川震区滑坡堆积体土石混合坡面细沟水动力学特征室内试验[J]. 水利学报, 45(8): 892-902.
李艳梅, 胡兵辉, 陈平平, 2011. 云南省高速公路弃渣场土壤流失特征研究——以昆明-石林高速公路为例[J]. 中国水土保持, (2): 62-64.
李永红, 牛耀彬, 王正中, 等, 2015. 工程堆积体坡面径流水动力学参数及其相互关系[J]. 农业工程学报, 31(22): 83-88.
蔺明华, 杜靖澳, 张瑞, 2006. 黄河中游地区开发建设新增水土流失预测方法研究[J]. 水土保持通报, 26(1): 61-67.
刘瑞顺, 2014. 内蒙古永利煤矿排土场边坡土壤侵蚀调查与试验研究[D]. 杨凌: 西北农林科技大学.
刘力, 2006. 紫色土和黄土坡耕地土壤侵蚀过程对比研究[D]. 杨凌: 西北农林科技大学.
刘子壮, 2014. 工程措施对坡面侵蚀产沙及水动力学过程研究[D]. 杨凌: 西北农林科技大学.
刘子壮, 赵晶, 高照良, 2014. 高速公路边坡不同恢复年限土壤性质及生态防护模式研究[J]. 科学技术与工程, 14(12): 100-106.
罗婷, 王文龙, 王贞, 等, 2011. 非硬化土路土壤剥蚀率与水动力学参数分析[J]. 人民黄河, 33(4): 96-102.
骆汉, 赵廷宁, 彭贤锋, 等, 2013. 公路边坡绿化覆盖物水土保持效果试验研究[J]. 农业工程学报, 29(5): 63-70.
吕钊, 2013. 宁北风蚀区生产建设项目弃渣场植被恢复研究[D]. 北京: 北京林业大学.
马春艳, 2009. 黄河班多水电站工程区主要地类坡面侵蚀动力学过程试验研究[D]. 杨凌: 西北农林科技大学.
马春艳, 王占礼, 寇晓梅, 等, 2009. 工程建设弃土弃渣水土流失过程试验研究[J]. 水土保持通报, 29(3): 78-82.
马洪超, 2016. 依坡倾倒型工程堆积体水土流失特征研究[D]. 杨凌: 中国科学院大学(中国科学院教育部水土保持与生态环境研究中心).
孟繁盛, 王璞, 2005. 生产类项目的水土流失量预测[J]. 吉林水利, 27(7): 26-29.
倪含斌, 张丽萍, 2007. 神东矿区堆积弃土坡地入渗规律试验研究[J]. 水土保持学报, 21(3): 28-31.
倪含斌, 张丽萍, 张登荣, 2006. 模拟降雨试验研究神东矿区不同阶段堆积弃土的水土流失[J]. 环境科学学报, 26(12): 2065-2071.
宁建国, 2006. 广东西南部地区开发建设项目土壤侵蚀强度监测方法探讨[J]. 中国水土保持, (11): 51-53.
牛耀彬, 2019. 降雨和上方来水条件下工程堆积体土壤侵蚀特征研究[D]. 杨凌: 西北农林科技大学.
牛耀彬, 高照良, 李永红, 等, 2016. 工程堆积体坡面细沟形态发育及其与产流产沙量的关系[J]. 农业工程学报, 32(19): 154-161.
牛耀彬, 高照良, 齐星圆, 等, 2019. 不同工程堆积体坡面治理措施对土壤抗冲刷侵蚀能力的影响[J]. 农业工程学报, 35(2): 134-143.
潘声旺, 杨秀云, 何茂萍, 等, 2013. 几种典型道路边坡植被配置模式的护坡效益研究[J]. 四川农业大学学报, 31(2): 151-156.
潘占兵, 李生宝, 郭永忠, 等, 2004. 不同种植密度人工柠条林对土壤水分的影响[J]. 水土保持研究, 11(3): 265-267.
彭少麟, 1996. 恢复生态学与植被重建[J]. 生态科学, (2): 26-31.

蒲玉宏, 王伟, 1995. 煤矿废弃堆积物坡面侵蚀研究初报[J]. 中国水土保持, (10): 11-15.
芮素生, 成玉琪, 1994. 中国煤炭开发利用现状与发展洁净煤技术[C]. 北京: 中国洁净煤技术发展研讨会.
沈海鸥, 郑粉莉, 温磊磊, 等, 2015. 降雨强度和坡度对细沟形态特征的综合影响[J]. 农业机械学报, 46(7): 162-170.
师长兴, 2009. 砾石对土壤可蚀性的影响及土壤可蚀性值估算方法[J]. 土壤通报, 40(6): 1398-1401.
时忠杰, 王彦辉, 于澎涛, 等, 2008. 六盘山森林土壤中的砾石对渗透性和蒸发的影响[J]. 生态学报, 28(12): 6090-6098.
史东梅, 蒋光毅, 彭旭东, 等, 2015. 不同土石比的工程堆积体边坡径流侵蚀过程[J]. 农业工程学报, 31(17): 152-161.
史倩华, 王文龙, 郭明明, 等, 2015. 模拟降雨条件下含砾石红壤工程堆积体产流产沙过程[J]. 应用生态学报, 26(9): 2673-2680.
史倩华, 王文龙, 刘瑞顺, 等, 2016. 植被恢复措施对不同排土年限煤矿排土场边坡细沟侵蚀的影响[J]. 农业工程学报, 32(17): 226-232.
宋晓强, 张长印, 刘洁, 2007. 开发建设项目水土流失成因和特点分析[J]. 水土保持通报, (5): 108-113.
宋坤, 2013. 不同植物护坡模式根系土壤抗侵蚀性研究[D]. 哈尔滨: 东北林业大学.
苏彩秀, 黄成敏, 唐亚, 等, 2006. 工程建设中产生的水土流失评估研究进展[J]. 水土保持研究, 13(6): 168-170, 174.
速欢, 王文龙, 康宏亮, 等, 2019. 砾石对关中塿土工程堆积体产流产沙的影响[J]. 水力发电学报, 38(10): 59-74.
速欢, 王文龙, 康宏亮, 等, 2020. 露天矿排土场平台-边坡系统侵蚀形态及径流产沙特征[J]. 应用生态学报, 31(9): 3194-3206.
孙厚才, 赵永军, 2007. 我国开发建设项目水土保持现状及发展趋势[J]. 中国水土保持, (1): 50-52.
孙虎, 唐克丽, 1998. 城镇建设中人为弃土降雨侵蚀实验研究[J]. 水土保持学报, 12(2): 29-35.
孙希华, 2001. 基于遥感和 GIS 的山东山丘区土壤侵蚀调查研究[J]. 山东师大学报, 16(2): 168-172.
台培东, 孙铁珩, 贾宏宇, 等, 2002. 草原地区露天矿排土场土地复垦技术研究[J]. 水土保持学报, 16(3): 90-93.
汤立群, 1996. 流域产沙模型研究[J]. 水科学进展, 7(1): 47-53.
唐涛, 郝明德, 单凤霞, 2008. 人工降雨条件下秸秆覆盖减少水土流失的效应研究[J]. 水土保持研究, 15(1): 9-11, 40.
拓俊绒, 许小梅, 闵惠娟, 2012. 煤矿建设工程水土保持监测探讨[J]. 人民黄河, 34(2): 87-92.
王答相, 2004. 神府东胜矿区煤田开发新增水土流失试验研究[D]. 杨凌: 西北农林科技大学.
王光谦, 张长春, 刘家宏, 等, 2006. 黄河流域多沙粗沙区植被覆盖变化与减水减沙效益分析[J]. 泥沙研究, (2): 10-16.
王国, 2013. 宁南山区生产建设项目水土流失防治技术体系研究[D]. 北京: 北京林业大学.
王华, 2010. 植被护坡根系固土及坡面侵蚀机理研究[D]. 重庆: 西南交通大学.
王凯, 2021. 甘肃公路项目水土保持监管优化研究[D]. 兰州: 西北师范大学.
王库, 2001. 植物根系对土壤抗侵蚀能力的影响[J]. 土壤与环境, 10(3): 250-252.
王利军, 鲍永刚, 2008. 北京市不同地貌类型开发建设项目新增水土流失预测方法研究[J]. 北京水务, (2): 48-51.
王玲玲, 刘兰玉, 左仲国, 2009. 开发建设项目弃土弃渣水土流失调查分析[J]. 水力发电, 35(1): 1-3.
王美芝, 许兆义, 杨成永, 2004. 铁路工程建设弃渣流失试验研究[J]. 中国水土保持, (1): 24-26.
王青杵, 王彩琴, 杨丙益, 2001. 黄土残塬沟壑区植物篱水土保持效益研究[J]. 中国水土保持, (12): 25-26, 46.
王仁新, 何丙辉, 李天阳, 等, 2016. 汶川震区滑坡堆积体坡面土壤侵蚀率及水动力学参数研究[J]. 土壤学报, 53(2): 375-387.
王文龙, 李占斌, 李鹏, 等, 2004. 神府东胜煤田开发建设弃土弃渣冲刷试验研究[J]. 水土保持学报, 18(5): 68-71.
王小芹, 李铁松, 张自全, 2006. 嘉陵江南充段水电建设带来的水土流失问题及防治措施[J]. 浙江水利科技, (1): 44-45, 55.

王小燕，李朝霞，徐勤学，等，2011. 砾石覆盖对土壤水蚀过程影响的研究进展[J]. 中国水土保持科学，9(1): 115-120.
王雪松，谢永生, 2015. 模拟降雨条件下锥状工程堆积体侵蚀水动力特征[J]. 农业工程学报, 31(1): 117-124.
王雪松，谢永生，景民晓，等, 2014. 不同砾石类型对工程堆积体侵蚀规律的影响[J]. 水土保持学报, 28(5): 21-25.
王禹生，万彩兵, 2004. 开发建设项目弃渣场设计探讨[J]. 人民长江, (10): 11-13.
王贞，2011. 神府煤田不同下垫面侵蚀产沙规律及水动力参数特征[D]. 杨凌：中国科学院大学(中国科学院教育部水土保持与生态环境研究中心).
王治国，李文银，蔡继清, 1998. 开发建设项目水土保持与传统水土保持比较[J]. 中国水土保持, (10): 16-17, 42.
卫智军，李青丰，贾鲜艳，等, 2003. 矿业废弃地的植被恢复与重建[J]. 水土保持学报, 17(4): 172-175.
魏天兴, 2010. 小流域防护林适宜覆盖率与植被盖度的理论分析[J]. 干旱区资源与环境, 24(2): 170-176.
魏忠义，秦萍，郭爱华，等, 2004. 大型排土场“径流分散”水蚀控制模式及其设计探讨——以山西省安太堡大型露天煤矿排土场为例[J]. 中国水土保持科学, 2(1): 89-93.
奚成刚，杨成永，许兆义, 2002. 铁路工程施工期路堑边坡面产流产沙规律研究[J]. 中国环境科学, 22(2): 174-178.
项元和，于晓杰，魏勇明, 2013. 露天矿排土场边坡治理技术[J]. 中国水土保持科学, (S1): 55-57.
肖建芳，张洪江，江玉林，等，2007. 沪蓉西高速公路弃土场渣体侵蚀特征——以宜(昌)至长(阳)段为例[J]. 水土保持研究, 14(3): 121-123.
肖培青，史学建，吴卿，等, 2003. 植物措施防护边坡的试验研究[J]. 水土保持学报, 17(4): 119-121.
熊燕梅，夏汉平，李志安，等, 2007. 植物根系固坡抗蚀的效应与机理研究进展[J]. 应用生态学报, 18(4): 895-904.
杨帆，程金花，张洪江，等，2016. 坡面草本植物对土壤分离及侵蚀动力的影响研究[J]. 农业机械学报，47(5): 129-137.
杨健，高照良，李永红, 2010. 国内外开展开发建设项目研究进展的初步分析[J]. 中外企业家, (14): 6-9.
杨文利，伍木根, 2000. 公路建设项目水土保持方案编制初探[J]. 水土保持研究, 7(3): 62-64.
杨选民，丁长印, 2000. 神府东胜矿区生态环境问题及对策[J]. 煤矿环境保护, 14(1): 69-72.
姚莉, 2018. 浅谈生产建设项目水土流失特点及防治对策的研究[J]. 内蒙古水利, (11): 47-48.
姚敏娟，李青丰，贺晓，等, 2007. 施肥对牧草种子耐贮性的影响[J]. 草原与草业, 19(2): 1-4.
张冠华, 2012. 茵陈蒿群落分布格局对坡面侵蚀及坡面流水动力学特性的影响[D]. 杨凌：西北农林科技大学.
张冠华，程冬兵，张平仓，等, 2015. 工程开挖面水土流失特征试验研究[J]. 长江科学院院报, 32(3): 27-30.
张会茹, 2009. 红壤坡面与黄土坡面土壤侵蚀过程对比研究[D]. 杨凌：西北农林科技大学.
张建军，毕华兴，魏天兴，2002. 晋西黄土区不同密度林分的水土保持作用研究[J]. 北京林业大学学报，24(3): 50-53.
张乐涛，高照良, 2014. 生产建设项目区土壤侵蚀研究进展[J]. 中国水土保持科学, 12(1): 114-122.
张乐涛，高照良，李永红，等，2013a. 模拟径流条件下工程堆积体陡坡土壤侵蚀过程[J]. 农业工程学报，29(8): 145-153.
张乐涛，高照良，田红卫, 2013b. 工程堆积体陡坡坡面径流水动力学特性[J]. 水土保持学报, 27(4): 34-38.
张乐涛，高照良，田红卫, 2013c. 工程堆积体陡坡坡面土壤侵蚀水动力学过程[J]. 农业工程学报, 29(24): 94-102.
张丽萍，唐克丽, 2001. 矿山泥石流[M]. 北京：地质出版社.
张荣华，荆莎莎，张洪达，等, 2018. 胶东铁路弃土弃渣体产流产沙特征[J]. 水土保持学报, 32(3): 80-85.
张翔，高照良, 2018. 不同坡长条件下塿土堆积体坡面产流产沙过程[J]. 水土保持研究, 25(6): 79-84.
张翔，高照良，杜捷，等, 2016. 工程堆积体坡面产流产沙特性的现场试验[J]. 水土保持学报, 30(4): 19-24, 32.
张岩，刘宪春，李智广，等, 2012. 利用侵蚀模型普查黄土高原土壤侵蚀状况[J]. 农业工程学报, 28(10): 165-171.
赵春红，高建恩，徐震，2013. 牧草调控绵沙土坡面侵蚀机理狗牙根和牛鞭草的消浪减蚀作用[J]. 应用生态学报，24(1): 113-121.

赵暄, 2013. 生产建设项目弃土堆置体下垫面概化与水土流失特征研究[D]. 杨凌: 西北农林科技大学.
赵暄, 谢永生, 景民晓, 等, 2012. 生产建设项目弃土堆置体下垫面仿真模拟标准化参数狗牙根和牛鞭草的消浪减蚀作用[J]. 水土保持学报, 26(5): 229-234.
钟诚, 王彤, 李正南, 2008. 广济水电站水土流失预测方案设计[J]. 湖南水利水电, (1): 76-78.
钟荣华, 贺秀斌, 鲍玉海, 等, 2015. 狗牙根和牛鞭草的消浪减蚀作用[J]. 农业工程学报, 31(2): 133-140.
仲启铖, 杜钦, 张超, 等, 2010. 滨岸不同植物配置模式的根系空间分布特征[J]. 生态学报, 30(22): 6135-6145.
周蓓蓓, 邵明安, 王全九, 2011. 不同碎石种类对土壤入渗的影响[J]. 西北农林科技大学学报(自然科学版), 39(10): 141-147.
周蓓蓓, 邵明安, 2007. 不同碎石含量及直径对土壤水分入渗过程的影响[J]. 土壤学报, 44(5): 801-807.
周天佑, 卿太明, 2004. 四川省开发建设项目水土流失量预测方法[J]. 四川水利, (3): 57-59.
朱波, 莫斌, 王涛, 等, 2005. 紫色丘陵区工程建设松散堆积物的侵蚀研究[J]. 水土保持学报, 19(4): 193-195.
朱显谟, 1958. 甘肃中部土壤侵蚀调查报告[J]. 土壤专辑, (32): 53-109.
朱元骏, 邵明安, 2006. 不同碎石含量的土壤降雨入渗和产沙过程初步研究[J]. 农业工程学报, 22(2): 64-67.
ABIDIN R Z, SULAIMAN M S, YUSOFF N, 2017. Erosion risk assessment: A case study of the Langat River bank in Malaysia[J]. International Soil and Water Conservation Research, 5(1): 26-35.
AKSOY H, KAVVAS M L, 2005. A review of hillslope and watershed scale erosion and sediment transport models[J]. Catena, 64(2-3): 247-271.
BARTHES B, AZONTONDE A, BOLI B Z, et al., 2000. Field scale runoff and erosion in relating to top soil aggregate stability in three tropical regions soils in Cameroon Mexico[J]. European Journal of Soil Science, 51: 485-495.
BIAN Z F, INYANG H I, DANIELS J L, et al., 2010. Environmental issues from coal mining and their solutions[J]. Mining Science andTechnology, 20(2): 215-223.
CHRISTOPH E, GERHARD E, 1998. Influence of modern soil restoration techniques on litter decomposition in forest soils[J]. Applied Soil Ecology, 9(1-3): 501-507.
COPPOLA A, DRAGONETTI G, COMEGNA A, et al., 2013. Measuring and modeling water content in stony soils[J]. Soil & Tillage Research, 128: 9-22.
DEFERSHA M B, MELESSE A M, 2012. Effect of rainfall intensity, slope and antecedent moisture content on sediment concentration and sediment enrichment ratio[J]. Catena, 90: 47-52.
DONG J Z, ZHANG K L, GUO Z L, 2012. Runoff and soil erosion from highway construction spoil deposits: A rainfall simulation study[J]. Transportation Research Part D: Transport and Environment, 17(1): 8-14.
GAO Y, YIN Y P, LI B, et al., 2019. Post-failure behavior analysis of the Shenzhen"12. 20" CDW landfill landslide[J]. Waste Management, 83: 171-183.
GARDNER R A M, GERRARD A J, 2003. Runoff and soil erosion on cultivated rained terraces in the Middle Hills of Nepal[J]. Applied Geography, 23(1): 23-45.
GUO M M, WANG W L, LI J M, et al., 2020. Runoff characteristics and soil erosion dynamic processes on four typical engineered landforms of coalfields: An in-situ simulated rainfall experimental study[J]. Geomorphology, 349: 106896.
KNAPEN A, POESEN J, GOVERS G, et al., 2007. Resistance of soils to concentrated flow erosion: A review[J]. Earth-Science Reviews, 80: 75-109.
LAL R, 1983. Effects of slope length on runoff from Alfisols in Western Nigeria[J]. Geoderma, 31(3): 185-193.
LAVEE H, POESEN J W A, 1991. Overland flow generation and continuity on stone-covered soil surfaces[J]. Hydrological Processes, 5(4): 345-360.
LI J M, WANG W L, GUO M M, et al., 2020. Effects of soil texture and gravel content on the infiltration and soil loss of spoil heaps under simulated rainfall[J]. Journal of Soils and Sediments, 20: 3896-3908.

LOCH R J, SLATER B K, DEVOIL C, 1998. Soil erodibility([K.sub.m])values for some Australian soils[J]. Australian Journal of Soil Research, 36(6): 1045-1055.

LUO H, RONG Y B, LV J R, et al., 2019. Runoff erosion processes on artificially constructed conically-shaped overburdened stockpiles with different gravel contents: Laboratory experiments with simulated rainfall[J]. Catena, 175: 93-100.

LV J R, LUO H, XIE Y S, 2019. Effects of rock fragment content, size and cover on soil erosion dynamics of spoil heaps through multiple rainfall events[J]. Catena, 172: 179-189.

MACDONALD L H, SAMPSON R W, ANDERSON D M, 2001. Runoff and road erosion at the plot and road segment scales, St John, US Virgin Islands[J]. Earth Surface Processes and Landforms, 26(3): 251-272.

MEGAHAN W F, MONSEN S B, WILSON M D, 1991. Probability of sediment yields from surface erosion on granitic road fills in Idaho[J]. Journal of Environmental Quality, 20(1): 53-60.

NEARING M A, XIE Y, LIU B Y, et al., 2017. Natural and anthropogenic rates of soil erosion[J]. International Soil &Water Conservation, 2: 77-84.

PENG X D, SHI D M, JIANG D, et al., 2014. Runoff erosion process on different underlying surfaces from disturbed soils in the Three Gorges Reservoir Area, China[J]. Catena, 123: 215-224.

POESEN J, LAVEE H, 1994. Rock fragments in top soils: Significance and processes[J]. Catena, 23(1-2): 1-28.

RENNER F G, 1936. Conditions influencing erosion of the boise river watershed[J]. Technical Bulletin, 10: 165012.

RILEY S J, 1995. Aspects of the differences in the erodibility of the waste rock dump and natural surfaces, Ranger Uranium Mine, Northern Territory, Australia[J]. Applied Geography, 15(4): 309-323.

ROVIRA A, BATALLA R J, SALA M, 2005. Response of a river sediment budget after historical gravel mining(the lower Tordera, NE Spain)[J]. River Research and Applications, 21: 829-847.

RUBIO-MONTOYA D, BROM K W, 1984. Erodibility of strip-mine spils[J]. Soil Science, 138(5): 365-373.

SELKIRK J M, RILEY S J, 1996. Erodibility of road batter sunder simulated rainfall[J]. Hydrological Sciences, 41(3): 363-376.

SHAMSHAD A, LEOW G S, RAMLAH M W A, et al., 2008. Applications of ANNAGNPS model for soil loss estimation and nutrient loading for Malaysian conditions[J]. International of Journal of Applied Earth Observation and Geoinformation, 10(3): 239-252.

SHI D M, WANG W L, JIANG G Y, et al., 2016. Effects of disturbed landforms on the soil water retention function during urbanization process in the Three Gorges Reservoir Region, China[J]. Catena, 144: 84-93.

TADESSE L, SURYABHAGAVAN K V, SRIDHAR G, et al., 2017. Landuse and landcover changes and soil erosion in Yezat Watershed, North Western Ethiopia[J]. International Soil & Water Conservation Research, 5(2): 85-94.

TAKKEN I, JETTEN V, NACHTERGAELE G, et al., 2001. The effect of tillage-induced roughness on runoff and erosion patterns[J]. Geomorphology, 37(1-2): 1-14.

TIAN P, XU X Y, PAN C Z, et al., 2017. Impacts of rainfall and inflow on rill formation and erosion processes on steep hillslopes[J]. Journal of Hydrology, 548: 24-39.

TRUMAN C C, WAUCHOPE R D, SUMNER H R, et al., 2001. Slope length effects on runoff and sediment delivery[J]. Journal of Soil and Water Conservation, 56(3): 249-256.

TURNER A K, SCHUSTER R L, 1996. Landslides: Investigation and Mitigation Transportation Research Board Special Report[M]. Washington, D C: National Academy Press.

WANG X, LI Z, CAI C, et al., 2012. Effects of rock fragment cover on hydrological response and soil loss from regosols in a semi-humid environment in South-West China[J]. Geomorphology, 151: 234-242.

WEMPLE B C, SWANSON F J, JONES J A, 2015. Forrest roads and geomorphic process interactions, Cascade Range, Oregon[J]. Earth Surface Processes and Landforms, 26(2): 191-204.

WOLMAN, GORDON M, SCHICK P, 1967. Effects of construction on fluvial sediment, urban and suburban areas of Mary land[J]. Water Resources Research, 3(2): 451-464.

XU X L, LIU W, KONG Y P, et al., 2013. Runoff and water erosion on road side-slopes: Effects of rainfall characteristics and slope length[J]. Transportation Research Part D, Transport & Environment, 14(7): 497-501.

XU X M, ZHENG F L, WILSON G V, et al., 2017. Upslope inflow, hillslope gradient and rainfall intensity impacts on ephemeral gully erosion[J]. Land Degradation & Development, 28(8): 2623-2635.

YAIR A, LAVEE H, 1976. Runoff generative process and runoff yield from arid talus mantles slops[J]. Earth Surface Process, 1(3): 235-247.

ZHANG L T, GAO Z L, YANG S W, et al., 2015. Dynamic processes of soil erosion by runoff on engineered landforms derived from expressway construction: A case study of typical steep spoil heap[J]. Catena, 128: 108-121.

ZHAO C H, GAO J E, HUANG Y F, et al., 2017. The contribution of *Astragalus Adsurgens* root and canopy to water erosion control in the water-wind crisscrossed erosion region of the loess plateau, China[J]. Land Degradation and Development, 28(1): 265-273.

第 2 章　生产建设项目水土流失研究方法概述

本书以生产建设项目中水土流失严重的矿区及全国范围内工程堆积体为例，以矿区典型水土流失单元，如排土场、扰动地表以及各类工程堆积体等为重点研究对象，采用野外实地调查、人工模拟降雨、放水冲刷试验（又称“径流冲刷试验”）及自然监测等试验方法，对生产建设项目工程堆积体进行室内概化，结合室内人工模拟降雨试验，深入研究和分析生产建设项目土壤侵蚀单元水土流失特征与侵蚀机制，建立了生产建设项目野外和室内试验的水土流失量测算模型，并进一步对不同措施防治水土流失效益及机理进行研究，总结不同防护措施的减水减沙效益。研究生产建设项目水土流失规律及防护措施，对于水行政主管部门和生产建设单位进行水土流失预测及治理具有重要的指导价值和现实意义。本书基于野外调查→野外模拟试验→室内模拟试验→模型建立→水土流失治理研究，对生产建设项目水土流失规律与水土保持进行了系统分析，具有重要的理论价值和实践意义。本书的研究体系框图见图 2-1。

2.1　晋陕蒙接壤区水土流失调查研究

2.1.1　晋陕蒙能源区水土流失现状及灾害调查研究

1. 调查内容

1）水土流失表现形式及发生原因

以资料调查和现场调查相结合的方式确定能源区水土流失严重的区域主要为排土（矸）场，分析排土（矸）场水土流失环境，调查矿区排土场、排矸场边坡的水土流失特征，并对其进行分析，根据调查资料阐明能源区水土流失的原因。

2）人为水土流失调查及新增水土流失估算

从调查资料中提取每个煤矿和采石场的地理分布位置、井田面积、产能等基本信息，野外实地调查生产建设过程中形成的各种不同下垫面（松散堆积物、新开挖面、排土场、弃土弃渣体等）类型的面积或者体积特征，计算每个煤矿和采石场新增水土流失面积及新增水土流失量，对晋陕蒙能源区煤矿、采石场开采引起的人为水土流失及新增水土流失进行分析和估算。

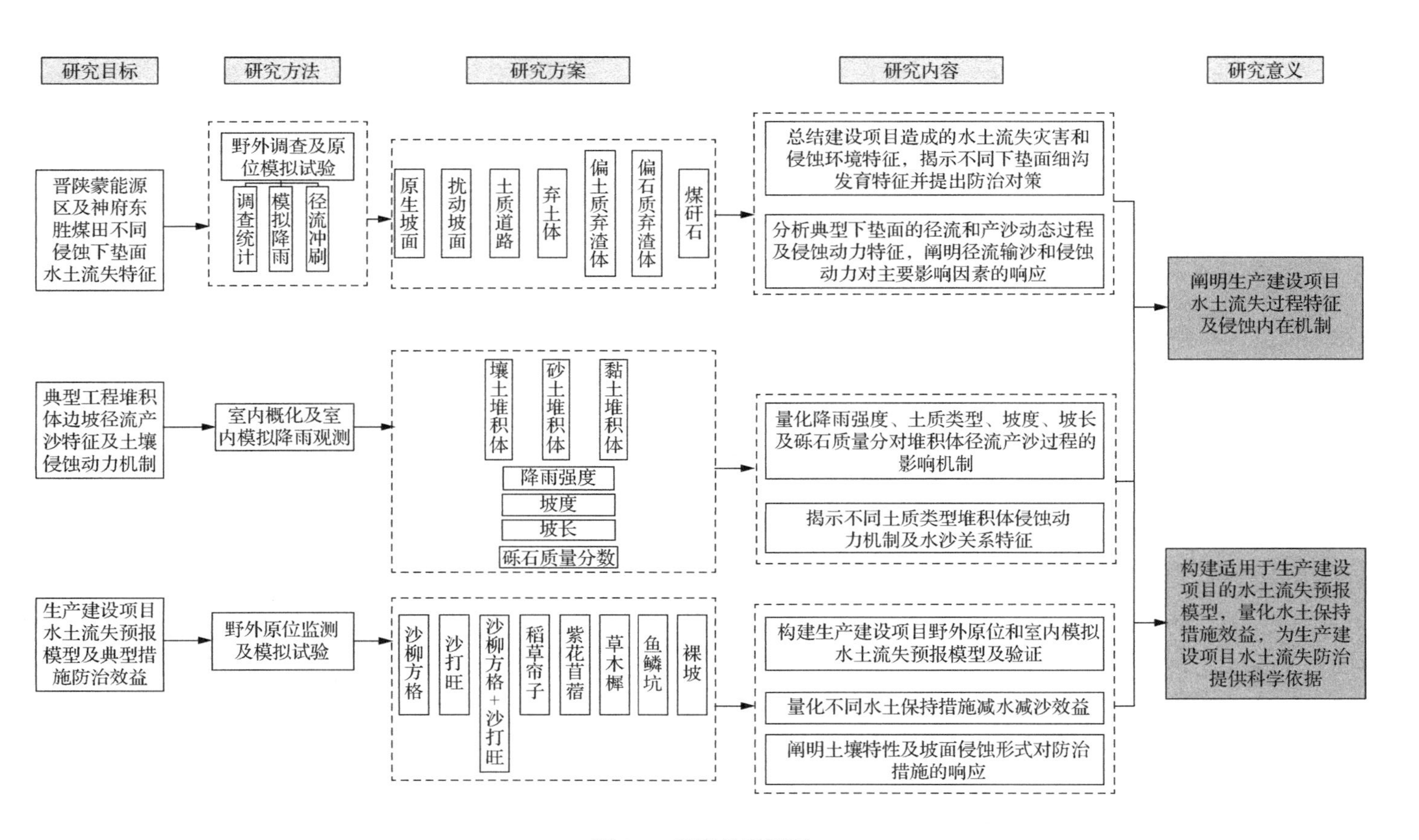
研究目标
研究方法
研究方案
研究内容
研究意义
晋陕蒙能源区及神府东胜煤田不同侵蚀下垫面水土流失特征
野外调查及原位模拟试验
调查统计
模拟降雨
径流冲刷
原生坡面
扰动坡面
土质道路
弃土体
偏土质弃渣体
偏石质弃渣体
煤矸石
总结建设项目造成的水土流失灾害和侵蚀环境特征，揭示不同下垫面细沟发育特征并提出防治对策
分析典型下垫面的径流和产沙动态过程及侵蚀动力特征，阐明径流输沙和侵蚀动力对主要影响因素的响应
阐明生产建设项目水土流失过程特征及侵蚀内在机制
典型工程堆积体边坡径流产沙特征及土壤侵蚀动力机制
室内概化及室内模拟降雨观测
壤土堆积体
砂土堆积体
黏土堆积体
降雨强度
坡度
坡长
砾石质量分数
量化降雨强度、土质类型、坡度、坡长及砾石质量分对堆积体径流产沙过程的影响机制
揭示不同土质类型堆积体侵蚀动力机制及水沙关系特征
生产建设项目水土流失预报模型及典型措施防治效益
野外原位监测及模拟试验
沙柳方格
沙打旺
沙柳方格+沙打旺
稻草帘子
紫花苜蓿
草木樨
鱼鳞坑
裸坡
构建生产建设项目野外原位和室内模拟水土流失预报模型及验证
量化不同水土保持措施减水减沙效益
阐明土壤特性及坡面侵蚀形式对防治措施的响应
构建适用于生产建设项目的水土流失预报模型，量化水土保持措施效益，为生产建设项目水土流失防治提供科学依据

图 2-1　研究体系框图

2. 资料收集与分析

1）资料收集

收集晋陕蒙能源区13个县（区、旗）水土保持相关的行政部门水土保持方案、监测资料、项目审批文件等，确定调查的典型生产建设项目类型包括煤矿开采和石料开采，通过资料、文献调查确定两种典型生产建设项目的人为水土流失分布区域、表现类型、特征、数量等参数。

2）资料分析

从收集到的资料中，摘录出正在开发的生产建设项目的名称、地理位置坐标、所属县镇（乡）、面积（hm^2）、产能（Mt/a）、建设项目所处阶段等内容。提取每个生产建设项目开发前后各个扰动坡面的土壤侵蚀模数及扰动后地面的面积（m^2）。

3. 调查点选取

1）煤矿

根据收集的资料及其分析结果，综合考虑每个县（区、旗）生产建设项目的分布、数量、煤矿产能、生产类型等，确定调查方式。在数量较多的县（区、旗），选择抽样调查的方式；在数量较少的县（区、旗），选择普查的方式，完成调查样点的最终选择。

2）采石场

采石场的人为水土流失调查及新增水土流失量估算等主要通过文献资料获得。

4. 水土流失调查下垫面类型

1）松散堆积物

煤矿开采过程中产生的松散堆积物主要包括以下4个方面：①井采、露天开采过程中剥离的土壤表层；②煤矿开采过程中出现的煤矸石；③临时性的弃土、弃渣；④煤矿形成的粉煤灰等。

在大部分煤矿，被剥离的土壤和煤矸石会被直接运至排土场、排矸场；在某些煤矿，由于排土场、排矸场距离煤矿开采点比较远，会设置临时性排土场或排矸场，形成临时性的松散堆积物。施工阶段，基建也会产生临时性的松散堆积物。产生的生活垃圾与其他类型的松散堆积物相比体量较少，因此不进行统计。未经治理的排土场、排矸场（一般小于1a）较为松散，治理后的排土场不再统计该部分。因此，该项内容统计临时性的弃土及未经治理的排土场、排矸场，计算两者的面积之和及体积之和作为临时堆积物的统计参数。

采石场松散堆积物的来源主要是开采过程中被剥离的土壤表层。

2）新开挖面

井煤矿由于其特定的开采方式，只在建设初期对地面进行挖掘，在运行期只使用已经形成的矿井，并不会产生新的开挖面。露天开采的煤矿，会不断地在采掘场对地表进行采掘，采掘坑边坡即新开挖面，研究中统计其面积（投影面积）参数。采石场的新开挖面也主要在采掘区，但是新开挖面难以靠近，很难获得实际数据，因此在采石场人为水土流失调查中该部分被忽略。

3）破裂地面

与新开挖面不同，破裂地面多存在于井煤矿开采区域，由于矿井会破坏土层结构，引起地面塌陷，形成破裂地面，统计其面积参数。采石取料一般在露天，没有破裂地面产生。

4）排矸场

多为井煤矿开采过程中产生，将煤矸石及弃土弃渣排弃至指定区域形成排矸场，研究中统计其面积和体积参数。

5）排土场

多为露天煤矿开采过程中产生，将覆盖在煤层表层的土壤及生产过程中产生的其他类型弃土弃渣排弃至指定区域形成排土场，统计其面积和体积参数。采石场由于产能较小，产生的弃土弃渣相比煤矿也很少，因此基本没有采石场设置专门的排土场。

6）弃土弃渣体

包括松散堆积物、排矸场、排土场等煤矿开采过程中的所有类型弃土弃渣，统计其面积和体积参数；采石场的弃土弃渣体主要来自被剥离土壤的堆积。

7）强度扰动地面

露天煤矿的采掘场由于煤矿开采活动被不断地高强度扰动，另外，在现场调查过程中发现，进场道路、运煤道路也是不断被扰动的区域，而且道路水土流失强烈，因此统计采掘场面积（投影面积）及运输道路面积。

8）产能

产能一般指年平均产能，代表了煤矿的生产能力。

9）项目所处阶段

分为施工期、自然恢复期、运行期。施工期为生产建设项目的强烈扰动时期，一般会进行大量的基建项目，破坏土地表层土壤和植被；自然恢复期，是实行水土保持措施以后，植被还未完全发挥效益的阶段，一般为 3a；运行期，指项目的正式生产阶段；主要从政府部门收集的水土保持、批文等资料中摘录、提取出上述内容的相关参数，汇总为 8 个类型的参数，用于人为水土流失分析。

5. 野外现场调查方法

主要调查煤矿排土（矸）场所在地的经纬度、排放年限、坡度、坡长、植被类型、植被盖度、容重、侵蚀形式等。具体调查方法包括：①排放年限，以询问煤矿负责人为主；②坡度、坡长，采用罗盘仪、卷尺（皮尺）测量；③植被盖度，采用样方法与样线法确定。

6. 新增水土流失量估算

采用叠加求算的方法（郭素彦，2010）估算煤矿开采产生的新增水土流失面积和新增水土流失量。

2.1.2 晋陕蒙矿区排土场边坡细沟侵蚀调查研究

1. 调查内容

因为排土年限为 1a 时，边坡土壤质地松散，最易发生水土流失，所以以 1a 排土年限的边坡为研究对象。通过野外实地调查，对内蒙古永利煤矿 1a 排土年限的排土场边坡细沟侵蚀分布特征进行研究。前期调查发现，永利煤矿排土场除裸露坡面外，其他坡面得到治理。治理模式主要包含沙柳（学名：乌柳，*Salix cheilophila* Schneid.）方格+沙打旺（学名：斜茎黄芪，*Astragalus laxmannii* Jacq.）治理和沙柳方格治理。因此，调查坡面包括裸坡及 2 种不同治理模式的边坡。

2. 样地概况与细沟测量

调查确定 2 种治理模式施工工艺及主要技术指标，具体如下：①沙柳方格。人工将长约 0.35m 的沙柳条垂直插入新生边坡约 0.2m，插入的沙柳呈菱形排列，长对角线（坡面方向）约 5m，短对角线约 3m。②沙柳方格+沙打旺。沙柳方格施工结束后均匀撒播沙打旺草种，撒播量 15kg/hm^2。

调查确定 1a 排土年限边坡形成于 2013 年 3～5 月，并于 6～7 月实施上述 2 种模式的治理措施，所有边坡在治理前经过平整，坡型均为直形坡。细沟调查时间从 2014 年 7 月 2 日～7 月 6 日，调查期间无降雨。在裸坡和 A、B 两种治理模式的边坡上随机选择坡面进行测量，测量长度和坡长一致，宽 3m。测量细沟时自上而下每隔 2m 分段测量，依次测量每个坡段细沟顶宽、深度、底宽、长度。每种治理模式选择 2 个坡面进行测量，措施编号分别为 A1、A2、B1 和 B2。样方法测量并计算植被盖度，测量结束后在测量断面处取土样测定容重，每个位置 3 次重复，计算其平均值，作为坡面容重均值。采用容积法计算各个坡面的细沟侵蚀量，相同治理模式下的边坡细沟特征参数和细沟侵蚀量均取均值作为该治理模式的细沟侵蚀特征参数和细沟侵蚀量，即 A1 和 A2 取均值，B1 和 B2 取均值，得到 A 和 B 治理模式下的细沟侵蚀特征参数和细沟侵蚀量。样地概况如表 2-1 所示。

表 2-1　样地概况

样地编号	坡长/m	坡度/（°）	措施类型	措施编号	植被盖度/%
1	24	37	沙柳方格+沙打旺	A1	75
2	22	38	沙柳方格+沙打旺	A2	45
3	18	34	沙柳方格	B1	4
4	20	34	沙柳方格	B2	4
5	18	30	裸坡（bare slope）	BS	0

5 个坡面的坡长均不相同，考虑到坡长因子对细沟发育的影响，因此后续涉及 2 个及以上不同长度的边坡进行比较分析时，以较短坡长为基准坡长。

侵蚀性降雨是黄土高原土壤侵蚀的主要因素之一，我国侵蚀性降雨标准为日降雨量大于 12mm，且已有广泛应用。降雨情况直接影响 1a 排土场边坡细沟侵蚀特征。永利煤矿 2013 年 6 月～2014 年 6 月发生侵蚀性降雨 8 次，日降雨量在 14.5～60.0mm，主要发生在 2013 年 6～9 月。侵蚀性降雨量总和为 279.4mm，占总降雨量的 54.13%。

3. 细沟参数描述

采用细沟密度（RD）、细沟割裂度（RS）、细沟宽深比（RR）、细沟侵蚀量（RM）和细沟累计侵蚀量（RAM）来反映排土场边坡的细沟发育状况。

1）细沟密度

细沟密度为单位研究区域内的细沟总长度，可以反映边坡的破碎程度及细沟的分布状况，具体计算方法见式（2-1）。

$$\mathrm{RD}=\sum_{i=1}^{m} l_i / A_{\mathrm{q}} \tag{2-1}$$

式中，RD 为细沟密度（$\mathrm{m/m^2}$）；m 为测量样方坡面上细沟的总条数（条）；l_i 为测量样方内第 i 条细沟总长度（m）；A_{q} 为测量坡面的样地面积（$\mathrm{m^2}$）。

2）细沟割裂度

细沟割裂度为单位研究区域内所有细沟的平面面积之和，除了可以反映边坡的破碎程度，还能反映细沟侵蚀强度，具体计算方法见式（2-2）。

$$\mathrm{RS}=\sum_{i=1}^{m} A_i / A_{\mathrm{q}} \tag{2-2}$$

式中，RS 为细沟割裂度，量纲为 1；A_i为坡面上第 i 条细沟表面积（m^2）。

3）细沟宽深比

细沟宽深比为细沟宽度和对应深度的比值，可以反映细沟横断面形状的变化，具体计算方法见式（2-3）。

$$\mathrm{RR}=\sum_{j=1}^{n}[(w_{uj}+w_{dj})/(2d_j)]/n \tag{2-3}$$

式中，RR 为细沟宽深比，量纲为 1；n 为测量细沟的测量断面数量；w_{uj}、w_{dj}和d_j分别为测量细沟第 j 个测量断面上的细沟顶宽、底宽和深度（cm）。

4）细沟侵蚀量

细沟侵蚀量 RM 的计算见式（2-4）。从上到下每隔 2m 量测每条细沟的宽度和深度，将每个测量段的细沟面积简化为梯形计算。

$$\mathrm{RM}=\sum_{j=1}^{n-1}[(w_j+w_{j+1})/2][(d_j+d_{j+1})/2]l_o\rho_s \tag{2-4}$$

式中，RM 为细沟侵蚀量（kg）；w_j与 w_{j+1}分别为第 j 和第 j+1 个测量断面的细沟宽（cm）；d_j与 d_{j+1}分别为第 j 和第 j+1 个测量断面的细沟深度（cm）；l_o为测量间距（m），取 2m；ρ_s为土壤干容重（g/cm^3）。

5）细沟累计侵蚀量

细沟累计侵蚀量为一段坡面上细沟对表层土壤剥蚀的总质量，具体计算方法见式（2-5）。

$$\mathrm{RAM}=\sum_{i=1}^{i=m}\mathrm{RM}_i \tag{2-5}$$

式中，RAM 为细沟累计侵蚀量（kg）；RM$_i$为测量样方内第 i 条细沟的侵蚀量（kg）。

2.2 基于原位试验的径流产沙特征研究

2.2.1 基于原位模拟降雨试验的坡面径流产沙特征研究

1. 研究内容

原位模拟降雨试验选在陕西省神木市（原神木县）西沟街道六道沟的中国科学院水利部水土保持研究所神木侵蚀与环境试验站进行。调查神府东胜煤田生产建设过程中造成的扰动地面、非硬化路面和弃土弃渣体等的分布及其侵蚀特征，并分析其影响因素，探讨不同下垫面在不同条件下的径流产沙规律及水动力学特征，揭示侵蚀产沙机理，研究新增水土流失量估算方法。

1）人为水土流失特征研究

神府东胜煤田建设过程中产生不同下垫面类型的人为侵蚀方式、特征及主要影响因素，对比分析不同下垫面之间的差异性。

2）人为水土流失机理研究

主要研究内容包括：①原生坡面、扰动坡面、非硬化路面、弃土弃渣体等产生的水土流失量与各影响因素（降雨、坡度）之间的定量关系；②坡面水流的水动力学因子（流速、雷诺数、径流功率、径流剪切力等）与侵蚀产沙动态变化特征及其相互关系；③坡面沟蚀形态演变过程与降雨径流、侵蚀产沙之间的耦合响应机理；④新增水土流失量估算。

2. 试验小区设置

试验中的下垫面采用人工模拟方法进行，各下垫面试验小区的布设如下：

1）原生坡面

选择一块尺寸为 1m×3m、未经过人为扰动的撂荒地。周围用 1mm 厚钢板打围，坡度选择 5°、10°、18°。

2）扰动坡面

与原生坡面在相同的撂荒地上选择一块尺寸为 1m×3m、地表经过除草，深翻 30cm 整平后形成。周围用 1mm 厚钢板打围，坡度选择 5°、10°、18°。

3）非硬化路面

在邻近的撂荒地上选择一块尺寸为 1m×3m 的坡面，经过人为夯实、铲平，容重达到 $1.7g/cm^3$。周围用 1mm 厚钢板打围，坡度选择 3°、6°、9°、12°。

4）弃土弃渣体

六道沟村办煤矿内，在自然休止的弃渣体上放置长×宽×高为 3m×1m×1m 的钢槽，内置弃土弃渣体，坡度选择 35°、40°，坡度由填渣的时候人为设置。弃土弃渣体包括弃土体、沙多石少弃渣体、沙少石多弃渣体、煤矸石。沙多石少弃渣体和沙少石多弃渣体的沙石质量比分别为 2∶1 和 1∶2，煤矸石为经过 3a 以上风化后形成的细碎渣体。

各下垫面试验小区试验布设见图 2-2。

3. 试验方法

1）降雨器设置

用 12 根长 6m、20 根长 3m 的钢管（直径为 6mm），搭起高为 3m 的降雨架，上方布设下喷式降雨器，周围用彩条布包围，起到防风的效果，原位模拟降雨试验布设如图 2-3 所示。

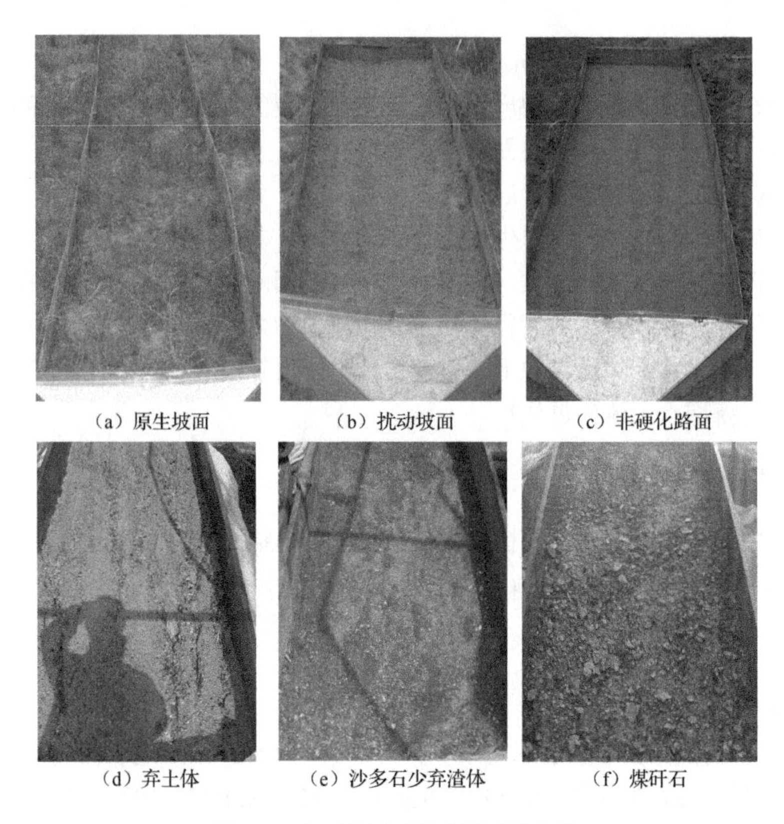

图 2-2　各下垫面试验小区试验布设

图 2-3　原位模拟降雨试验布设

2）试验供水

采用 3 台潜水泵同时工作接力供水，把水抽至小区上方容积为 2m^3 的储水桶内，由 60m 扬程的潜水泵提供压力降雨，设置双阀门和压力表来调节降雨强度。

3）降雨历时

试验开始，记录产流时间，产流后前 3min 内每 1min 接一个水样，3min 后每 3min 接一个水样，产流后降雨历时为 45min。

4）样品采集及观测

记录模拟降雨试验过程并计算径流量、含沙量、流速、径流宽度（简称“流宽”）、径流深及水温等基本观测项目。其中，用薄钢尺在各小区固定位置测量坡面径流宽度；用颜料示踪法测定每个断面流速，由于所测流速为径流表面的最大流速，要得到平均流速，须根据水流流态进行换算，根据雷诺数判断是紊流、过渡流或者层流，然后分别乘以换算系数 0.80、0.70 和 0.67；测量径流深时用尺子与同一过水断面不同水流位置测定 3 次，取平均值；每次试验前后分别在稳流槽中用温度计测量水温，以计算水动力黏滞系数；含沙量用烘干法测定。

5）试验过程

降雨前把处理好的小区用遮雨布盖住，率定降雨强度。多次率定，使误差不超过 5%。降雨强度率定完毕后，迅速揭开遮雨布。记录产流时间，观察产流的过程。当集流槽有明显的股流流出时，从降雨开始至该时刻定为产流起始时间。此时按照设计开始接径流和泥沙样，并测量流速、流宽、径流深。

4. 试验场次

试验包括 9 种不同下垫面，坡度及降雨强度设置有区别，各试验小区的具体布设参数见表 2-2，共进行 88 场人工模拟降雨试验（实际试验过程中，由于野外试验不稳定性因素较多，为保证试验的准确性，根据试验数据的实际情况对有些试验进行了重复，实际场次大于 88 场）。

表 2-2　试验小区的具体布设参数

下垫面类型	坡度/（°）	降雨强度/（mm/min）	试验场次
原生坡面	5、10、18	1.0、1.5、2.0、2.5、3.0	15
扰动坡面	5、10、18	1.0、1.5、2.0、2.5、3.0	15
非硬化路面（土质道路）	3、6、9、12	0.5、1.0、1.5、2.0、2.5、3.0	24
弃土体	35、40	1.0、1.5、2.0、2.5、3.0	10
沙多石少（偏土质）弃渣体	35、40	1.0、1.5、2.0、2.5、3.0	10
沙少石多（偏石质）弃渣体	35、40	1.0、1.5、2.0、2.5、3.0	10
煤矸石	40	1.5、2.0、2.5、3.0	4

5. 参数计算

1）径流率

径流率为坡面小区在单位时间内流失水的质量，采用式（2-6）计算。

$$R_{\mathrm{r}} = 0.06\frac{M_t - M_{\mathrm{s}}}{\rho_{\mathrm{w}} t} \tag{2-6}$$

式中，R_{r}为径流率（L/min）；M_t为接样时间 t 内的径流和泥沙总质量（g）；M_{s}为接样时间 t 内的干泥沙质量（g）；ρ_{w}为水的密度（$\mathrm{g/cm^3}$）。

2）侵蚀速率

侵蚀速率为单位时间单位面积侵蚀产生的干泥沙量，计算式见（2-7）。

$$E_{\mathrm{r}} = 60\frac{M_{\mathrm{s}}}{A_{\mathrm{p}} \cdot t} \tag{2-7}$$

式中，E_{r}为侵蚀速率[$\mathrm{g/(m^2 \cdot min)}$]；$A_{\mathrm{p}}$为小区面积（$\mathrm{m^2}$）。

3）雷诺数

雷诺数（Re）为水流紊动强度的重要判断指标，量纲为 1，是水流惯性力与黏滞力的比值。对于明渠流，$Re<500$ 时，水流为层流；$Re = 500$ 时，水流为过渡流；$Re>500$ 时，水流为紊流。具体计算方法见式（2-8）。

$$Re = \frac{V \times R}{\upsilon}, \quad \upsilon = \frac{1.775 \times 10^{-6}}{1 + 0.0337T + 0.000221T^2} \tag{2-8}$$

式中，Re 为雷诺数；υ为水流黏滞系数（$\mathrm{m^2/s}$）；T 为水温（℃）；V 为过水断面径流流速（m/s）；R 为水力半径（m），$R=A/\chi$，A 为过水断面面积（$\mathrm{m^2}$），χ为湿周（m）。

4）弗劳德数

弗劳德数为表征水流流态的参数，量纲为 1，为水流惯性力和重力的比值。具体计算方法见式（2-9）。

$$Fr = \frac{V}{\sqrt{g \cdot h}} \tag{2-9}$$

式中，Fr 为弗劳德数；h 为径流深（m）；g 为重力加速度（$\mathrm{m/s^2}$）。$Fr>1$ 时，惯性力作用大于重力作用，惯性力对水流起主导作用，水流为急流；$Fr<1$ 时，重力作用大于惯性力作用，重力对水流起主导作用，水流为缓流；$Fr=1$ 时，惯性力与重力作用相等，水流为临界流。

5）径流阻力系数

径流阻力系数为径流在向下流动过程中受到的来自水土界面阻滞水流的摩擦力，以及水流内部质点混掺和携带泥沙产生的阻滞水流运动的阻力总称。径流阻力系数 f 可用来衡量径流受到坡面阻力作用的大小，具体计算方法见式（2-10）。

$$f = \frac{8g \cdot R \cdot J}{V^2} \tag{2-10}$$

式中，J 为水力坡度，近似为坡度正切值。

6）径流剪切力

径流剪切力反映径流在流动时对坡面土壤剥蚀力大小的参数，具体计算方法见式（2-11）。

$$\tau = \rho_w \cdot g \cdot R \cdot J \tag{2-11}$$

式中，τ 为径流剪切力（N/m^2）；ρ_w 为水的密度（kg/m^3）。

7）径流功率

径流功率表征作用于单位面积水流所消耗的功率，反映剥蚀一定量土壤所需功率，具体计算方法见式（2-12）。

$$\omega = \rho_w \cdot g \cdot R \cdot J \cdot V = \tau \cdot V \tag{2-12}$$

式中，ω为径流功率（W/m^2）。

8）单位径流功率

单位径流功率为坡面流流速与水力坡度的乘积，即单位质量水体势能随时间的变化率，具体计算方法见式（2-13）。

$$U = V \cdot J \tag{2-13}$$

式中，U 为单位径流功率（m/s）。

9）过水断面单位能

过水断面单位能是以过水断面最低点为基准面的单位质量水体所具有的动能和势能之和，具体计算方法见式（2-14）。

$$E = \frac{\alpha V^2}{2g} + h \tag{2-14}$$

式中，E 为过水断面单位能（m）；α 为动能校正系数，常取 $\alpha = 1$。

2.2.2 基于原位放水冲刷试验的坡面径流产沙特征研究

1. 研究内容

以神府东胜煤田开发建设中的扰动坡面、非硬化路面、弃土弃渣体为主要研究对象，采用野外放水冲刷试验方法，研究不同放水流量（简称“流量”）、坡度条件下的坡面径流规律、水动力学特性及其产沙规律，揭示神府东胜煤田开发建设中不同下垫面的径流产沙特征及其与各因素之间的定量关系。

1）人为水土流失特征研究

通过在神府东胜煤田开发建设中产生的不同下垫面上进行放水冲刷试验，研究人为水土流失与原生坡面水土流失特征的主要差异，以及不同下垫面的人为侵蚀方式、特征及主要影响因素。

2）人为水土流失机理研究

①通过野外放水冲刷试验，研究不同下垫面条件下（原生坡面、扰动坡面、非硬化路面、弃土弃渣体等）产生的土壤侵蚀量与各影响因素（放水流量、坡度等）之间的定量关系；②研究人为水土流失过程中坡面水流的水动力学参数（流速、径流功率、径流剪切力及二者与侵蚀量之间的关系等），侵蚀产沙动态变化特征及相互间的关系；③研究神府东胜煤田不同下垫面条件下水沙关系。

2. 试验小区设置

放水冲刷试验在神府东胜煤田腹地神木市西沟街道六道沟的一块撂荒地上进行。首先设置好下垫面坡度，然后布设试验小区。试验小区尺寸为 1m×10m，四周用 1mm 厚的钢板打围（插入地下 0.15m，地上露出 0.1m），使小区边界条件一致。小区上方放置溢水箱，小区下方放置集流槽，其宽度和小区宽度一致。各小区划分 3 个断面，分别在 2～3m、5～6m、8～9m 处设置观测断面，用细铁丝隔开，用于流速、径流深、流宽与侵蚀沟的横断面测量。冲刷条件下的各小区布设图见图 2-4。

试验中采用 5L/min、10L/min、15L/min、20L/min、25L/min、30L/min、35L/min、40L/min 共 8 种放水流量。流量率定为前后两次误差不超过 5%，产流后的试验时间为 45min。各不同下垫面试验处理及场次如下：

1）原生坡面

坡度 5°、10°、18°，5 种放水流量（5～25L/min），进行 15 场试验。

2）扰动坡面

坡度 5°、10°、18°，5 种放水流量（5～25L/min），进行 15 场试验。

3）非硬化路面

坡度 3°、7°、9°、12°，5 种放水流量（5～25L/min），进行 20 场试验。

4）弃土体

坡度 39°（自然休止角），4 种放水流量（10～25L/min），进行 4 场试验。

（a）原生坡面　（b）扰动坡面　（c）非硬化路面

（d）弃渣体　（e）弃土体　（f）煤矸石

图 2-4　冲刷条件下的各小区布设图

5）沙多石少弃渣体

坡度 35°（自然休止角），4 种放水流量（10～25L/min），进行 4 场试验。

6）沙少石多弃渣体

坡度 41.7°（自然休止角），4 种放水流量（10～25L/min），进行 4 场试验。

7）煤矸石

坡度 40°（自然休止角），4 种放水流量（25～40L/min），进行 4 场试验。

3. 试验方法

试验前测定坡度、土壤容重、土壤含水量、土壤颗粒组成，并率定放水流量，试验中观测产流时间、流速、侵蚀沟沟宽和沟深、小区出口处的径流泥沙量。坡度用坡度仪测定，土壤容重用环刀法测定，土壤含水量和径流泥沙量用烘干法测定，流速用高锰酸钾染色法测定，用秒表测定产流时间，流宽和径流深用直尺法测定。用水平仪确保稳流箱水平，使其水流以薄层水流的形式向下流动。野外放水冲刷试验如图 2-5 所示。

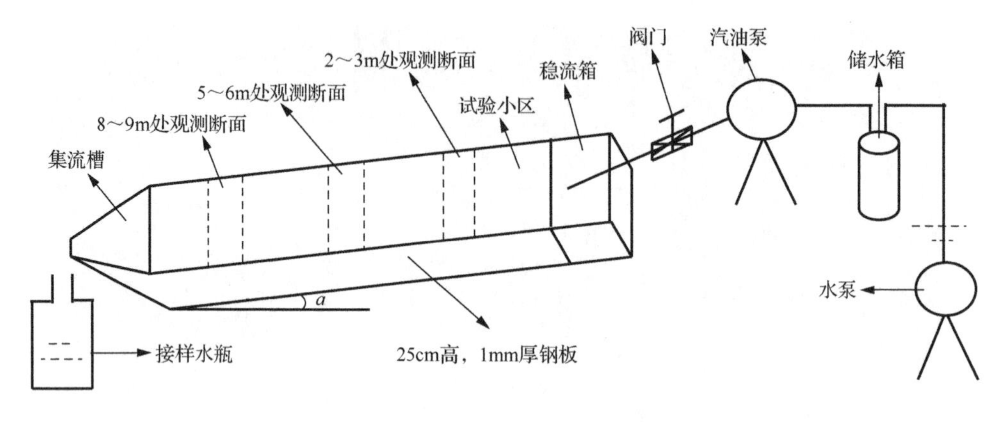

图 2-5　野外放水冲刷试验示意图

4. 参数计算

相关参数计算均与 2.2.1 小节一致。

2.3　基于室内模拟试验的工程堆积体径流产沙特征研究

2.3.1　工程堆积体径流产沙特征

1. 研究内容

以不同土壤质地工程堆积体为研究对象，通过野外调查结合室内模拟降雨试验等方法，确定影响各类工程堆积体侵蚀的主要影响因素，阐明水土流失量与影响因子的定量关系。提出各参数修订式，建立生产建设项目水土流失量测算模型。具体研究内容如下。

1）砂土、壤土、黏土堆积体水沙关系分析

采用人工模拟降雨试验，研究降雨强度、坡度、坡长、土壤类型、砾石质量分数对堆积体侵蚀过程的影响。试验过程中获取各时段内的产沙量、径流量、流速、径流深、水温等基础数据，计算分析各时段、次降雨产沙量、径流量之间的定量关系，建立产沙量与径流量、产沙量与降雨量之间的经验关系式。明晰水沙瞬时、次降雨之间的关系，对研究工程堆积体侵蚀过程、机理、侵蚀量预测、水土流失预报有重要意义。

2）砂土、壤土、黏土堆积体水动力学参数特征分析

水是侵蚀的动力也是侵蚀过程中传递能量的介质，下垫面条件一致的情况下，降雨、径流等产生的各种水流的物理参数对侵蚀量有重要的影响。通过试验过程中获取的径流基础数据，利用现有的水力学计算公式，计算得出一次降雨过程中

径流在各时段的雷诺数、弗劳德数、径流剪切力、径流阻力系数等水动力学参数，为进一步揭示侵蚀机理、加强水土流失防治与综合治理提供理论支持。同时，分析降雨强度、坡度、坡长、土壤质地类型、砾石质量分数等因素对堆积体水动力学参数影响。

2. 试验方法

研究不同因素（土壤质地、坡度、坡长、砾石质量分数）对堆积体侵蚀产沙及水动力学参数的影响，试验小区及试验过程基本一致，只需要调整部分参数即可。本小节对试验方法进行概况性说明，其他未特别说明的试验参照本小节说明内容。

1）试验用土石来源及特性

模拟堆积体的土壤选用工程中常用到的非耕作土，其中风沙土（砂土）取自陕西省榆林市靖边县，塿土（壤土）取自陕西省杨凌区，红土（黏土）取自江西省南昌市新建区。测定颗粒机械组成及有机碳含量，风沙土的砂粒（粒径为 0.05～2mm）体积分数、粉粒（粒径为 0.002～0.05mm）体积分数、黏粒（粒径＜0.002mm）体积分数分别为 5.9%、33.4%、60.7%；塿土砂粒、粉粒、黏粒的体积分数分别为 22.7%、73.9%、3.4%；红土砂粒、粉粒、黏粒的体积分数分别为 17.9%、54.1%、28%。风沙土、塿土、红土的有机碳含量分别为 0.16%、0.79%和 0.31%。试验用土经 6mm 筛网筛分剔除杂质后平铺室外自然风干。

试验所用砾石粒径以野外调查侵蚀过程中可被搬运的尺寸为依据选取，按粒径＜14mm（小）、14～25mm（中）、25～50mm（大）分 3 级，按质量比 3∶5∶2 配置。模拟降雨试验包括 3 种土壤质地堆积体在 4 种不同砾石质量分数[BS（裸坡）、10%、20%和 30%]条件下开展。所用砾石参照工程实际，经机械粉碎后分选获取。

2）试验土槽

试验土槽为中国科学院教育部水土保持与生态环境研究中心自行设计的可移动液压式变坡度钢槽，钢槽的坡度变化范围为 0°～35°，长×宽×高分别为 3m×1m×0.5m、5m×1m×0.5m、6.5m×1.5m×0.5m、12m×1.5m×0.5m。根据不同试验设计选用不同的钢槽。

3）装填工艺

填土深度与土槽集流槽出口平齐，为 0.45m。将风干筛选后的土壤与配比好的砾石人工搅拌 3～4 次均匀混合，用传送带向土槽内填装。为模拟天然降雨入渗过程，槽底铺设天然砂并用透水性强的纱布隔开，模拟降雨用水为纯净水。为防止降雨中发生滑塌，供试土石体分下层 20cm、中层 15cm、上层 10cm，共计 3 层装填，中层和下层人工夯实，上层 10cm 用压实板平整，放置 24h 自然沉降后开始模拟降雨试验。

4）模拟降雨试验过程

模拟降雨试验在中国科学院水利部水土保持研究所人工模拟降雨大厅进行，降雨高度为 16m，降雨强度变化范围为 30～350mm/h，降雨均匀度大于 80%。模拟降雨试验前以梅花桩法布设雨量筒率定降雨强度，在试验槽两侧分别布设 3 个（共计 6 个）雨量筒，测定单位时间单位面积的降雨量，降雨强度及降雨均匀度误差控制在 5%内。在产流开始后 3min 内每 1min 各接 1 个径流泥沙样，3min 后每隔 3min 重复 1 次上述过程。根据暴雨历时短的特点设计总产流时间为 45min。在每个试验槽坡面分别布设 3 个观测断面，用于测定流速、径流深和流宽，测定时间与接取径流泥沙样同步进行。

试验观测项目：降雨开始前，测定试样（土石混合）的前期含水量、密度、有机质含量等；降雨过程中测量水温、流速、径流量、径流深、流宽、沟长、沟深和沟宽等，并观测坡面水沙过程及地面微型态变化。

3. 参数计算

1）产沙速率

产沙速率具体计算见式（2-15）。

$$Y_{\mathrm{r}} = \frac{M_{\mathrm{s}}}{A_{\mathrm{p}} \cdot t} \tag{2-15}$$

式中，Y_{r} 为产沙速率[g/(m²·s)]。

2）含沙量

含沙量具体计算见式（2-16）。

$$C_{\mathrm{s}} = \frac{M_{\mathrm{s}}}{(M_t - M_{\mathrm{s}}) / \rho_{\mathrm{w}}} \tag{2-16}$$

3）产沙量

产沙量具体计算见式（2-17）。

$$\mathrm{SY} = \sum_{i=1}^{z} Y_{\mathrm{r}i} \cdot t_i / 1000 \tag{2-17}$$

式中，SY 为产沙量（kg）；$Y_{\mathrm{r}i}$ 为时段 t_i 内的平均产沙速率[g/(m²·s)]；z 为测量时段数量。

4）径流量

径流量具体计算见式（2-18）。

$$VR = \sum_{i=1}^{z} R_{ri} \cdot t_i / 60 \tag{2-18}$$

式中，VR 为径流量（L）；R_{ri} 为时段 t_i 内的平均径流率（L/min）。

2.3.2　工程堆积体水土流失量测算模型建立

1. 研究思路

以大量野外实地调查数据为基础，分析现有工程堆积体水土流失测算模型的优缺点，以论证方式确定采用 USLE 模型为蓝本。根据工程堆积体特征，定义生产建设项目工程堆积体标准小区，并对模型的各参数因子进行修订。降雨侵蚀力（R）可利用已有研究成果，针对土壤可蚀性因子 K（工程堆积体中修订为土石质因子 T）、坡度因子（S）和坡长因子（L）分别进行定义并修订，模型中作物覆盖及管理因子（C）和水保措施因子（P）均取 1。其中，K（或 T）根据土壤质地不同，主要划分为砂土、壤土和黏土 3 种常见类别，并新增了砾石质量分数因子，将 USLE 中的 K 重新定义为 T，并将试验获得的 T 与气候诺谟图法得出的估算值进行比较，进一步修正因子参数。

2. 试验方案

1）土石质因子修订

土壤质地类型设置为砂土、壤土、黏土 3 类；砾石质量分数设置为 0%、10%、20%、30%；降雨强度设置为 1.0mm/min、1.5mm/min、2.0mm/min、2.5mm/min；坡度设置为 25°；坡长设置为斜坡长 5m。

2）坡度因子修订

土壤质地类型设置为壤土；砾石质量分数设置为 0%；降雨强度设置为 1.0mm/min、1.5mm/min、2.0mm/min、2.5mm/min；坡度设置为 15°、25°、30°、35°；坡长设置为斜坡长 5m。

3）坡长因子修订

土壤质地类型设置为壤土；砾石质量分数设置为 0%；降雨强度设置为 1.0mm/min、1.5mm/min、2.0mm/min、2.5mm/min；坡度设置为 25°；坡长设置为斜坡长 3m、5m、6.5m、12m。

在完成以上试验基础上，开展完全正交试验，包括土壤质地、坡度、坡长、砾石质量分数 4 个因子，同时还完成了壤土堆积体在砾石质量分数 40%和 50%条件下 4 种降雨强度的 8 场试验，合计完成模拟降雨试验 200 余场次（不包含部分重复试验）。

2.4　排土场边坡水土流失防治效益研究

2.4.1　基于原位模拟降雨试验的排土场边坡防治效益研究

1. 研究内容

通过对沙多石少弃渣体、沙少石多弃渣体、煤矸石 3 种矿区典型堆积体边坡在植被措施（种草）和工程措施（鱼鳞坑）下的减水减沙效益计算分析，探索矿区不同弃渣体的最佳治理方式。

2. 试验因素的选取

调查发现，矿区最常见的堆积体是由煤矿开采过程中形成的大量弃土、弃渣、弃石及其他废弃物混合堆砌而成的，颗粒成分以砾石、风沙土和黄绵土为主，组成成分复杂，颗粒粒径差异大，含砾石较多，疏松多孔，易发生侵蚀。试验选取该矿区中具有代表性的沙少石多弃渣体（沙石质量比约 1∶2）、沙多石少弃渣体（沙石质量比约 2∶1），以及经过 3～5a 风化后形成的细碎石渣和土粒混合的煤矸石堆积体。前 2 种弃渣体土壤颗粒机械组成见表 2-3。实地调查发现，3 种堆积体坡度多集中在 33°～39°，所占比例在 90%以上，因此试验选择在 35°边坡进行；根据当地多年典型暴雨特性，降雨强度设计为 1.0mm/min 和 1.5mm/min，降雨历时为 24min。

表 2-3　2 种弃渣体土壤颗粒机械组成

粒径/mm	质量分数/%	
	沙多石少弃渣体	沙少石多弃渣体
<0.01	0.43	0.35
0.01～0.1	6.85	4.13
0.1～0.5	17.08	10.41
0.5～1	10.33	7.13
1～2	20.25	8.65
2～5	32.97	21.21
>5	12.09	48.12

3. 试验布设

试验在中国科学院水利部水土保持研究所神木侵蚀与环境试验站进行，径流小区为弃渣体上安置的尺寸为 3m×1m×1m 的钢槽，内置弃土弃渣体，小区下端设钢制集流槽，并在距离顶部 1m 和 2m 处设置测流断面；弃渣体坡面防护措施为人工移植种草和布设鱼鳞坑 2 种，移植的草为矿区周围农地上人工种植的两年生冰草[*Agropyron cristatum*(L.)Gaertn.]，挑选长势良好且株高相近的冰草，将其植入弃渣体深 20～30cm 处，从小区顶端开始每隔 50cm 水平布设草带，草带长宽为 0.9m×0.2m，采取移植的主要原因是保证在试验时 3 种弃渣体坡面的植被条件一致。鱼鳞坑处理是在坡面上临时开挖鱼鳞坑，坑的直径为 50cm，深 30cm。鱼鳞坑呈三角形排列，沿小区坡面等距布设，坑与坑之间的纵向距离为 0.5m。所有小区布设完毕后放置半个月，周围设立警示标志，防止人为干扰破坏，待冰草扎根较好，能正常生长时进行试验。开始试验前，在小区周围用 3.0m 高的钢管搭建降雨棚，在正上方布设下喷式模拟降雨器，喷头高度为 3.0m，喷头间距为 1.0m，降雨雨滴终速接近天然降雨，降雨均匀度在 80%以上，通过阀门和压力表来控制雨强，试验模型示意图见图 2-6，在小区搭建防风棚以减少风对试验的影响。共设计 18 场模拟降雨试验。

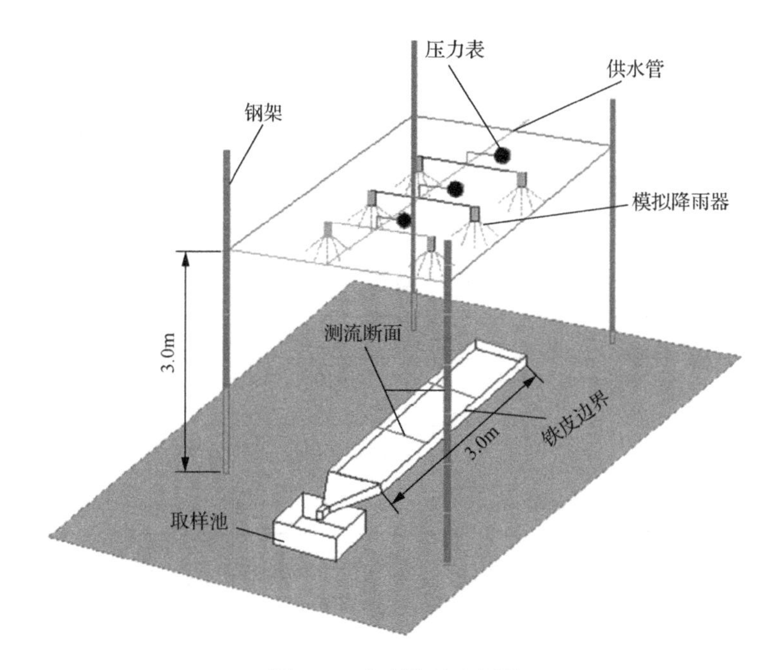

图 2-6　试验模型示意图

4. 试验过程与数据采集

试验前用遮雨布遮盖小区，降雨器开启后先率定降雨强度，率定降雨强度与设计值误差在 5%以内，降雨均匀度在 80%以上即满足要求。开始降雨后快速掀起小区上方的遮雨布，待坡面开始产流后使用秒表计时，并在集流槽出口处用径流桶接取径流泥沙样，同时记录接样时间，前 3min 内每 1min 接 1 次泥沙样，3min 后每 3min 接 1 次泥沙样，产流历时 24min，接样时用 $KMnO_4$ 溶液和秒表测流速，取 2 个断面的平均值作为坡面流速，将所测流速乘以 0.75 得到较为理想的径流流速，使用精度 1mm 的钢尺测量径流宽度和径流深，同一个断面多次测量取平均值，用温度计测量水温，采用烘干法确定泥沙量。

2.4.2 基于原位放水冲刷试验的排土场边坡防治效益研究

1. 不同植被类型防护边坡放水冲刷试验

1）研究内容

以内蒙古自治区准格尔旗永利煤矿（露天）排土场边坡为研究对象，采用野外放水冲刷的试验方法，研究不同放水流量下（5L/min、10L/min、15L/min、20L/min）不同植被类型[沙打旺条播、沙柳方格+沙打旺撒播、沙打旺撒播、草木樨（*Melilotus officinalis*（L.）Pall.）撒播和紫花苜蓿（*Medicago sativa* L.）撒播等]对排土场边坡径流产沙的影响。

2）试验设计

永利煤矿排土场边坡表层土容重为 1.21～1.47g/cm^3，厚度为 25～55cm，土壤以栗钙土为主，其中夹杂着极易风化的松散砒砂岩和少量砾石，其土壤颗粒机械组成见表 2-4，表层土体下方为排弃的岩石层。

表 2-4　永利煤矿排土场边坡土壤颗粒机械组成（体积分数）　（单位：%）

下垫面类型	粒径/mm										
	<0.001	0.001～0.002	0.002～0.005	0.005～0.01	0.01～0.02	0.02～0.05	0.05～0.10	0.10～0.20	0.20～0.25	0.25～0.50	0.50～2.00
原生土壤	4.82	1.81	3.08	4.58	6.23	20.76	34.45	24.07	0.20	0.00	0.00
排土场边坡表层土体	3.08	1.69	3.06	4.88	9.45	18.32	16.44	17.72	4.66	13.16	7.54

试验于 2013 年 6～9 月在内蒙古自治区鄂尔多斯市准格尔旗永利煤矿排土场西侧 1a 排土年限的边坡上进行，排土场形成于 2012 年秋，坡向为 NW48°。选取沙柳、沙打旺、草木樨、紫花苜蓿 4 种植物防护排土场边坡，组建沙打旺条播（D_A）、沙柳+沙打旺撒播（B_{SA}）、沙打旺撒播（B_A）、草木樨撒播（B_{MS}）、紫花苜蓿撒播（B_{MA}）5 种坡面防护措施，并选取裸坡（BS）为对照。野外径流试验小区宽度为 1m，坡长为 10m，于 2013 年 7 月 5 日建成。坡面无细沟分布，无土壤结皮层，小区布设完成前，坡面未经历过径流产沙过程。各植被措施均在 2013 年 5 月中旬实施，其施工工艺如下：①沙打旺条播，沙打旺草籽的播种量为 15kg/hm^2，植被盖度为 93%，条播方向垂直于坡向。②沙柳方格+沙打旺撒播，人工用长度为 35cm

左右的沙柳条垂直插入坡面以下 20cm 左右，沙柳方格在坡面上呈菱形排列，长对角线（沿坡向方向）长 5m，短对角线长 1m。沙柳方格施工完成后，人工撒播沙打旺草种。草籽撒播量为 15kg/hm^2，植被盖度为 96%。③沙打旺撒播、草木樨撒播、紫花苜蓿撒播，各植物草籽的撒播量均为 15kg/hm^2，植被盖度分别为 90%、94%和 87%。草籽撒播完成后踩踏坡面产生表土扰动完成覆土。

通过对当地汇水面积及多年自然降雨气象资料进行分析，选择 5L/min、10L/min、15L/min、20L/min 共计 4 个级别作为设计放水流量。放水时间参考汇水面积及预试验各放水流量条件下边坡侵蚀状况，定为 45min，共进行 24 场试验。在每场试验前，用容积为 100cm^3 的环刀在上、中、下坡面分别取土样，测定其容重及前期含水量。

3）测量方法

以容量为 15m^3 的洒水车作为供水源，采用汽油泵抽水，通过调节阀门组控制流量大小。2 次率定放水流量误差小于±1%时开始放水，放水结束后再率定 2 次，取 4 次率定结果的平均值为该场次的实际放水流量值。在水流经过稳流槽的分散和 10cm 长的防渗纱网消能，进入小区坡面时采用秒表计时。待全坡面产流时，记录产流时间。产流 45min 时，停止供水。产流开始后前 3min 每隔 1min 用容积为 1.2L 的广口瓶收集一次径流泥沙样品，分析坡面径流产沙过程，之后每隔 3min 收集一次，并记录取样时间，将取得的泥沙样置于 105℃烘箱内烘至恒重，野外放水冲刷试验如图 2-7 所示。

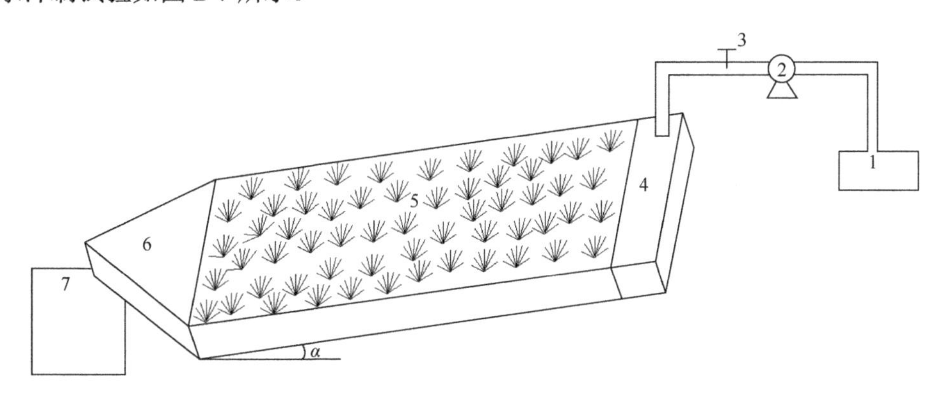

图 2-7　野外放水冲刷试验示意图

1-水源；2-汽油泵；3-阀门组；4-稳流槽；5-植被措施；6-集流槽；7-广口瓶

4）数据分析

次试验平均土壤入渗率计算式如下：

$$i_{\mathrm{av}} = \frac{Qt_{\mathrm{u}} - \mathrm{VR}}{At_{\mathrm{u}}} \tag{2-19}$$

式中，i_{av} 为平均入渗率（mm/min）；Q 为放水流量（L/min）；A 为小区面积（m^2）；t_u 为试验时间（min）。

2. 不同植被配置模式防护边坡放水冲刷试验

1）研究内容

通过野外原位小区放水冲刷的试验方法来模拟递增型降雨条件，研究排土场汇流对边坡不同植被冰草、沙蒿、沙棘及其搭配措施坡面，如冰草、上冰草下沙蒿、冰草沙棘混合坡面的减水减沙效益及水沙关系的影响，分析矿区排土场最佳植被恢复措施及植被的控蚀机理，验证各措施抵御暴雨径流侵蚀的能力。

2）试验设计

前期通过对 60 座煤矿的排土场、排矸场边坡调查发现，坡长在 5～12m 的边坡占总边坡的 21.52%，坡度大于 35°的高陡边坡占总边坡数量的 35%，是较为常见的一种边坡。永利煤矿由于其地理位置及煤矿开采规模、排土场堆积面积等特点，在该区属于具有代表性的典型矿区。永利煤矿西棱台状排土场于 2012 年堆积而成，2013 年被当地政府作为受损生态系统恢复的示范基地，在该区展开了一系列生态恢复措施，如铺设草方格、沙打旺秸秆覆盖，以及撒播种植冰草、沙蒿（*Artemisia desertorum* Spreng.）、沙打旺、沙蓬（*Agriophyllum squarrosum*（L.）Moq.）、沙棘（*Hippophae rhamnoides* L.）等其他草被、藤本及灌木植被，截至 2017 年，该区各类植被恢复年限为 4a。综合考虑植被植株高度、盖度、均匀度相同且长势良好的植被。选择生长有冰草、沙蒿、沙棘植被及其不同配置模式的排土场坡面作为试验研究坡面，坡面配置要素和土壤颗粒机械组成见表 2-5。

表 2-5　坡面配置要素和土壤颗粒机械组成

坡面类型	植被名称	植被盖度/%	根系结构	植被类型	黏粒含量/%	粉粒含量/%	砂粒含量/%
BS	—	0	—	裸坡	12.96	34.06	52.98
C3H7	冰草+沙蒿	91	须-直根系	草地	15.57	39.75	44.68
C7H3	冰草+沙蒿	91	须-直根系	草地	16.43	43.03	40.54
QC	冰草	91	须根系	草地	16.92	43.40	39.68
CG	冰草+沙棘	75	须+直根系	草灌	18.81	42.94	38.25

注：表中 BS 代表裸坡；C3H7 代表坡面上部生长冰草，下部生长沙蒿，面积比例约为 3∶7 的小区坡面；C7H3 代表坡面上部生长冰草，下部生长沙蒿，面积比例约为 7∶3 的小区坡面；QC 为全冰草坡面；CG 为冰草沙棘灌木混合坡面。

依据前期 60 座煤矿调查数据，结合排土场实际情况，试验小区定为坡长 8m、宽 1m，坡度 38°。首先在选取的各坡面长、宽分别为 8m、1m 样方中，利用铁锹在边界外围向下挖 30cm，将长 4.0m、宽 0.3m、厚度 0.5cm 的聚氯乙烯（PVC）板埋入地下不低于 25cm 深处。小区上部修成平台用以放置稳流槽，大小为

1.0m×0.4m×0.5m，在稳流槽内部铺垫一层防渗塑料膜，在小区下方安置三角形钢制集流槽，在集流槽下方修建大小适中的取样池便于试验接取泥沙样，并清理小区内碎石及枯枝杂物。小区修建完毕后设立警戒标志，放置 48h 后测试边界修建的紧密度。试验水源为排土场放置的大型储水罐通过汽油泵抽取水至稳流槽，用阀门来控制流量，安装电磁流量计（GY-LED）监测流量大小，小区模型如图 2-8 所示。

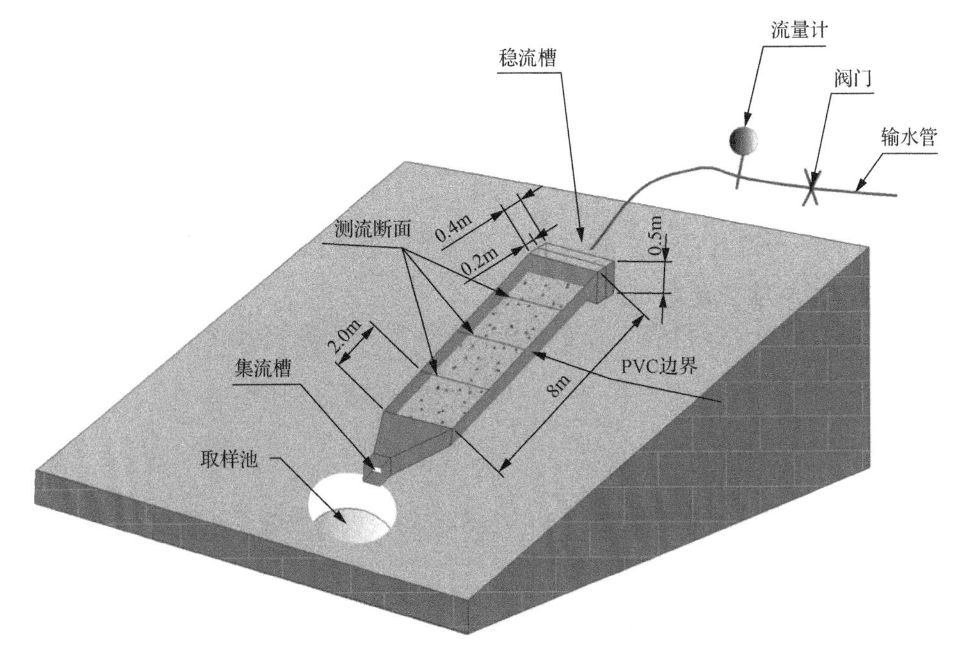

图 2-8　小区模型示意图

根据黄土高原地区多年暴雨资料统计，大于 60min、小于 180min 的长历时暴雨频数占多年观测资料的 63.2%～86.5%，在该地较为常见，所以试验递增型流量冲刷历时设计为 3h，模拟 3～5a 一遇的暴雨标准；同时依据黄土高原长历时侵蚀性暴雨的划分标准，降雨历时 5～240min 对应的雨强为 0.08～0.88mm/min。排土场汇水面积约为 300m^2，当地径流系数为 0.11，所以试验递增型流量设计为 5L/min、10L/min、15L/min、20L/min，每种流量产流历时 45min，试验重复 2 次。

3）试验过程与数据采集

试验前，对坡面进行洒水润湿，需保证各个坡面控制的含水量一致，试验开始时打开汽油泵，通过阀门和自动流量计将流量控制在初始放水流量状态。待水流稳定后将水管放入稳流槽，在水进入稳流槽消能后，通过防渗塑料纸使水保持贴壁流进入小区坡面时按下秒表开始计时，待径流从集流槽出口流出时记录下时间，并重新开始计时，在测流断面采用高锰酸钾染色法和秒表测流速，取几个断面的平均值作为坡面流速，将所测流速乘以修正系数，从而得到较接近实际的径流流速。在集流槽出口处用量筒接取泥沙样，同时记录接样时间并读数，用精度为0.01g的电子秤称量径流泥沙样，前6min每1min用量筒接取一次泥沙样，以后每隔3min接取一次，用塑料桶收集泥沙样，试验结束后，关掉阀门同时取出稳流槽中的水管停止供水。用温度计测量水温，烘箱保持105℃恒温烘干泥沙样，并用电子天平（精度0.01g）称重。

4）数据计算与处理

（1）减水效益$\eta_{水}$指有植被防护小区相对裸坡小区减少的径流量百分比，采用式（2-20）计算。

$$\eta_{水}=1-\frac{VR_b-VR_c}{VR_b}\times 100\% \tag{2-20}$$

式中，$\eta_{水}$为防护措施的减水效益；VR_b为裸坡产生的总径流量（L）；VR_c为植被防护坡面产生的总径流量（L）。

（2）减沙效益$\eta_{沙}$指有植被防护小区相对裸坡小区减少的泥沙质量百分比，采用式（2-21）计算。

$$\eta_{沙}=1-\frac{SY_b-SY_c}{SY_b}\times 100\% \tag{2-21}$$

式中，$\eta_{沙}$为防护措施的减沙效益（%）；SY_b为裸坡的侵蚀泥沙质量（kg）；SY_c为植被防护坡面侵蚀泥沙质量（kg）。

2.4.3 基于自然降雨监测的排土场边坡防治效益研究

1. 研究内容

以排土年限为1a和2a的露天煤矿排土边坡为对象，采用野外径流小区定位观测的试验方法，以裸坡为对照，分析自然降雨条件下撒播种草、沙柳方格、沙打旺秸秆覆盖、稻草帘子覆盖4种边坡覆盖措施的减水减沙效益。

2. 样地选择与径流场设置

径流场位于内蒙古准格尔旗永利煤矿西排土场，边坡形成于2012年秋，坡向为NW48°，坡长11.5m，经现场调查坡面无细沟分布，无土壤结皮层，小区布设完成前，坡面未经历过径流产沙过程。根据当地水土流失的特点，结合当地常用的护坡形式，设计了沙柳方格、撒播种草、沙打旺秸秆覆盖、稻草帘子覆盖等4种水土保持护坡形式，以裸坡作为对照，每个处理均设两个重复。沿坡面依次排列1～10号径流小区（表2-6为排土年限为1a的试验小区基本情况，观测时间是2013年；表2-7为排土年限为2a的试验小区基本情况，观测时间是2014年）。

表 2-6　排土年限为 1a 的试验小区基本情况

小区编号	措施类型	坡长/m	坡度/（°）	盖度/%	护坡材料或植物种	覆盖层厚度/cm	覆盖物干质量/（$kg·m^{-2}$）
1	沙柳方格	10	36.3～42.3	2～10	沙柳条和少量油菜（学名：芸薹，*Brassica rapa* var. *oleifera* DC.）植株	—	—
2	沙柳方格	10	32.3～39.9	0～12	沙柳条和少量油菜植株	—	—
3	撒播种草	10	32.6～40.5	0～45	沙打旺	—	—
4	沙打旺秸秆覆盖	10	30.7～40.2	90	沙打旺秸秆	20	1
5	沙打旺秸秆覆盖	10	31.8～38.7	90	沙打旺秸秆	20	1
6	稻草帘子覆盖	10	32.2～40.0	98	稻（*Oryza sativa* Linn.）草秸秆	3	1
7	裸坡	10	34.2～39.5	—	—	—	—
8	裸坡	10	32.2～39.0	—	—	—	—
9	稻草帘子覆盖	10	35.5～40.7	98	稻草秸秆	3	1
10	撒播种草	10	34.8～39.1	0～50	沙打旺	—	—

表 2-7　排土年限为 2a 的试验小区基本情况

小区编号	措施类型	坡长/m	坡度/（°）	盖度/%	护坡材料或植物种	覆盖层厚度/cm	覆盖物干质量/（$kg·m^{-2}$）
1	撒播种草	10	32.6～40.5	90～95	沙打旺	—	—
2	稻草帘子覆盖+沙打旺	10	32.2～40.0	98	稻草秸秆和沙打旺	3	—
3	裸坡	10	34.2～39.5	—	—	—	—
4	裸坡	10	32.2～39.0	—	—	—	—
5	沙柳方格+沙棘+沙打旺	10	36.3～42.3	90	沙柳条、沙棘和沙打旺	—	—
6	沙柳方格+沙棘+沙打旺	10	32.3～39.9	98	沙柳条、沙棘和沙打旺	—	—
7	稻草帘子覆盖+沙打旺	10	35.5～40.7	98	稻草秸秆和沙打旺	3	1
8	沙打旺秸秆覆盖+沙打旺	10	30.7～40.2	93	沙打旺秸秆和沙打旺	20	1
9	沙打旺秸秆覆盖+沙打旺	10	31.8～38.7	94	沙打旺秸秆和沙打旺	20	1
10	撒播种草	10	34.8～39.1	0～50	沙打旺	—	—

沙柳方格形成于 2012 年秋季，稻草帘子覆盖措施和沙打旺秸秆覆盖措施形成于 2013 年 7 月 1 日，撒播种草时间为 2013 年 7 月 3 日，沙打旺草籽的撒播量为 15kg/hm^2。所有径流小区于 2013 年 7 月 5 日布设完成。小区上边界以土埂围挡，土埂表面压覆塑料膜，两侧边界用 0.5mm 厚的彩钢板围挡，插入地下 15cm，地

上出露 15cm，下边界用彩钢板导流，并连接径流池，保证小区内产生的径流泥沙全部导入径流池中，径流小区示意图见图 2-9。2014 年对径流小区重新改建和完善，根据不同小区径流量的差异设计两种规格径流池分别为 $1m^3$ 和 $2m^3$，径流小区实际效果见图 2-10。

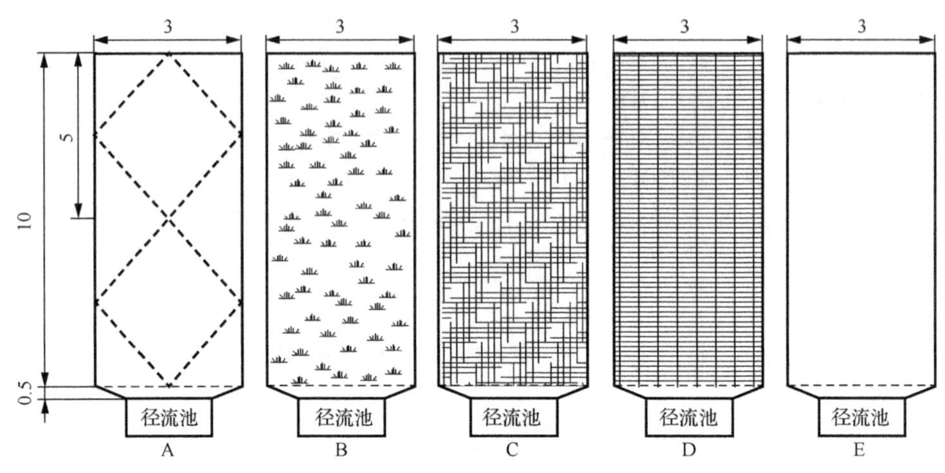

图 2-9　径流小区示意图（单位：m）

A～E 分别代表沙柳方格小区、撒播种草小区、沙打旺秸秆覆盖小区、稻草帘子覆盖小区和裸坡小区

（a）撒播种草、稻草帘子覆盖+沙打旺　（b）裸坡　（c）沙柳方格+沙棘+沙打旺

（d）稻草帘子覆盖+沙打旺、沙打旺秸秆覆盖+沙打旺　（e）沙打旺秸秆覆盖+沙打旺、撒播种草

图 2-10　径流小区实际效果图

3. 数据采集

在距离径流场约 1km 的开阔空地布置标准雨量筒 1 个，记录次降雨过程的日期、历时、降雨量等数据，并采用当地气象部门所测次降雨过程数据进行验证。每次降雨产流结束后，将径流池中的径流泥沙充分搅浑，4 个塑料桶采集径流泥沙样，其中 3 个桶各取样 4L，用烘干法测定含沙量；第 4 个塑料桶取样 2L，澄清、风干其中的侵蚀泥沙后密封袋保存，用作颗粒分析。采用自制容量桶（最大刻度 70L）测量剩余的径流泥沙体积，与 4 个塑料桶所取径流泥沙样的体积之和作为径流池径流泥沙的总体积。每次产流过后采用目估法测定撒播种草小区和沙柳方格小区的植被盖度。

2.4.4　基于细沟侵蚀测量的排土场边坡防治效益研究

1. 调查内容

以内蒙古准格尔旗永利煤矿周边排土场边坡为研究对象，开展不同边坡治理措施细沟侵蚀的时空变化特征。采用野外调查方法，对 1a、3a、5a 共计 3 个排土年限的 4 种类型边坡（裸坡、沙柳方格边坡、沙柳方格+沙打旺边坡、沙柳方格+沙棘+沙打旺边坡）的坡面细沟形态特征、颗粒组成等进行样方调查。分析比较不同排土年限、措施下细沟侵蚀量及土壤基本物理性质的变化过程。同时，对研究区内原生坡面的细沟侵蚀状况进行调查，分析比较人工扰动坡面与自然坡面细沟发育的差异。

2. 样地布设

经调查，永利煤矿矿区较为典型的排土场形成时间分别为 2007～2008 年和 2009～2013 年，以 2009～2013 年的排土场为研究对象，其绝对标高为 1395m。确定样地前，对排土场周边坡面进行实地调查，辅以遥感影像进行复核，记录排土场形成时间，坡面防护措施类型、措施布设时间、坡面物质组成、坡向、坡长、坡度等参数。由于当地排土场边坡植被恢复尚未形成一个完整体系，仅有排土年限为 1a、3a、5a 的边坡具有裸坡坡面和 3 种植被措施，为便于对比分析，最终筛选出 3 个排土年限（1a、3a、5a），分别以 4 种不同植被措施（裸坡、沙柳方格边坡、沙柳方格+沙打旺边坡、沙柳方格+沙棘+沙打旺边坡）且没有大侵蚀沟的坡面为调查对象，排土场边坡现状见图 2-11。

（a）裸坡　（b）沙柳方格

（c）沙柳方格+沙打旺　（d）沙柳方格+沙棘+沙打旺

图 2-11　排土场边坡现状

调查分析可知，各项措施均在 6～10 月实施，其施工工艺及主要技术指标如下：①沙柳方格措施，用长度 35cm 的沙柳条垂直向下插入 20cm，使其呈菱形排列（长对角线为 5m，短对角线为 3m）；②沙柳方格+沙打旺措施，沙柳方格施工完成后人工撒播沙打旺草种，并覆土；③沙柳方格+沙棘+沙打旺措施，沙柳方格和撒播沙打旺措施完成后，人工栽植 1a 生沙棘苗，株行距为 1m×2.5m，沙棘苗株高 45cm 左右。2013 年 9 月 8 日～9 月 22 日调查选定的排土场边坡细沟侵蚀情况，期间无降雨。排土场边坡调查结果见表 2-8，通过地质罗盘测量，各样地坡度平均值为 35.7°，变异系数较小，为 0.03。由于种植密度及排土年限的差异，各措施的盖度相差较大。

表 2-8　排土场边坡调查结果

样地代码	植被措施	排土年限/a	盖度/%	坡度/（°）	位置
B-1	裸坡	1	0	34.5	中排土场
SHA-1	沙柳方格+沙棘+沙打旺	1	14.67	37.8	西排土场
SA-1	沙柳方格+沙打旺	1	17.22	35.3	西排土场
B-3	裸坡	3	0	35.9	中排土场
SHA-3	沙柳方格+沙棘+沙打旺	3	61.67	34.9	中排土场
SA-3	沙柳方格+沙打旺	3	25.00	35.7	南排土场
B-5	裸坡	5	0	34.5	西排土场
SHA-5	沙柳方格+沙棘+沙打旺	5	90.00	35.8	东排土场
SA-5	沙柳方格+沙打旺	5	5.00	37.2	西排土场

3. 测量方法与数据分析

1）土壤容重

用容积为 $100cm^3$ 的环刀在样地（3m×12m）的上坡、中坡、下坡位置各取 5 个重复土样，计算其平均土壤容重。

2）颗粒组成

在各样地内等距离选 3 点，用容积为 $200cm^3$ 的自制采样器采表层土壤，均匀混合风干后过直径为 2mm 的土壤筛。采用 MS 2000 型激光粒度仪测定土壤各粒级的体积百分比。每个样品检测 3 次，对检测数据取平均值。

3）土壤颗粒分形维数

采用粒径质量分布表征土壤分形模型，计算土壤颗粒的分形维数。土壤颗粒的质量分布与平均粒径间的分形关系见式（2-22）。

$$\frac{w(\delta > d_i)}{w_0} = 1 - \left(\frac{d_i}{d_{\max}}\right)^{3-D} \tag{2-22}$$

式中，D 为分形维数，量纲为 1；d_i 为筛分粒径范围$[d_j, d_{j+1}]$平均值（mm）；$w(\delta > d_i)$ 为粒径 δ 大于 d_i 的累积土粒质量（g）；w_0 为各粒级质量之和（g）；$d_{\max}$ 为最大粒级平均直径（mm）。

4）细沟侵蚀模数

将细沟侵蚀模数定义为单位时间单位面积上的细沟侵蚀量（kg）。具体计算方法见式（2-23）。

$$\text{Modulus\_rill} = \frac{\text{RAM}}{A_p t_R} \tag{2-23}$$

式中，Modulus_rill 为细沟侵蚀模数[$kg/(m^2 \cdot a)$]；RAM 为测量样方内的细沟累计侵蚀量（kg）；t_R 为排土年限（a）。

2.5 本章小结

本章详细描述了本书涉及的野外调查及模拟试验、室内模拟试验，以及排土场边坡水土流失防治效益分析等各部分的试验设计，从试验设想、试验方案及模拟试验等方面全面阐述了研究内容。

（1）选取晋陕蒙矿区典型下垫面，对不同下垫面的水土流失特征、土壤侵蚀环境及水土流失影响因素开展野外实地调查分析，深入探讨排土场边坡细沟侵蚀特征，阐明煤炭开采对矿区生态环境的影响。

（2）设计了原生坡面、扰动坡面、非硬化路面、弃土弃渣体、煤矸石等典型下垫面原位模拟降雨和放水冲刷试验，从径流产沙特性及坡面径流水动力学参数等方面出发，揭示生产建设项目典型下垫面水土流失的内在机制及土壤侵蚀原理。

（3）概化生产建设项目典型下垫面特征，通过设计砂土、壤土和黏土 3 种土壤质地类型生产建设项目工程堆积体在不同降雨强度、不同地形地貌（坡度、坡长、砾石质量分数）条件下的人工模拟降雨试验，定量揭示不同影响因子对工程堆积体土壤侵蚀的影响。综合大量的野外和室内模拟试验，基于已有水土流失预报模型，建立不同条件下生产建设项目水土流失预报模型并进行验证。按照“水土流失特征调查→侵蚀过程试验研究→侵蚀机制分析→预报模型构建→水土流失治理”的总体思路，阐明生产建设项目水土流失特征及模型预测。

（4）制订详细的生产建设项目典型下垫面水土保持措施设计并开展原位试验，探索不同水土保持措施配置条件下排土场边坡的减水减沙效益，在分析生产建设项目水土流失规律基础上构建预报模型，精确指导工程边坡水土流失防护措施设计，实现各不同类型措施防护效益定量分析。

参 考 文 献

郭素彦, 2010. 中国水土流失防治与生态安全开发建设活动卷[M]. 北京: 科学出版社.

第3章　生产建设项目水土流失调查

水土流失不仅造成原位水土资源的大量损失，还会在异位导致泥沙淤积、水体污染等诸多环境问题，甚至威胁人们的生存环境安全。随着社会经济发展，各类生产建设项目剧增，如城镇化建设、道路拓宽与新建、煤炭开采、输送管线建设和采石取料等。在项目建设过程中，对下垫面产生不同类型及强度的扰动，极易造成严重的水土流失，尤其是项目建设中产生的大量弃土弃渣，成为人为新增的主要侵蚀物质来源。因此，生产建设项目，尤其是资源开发类生产建设项目引起的人为新增水土流失受到广泛关注。矿产资源开发过程中发生的水土流失与原地貌的水土流失特征、形式和强度等方面有较大区别，对生态环境的影响也更严重。本书主要以晋陕蒙接壤区煤炭开采及采石为例，说明生产建设项目水土流失对环境的影响。

3.1　晋陕蒙接壤区能源基地概况及主要下垫面类型特征

3.1.1　晋陕蒙接壤区能源基地及其典型代表——神府东胜煤田概况

1. 晋陕蒙接壤区能源基地概况

晋陕蒙接壤区地处水蚀风蚀交错带，属于农牧交错过渡带和生态脆弱带，由于土壤侵蚀严重、侵蚀类型多样，是黄河泥沙来源的粗沙多沙区，也是黄河治理的重点区域。20 世纪 80 年代末以来，晋陕蒙接壤区的煤田被大规模地开发，尤其是露天煤矿开采过程中，大量弃土弃渣体沿着乌兰木伦河两岸堆弃，绵延数十公里，在暴雨条件下，洪水席卷河道两岸的弃土弃渣体，造成极其剧烈的水土流失，导致河道淤塞，水位上涨，产生严重的洪水灾害，严重影响矿区的生产生活安全，引起社会各界的广泛关注，成为全国关注的生态脆弱与敏感区域。由此设立了大型生产建设项目的水土保持监管机构“黄河水利委员会晋陕蒙接壤地区水土保持监督局”，颁布了《开发建设晋陕蒙接壤地区水土保持规定》。2015 年 12 月由水利部等联合颁布的《全国水土保持规划（2015—2030 年）》，首次把水蚀风蚀交错区划为水土保持的重点治理区域，把该区的水土保持提到了前所未有的高度。

唐克丽（1990）在“七五”期间通过综合考察，研究了黄土高原水土流失分异规律，提出黄土高原地区水土流失最严重的区域不是在降雨较多的水蚀地区，而是在年降雨量为 250～400mm 的水蚀风蚀交错区。水蚀风蚀交错区地形复杂，气候多变，降雨集中，属于温带半干旱气候。水蚀风蚀全年交错进行，水蚀与风蚀相互交替、叠加、影响，两种类型土壤侵蚀过程连续不断，黄土高原最大侵蚀模数、黄河最大含沙量都出现在该区（唐克丽，1996）。同时，该区也处于我国北方农牧交错带，是我国季风区和干旱区的过渡区（杨帆等，2016），与其他地区相比，对气候变化的响应更加敏感。由于以上自然因素的影响，晋陕蒙接壤区能源基地的自然侵蚀较为严重。

晋陕蒙接壤区矿产资源丰富，尤其是煤矿资源储量巨大，以东胜、神府、河东等煤田为主要代表，具有煤层浅、质量好、容易开采等特点。20 世纪 80 年代中期以后，国家大型煤矿和大批私人小煤窑也逐渐建成投产，晋陕蒙接壤区能源基地逐渐形成规模。由于矿产资源的开发，当地经济飞速发展，但是煤田开发初期忽略了对生态环境的保护，使该地区环境恶化，引起国家高度重视。煤矿开采、采石取料、修筑铁路等各种类型的开发建设活动造成大量人为水土流失，引起诸多环境问题，煤田大面积的开采导致能源区土地资源利用结构发生改变，过度开采使地下水位下降，人为侵蚀逐渐使土地沙化，弃土弃渣的大面积堆积造成地力下降。煤矿开采等建设活动，造成严重的人为侵蚀，加之剧烈的自然侵蚀，该区域成为我国水土流失重点治理区域。

为保证晋陕蒙接壤区能源基地的可持续发展，该区被列为水土流失重点治理区域，是水土保持生态环境研究的重点区域。1988 年颁布了《开发建设晋陕蒙接壤地区水土保持规定》，各大能源区开始治理生产建设引起的水土流失。以神府能源区为例，在 1989 年全面进行水土流失治理（王志意和张永江，2006），至 2012 年，中心区域的平均植被盖度达 56.27%，植被盖度整体上处于中高水平（付新雷，2014）。截至 2006 年，神华集团有限责任公司在能源区投入生态环境保护经费累计达到 2.69 亿元，治理沙漠化土地约 150km^2，治理后植被盖度从 3%～11%提高到 60%左右（孟江红，2008）。20 世纪 80 年代，中国科学院水土保持研究所组织的以水土保持为中心的综合考察中，编制了能源基地水土流失、农业生产、治理分区等系列图（李锐和唐克丽，1994）。“六五”至“八五”期间，相关单位在此区域开展了不同类型的生态环境建设项目以及科学研究。1999 年，国家启动退耕还林工程，晋陕蒙接壤区由于其脆弱的环境条件成为实施该工程的重点区域，促使整体植被盖度明显提高（范建忠等，2012）。总之，上述生态环境综合治理及研究工作为晋陕蒙接壤区能源基地经济、社会和环境的协调发展积累了诸多宝贵经验。近年来，受气候变化、土地利用变化、大规模生态环境建设和区域社会经济发展等多重社会经济与自然因素影响，晋陕蒙接壤区能源基地生态环境已经发生了巨大的变化。“七五”期间开展黄土高原地区综合考察之后，再未针对该区域进行大面积的科学考察，显然，历史阶段的基础数据已经不能正确地表征快速变化后的现实环境情况，难以满足国家对生态环境重建的要求。因此，亟须对晋陕蒙接壤区能源基地典型生产建设项目的水土流失现状进行深入调查和研究。

2. 神府东胜煤田概况

1）地理位置及范围

神府东胜煤田属世界八大煤田之一，总面积 3.12 万 km^2，探明储量 2236 亿 t，远景储量 10000 亿 t，占全国已探明储量的 1/3，是我国已探明储量最大的煤田，煤质优良，开采条件优越。截至目前，建成的 14 个亿吨煤炭生产基地，半数以上位于神府东胜煤田地区。神府东胜煤田是我国重要的能源供应地，也是国家级特大型煤炭资源基地。

神府东胜煤田地处晋陕蒙三省交界处（北纬 37°20′～40°16′，东经 108°36′～110°36′），属于黄河中游多沙粗沙的窟野河上游支流的乌兰木伦河流域，是典型的盖沙黄土丘陵地貌，总面积 4.88 万 km^2，人口密度 20～40 人/km^2。该区位于毛乌素沙漠与黄土高原的过渡地带，是黄河中游的风蚀水蚀交错区，自然条件恶劣，生态环境极度脆弱。

神府东胜煤田分布在陕西省榆林地区的神木、府谷、横山、靖边等县（市），内蒙古自治区鄂尔多斯地区的伊金霍洛旗、达拉特旗、准格尔旗及东胜区，山西省忻州市的保德县。区内西北为库布齐沙漠，多为沙垄和流沙等，植被稀疏；西南部为毛乌素沙漠，由沙丘和沙垄组成，地势低而平，植被茂密；中部为群湖高平原，地势起伏，较低处多有湖泊分布，湖泊边缘天然柳林生长茂密；东北部为土石丘陵沟壑区，地表土层较薄；东南部为典型的黄土丘陵地貌，沟谷纵横，地形破碎，植被稀疏。

2）地质地貌及土壤

地质构造单元属于华北地台的次级构造单元，鄂尔多斯地台向斜的一部分，在中生代曾是陕北坳陷盆地的一部分，在盆地里沉积了巨厚的陆相碎屑物质，即三叠纪、侏罗纪、白垩纪的中细砂岩类泥页岩地层。白垩纪末期燕山运动使地面整体抬升，处于剥蚀环境。至上新世，地壳稳定又普遍沉积了三趾马红土。由于该区属稳定地台的一部分，长期以来，地壳未受到强烈褶皱和断裂活动，新老地层呈向西北缓缓倾斜的单斜构造，进入第四纪伴随着黄土高原全面抬升而抬升。整个第四纪以来，本区以间歇抬升为主，总抬升量达 80～100m，抬升的速率随时间推移而增加，目前属于抬升阶段。白于山至府谷是黄土高原第四纪新构造强烈抬升中心之一，晋陕峡谷地区第四纪中更新世抬升速率达 2mm/a，晚更新世抬升速率达 5mm/a，全新世抬升速率高达 12mm/a。仅晚更新世以来，就抬升百米以上，新构造抬升活动的强烈进行是本区环境脆弱、侵蚀剧烈的主要基础因素之一。

地面组成物质比较复杂，总的特点是结构疏松，极易风化，抗冲抗蚀性极差。主要土壤类型有风沙土、绵沙土、红黄土。黄土是本区最主要的地面物质，是该区主要的侵蚀物质之一，分布面积占63.63%以上，土壤抗冲性极弱，抗冲系数为0.010～0.047，土壤的抗冲性低是矿区侵蚀现象严重的主要内在因素。该区地处黄土高原北部边缘，毛乌素沙漠的南端，沙黄土比较常见。原始堆积黄土经近地面空气流的再次改造与分选，加之受到沙漠环境的影响，黄土形成质地较粗，结构性极差，为松散的沙黄土。风成沙的大面积分布是本区与典型黄土丘陵区的主要区别之一。风成沙在本区主要表现为片沙，又称流动沙，由于多为就地搬运起沙，粒级较粗，危害极大。主要土壤的颗粒组成以细砂粒或以粉砂为主；物理性黏粒体积分数的绝对量并不低，但土壤无结构，松散结持力小，土壤抗冲抗蚀力差。

3）气候

该区属于典型的干旱半干旱大陆季风性气候，年平均气温为 6.1～9.1℃，年极端气温为-28.1/38.9℃，最热的 7 月平均气温为 23.9℃，最冷的 1 月平均气温为-9.9℃。年平均日照 2876h，紫外线十分强烈。年平均降雨量为 325～460mm，降雨年际变化较大，多集中于 7～9 月，占全年降雨的 65%～70%，分布趋势由东南向西北逐渐减少，而且大多数地区的年降雨量在 400mm 以下。年蒸发量为 1636～2535mm，蒸发强烈。年平均风速为 2.2m/s，本区位于毛乌素沙漠南端，大风天气常伴有沙尘暴，大风和沙尘暴多集中于 3～5 月，尤以 3～4 月为甚。全区多年平均风沙日 70d，沙尘暴日 4～19d，最多达 43d，无霜期 169d。区内年降雨量分配不均匀，且多暴雨，暴雨量占当年总降雨量的比例为 9.6%～33.4%。暴雨常导致洪水发生，暴雨洪水侵蚀与输沙是矿区水蚀的主要特点，洪水输沙量占全年输沙量的 97%以上。

4）植被

神府东胜煤田由于自然环境恶劣，植被生长发育环境较差。植被主要为温带半干旱草原植被景观，沙地植被占有绝对优势。目前，区内的植被主要是耐寒耐旱的小叶灌木、半灌木、沙生植被、草甸植被和盐生植被，主要有天然及人工沙蒿（白沙蒿和黑沙蒿）、沙柳、沙竹、柠条、沙棘、黄蔷薇、臭柏、酸枣及沙樱桃等。乔木林主要是人工杨树林，一般呈“小老树”，树冠小，枝叶少。在河川沟道中一般种植人工栽培的乔灌木，较为高大繁茂，主要有旱柳、杨树、榆树、枣树等，但是面积极小。另外，还有一些坡耕地上的农作物覆盖，覆盖面积仅 15%。区内植被稀少，盖度低，因长期遭受干旱胁迫，加之人类活动的影响，生态环境十分脆弱，植被一旦遭受破坏就很难恢复。

5）侵蚀特征

神府东胜煤田以水力侵蚀为主，地表物质组成疏松、植被稀少、地处暴雨中心，特别是 7～9 月，暴雨发生频率较高，常导致洪水发生，洪水输沙量占全年输沙的 97%以上，水蚀面积占矿区面积的 77%，水蚀强度大于 5000t/（km^2·a）的面积占矿区水蚀面积的 85%左右。另外，风蚀也是主要的侵蚀方式，特别是 3～4 月，风沙天气常诱发沙尘暴，其中风蚀面积占矿区面积的 92%，风蚀强度大于 2500t/（km^2·a）的面积占矿区风蚀面积的 96%。矿区水蚀、风蚀在时间空间上交替进行，构成了水蚀风蚀叠加的复合侵蚀区，是黄河流域风蚀沙化和水土流失较为严重的地区之一。

矿区内严重的土壤侵蚀除与脆弱的自然条件有关以外，强烈的人类活动也是重要的影响因素。在煤炭开采过程中，原地面的大量扰动，严重地破坏了土壤结构和地表植被，使得土质疏松，地表裸露，土壤抗蚀性降低，极易遭受风蚀和水蚀。此外，煤炭开采过程中造成的塌陷地表，是土地沙化的潜在威胁。同时，矿区开发造成的大量弃土弃渣体堆置于河道、岸边，一旦遇到暴雨，极易被洪水冲向下游，使河流泥沙剧增，危及人民生命财产安全和工农业生产，水蚀风蚀加剧，人为新增水土流失剧增。

气候自然条件和人为活动导致该区自然灾害频繁发生，如滑坡、崩塌、泥石流等。沿沟道、河道两岸采煤时，很容易破坏边坡的稳定性，同时，大量的弃土弃渣进入河道，迫使河床发生位移，河岸底部掏蚀严重，因此诱发河岸及上部沙盖层塌落和崩塌。在矿区范围内，因沿河道、沟道两岸的边坡新建公路和铁路，边坡均堆置大量弃土弃渣体、煤矸石等，而且这些松散堆积物的自然休止角大多在 40°左右，特别是较大的弃土弃渣体在未采取任何防护措施遇暴雨时，不但会产生严重的侵蚀，而且还会诱发滑坡、泥石流等地质灾害。

3.1.2　晋陕蒙接壤区能源基地典型下垫面类型

以煤矿开采为例。煤矿开采是晋陕蒙接壤区能源基地典型的生产建设项目，根据开采方式可分为露天开采和井采 2 种类型，露天开采会引起大面积土石方的持续运移，无论是开采区域还是堆积区域均存在松散土石体的大面积裸露，直接遭受外营力的侵蚀；井采主要在巷道建设初期产生大量的土石方，进入运行期后，地面不再开展大面积的生产建设活动，因此这两种开采方式引起的人为水土流失表现形式也有较大的不同，会形成不同类型的典型下垫面，包括松散堆积体、新开挖面和强度扰动地面、排土（矸）场、弃土弃渣体、采煤塌陷区。

1. 松散堆积体

松散堆积体是生产建设项目中一种典型的人为水土流失地貌单元。在晋陕蒙接壤区能源基地，一般是指建设过程中的临时性弃土、排土场、排矸场中排弃年限较短的弃土弃渣体。松散堆积体的物质组成复杂，结构松散，容易遭受外营力侵蚀。调查数据截至 2016 年，调查对象包括生产建设活动中形成的临时性弃土弃渣和堆积年限小于 1a 的排土场和排矸场，主要指标有煤矿开采形成的堆积体面积和体积，具体调查结果见表 3-1。

表 3-1 晋陕蒙接壤区能源基地松散堆积体调查表

煤矿代码	松散堆积体面积/hm^2	松散堆积体体积/万 m^3	煤矿代码	松散堆积体面积/hm^2	松散堆积体体积/万 m^3
KJTJ	7.93	81.80	LJQM	94.75	18782.10
LZGJ	1.30	10.34	MDMM	0.10	0.25
SJGJ	0.60	0.17	NPLM	55.19	142.81
TAMJ	1.53	0.80	SXMM	18.62	1242.00
LSLJ	0.92	1.42	TYMM	2.61	57.00
TZMJ	6.47	61.15	XSDM	3.31	514.40
HAMJ	0.37	0.93	XLMM	68.63	1962.91
JXLJ	68.09	931.71	BTMM	1.10	20.70
LJLJ	37.42	2011.91	BLGM	10.34	12.04
MDGJ	0.38	1.39	YXMM	30.30	314.50
LJJJ	52.97	1918.50	CFMM	17.53	696.00
SPMJ	2.25	8.00	CEGM	22.13	677.25
SYQJ	12.73	18.75	HCMM	202.25	5600.00
ZRMJ	22.97	632.22	KDMM	28.26	414.43
ZXMJ	0.24	3.74	SDGM	76.80	3690.00
CJZJ	1.72	5.05	NLMM	97.55	4380.00
JDMJ	0.75	1.45	SBLM	22.55	3872.07
MDM	1.76	14.42	SDLM	17.23	1098.00
XJWJ	1.80	64.00	TYQQ	1.00	28.14
SKMQ	0.22	0.18	TGTM	2.27	21.98
ZJMQ	0.70	6.20	TJHM	220.00	2964.00
GSTQ	5.17	188.58	YZYM	211.31	3335.42
SJWQ	6.72	1382.46	XHMM	12.00	1022.40
SMGQ	8.20	60.00	ZTMM	16.41	820.80
DLTQ	14.44	24.24	CLMM	34.64	504.00
YJLQ	16.05	274.55	CXMM	20.78	730.28
ZGTQ	2.81	4.85	CYMM	39.20	1230.02

续表

煤矿代码	松散堆积体面积/hm^2	松散堆积体体积/万 m^3	煤矿代码	松散堆积体面积/hm^2	松散堆积体体积/万 m^3
HLWQ	0.40	1.00	DSGM	1.60	461.91
JJTQ	0.25	3.27	HQLM	40.00	1162.00
QSTQ	2.60	2.51	RGMM	7.59	31.61
BBGM	48.39	3290.00	RTMM	22.30	3910.90
BLTM	58.80	1168.69	AYMM	17.81	232.67
BYMM	2.89	52.31	DDJM	116.99	2200.00
BJHM	21.54	4330.08	LYMM	0.10	0.76
SJCM	1.10	17.06	MXMM	2.38	31.20
FRMM	27.24	1008.00	QLTM	1.52	565.61
JXDM	5.65	440.30	WTGM	5.84	1263.11
JYMM	2.83	88.60	YCMM	0.53	2.15
松散堆积体总面积/hm^2		1991.72	松散堆积体总体积/万 m^3		82106.05

注：煤矿代码由四个字母组成，前三个字母为煤矿名称的缩写，第四个字母为调查地点的省份，如陕西省代码为Q，山西省代码为J，内蒙古自治区代码为M；表3-3、表3-5、表3-7、表3-8、表3-9同。

由表3-1可知，所调查的76座煤矿的松散堆积体总面积为1991.72hm^2，总体积为82106.05万m^3。松散堆积体面积最大值为220.00hm^2（TJHM），体积最大值为18782.10万m^3（LJQM）。松散堆积体面积、体积的最大值并不是同一个煤矿，而是分属两个煤矿，其原因主要是各个堆积体的高度、形状等有所差异，堆积体面积大，但不一定体积大。另外，松散堆积体面积的最小值为0.10hm^2（LYMM和MDMM），松散堆积体体积的最小值为0.17万m^3（SJGJ），原因同上。

表3-2为松散堆积体面积、体积与煤矿开采方式、建设阶段、井田面积、产能的相关分析结果（相关性分析基于调查数量的所有样本数进行，具体指标选用样本数见表3-2），可以发现开采方式和松散堆积体的面积、体积有极显著相关性（$P<0.01$），说明开采方式对松散堆积体的形成有很大影响。井采区域相对集中，因此相比同产能的露天煤矿，产生的松散堆积体较少。建设阶段与松散堆积体的面积和体积显著相关（$P<0.05$），说明煤矿处于哪个建设阶段对松散堆积体的形成也有很大影响。以露天煤矿为例，在施工阶段，需要将覆盖在煤层之上的大量表土剥离，因此在该阶段会产生大量的松散堆积体。井田面积和产能与松散堆积体的面积、体积均呈不显著相关，说明井田面积大小和产能大小并不能说明产生松散堆积体的多少。

表 3-2　松散堆积体面积、体积与开采方式、建设阶段、井田面积、产能的相关分析

指标	相关性及显著性水平	开采方式	建设阶段	井田面积	产能	松散堆积体面积	松散堆积体体积
松散堆积体面积	相关系数	0.529**	−0.260**	−0.060	−0.010	1	0.585**
	显著性水平	0.000	0.002	0.492	0.907	—	0.000
	样本数	137	137	133	135	137	137
松散堆积体体积	相关系数	0.433**	−0.373**	−0.050	−0.053	0.585**	1
	显著性水平	0.000	0.000	0.564	0.539	0.000	—
	样本数	137	137	133	135	137	137

2. 新开挖面和强度扰动地面

1）新开挖面

煤矿生产建设活动中，开挖是典型的剧烈人为扰动方式，形成的新开挖面因地域、地层组成物质不同而不同，具有坡面物质组成复杂、土石体紧实和坡度陡等特点（张平仓等，2013），与已形成多年的开挖面相比，其结构还不稳定，表层物质含水量大、紧实度低，易遭受外营力的侵蚀作用。晋陕蒙接壤区能源基地煤矿开采形成的新开挖面主要集中在露天煤矿的采掘场，采掘场需要不断将地表的土层剥离，直至煤层，因此会形成较大面积的新开挖面。截至 2016 年，新开挖面的面积（投影面积）见表 3-3。经统计分析，调查的 44 座煤矿开采产生的新开挖面总面积为 1852.02hm^2，最大值为 444.75hm^2（HSTM），最小值为 2.97hm^2（JXLM）。

表 3-3　晋陕蒙接壤区能源基地新开挖面面积调查统计表

煤矿代码	新开挖面面积/hm^2	煤矿代码	新开挖面面积/hm^2
TZMJ	13.46	CEGM	27.56
JXLJ	56.63	DSQM	12.67
LJLJ	22.33	HSTM	444.75
LJJJ	22.94	MXMM	68.20
ZRMJ	7.62	YZYM	67.56
GSTQ	13.46	WLHM	73.26
SJWQ	13.46	YLMM	7.17
SMGQ	13.46	YZMM	7.17
ZGTQ	13.46	BLMM	27.25
BLTM	77.73	CXMM	22.25
FRMM	6.00	CYMM	25.84

续表

煤矿代码	新开挖面面积/hm^2	煤矿代码	新开挖面面积/hm^2
JXDM	9.25	DSGM	36.18
JYMM	10.34	GSGM	10.18
JXLM	2.97	JYMM	22.12
MDMM	252.37	RTMM	9.37
QJMM	48.67	YJTM	44.14
TYMM	15.96	BJLM	28.10
XSDM	3.32	DJLM	79.16
ZDYM	33.10	RTYM	18.74
BTMM	94.90	WJLM	37.78
YXMM	9.38	WJTM	29.34
CFMM	6.15	WLMM	6.27
新开挖面总面积/hm^2		1852.02	

新开挖面面积与开采方式、建设阶段、井田面积、产能的相关分析如表 3-4 所示。由表可知，新开挖面的面积与建设阶段、井田面积、产能均呈显著或极显著相关，上述三个变量均对新开挖面产生影响。另外，相关分析发现新开挖面面积与开采方式相关性不显著，这是由于井采煤矿的新开挖面主要在施工期形成，其他阶段基本很少产生。

表 3-4　新开挖面面积与开采方式、建设阶段、井田面积、产能的相关分析

指标	相关性及显著性水平	开采方式	建设阶段	井田面积	产能	新开挖面面积
新开挖面面积	相关系数	0.022	−0.433**	0.510**	0.315*	1
	显著性水平	0.887	0.003	0.000	0.038	—
	样本数	44	44	43	44	44

2）强度扰动地面

扰动地面是指人类在生产建设（如煤矿开采、修建公路铁路、取沙采石等）活动中，因破坏了原有植被和土壤结构而形成的新侵蚀下垫面，其对地面的扰动程度更为剧烈。在晋陕蒙接壤区能源基地煤矿开采过程中，采掘场是最明显的强度扰动地面，其中露天煤矿的采掘场在生产阶段，会不断对地面进行强烈扰动。另外，在现场调查过程中发现，无论是井煤矿开还是露天煤矿采矿，运煤道路和运渣道路，包括进场道路、采掘场（竖井）到厂区门口的道路、采掘场（竖井）到选煤厂的道路、采掘场（竖井）到排土（矸）场的道路等，因为有大型运煤（渣）车辆高频度、大流量地进行剧烈扰动，产生了剧烈的侵蚀现象。对截至 2016 年形成的 137 座煤矿强度扰动地面进行统计（每个煤矿的新开挖面和道路面积之和），晋陕蒙接壤区能源基地强度扰动地面面积调查表如表 3-5。结果表明，能源区煤矿开采产生的强度扰动地面的总面积为 8710.22hm^2，最大值为 1785.93hm^2（HSTM），最小值为 0.10hm^2（KDMM）。

表 3-5　晋陕蒙接壤区能源基地强度扰动地面面积调查表

煤矿代码	强度扰动地面面积/hm^2	煤矿代码	强度扰动地面面积/hm^2
KJTJ	0.90	SLEQ	3.22
LZGJ	0.90	SXMM	0.55
SDJJ	1.07	TYMM	87.25
SSJJ	1.63	XSDM	16.62
SDWJ	0.86	ZDYM	190.42
SJGJ	2.05	BTMM	99.10
TAMJ	0.43	BLGM	1.08
LSLJ	3.49	BLGM	1.08
TZMJ	69.01	YXMM	227.86
WJLM	5.70	CFMM	15.20
WXMJ	3.07	CEGM	113.26
CYGJ	3.07	DSQM	77.86
DQGJ	0.53	GZGM	3.00
HAMJ	2.65	HCMM	0.30
JXLJ	244.14	HSTM	1785.93
LJLJ	96.58	HLMM	78.29
MDGJ	1.40	KDMM	0.10
LJJJ	95.48	SDGM	1.86
SPMJ	0.53	MXMM	69.50
SYQJ	1.56	QCTM	6.24
ZRMJ	71.03	SBLM	1.98
ZXMJ	7.80	SDLM	2.39
CJZJ	5.01	SSCM	4.10
GJYJ	15.75	TYFM	0.32
JDMJ	14.38	TYQQ	4.69
MDM	8.48	TJHM	4.82
XJWJ	30.47	YZYM	78.86
ESKQ	1.00	WLHM	75.14
HSMQ	8.00	XYGM	1.50

续表

煤矿代码	强度扰动地面面积/hm^2	煤矿代码	强度扰动地面面积/hm^2
MQMQ	0.46	XHMM	1.11
SKMQ	0.40	YLMM	115.70
SBZQ	0.15	YZMM	112.61
ZJMQ	0.85	CTMM	0.28
DLTQ	0.84	BLMM	223.16
GSTQ	67.36	CLMM	4.70
HRYQH	0.28	CXMM	137.32
HLLQ	2.91	CYMM	183.06
HJTQ	4.00	DSGM	185.46
LHMQ	0.37	GSGM	34.76
NTTQ	0.70	HQLM	7.11
SJWQ	69.22	JYMM	154.51
SMGQ	68.99	RGMM	374.79
DLTQ	0.84	RTMM	85.40
YJLQ	0.26	YJTM	94.60
ZGTQ	70.80	AHGM	3.40
CJTQ	72.31	AYMM	0.20
FJPQ	8.23	BJLM	175.63
HLWQ	8.06	DDJM	0.20
HJLQ	2.75	DJLM	165.63
JJTQ	2.58	ELTM	39.34
QSTQ	5.06	HQHM	19.84
SSPQ	0.58	HLSM	42.84
SSMQ	0.99	LJTM	1.00
YSWQ	0.65	LYMM	0.34
YDTQ	61.22	LJQM	2.38
BBGM	1.00	MLLM	11.36
BLTM	320.18	QLTM	0.50
BYMM	12.73	RTYM	133.11
BJHM	16.52	SCWM	1.28
CNLM	601.28	WTGM	17.22
SJCM	3.92	WJLM	178.71
FRMM	62.00	WJTM	91.4
JXDM	39.63	WTGM	1.20

续表

煤矿代码	强度扰动地面面积/hm^2	煤矿代码	强度扰动地面面积/hm^2
JYMM	104.45	WLMM	60.46
JXLM	37.53	XLTM	51.44
LJQM	2.00	YCMM	1.00
MDMM	568.87	ZXMM	2.63
NPLM	0.30	ZLWM	12.83
QJMM	110.95	—	—
强度扰动地面总面积/hm^2		8710.22	

强度扰动地面的面积与开采方式、建设阶段、井田面积、产能的相关分析见表 3-6。可知强度扰动地面面积与建设阶段、井田面积、产能均不相关，说明上述三个变量均对强度扰动地面无显著影响。只有开采方式与强度扰动地面面积有相关性，说明两种开采方式下，地面扰动有较大差别。井采煤矿开矿中，除了运行期的道路部分，其他区域并没有强度扰动地面形成，而露天煤矿整个生产阶段，采掘场和道路都会有强度扰动地面。因此，对于强度扰动地面，开采方式的影响是最大的。调查范围包括 90 座井煤矿开采矿和 47 座露天煤矿，井采和露天开采方式下的强度扰动地面平均面积分别为 8.51hm^2 和 169.37hm^2，表明井采煤矿开矿产生的强度扰动地面的平均面积远小于露天煤矿。

表 3-6　强度扰动地面面积与开采方式、建设阶段、井田面积、产能的相关分析

指标	相关性及显著性水平	开采方式	建设阶段	井田面积	产能	强度扰动地面面积
强度扰动地面面积	相关系数	0.435**	−0.151	−0.057	−0.074	1
	显著性水平	0.000	0.079	0.516	0.397	—
	样本数	135	136	132	134	136

3. 排土（矸）场

排土（矸）场是煤矿集中堆置弃土弃渣的区域，属于煤矿开采过程中形成的一种典型人造地貌，也是发生人为水土流失的主要场所。排土（矸）过程中机械车辆反复碾压导致排土场顶部地表致密、平坦，因此降雨发生时，在排土（矸）场顶部易形成汇水，径流运行至表层质地疏松、坡度较大的边坡，引起严重的水土流失。在晋陕蒙接壤区能源基地，露天煤矿一般都有排土场，井采煤矿多配备有排矸场。排土场的水土流失在煤矿生产建设范围内最为严重，其水土流失面积也相对集中，在煤矿复垦、治理过程中，排土场一直以来都是重中之重。尤其是排土场边坡，其土壤侵蚀模数可达到排土场平台土壤侵蚀模数的 11 倍（刘瑞顺等，

2014）。排土场的平台对于边坡而言，是直接的上方汇水来源，也直接影响着边坡的水土流失，所以平台和边坡相关参数对于整个排土场的水土流失都有直接或者间接的影响。调查晋陕蒙接壤区能源基地煤矿的排土（矸）场面积和弃土体积，对于初步了解该地区的人为水土流失有较大帮助。因此，统计截至 2016 年共计 116 座由于煤矿开采形成的排土（矸）场的面积和弃土体积参数，晋陕蒙接壤区能源基地排土（矸）场调查表如表 3-7 所示。

表 3-7　晋陕蒙接壤区能源基地排土（矸）场调查表

煤矿代码	排土（矸）场面积/hm^2	排土（矸）场弃土体积/万 m^3	煤矿代码	排土（矸）场面积/hm^2	排土（矸）场弃土体积/万 m^3
KJTJ	39.63	409.01	TYMM	55.86	3690.61
LZGJ	6.50	51.70	ZDYM	16.54	2572.00
SDJJ	2.93	6.12	BTMM	62.50	1943.72
SSBJ	0.76	6.61	BLGM	1.10	20.70
SDWJ	2.00	0.15	YXMM	330.94	65.24
SJGJ	3.00	0.83	CFMM	60.60	629.00
TAMJ	7.65	4.01	CEGM	77.38	3056.00
LSLJ	4.62	7.10	DSQM	132.79	4063.47
TZMJ	32.34	305.76	HTMM	1.79	0.00
WJLJ	14.50	7.10	HSTM	808.99	12455
HAMJ	1.83	4.64	HLMM	47.93	4753.00
JXLJ	272.39	3726.82	JZTM	67.33	800.00
LJLJ	149.7	8047.66	SDGM	27.96	400.00
MDGJ	1.50	5.56	MXMM-1	76.80	3690.00
LJJJ	105.93	3837	QCTM	97.55	4380.00
SPMJ	9.01	32.03	HSYM	1.35	0.00
SYQJ	50.90	75.00	SBLM	0.85	4.77
ZRMJ	137.82	3793.36	SDLM	22.55	3872.07
ZXMJ	1.20	18.70	SSGM	86.17	5830.00
CJZJ	3.44	10.11	TGTM	5.30	253.33
JDMJ	1.50	2.91	TJHM	11.37	109.92
MDM	3.52	28.84	YZYM	220.00	9372.00
XJWJ	7.00	228.89	WLHM	211.31	3335.42
SKMQ	1.29	1.08	YLMM	72.33	5219.50
ZJMQ	6.70	48.80	YZMM	0.67	1.40
DLTQ	28.87	48.80	BLMM	187.58	8008.00

续表

煤矿代码	排土（矸）场面积/hm^2	排土（矸）场弃土体积/万 m^3	煤矿代码	排土（矸）场面积/hm^2	排土（矸）场弃土体积/万 m^3
GSTQ	10.34	377.15	CXMM	201.85	3717.40
HRYQ	0.19	0.07	CYMM	145.52	5112.00
HJTQ	10.96	396.00	DSGM	196.00	5209.04
SJWQ	33.58	6912.28	GSGM	33.61	1706.05
SMGQ	41.01	300.00	HQLM	14.05	0.00
DLTQ	28.87	48.80	JYMM	210.28	6208.00
YJLQ	23.36	358.76	RGMM	373.80	4028.00
ZGTQ	16.05	274.55	RTMM	68.33	1576.30
CJTQ	14.05	24.24	YJTM	133.82	3910.90
HLWQ	11.35	0.00	BJLM	53.45	698.00
HJLQ	2.00	5.00	DDJM	4.50	0.00
JJTQ	9.00	2.66	DJLM	233.99	3886.83
LXKQ	2.00	26.16	ELTM	5.75	53.00
QSTQ	1.90	12.00	HQHM	34.53	0.00
SSPQ	4.34	18.04	HLSM	11.80	0.00
SSMQ	4.34	18.04	LJTM	4.80	9.04
YDTQ	5.70	0.00	LYMM	0.70	0.84
BBGM	0.20	2.40	LJQM	1.00	5.62
BLTM	193.57	10770.00	MLHM	0.16	944.07
BYMM	55.63	1398.61	MLLM	7.66	0.00
BJHM	20.20	366.19	MXMM-2	0.10	14440.10
CNLM	41.17	7720.33	QLTM	21.38	62.40
FRMM	10.00	170.60	RTYM	10.67	3959.27
JXDM	108.97	5897.00	SCWM	0.28	0.00
JYMM	56.50	4402.94	WTGM	2.42	0.00
JXLM	15.50	797.43	WJLM	29.21	3836.00
LJQM	2.00	0.40	WJTM	207.12	4649.90
MDMM	219.00	41738.00	WLMM	61.65	4218.80
NPLM	1.40	3.20	XLTM	138.89	484.92
QJMM	146.00	2842.00	YCMM	2.02	25.80
SLEM	1.50	18.60	ZXMM	0.53	4.90
SXMM	1.30	4.12	ZLWM	3.00	17.38
排土（矸）场总面积/hm^2		6886.92	排土（矸）场弃土总体积/万 m^3		252903.87

由表可知，调查的116座晋陕蒙接壤区能源基地煤矿排土（矸）场的总面积为6886.92hm^2，弃土总体积为252903.87万m³。排土（矸）场面积最大值为808.99hm^2（东胜区HSTM），弃土体积最大值为41738.00万m³（东胜区MDMM），排土（矸）场面积和弃土体积的最大值并不是同一个煤矿，面积和弃土体积的最小值也不是同一个煤矿，而是分属4个煤矿，其原因主要是每个煤矿堆积排土矸场的高度、形状等有所差异，说明排土（矸）场面积大不一定弃土体积也大。另外，排土（矸）场面积的最小值为0.10hm^2（MXMM-2），排土（矸）场弃土体积的最小值为0.00万m³（HLWQ、YDTQ、HTMM、HSYM、HQLM、DDJM、HQHM、HLSM、MLLM、SCWM、WTGM），和上述原因类似。上述11个煤矿的排土（矸）场均有面积却无弃土，是由于这些煤矿都是井煤矿，排弃的煤矸石全部进行外销或者井下回填，只保留临时性的排土（矸）场。

1）排土场、排矸场土壤侵蚀环境

排土场是露天煤矿生产过程中堆放弃土弃渣的场所，分为两个主要部分，如图3-1所示。图3-1中排土场为在排排土场，未经任何治理，平台部分由于排土车辆长期机械碾压，致密、平坦；边坡部分的弃土自然从排土车撒落，松散、结构性差。如遇降雨，由于平台面积大、入渗率低，是边坡上方的直接汇水来源，容易引起径流冲刷侵蚀，加之降雨对边坡的击溅侵蚀，未经治理的排土场边坡将会产生剧烈的水土流失。如遇大风天气，边坡弃土也容易遭受风蚀，调查过程中发现排土边坡区域在大风天气时通常伴随扬沙。

图3-1　内蒙古鄂尔多斯市准格尔旗CNLM煤矿排土场

排矸场用于井煤矿开采集中放置生产过程中产生的弃土弃渣。通常排矸场的水土流失特征因治理与否呈现出较大的差异性，未经治理的排矸场边坡矸石或者其他固体物质的含量较高，甚至整个坡面都为矸石。因此，表层在短暂时间内无水土流失发生，如图3-2所示。但矸石层底部是否有潜蚀发生不能确定。排矸场经过一定治理后，表层覆盖剥离土，以利于植被恢复，此时排矸场表层出现的水土流失类型与排土场边坡类似。排矸场和排土场顶部在降雨条件下，都具有为边坡提供上方汇水的能力。

图 3-2　山西 XJWJ 煤矿在排排矸场

2）排土场边坡水土流失特征

现场调查了晋陕蒙接壤区能源基地范围内煤矿排土场共计 27 个（山西 4 个、陕西 7 个、内蒙古 16 个），边坡共计 80 个（山西 21 个、陕西 14 个、内蒙古 45 个）。

排土场年限、边坡长度、坡度及植被盖度等，影响着边坡的水土流失强度及特征。对排土场年限、长度等进行统计和概化，可以为室内或者野外建模定量研究排土场边坡水土流失过程等提供依据。统计分析表明，排土场的年限集中在 1a、2a、3a 和 4a，分别占边坡总数的 20.0%、22.5%、15.0%和 17.5%；坡长集中在 10～15m、15～20m、25～30m 和>40m，分别占边坡总数的 21.52%、15.19%、17.72%和 15.19%；坡度集中在 25°～35°和＞35°，分别有 46 和 28 个，分别占边坡总数 57.5%和 35.0%（其中 6 个边坡未获取有效数据）；植被盖度划分为 30%、30%～45%、60%～100%，分别占边坡总数的 37.50%、20.00%和 36.25%（有部分未获取有效数据），植被类型以沙打旺、紫花苜蓿、沙柳等为主。因此，建立实体模型来研究排土场边坡水土流失过程、水土流失原因、植被的减水减沙效益等，推荐上述排土场边坡参数，以及植被盖度、植被类型等，优先考虑的实体模型概化参数应该为边坡坡长 10～15m 和坡度 25°～35°。

排土场边坡主要的土壤侵蚀类型有面蚀（包括鳞片状面蚀和层状片蚀）、细沟侵蚀、切沟侵蚀、重力侵蚀、风力侵蚀等（图 3-3～图 3-6）。统计表明，无侵蚀现象的边坡有 4 个，以面蚀为主的边坡有 29 个，以细沟侵蚀为主的边坡有 40 个，出现切沟的边坡有 3 个，出现重力侵蚀（少量滑塌、泄溜）的边坡有 4 个，分别占边坡总数的 5.00%、36.25%、50.00%、3.75%和 5.00%。因此，对排土场边坡来说，细沟侵蚀和面蚀为主要侵蚀类型。所有排土场边坡的水土流失强度均在中度以上，中度的有 29 个，强度的有 10 个，极强度的有 23 个，剧烈的有 18 个，分别占边坡总数的 36.25%、12.50%、28.75%和 22.50%，大部分边坡处于中度、极强度、剧烈侵蚀，极强度以上达 51.25%，说明晋陕蒙接壤区能源基地排土场边坡的水土流失需重点防护。

图 3-3 准格尔旗 MXMM-1 排土场边坡鳞片状面蚀

图 3-4 准格尔旗 CEZM 排土场边坡细沟侵蚀

图 3-5 达拉特旗 RGMM 排土场边坡切沟侵蚀

图 3-6 准格尔旗 HLMM 排弃约 1 个月的排土场重力侵蚀

3）排矸场边坡水土流失特征

调查井采煤矿排矸场共计 29 个（山西 13 个、陕西 16 个），调查边坡共计 76 个（山西 42 个、陕西 34 个）。排矸场年限、边坡长度、坡度及植被盖度等影响着排矸场边坡的水土流失特征及水土流失强度。统计结果表明，排矸场堆积年限集中在＜1a、1a、2a 和 3a，分别占调查样本总量的 19.74%、21.05%、14.47%和 23.68%；坡长 5～10m、10～25m 和 20～25m 的占比分别为 22.37%、14.47%和 17.11%；坡度＜25°、25°～35°和＞35°的占比分别为 9.21%、55.26%和 26.00%；植被盖度<30%、30%～45%、60%～100%的占比分别为 46.05%、13.16%和 40.79%；植被类型与排土场有差异，主要以沙棘、黄蒿、紫花苜蓿等为主。

排矸场边坡侵蚀的主要类型与排土场相近，同样包括面蚀（鳞片状面蚀和层状片蚀）、细沟侵蚀、切沟侵蚀、重力侵蚀、风力侵蚀等。其中，无侵蚀现象的边坡有1个，以面蚀为主的边坡有9个，以细沟侵蚀为主的边坡有50个，出现切沟的边坡有15个，出现重力侵蚀（少量滑塌、泄溜）的边坡有1个，分别占边坡总数的1.32%、11.84%、65.79%、19.74%和1.31%，因此细沟侵蚀是排矸场边坡的主要侵蚀类型。水土流失强度属于轻度侵蚀的边坡共计5个，属于中度侵蚀的边坡共计26个，属于强度侵蚀的边坡共计12个，属于极强度的边坡共计5个，属于剧烈侵蚀的边坡共28个，分别占总边坡数的6.58%、34.21%、15.79%、6.58%和36.84%，大部分边坡的侵蚀强度为中度、极强度、剧烈侵蚀。极强度以上达43.42%，说明晋陕蒙接壤区能源基地排矸场的水土流失防治任务仍然严峻。

4）排土场及排矸场水土流失影响因素分析

晋陕蒙接壤区能源基地主要的生产建设项目类型有煤炭开采和采石取料。在生产建设过程中，人为活动提供了丰富的侵蚀物质源和侵蚀条件。例如，弃土弃渣体提供侵蚀物质源，开挖破坏地表植被和土壤结构等提供了侵蚀条件；在自然因素和人为因素的共同作用下，受人为扰动的下垫面和松散堆积体产生比原生坡面更严重的水土流失。土壤侵蚀的影响因素主要有气候、地质地貌、土壤与植被；人类活动改变了这些因素后产生了人为侵蚀（短期内气候及大尺度的地质条件不变）。因此，在晋陕蒙接壤区能源基地，人类活动难以改变气候及部分地质自然条件，但可以较容易地改变地貌、土壤、植被、暂时性侵蚀基准面等其他条件。

根据资料及文献调研，得知晋陕蒙接壤区能源基地煤矿开采区域的侵蚀动力为降雨和风力，侵蚀类型主要有水力侵蚀和风力侵蚀，侵蚀对象为人为扰动后的下垫面，主要的侵蚀单元有采掘场、排土（矸）场、排土道路、厂矿的生活区域、建设区域等。从自然因素和人为因素两个方面对煤矿开采水土流失的影响因素进行分析。

（1）自然因素。煤矿开采活动对气候因素和地质因素的影响不大。气候因素主要包括降雨量、降雨强度、雨型、降雨的时空分布和风速等；地质因素主要包括物质组成、新构造运动等。

降雨量、降雨强度、雨型和降雨的时空分布等是水力侵蚀的主要影响因子。晋陕蒙接壤区能源基地属于典型的温带半干旱大陆性气候，在该气候条件下，水土流失主要由侵蚀性降雨引起。侵蚀性降雨由降雨量和降雨强度两个参数来决定，一般来讲，其他条件不变的情况下，降雨量越大，下垫面的水土流失量也越大；降雨强度决定着降雨的侵蚀动能，常用30min最大降雨强度来计算降雨动能，降雨强度越大，其动能越大，引起的水土流失也更严重。晋陕蒙接壤区能源基地主要的暴雨雨型有3种，分别是A型，降雨量一般集中在10～30mm，历时30～120min；B型，降雨量一般集中在30～100mm，历时3～18h；C型，降雨量一般集中在

60～130mm，历时一般大于24h。A型是引起水土流失的主要暴雨类型，一些区域70%的强烈侵蚀由A型降雨产生（焦菊英等，1999）。降雨的时空分布（分为次降雨分布和年降雨分布）也影响着区域水土流失；次降雨过程中，上述3种雨型中的A型降雨空间分布最不均匀，会引起局部剧烈的水土流失现象；年际降雨分布对水土流失的影响也很大，晋陕蒙接壤区能源基地的年降雨多集中在6～9月，个别区域该时间段的降雨量可达到全年的80.91%，因此该时间段的水土流失较为严重。

晋陕蒙接壤区能源基地和我国著名的风蚀水蚀交错带高度重叠，风力侵蚀和水力侵蚀全年交错进行。风蚀量、风蚀强度与风速有很大关系，风蚀强度随平均极大风速的增加呈现指数型增长趋势（孙宝洋等，2016）。风蚀和水蚀互相提供侵蚀物质来源（宋阳等，2006），造成侵蚀量（水蚀量和风蚀量）比单相侵蚀大。风蚀对坡面颗粒的分选作用随着水蚀强度的增大而降低（脱登峰等，2014）；风蚀通过改变坡长和坡度影响地表径流的路径与流速，进而影响水蚀过程（李君兰等，2010）。考虑风力侵蚀的影响，在实际水土保持工作中，晋陕蒙接壤区能源基地将风力侵蚀作为影响该区水土流失的重要侵蚀类型。

物质组成影响下垫面的抗蚀性能，矿物含量越高的下垫面抗蚀性越强（姚文艺等，2015）。晋陕蒙接壤区能源基地与鄂尔多斯砒砂岩区高度重叠，晋陕蒙接壤区能源基地涉及的县（区、旗）中，除了榆阳区、兴县、偏关县，其余地区均处在砒砂岩分布区内（王愿昌等，2007）。由砒砂岩形成的风化物，如蒙脱石、高岭石及伊利石在干燥环境下具有较好的抗蚀性能，但遇水容易膨胀，松软如泥，易受到外营力影响，造成严重侵蚀（白杭改，2017；王愿昌等，2007）。物质组成也影响着下垫面的力学性质，砒砂岩地区发生严重水土流失的原因在于其脆弱的力学性质（于际伟，2014）。砒砂岩的含水量、颗粒大小影响着砒砂岩的抗剪强度、抗拉强度等（Mohamad et al., 2008），含水量越大，其抗剪强度越小，甚至丧失（于际伟，2014）。另外，含水量较高时，砒砂岩粗颗粒更容易破碎成细颗粒，从而导致严重侵蚀。

新构造运动通过影响区域或者局部侵蚀基准面的变化间接影响区域水土流失。府谷县及其附近区域位于新构造运动的抬升区，自更新世以来，下切约240m；鄂尔多斯地台沿西北-东南整体抬升，加大长城以南地区的坡度，引起侵蚀基准面的降低，进而加剧水土流失（刘忠义和张清田，1990）。皇甫川、窟野河、秃尾河等流域，从地质上来说，都属于弧形隆起带。因此，这些地区是黄土高原重力侵蚀较为严重的地区之一（李裕元等，2001）。

（2）人为因素。全新世以来，人为因素影响下的侵蚀速度远远大于自然侵蚀。晋陕蒙接壤区能源基地是我国著名的能源基地，人为因素对土壤侵蚀的影响更为明显。煤炭开采活动较容易干扰植被、土壤、地貌、局部基准面等影响水土流失的因子。

植被的根、茎、叶都具有不同程度的水土保持功能，地表无植被覆盖后，容易受到外营力侵蚀。在晋陕蒙接壤区能源基地，无论是井采还是露天开采，都不可避免地要对原有地表植被进行破坏。煤矿开采活动对植被的破坏有以下几个特点：①分时期，施工期对植被的破坏是最严重的，大面积的基建活动，需要铲除表土层，所有施工范围内的植被都将被破坏；自然恢复期会在扰动地表种植植被，使地表的盖度增高，从而使新增水土流失逐渐减少。②程度重，采掘场、道路等区域，是强烈扰动区域，土层将被整体铲除，植物残体及土壤中的根系、种子等都会被整体挪移到排土场，所以在这些区域如果没有人为种植，植被将很难恢复。图 3-7 为准格尔旗 WLHM 煤矿采掘场对植被的影响。③影响大，非建设区域的原生植被也受到煤矿开采活动的影响。个别区域尘土飞扬，尘土飘落到植物叶片表面，会妨碍植物生长（图 3-7）。人类活动主要通过上述几种方式，对植被造成破坏或者对植被的生长发育产生影响，进而造成水土流失。

图 3-7　准格尔旗 WLHM 煤矿采掘场对植被的影响

地面物质组成、土壤结构等直接影响土壤的抗蚀性和抗冲性，间接影响植被生长，煤矿开采活动对矿区土壤的影响有以下几个方面：①开挖剥离地表土壤。一般底层土壤紧实，抗蚀性相对较高，但开挖后呈裸露状态，一些区域的开挖面水土流失较为严重，图 3-8 为达拉特旗 BLMM 煤矿开挖边坡细沟侵蚀；②排弃年限较短的排土场土壤结构松散，容易发生重力侵蚀（撒落、泄溜）（图 3-6）；③排弃土体因重力作用，表层土壤在坡面上有分选性，上坡、中坡和下坡的土壤颗粒组成不均一；④弃土弃渣成分复杂，多混杂煤渣、砾石等；⑤有机质含量低，植被生长缓慢，发育不良，间接影响水土流失。人为活动主要通过以上方式直接或者间接地改变了土壤的抗蚀性和抗冲性，从而影响水土流失过程。

图 3-8　达拉特旗 BLMM 煤矿开挖边坡细沟侵蚀

地貌条件影响着水土流失环境，对水土流失的影响较大。排土场、排矸场是典型的人造地貌，坡度、坡长的改变影响径流路径及径流强度，直接影响水土流失；人造地貌也改变了坡向，通过影响植被生长间接对水土流失产生影响。因此，煤矿开采活动对地貌的影响主要有以下几个方面：①坡长影响径流的汇集，一般情况下，坡长越长，坡面承雨面积就越大，形成的径流量也越大，所以人为堆弃的边坡会产生较为严重的水土流失。图 3-9 为达拉特旗 RTMM 煤矿的排土场，边坡坡长约 52m，距坡顶约 15m，坡面基本无侵蚀现象，而 15m 后，就形成了较多贯穿整个坡面的细沟。②坡度影响着径流势能-动能的转化，坡度越陡，形成径流的动能越大，对坡面的冲击也比较大，因此会形成严重的水土流失。③汇水面积会影响坡面径流，排土场顶部是人为形成的汇水区域，平坦、密实度高、入渗率极低，遇到暴雨将会产生巨大的径流，汇集速度快，如果形成的汇流流经边坡，将会引起严重的水土流失。④人为地貌堆弃较随机，坡向将对地表水分和植被生长产生影响，进而间接影响水土流失。

图 3-9　达拉特旗 RTMM 煤矿的排土场

煤矿的不断开采，会不断降低局部的暂时性侵蚀基准面。例如，露天煤矿的采掘过程会不断剥离表层，向下挖掘，因此采掘场区域的侵蚀基准面会不断地下降。另外，排土场不断往高堆积，也会使局部侵蚀基准面相对下降。侵蚀基准面下降后，水土流失的外部影响条件显现，如随着采掘场侵蚀基准面的不断下降，其坡长将不断增加，增大边坡的汇水面积，影响径流，造成水土流失。

4. 弃土弃渣体

晋陕蒙接壤区能源基地煤矿开采形成大量弃土弃渣体，人为堆弃的弃土弃渣体物质组成复杂，使得侵蚀方式、侵蚀物质源相比自然下垫面发生较大改变，是矿区严重水土流失的重要来源（李建明等，2013），是开发建设活动中一种典型的人为水土流失形式。弃土弃渣体在煤矿中的产生形式主要有两种：一是建设过程中临时性的弃土弃渣体，以及排土（矸）场区域排弃年限较短的弃土弃渣体；二是运行期不断产生年限较长，已经基本稳定的排土（矸）场。第二种类型的弃土弃渣体虽然比第一种相对稳定，但其自然下垫面物质组成更复杂，质地更松散，更容易遭受外营力侵蚀。因此，统计截至 2016 年 113 座煤矿开采形成的弃土弃渣体的面积（投影面积）和体积（即计算每个煤矿松散堆积体、排土场或排矸场面积、体积之和），晋陕蒙接壤区能源基地弃土弃渣体调查表如表 3-8 所示。

表 3-8　晋陕蒙接壤区能源基地弃土弃渣体调查表

煤矿代码	弃土弃渣体面积/hm^2	弃土弃渣体体积/万 m^3	煤矿代码	弃土弃渣体面积/hm^2	弃土弃渣体体积/万 m^3
KJTJ	39.63	409.01	TYMM	55.86	3690.61
LZGJ	6.50	51.70	XSDM	13.07	285.00
SDJJ	2.93	6.12	ZDYM	16.54	2572.00
SSJJ	0.76	6.61	BTMM	62.50	1943.72
SDWJ	2.00	0.15	BLGM	1.10	20.70
SJGJ	3.00	0.83	YXMM	330.94	65.24
TAMJ	7.65	4.01	CFMM	60.60	629.00
LSLJ	4.62	7.10	CEGM	77.38	3056.00
TZMJ	32.34	305.76	DSQM	132.79	4063.47
WJLJ	14.50	7.10	HTMM	1.79	0.00
HAMJ	1.83	4.64	HSTM	808.99	12455.00
JXLJ	272.39	3726.82	HLMM	47.93	4753.00

续表

煤矿代码	弃土弃渣体面积/hm^2	弃土弃渣体体积/万 m^3	煤矿代码	弃土弃渣体面积/hm^2	弃土弃渣体体积/万 m^3
LJLJ	149.70	8047.66	JZTM	67.33	800.00
MDGJ	1.50	5.56	SDGM	28.26	414.43
LJJJ	105.93	3837.00	MXMM-1	76.80	3690.00
SPMJ	9.01	32.03	QCTM	97.55	4380.00
SYQJ	50.90	75.00	HSYM	1.35	0.00
ZRMJ	137.82	3793.36	SBLM	0.85	4.77
ZXMJ	1.20	18.70	SDLM	22.55	3872.07
CJZJ	3.44	10.11	SSGM	86.17	5830.00
JDMJ	1.50	2.91	TGTM	5.30	253.33
MDM	3.52	28.84	TJHM	11.37	109.92
XJWJ	7.00	228.89	YZYM	220.00	9372.00
SKMQ	1.29	1.08	WLHM	211.31	3335.42
ZJMQ	6.70	48.80	YLMM	72.33	5219.50
DLTQ	28.87	48.80	BLMM	187.58	8008.00
GSTQ	10.34	377.15	CXMM	201.85	3717.40
HRYQ	0.19	0.07	CYMM	145.52	5112.00
HJTQ	10.96	396.00	DSGM	196.00	5209.04
SJWQ	33.58	6912.28	GSGM	33.61	1706.05
SMGQ	41.01	300.00	HQLM	14.05	0.00
DLTQ	28.87	48.80	JYMM	210.28	6208.00
YJLQ	23.36	358.76	RGMM	373.80	4028.00
ZGTQ	16.05	274.55	RTMM	68.33	1576.30
CJTQ	14.05	24.24	YJTM	133.82	3910.90
HLWQ	11.35	0.00	BJLM	53.45	698.00
HJLQ	2.00	5.00	DDJM	4.50	0.00
JJTQ	9.00	2.66	DJLM	233.99	3886.83
LXMQ	2.00	26.16	ELTM	5.75	53.00
QSTQ	1.90	12.00	HQHM	34.53	0.00
SSPQ	4.34	18.04	LJTM	4.80	9.04

续表

煤矿代码	弃土弃渣体面积/hm²	弃土弃渣体体积/万 m³	煤矿代码	弃土弃渣体面积/hm²	弃土弃渣体体积/万 m³
SSMQ	4.34	18.04	LYMM	0.70	0.84
BBGM	0.20	2.40	LJQM	1.00	5.62
BLTM	193.57	10770.00	MLHM	0.16	944.07
BYMM	68.03	1540.86	MLLM	7.66	0.00
BJHM	20.20	366.19	MXMM-2	0.10	14440.10
CNLM	56.17	10120.33	RTYM	10.67	3959.27
FRMM	10.00	170.60	SCWM	0.28	0.00
JXDM	108.97	5897.00	WTGM	2.42	0.00
JYMM	56.50	4402.94	WJLM	29.21	3836.00
JXLM	15.50	797.43	WJTM	207.12	4649.90
LJQM	2.00	0.40	WLMM	61.65	4218.8
MDMM	259.00	50085.60	XLTM	138.89	484.92
NPLM	1.40	3.20	YCMM	2.02	25.80
QJMM	146	2842.00	ZXMM	0.53	4.90
SLEM	1.50	18.60	ZLWM	3.00	17.38
SXMM	1.30	4.12	—	—	—
弃土弃渣体总面积/hm²		6928.14	弃土弃渣体总体积/万 m³		264029.35

由表 3-8 可知，晋陕蒙接壤区能源基地弃土弃渣体的总面积为 6928.14hm²，总体积为 264029.35 万 m³。弃土弃渣体面积最大值为 808.99hm²（HSTM），体积最大值为 50085.60 万 m³（MDMM）。弃土弃渣体面积、体积的最大值并不是同一个煤矿，而是分属两个煤矿，其原因主要是：①每个煤矿堆积松散堆积物有一定的随机性；②每个煤矿排土（矸）场的高度、形状等有所差异，所以某个特定煤矿产生的弃土弃渣体面积大不一定体积也大。另外，弃土弃渣体面积的最小值为 0.10hm²（MXMM-2），体积的最小值为 0.00 万 m³（HLWQ、HTMM、HSYM、HQLM、DDJM、HQHM、MLLM、SCWM、WTGM），同理，这些煤矿只有临时性的弃土弃渣场，在特殊时期因矸石周转不开时才会使用，大多情况下直接外销或填入井下，因此弃土弃土渣体只有面积而无体积。

5. 采煤塌陷区

煤矿开采导致的塌陷一般发生在井采煤矿分布区，在底下煤层被采空后，采空区周围的岩土结构发生变化，应力状态失稳。随着煤层开采面积扩大，底部支撑设施的拆除，失稳的岩土层会崩塌下陷，导致地面发生形变，形成一系列裂缝甚至塌陷（张平仓等，1994）。塌陷对地表的主要影响有地表坡度发生变化、产生地裂缝、土壤理化性质和水分发生变化、有机质含量降低等（张发旺等，2003）。塌陷会引起塌陷区边坡坡度增加，进而可能导致水土流失增加（黄翌等，2014）。地裂缝形成后，径流流进裂缝，发生潜蚀作用，降低裂缝周围土壤抗蚀性和土壤结构稳定性，引起剧烈水土流失。在晋陕蒙接壤区能源基地，井采煤矿占大多数（68.20%），通过对 38 个井采煤矿的煤矿开采塌陷区域的面积调查可知（表 3-9），能源区煤矿开采产生的塌陷区总面积为 7255.86hm^2，塌陷区面积最大值为 778.50hm^2（BJHM），塌陷区面积最小值为 0.33hm^2（NLMM）。

表 3-9　晋陕蒙接壤区能源基地塌陷区域面积调查表

煤矿代码	塌陷区面积/hm^2	煤矿代码	塌陷区面积/hm^2
SDJJ	31.96	HCMM	60.32
SJGJ	425.77	SDGM	249.00
WJLJ	467.00	NLMM	0.33
WXMJ	96.33	HSYM	0.51
CYGH	96.33	SBLM	115.75
HAMJ	1.95	TYFM	2.94
LJLJ	262.65	TYQQ	2.40
GJYJ	114.66	XYGM	100.00
JDMJ	239.00	XHMM	3.62
XJWJ	80.50	YZMM	245
HSMQ	732.00	CTMM	2.56
SBZQ	125.00	AHGM	1.46
ZJMQ	651.10	HLSM	37.13
LHMQ	76.98	LJTM	327.04
BBGM	39.65	LYMM	0.72
BJHM	778.50	SMTM	3.83
CNLM	7.52	SCWM	80.00
SLEM	118.00	YCMM	561.50
BLGM	462.00	ZLWM	654.85
塌陷区总面积/hm^2		7255.86	

3.2　晋陕蒙矿区排土场边坡细沟侵蚀调查

3.2.1　细沟特征参数沿坡长变化特征

1. 不同治理模式坡面的细沟特征参数沿坡长变化特征

调查了煤矿 YLMM 排土场常见的下垫面类型：裸坡、沙柳方格+沙打旺和沙柳方格的边坡细沟侵蚀特征。

裸坡和 2 种治理模式细沟参数随坡长的变化（从坡顶至坡脚）如图 3-10 所示。由图 3-10（a）可知，裸坡细沟密度先随坡长先减小后增大再减小，沙柳方格+沙打旺治理坡面细沟密度随坡长增加逐渐增大，沙柳方格治理坡面细沟密度整体上呈先增大后减小的趋势，3 类坡面细沟密度分别为 0.00～1.90m/m^2、0.17～

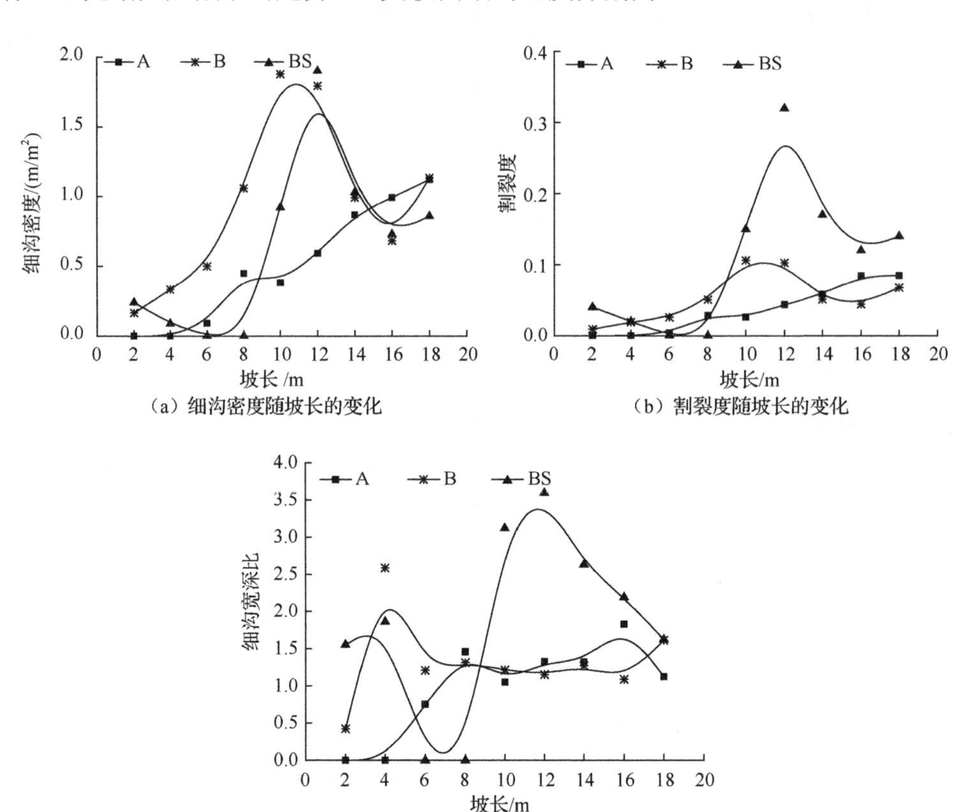

图 3-10　裸坡和 2 种治理模式细沟参数随坡长的变化

A 表示治理模式为沙柳方格+沙打旺；B 表示治理模式为沙柳方格；BS 表示裸坡；图 3-12 同

$1.88m/m^2$、$0.00\sim1.12m/m^2$。裸坡细沟密度在距离坡顶 12m 处达到最大，为 $1.90m/m^2$；沙柳方格+沙打旺治理坡面细沟密度在 18m 处达到最大，为 $1.12m/m^2$，沙柳方格治理坡面细沟密度在 10m 处达到最大，为 $1.88m/m^2$，沙柳方格+沙打旺和沙柳方格治理坡面细沟密度与裸坡细沟密度的最大值相比分别降低 47.89%和 2.63%。裸坡细沟密度在坡长为 2～8m 处逐渐减小，其原因是上方汇水流至裸坡后，抗冲性较差的表土首先被径流剥蚀、分散、输移，随着输移泥沙量的增大，径流用于输移泥沙的能量消耗也越大，削弱了径流冲刷能力，在坡长为 2～8m 甚至出现沉积现象，导致细沟密度逐渐变小。细沟密度从第 8m 开始急剧上升，增大约 190 倍，这表明坡长＞8m 后裸坡坡面细沟发育程度大，侵蚀强烈。相比裸坡细沟密度，沙柳方格+沙打旺治理坡面细沟密度在坡面上增长较缓，最大值为裸坡的 58.9%，说明沙柳方格+沙打旺治理模式可以有效控制细沟发育。沙柳方格治理坡面细沟密度和裸坡细沟密度在坡面上的变化规律相同，都在中间部位达到最大。因为沙柳方格治理模式在坡长 2～8m 处没有类似裸坡上的沉积作用，所以沙柳方格治理坡面细沟密度比裸坡细沟密度提前达到最大值。

从图 3-10（b）中看出，裸坡细沟割裂度随坡长增加呈减小-增大-减小趋势，沙柳方格+沙打旺治理坡面细沟割裂度随坡长缓慢增大，沙柳方格坡面细沟割裂度随坡长先增大后减小。裸坡细沟割裂度在坡长为 12m 处达到最大值，最大值为 0.32，沙柳方格+沙打旺和沙柳方格治理坡面细沟割裂度分别在坡长为 18m、10m 处达到最大值，分别 0.07、0.10，3 种坡面细沟割裂度的变化范围分别为 0.00～0.32、0.00～0.07、0.009～0.10。裸坡在坡长 2～8m 处细沟割裂度逐渐减小，其原因与细沟密度变小的原因相同。沙柳方格+沙打旺和沙打旺治理坡面细沟割裂度的最大值分别为裸坡细沟割裂度的 21.88%和 31.25%，说明沙柳方格+沙打旺治理模式下坡面的破碎程度远小于裸坡，沙柳方格+沙打旺和沙柳方格治理模式均能有效防止细沟宽度的增加。另外，沙柳方格治理模式下，坡长 10m 处的细沟割裂度为裸坡的 73.3%，但沙柳方格治理坡面细沟密度却为裸坡的 2.03 倍，这表明沙柳方格治理模式坡面到坡长 10m 处细沟发育的总长比裸坡长，但总面积却比裸坡小。另外，沙柳方格治理模式坡面到坡长 10m 处细沟发育虽然比裸坡更密集，但坡面仍然没有裸坡破碎，更能表明沙柳方格保护坡面的有效性。

由图 3-10（c）可知，裸坡细沟宽深比变化和细沟密度及细沟割裂度的变化趋势相同；沙柳方格+沙打旺治理坡面细沟宽深比在坡长 4～8m 增大，8～16m 保持相对稳定，16m 后又缓慢减小，随坡长呈现波动变化；沙柳方格治理坡面细沟宽深比在坡长 0～4m 快速增加，后减小，6～16m 相对稳定，16m 后增大。裸坡在坡长 0～4m 坡段因径流先遇到大量松散物质，径流含沙量迅速达到饱和，用于侵蚀、分散表土的能量下降，后以泥沙沉积作用为主，表现为细沟宽深比迅速下降。沉积作用之后（坡长 4m 后），径流中含沙量减少，此时径流有较大剥蚀能力，进而开始侵蚀作用，裸坡没有任何保护措施，因此细沟宽深比迅速增大。沙柳方格+沙打旺治理模式坡面，坡长 0～4m 处因沙柳方格和沙打旺的保护无细沟产生，所以宽深比为 0，4m 后产生细沟侵蚀，并以沟壁的拓宽为主，因此宽深比越来越大，8～10m 细沟下切侵蚀作用加强，宽深比减小，但下降幅度较小；随着坡长增加，沟壁拓宽和下切侵蚀作用交替进行，沙柳方格+沙打旺治理坡面细沟宽深比呈波动变化。沙柳方格治理坡面细沟宽深比变化和沙柳方格+沙打旺治理坡面类似，但沙柳方格治理模式的坡面仅有沙柳方格的保护作用，所以沙柳方格治理坡面细沟宽深比的变化幅度明显较大。与裸坡相比，沙柳方格+沙打旺和沙柳方格治理坡面细沟宽深比的最大值分别下降 49.04%和 27.95%，平均值分别下降 48.89%和 34.78%，表明沙柳方格+沙打旺治理、沙柳方格治理 2 种模式均能控制细沟长、宽发育，可防止细沟在局部过度下切或拓宽，沙柳方格+沙打旺治理模式的作用更为明显，突出了沙打旺的重要性。

2. 不同植被盖度坡面的细沟特征参数沿坡长变化特征

调查了 YLMM 煤矿排土场沙柳方格+沙打旺治理坡面在不同沙打旺盖度下的细沟侵蚀特征，细沟密度随坡长的变化如图 3-11 所示。从沙打旺盖度 75%和盖度 45%坡面的细沟密度从坡顶至坡脚的变化过程可以看出，相同坡位（坡长 6～8m 除外），沙打旺盖度 45%坡面细沟密度比沙打旺盖度 75%坡面大 21%～144%，整体均随坡长增大而增大。坡长 6～8m 处沙打旺盖度 75%坡面的细沟密度较沙打旺

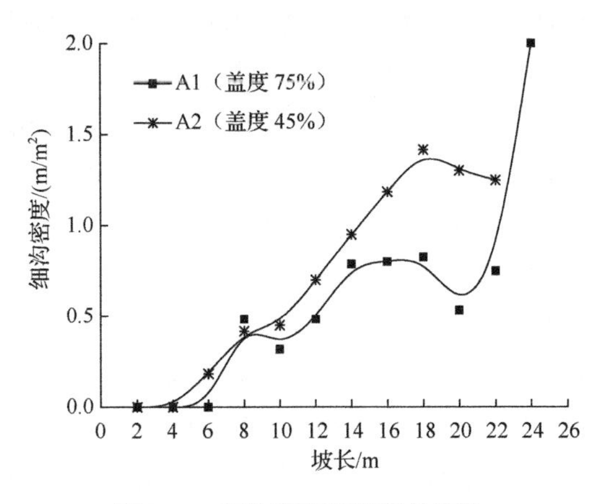

图 3-11　细沟密度随坡长的变化

A1 和 A2 分别表示沙柳方格+沙打旺治理模式下沙打旺为 75%盖度和 45%盖度的坡面；图 3-13、图 3-14 同

盖度 45%坡面低，这是径流动能对土壤剥蚀与泥沙输移 2 个过程同时分配的结果。坡长 0～18m，沙打旺盖度 75%坡面和盖度 45%坡面在坡面上沿程增大，变化趋势相对稳定，坡长 18m 后，细沟密度开始较大波动变化。沙打旺盖度 75%和盖度 45%坡面细沟密度的变异系数分别为 0.94 和 0.75，说明沙打旺盖度 75%坡面的细沟密度变化波动更大。这是因为沙打旺的盖度大，对于降雨和坡面径流的影响较大，进而对细沟发育产生较大影响。

3.2.2　细沟侵蚀量沿坡长变化特征

1. 不同治理模式下的细沟侵蚀量沿坡长变化特征

沙柳方格+沙打旺治理坡面和沙柳方格治理坡面及裸坡的坡面细沟侵蚀量和细沟累计侵蚀量从坡顶至坡脚的变化过程如图 3-12 所示。

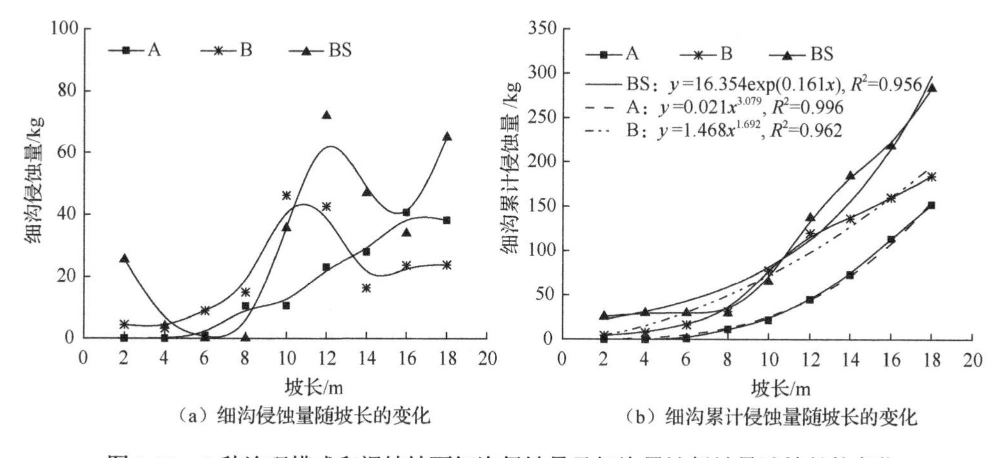

（a）细沟侵蚀量随坡长的变化　（b）细沟累计侵蚀量随坡长的变化

图 3-12　2 种治理模式和裸坡坡面细沟侵蚀量及细沟累计侵蚀量随坡长的变化

由图 3-12（a）可知，裸坡细沟侵蚀量随坡长的变化剧烈波动，坡长 6～8m 趋近于 0kg，坡长 10～12m 增加至 72.10kg，坡长 14～16m 减小至 34.14kg，减小 52.65%，随着坡长的沿程变化剧烈，呈现周期性“减—增”变化，即每隔 8m 细沟侵蚀量会增大。沙柳方格+沙打旺治理坡面细沟侵蚀量随坡长缓慢增长，距坡顶 16～18m 达到最大值，为 40.80kg；沙柳方格坡面细沟侵蚀量随坡长先增大，10m 处达到最大，为 46.24kg，后减小。与裸坡的最大细沟侵蚀量相比，沙柳方格+沙打旺和沙柳方格坡面细沟侵蚀量分别减小 65.52%和 35.87%。可知沙柳方格+沙打旺和沙柳方格 2 种治理模式都能控制细沟侵蚀，且沙柳方格+沙打旺治理比沙柳方格效果好，说明沙打旺控制细沟侵蚀的作用明显，使得细沟在坡面上的发育受到抑制。

由图 3-12（b）可知，裸坡的细沟累计侵蚀量随坡长呈指数函数变化；沙柳方格+沙打旺和沙柳方格治理坡面的累计侵蚀量随坡长均呈幂函数变化。总累计侵蚀量表现为裸坡最大，其次为沙柳方格治理坡面，沙柳方格+沙打旺治理坡面最小，三者细沟累计侵蚀量分别为 283.73kg、184.16kg 和 152.19kg，相比裸坡的总累计侵蚀量，沙柳方格+沙打旺和沙柳方格治理坡面减小 46.36%和 35.09%，表明沙柳方格+沙打旺和沙柳方格治理模式均可显著降低坡面细沟侵蚀，且沙柳方格+沙打旺模式治理效果更佳。有研究表明，细沟侵蚀强度的变化规律和细沟累计侵蚀量的变化规律一致。从图 3-12（b）可知，3 种坡面坡长 16～18m 处细沟累计侵蚀量曲线斜率均大于 0，表现为裸坡最大，沙柳方格治理坡面居中，沙柳方格+沙打旺治理坡面最小，表明若非坡长限制，细沟侵蚀强度将会在一定范围内越来越大。以上为实现控制变量一致，只表述了坡长在 0～18m 时各模式下排土场边坡的细沟侵蚀状况。为进一步研究坡长 18m 之后排土场坡面细沟侵蚀状况，下面以沙柳方格+沙打旺治理模式下沙打旺盖度为 75%的样地为例，其细沟累计侵蚀量如图 3-13 所示。样地在坡长 20m 之后细沟侵蚀强度迅速增大，到坡长 24m 处总累计侵蚀量可达 378.38kg，是裸坡（坡长 0～20m）总累计侵蚀量的 1.33 倍，说明植被盖度较高的排土场边坡，若坡长较大，侵蚀强度将会急剧增大。

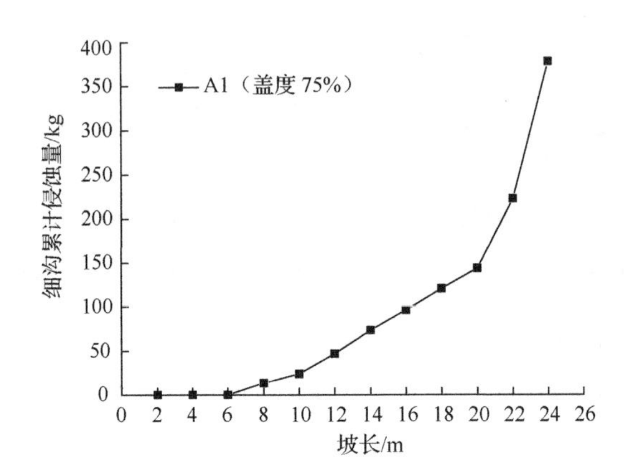

图 3-13　A1 的植被盖度为 75%时细沟累计侵蚀量随坡长的变化

2. 不同植被盖度的细沟侵蚀量沿坡长变化特征

沙柳方格+沙打旺治理坡面在不同沙打旺盖度，即沙打旺 75%盖度和 45%盖度下，坡面细沟侵蚀量随坡长的变化过程如图 3-14 所示。由图可以看出，在坡长 14m 以前，75%盖度坡面细沟侵蚀量相比 45%盖度坡面减小 4.48%～9.26%，控蚀效果相差不大，坡长 14m 后，75%和 45%盖度坡面细沟侵蚀量变化趋势虽然相同，但已经产生明显的数量差异，75%盖度坡面细沟侵蚀量明显比45%盖度坡面小，差值最大可达到112.60kg。由此可知，坡长为0～14m时，75%和45%盖度的沙打旺对于控制细沟侵蚀的能力基本一致，细沟侵蚀量相比裸坡分别减小37.29%～70.82%和43.10%～70.34%；坡长大于14m时，75%盖度的沙打旺比45%盖度更能控制细沟侵蚀，降低53.32%～61.49%的细沟侵蚀量。其原因主要是坡面径流量的改变，在降雨过程中，排土场顶部因其巨大的平台面积，产生较多上方汇水，加上沿途降雨的不断汇入，径流量会逐渐增大。沙打旺可以阻挡、分散径流，使径流能量降低，但这种能力有限，从侵蚀量曲线的波动情况可以看出，沙打旺不同的盖度控制细沟侵蚀存在一个临界坡长，当坡长小于临界值时，细沟侵蚀量随坡长增大缓慢增加或保持稳定；当坡长大于临界值时，细沟侵蚀量大幅增加。45%盖度的坡面在坡长大于14m时，细沟侵蚀量出现第一次大幅上升，增长率为99.85%；75%盖度坡面，侵蚀量第一次出现大幅度上升是在坡长20m处，增长率为55.25%。因此，45%和75%的沙打旺盖度对应的临界坡长分别是14m和20m。

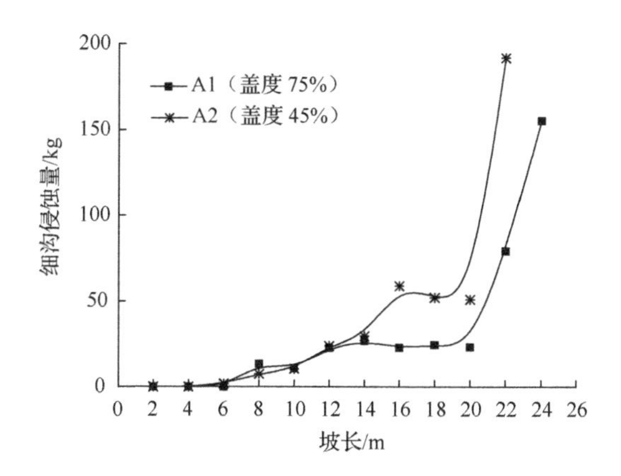

图3-14　细沟侵蚀量随坡长的变化

3.3　晋陕蒙接壤区能源基地水土流失灾害及其防治对策

煤炭开采对地面的改造显著，形成各种类型人为扰动的下垫面，造成的土壤侵蚀类型多样，以露天煤矿排土场边坡为例，主要有面蚀、细沟侵蚀、泄溜、滑坡、泥石流等。另外，煤矿开采所处的地域不同，其主导的水土流失形式也不同，包括水力侵蚀、风力侵蚀、重力侵蚀、混合侵蚀等。煤矿开采造成的水土流失受到自然和人为两个因素的影响，且以人为因素占主导。生产建设项目水土流失的自然影响因素和其他类型的下垫面相同，主要的自然影响因素有气候和地质，这两个因素短期内不会受到人为活动的影响。气候因素主要包括降雨量、降雨的时空分布、降雨强度、雨型、风速等（焦菊英等，1999）；地质因素主要包括物质组成（Hamed et al., 2018；高华端和刘应明，2009）、新构造运动（李裕元等，2001）等。以上因素在区域内常年相对稳定，对水土流失的影响也相对稳定。煤矿开采引起的水土流失，其人为导致的影响因素类型复杂多样，主要的影响因素有植被、土壤、地貌、局部基准面等。煤矿开采破坏使植被的水土保持功能丧失，引起人为水土流失（李国强等，2003；卢金伟和李占斌，2002）。产生的弃土弃渣体土壤结构松散、组成复杂，比原地貌的水土流失更为严重（李建明等，2013）。采掘、开采等人为活动会改变某个局部侵蚀基准面，通过对坡度和坡长的改变来影响水土流失。以神府东胜煤田为例，调查研究了该矿区水土流失灾害特征。

3.3.1　晋陕蒙矿区水土流失灾害

1. 泥石流发育状况、分布特征及形成原因

1）泥石流发育状况

2003年，通过考察发现神府东胜煤田区域内有大小泥石流沟63条（表3-10）。其中，活鸡兔沟共计10条，乌兰木伦河右岸一级支流共计25条，黄河左岸一级支流28条。

在神府东胜煤田有大量的废石弃渣堆放于山坡、沟道，暴雨情况下常暴发人为泥石流。矿区内存在大量的松散堆积物，其中有露天矿剥离物811.35万m^2，占总量的58.3%，是侵蚀的主要物质来源；井矿剥离物368.46万m^2，占总量的26.5%，铁路建设剥离物79.33万m^2，占总量的5.7%；公路建设剥离物31.02万m^2，占总量的2.2%；建筑采石剥离物87.42万m^3，占总量的6.4%。根据松散堆积物所在的地形部位不同可分为河道、山坡、坡脚河岸陡坡与谷坡及坡面沟道部位。地形条件决定着径流汇流过程及其冲刷，这些松散堆积物所在的地形部位不同对输移产沙及其侵蚀方式有重要影响。其中，河道松散堆积物846.16万m^2，占总量的60.8%；山坡松散堆积物349.32万m^2，占总量的25.1%；河岸陡坡与谷坡松散堆积物107.98万m^3，占总量的7.8%；坡脚松散堆积物45.79万m^2，占总量的3.3%；坡面沟道松散堆积物42.52万m^3，占总量的3.0%。

表 3-10　神府东胜煤田泥石流沟调查统计表

编号	名称	行政位置			所属流域	流域面积/km^2	主沟				发生年份	规模/m			类型	危害
		市（县）	镇（乡）	村			长/m	比降/%	高差/m	主要岩性		长	宽	高		
1	羊路渠	神木	中鸡	高家畔队	活鸡兔沟右岸一级支流	0.3091	1100	66	90	砂岩泥页岩黄土	1999	50	30	1.5	沟谷型	—
2	羊路渠	神木	中鸡	高家畔队	活鸡兔沟右岸一级支流	0.2245	740	49	90	砂岩变质岩、黄土	1997	80	16	1.5	沟谷型	—
3	羊路渠	神木	中鸡	李家畔	活鸡兔沟右岸一级支流	0.0502	250	100	92	砂岩、泥岩、黄土	1999	40	12	1.2	沟谷型	—
4	李家畔沟	神木	中鸡	李家畔	活鸡兔沟右岸一级支流	2.0936	2050	28	117	砂岩泥岩火成岩黄土	1999	40	15	0.8	沟谷型	—
5	李家畔沟	神木	中鸡	李家畔	活鸡兔沟右岸一级支流	0.0448	190	133	75	砂岩黄土	1998	40	80	1.5	沟谷型	—
6	李家畔沟	神木	中鸡	李家畔	活鸡兔沟右岸一级支流	0.9299	1560	40	110	砂岩泥岩、黄土	1999	80	20	1.8	沟谷型	—
7	李家畔沟	神木	中鸡	李家畔	活鸡兔沟右岸一级支流	0.0284	190	179	50	砂岩泥岩、黄土	1992	40	18	0.8	沟谷型	—
8	李家畔沟	神木	中鸡	李家畔	活鸡兔沟右岸一级支流	0.0554	240	167	60	砂岩泥岩、黄土	1992	50	20	1.8	沟谷型	—
9	李家畔沟	神木	中鸡	李家畔	活鸡兔沟右岸一级支流	0.0277	—	250	66	砂岩泥岩、黄土	1992	45	15	0.9	沟谷型	—
10	李家畔沟	神木	中鸡	李家畔	活鸡兔沟右岸一级支流	0.0324	—	250	82	砂岩泥岩、黄土	1992	45	16	1.1	沟谷型	—
11	李家畔沟	神木	中鸡	李家畔	乌兰木伦河右岸一级支流	0.3486	640	119	110	砂岩黄土	1992	160	40	1.8	沟谷型	—

续表

编号	名称	行政位置			所属流域	流域面积/km^2	主沟			主要岩性	发生年份	规模/m			类型	危害
		市（县）	镇（乡）	村			长/m	比降/%	高差/m			长	宽	高		
12	李家畔沟	神木	中鸡	李家畔	乌兰木伦河右岸一级支流	0.0505	300	132	62	砂岩黄土	1992	50	25	1.5	沟谷型	—
13	母河沟	神木	大柳塔	前柳塔	乌兰木伦河右岸一级支流	0.3798	830	54	103	砂岩砂子	1992	43	30	0.8	沟谷型	—
14	王梁沟支毛沟 1	神木	大柳塔	王梁	乌兰木伦河右岸一级支流	0.0243	—	300	84	砂岩黄土	1992	20	10	1.5	沟谷型	—
15	王梁沟支毛沟 2	神木	大柳塔	王梁	乌兰木伦河右岸一级支流	0.0578	190	177	84	砂岩砂子	1992	32	18	0.4	沟谷型	—
16	王梁沟支毛沟 3	神木	大柳塔	王梁	乌兰木伦河右岸一级支流	0.1378	440	125	90	砂岩黄土	1992	40	40	1.5	沟谷型	—
17	王梁沟支毛沟 4	神木	大柳塔	王梁	乌兰木伦河右岸一级支流	0.1378	550	118	92	砂岩黄土	1992	35	30	0.7	沟谷型	—
18	王梁沟支毛沟 5	神木	大柳塔	王梁	乌兰木伦河右岸一级支流	0.1868	520	96	100	砂岩黄土	1992	85	20	0.8	沟谷型	—
19	王梁沟支毛沟 6	神木	大柳塔	王梁	乌兰木伦河右岸一级支流	0.0843	360	136	101	砂岩黄土	1992	85	15	0.8	沟谷型	—

续表

编号	名称	行政位置			所属流域	流域面积/km²	主沟				发生年份	规模/m			类型	危害
		市（县）	镇（乡）	村			长/m	比降/%	高差/m	主要岩性		长	宽	高		
20	王梁沟支毛沟7	神木	大柳塔	王梁	乌兰木伦河右岸一级支流	0.0806	200	133	101	砂岩黄土	1992	18	20	0.6	沟谷型	—
21	王梁沟支毛沟8	神木	大柳塔	王梁	乌兰木伦河右岸一级支流	0.0475	170	181	92	砂岩黄土	1992	25	10	0.5	沟谷型	—
22	王梁沟支毛沟9	神木	大柳塔	王梁	乌兰木伦河右岸一级支流	—	—	—	—	砂岩黄土	1992	60	40	1.5	沟谷型	淤埋农田
23	王梁沟支毛沟10	神木	大柳塔	王梁	乌兰木伦河右岸一级支流	—	—	—	—	砂岩黄土	1992	40	30	0.6	沟谷型	淤埋农田
24	大海子沟	神木	大柳塔	大海子	乌兰木伦河右岸一级支流	—	—	—	—	砂岩砂子	1993	80	95	0.49	沟谷型	堵塞公路、淤埋农田
25	大巴盟矿	神木	大柳塔	瓷窑湾	乌兰木伦河右岸一级支流	—	—	—	—	砂岩砂子	1995	12	8	0.5	坡面型	堵塞公路
26	前石畔矿	神木	大柳塔	前石畔	乌兰木伦河右岸一级支流	—	—	240	55	黄土砂子	1995	30	20	0.7	坡面型	堵塞公路
27	前石畔矿	神木	大柳塔	前石畔	乌兰木伦河右岸一级支流	—	—	240	15	黄土砂子	1995	18	10	0.5	坡面型	—

续表

编号	名称	行政位置			所属流域	流域面积/km²	主沟				发生年份	规模/m			类型	危害
		市（县）	镇（乡）	村			长/m	比降/%	高差/m	主要岩性		长	宽	高		
28	阳城村	神木	店塔	杨城	乌兰木伦河右岸一级支流	—	—	350	80	砂岩黄土	1995	201	5	0.4	坡面型	堵塞公路、有巨石
29	阳城村	神木	店塔	杨城	乌兰木伦河右岸一级支流	—	—	350	95	砂岩黄土	1995	172	5	0.3	坡面型	堵塞公路、有巨石
30	阳城村	神木	店塔	杨城	乌兰木伦河右岸一级支流	—	—	300	95	砂岩黄土	1995	135	20	0.5	坡面型	—
31	店塔	神木	店塔	店塔	乌兰木伦河右岸一级支流	—	—	300	95	砂岩黄土	1995	135	6	0.3	坡面型	—
32	店塔	神木	店塔	店塔	乌兰木伦河右岸一级支流	—	—	340	95	砂岩黄土	1995	120	6	0.4	坡面型	—
33	王道恒塔	神木	店塔	王道恒塔	乌兰木伦河右岸一级支流	—	—	320	95	砂岩黄土	1995	100	5	0.3	坡面型	—
34	孙家岔	神木	孙家岔	燕家沟	乌兰木伦河右岸一级支流	0.0503	280	167	90	砂岩黄土	1995	40	15	0.4	坡面型	—
35	燕家塔	神木	孙家岔	燕家沟	乌兰木伦河右岸一级支流	—	—	260	110	砂岩黄土	1995	120	11	0.8	坡面型	—

续表

编号	名称	行政位置			所属流域	流域面积/km²	主沟				发生年份	规模/m			类型	危害
		市（县）	镇（乡）	村			长/m	比降/%	高差/m	主要岩性		长	宽	高		
36	杨家沟	府谷	高石崖	杨家沟	黄河左岸一级支流	0.0603	300	150	92	砂岩黄土	1995	25	15	1.2	坡面型	—
37	黑山	府谷	高石崖	黑山	黄河左岸一级支流	0.4590	268	40	90	砂岩黄土	1995	75	25	20.0	沟谷型	—
38	农行	府谷	高石崖	农行	黄河左岸一级支流	0.3050	210	49	90	砂岩黄土	1995	50	30	1.2	沟谷型	冲毁营业室
39	制氧站	府谷	高石崖	制氧站	黄河左岸一级支流	1.2560	1230	30	115	砂岩黄土	1995	180	30	2.0	沟谷型	冲毁生产车间
40	马家沟	府谷	高石崖	马家沟	黄河左岸一级支流	1.3780	1350	35	108	砂岩黄土	1995	220	20	1.5	沟谷型	冲毁厂房、民房
41	义门	保德	暖泉	义门	黄河左岸一级支流	0.0405	240	120	95	砂岩黄土	1995	40	15	0.8	沟谷型	—
42	铁匠铺	保德	暖泉	铁匠铺	黄河左岸一级支流	0.3690	680	50	98	砂岩黄土	1995	60	30	0.6	沟谷型	—
43	赵家沟	保德	暖泉	赵家沟	黄河左岸一级支流	0.4560	750	46	95	砂岩黄土	1995	70	30	0.8	沟谷型	—
44	大黄坡	保德	腰庄	大黄坡	黄河左岸一级支流	0.0304	190	110	90	砂岩黄土	1995	30	20	1.2	沟谷型	—
45	康家塔	保德	腰庄	康家塔	黄河左岸一级支流	12.2000	11750	110	115	砂岩黄土	1995	1500	60	1.0	沟谷型	淹没县城、死亡10人
46	枣林	保德	腰庄	康家塔	黄河左岸一级支流	0.0476	260	135	87	砂岩黄土	1995	38	20	0.5	沟谷型	—

续表

编号	名称	行政位置			所属流域	流域面积/km^2	主沟				发生年份	规模/m			类型	危害
		市（县）	镇（乡）	村			长/m	比降/%	高差/m	主要岩性		长	宽	高		
47	霍农梁	保德	腰庄	霍农梁	黄河左岸一级支流	0.0521	300	120	86	砂岩黄土	1995	40	20	1.0	沟谷型	—
48	花园	保德	杨家湾	花园	黄河左岸一级支流	0.0456	280	958	95	砂岩黄土	1995	35	25	0.8	沟谷型	—
49	前会	保德	杨家湾	前会	黄河左岸一级支流	0.0677	380	105	95	砂岩黄土	1995	45	1.8	1.0	沟谷型	—
50	故城	保德	杨家湾	故城	黄河左岸一级支流	0.0345	220	135	90	砂岩黄土	1995	40	2.3	0.9	沟谷型	—
51	南园里	河曲	楼子营	南园里	黄河左岸一级支流	0.0858	460	128	115	砂岩黄土	1995	40	13	0.6	沟谷型	—
52	前园	河曲	楼子营	前园	黄河左岸一级支流	0.0466	255	240	90	砂岩黄土	1995	35	1.8	0.3	沟谷型	—
53	唐家会	河曲	楼子营	唐家会	黄河左岸一级支流	0.0505	276	109	95	砂岩黄土	1995	30	16	0.6	沟谷型	—
54	铁果门	河曲	楼子营	铁果门	黄河左岸一级支流	0.0508	270	135	95	砂岩黄土	1995	25	15	0.7	沟谷型	—
55	沙畔	河曲	楼子营	沙畔	黄河左岸一级支流	0.6580	320	38	103	砂岩黄土	1995	60	20	1.2	沟谷型	—
56	南园	河曲	楼子营	南园	黄河左岸一级支流	0.6770	350	42	110	砂岩黄土	1995	80	34	1.5	沟谷型	—
57	石柳子	河曲	沙坪	石柳子	黄河左岸一级支流	0.4562	980	133	90	砂岩黄土	1995	30	35	0.8	沟谷型	—
58	杜家寨	河曲	沙坪	杜家寨	黄河左岸一级支流	0.3022	670	136	90	砂岩黄土	1995	40	15	0.7	沟谷型	—

续表

编号	名称	行政位置			所属流域	流域面积/km²	主沟			主要岩性	发生年份	规模/m			类型	危害
		市（县）	镇（乡）	村			长/m	比降/%	高差/m			长	宽	高		
59	走马梁	河曲	沙坪	走马梁	黄河左岸一级支流	0.4008	880	89	85	砂岩黄土	1995	38	16	0.8	沟谷型	—
60	纸房沟	河曲	沙坪	纸房沟	黄河左岸一级支流	0.3005	665	103	80	砂岩黄土	1995	45	20	1.0	沟谷型	—
61	河畔	河曲	阳县	河畔	黄河左岸一级支流	0.2122	560	210	88	砂岩黄土	1995	60	20	0.5	沟谷型	—
62	铺沟	河曲	阳县	铺沟	黄河左岸一级支流	0.0501	305	200	90	砂岩黄土	1995	30	25	1.5	沟谷型	—
63	木河桥	河曲	阳县	木河桥	黄河左岸一级支流	0.2150	530	110	85	砂岩黄土	1995	50	27	1.2	沟谷型	—

神府东胜煤田乌兰木伦河大柳塔至店塔 40km 范围内有泥石流沟 40 余条，有记录的泥石流达到 200 多次。在孙家岔至石圪台考察范围内，发现泥石流沟 24 条。1993 年，在邻近公路的大海子村采石场发生较大规模的人为泥石流，形成区面积不足 0.2km^2，沟长 370m，高差 110m，泥石流堆积区沙石堆积物体积超过 3000m^2，且越过包神公路，冲毁农田 8 亩（1 亩≈666.67m^2），逼近乌兰木伦河岸边，在公路上堆积厚度为 0.5～1.0m，延伸达 200m 的淤积物，致使交通中断，经济损失严重。

2）泥石流分布特征

神府东胜煤田区域的泥石流分布特征主要体现在以下几方面：①泥石流规模小，属人为诱发的泥石流。在调查中发现，1987 年神府东胜煤田开发以前，几乎没有泥石流发生。20 世纪 90 年代以来，煤田开发进入了鼎盛时期，煤田露天开采，以及铁路、公路、大柳塔镇和上湾镇的城镇建设中忽视环境问题，弃土弃渣无序堆放，造成泥石流，因而其性质属于人类不合理的社会活动诱发的人为泥石流。从发生的情况来看，规模都较小。②泥石流呈集群式分布，与地面物质组成密切相关。梁峁大部分为黄土或风化残积覆盖的地区，泥石流沟发育较多，而沟道全为明沙覆盖的，难以发生泥石流。例如，活鸡兔沟流域，两岸地面组成物质对比非常鲜明，右岸为黄土和岩石风化物覆盖，左岸主要为明沙覆盖，泥石流沟集中在右岸。泥石流主要集中在活鸡兔沟和王梁沟，其次在乌兰木伦河的右岸及中下游地区，也是泥石流沟的多发区。③泥石流的分布与人工采石场的分布紧密对应。王梁沟有大小泥石流支沟 10 条，王梁沟离大柳塔镇最近，沟口就在大柳塔镇上，整个王梁沟从沟口到沟头为一个巨型的人工采石场，在每个小支毛沟的沟头，都分布着采石场。采石不仅使原来坡面更为陡峭，更为重要的是提供了极为丰富的固体物质来源。在王梁沟沟谷右岸的支毛沟，靠近村子处都有一采石场，人工弃石、弃土、弃渣堆入沟底。④泥石流主要分布在面积$<1\text{km}^2$ 的二级沟里。从表 3-10 可以看出，在所有泥石流沟中，面积最大为 12.2000km^2，沟长 11.75km，沟道比降 110%。面积次大为 2.0936km^2，沟长 2.05km，沟道比降 28%。面积最小的只有 0.0243km^2，比降 300%。大多沟道面积小于 1km^2。就最大的泥石流沟来说，流域面积相比之下也是较小的，黄河中游局的沟道特征统计资料表明：流域面积越大，完整系数（流域长宽比）越小，即流域面积越大相对越狭长窄瘦；反之，流域面积越小，流域形态相对大又利于迅速汇流，历时短，易形成暴涨暴落的洪水。沟道纵比降分布规律是沟道纵比降与流域面积成反比，即流域面积越大，沟道纵比降越小，流域面积越小，沟道纵比降越大。沟道纵比降大有利于固体物质的搬运和输移，因此流域面积偏小，有利于发育泥石流。

3）泥石流形成原因

一个地区泥石流是否发生，要从它的地形地貌因子，如坡度是否陡峻，沟谷形态是否容易汇集径流，流域中是否有充足的固体物质来源，以及当地的降雨情况具体分析。

（1）大量的松散弃土弃渣物质为泥石流发生提供了丰富的物质来源。该区从地质构造和地面覆盖物来讲，水蚀和风蚀均很强烈，也称水蚀风蚀交错带。侵蚀物质中，粒径>0.5mm 的粗沙占 40.1%，大部分输入河道或下游，少部分淤积于沟道或坡面，形成松散堆积物，本区不仅是黄河的主要粗沙来源区，也为形成黏性泥石流和高含沙水流提供了充足的固体松散物质，风蚀物质来源主要由粒径 0.05～1.00mm 的物理砂粒组成，据研究，当植被盖度为 50%～70%，风蚀量为 0.3～3.5cm/a；盖度为 30%～50%，风蚀量增至 2.5～22cm/a。由于该区沟深坡陡，地层疏松、破碎，重力侵蚀也很活跃，在水流的冲刷作用下，崩塌、塌陷等重力侵蚀常常发生。在地下水出露的坡面或陡坡，地下水的浸润饱和，滑坡、滑塌较频繁，造成大量破碎的固体松散物质，大都堆积于沟道和坡面，成为激发泥石流的潜在固体物质来源。

矿区建设排弃的土石渣，因来源不同，其物质构成有较大差异。修铁路、公路因沿线需进行劈山填沟，大断面深挖方较多，一般挖深 5～15m，最大挖深 36m，挖方的疏松土石多堆积于沿线的沟谷或沟坡，其组成为疏松黄土风沙约占 75%，碎石、岩崩、石块约占 25%。井矿开采外排物质主要是碎石、岩屑、易风化的泥页岩和粒径为 10～40cm 的煤石；露天矿开采剥离的外排物主要是沙、砾石、卵石约占 12%，沙土占 75%，岩屑、废煤约占 13%；建筑材料废弃物主要是沙、岩屑和碎石。除卵石、块石、煤矸石等较大粒径不易风化外，其余均是土壤侵蚀、河道输沙与淤积和泥石流的潜在泥沙来源。

按弃土弃渣堆积的地形部位主要分为 5 类，矿区不同部位松散堆积物概况见表 3-11，具体表现为：①河道松散堆积，河道堆积的部位包括补连塔至大柳塔乌兰木伦河 10km 河段的主河槽、河漫滩和一级阶地，是露天采煤集中区，堆积物主要是露天煤剥离的沙石，还有少部分采沙石堆积。在此区段，矿坑与堆积体犬牙交错密布，堆积高度为 4～10m，最高达 18m，总量约 $3.615\times10^6m^3$，占总堆积量的 25.7%。此类堆积全是疏松的沙、砾石和河卵石，极易被洪水冲刷挟带或做推移运动，在下游河床淤积。②河岸坡及谷坡堆积，此类堆积指在乌兰木伦河两岸及一级支沟沟坡中下部位的堆积，一般坡度在 20°～30°。弃渣来源是修铁路、公路开挖的土石方和建筑弃渣，成条状分布，堆积厚 4～10m，总量约 $1.085\times10^6m^3$。这些堆积物也是松散的土、石、渣类，在暴雨洪水冲刷下，大部分被输入河道。③山坡及坡脚堆积，在丘陵坡区、河谷阶地与山坡交接的坡面堆积物均属此类，主要来源于煤矿弃渣、铁路挖方弃土石和建筑弃渣，总量约 $3.493\times10^6m^3$，占 24.8%。坡脚地带弃渣，主要为乡村办小煤矿排渣所致，分布零散，总量约 $4.58\times10^5m^3$。这些物质中有粉尘、细粒和粗粒沙土及大块石，易受风蚀和水蚀，在暴雨和坡面径流冲刷下，易于流失而流入沟道。④坡面沟谷堆积，包括一级支沟的小沟谷和塬面沟坡与沟谷，是堆积部位最高的地方，其来源主要是采石弃渣和矿坑排渣，总量约 5.421×10^6m^3，如武家塔露天矿剥离物堆积于塬面沟谷中，长约 8500m、宽 400m、高 25m，将一条塬面沟谷填平。矿区建设石料用量大，据统计，采 1m^3 石料，其剥离表土和废弃的碎石有 5～7m^3。因此，采石也是松散物质的主要来源。由于此类堆积部位高，坡度陡，粉粒较多，风蚀量较大，大暴雨径流冲刷作用下可急骤下切，在一定的地形条件下，大多形成泥石流。例如，大柳塔附近流域面积仅 4.3km^2 的王梁沟，有 100m 长以上支毛沟 29 条，发育泥石流沟 10 条，形成区面积 0.85km^2，占流域面积的 20%，其固体物质全部来源于采石弃渣和矿井排渣。在活鸡兔沟李家畔，弃渣型泥石流分布更为集中。

表 3-11　矿区不同部位松散堆积物概况

地形部位	河道	河岸坡及谷坡	山坡	坡脚	坡面沟谷	合计
堆积量/（10^4m^3）	361.5	108.5	349.3	45.8	542.1	1407.2
堆积量占总量的比例/%	25.7	7.7	24.8	3.3	38.5	100

（2）频繁的暴雨是泥石流发生的外动力因素。水不仅是泥石流的组成部分，也是泥石流的搬运介质，西北黄土地区泥石流的水源主要是暴雨，一定强度的突发性暴雨径流是形成泥石流的基本动力条件，也是造成严重土壤侵蚀和高含沙水流的动力条件，雨水侵入松散堆积物后，使之湿化、崩解，很快失去稳定性，呈固态-塑性体-流态转化；同时，水也提供了部分水流势能，使固体物质与水混合下移。从泥石流形成过程看，水的动力作用有两方面：一是对固体物质的浸润饱和作用，泥石流沟谷的固体物储存区，往往也是降雨汇流区，从而使松散固体物质充分充水，达到饱和或过饱和状态，物质结构被破坏，摩擦力减少，滑动力增大，处于塑化状态，为泥石流形成创造了有利条件；二是对固体物质的侧蚀掏空作用，主要是强暴雨雨滴打击和径流对地面的线状下切作用，该区泥石流沟道中上游坡陡，湍急的水流从底部侧蚀掏空沟坡固体物质，使其坡度陡或处于悬空状态，发生沟坡崩塌滑坡，其落下来的固体物质形成陡峻沟床的势能，在急流的冲击和推移作用下汇集形成泥石流。据黄土高原等地调查统计结果，96%以上的泥石流均为暴雨造成，其中，短历时（1h 以下）的高强度（雨强大于 90mm/h）暴雨产生的泥石流占 91%。暴雨强度与降雨侵蚀力大小成正比，并随历时增大而递减。

该区年际和年内气候变化剧烈为其主要特征，暴雨洪水、沙暴和冰雹等自然灾害频繁。年降雨量 400mm 左右，且多为暴雨。降雨分布极不均匀，年际丰枯悬殊，干旱暴雨洪水灾害交替频繁。年最大降雨量与年最小降雨量相差 2～4 倍，神木市年最小降雨量仅 108.6mm，年最大降雨量为 819.1mm；降雨多集中在 6～9 月，占全年降雨量的 70%～80%，汛期输沙量占全年输沙量的 90%以上。由于气候与地形的特殊性，暴雨洪水历时短、造峰快、洪峰模数大，达 4～8m^3/（s·km^2）；洪水流速快，达 4～7m/s，故动能大，冲刷力强，造成了沟道、河流的高输沙模数，常常酿成洪水泥石流灾害。总之，干旱、暴雨是神府东胜煤田的主要气候特征，也是环境脆弱的重要表现。

（3）地形条件。泥石流沟道一般发生在沟坡陡、沟床纵比降大，流域形状便于汇流的漏斗型流域，陡峻的沟道地形为松散物质下移提供了强大的势能，故泥石流运动主要依赖固体本身的势能作用，该区地处陕北黄土丘陵边缘，沟壑密度达 4～5km/km^2，沟道相对高差为 80～150m，主沟纵比降为 15%～35%，即 9°～20°的沟坡倾角。泥石流沟道为三面环坡，一面出口的漏斗型或瓢状转谷，形状呈狭窄的“V”形沟谷，既利于承受周围山坡的固体松散物质，也利于集中水流，在坡面形成强烈土壤侵蚀、崩塌、滑坡等重力侵蚀和冻融风化，植被稀少、地面光秃破碎，使得固体物质极易运移，为泥石流的发生提供了有利的条件。因此，根据该区泥石流沟谷形态和地形条件的调查资料分析可知，从地形地貌因素来看，该区具备了泥石流活动的潜在因素。

2. 滑坡、崩塌发育状况

据调查统计，神府东胜煤田 1985～1992 年发生滑坡 48 处，占新中国成立以来发生 86 处滑坡的 56%。压垮房屋（窑洞）157 间，特别是 20 世纪 90 年代以来，滑坡更加频繁，给当地人民生命财产带来了很大的损失。滑坡 90%以上与人类活动有着密切的关系，可划为人为滑坡灾害。神府东胜煤田 1987 年大规模开发建设以来，20 世纪 90 年代进入鼎盛时期，已发生多处人为滑坡，如 1992 年 8 月 6 日发生于神府公路店塔-府谷 7km+100m 处的基岩滑坡，面积达 4000m^2，体积约 70 万 m^3，将长约 200m 的公路向孤山川河谷推移 12.5m，抢修路面耗资 2 万余元。该处还出现准滑坡面积超过 6 万 m^2，时刻有大面积滑动之势。1992 年 8 月 8 日，发生于该公路段 3km+900m 处的高石崖甘泥湾基岩滑坡，长约 210m，宽约 90m，厚约 3.5m，总面积达 66 万 m^2，摧毁价值约 67.24 万元的化工厂一座，幸好该滑坡速度缓慢，且发生于白天，才避免了人员伤亡。1994 年 3 月，在大柳塔矿区山坡上人工堆积了大量的废弃物质，导致 1500m^2 的松散堆积物滑坡，直接滑入河床，增加了河流泥沙。

考察中发现，在神府东胜煤田铁路、公路两岸山坡，崩塌现象屡见不鲜，各种基岩撒落接连不断，常常在公路面上形成 30～120cm 厚的撒落碎屑堆积物，给交通造成极大困难。据调查，每年发生于神木市境内具有一定规模的崩塌现象多达 40 余处，体积为 400～10000m^2。

3. 煤田开发诱发的环境灾害

1）矿区堆积的大量松散弃土弃渣加剧人为水土流失

开矿以来，由于地面开挖、矿渣和弃土（石）的堆积，加剧了人为水土流失。实地考察表明，新开挖面占沟坡面积的 10%～15%，产生了大量松散弃土弃渣，成为新的侵蚀物质来源，矿区现在堆积松散弃土弃渣约 $1.41\times10^7m^3$，分别由采矿、铁路、公路、建筑采石等活动产生。

2）煤炭采掘引发地面塌陷与地裂缝

神府东胜煤田煤层埋藏浅，上覆地层结构疏松，胶结程度不高，物理力学指标值低，且岩层水平，倾角仅 3°～5°。煤层厚度大，形成的采空区范围大，加之地形破碎、暴雨多使该地区采煤塌陷具有易发性，在神府东胜矿区已发现塌陷 3 处。大柳塔矿区的双沟塌陷最为典型，大柳塔矿井已掘进 4.7km，在距井口 2.5～3.0km 的主巷道已发生大面积的裂缝和塌陷，其范围约 200m。该范围内地面原为流沙地，经人工栽种沙柳、沙蒿等，均已成为固定沙地，但发生地裂缝和地面塌陷后，裂缝处植物根系断裂，已发生植株枯萎或死亡，固定的沙地又面临沙化的危险。在刘石畔村的乡办瓦罗煤矿，地面多处出现裂缝，错位已达 5～15cm，其邻近的住房墙面多处发生裂缝，错位 2～5cm。该村使用 30～50a 的五口水井均已面临枯竭。在叨吓兔村附近的佳县煤矿，顶部形成大型塌陷漏斗，直径达 40 余米，深约 15m，直接威胁采煤安全。

3）铁路公路建设诱发滑坡和岩崩

在沿沟道河道两岸采挖煤炭时，直接破坏了边坡稳定性，从而诱发河岸及上部覆盖沙层塌落和岩崩。公路、铁路建设过程中，开挖路基破坏了岩层的稳定性，导致岩崩、滚石及基岩滑塌，常危及行人、车辆的安全。此外，在矿区范围内，沿沟道、河道两岸边坡，新建公路、铁路边坡，均堆放有大量弃土、弃石，堆积物的自然坡角多在 40°，未采取任何防护措施，除产生严重侵蚀外，还有潜在的滑坡危险。

4）松散弃土弃渣引发人为泥石流灾害

受地形地貌影响，部分地区大量的废石及松散弃土弃渣堆放于山坡、沟道，堵塞了沟道，导致暴雨条件下沟道淤堵，易发生泥石流灾害。经调查发现，在乌兰木伦河大柳塔至店塔仅 40km 范围内，泥石流沟的数量就超过 40 条，累计暴发超过 200 次。在孙家岔至石圪台考察范围内，发现泥石流沟 24 条。

5）水资源渗漏严重且日趋下降

在煤田开发过程中，其蓄水层及隔水层遭到破坏，裂隙和塌陷成为水运动通道，打破了原地下水循环规律，大量地下水渗漏致使地下水水位大幅度下降，严重地区地下水水位下降 2～3m 甚至更多。煤矿开采后由于矿坑排水，使地下水下降，并趋于干涸。

6）河流泥沙变粗淤积且行洪能力锐减

采矿后河流的洪峰流量、含沙量和输沙量均有增大趋势。洪水含沙量增大的同时，泥沙颗粒明显变粗，主要是矿区排弃的大量废弃物中，粗颗粒物质占大部分，采矿后加剧了河道淤积，增加了入黄泥沙和洪水危害程度。

7）地面沉陷和地裂缝引起植被破坏

大范围的地裂缝导致植被根系拉断，枯萎死亡。其次，地裂缝、塌陷造成地面大量土层松散，风蚀水蚀加剧，破坏了植被的生长环境。风沙土的水分，主要是降雨与地下水补给的凝结水，由于风沙土的持水能力差，容易渗漏损失，而该地降雨主要是暴雨形式，降雨间隔时间长。因此，凝结水补给主要依赖地下水体形成自下而上的水分，其动力差，地下水体过多的渗漏损失，表层植物根系水分减少，影响植被的生长。整个神府东胜煤田，乃至著名的治沙典范——榆林地区的地面均被风沙覆盖，但人工沙植物生长良好，地下水位高是其重要的原因之一。因此，采煤塌陷对地下水体的破坏，使地下水渗漏、水位降低无疑会影响植被正常生长。

8）新增水土流失量增大

露天开采在整个建设生产环节均产生大量弃土弃渣，以神府东胜煤田大柳塔煤矿为例，其一期、二期产生的弃土弃土渣量达到 5.18×10^7t（喻权刚，1994）。无论是井采煤矿还是露天煤矿，在施工期，地表植被和原地貌均会被剧烈扰动和破坏，形成更易被外营力侵蚀的裸露或松散地表，新增水土流失。井采由于其地下作业方式，会不断对地层结构进行扰动，容易形成塌陷，煤矿开采塌陷不仅会引起水文条件改变、土壤退化等，也会导致水土流失加剧。白中科等（2006）测算出山西大同煤矿在煤矿开采塌陷后年水土流失量增加 4.32×10^6～7.91×10^6t。

9）形成滑坡、泥石流等人为灾害

井煤矿开采矿、建筑材料取材、隧道开挖等改变地层应力，加之自然因素诱发，容易形成人为滑坡。煤矿开采过程中，产生大量弃土弃渣，排弃后形成规模巨大的排土场及松散堆积物，容易形成人为泥石流（王文龙等，1994）。人为形成的滑坡、泥石流和自然灾害相比，发生频率高，产生危害更严重，受到人为因素和自然因素两个方面的影响。其中，人为因素占主导作用，自然因素更多的是起诱发作用。

10）淤积河道

在一个流域内，河道基本处于最低位置，是径流和泥沙的汇集区。煤矿开采活动形成的弃土弃渣，结构松散，抗蚀性低，容易被降雨及径流带到河道区域。有些违法企业甚至直接倾倒弃土弃渣至河道，使河道堆积物和泥沙淤积量不断增大、逐渐抬升河床，影响河道生态安全。张汉雄等（1994）通过对乌兰木伦河设计洪水的计算分析，发现煤矿开采使河道的行洪能力和断面比煤矿开采之前减少

33%～50%。河道淤积导致供水淹没的面积增大、降低桥梁和护岸堤坝等设施的防洪标准等。

11）水质恶化且形成大气污染

煤矿开采产生的堆积物中含有大量重金属有毒物质，其吸附于土壤颗粒，随着降雨、径流冲刷等作用进入河道或者地下水，影响区域水环境，危害河流生态环境。河水用来灌溉农田、家畜饮水等，会间接危害其他多种类型的生态环境。露天煤矿开采的采掘场、排土场及井煤矿开采的排矸场，不断地开挖或者排弃会产生大量的灰尘，细颗粒随风进入大气，产生大气污染（Oparin et al., 2014）。

12）土地资源退化

据统计，截至 2010 年，我国因矿产资源开发等生产建设活动，挖损、塌陷、压占等各种人为因素造成的破坏废弃的土地面积约 1333.2 亿 m^2，占耕地总面积的 10%以上。2012 年，我国煤炭总产量已经达 35.2 亿 t，每年平均排放煤矸石约 1.5 亿 t，每年露天煤矿挖掘和排放的弃土弃渣破坏和占用土地约 1 万 hm^2，因此每年新增加水土流失面积约 0.3 万 hm^2（郭建英等，2015）。煤矿开采引起的水土流失造成多方面的土地资源退化：①土壤性质退化，主要表现为土壤孔隙度增大，碳、氮、磷等营养元素流失，土壤颗粒粗化（王琦等，2013）；②土地沙化，煤炭开采过程中产生的裸露地表、弃土弃渣、淤积物等下垫面在风力侵蚀、水力侵蚀的作用下，沙漠化加剧；③土壤污染，井煤矿开采生产过程中产生的有毒废水、排土（矸）场区域的重金属元素在径流作用下进入土层，引起土壤污染（Tang et al., 2018）。上述几个方面均破坏了土地资源，使植被的生存环境恶化（Pandey et al., 2014），如果不加以治理，会使地力不断下降。

3.3.2　晋陕蒙接壤区能源基地水土流失灾害防治对策

需要将经济建设与环境保护有机结合，强化生态环境保护意识，最大限度减少自然灾害，防止新增人为灾害，加强矿区水土流失灾害防治及生态环境保护。露天开采一片回填一片，表层填 30～50cm 的净土，搞好土地复垦，用矿坑的水灌溉农田，建立高效农业基地。地面塌陷较浅的塌陷区，建立排水系统，降低潜水位，使土地重新得到利用。地面塌陷较深的塌陷区，采用挖深填浅法，治理成耕地或鱼塘，对有充填材料的塌陷区，可利用煤矸石、粉煤灰和城市垃圾充填成农田或迁村用地。

针对滑坡、崩塌采取的主要措施包括：①在危崖地段修建挡土墙建筑物；②削坡处理、减缓陡崖的坡度；③修建加固建筑物，增加下部悬空处或软弱面的支撑能力；④排干危岩周围来水，减少冲刷，使上部岩土体加固或维持稳定。另外，工程前期应加强调查研究，对危险或地质脆弱地段，采取能绕则绕的原则或采取工程措施，防止滑坡发生。针对人为泥石流及滑坡崩塌提出以下防治对策。

1. 人为泥石流的防治与对策

1）加强矿区环境保护和水土保持，控制人为加速侵蚀

统筹规划，矿区建设与环境保护协调发展对于采矿、修路、采石建筑等工程松动或地表破坏处，植树种草绿化，防止水土流失。大量松散弃土弃渣建立排放场集中堆放，严禁无防护地无序堆置。对于排量较大的堆积体，还应植树种草恢复植被，以防止风蚀。彻底清理河道中的露天采煤剥离堆积物，排至河道行洪宽度以外，防止冲刷到下游，对于河道岸坡的堆积物也应采取防护措施，确保河道行洪安全。

2）采用多种工程措施，有效防止人为泥石流灾害

根据泥石流沟道特点和规模，因地制宜采取不同的工程措施。目前，黄土高原主要的工程措施有：①拦沙工程，如谷坊、拦渣坝、拦渣堰、格栅拦沙坝和铁丝石笼坝等，其作用一是拦截蓄积泥沙，减少泥沙下泄；二是减缓沟床比降，减少河床纵横向侵蚀，减缓泥石流形成；三是抬高上游河床，覆盖河谷坡脚，防止或减缓重力侵蚀发展。各种拦沙坝的规模视地形条件和泥石流规模而定，应因地制宜选择。②淤地坝，长期以来用于拦泥淤地的一种工程，也可防治泥石流淤平的坝地，又是高产农田，是黄土区一种独特的防治工程。洪水滞留于库内，然后排清拦泥，即使淤满后，仍有较大的滞洪库容可用于拦蓄泥石流。③疏导分洪工程，主要有排洪沟、导流堤等工程，用于将泥石流分流，疏导到荒山沟，减小其规模与灾害，也能减轻泥石流的汇集规模和破坏程度，多用于对工农业建设影响较小的沟谷中。

3）加强泥石流预防监测及矿区综合整治模式的研究

矿区开发中的环境破坏和治理问题亟待研究，如矿区开发对生态环境的影响、新增水土流失量估算、人为滑坡泥石流形成机理与规律，以及入黄泥沙的影响等方面亟待深入研究。同时，还要对危害进行长期监测和预报，为环境治理提供科学依据。开展防治技术和综合治理模式的研究，使开发与治理协调发展。

2. 人为滑坡、崩塌的防治对策

1）提高环境保护意识，煤炭开发与环境建设并重

环境灾害的严重性需要被深刻地认识并加以防范，许多可以避免的灾害，不顾地质特点的工程建设，特别是群集而上的掠夺式开发，导致灾害更加严重。只有提高自觉保护环境的思想意识，将开发与保护环境有机地结合起来，才能最大限度地减轻自然灾害，防止人为灾害的发生。

2）预防为主并增加前期预防投资

加强灾害预防工作，最大限度避免灾害发生。例如，在道路建设中，对一些不稳定或半稳定的滑坡采取避、绕或者加固的措施，可避免损失。已有研究表明，

灾后治理的费用往往是防治前期工作费用的几倍到几十倍，因此应以预防为主，做好前期防范工作。

3）人为滑坡及崩塌防护措施

发生滑坡、崩塌的地段，彻底消除其松散堆积物，并将清理碎屑物堆放在弃渣场，以避免松散堆积物的再次滑坡或促使泥石流的形成。对形成的危崖陡壁，应采取工程防护措施及时处理，主要包括：①挡，在危崖地段修建挡土墙建筑物，挡住土体、岩体下滑，挡住再次撒落、崩落和滚落的碎屑物，使其不直接威胁路面及建筑物。②减，从上部进行削坡处理，减轻上部岩土重量，减缓坡度，防止下滑和崩落。③固，贴着陡崖的崖面，修建加固建筑物，保护崖面不再下滑，增加下部悬空处或软弱面的支撑能力。④排，危岩崖上部修建排碎屑工程或排水工程，使碎屑物固定，防止下落，排干危岩周围来水，减少冲刷，防止水渗入岩土体，以加重其重量。

3.4 本章小结

本章以晋陕蒙接壤区能源基地和神府东胜煤田为典型代表，通过野外调查及资料收集，阐明生产建设项目造成的灾害特征和侵蚀环境特征，并以排土场和排矸场为生产建设项目典型下垫面代表，揭示水土流失特征，最终提出了相应的防治对策。主要研究结论如下：

（1）神府东胜煤田地处晋陕蒙交界处，是典型的盖沙黄土丘陵地貌，同时也是黄河中游的水蚀风蚀交错区，自然条件恶劣，生态环境极度脆弱，植被稀疏，地面组成物质复杂，结构疏松，极易风化，抗冲抗蚀性极差。大量的废石、弃土弃渣堆放于山坡、沟道，在强降雨条件下容易暴发泥石流、滑坡、崩塌等地质灾害。矿区铁路、公路两岸山坡是发生崩塌的主要地，在公路面上形成 30～120cm 厚的撒落碎屑堆积物，给交通造成极大困难。其灾害特征主要包括：①矿区堆积的大量松散弃土弃渣加剧人为水土流失；②煤炭采掘引地面塌陷与地裂缝；③铁路公路建设诱发滑坡和岩崩；④松散弃土弃渣引发人为泥石流灾害；⑤水资源渗漏严重，有日益下降的趋势；⑥河流泥沙变粗，淤积严重，河道行洪能力锐减；⑦地面沉陷和地裂缝引起植被破坏；⑧新增水土流失量增大；⑨形成滑坡、泥石流等人为灾害；⑩淤积河道；⑪水质恶化且形成大气污染；⑫土地资源退化。

（2）以晋陕蒙接壤区能源基地为例，调查结果显示煤矿开采形成侵蚀下垫面类型主要包括松散堆积体、新开挖面和强度扰动地面、排土（矸）场、弃土弃渣体、采煤塌陷区共计 5 种类型。重点记录不同类型下垫面所占面积及产生松散堆积体的体积，对所占面积和体积与开采方式、建设阶段、井田面积、产能等因素进行相关分析，分析影响生产建设项目侵蚀下垫面的主要因素。

（3）调查晋陕蒙接壤区能源基地范围内 27 个煤矿排土场，表明排土场的排放年限集中在 1a、2a、3a 和 4a，坡长集中在 10～15m、15～20m、25～30m 和>40m，坡度集中在 25°～35°和＞35°，植被盖度划分为 30%、30%～45%、60%～100%，植被类型以沙打旺、紫花苜蓿、沙柳等为主。调查井煤矿开采排矸场 29 个，表明排矸场堆积年限集中在＜1a、1a、2a 和 3a，坡长集中在 5～10m、10～25m 和 20～25m，坡度集中在＜25°、25°～35°和＞35°，植被盖度集中在<30%、30%～45%、60%～100%，植被类型以沙棘、黄蒿、紫花苜蓿等为主。提出建立实体模型来研究排土场和排矸场边坡水土流失过程、水土流失原因、植被减水减沙效益等，优先考虑的实体模型概化参数为排土场和排矸场分别为坡长 10～15m、坡度 25°～35°和坡长 5～10m、坡度 25°～35°。

（4）对排土场治理边坡的细沟侵蚀特征与裸坡进行了对比分析，得到以下结论：①沙柳方格+沙打旺治坡与沙柳方格治坡均能控制排土场边坡细沟侵蚀，与裸坡相比，2 种治理坡面细沟侵蚀量分别减少 46.36%和 35.09%；裸坡细沟侵蚀量随着坡长沿程变化剧烈，呈现周期性变化，即每隔 8m 细沟侵蚀量会增大。②裸坡细沟累计侵蚀量随坡长呈指数函数变化，治理边坡坡面细沟累计侵蚀量随坡长呈幂函数变化。③盖度对坡面细沟侵蚀的影响与坡长有关。坡长 0～14m 处，75%、45%盖度的沙打旺控制细沟侵蚀的能力无明显差异，侵蚀量较裸坡减少 37.29%～70.82%和 43.10%～70.34%；坡长 14～20m 处，75%比 45%盖度坡面侵蚀量降低 53.32%～61.49%。坡长＞20m 处，沙打旺不能有效控制坡面细沟侵蚀。

（5）野外调查结果表明，能源区煤矿开采的侵蚀类型主要包括水力侵蚀和风力侵蚀，造成严重水土流失的自然因素主要包括气候和地质因素，而人为扰动主要是对地面物质组成、土壤结构、植被等造成破坏，进而影响侵蚀。在基于大量野外调查基础上，提出了生产建设项目水土流失防治对策。

参 考 文 献

白杭改, 2017. 砒砂岩侵蚀脆弱性的成因——以鄂尔多斯盆地东北部三叠系二马营组为例[D]. 吉林: 吉林大学.

白中科, 段永红, 杨红云, 等, 2006. 采煤沉陷对土壤侵蚀与土地利用的影响预测[J]. 农业工程学报, 22(6): 67-70.

范建忠, 李登科, 董金防, 等, 2012. 陕西省重点生态建设工程区植被恢复状况遥感监测[J]. 农业工程学报, 28(7): 228-234.

付新雷, 2014. 基于神东中心区植被覆盖变化的多时相遥感监测[J]. 中国环境监测, 30(2): 186-190.

高华端, 刘应明, 2009. 贵州省地面组成物质对地表侵蚀形态的影响[J]. 水土保持研究, 16(5): 172-175.

郭建英, 何京丽, 李锦荣, 等, 2015. 典型草原大型露天煤矿排土场边坡水蚀控制效果[J]. 农业工程学报, 31(3): 296-303.

黄翌, 汪云甲, 王猛, 等, 2014. 黄土高原山地采煤沉陷对土壤侵蚀的影响[J]. 农业工程学报, 30(1): 228-235.

焦菊英, 王万中, 郝小品, 1999. 黄土高原不同类型暴雨的降水侵蚀特征[J]. 干旱区资源与环境, 13(1): 34-42.

李国强, 陈利顶, 高启晨, 等, 2003. 黄土高原地区西气东输沿线水土流失敏感性评价[J]. 水土保持学报, 1(6): 55-58.

李建明, 王文龙, 王贞, 等, 2013. 神府东胜煤田弃土弃渣体径流产沙过程的野外试验[J]. 应用生态学报, 24(12): 3537-3545.
李君兰, 蔡强国, 孙莉英, 等, 2010. 细沟侵蚀影响因素和临界条件研究进展[J]. 地理科学进展, 29(11): 1319-1325.
李锐, 唐克丽, 1994. 神府-东胜矿区一、二期工程环境效应考察[J]. 水土保持研究, (4): 5-17.
李裕元, 王力, 邵明安, 2001. 新构造运动对黄土高原土壤侵蚀的影响[J]. 水土保持学报, 15(5): 76-78, 85.
刘瑞顺, 王文龙, 廖超英, 等, 2014. 露天煤矿排土场边坡防护措施减水减沙效益分析[J]. 西北林学院学报, 29(4): 59-64.
刘忠义, 张清田, 1990. 陕西黄土高原新构造运行对土壤侵蚀影响的探讨[J]. 泥沙研究, (1): 73-78.
卢金伟, 李占斌, 2002. 植被在水土保持中的地位和作用[J]. 水土保持学报, 16(1): 80-83, 102.
孟江红, 2008. 神东煤矿开采生态环境问题及综合防治措施[J]. 煤田地质与勘探, 36(3): 45-47.
宋阳, 刘连友, 严平, 2006. 风水复合侵蚀研究述评[J]. 地理学报, 61(1): 77-88.
孙宝洋, 李占斌, 张洋, 等, 2016. 黄河内蒙古支流“十大孔兑”区风蚀强度时空变化特征[J]. 农业工程学报, 32(17): 112-119.
唐克丽, 1996. 黄土高原水蚀风蚀交错带小流域治理模式探讨[J]. 水土保持研究, 3(4): 46-55.
唐克丽, 1990. 黄土高原地区土壤侵蚀区域特征及其治理途径[M]. 北京: 中国科学技术出版社.
脱登峰, 许明祥, 马昕昕, 等, 2014. 风水交错侵蚀条件下侵蚀泥沙颗粒变化特征[J]. 应用生态学报, 25(2): 381-386.
王琦, 全占军, 韩煜, 等, 2013. 采煤塌陷对风沙区土壤性质的影响[J]. 中国水土保持科学, 11(6): 110-118.
王文龙, 张平仓, 高学田, 1994. 神府-东胜矿区一、二期与人为泥石流[J]. 水土保持研究, 1(4): 54-59.
王愿昌, 吴永红, 寇权, 等, 2007. 砒砂岩分布范围界定与类型区划分[J]. 中国水土保持科学, 5(1): 14-18.
王志意, 张永江, 2006. 矿区煤炭开发与水土保持生态建设关系分析[J]. 中国水土保持, (10): 40-41.
杨帆, 邵全琴, 李愈哲, 等, 2016. 北方典型农牧交错带草地开垦对地表辐射收支与水热平衡的影响[J]. 生态学报, 36(17): 5440-5451.
姚文艺, 吴智仁, 刘慧, 等, 2015. 黄河流域砒砂岩区抗蚀促生技术试验研究[J]. 人民黄河, 37(1): 6-10.
于际伟, 2014. 砒砂岩力学性能试验研究[D]. 呼和浩特: 内蒙古农业大学.
喻权刚, 1994. 多沙粗沙区煤田开发对环境的影响及防治对策——以神府-东胜矿区大柳塔矿为例[J]. 水土保持学报, 8(4): 36-41.
张发旺, 侯新伟, 韩占涛, 等, 2003. 煤矿开采塌陷对土壤质量的影响效应及保护技术[J]. 地理与地理信息科学, 19(3): 67-70.
张汉雄, 王占礼, 1994. 神府-东胜煤田开发对乌兰木伦河行洪安全的影响评价[J]. 水土保持研究, 1(4): 79-85.
张平仓, 王文龙, 唐克丽, 等, 1994. 神府-东胜矿区采煤塌陷及其对环境影响初探[J]. 水土保持研究, 1(4): 35-44.
张平仓, 周若, 程冬兵, 等, 2013. 开挖面特征及土壤流失量快速监测方法探讨[J]. 长江科学院院报, 30(9): 22-26.
HAMED N, HOJAT K, SAEED F, et al., 2018. Investigation of RS and GIS techniques on MPSIAC model to estimate soil erosion[J]. Natural Hazards, 91(1): 221-238.
MOHAMAD E T, KOMOO I, KASSIM K A, et al., 2008. Influence of moisture content on the strength of weathered sandstone[J]. Malaysian Journal of Civil Engineering, 20(1): 137-144.
OPARIN V N, POTAPOV V P, GINIYATULLINA O L, et al., 2014. Evaluation of dust pollution of air in Kuzbass coal-mining areas in winter by data of remote earth sensing[J]. Journal of Mining Science, 50(3): 549-558.
PANDEY B, AGRAWAL M, SINGH S, 2014. Coal mining activities change plant community structure due to air pollution and soil degradation[J]. Ecotoxicology, 23(8): 1474-1483.
TANG Q, LI L Y, ZHANG S, et al., 2018. Characterization of heavy metals in coal gangue-reclaimed soils from a coal mining area[J]. Journal of Geochemical Exploration, 186(3): 1-11.

第 4 章　晋陕蒙能源区典型下垫面径流产沙特征及土壤侵蚀动力机制

4.1　典型下垫面径流特征

4.1.1　原生坡面径流特征

1. 模拟降雨试验

1）产流时间

图 4-1 为降雨条件下原生坡面产流时间随降雨强度和坡度的变化。由图可知，在同一坡度条件下，产流时间随着降雨强度的增大而减小，1.0mm/min 时 5°、10°、18°坡度下产流时间分别为 24.53min、31.36min、29.25min，1.5～3.0mm/min 降雨强度条件下，3 个坡度产流时间较 1.0mm/min 分别降低 42.38%～90.36%、61.64%～95.12%、84.89%～98.22%。回归分析表明，5°和 18°坡产流时间与降雨强度呈极显著的幂函数关系（R^2 分别为 0.96 和 0.97），10°坡产流时间则与降雨强度呈极显著的指数函数关系（R^2=0.99）。对于同一降雨强度，1.0mm/min 降雨强度时，10°和 18°坡产流时间均高于 5°坡面，其他降雨强度条件下，10°和 18°坡产流时间分别较 5°坡降低 14.92%～84.78%和 49.59%～77.39%。

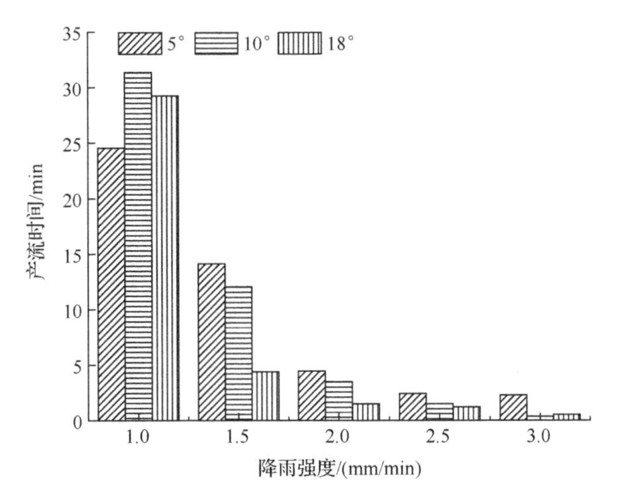

图 4-1　降雨条件下原生坡面产流时间随降雨强度和坡度的变化

2）径流率

图 4-2 为不同降雨强度和坡度条件下原生坡面径流率随时间的变化。降雨开始后，并不立即产生径流，径流是在降雨和土壤入渗共同作用的过程中形成的。随着降雨时间的延长，土壤入渗趋于稳定，地表将形成径流。产流后，径流率逐渐变大，并在一定的范围内稳定波动。在相同的坡度下，径流率随着降雨强度的变大明显增大。在相同地表形态下，土壤结构的差异很小，水分的入渗量相近，降雨量的增加，导致径流率增大。在特大降雨强度条件下，如 3.0mm/min 条件下，径流率极快地进入稳定的波动阶段。由于土壤水入渗较为缓慢，暴雨条件下，地表可瞬时产生径流。大降雨强度的情形下，径流率的波动范围较大。在小降雨强度的情况下，径流率的波动范围较小，产流几分钟后即逐渐稳定，这与坡面侵蚀

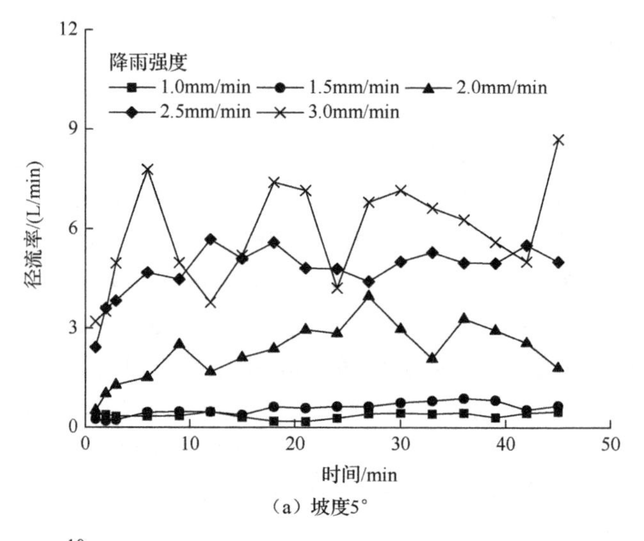

（a）坡度5°

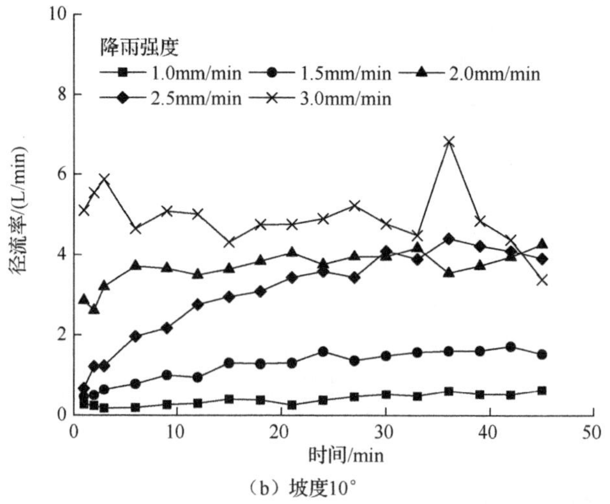

（b）坡度10°

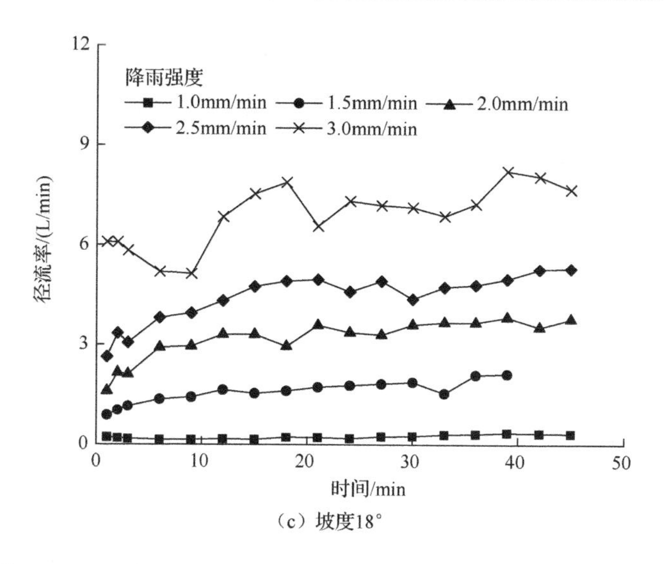

（c）坡度18°

图 4-2　不同降雨强度和坡度条件下原生坡面径流率随时间的变化

状况密切相关，大降雨强度坡面侵蚀形态被径流切割程度较高，且侵蚀沟发育加剧径流在坡面流动的不稳定性，而小降雨强度条件下坡面侵蚀较为缓慢且稳定，相应的径流流动过程也较为平缓。

图 4-3 为降雨条件下原生坡面次试验径流率与降雨强度和坡度的关系。坡度相同时，径流率随降雨强度的增大而增大，1.0mm/min 降雨强度条件下 5°、10°、18°坡面径流率分别为 0.36L/min、0.39L/min、0.23L/min，1.5～3.0mm/min 降雨强度条件下 3 个坡度径流率分别是 1.0mm/min 降雨强度条件下的 1.51～16.07 倍、

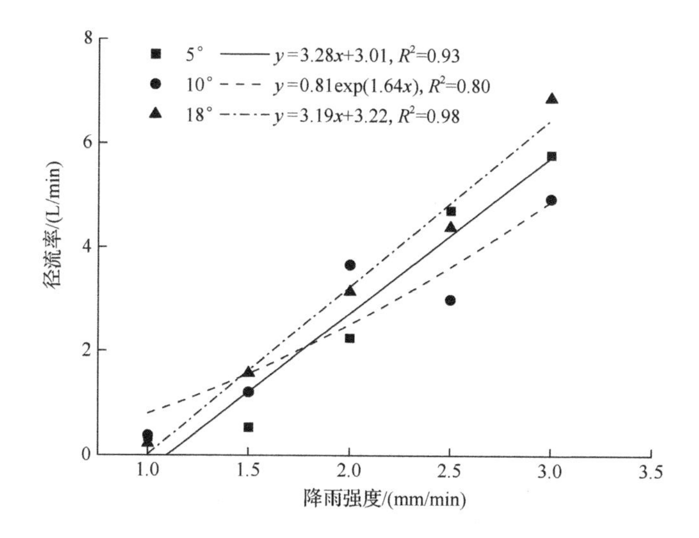

图 4-3　降雨条件下原生坡面次试验径流率与降雨强度和坡度的关系

3.12～12.66 倍、6.85～29.87 倍；分析表明，5°和 18°坡面径流率与降雨强度呈显著的线性函数关系（R^2 分别为 0.93 和 0.98），10°坡面径流率与降雨强度呈显著的指数函数关系（R^2=0.80）。然而，相同降雨强度条件下，径流率随坡度的变化不明显，1.0mm/min 和 2.0mm/min 降雨强度时 10°坡径流率最大，1.5mm/min 降雨强度时则随坡度增大而增大，2.5mm/min 降雨强度时 5°坡径流率最大，3.0mm/min 降雨强度时 18°坡径流率最大。

3）水力学参数

（1）流速。图 4-4 为不同坡度条件下原生坡面径流流速与降雨强度的关系。相同坡度条件下，径流流速随降雨强度的增大而增大，1.0mm/min 降雨强度条件下，5°、10°、18°坡面径流流速分别为 0.051m/s、0.042m/s、0.049m/s，1.5～3.0mm/min 降雨强度条件下，三个坡度径流流速分别是 1.0mm/min 降雨强度时的 1.05～1.96 倍、1.36～3.02 倍、0.85～2.94 倍（其中，18°坡 1.5mm/min 降雨强度下径流流速小于 1.0mm/min 降雨强度）；非线性回归分析表明，10°和 18°坡面流速与降雨强度呈显著的指数函数关系（R^2 分别为 0.82 和 0.69），5°坡面径流率与降雨强度呈显著的幂函数关系（R^2=0.50）。相同降雨强度时，流速随坡度的变化不明显，1.0mm/min 和 2.0mm/min 降雨强度时 5°坡流速最大，1.5mm/min 和 2.5mm/min 降雨强度时 10°坡流速最大，3.0mm/min 降雨强度时流速随坡度增大而增大。

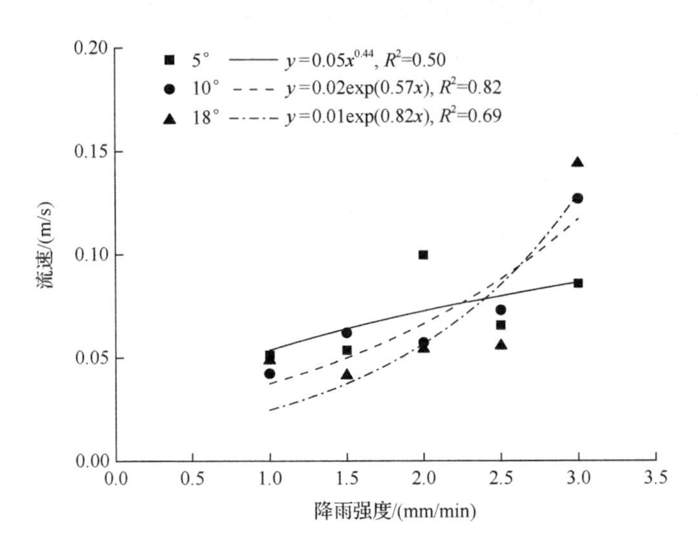

图 4-4　不同坡度条件下原生坡面径流流速与降雨强度的关系

（2）雷诺数与弗劳德数。图 4-5 为原生坡面径流雷诺数和弗劳德数随降雨强度和坡度的变化。对于雷诺数[图 4-5（a）]，5°坡径流雷诺数整体上随降雨强度增大而增大，其中 1.5mm/min 降雨强度下雷诺数小于 1.0mm/min 降雨强度。10°和 18°坡雷诺数随降雨强度先增大后减小，在 2.0mm/min 降雨强度时达到最大，分别为 500.81 和 550.10。3.0mm/min 降雨强度 5°坡面和 2.0mm/min 降雨强度 10°和 18°坡面的径流雷诺数均大于 500，属于紊流状态，其余条件下均属层流范畴。不同降雨强度条件下，雷诺数随坡度的变化规律不同，1.0mm/min 降雨强度时 10°坡雷诺数最大；1.5mm/min 和 2.0mm/min 降雨强度时，18°坡雷诺数最大；2.5mm/min 和 3.0mm/min 降雨强度时 5°坡雷诺数最大。

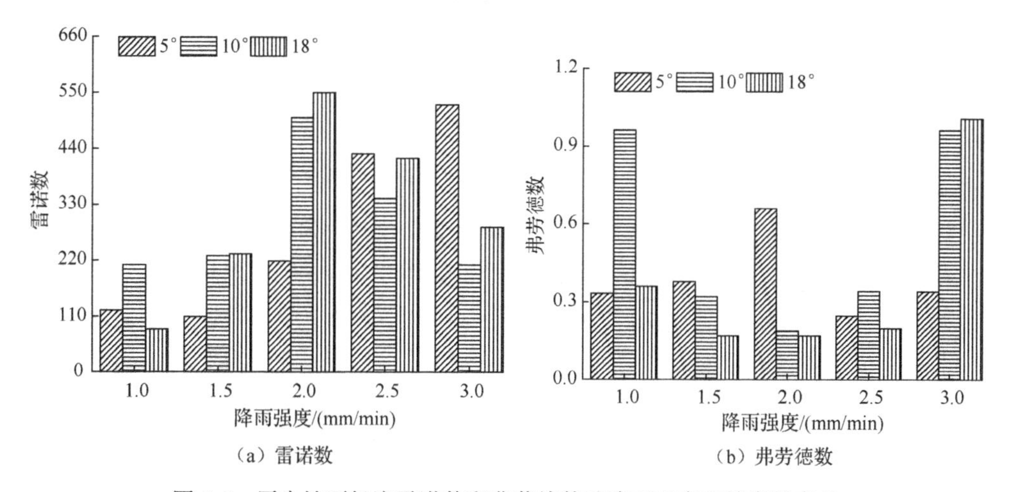

图 4-5　原生坡面径流雷诺数和弗劳德数随降雨强度和坡度的变化

对于弗劳德数[图 4-5（b）]，5°坡径流弗劳德数随降雨强度先增大后减小，2.0mm/min 降雨强度时最大，为 0.66；10°和 18°坡径流弗劳德数随降雨强度先减小后增大，2.0mm/min 降雨强度时达到最小，分别为 0.19 和 0.17。在相同降雨强度时，弗劳德数随坡度变化呈三种变化形式，1.0mm/min 和 2.5mm/min 降雨强度下弗劳德数先增后减，1.5mm/min 和 2.0mm/min 降雨强度条件下随坡度增大而减小，3.0mm/min 降雨强度时则随坡度增大而增大；原生坡面径流弗劳德数仅在最大降雨强度和最大坡度时大于 1（1.01），即在试验条件下原生坡面径流以缓流流态为主。

（3）阻力系数与曼宁糙率系数。图 4-6 为原生坡面径流阻力系数和曼宁糙率系数随降雨强度和坡度的变化。对于阻力系数[图 4-6（a）]，各坡度条件下径流阻力系数随降雨强度增大先增大后减小，其中，5°、10°、18°坡度的原生坡面分别在 2.5mm/min、2.0mm/min、1.5mm/min 降雨强度时阻力系数达到最大，分别为 11.94、39.32、87.89。相对而言，坡面 1.0mm/min 和 3.0mm/min 降雨强度条件下，阻力系数随坡度变化不显著，而其余降雨强度条件下整体随坡度增大而增大。

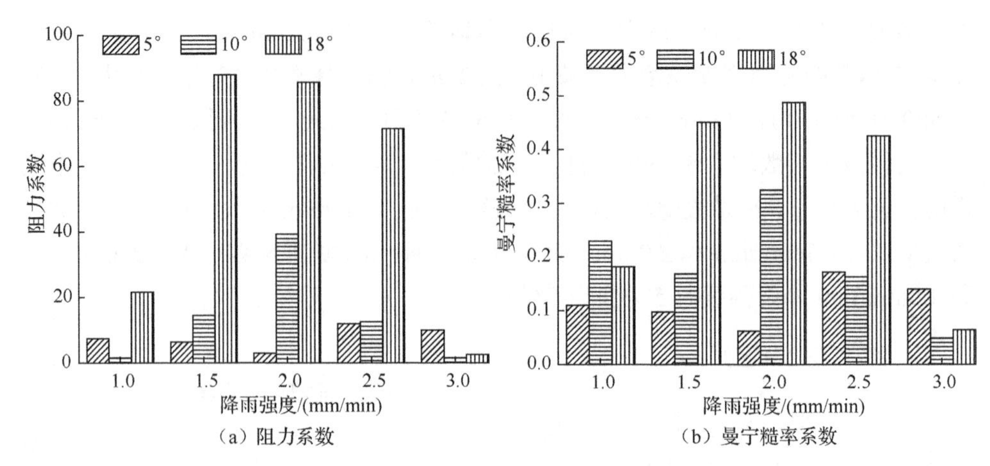

（a）阻力系数　　（b）曼宁糙率系数

图 4-6　原生坡面径流阻力系数和曼宁糙率系数随降雨强度和坡度的变化

除 1.0mm/min 降雨强度条件下坡面曼宁糙率系数在 10°坡面最大外，坡面曼宁糙率系数随坡度的变化与阻力系数基本一致[图 4-6（b）]。曼宁糙率系数随降雨强度的变化因坡度的变化而不同，5°和 10°坡面曼宁糙率系数随降雨强度呈减小-增大-减小的波动式变化，而 18°坡面则呈先增大后减小的变化趋势，其中 2.0mm/min 降雨强度时曼宁糙率系数最大（0.49）。出现以上现象的主要原因是降雨强度较小时，坡面水流侵蚀力较弱，对下垫面物质的侵蚀作用弱，随着降雨强度增大，坡面径流率逐渐增大，径流侵蚀能力增强，其对坡面物质的侵蚀、分离和搬运能力增强，从而使坡面更加粗糙；随着降雨强度的持续增大，径流将坡面表层物质分离搬运殆尽，形成稳定流路后，坡面对径流的阻力作用相对减弱。

4）水动力学参数

图 4-7 为原生坡面径流水动力学参数随降雨强度和坡度的变化。对于径流剪切力[图 4-7（a）]，除 3.0mm/min 降雨强度条件下径流剪切力在 10°坡时最小（3.11N/m^2）外，其余降雨强度条件下径流剪切力均随坡度的增大而增大。与 5°坡相比，1.0～2.5mm/min 降雨强度条件下 10°和 18°坡面径流剪切力分别增加 0.31～6.93 倍和 1.72～14.63 倍。对于同一坡度，5°坡面径流剪切力随降雨强度的变化呈波动式变化，其中 2.5mm/min 降雨强度时径流剪切力最大（6.32N/m^2）；10°和 18°坡面径流剪切力则随降雨强度呈先增大后减小的变化趋势，其中在 2.0mm/min 降雨强度时最大，分别为 16.09N/m^2 和 31.70N/m^2。

对于径流功率[图 4-7（b）]，1.0mm/min 和 3.0mm/min 降雨强度条件下径流功率分别在 5°和 10°坡时最小，分别为 0.10W/m^2 和 0.39W/m^2，在 1.5～2.5mm/min 降雨强度条件下 10°和 18°坡面径流功率较 5°坡面分别增大 0.49～3.55 倍和 2.53～7.52 倍。5°坡面径流功率整体上随降雨强度的增大而增大，二者呈显著的指数函

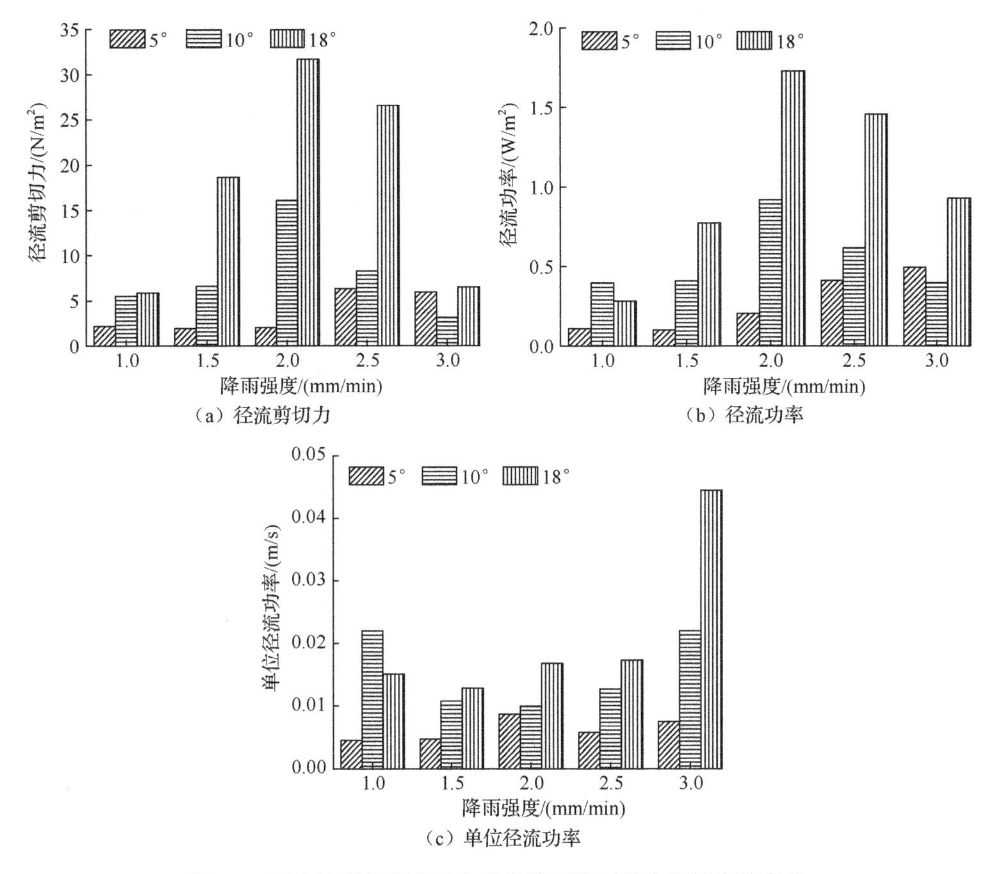

(a) 径流剪切力

(b) 径流功率

(c) 单位径流功率

图4-7　原生坡面径流水动力学参数随降雨强度和坡度的变化

数关系（R^2=0.91），而10°和18°坡面径流功率则随降雨强度的增大先增大后减小，其中2.0mm/min降雨强度时达到最大，分别为0.92W/m^{2}和1.73W/m^2。

对于单位径流功率[图4-7（c）]，1.0mm/min降雨强度条件下10°坡面单位径流功率最大（约0.02m/s），其他降雨强度条件下均随坡度增大而增大；与5°坡相比，10°和18°坡面单位径流功率分别增大0.15～1.94倍和0.93～4.95倍。5°坡面单位径流功率整体上随降雨强度增大呈先增大后减小的趋势，而10°和18°坡面则随降雨强度增大先减小后增大，分别在2.0mm/min和1.5mm/min降雨强度条件下达到最小，对应的单位径流功率分别为0.010m/s和0.013m/s。

2. 径流冲刷试验

1）径流率

图4-8为不同流量和坡度条件下原生坡面径流率随时间的变化。不同坡度下径流率随时间变化的趋势基本相同，即随着冲刷时间的持续，不同流量下径流率

呈平稳的变化趋势，基本维持在一个常数上下波动。在坡度一定，流量不同时，0～3min 内径流率随冲刷时间的持续而增大，在 3min 后趋于平稳。当流量较小时，径流率的稳定性相对更高，在整个冲刷过程中波动性不大；当流量增大时，径流率的稳定性减弱，波动幅度增大。对不同的坡度而言，坡度越大，径流率在整个冲刷过程中的波动性越大。这是因为流量增大，水流流速增大，水流动能随之增大，所以径流率的波动性增大。当坡度增大时，水流经过单位长度的坡面时势能增大，势能的增大使得径流率的波动性增大。

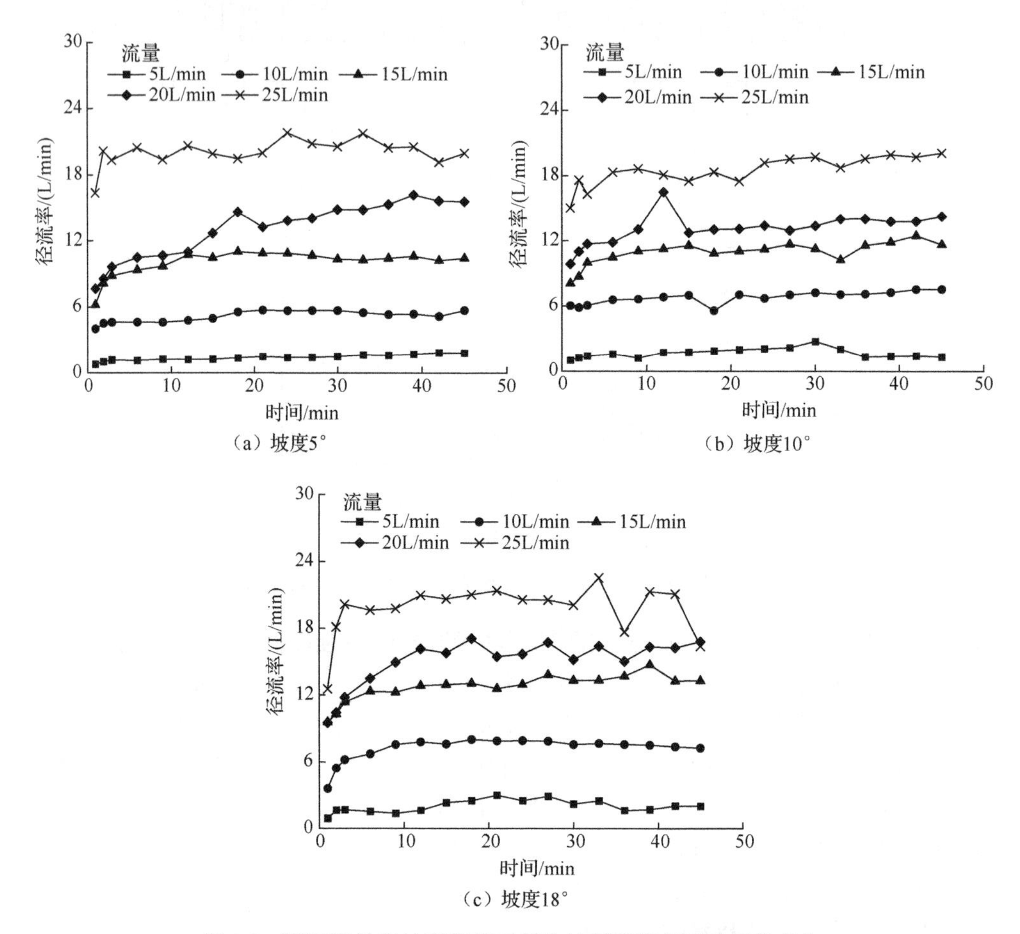

图 4-8　不同流量和坡度条件下原生坡面径流率随时间的变化

图 4-9 为放水条件下原生坡面次试验径流率与流量的关系。在流量为 25L/min 时，径流率随坡度的增大呈先减小后增大的趋势，在坡度为 10°时，径流率最小；其余流量条件下，径流率随坡度的增大均呈增大的趋势，各流量条件下 10°和 18°坡面径流率较 5°坡分别增大 1.65%～31.57%和 15.49%～42.17%。不同坡度条件下

径流率随流量的增大均呈增大的趋势，即流量越大，径流率就越大。回归分析表明，5°坡径流率与流量之间呈极显著的幂函数关系，而 10°和 18°坡面径流率则与流量呈极显著线性关系。

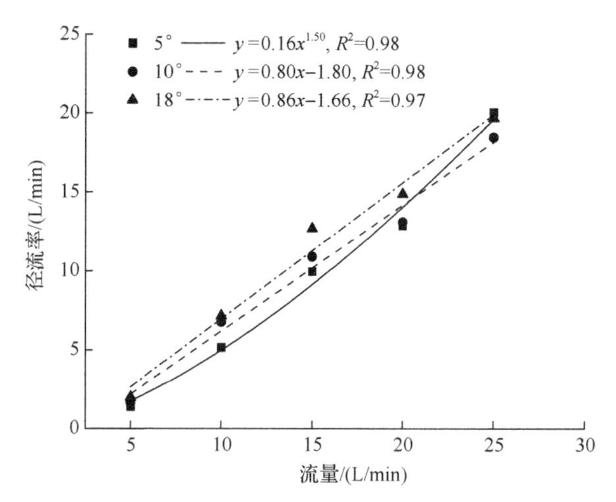

图 4-9　放水条件下原生坡面次试验径流率与流量的关系

2）水力学参数

图 4-10 为放水条件下原生坡面次试验水力学参数随流量和坡度的变化。对于径流流速[图 4-10（a）]，5°和 18°坡面径流流速均随流量的增大而增大，且二者分别呈显著的对数函数和幂函数关系，而 10°坡面径流流速则随流量的增大呈先增大后减小的趋势，其中流量 15L/min 时流速最大（0.21m/s)。流量为 5～15L/min 时，径流流速随坡度的增大而增大。20L/min 流量时 5°坡面流速最大，25L/min 流量时 18°坡面流速最大。出现以上变化的原因主要是侵蚀沟的发育，径流流速与坡面曼宁糙率系数密切相关，坡度和流量增大时，下垫面侵蚀严重，大颗粒物质裸露于沟道内，形成的坡面曼宁糙率系数较大，在一定程度上阻碍了径流的流动。

对于径流雷诺数[图 4-10（b）]，5L/min 流量时，三个坡度坡面径流雷诺数均小于 500，属于层流范畴；随着流量和坡度增大，径流逐渐转变为紊流。回归分析表明，5°和 18°坡面径流雷诺数与流量均呈显著的幂函数关系，而 10°坡面雷诺数与流量呈显著的线性关系。5L/min、15L/min、25L/min 流量条件下，雷诺数随坡度的增大而增大；10L/min 流量时，10°坡面径流雷诺数最大；20L/min 流量条件下，雷诺数随坡度的增大而减小。

对于弗劳德数[图 4-10（c）]，5°和 10°坡面各流量条件下径流流态均属缓流（弗劳德数＜1)，而 18°坡面除 5L/min 和 15L/min 流量条件下弗劳德数数小于 1 外，其余均大于 1，属于急流流态。弗劳德数随流量和坡度的变化均不明显，整体来看，坡度和流量越大，坡面径流流态越急。

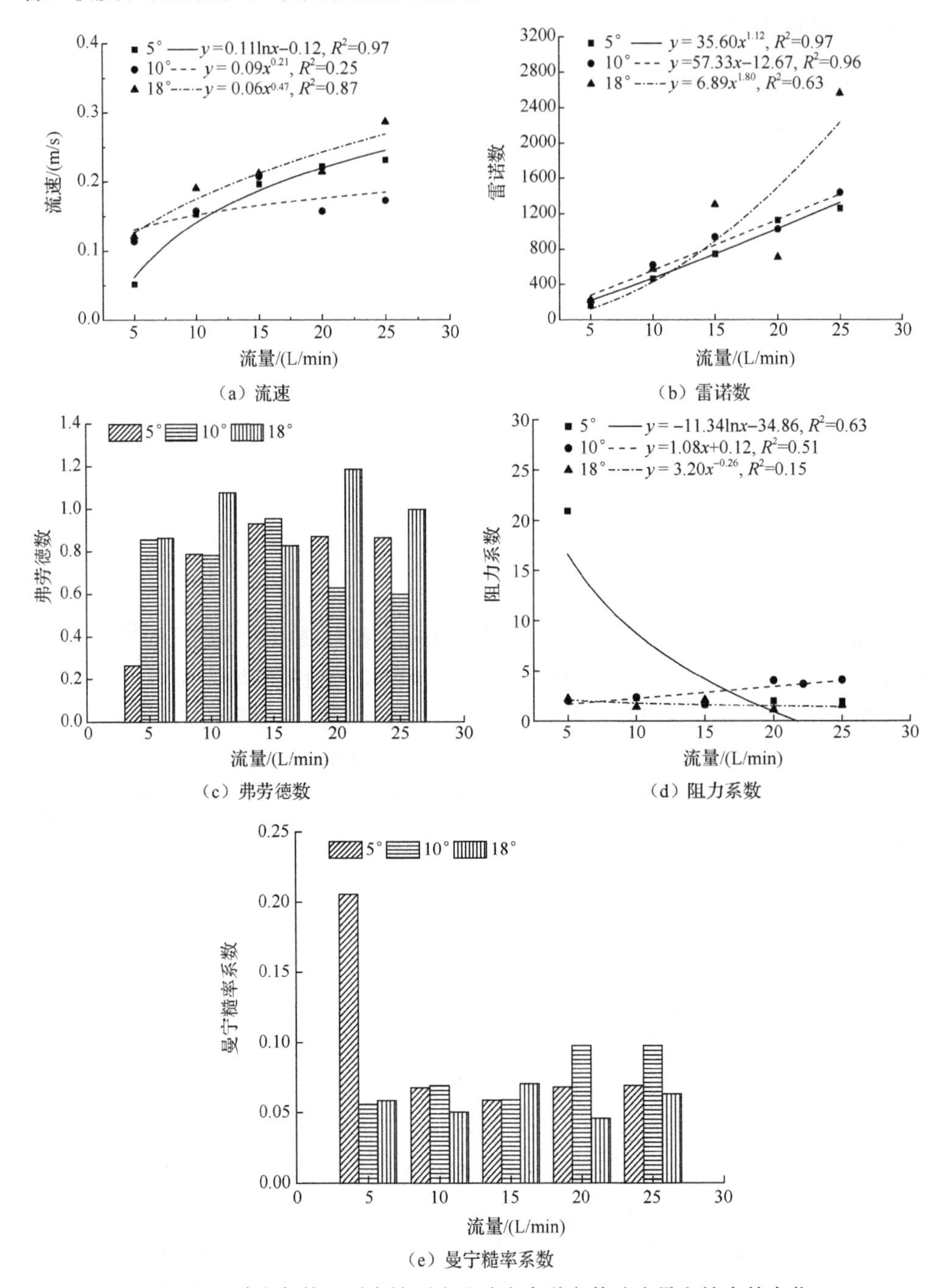

图 4-10　放水条件下原生坡面次试验水力学参数随流量和坡度的变化

对于阻力系数[图 4-10（d）]，5°坡面 5L/min 流量时坡面阻力系数可达 20.94，随着流量增大，阻力系数显著下降（1.63～2.30），整体上随流量的增大而减小，二者呈对数函数变化趋势；对于 10°坡面，阻力系数与流量呈递增的线性关系，但在 15L/min 流量时最小（1.62）；对于 18°坡面，径流阻力系数随流量变化波动明显，5L/min 时最大（2.20），20L/min 时最小（1.10）。

曼宁糙率系数[图 4-10（e）]随坡度和流量的变化与阻力系数变化相似，5°坡面 5L/min 流量时曼宁糙率系数最大（0.21），其余流量条件下曼宁糙率系数基本维持在 0.07 左右；对于 10°坡面，曼宁糙率系数基本随流量增大而增大；18°坡面则随流量的增大呈不断波动的变化趋势，这说明坡度和流量的增大加剧了坡面侵蚀的剧烈程度。

3）水动力学参数

图 4-11 为放水条件下原生坡面次试验水动力学参数随流量和坡度的变化。对于径流剪切力[图 4-11（a）]，在流量一定时，径流剪切力并未随坡度的增大而增大；在 10°和 18°坡度时，径流剪切力随流量的增大整体增大。其原因是在放水冲刷初期，水流以漫流的形式向下流动，流宽大，径流深小，主要产生面蚀，随着冲刷的持续，坡面上出现细沟，流宽减小，径流深增大，径流剪切力也随之增大。因为径流剪切力是径流深和坡度的函数，而径流深又是单宽流量的函数，径流剪切力与坡度成正比，所以当流量和坡度增大时，径流剪切力也增大。回归分析表明，5°、10°、18°坡面径流剪切力与流量分别呈指数函数、线性函数和幂函数关系。径流剪切力随坡度的变化规律受流量的影响，15L/min 和 25L/min 流量时，径流剪切力随坡度增大而增大；10L/min 和 20L/min 时，10°坡面径流剪切力最大（$7.11N/m^2$ 和 $12.09N/m^2$）；5L/min 时 5°坡面径流剪切力最大（$7.18N/m^2$）。

对于径流功率[图 4-11（b）]，5°、10°和 18°坡面径流功率随流量的增大整体增大，变化范围分别为 0.37～$2.94W/m^2$、0.36～$2.55W/m^2$ 和 0.42～$4.24W/m^2$。回归分析表明，5°和 18°坡面径流功率与流量呈显著的线性关系，10°坡面径流功率与流量呈对数函数关系。相同流量条件下，径流功率随坡度的变化因流量大小而异，仅在 15L/min 流量时，径流功率随坡度增大而增大。

对于单位径流功率[图 4-11（c）]，5°和 18°坡面单位径流功率随流量的增大而增大，变化范围为 0.01～0.04m/s，0.021～0.049m/s，回归分析表明，两坡度单位径流功率与流量均呈显著的对数函数关系；10°坡面单位径流功率随流量的增大呈现先增大后减小的趋势，在 15L/min 流量时单位径流功率最大（0.036m/s）。在 5～15L/min 流量条件下，单位径流功率随坡度的增大而增大，而 20L/min 和 25L/min 流量条件下，单位径流功率随坡度变化波动明显，分别在 5°和 18°时达到最大。

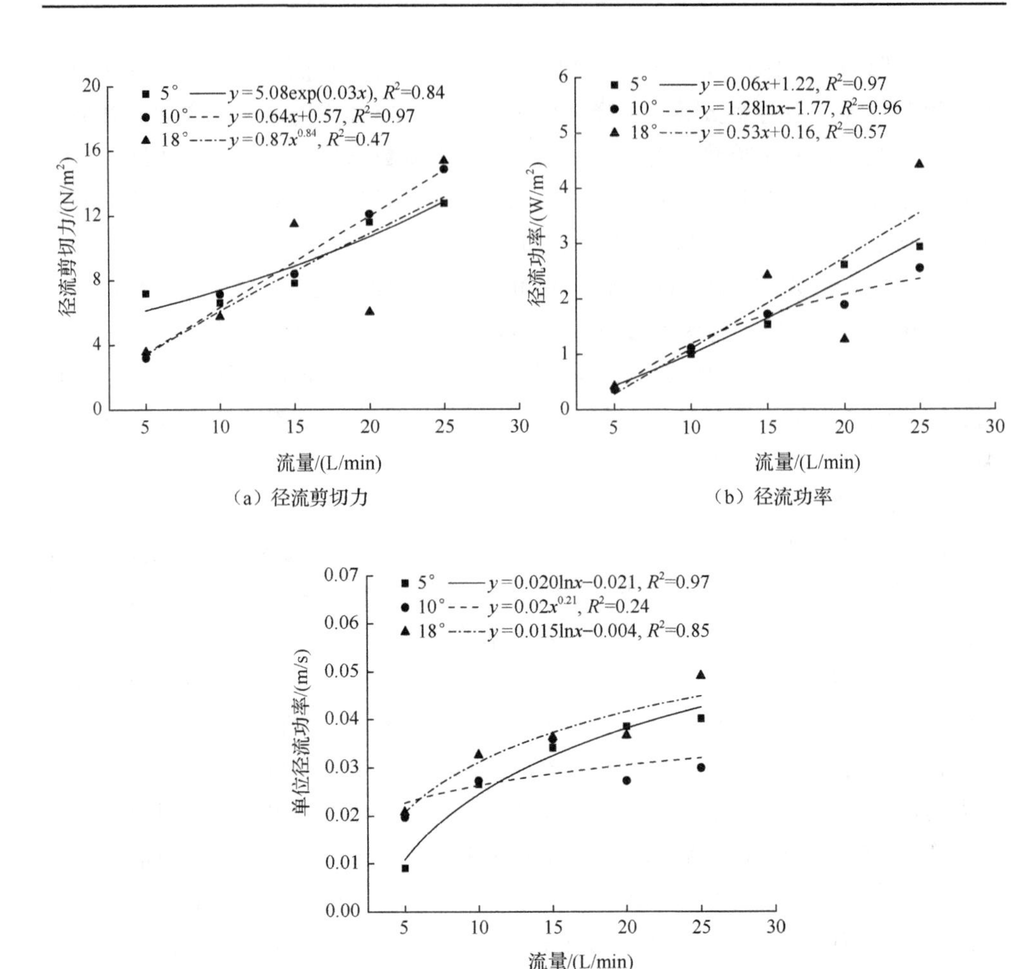

（a）径流剪切力　（b）径流功率　（c）单位径流功率

图 4-11　放水条件下原生坡面次试验水动力学参数随流量和坡度的变化

4.1.2　扰动坡面径流特征

1. 模拟降雨试验

1）产流时间

图 4-12 为降雨条件下扰动坡面产流时间随降雨强度和坡度的变化。由图可知，各坡度条件下产流时间均随降雨强度的增大而减小，主要是因为降雨强度越大，坡面很快达到稳定入渗状态。与 1.0mm/min 相比，5°、10°和 18°坡面在 1.5～3.0mm/min 降雨强度条件下产流时间分别减少 42.88%～76.84%、33.08%～70.95%、42.27%～92.71%，回归分析表明，三个坡度条件下产流时间与降雨强度呈显著的幂函数关系（$P<0.05$）。另外，在相同降雨强度条件下，坡度越大，产

流时间也越短，各降雨强度条件下 10°和 18°坡产流时间较 5°坡面分别减少 2.14%～38.56%和 18.42%～76.80%。回归分析表明，产流时间与降雨强度和坡度呈显著线性关系（R^2=0.908，P<0.05）。

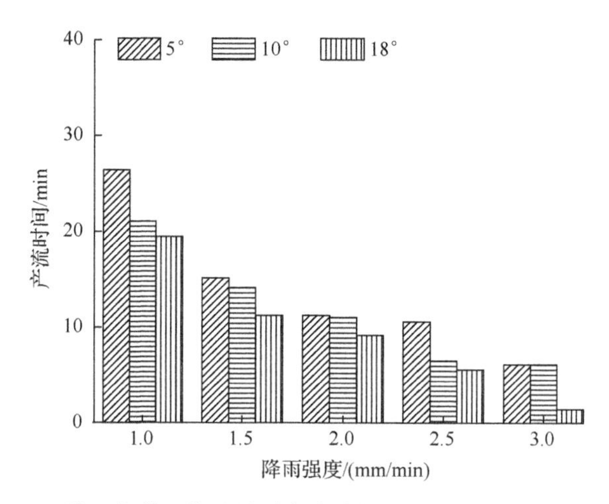

图 4-12　降雨条件下扰动坡面产流时间随降雨强度和坡度的变化

2）径流率

图 4-13 为不同降雨强度和坡度条件下扰动坡面径流率随时间的变化。如图 4-13 所示，扰动坡面径流率随降雨时间均呈先增大后逐渐稳定的趋势。在产流 0～6min 径流率急剧增加，降雨强度越大，径流率增加量越大；6min 后径流率逐渐趋于稳定。对于 5°和 10°坡，整体上径流率变化的波动程度随降雨强度的增大而增大，18°坡度各降雨强度条件下径流率波动程度变化较小，变异系数为 25.90%～30.43%。对于同一降雨强度，坡度越大径流率波动程度越小，主要是因为坡度越大，径流率很快达到稳定值，不同时间段的径流率差别变小。

图 4-14 为降雨条件下不同坡度扰动坡面次试验径流率与降雨强度的关系。1.0mm/min 降雨强度条件下 5°、10°、18°坡面径流率分别为 0.16L/min、0.28L/min、0.87L/min，1.5～3.0mm/min 降雨强度时 3 个坡度径流率分别是 1.0mm/min 降雨强度条件下的 9.62～30.33 倍、4.48～17.21 倍、1.60～5.65 倍。回归分析表明，5°和 18°坡面径流率与降雨强度呈显著的线性关系（R^2 分别为 0.95 和 0.98），10°坡面径流率与降雨强度呈显著的对数函数关系（R^2=0.92）。径流率随坡度的变化与降雨强度关系密切，1.0mm/min 降雨强度时径流率随坡度增大而增大，其他降雨强度条件下径流率随坡度变化不大。

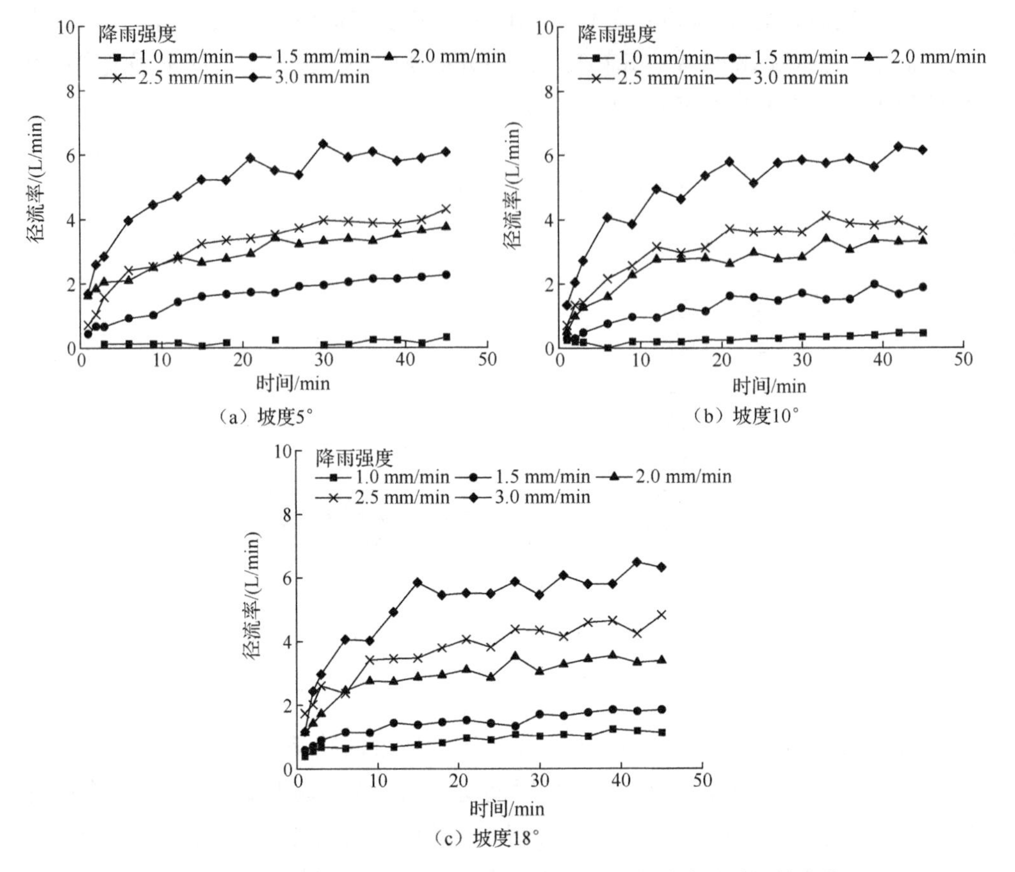

（a）坡度5°

（b）坡度10°

（c）坡度18°

图 4-13　不同降雨强度和坡度条件下扰动坡面径流率随时间的变化

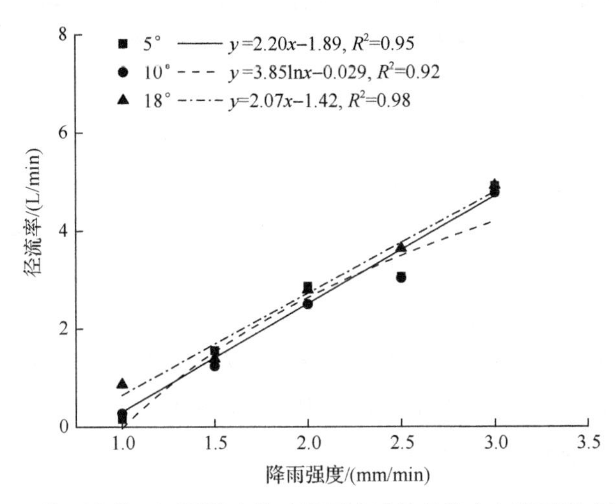

图 4-14　降雨条件下不同坡度扰动坡面次试验径流率与降雨强度的关系

3）水力学参数

图 4-15 为不同坡度条件下扰动坡面径流水力学参数与降雨强度的关系。对于径流流速[图 4-15（a）]，5°和 18°坡度条件下径流流速均随降雨强度的增大而增大。1.0mm/min 降雨强度时，5°、10°、18°坡面流速分别为 0.032m/s、0.033m/s、0.069m/s，1.5～3.0mm/min 降雨强度条件下三个坡度坡面流速分别是其 2.19～4.27 倍、3.24～4.78 倍、1.46～2.55 倍。回归分析表明，5°和 18°坡面流速与降雨强度呈显著的对数函数关系（R^2 分别为 0.99 和 0.95）；10°坡面流速在 2.5mm/min 时最大，主要是 3.0mm/min 降雨强度时坡面细沟发育导致流速稍低（0.12m/s），此坡度条件下流速与降雨强度呈显著的二次函数关系（R^2=0.99）。

对于径流雷诺数[图 4-15（b）]，所有场次试验雷诺数均小于 500，径流流态均属层流状态。各坡度坡面径流雷诺数整体上随降雨强度增大而增大。回归分析表明，5°和 10°坡面雷诺数与降雨强度呈显著的对数函数关系（R^2 分别为 0.83 和 0.93），雷诺数随降雨强度的增大逐渐增大；18°坡面雷诺数随降雨强度呈显著的指数函数关系（R^2=0.98），其雷诺数随随降雨强度增大而逐渐增大，这也表明坡度越大，雷诺数的增加越明显。1.0mm/min、2.5mm/min、3.0mm/min 降雨强度条件下雷诺数随坡度增大而增大，1.5mm/min 和 2.0mm/min 降雨强度时分别为 10°和 5°坡面雷诺数最大，分别为 104 和 134。

对于弗劳德数[图 4-15（c）]，整体上坡度和降雨强度越大，径流越急，然而 10°坡面弗劳德数在 2.5mm/min 降雨强度条件下最大（1.72）。对于 5°坡面，1.0～2.0mm/min 降雨强度条件下径流弗劳德数均小于 1，属缓流，其余降雨强度条件下均属急流范畴；10°和 18°坡面径流弗劳德数在 1.0mm/min 条件下属缓流，其余降雨强度条件下属急流范畴。回归分析表明，5°、10°和 18°坡面径流弗劳德数与降雨强度的关系分别为线性、二次函数及对数函数关系。1.5～2.5mm/min 降雨强度条件下，10°坡弗劳德数高于 5°和 18°坡。

对于阻力系数[图 4-15（d）]，3 个坡度条件下坡面阻力系数整体随降雨强度增大而减小，而相同降雨强度条件下阻力系数随坡度变化较为复杂。分析表明，5°和 18°坡面阻力系数与降雨强度均呈显著对数函数关系，10°坡面阻力系数与降雨强度呈幂函数关系。

对于曼宁糙率系数[图 4-15（e）]，5°和 18°坡面曼宁糙率系数整体上随降雨强度增大而减小，与降雨强度呈显著的对数函数关系（R^2 分别为 0.98 和 0.90）；10°坡面曼宁糙率系数随降雨强度变化呈波动式变化，这可能与坡面细沟发育的状况密切相关。相同降雨条件下，18°坡面曼宁糙率系数高于 5°和 10°坡面。

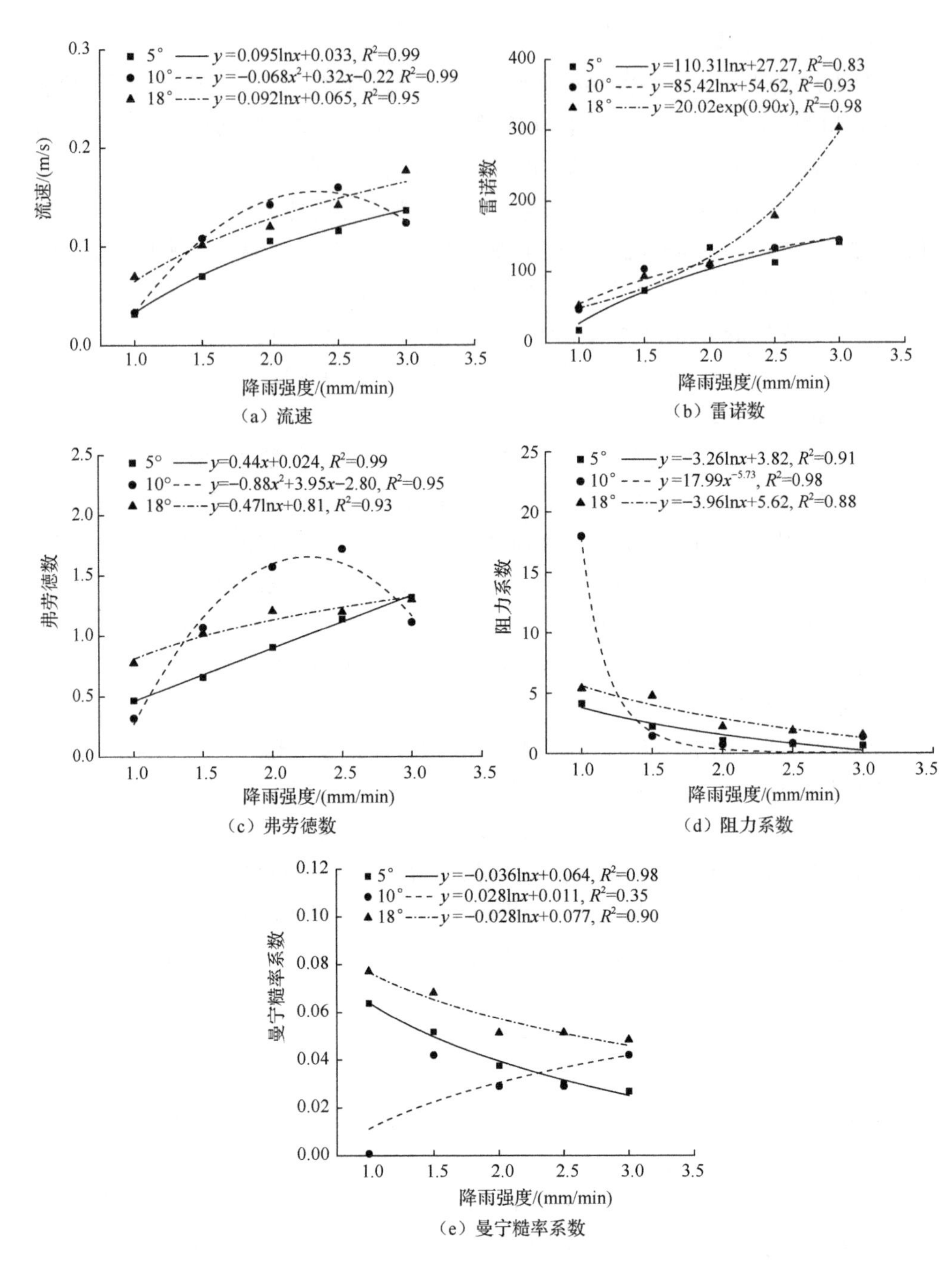

（a）流速　（b）雷诺数　（c）弗劳德数　（d）阻力系数　（e）曼宁糙率系数

图 4-15　不同坡度条件下扰动坡面径流水力学参数与降雨强度的关系

4）水动力学参数

图 4-16 为扰动坡面径流水动力学参数随降雨强度和坡度的变化。对于径流剪

切力[图 4-16（a）]，5°坡面径流剪切力随降雨强度呈先增大后减小的趋势，其中在 2.0mm/min 降雨强度时径流剪切力最大（1.22N/m^2）；10°坡面径流剪切力随降雨强度呈先减小后增大的趋势，在 2.0mm/min 降雨强度时最小（1.53N/m^2）；18°坡面径流剪切力随降雨强度增大而整体增大。回归分析表明，三个坡度坡面径流剪切力与降雨强度之间的最优关系可采用二次函数描述。相同降雨强度条件下，径流剪切力随坡度的增大而增大，10°和 18°坡面径流剪切力分别是 5°坡的 1.25～4.99 倍和 2.72～5.67 倍。

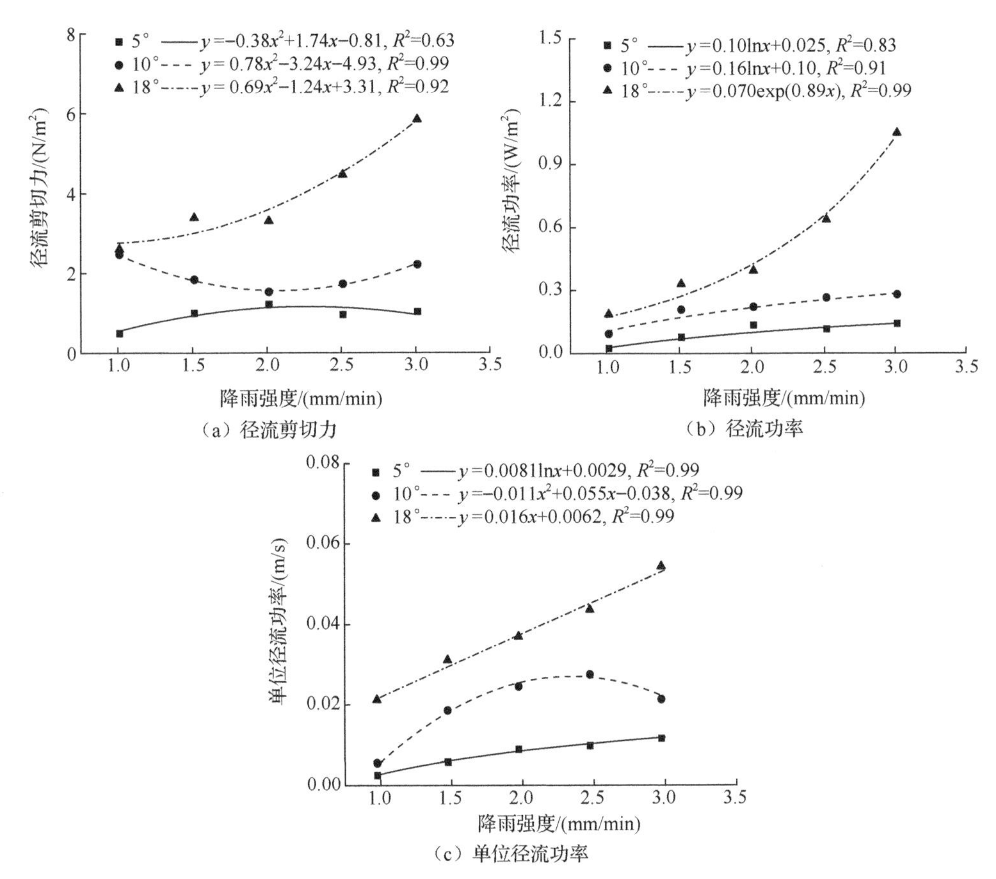

（a）径流剪切力　（b）径流功率　（c）单位径流功率

图 4-16　扰动坡面径流水动力学参数随降雨强度和坡度的变化

对于径流功率[图 4-16（b）]，整体上径流功率随降雨强度和坡度的增大而增大。5°、10°、18°坡面径流功率变化范围分别为 0.016～0.133W/m^2、0.080～0.270W/m^2、0.180～1.040W/m^2，5°和 10°坡面径流功率随降雨强度均呈显著对数函数关系（R^2 分别为 0.83 和 0.91），18°坡面径流功率与降雨强度呈显著指数函数关系（R^2=0.99），并且 18°坡面径流功率随降雨强度变化的增长率明显高于 5°和 10°坡。

对于单位径流功率[图 4-16（c）]，各降雨强度条件下 5°坡面单位径流功率为

0.0028～0.0120m/s，相同降雨强度条件下 10°和 18°坡面单位径流功率分别是 5°坡的 1.82～3.08 倍和 4.05～7.61 倍。5°和 18°坡单位径流功率随降雨强度增大而增大，分别呈显著的对数函数和线性关系（R^2 均为 0.99），10°坡面单位径流功率在 2.5mm/min 降雨强度时最大（0.0280m/s），其与降雨强度的关系可采用二次函数描述。

2. 径流冲刷试验

1）径流率

图 4-17 为不同流量和坡度条件下扰动坡面径流率随时间的变化。不同坡度下径流率随时间的变化趋势基本一致，即在产流初期（0～9min）径流率急剧增大，此后径流率呈平稳的变化趋势。流量越小，径流率稳定的时间越早，且其稳定性相对更高。流量为 20L/min 和 25L/min 时，径流率存在几次较大波动，主要是细沟发育过程中沟壁崩塌造成径流泥沙量突增。同时，坡度越大，径流率在整个冲刷过程中的波动性也越大，流量越大，坡面细沟的发育程度越高，水沙关系变化程度也越高，从而使得径流率随时间呈现较大的波动性。

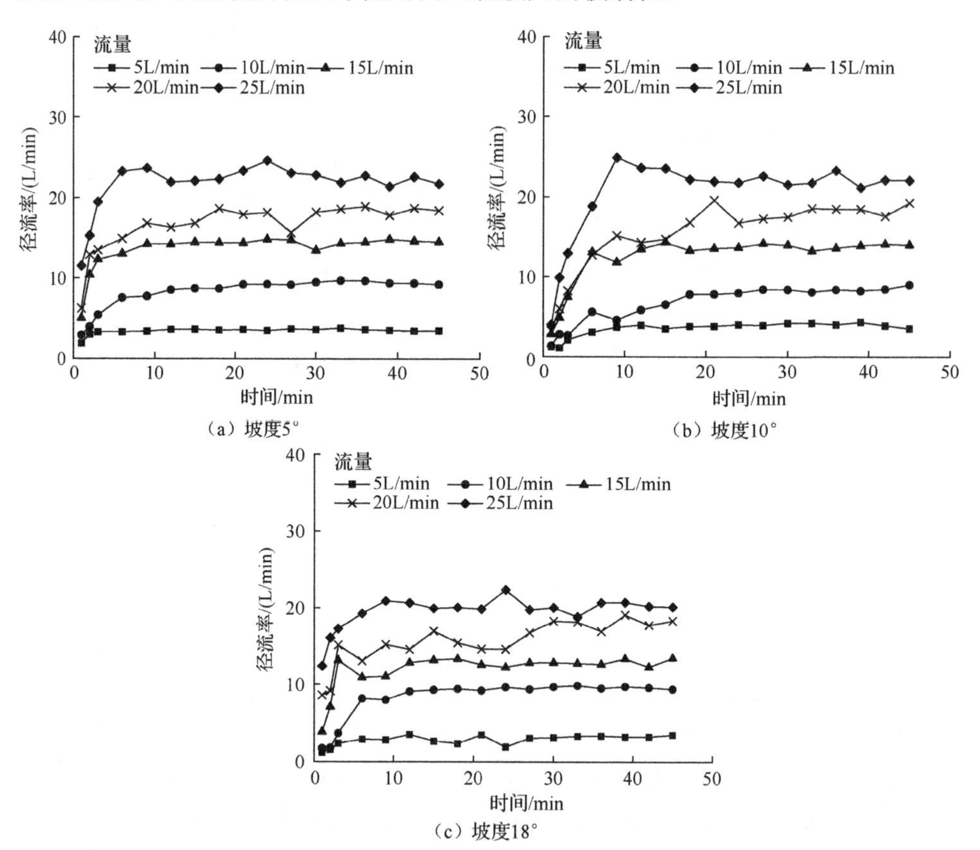

图 4-17　不同流量和坡度条件下扰动坡面径流率随时间的变化

图 4-18 为放水条件下扰动坡面次试验径流率与流量的关系。对于同一坡度，径流率随流量的增大而增大，5°、10°和 18°坡面 10～25L/min 流量条件下坡面径流率是 5L/min 时的 2.37～6.25 倍、1.90～5.71 倍和 2.91～6.98 倍；回归分析表明，三个坡度扰动坡面径流率与流量均呈极显著线性关系（R^2=0.99）。对于同一流量，径流率随坡度的变化不明显，尤其是 10°和 18°坡面径流率差异极小。

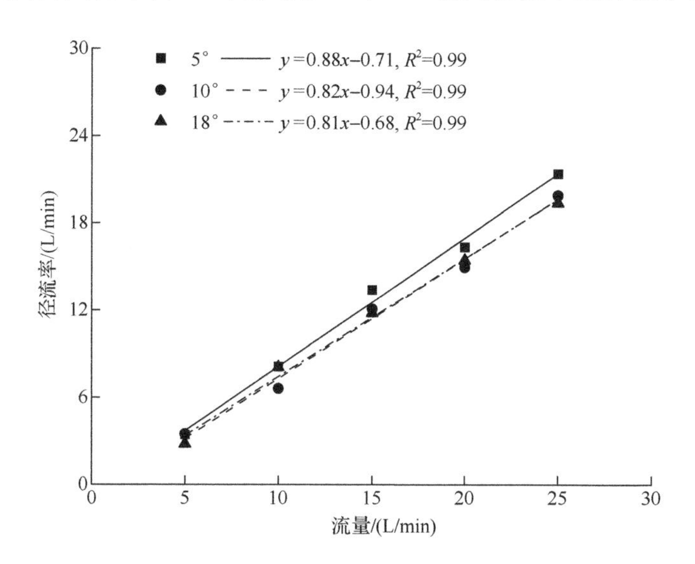

图 4-18　放水条件下扰动坡面次试验径流率与流量的关系

2）水力学参数

图 4-19 为放水条件下扰动坡面次试验水力学参数随流量和坡度的变化。对于径流流速[图 4-19（a）]，整体上，5°、10°和 18°坡面径流流速均随流量的增大而增大。其中，5°坡面径流流速在 20L/min 和 25L/min 时差异较小且有随流量增大存在下降的趋势。回归分析表明，5°和 18°坡面径流流速与流量之间呈显著的对数函数关系，10°坡面二者呈显著线性关系；对于同一流量，5°坡面流速最大，18°坡面次之，10°坡面最小，这主要与细沟发育程度有关。

对于径流雷诺数[图 4-19（b）]，各试验条件下雷诺数均大于 500，属紊流范畴。同一坡度条件下，雷诺数随流量增大整体增大，其中 18°坡面在 25L/min 流量条件下雷诺数小于 20L/min 流量，主要是 25L/min 条件下细沟发育程度较高，尤其是沟壁持续性崩塌导致径流出现断续，从而影响了径流型态；回归分析雷诺数与流量的关系，结果表明，三个坡度条件下坡面径流雷诺数与流量均呈显著的线性关系（R^2 为 0.59～0.99）。

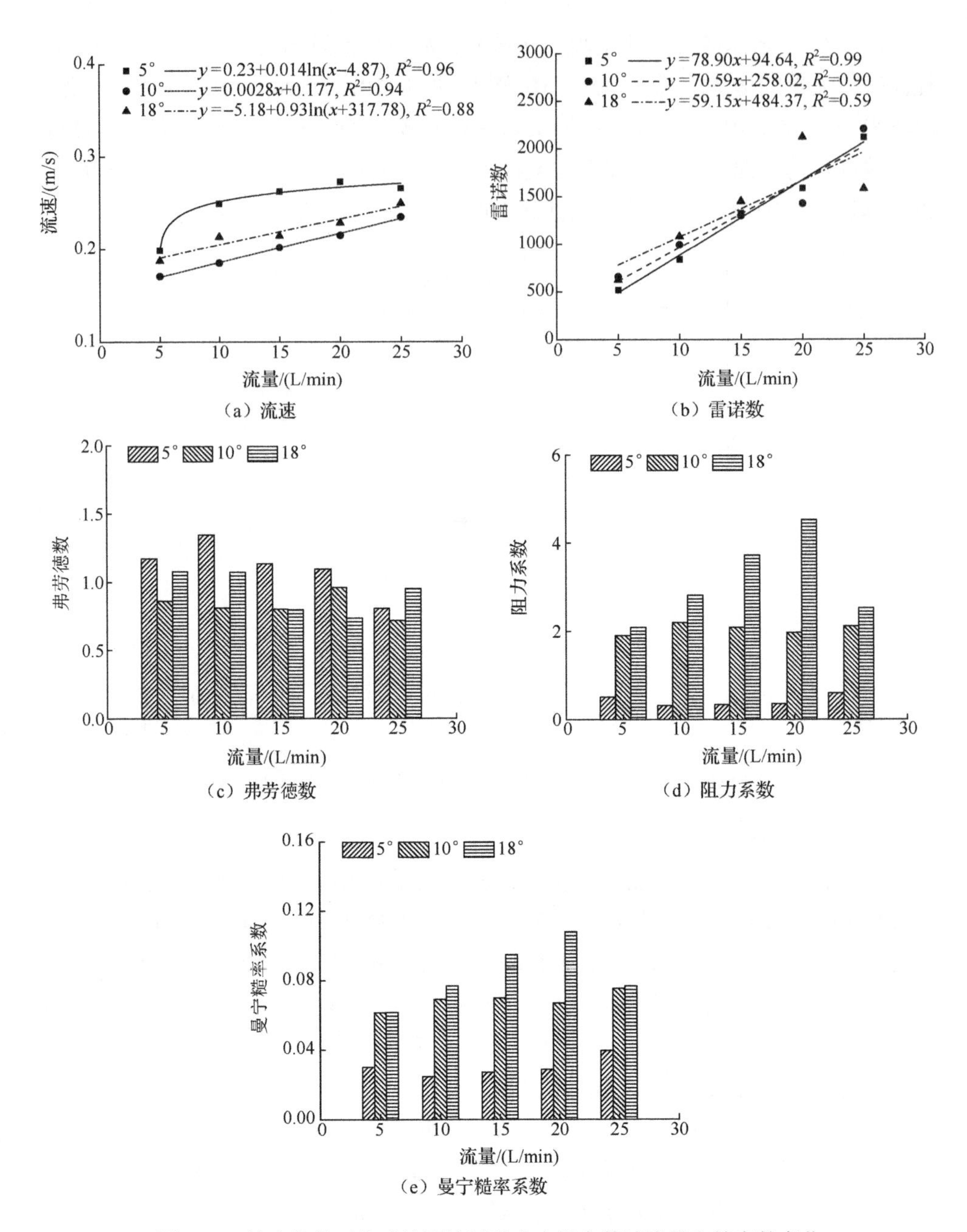

图 4-19　放水条件下扰动坡面次试验水力学参数随流量和坡度的变化

对于弗劳德数[图 4-19（c）]，5°坡面在 5～20L/min 流量条件下径流流态均属急流（弗劳德数＞1），18°坡面除 5L/min 和 10L/min 流量条件下弗劳德数数大于 1 外，其余均小于 1，属于缓流流态，10°坡面径流流态均属缓流范畴。5°和 18°坡面弗劳德数在流量 10L/min 时最大，分别为 1.34 和 1.07；5～20L/min 流量条件下 5°坡面径流流态最急，这与雷诺数随流量的变化一致。

对于阻力系数[图 4-19（d）]，整体上，相同流量条件下阻力系数随坡度的增大而增大。5°坡面阻力系数变化范围为 0.31～0.59。相同流量条件下，10°和 18°坡面阻力系数分别是 5°坡面的 3.55～6.98 倍和 4.24～12.72 倍。对于同一坡度，坡面阻力系数随流量呈波动变化趋势。

曼宁糙率系数[图 4-19（e）]随坡度的变化与阻力系数变化相似，即曼宁糙率系数随坡度增大而增大。5°坡面糙率系数变化为 0.025～0.040，相同条件下的 10°和 18°坡面曼宁糙率系数分别是 5°坡面的 1.90～2.81 倍和 1.94～3.76 倍。不同坡度条件下坡面曼宁糙率系数随流量的变化趋势不尽相同，5°坡在流量较小时，坡面曼宁糙率系数较大，主要是因为坡面径流较为分散，细沟发育程度低；当流量和坡度增大后，细沟逐渐发育，细沟沟头前进和沟壁的崩塌导致曼宁糙率系数增大。在 18°坡面 25L/min 流量时曼宁糙率系数又减小，主要是细沟发育很快稳定，沟内径流在相对稳定的沟道内流动，且径流较为集中，因此细沟的曼宁糙率系数相对较小。

3）水动力学参数

图 4-20 为放水条件下扰动坡面次试验水动力学参数随流量和坡度的变化。由图 4-20（a）可知，在流量一定时，径流剪切力随坡度的增大而增大，与 5°坡相比，10°和 18°坡径流剪切力分别是其 2.73～4.11 倍和 3.93～8.96 倍。对于同一坡度，径流剪切力随流量的增大也增大，回归分析表明，5°、10°、18°坡面径流剪切力与流量均呈显著的线性关系（R^2 为 0.70～0.99）。

对于径流功率[图 4-20（b）]，5°、10°和 18°坡面径流功率随流量的增大而增大，变化范围分别为 0.51～1.35W/m^2、1.18～3.65W/m^2 和 1.91～10.0W/m^2。回归分析表明，5°、10°和 18°坡面径流功率与流量呈显著的幂函数关系（R^2 为 0.84～0.97）。相同流量条件下，径流功率随坡度的增大而增大，与 5°相比，10°和 18°坡面径流功率分别是其 2.29～3.08 倍和 3.71～7.39 倍。

对于单位径流功率[图 4-20（c）]，5°坡面单位径流功率随流量整体上呈减小的趋势，但不同流量条件下单位径流功率差异较小，主要是细沟发育规模较小，坡面流速和水力坡度变化均较小所致。10°和 18°坡面单位径流功率均随流量的增大而增大，变化范围分别为 0.027～0.034m/s 和 0.055～0.069m/s，回归分析表明，5°坡面单位径流功率随流量增大呈减小趋势，10°和 18°坡面单位径流功率与流量均呈显著的线性函数关系（R^2 分别为 0.99 和 0.91）。对于同一流量，10°和 18°坡面单位径流功率分别是 5°坡的 1.57～2.50 倍和 1.98～2.11 倍。

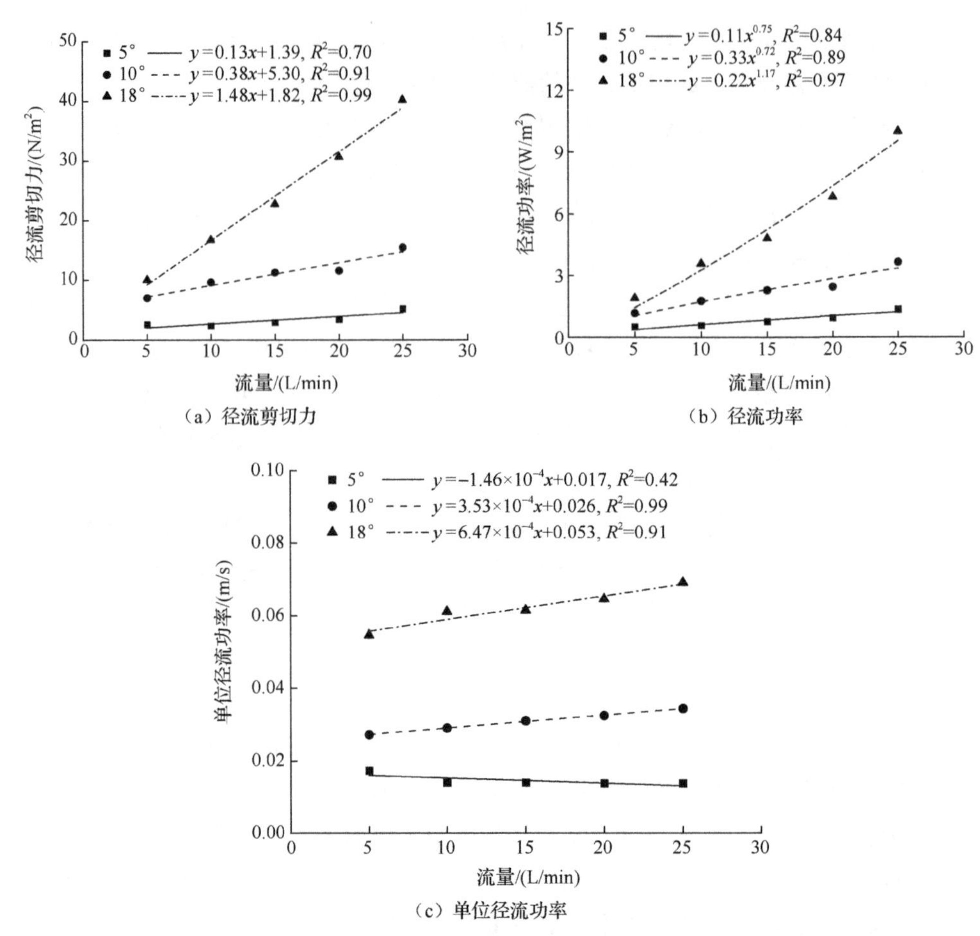

（a）径流剪切力　（b）径流功率

（c）单位径流功率

图 4-20　放水条件下扰动坡面次试验水动力学参数随流量和坡度的变化

4.1.3　土质道路径流特征

1. 模拟降雨试验

1）产流时间

表 4-1 为在不同降雨强度和坡度条件下，土质道路各次试验的产流时间。由表可知，同一坡度条件下，产流时间随着降雨强度的增大整体呈减小趋势，与 0.5mm/min 降雨强度条件下产流时间相比，各坡度其他降雨强度条件下土质道路产流时间分别减少 64.92%～89.23%、19.61%～93.79%、20.85%～94.79%和 48.64%～93.00%。相同降雨强度条件下产流时间随坡度变化不明显。回归分析表明，3°、6°和 12°坡产流时间均与降雨强度呈显著的对数函数关系（$y=a\ln x+b$，R^2 分别为 0.73、0.94、0.85），9°坡产流时间与降雨强度呈显著的指数函数关系[$y=14.21\exp(-1.45x)$，$R^2=0.80$]。

表 4-1　土质道路不同场次试验产流时间　　（单位：min）

坡度	降雨强度					
	0.5mm/min	1.0mm/min	1.5mm/min	2.0mm/min	2.5mm/min	3.0mm/min
3°	3.25	1.14	0.42	0.49	0.67	0.35
6°	3.06	2.46	1.08	0.45	0.19	0.30
9°	3.07	2.83	2.43	1.14	0.16	0.22
12°	2.57	1.24	1.32	0.48	0.82	0.18

2）径流率

图 4-21 为降雨条件下不同坡度土质道路径流率随时间的变化，土质道路径流率随降雨时间均呈先增大后稳定的趋势，稳定后波动的范围较小，达到相对稳定径流率的时间较短，一般在 3～6min。由于土质道路路面经过人为机械压实，土

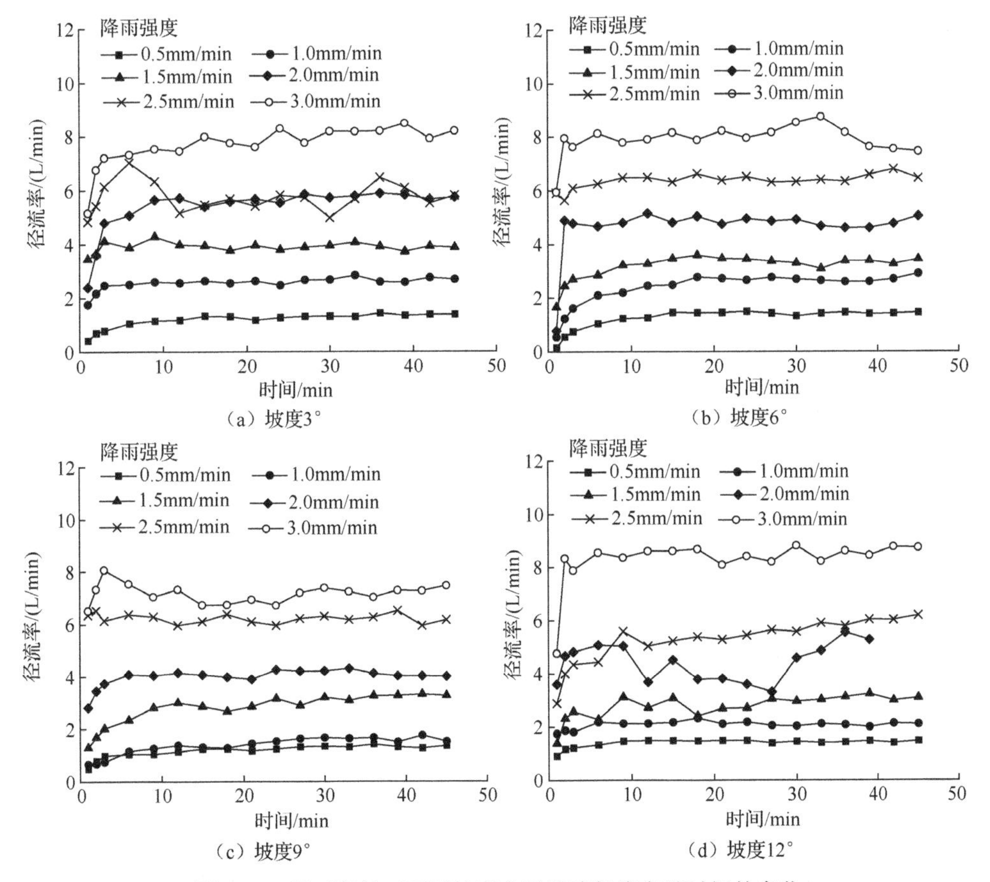

（a）坡度3°　（b）坡度6°　（c）坡度9°　（d）坡度12°

图 4-21　降雨条件下不同坡度土质道路径流率随时间的变化

壤容重较大，入渗率较小，降雨很容易形成地表径流。3°～12°坡径流率变异系数分别为 9.33%～22.97%、4.11%～30.33%、2.79%～25.30%和 6.73%～16.41%，其中 0.5～1.5mm/min 降雨强度的波动程度高于 2.0～3.0mm/min。由图 4-21 可知，不同降雨强度条件下径流率的时间变化过程线层次分明，过程线交叉重叠少，基本随着降雨强度的增大而增大，但随坡度的变化不明显。

图 4-22 为各坡度土质道路径流率与降雨强度的关系，由图可知，3°～12°土质道路径流率分别为 1.17～7.65L/min、1.12～7.88L/min、1.16～7.17L/min 和 1.18～8.24L/min。同一坡度土质道路径流率随降雨强度增大逐渐增大，二者呈极显著幂函数或指数函数关系（R^2 为 0.94～0.99，$P<0.01$）；降雨强度相同时，6°、9°和 12°土质道路径流率分别是 3°坡的 0.96～1.09 倍、0.94～1.16 倍和 1.01～1.10 倍，不同坡度土质道路径流率之间差异不明显。

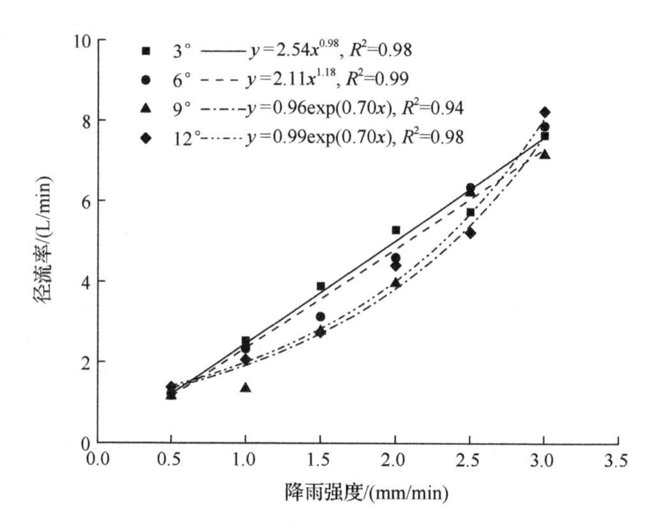

图 4-22 各坡度土质道路径流率与降雨强度的关系

由表 4-2 可知，土质道路径流率与坡度相关性不显著（$P>0.05$），但与降雨强度和降雨强度-坡度交互作用（$I\times\theta$）均极显著相关（$P<0.01$）。矿区土质道路是一种特殊的坡面类型，具有容重大，入渗率低，路面存在一定厚度浮土等特点（李建明等，2014；Cao et al., 2015，2011；史志华等，2009），相应的径流产沙特征具有一定的特殊性。相同降雨条件下，土质道路径流率高于郑海金等（2012）对南方黏土区土质道路研究结果，这是因为南方黏土农田道路容重小于矿区道路容重，入渗率相对较大；但相同降雨强度条件下，各坡度道路径流率差异不显著（$P>0.05$），这是因为坡度增加径流率的同时，也使径流剪切土壤的能力增强，路面更为破碎，滞流作用也增强，坡度的增大对路面径流率变化存在此消彼长的作用（和继军等，2014，2012；李君兰等，2011）。

表 4-2　径流产沙参数与降雨强度、坡度及其交互作用的相关系数

变量	径流率 /（L/min）	流速 /（m/s）	雷诺数	弗劳德数	阻力系数	曼宁糙率系数	径流剪切力 /（N/m^2）	径流功率 /（W/m^2）	单位径流功率 /（m/s）
I	0.99**	0.73**	0.82**	0.34	−0.09	−0.12	0.45*	0.59**	0.33
θ	0.03	0.22	0.48*	0.32	0.80**	0.36	0.78**	0.66**	0.89**
$I\times\theta$	0.72**	0.65**	0.95**	0.47*	0.22	0.34	0.83**	0.87**	0.85**

注：*表示显著性水平为 0.05；**表示显著性水平为 0.01；I 为降雨强度（mm/min）；θ 为坡度（°）；$I\times\theta$ 表示降雨强度和坡度的交互作用。下同。

3）水力学参数

各坡度土质道路径流水力学参数随降雨强度的变化如图 4-23 所示。径流流速[图 4-23（a）]为径流特性最基本的参数，流速随降雨强度的增大整体增大，以 0.5mm/min 降雨强度为比较基准，其他降雨强度 3°～12°坡道路径流流速分别较其增加 57.25%～138.49%、7.39%～74.65%、39.81%～115.98%、0.97%～59.36%。回归分析表明，3°～9°坡土质道路流速与降雨强度均呈显著递增的指数函数关系（R^2 为 0.56～0.95），12°坡流速与降雨强度呈显著的线性函数关系（R^2=0.35）。然而，相同降雨强度条件下流速随坡度的变化不明显，二者无显著的函数关系。相关分析表明，流速与降雨强度和坡度交互作用显著相关，但其相关程度低于降雨强度，这表明尽管坡度对流速影响不大，但其通过与降雨强度共同作用影响坡面流速。

由图 4-23（b）可知，0.5mm/min 降雨强度条件下 3°～9°坡及 1.0mm/min 降雨强度条件下 3°坡土质道路径流流态属层流范畴（雷诺数＜500），其余条件下均为紊流。随着降雨强度和坡度增大，路面径流流态转变为紊流，这是因为坡度增大了径流流速，降雨强度增强了径流的紊动性。整体上，雷诺数随坡度和降雨强度的增大而增大；不同坡度道路径流雷诺数与降雨强度之间均呈显著线性函数关系。降雨强度相同条件下，6°、9°和 12°坡径流雷诺数分别是 3°坡的 1.09～1.62 倍、1.39～2.08 倍和 1.65～2.54 倍。相关分析表明，雷诺数与降雨强度-坡度交互作用（$I\times\theta$）相关性最高，这也说明了降雨强度和坡度共同决定了径流流态变化。

由图 4-23（c）可知，除了 3°坡 0.5mm/min 降雨强度条件下坡面径流属于缓流外（弗劳德数<1），其余条件下均属于急流状态。不同降雨强度条件下，3°坡径流弗劳德数为 0.78～1.76，同降雨强度条件下 6°、9°和 12°坡径流弗劳德数是 3°坡的 0.81～1.93 倍、1.10～1.91 倍和 0.95～2.02 倍。弗劳德数随降雨强度和坡度的变化不明显。相关分析表明，弗劳德数与坡度和降雨强度的关系均不显著，但弗劳德数与二者交互作用呈显著正相关性关系。这表明，土质道路坡面径流流态是由降雨强度和坡度共同决定的。

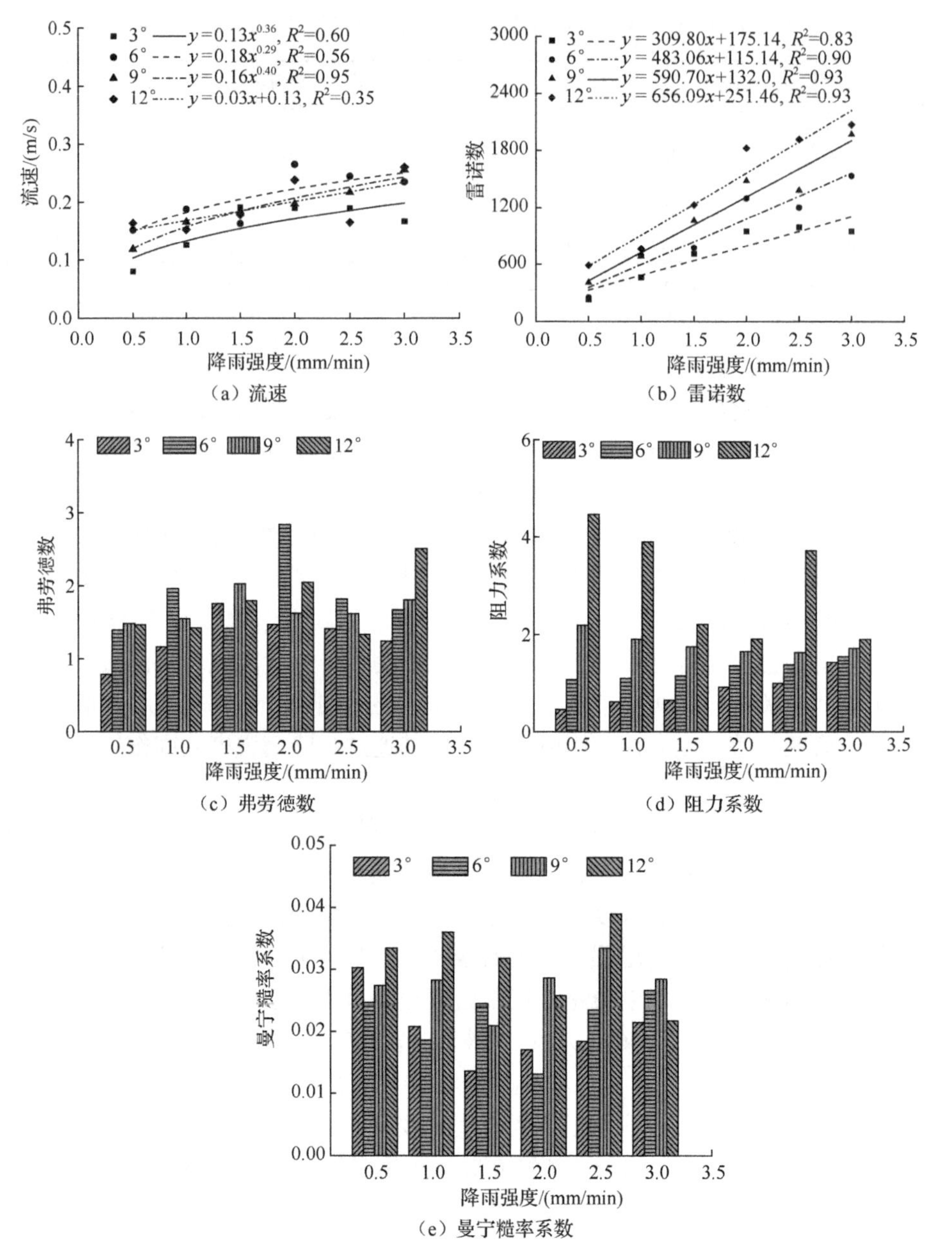

图 4-23　各坡度土质道路径流水力学参数随降雨强度的变化

由图 4-23（d）可知，不同降雨强度条件下 3°土质道路径流阻力系数为 0.45～1.42，同降雨强度条件下 6°、9°和 12°土质道路径流阻力系数是 3°坡的 1.09～2.37 倍、1.21～4.90 倍和 1.34～10.02 倍。对于同一降雨强度，道路径流阻力系数随坡度增大逐渐增大；对于同一坡度，3°和 6°土质道路阻力系数随降雨强度的增大而增大，9°和12°土质道路阻力系数整体上随降雨强度增大而减小。相关分析表明，阻力系数只与坡度显著相关（$P<0.05$）。降雨强度为0.5mm/min时，3°～9°土质道路径流流态尚属层流，随着降雨强度和坡度增大，坡度促进了流速增大，降雨强度增强了径流的紊动性，二者的相互作用使径流紊动性增强（田风霞等，2009），径流流态转变为紊流，同时也使坡面细沟更加发育，因此径流受到的阻力也相应地增大（Cao et al.，2011）。

由图4-23（e）可知，在不同降雨强度下，3～12°土质道路坡面曼宁糙率系数分别为0.014～0.030、0.013～0.027、0.021～0.033、0.022～0.039，整体上曼宁糙率系数随降雨强度增大先减小后增大，在1.5mm/min或2.0mm/min降雨强度时最小，相同降雨强度条件下，曼宁糙率系数随坡度变化也不明显；相关分析表明，曼宁糙率系数与降雨强度、坡度及二者交互作用无显著的相关性。

4）水动力学参数

（1）径流剪切力。图4-24为降雨条件下土质道路坡面径流剪切力与降雨强度和坡度的关系。对于径流剪切力，整体上各坡度坡面径流剪切力均随降雨强度的增大而增大，以0.5mm/min降雨强度为基准，3°～12°各坡面其他降雨强度条件下径流剪切力分别是其1.12～1.81倍、0.92～2.23倍、1.51～3.62倍、1.06～1.50倍；回归分析表明，3°、6°、9°坡面径流剪切力均与降雨强度呈显著的线性函数关系（$R^2\geqslant0.62$），12°坡面径流剪切力与降雨强度呈显著的幂函数关系（$R^2=0.56$）。各降雨强度条件下3°坡径流剪切力为0.56～1.01N/m^2，不同降雨强度下6°、9°和12°坡面径流剪切力分别是3°坡的1.82～4.76倍、1.90～4.49倍、2.32～4.77倍、1.34～3.84倍、2.70～4.20倍、2.80～3.94倍。回归分析表明，各降雨强度条件下径流剪切力均与坡度呈显著的线性关系（$R^2\geqslant0.62$）。

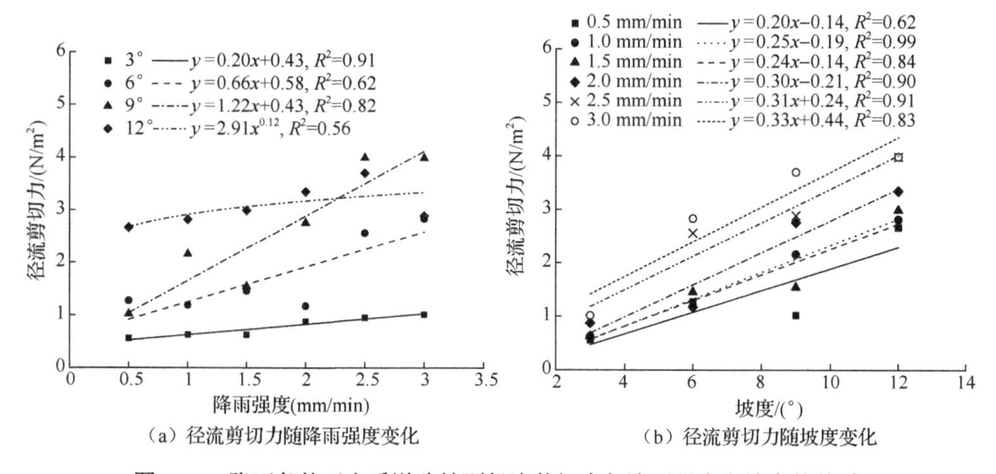

（a）径流剪切力随降雨强度变化　（b）径流剪切力随坡度变化

图4-24　降雨条件下土质道路坡面径流剪切力与降雨强度和坡度的关系

（2）径流功率。图 4-25 为降雨条件下土质道路坡面径流功率随降雨强度和坡度的变化。对于径流功率，整体上各坡度坡面径流功率均随降雨强度的增大而增大，以 0.5mm/min 降雨强度为基准，3°～12°各坡面其他降雨强度条件下径流功率分别是其 1.75～3.99 倍、1.16～3.19 倍、2.31～5.75 倍、0.96～2.22 倍。回归分析表明，3°坡面径流功率与降雨强度呈极显著的幂函数关系（R^2=0.88），6°和 12°坡面径流功率与降雨强度呈显著的指数函数关系（R^2 为 0.86、0.50），9°坡面径流功率与降雨强度呈显著线性函数关系（R^2=0.86）。各降雨强度条件下 3°坡径流功率为 0.045～0.180W/m^2，不同降雨强度下 6°、9°和 12°坡面径流功率分别是 3°坡的 2.77～9.85 倍、2.93～5.40 倍、2.04～4.38 倍、1.82～4.72 倍、3.41～4.68 倍、3.80～5.89 倍。回归分析表明，各降雨强度条件下径流功率均与坡度呈显著的线性关系（R^2≥0.59）。

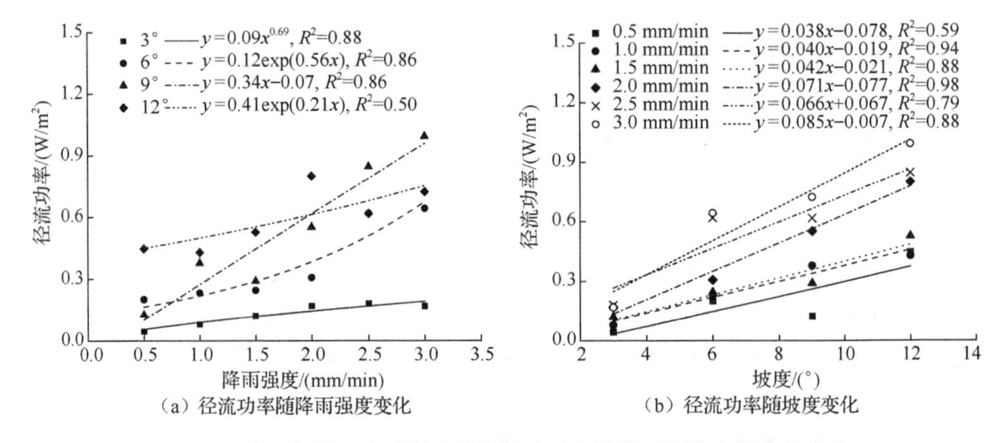

图 4-25　降雨条件下土质道路坡面径流功率随降雨强度和坡度的变化

（3）单位径流功率。图 4-26 为降雨条件下土质道路坡面单位径流功率随降雨强度和坡度的变化。对于单位径流功率，整体上各坡度坡面单位径流功率均随降雨强度的增大而增大，以 0.5mm/min 降雨强度为基准，3°～12°各坡面其他降雨强度条件下单位径功率分别是其 1.56～2.34 倍、1.07～1.73 倍、1.40～2.15 倍、0.93～1.59 倍。回归分析表明，3°、6°和 9°坡面单位径流功率与降雨强度均呈极显著的幂函数关系（R^2≥0.56），12°坡面单位径流功率与降雨强度呈显著线性函数关系（R^2=0.35）。各降雨强度条件下 3°坡单位径流功率为 0.0042～0.0098m/s，不同降雨强度下 6°、9°和 12°坡面单位径流功率分别是 3°坡的 3.79～8.14 倍、2.99～4.85 倍、1.74～3.80 倍、2.82～5.09 倍、2.61～3.53 倍、2.84～6.29 倍。回归分析表明，各降雨强度条件下单位径流功率均与坡度呈显著的线性关系（R^2≥0.78）。

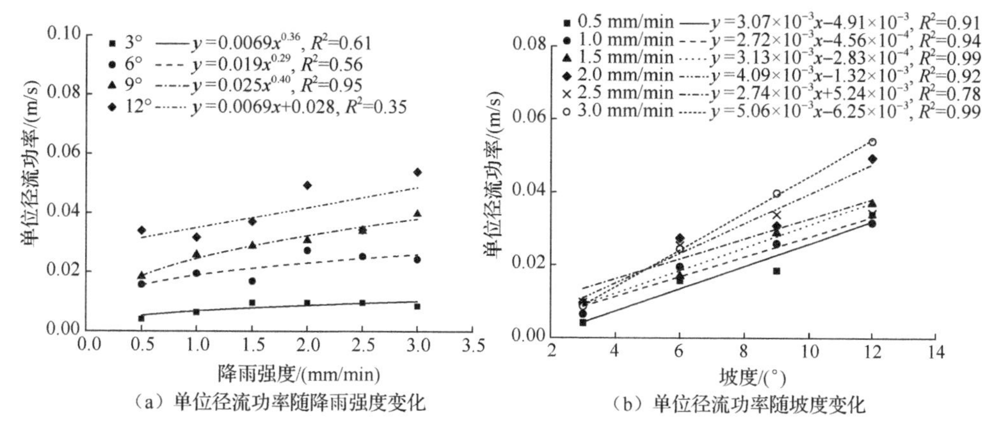

（a）单位径流功率随降雨强度变化　（b）单位径流功率随坡度变化

图 4-26　降雨条件下土质道路坡面单位径流功率随降雨强度和坡度的变化

2. 径流冲刷试验

1）径流率

根据试验资料，放水条件下土质道路坡面径流率随时间的变化见图 4-27。由图可知，在不同的流量条件下，4 种不同坡度的径流率都随时间呈先增大后趋于平稳的变化趋势，也就是说在冲刷初期（0～3min），径流率都比较小，且随时间而增大，约 3min 后，径流率的变化趋于平稳，基本维持在一个常数上下波动。由图 4-27 可知，坡度一定时，流量越大，径流率就越大。在整个冲刷过程中，径流率随冲刷时间的变化波动性不大，几乎呈一条直线均匀变化，较原生坡面和扰动坡面的径流率随时间的变化更为平稳。其原因是土质路面经机械压实等作用，路面平整光滑，土质的密实度大，且上下均较均匀，在放水冲刷过程中，土壤入渗缓慢且较均匀，径流率的变化也较一致。

3°坡土质道路各流量条件下坡面径流率为 2.66～23.72L/min，而相同放水条件下 7°、9°和 12°坡道路径流率分别是其 0.91～1.04 倍、0.95～1.15 倍、0.96～1.38 倍，相同放水条件下下各坡度坡面径流率变化较小。5L/min 流量条件下各坡度道路径流率为 2.66～3.66L/min，相同放水条件下时，10L/min、15L/min、20L/min、25L/min 流量条件下 4 个坡度道路径流率分别是 5L/min 流量条件下径流率的 2.85～8.92 倍、2.85～7.82 倍、2.68～7.36 倍、2.37～6.32 倍。表 4-3 为不同坡度条件下土质道路坡面径流率与流量的关系，由表可知，径流率与流量呈极显著线性关系。以上结果表明，径流率随流量的增大而增大的幅度远远大于坡度，这说明流量是影响径流率的主要因素。

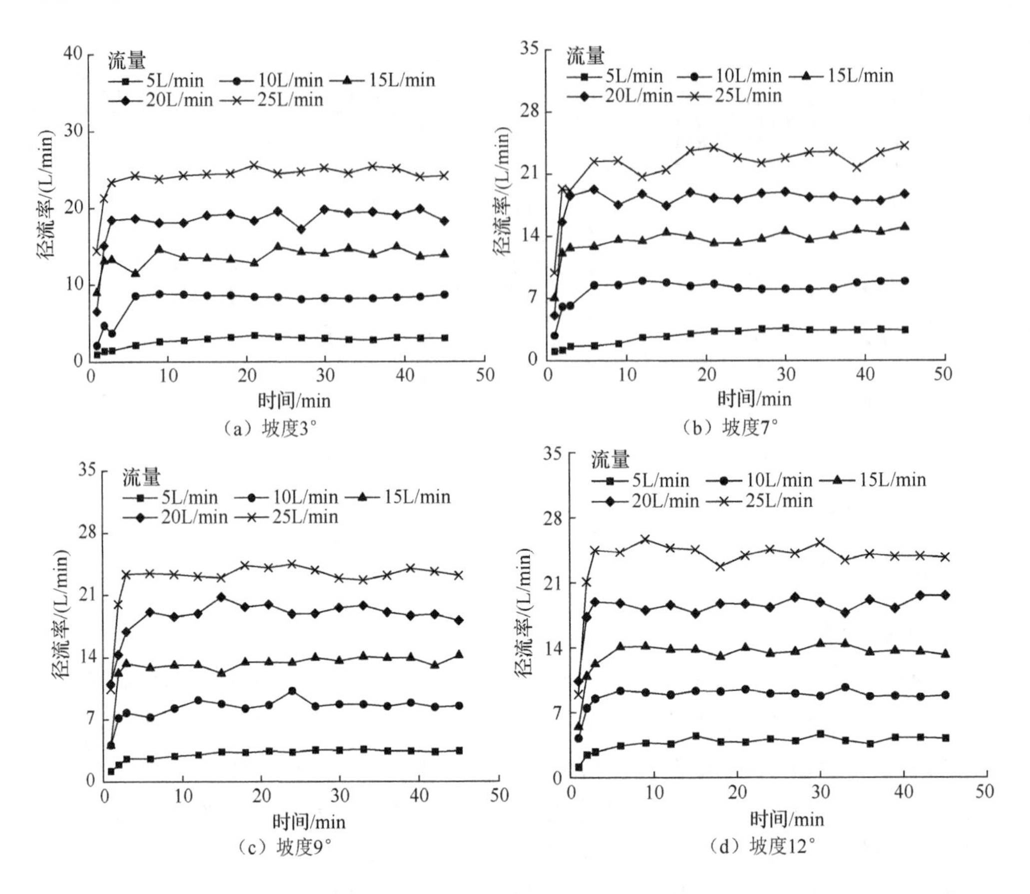

（a）坡度3°　（b）坡度7°　（c）坡度9°　（d）坡度12°

图 4-27　放水条件下土质道路坡面径流率随时间的变化

表 4-3　不同坡度条件下土质道路坡面径流率与流量的关系

坡度/（°）	拟合方程	R^2	P
3	$y=0.93x-1.47$	0.985	<0.01
7	$y=0.95x-1.57$	0.996	<0.01
9	$y=0.98x-1.73$	0.999	<0.01
12	$y=0.97x-1.21$	0.999	<0.01

2）水力学参数

（1）流速。表 4-4 为放水条件下土质道路坡面径流流速特征值的统计。由表可知，对于同一坡度，流速的最大值基本随着流量的增大而增大；4 个坡度流速最大值分别为 0.26～0.35m/s、0.33～0.40m/s、0.33～0.44m/s、0.34～0.45m/s，最小值分别为 0.21～0.27m/s、0.25～0.30m/s、0.20～0.29m/s、0.23～0.27m/s；比较发现，对于相同流量条件，不同坡度之间流速差异不明显。通过比较变异系数判断不同坡度和流量条件下流速在试验过程中的波动程度，由表 4-4 可知，流速的变异系数大多条件下在 10%上下变化，最大值为 15.46%，且不同坡度和流量之间差异均不明显。这说明，道路侵蚀过程中坡面流速的稳定性较高，主要是因为道路表层土壤容重大，侵蚀过程较其他下垫面更为稳定。3°坡各流量条件下道路平均流速为 0.23～0.31m/s，其他三个坡度分别是其 1.04～1.20 倍、0.98～1.14 倍、1.04～1.21 倍，各坡度之间平均流速变化较小。相同坡度条件下，10～25L/min 流量坡面平均流速分别是 5L/min 坡面平均流速的 1.11～1.33 倍、1.06～1.21 倍、1.07～1.37 倍、1.02～1.15 倍；放水条件下土质道路坡面流速与流量的关系回归分析结果如图 4-28 所示，3°和 7°土质道路坡面流速与流量均呈显著的幂函数关系（R^2 为 0.98 和 0.83），9°和 12°坡流速则与流量呈显著的线性关系（R^2 为 0.77 和 0.93）。

表 4-4　放水条件下土质道路坡面径流流速特征值统计

坡度/（°）	流量/（L/min）	最大值/（m/s）	最小值/（m/s）	平均值/（m/s）	标准差/（m/s）	变异系数/%
3	5	0.26	0.21	0.23	0.02	7.15
	10	0.29	0.22	0.26	0.02	7.83
	15	0.33	0.24	0.28	0.02	8.77
	20	0.35	0.24	0.30	0.03	11.71
	25	0.34	0.27	0.31	0.02	5.54
7	5	0.33	0.25	0.28	0.02	7.37
	10	0.37	0.26	0.30	0.03	10.23
	15	0.39	0.28	0.32	0.03	8.31
	20	0.40	0.30	0.34	0.03	8.15
	25	0.39	0.27	0.32	0.03	10.64
9	5	0.33	0.20	0.25	0.04	15.46
	10	0.35	0.21	0.27	0.04	14.89
	15	0.33	0.24	0.28	0.03	11.28
	20	0.44	0.27	0.34	0.05	14.64
	25	0.44	0.29	0.33	0.04	12.11
12	5	0.36	0.24	0.28	0.03	10.26
	10	0.34	0.23	0.28	0.03	10.56
	15	0.39	0.24	0.30	0.04	11.82
	20	0.37	0.27	0.32	0.03	9.03
	25	0.45	0.27	0.32	0.05	14.97

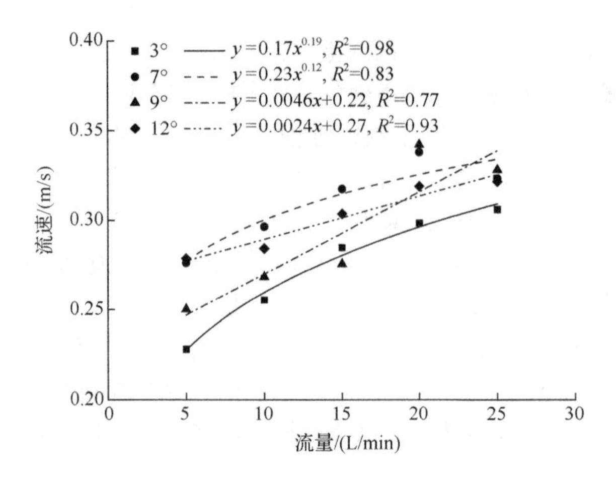

图 4-28　放水条件下土质道路坡面流速与流量的关系

（2）雷诺数。表 4-5 为不同坡度和流量条件下土质道路径流水力学参数的统计。对于雷诺数，5L/min 流量时，雷诺数均小于 500，属于层流范畴，其余条件下均属紊流。对于同一流量条件（除 10L/min 和 25L/min 外），9°坡径流雷诺数均小于其他坡度，但不同坡度之间雷诺数差别较小；对于同一坡度的土质道路，坡面径流雷诺数随流量的增大而增大，3°～12°坡面 10～25L/min 条件下雷诺数分别是 5L/min 时的 1.47～3.77 倍、2.10～4.13 倍、1.95～4.33 倍、1.91～3.95 倍。放水条件下，土质道路坡面雷诺数与流量的回归分析结果如图 4-29（a）所示，3°坡雷诺数与流量呈极显著线性关系（R^2=0.99），其余坡雷诺数则与流量呈显著的幂函数关系（R^2 为 0.94～0.96）。

表 4-5　不同坡度和流量条件下土质道路径流水力学参数统计

指标	流量/（L/min）	坡度			
		3°	7°	9°	12°
雷诺数	5	417.59	328.45	324.20	419.50
	10	614.51	689.52	633.32	798.47
	15	1014.62	906.35	903.22	1240.41
	20	1244.97	1353.05	984.78	1317.64
	25	1571.25	1354.30	1403.41	1653.97
弗劳德数	5	1.93	3.01	2.57	2.67
	10	1.83	2.06	1.99	1.89
	15	1.48	1.96	1.72	1.55
	20	1.57	1.88	2.09	1.70
	25	1.35	1.77	1.70	1.64

续表

指标	流量/（L/min）	坡度			
		3°	7°	9°	12°
阻力系数	5	0.15	0.17	0.41	0.38
	10	0.16	0.31	0.43	0.68
	15	0.21	0.31	0.59	0.91
	20	0.20	0.40	0.61	0.85
	25	0.26	0.46	0.68	1.12
曼宁糙率系数	5	0.015	0.015	0.023	0.023
	10	0.016	0.023	0.031	0.034
	15	0.021	0.023	0.036	0.043
	20	0.020	0.028	0.028	0.041
	25	0.024	0.030	0.035	0.049

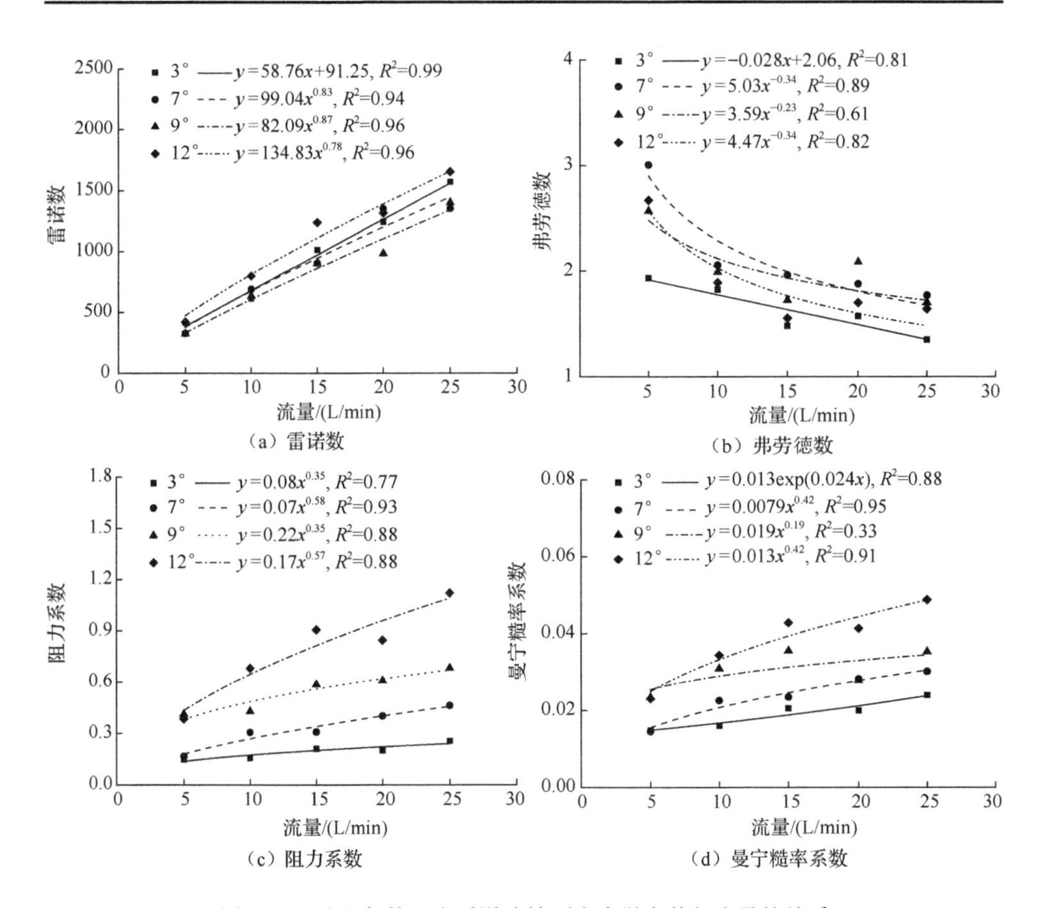

图 4-29　放水条件下土质道路坡面水力学参数与流量的关系

（3）弗劳德数。各流量和坡度条件下弗劳德数均大于 1，说明土质道路坡面径流流态均属急流范畴。对于同一流量条件，除 20L/min 外，其余流量条件下 7°坡径流弗劳德数均大于其他坡度。弗劳德数随坡度的增大，无明显的单调变化，但与 3°坡相比，7°～12°坡弗劳德数较之分别增大 1.13～1.56 倍、1.09～1.33 倍、1.03～1.38 倍。对于同一坡度，坡面径流弗劳德数随流量增大基本呈逐渐减小趋势，与 5L/min 流量相比，10～25L/min 流量条件下坡面径流弗劳德数减小 5.58%～29.92%、31.37%～41.02%、18.72%～33.82%、29.22%～41.81%。放水条件下土质道路坡面弗劳德数与流量的回归分析结果如图 4-29（b）所示，3°坡弗劳德数与流量呈显著的线性关系（R^2=0.81），其余坡度条件下弗劳德数与流量呈显著的幂函数关系（R^2 为 0.61～0.89）。

（4）阻力系数。由表 4-5 可知，当坡度相同时，土质道路坡面径流阻力系数整体随流量增大而增大，5L/min 流量条件下坡面径流阻力系数为 0.15～0.41，3°～12°坡 10～25L/min 流量条件下土质道路径流阻力系数较 5L/min 分别增大 0.05～0.41 倍、0.80～1.72 倍、0.05～0.67 倍、0.79～1.95 倍。放水条件下土质道路坡面阻力系数与流量的回归分析结果如图 4-29（c）所示，4 个坡度条件下道路径流阻力系数均与流量呈显著递增的幂函数关系（R^2 为 0.77～0.93）。各流量条件下，3°坡土质道路径流阻力系数为 0.15～0.26，7°、9°和 12°坡道路径流阻力系数分别是其 1.11～2.01 倍、2.14～3.66 倍、2.56～4.32 倍，分析表明，10L/min 流量条件下阻力系数与坡度呈显著的幂函数关系（R^2=0.95），其余流量条件下均呈显著的指数函数关系（R^2 为 0.73～0.99）。多元回归分析表明，阻力系数与流量和坡度呈显著线性关系（R^2=0.90，P<0.05）。

（5）曼宁糙率系数。由表 4-5 可知，当坡度相同时，土质道路坡面曼宁糙率系数随流量增大基本呈增大趋势，5L/min 流量条件下坡面曼宁糙率系数为 0.015～0.023，3°～12°坡 10～25L/min 流量条件下土质道路曼宁糙率系数较 5L/min 分别增大 0.07～0.60 倍、0.51～1.01 倍、0.35～0.55 倍、0.50～1.12 倍，放水条件下土质道路坡面阻力系数与流量的回归分析结果如图 4-29（d）所示，3°坡度条件下道路曼宁糙率系数与流量呈显著递增的指数函数关系（R^2=0.88），7°和 12°坡度条件下曼宁糙率系数与流量呈显著的幂函数关系（R^2 为 0.95 和 0.91），而 9°坡曼宁糙率系数与流量函数关系不显著。各流量条件下 3°坡道路坡面曼宁糙率系数为 0.015～0.024，7°、9°和 12°坡道路曼宁糙率系数分别是其 0.97～1.41 倍、1.39～1.93 倍、1.54～2.15 倍，分析表明，5L/min 和 10L/min 流量条件下曼宁糙率系数与坡度呈显著的线性函数关系（R^2 为 0.67 和 0.96），其余流量条件下均呈显著的指数函数关系（R^2 为 0.90～0.97）。多元回归分析表明，曼宁糙率系数与流量和坡度呈显著线性关系（R^2=0.92，P<0.05）。

3）水动力学参数

（1）径流剪切力。图 4-30 为放水条件下土质道路径流剪切力随流量和坡度的变化。由图可知，当坡度相同时，土质道路坡面径流剪切力随流量增大整体增大，5L/min 流量条件下坡面径流剪切力为 0.96～3.55N/m^2，3°～12°坡 10～25L/min 流量条件下径流剪切力较 5L/min 分别增大 1.34～2.34 倍、2.13～3.79 倍、1.71～2.92 倍、1.87～3.78 倍，回归分析结果如图 4-30（a）所示，3°坡度条件下土质道路径流剪切力与流量呈显著递增的线性函数关系（R^2=0.94），其他坡度条件下径流剪切力与流量均呈显著的幂函数关系（R^2 为 0.88～0.96）。各流量条件下，3°坡土质道路坡面径流剪切力为 0.96～3.11N/m^2，7°、9°和 12°坡道路径流剪切力分别是其 1.57～2.49 倍、2.51～3.60 倍、3.70～5.14 倍，回归分析表明[图 4-30（b）]，各流量条件下径流剪切力与坡度呈显著的幂函数关系（R^2 为 0.89～0.99）。多元回归分析表明，径流剪切力与流量和坡度呈显著幂函数关系（R^2=0.96，P<0.05）。

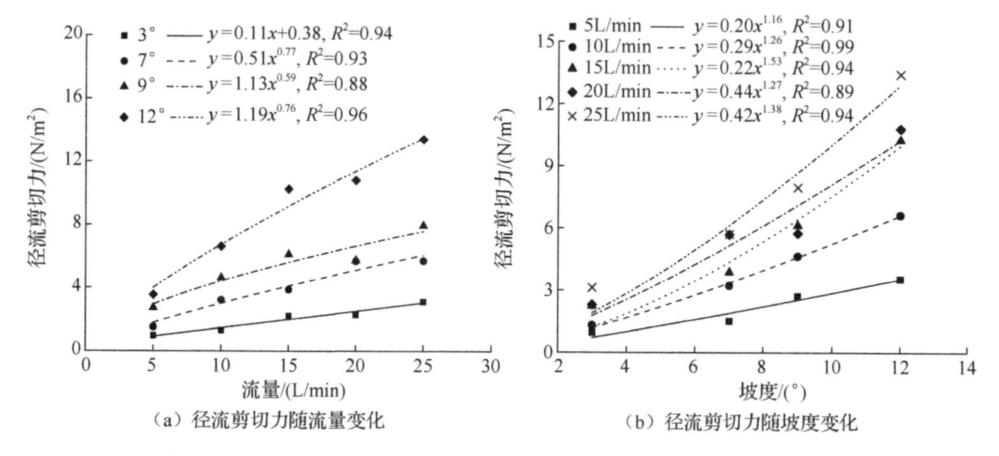

（a）径流剪切力随流量变化　（b）径流剪切力随坡度变化

图 4-30　放水条件下土质道路坡面径流剪切力随流量和坡度的关系

（2）径流功率。图 4-31 为放水条件下土质道路径流功率随流量和坡度的变化。由图 4-31（a）可知，当坡度相同时，土质道路坡面径流功率随流量增大而增大，5L/min 流量条件下坡面径流功率为 0.22～0.96W/m^2，3°～12°坡 10～25L/min 流量条件下径流功率较 5L/min 分别增大 1.51～4.36 倍、2.27～4.61 倍、1.85～3.99 倍、1.93～4.27 倍。回归分析结果如图 4-31（a）所示，3°坡度条件下道路径流功率与流量呈显著递增的线性函数关系（R^2=0.95），其他坡度条件下径流功率与流量均呈显著的幂函数关系（R^2 为 0.90～0.98）。各流量条件下，3°坡道路坡面径流功率为 0.22～0.96W/m^2，7°、9°和 12°坡道路径流功率分别是其 1.84～2.81 倍、2.50～3.52 倍、4.23～5.56 倍，回归分析表明[图 4-31（b）]，各流量条件下径流功率与坡度呈显著的幂函数关系（R^2 为 0.90～0.99）。多元回归分析表明，径流功率与流量和坡度呈显著幂函数关系（R^2=0.97，P<0.05）。

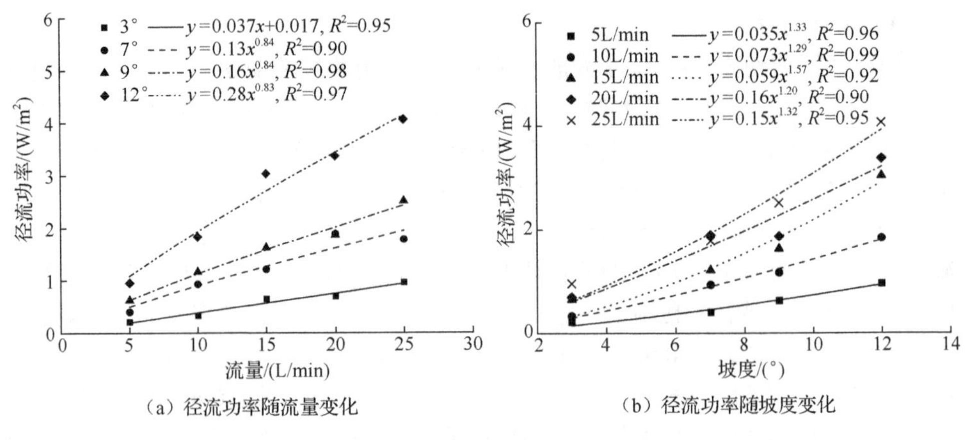

（a）径流功率随流量变化　（b）径流功率随坡度变化

图 4-31　放水条件下土质道路径流功率随流量和坡度的变化

（3）单位径流功率。图 4-32 为放水条件下土质道路单位径流功率随流量和坡度的变化。由图 4-32（a）可知，当坡度相同时，土质道路坡面单位径流功率随流量增大整体增大，5L/min 流量条件下坡面单位径流功率为 0.012～0.041m/s，3°～12°坡 10～25L/min 流量条件下径流功率较 5L/min 分别增大 1.11～1.32 倍、1.06～1.21 倍、1.07～1.37 倍、1.41～1.63 倍。回归分析结果如图 4-32（a）所示，各坡度条件下道路单位径流功率与流量呈显著递增的幂函数关系（R^2 为 0.72～0.98）。各流量条件下 3°坡道路坡面单位径流功率为 0.012～0.016m/s，7°、9°和 12°坡道路单位径流功率分别是其 2.45～2.80 倍、2.87～3.55 倍、3.45～4.45 倍，回归分析表明[图 4-32（b）]，各流量条件下单位径流功率与坡度呈显著的幂函数关系（R^2 为 0.86～0.99）。多元回归分析表明，单位径流功率与流量和坡度呈显著幂函数关系（$R^2=0.90$，$P<0.05$）。

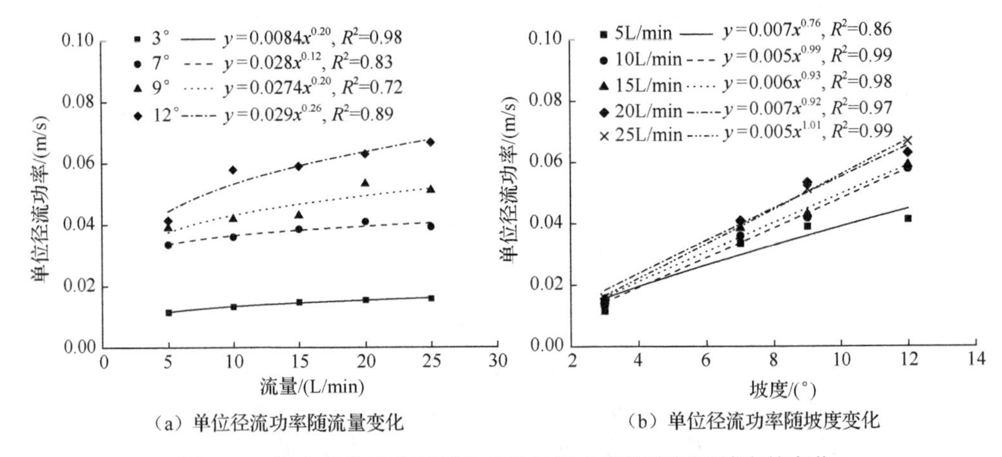

（a）单位径流功率随流量变化　（b）单位径流功率随坡度变化

图 4-32　放水条件下土质道路单位径流功率随流量和坡度的变化

4.1.4　弃土体径流特征

1. 模拟降雨试验

1）产流时间

图 4-33 为 35°和 40°弃土体坡面产流时间随降雨强度和坡度的变化。对于 35°坡面，随着降雨强度由 1.0mm/min 增大至 3.0mm/min，产流时间逐渐由 44.38min 缩减至 1.63min；对于 40°坡面，随着降雨强度由 1.0mm/min 增大至 3.0mm/min，产流时间逐渐由 34.16min 缩减至 3.06min。1.0mm/min、1.5mm/min、2.0mm/min 降雨强度条件下，40°坡产流时间较 35°坡面分别减少 23.03%、8.19%、10.21%；2.5mm/min 和 3.0mm/min 降雨强度条件下，40°坡产流时间较 35°坡面则分别增加 71.37%和 87.73%。回归分析表明，两坡度弃土体产流时间均与降雨强度呈显著的对数函数关系（R^2=0.97，$P<0.05$）。

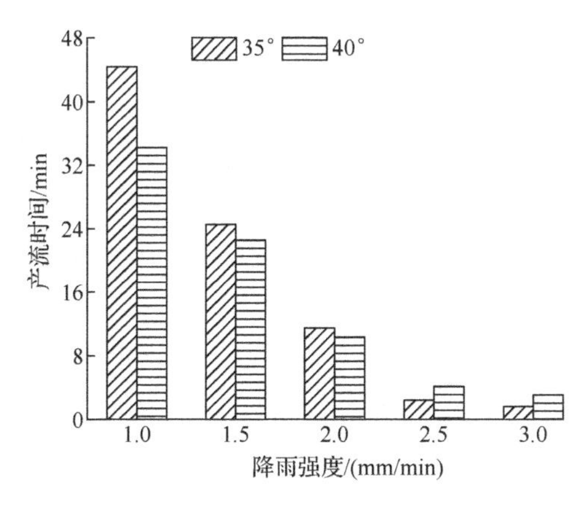

图 4-33　35°和 40°弃土体坡面产流时间随降雨强度和坡度的变化

2）径流率

图 4-34 为不同降雨强度条件下弃土体坡面径流率随时间的变化。整体上，从变化过程来看，径流率随降雨历时呈现突增—下降—稳定的过程。突增是由于产流开始时坡面细小颗粒被冲刷后堵塞表面小孔隙，短时间内入渗减小；下降是由于细颗粒被搬运后结构松散的下垫面入渗能力增大；稳定是由于径流挟沙能力已完成了对所能搬运颗粒的侵蚀过程，径流在坡面形成稳定的流动路径。从过程的波动程度来看，随着降雨强度的增大，35°和 40°弃土体坡面径流率随时间变化的变异系数分别为 9.56%、20.63%、6.26%、17.09%、17.29%和 30.34%、30.92%、18.91%、15.29%、11.66%。从降雨强度角度分析，在相同的坡度条件下，径流率随着降雨强度的增大明显增大。降雨过程中，有时径流率突然增大之后又突然减

小，如 3.0mm/min 降雨强度时，由于坡度较大，径流泥沙沿坡面向下流动过程中，可能在局部产生淤积，而后突然下滑，形似小型泥石流，此时的径流率明显增大，之后迅速减小。

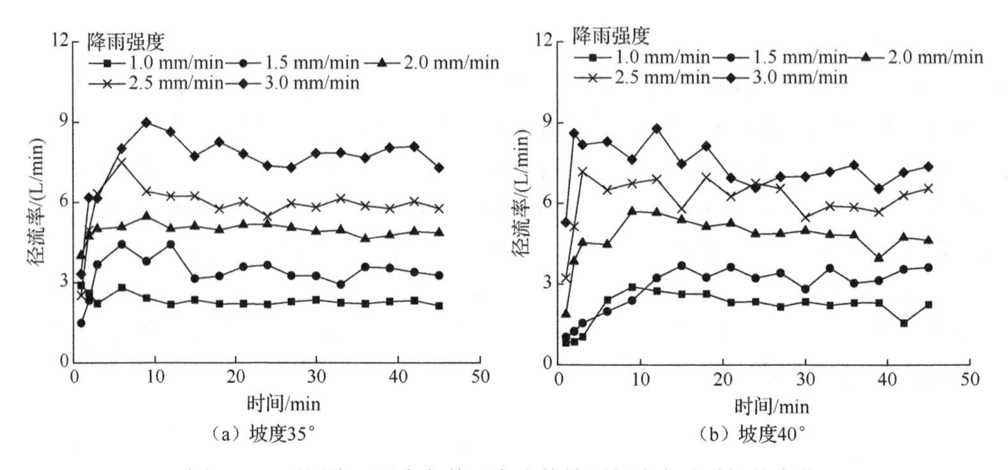

图 4-34　不同降雨强度条件下弃土体坡面径流率随时间的变化

图 4-35 为次降雨弃土体坡面径流率随降雨强度和坡度的变化。对于 35°坡面，随着降雨强度由 1.0mm/min 增大至 3.0mm/min，径流率逐渐由 2.34L/min 增加至 7.44L/min；随着降雨强度由 1.0mm/min 增大至 3.0mm/min，40°坡面径流率逐渐由 2.11L/min 增加至 7.39 L/min。1.0mm/min、1.5mm/min、2.0mm/min 和 3.0mm/min 降雨强度条件下，40°坡径流率较 35°坡面分别减少 9.66%、14.79%、4.90%和 0.61%，2.5mm/min 降雨强度条件下，40°坡产流时间较 35°坡面增加 5.19%。两坡度弃土体径流率均与降雨强度呈显著的线性函数关系（R^2=0.99，P<0.05）。

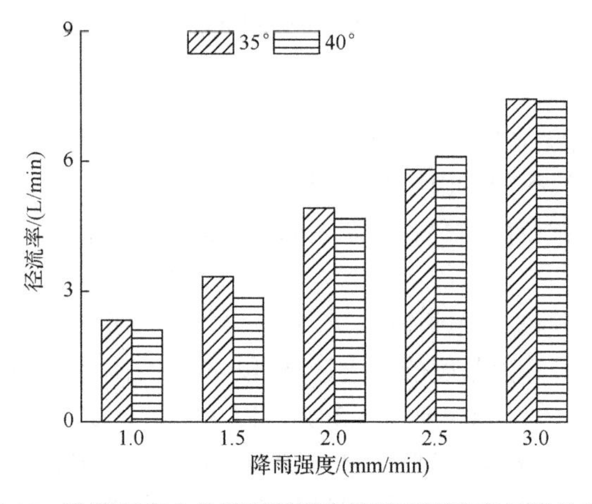

图 4-35　次降雨弃土体坡面径流率随降雨强度和坡度的变化

3）水力学参数

（1）流速。图 4-36 为不同降雨强度条件下 35°和 40°弃土体坡面径流流速随时间的变化。整体上，从变化过程来看，流速变化特征如下：随降雨历时呈现突增—下降—稳定过程。突增主要发生在产流后 6min 内，主要是坡面入渗率减小，坡面径流不断增大导致径流速度增大，此时流速可达最大值，35°和 40°弃土体不同降雨强度坡面流速最大值分别为 0.24m/s、0.19m/s、0.21m/s、0.20m/s、0.31m/s 和 0.28m/s、0.36m/s、0.30m/s、0.31m/s、0.32m/s。对于同一降雨强度而言，40°坡面最大流速均高于 35°坡面最大流速。下降—稳定是由于径流完成了对所能搬运颗粒的侵蚀过程。从波动程度来看，随着降雨强度的增大，35°和 40°弃土体坡面径流流速随时间变化的变异系数分别为 39.56%、21.48%、17.56%、16.52%、28.58% 和 23.99%、31.72%、28.97%、41.57%、39.09%，除 1.0mm/min 降雨强度外，40°坡面流速波动程度均较 35°坡面流速波动程度高。从降雨强度角度分析，在相同的坡度条件下，径流流速随着降雨强度的增大变化不明显。降雨过程中，有的径流流速突然增大而后突然减小，如 40°坡面 1.5mm/min 降雨强度时，径流泥沙沿坡面向下流动过程中，可能在局部产生淤积，含水量达到一定程度后发生坡面局部泥流，此时的径流流速明显增大，泥流发生后径流迅速减小。

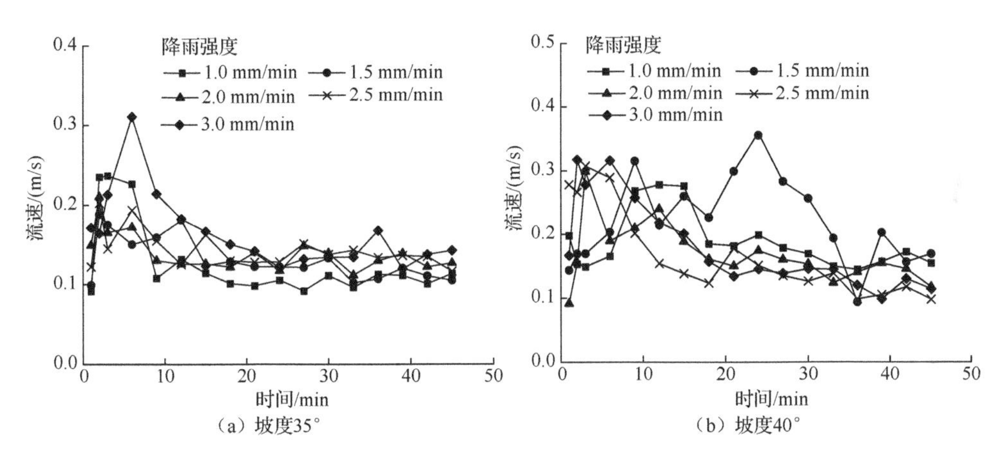

（a）坡度35°　（b）坡度40°

图 4-36　不同降雨强度条件下 35°和 40°弃土体坡面径流流速随时间的变化

图 4-37 为次降雨弃土体坡面径流流速随降雨强度的变化。随着降雨强度由 1.0mm/min 增大至 3.0mm/min，35°坡面径流流速由 0.13m/s 增加至 0.16m/s；对于 40°坡面，随着降雨强度由 1.0mm/min 增大至 3.0mm/min，径流流速呈现波动式变化，分别约为 0.19m/s、0.22m/s、0.17m/s、0.17m/s 和 0.18m/s。降雨强度为 1.0mm/min、1.5mm/min、2.0mm/min、2.5mm/min 和 3.0mm/min 时，40°坡径流流速较 35°坡面分别增加 45.52%、65.41%、20.38%、19.09%和 10.13%。

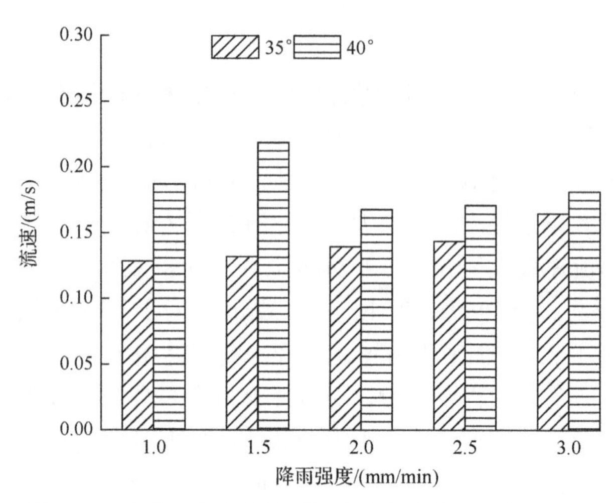

图 4-37　次降雨弃土体坡面径流流速随降雨强度的变化

（2）雷诺数。径流雷诺数是判断坡面径流形式的参数，对于明渠均匀流来说，雷诺数＜500 为层流，雷诺数＞500 为紊流。图 4-38 为不同降雨强度条件下 35°和 40°弃土体坡面径流雷诺数随时间的变化。整体上，从变化过程来看，雷诺数变化特征如下：随降雨历时呈现突增—波动—稳定的过程。突增主要发生在产流前期（0～15min），通常突增至试验最大雷诺数，主要是因为坡面产流后入渗率急剧减小，坡面径流率和速度不断增大，35°和 40°弃土体坡面不同降雨强度下的雷诺数最大值分别为 823、810、880、860、2175 和 514、1917、1453、1755、2491；对于同一降雨强度而言，40°坡面最大雷诺数大多高于 35°。波动—稳定是由于产流后径流不断对下垫面物质进行侵蚀和搬运，径流路径上的粗糙度也随之变化，从而影响流速的变化，呈现波动状态。随后下垫面入渗稳定，径流强度和流动路径均趋于稳定，雷诺数也逐渐稳定。但对于 3.0mm/min 降雨强度试验，雷诺数在试验时段内始终呈现起伏不定的状态，主要是因为降雨强度较大，坡面径流的紊动性较强，持续侵蚀坡面。从波动程度来看，随着降雨强度的增大，35°和 40°弃土体坡面径流雷诺数随时间变化的变异系数分别为 42.90%、25.99%、22.00%、22.58%、37.02%和 17.02%、53.49%、36.89%、27.75%、33.17%，除 1.0mm/min 和 3.0mm/min 降雨强度外，40°坡面雷诺数波动程度均较 35°坡面雷诺数波动程度高。

相同的坡度条件下，雷诺数随着降雨强度的增大整体呈增大趋势。图 4-39 为次降雨弃土体坡面径流雷诺数随降雨强度的变化。随着降雨强度由 1.0mm/min 增大至 3.0mm/min，35°坡面径流雷诺数由 438 增加至 1375；对于 40°坡面，随着降雨强度由 1.0mm/min 增大至 3.0mm/min，径流雷诺数逐渐由 410 增加至 1575。降雨强度为 1.5mm/min、2.0mm/min、2.5mm/min 和 3.0mm/min 时，40°坡径流雷诺数较 35°坡面分别增加 92.07%、42.43%、72.78%和 14.53%，降雨强度为 1.0 mm/min

时，40°坡径流雷诺数较 35°坡面减小 6.46%。回归分析表明，两坡度弃土体雷诺数均与降雨强度呈显著的指数函数关系（R^2 分别为 0.89 和 0.81，$P<0.05$）。

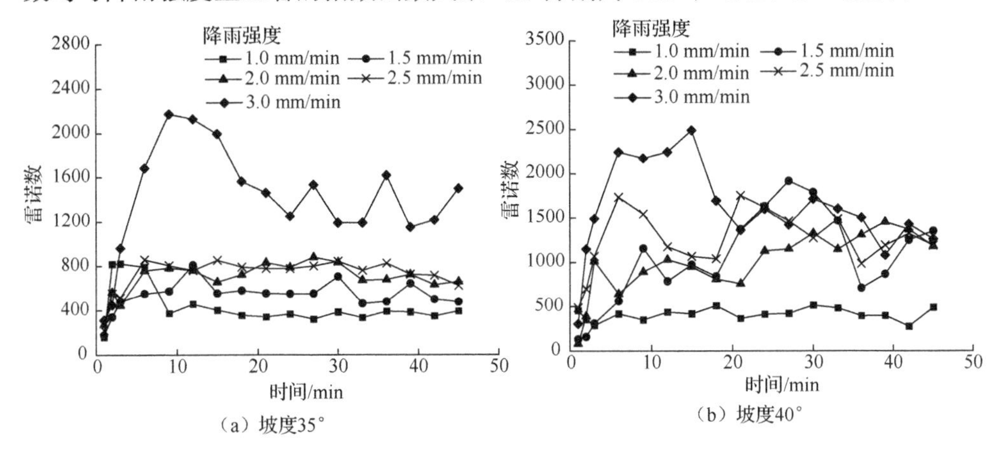

图 4-38　不同降雨强度条件下 35°和 40°弃土体坡面径流雷诺数随时间的变化

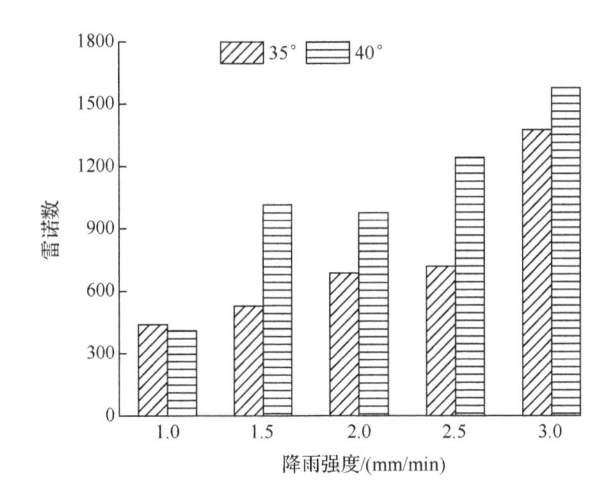

图 4-39　次降雨弃土体坡面径流雷诺数随降雨强度的变化

（3）弗劳德数。弗劳德数是判断坡面径流流态的参数，按明渠均匀流判断，弗劳德数<1 为缓流，弗劳德数>1 为急流。图 4-40 为不同降雨强度条件下 35°和 40°弃土体坡面径流弗劳德数随时间的变化。整体上，两个坡度弃土体坡面径流弗劳德数均随降雨历时呈现突增—下降—稳定的过程，其中 40°坡面 1.0mm/min 和 1.5mm/min 降雨强度条件下突增后呈现波动式变化过程。突增主要发生在产流前期（0～6min），通常突增至本次试验最大弗劳德数，35°和 40°弃土体坡面弗劳德数最大值分别为 1.24、1.39、1.25、1.20、1.31 和 2.25、1.74、1.55、2.03、1.62，同一降雨强度条件下，40°坡面弗劳德数最大值较 35°坡面分别高 81.45%、25.18%、

24.00%、69.16%和 23.66%。下降—稳定的过程中，随着径流不断对下垫面物质进行侵蚀和搬运，径流路径逐渐趋于稳定，因此径流的流态也逐渐稳定下来，弗劳德数在试验中后期稳定，但对于 1.0mm/min 和 1.5mm/min 降雨强度试验，弗劳德数在试验时段内始终呈现起伏不定的状态，主要是因为降雨强度小，坡面径流路径达到稳定所需时间长。随着降雨强度的增大，35°和 40°弃土体坡面径流弗劳德数随时间变化的变异系数分别为 38.21%、35.49%、37.03%、29.30%、50.25%和 38.17%、36.24%、43.38%、77.74%、60.87%，与雷诺数相同的是 40°坡面弗劳德数波动程度大多比 35°坡面弗劳德数波动程度高。

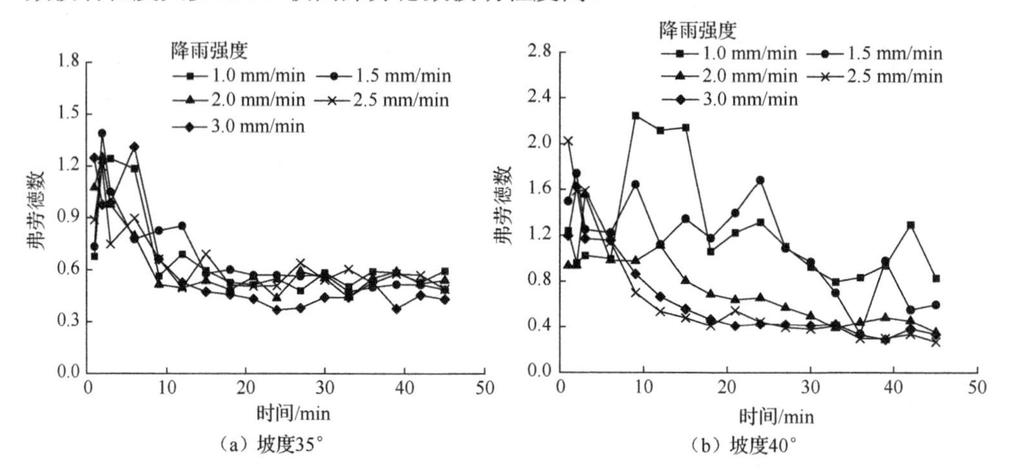

图 4-40　不同降雨强度条件下 35°和 40°弃土体坡面径流弗劳德数随时间的变化

相同的坡度条件下，弗劳德数随着降雨强度的增大逐渐下降。图 4-41 为次降雨弃土体坡面径流弗劳德数随降雨强度的变化。随着降雨强度由 1.0mm/min 增大至 3.0mm/min，35°坡面径流弗劳德数逐渐由 0.69 减小至 0.62；对于 40°坡面，随着降雨强度由 1.0mm/min 增大至 3.0mm/min，弗劳德数由 1.24 逐渐减小至 0.65。降雨强度为 1.0mm/min、1.5mm/min、2.0mm/min、2.5mm/min 和 3.0mm/min 时，40°坡径流弗劳德数较 35°坡面分别增加 80.68%、66.62%、14.11%、7.12%、5.99%。两坡度弃土体弗劳德数与降雨强度分别呈显著的线性和幂函数关系（R^2 分别为 0.86 和 0.90，$P<0.05$）。

（4）阻力系数。阻力系数是表征坡面径流流动过程中受到阻力程度的参数。图 4-42 为不同降雨强度条件下 35°和 40°弃土体坡面径流阻力系数随时间的变化。整体上，从变化过程来看，两个坡度弃土体坡面径流阻力系数均随降雨时间呈现产流前期快速增加—中期缓慢增加—稳定的过程，其中 40°坡面 2.0mm/min、2.5mm/min 和 3.0mm/min 降雨强度条件下突增后呈现剧烈的波动。35°和 40°弃土体坡面阻力系数最大值分别为 19.84、20.32、23.95、19.08、33.61 和 8.14、44.95、

41.33、70.47、62.03，1.5～3.0mm/min 降雨强度条件下，40°坡面阻力系数最大值分别高于 35°坡面 1.21 倍、0.73 倍、2.69 倍、0.85 倍。这表明，随着降雨强度的增大，坡度对阻力系数的影响增强。坡度越大，径流紊动性越强，径流对下垫面侵蚀过程更为剧烈，因此 40°坡面大降雨强度（2.0～3.0mm/min）试验阻力系数变化起伏不定。从波动程度来看，随着降雨强度的增大，35°和 40°弃土体坡面径流阻力系数随时间变化的变异系数分别为 41.68%、44.27%、43.98%、39.25%、55.18%和 49.92%、139.00%、75.39%、77.36%、73.16%，40°坡面阻力系数波动程度均较 35°坡面阻力系数波动程度高。

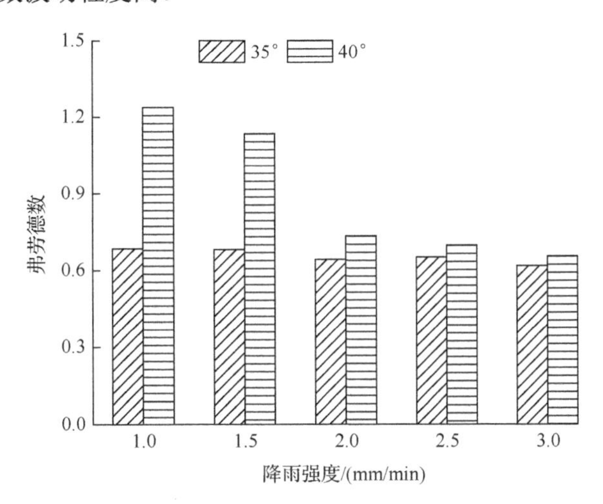

图 4-41 次降雨弃土体坡面径流弗劳德数随降雨强度的变化

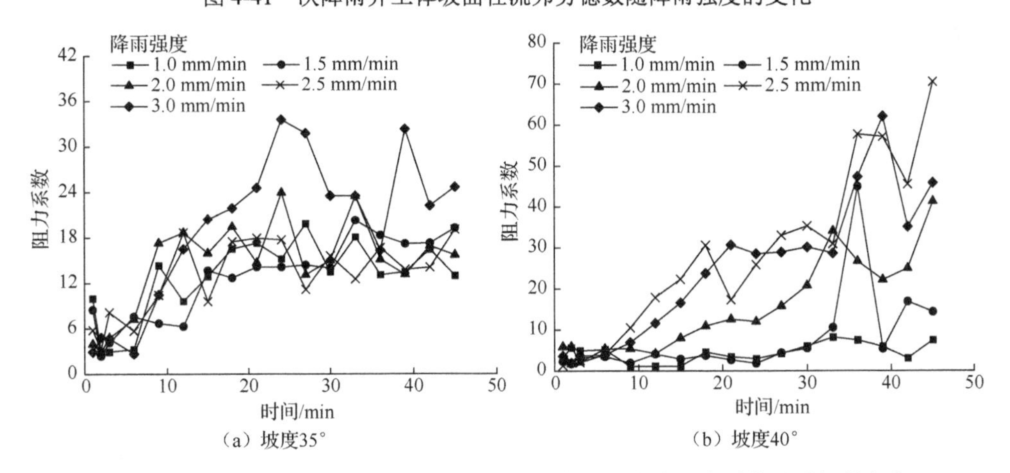

图 4-42 不同降雨强度条件下 35°和 40°弃土体坡面径流阻力系数随时间的变化

相同的坡度条件下，阻力系数随着降雨强度的增大基本逐渐增大。图 4-43 为次降雨弃土体坡面径流阻力系数随降雨强度的变化。对于 35°坡面，随着降雨强度由 1.0mm/min 增大至 3.0mm/min，径流阻力系数由 12.50 增加至 16.85；对于 40°坡面，随着降雨强度由 1.0mm/min 增大至 3.0mm/min，径流阻力系数逐渐由 4.44 增加至 27.28。降雨强度为 2.0mm/min、2.5mm/min 和 3.0mm/min 时，40°坡径流阻力系数较 35°坡面分别增加 6.89%、113.06%、29.09%，降雨强度为 1.0mm/min 和 1.5mm/min 时，40°坡径流阻力系数较 35°坡面则分别减小 64.52%、38.59%，回归分析表明，两坡度弃土体阻力系数与降雨强度分别呈显著的线性和幂函数关系（R^2 分别为 0.85 和 0.95，$P<0.05$）。

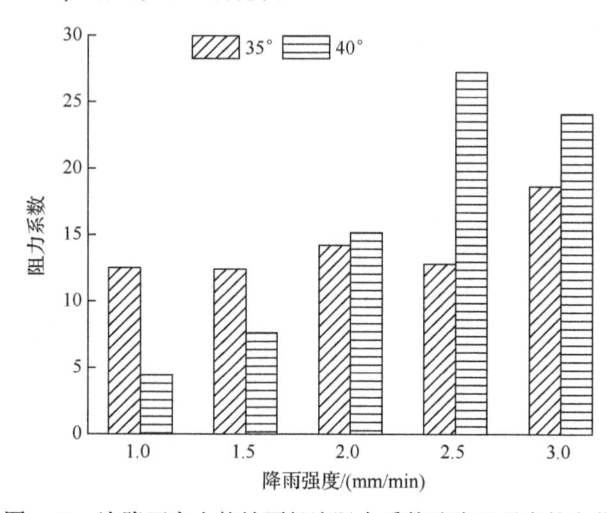

图 4-43　次降雨弃土体坡面径流阻力系数随降雨强度的变化

（5）曼宁糙率系数。曼宁糙率系数是表征坡面径流分离和搬运下垫面物质过程中形成的下垫面粗糙度的参数。图 4-44 为不同降雨强度条件下弃土体坡面曼宁糙率系数随时间的变化。整体上，从变化过程来看，与径流阻力系数随时间变化相似；两个坡度弃土体坡面曼宁糙率系数均随时间呈现产流前期增加—稳定的变化过程，其中 40°坡面各降雨强度条件下在产流后期出现剧烈的波动。35°和 40°弃土体坡面曼宁糙率系数最大值分别为 0.20、0.21、0.24、0.21、0.31 和 0.13、0.34、0.34、0.46、0.42，除 1.0mm/min 外，1.5～3.0mm/min 降雨强度条件下，40°坡面曼宁糙率系数最大值分别比 35°坡面高 62%、41%、119%、38%。这表明，随着降雨强度的增大，坡度对曼宁糙率系数的影响增强。降雨强度和坡度越大，径流紊动性越强，径流对下垫面侵蚀搬运过程也较为剧烈。因此，40°坡面大降雨强度（1.5～3.0mm/min）试验曼宁糙率系数变化起伏不定，下垫面粗糙度相对增加。从波动程度来看，随着降雨强度的增大，35°和 40°弃土体坡面径流曼宁糙率系数随时间变化的变异系数分别为 25.95%、28.36%、29.43%、25.51%、37.87%和 31.83%、65.70%、47.30%、51.73%、47.11%，40°坡面曼宁糙率系数波动程度均比 35°坡面曼宁糙率系数波动程度高。

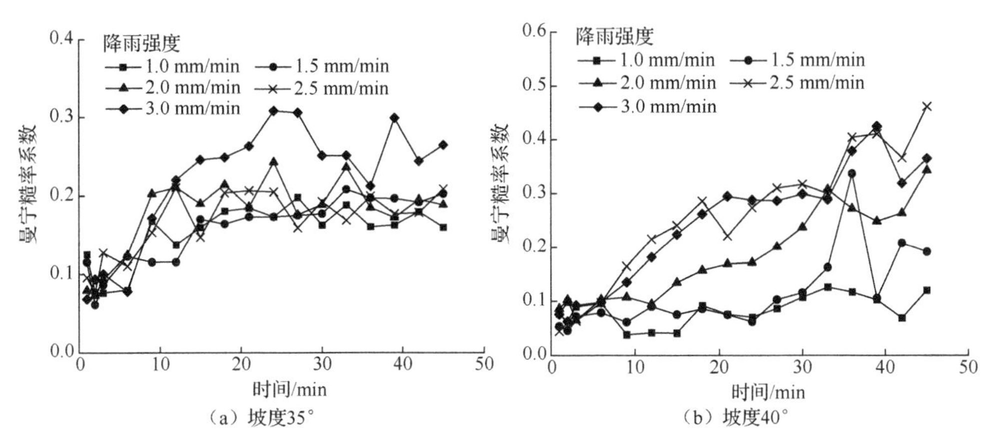

图4-44　不同降雨强度条件下弃土体坡面曼宁糙率系数随时间的变化

相同的坡度条件下，曼宁糙率系数随着降雨强度的增大整体逐渐增大。图4-45为次降雨弃土体坡面曼宁糙率系数随降雨强度的变化。对于35°和40°坡面，随着降雨强度由1.0mm/min增大至3.0mm/min，径流曼宁糙率系数分别由0.15增加至0.21和由0.09增加至0.24。降雨强度为2.0mm/min、2.5mm/min和3.0mm/min时，40°坡径流曼宁糙率系数较35°坡面分别增加3.55%、50.16%、12.37%，降雨强度为1.0mm/min和1.5mm/min时，40°坡径流曼宁糙率系数较35°坡面分别减小43.70%和27.36%，两坡度弃土体曼宁糙率系数与降雨强度分别呈显著的线性和幂函数关系（R^2分别为0.76和0.95，$P<0.05$）。

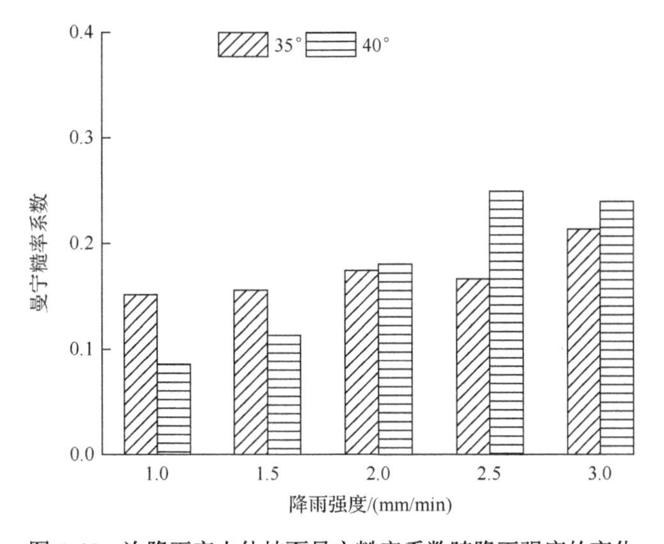

图4-45　次降雨弃土体坡面曼宁糙率系数随降雨强度的变化

4）水动力学参数

（1）径流剪切力。径流剪切力是反映径流流动时对坡面土壤剥蚀力大小的参数，是力学范畴指标。图 4-46 为不同降雨强度条件下弃土体坡面径流剪切力随时间的变化。整体上，从变化过程来看，两个坡度弃土体坡面径流剪切力均随降雨时间呈现产流逐渐增加—逐渐稳定的变化过程，其中，35°坡 3.0mm/min 降雨强度条件和 40°坡面 1.5～3.0mm/min 降雨强度条件下径流剪切力在产流后期出现较强的波动。35°和 40°弃土体坡面径流剪切力最大值分别为 30.39～89.39N/m^2 和 25.45～98.02N/m^2，除 1.0mm/min 降雨强度 40°坡面径流剪切力低于 35°坡 16.26%外，1.5～3.0mm/min 降雨强度条件下，40°坡面径流剪切力最大值分别较 35°坡面高 84.61%、99.72%、102.97%、9.64%。这表明降雨强度和坡度越大，径流紊动性越强，坡面集中股流强度越大，因此径流剪切力越大。剧烈的侵蚀过程与下垫面粗糙度之间相互作用导致 40°坡面大降雨强度（1.5～3.0mm/min）试验径流剪切力变化起伏不定。随着降雨强度的增大，35°和 40°弃土体坡面径流剪切力随时间变化的变异系数分别为 17.14%、22.36%、26.88%、22.28%、36.34%和 24.03%、52.71%、46.43%、33.73%、32.42%，40°坡面径流剪切力波动程度大多比 35°坡面径流剪切力波动程度高。

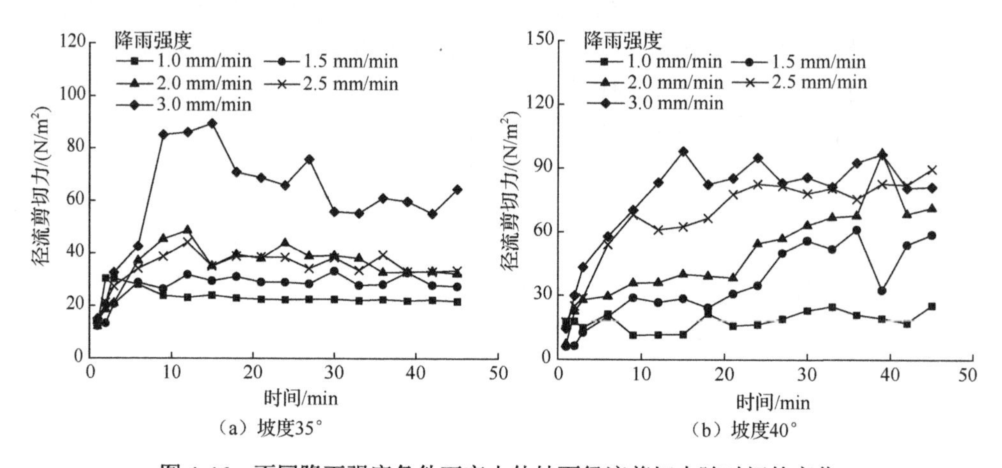

图 4-46　不同降雨强度条件下弃土体坡面径流剪切力随时间的变化

相同的坡度条件下，径流剪切力随着降雨强度的增大而增大。图 4-47 为次降雨弃土体坡面径流剪切力随降雨强度的变化。随着降雨强度由 1.0mm/min 增大至 3.0mm/min，35°和 40°坡面径流剪切力分别为 23.24～59.07N/m^2 和 18.26～74.23N/m^2。降雨强度为 1.5mm/min、2.0mm/min、2.5mm/min 和 3.0mm/min 时，40°坡径流剪切力较 35°坡面分别增加 28.00%、40.01%、94.32%和 25.65%，降雨强度为 1.0mm/min 时，40°坡径流剪切力较 35°坡面减小 21.42%。回归分析表明，两坡度弃土体径流剪切力与降雨强度分别呈显著的线性和幂函数关系（R^2 分别为 0.80 和 0.99，P<0.05）。

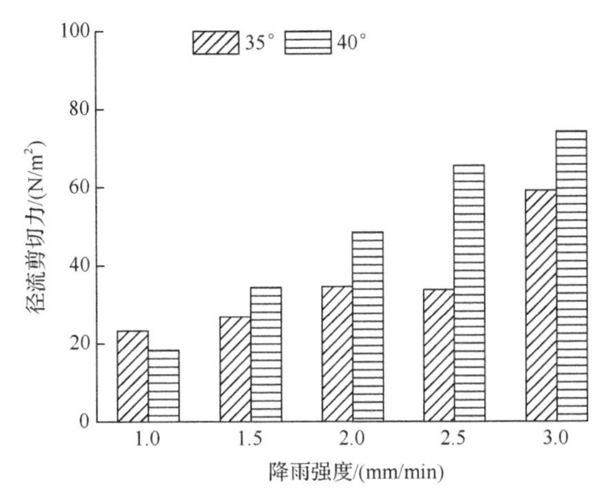

图 4-47　次降雨弃土体坡面径流剪切力随降雨强度的变化

（2）径流功率。径流功率表征作用于单位面积的水流所消耗的功率，是能量范畴指标。图 4-48 为不同降雨强度条件下 35°和 40°弃土体坡面径流功率随时间的变化。1.0～2.5mm/min 降雨强度条件下，35°坡弃土体坡面径流功率在产流前 9min 内呈逐渐增加，之后逐渐稳定的变化过程；3.0mm/min 降雨强度条件下，产流 9min 后径流功率急剧下降并持续波动至试验结束。40°坡面 1.0mm/min 降雨强度条件下径流功率变化与 35°坡基本一致，1.5～3.0mm/min 降雨强度条件下径流功率则在产流 12min 后一直处于波动状态。各降雨强度条件下 35°和 40°弃土体坡面径流功率最大值分别为 5.77～18.22W/m^2 和 3.98～19.72W/m^2，除 1.0mm/min 降雨强度 40°坡面径流功率最大值低于 35°坡外，其余降雨强度条件下，40°坡面径流功率最大值分别较 35°坡面高 1.50 倍、1.35 倍、1.38 倍、0.54 倍。这表明降雨强度和坡度的增大，增强了径流侵蚀能力，加剧了下垫面物质侵蚀搬运的紊动程度，从而导致大降雨强度（1.5～3.0mm/min）试验径流功率变化起伏不定。

从降雨强度分析，35°和 40°坡面径流功率均随着降雨强度的增大而增大。图 4-49 为次降雨弃土体坡面径流功率随降雨强度的变化。各降雨强度条件下，35°和 40°坡面径流功率分别为 3.14～9.54W/m^2 和 3.27～12.51W/m^2。降雨强度为 1.5mm/min、2.0mm/min、2.5mm/min 和 3.0mm/min 时，40°坡径流功率较 35°坡面分别增加 1.24 倍、78%、1.14 倍和 41%，降雨强度为 1.0mm/min 时，40°坡径流功率与 35°坡面基本一致。回归分析表明，两坡度弃土体径流功率与降雨强度分别呈显著的线性和幂函数关系（R^2 分别为 0.86 和 0.95，P<0.05）。

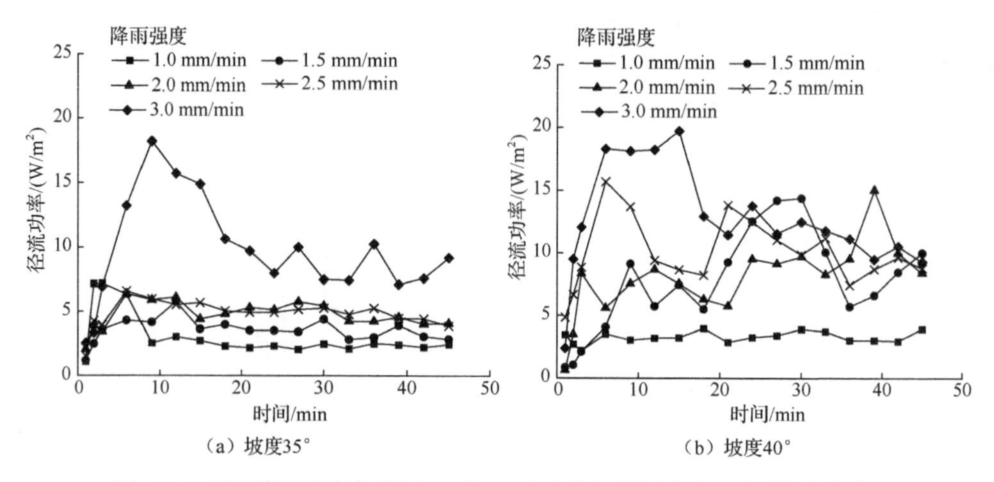

图 4-48　不同降雨强度条件下 35°和 40°弃土体坡面径流功率随时间的变化

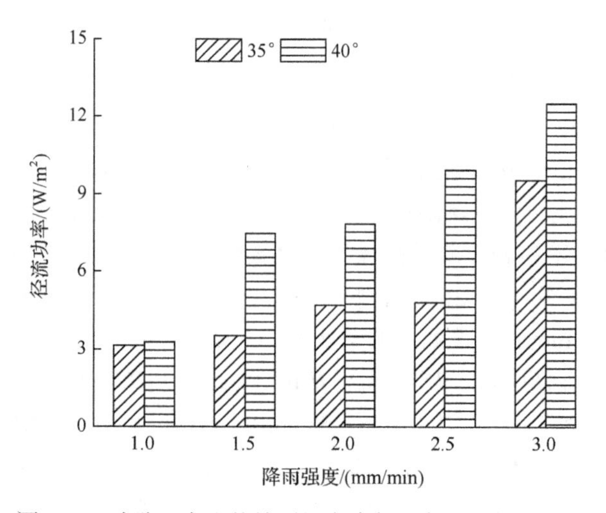

图 4-49　次降雨弃土体坡面径流功率随降雨强度的变化

（3）单位径流功率。单位径流功率是单位质量水体势能随时间的变化率。图 4-50 为不同降雨强度条件下 35°和 40°弃土体坡面单位径流功率随时间的变化。各降雨强度条件下，两个坡度弃土体坡面单位径流功率在产流前 9min 内快速增加，12min 后逐渐稳定，其中 1.5mm/min 降雨强度条件下 40°坡单位径流功率一直处于波动状态。各降雨强度条件下 35°和 40°弃土体坡面单位径流功率最大值分别为 0.11～0.18m/s 和 0.18～0.23m/s，各降雨强度条件下，40°坡面单位径流功率最大值分别较 35°坡面高 31.67%、113.45%、59.17%、70.08%、14.58%。

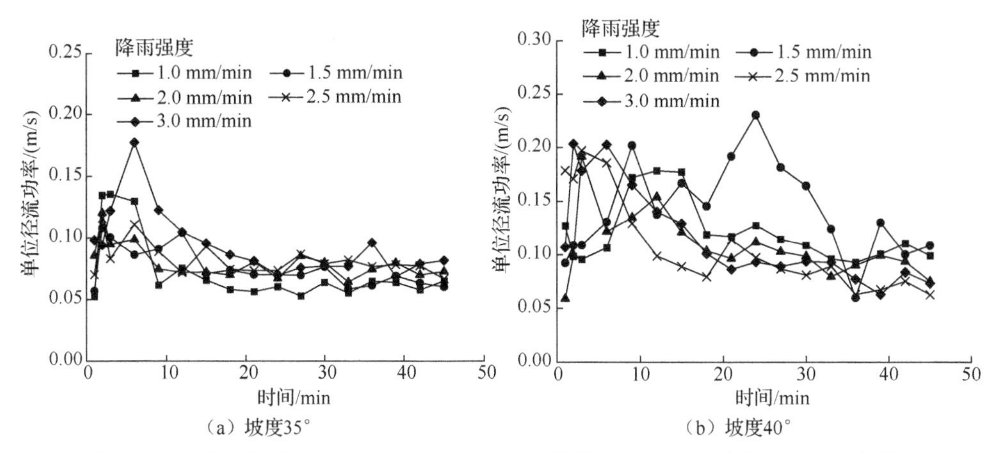

（a）坡度35°　（b）坡度40°

图 4-50　不同降雨强度条件下 35°和 40°弃土体坡面单位径流功率随时间的变化

从降雨强度分析，35°和 40°坡面单位径流功率均随着降雨强度的变化不明显。图 4-51 为次降雨弃土体坡面单位径流功率随降雨强度的变化。各降雨强度条件下 35°和 40°坡面单位径流功率分别为 0.07～0.09m/s 和 0.11～0.14m/s。各降雨强度条件下，40°坡单位径流功率较 35°坡面分别增加 63.01%、85.14%、34.85%、33.37%、23.38%。

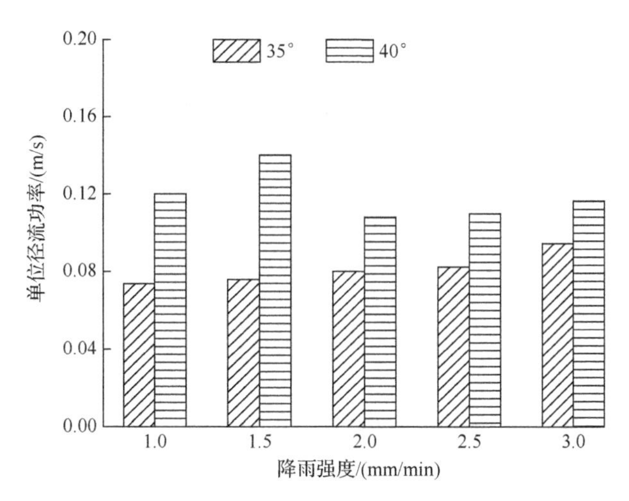

图 4-51　次降雨弃土体坡面单位径流功率随降雨强度的变化

2. 径流冲刷试验

1）径流率

图 4-52 为不同流量条件下弃土体坡面径流率随时间的变化。由图可知，在冲刷过程中，径流率随冲刷时间的变化波动性较大。各流量条件下，弃土体坡面径

流率峰值分别为 17.79L/min、21.70L/min、31.89L/min、28.92L/min，变异系数分别为 37.70%、20.99%、24.52%、36.22%，其中 10L/min 和 25L/min 流量条件下径流率随时间的变异性更强。随着流量由 10L/min 增大至 25L/min，坡面平均径流率分别为 7.64L/min、14.02L/min、18.61L/min、17.36L/min，其中 25L/min 流量条件下坡面平均径流率较 20L/min 流量低 6.72%，这可能与坡面侵蚀状况有关，25L/min 流量条件下径流侵蚀剧烈，发生沟壁坍塌，当出现大规模的沟壁坍塌时，整个沟道会被泥沙填充，使水流在极短的时间内无法冲开，导致坡面径流入渗量增大。

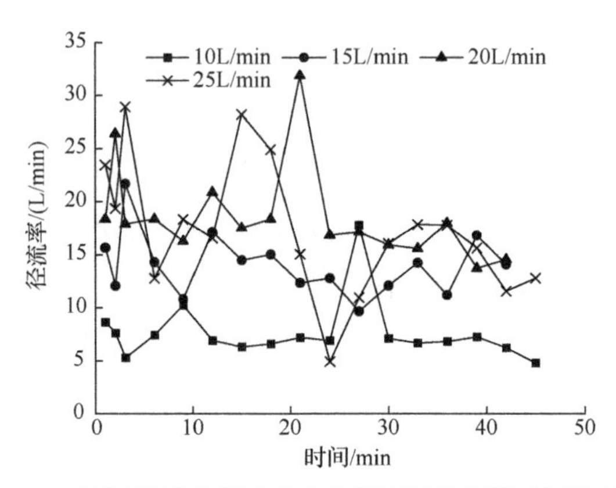

图 4-52　不同流量条件下弃土体坡面径流率随时间的变化

2）水力学参数

图 4-53 为不同流量条件下弃土体坡面径流水力学参数随时间的变化。整体上，不同流量条件下各水力学参数随时间均呈波动式变化过程，这也说明了弃土体坡面侵蚀过程的复杂多变性。对于流速[图 4-53（a）]，各流量条件下流速峰值分别为 0.33m/s、0.39m/s、0.31m/s、0.39m/s，流速的变异系数分别为 20.88%、20.81%、8.95%、13.71%，其中 10L/min 和 15L/min 流量下的径流冲刷试验，流速波动程度基本一致，但明显高于其他流量。次径流冲刷试验平均流速分别为 0.19m/s、0.26m/s、0.26m/s、0.29m/s，平均流速随着流量的增大而增大，二者回归分析关系如图 4-54（a）所示，呈显著的对数函数关系（R^2=0.84）。

径流雷诺数[图 4-53（b）]和弗劳德数[图 4-53（c）]随时间的变化与径流流速变化基本一致，各次试验雷诺数峰值分别为 4026.47、4974.41、4425.12、6786.26，变异系数分别为 31.99%、24.85%、16.18%、23.09%，10L/min 时峰值最低，波动程度最大。10～25L/min 流量条件下各次试验弗劳德数大多小于 1，而不同流量条件下径流雷诺数均大于 500，均属紊流范畴，这表明弃土体坡面径流紊动性较高，但流态较缓和。10～25L/min 流量条件下，径流平均雷诺数和平均弗劳德数分别为 2108.57、3316.74、3290.45、4279.44[图 4-54（b）]和 0.53、0.69、0.73、

0.72[图 4-54（c）]。回归分析表明，平均雷诺数与流量之间呈显著的幂函数关系（R^2=0.90），平均弗劳德数与流量之间呈显著的对数函数关系（R^2=0.82）。

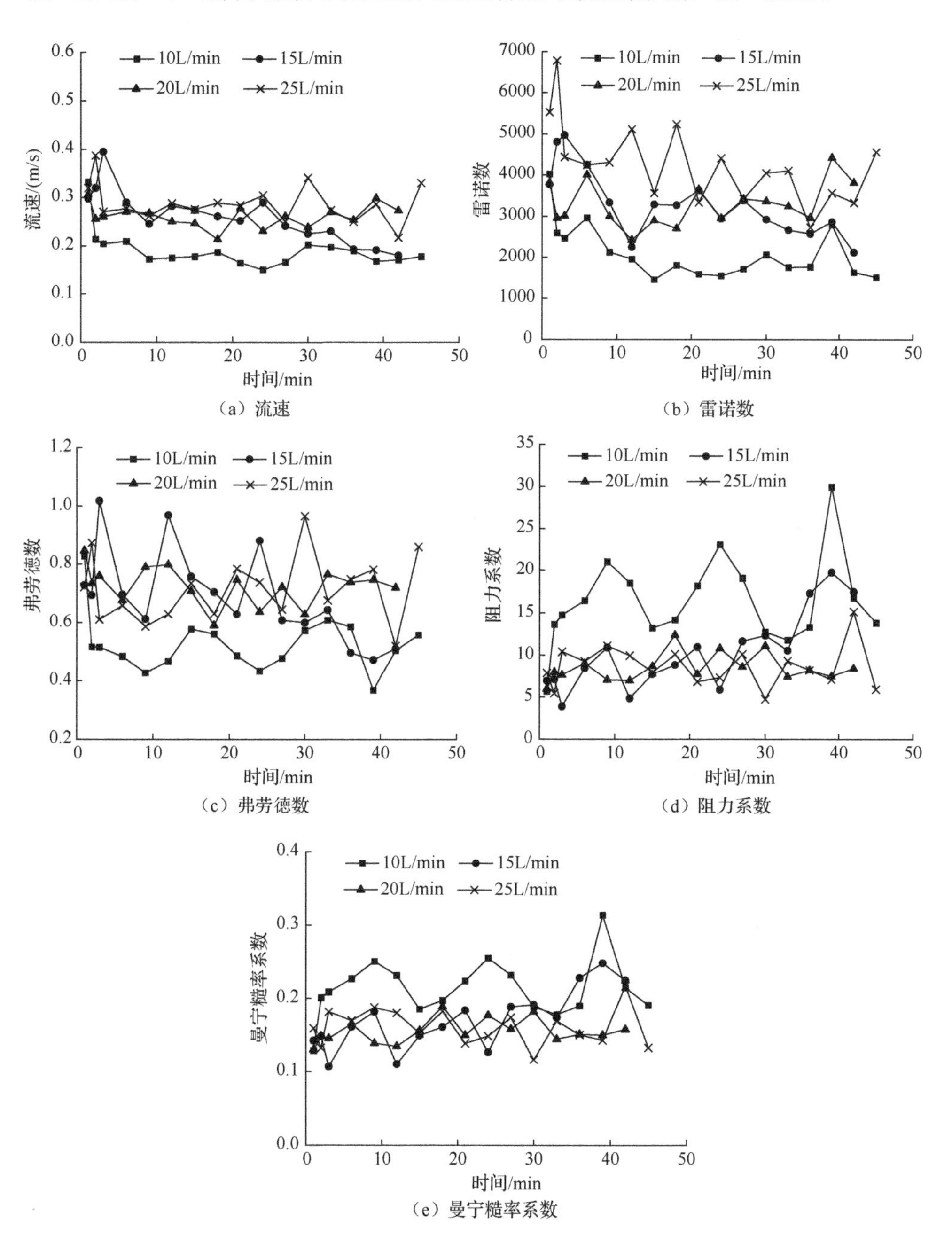

图 4-53　不同流量条件下弃土体坡面径流水力学参数随时间的变化

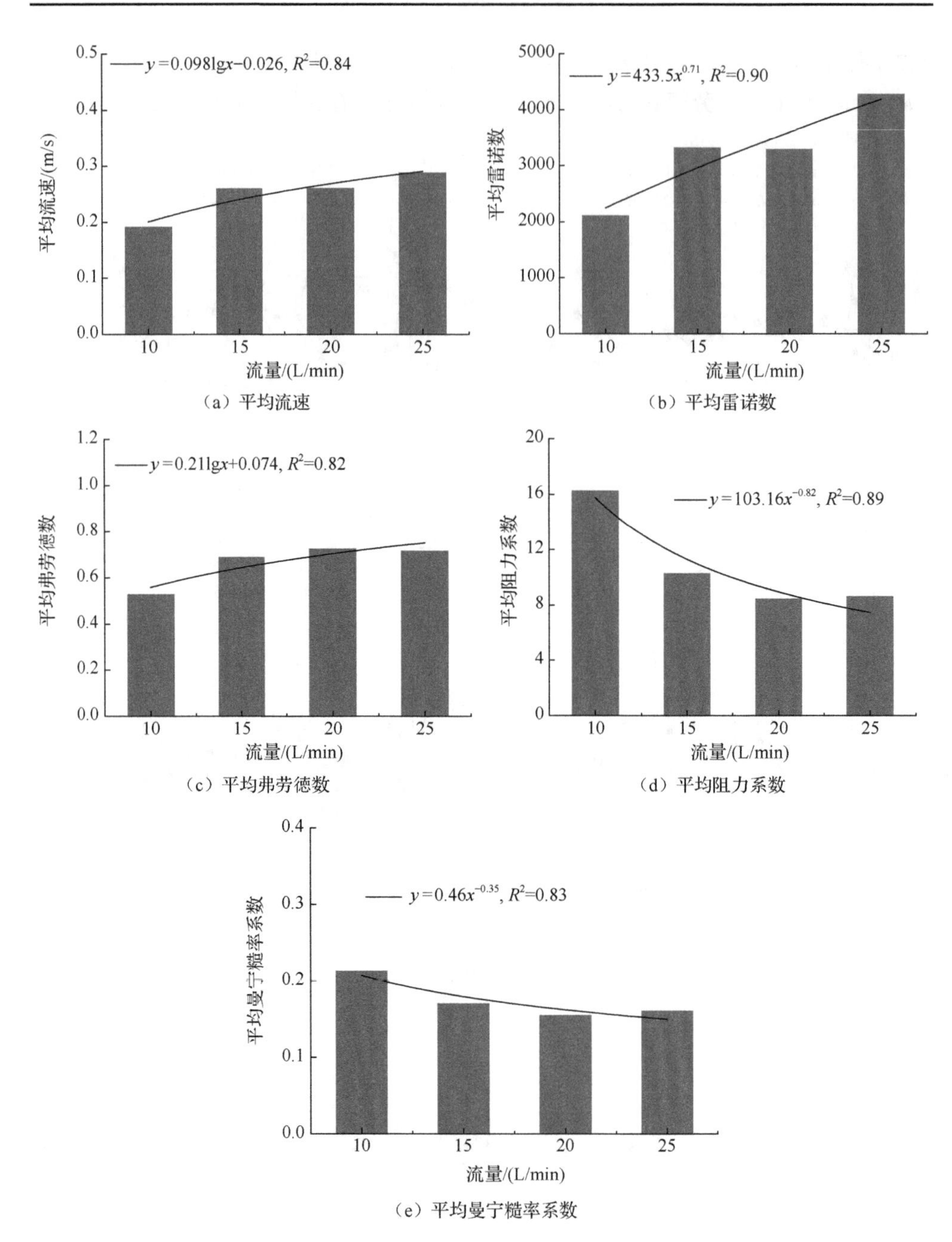

（a）平均流速

（b）平均雷诺数

（c）平均弗劳德数

（d）平均阻力系数

（e）平均曼宁糙率系数

图 4-54　不同流量条件下弃土体坡面径流平均水力学参数随时间的变化

对于阻力系数[图 4-53（d）]和曼宁糙率系数[图 4-53（e）]，二者随时间的变化基本一致，在不同流量条件下的峰值分别为 29.94、19.76、12.39、15.15 和 0.31、0.25、0.19、0.22，变异系数分别为 32.91%、45.12%、20.03%、29.06%和 18.70%、

23.84%、10.55%、15.60%，平均值分别为16.24、10.27、8.44、8.62和0.21、0.17、0.15、0.16。整体上，平均阻力系数和平均曼宁糙率系数随流量的增大而减小，回归分析二者关系[图4-54（d）和（e）]，平均阻力系数和平均曼宁糙率系数均与流量呈显著的幂函数关系（R^2为0.89和0.83）。

3）水动力学参数

图4-55为不同流量条件下弃土体坡面径流水动力学参数随时间的变化。整体上，不同流量条件下的各水动力学参数随时间的变化均呈波动式的变化过程。对于径流剪切力[图4-55（a）]，10～25L/min流量条件下随时间的变化范围分别为72.80～147.64N/m²、64.03～120.77N/m²、70.39～107.71N/m²、84.95～140.87N/m²；径流剪切力的变异系数分别为19.74%、14.56%、11.03%、15.44%。次试验平均径流剪切力分别为97.05N/m²、102.54N/m²、91.51N/m²、114.70N/m²，20L/min流量时，坡面平均径流剪切力最小。

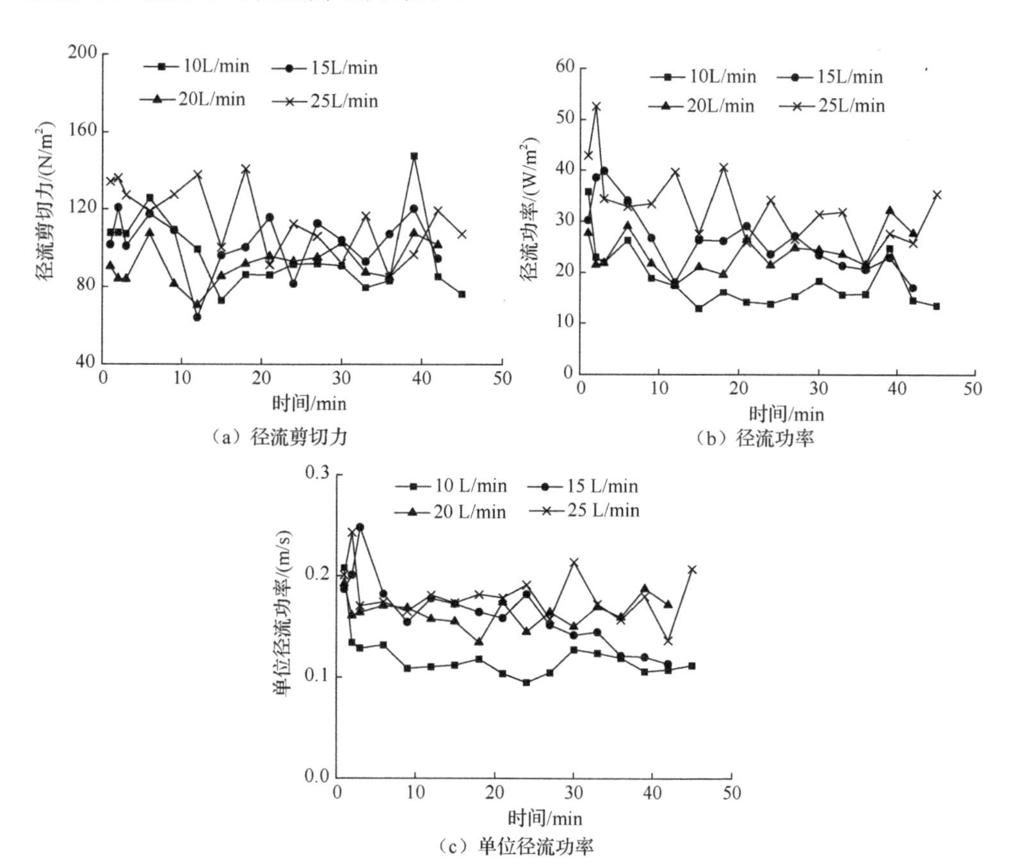

（a）径流剪切力　（b）径流功率　（c）单位径流功率

图4-55　不同流量条件下弃土体坡面径流水动力学参数随时间的变化

对于径流功率[图 4-55（b）]，其 10～25L/min 流量条件下随时间的变化范围分别为 12.95～35.77W/m^2、17.06～39.87W/m^2、17.60～32.14W/m^2、21.17～52.59W/m^2；径流功率的变异系数分别为 31.97%、24.83%、16.17%、23.07%，各次试验中 10L/min 流量波动程度最高。次试验平均径流功率分别为 18.74W/m^2、26.60W/m^2、23.90W/m^2、33.18W/m^2。

对于单位径流功率[图 4-55（c）]，其 10～25L/min 流量条件下随时间的变化范围分别为 0.09～0.21m/s、0.11～0.25m/s、0.13～0.19m/s、0.14～0.24m/s；单位径流功率的变异系数分别为 20.86%、20.78%、8.94%、13.69%。次试验平均单位径流功率分别为 0.12m/s、0.16m/s、0.16m/s、0.18m/s。

4.1.5 弃渣体径流特征

1. 模拟降雨试验

1）产流时间

35°和 40°偏石质弃渣体坡面产流时间随降雨强度的变化如图 4-56（a）所示。坡度为 35°时，降雨强度由 1.0mm/min 增至 3.0mm/min，产流时间逐渐由 56.09min 缩减至 32.06min；对于 40°坡面，降雨强度由 1.0mm/min 增至 3.0mm/min，产流时间逐渐由 66.25min 缩减至 28.01min。1.0mm/min、1.5mm/min、2.0mm/min 和 2.5mm/min 降雨强度条件下，40°坡产流时间较 35°坡面分别增加 18.11%、12.06%、3.41%和 6.26%；3.0mm/min 降雨强度时，40°坡产流时间较 35°坡面则减少 12.63%。回归分析表明，两坡度偏石质弃渣体产流时间均与降雨强度呈显著的幂函数关系（R^2 分别为 0.93 和 0.97，$P<0.05$）。

35°和 40°偏土质弃渣体坡面产流时间随降雨强度的变化如图 4-56（b）所示。降雨强度由 1.0mm/min 增至 3.0mm/min，35°坡产流时间逐渐由 33.13min 缩减至 11.16min，40°坡面由 35.03min 缩减至 13.23min。1.0mm/min 和 3.0mm/min 降雨强度时，40°坡产流时间较 35°坡面分别增加 5.73%和 18.55%，1.5～2.5mm/min 降雨强度条件下；40°坡产流时间较 35°坡面减少 12.76%、52.78%和 42.61%。回归分析表明，两坡度偏土质弃渣体产流时间均与降雨强度呈显著的幂函数关系（R^2 分别为 0.94 和 0.84，$P<0.05$）。

2）径流率

图 4-57 和图 4-58 分别为不同降雨强度条件下 35°和 40°偏石质弃渣体和偏土质弃渣体坡面径流率随时间的变化。整体上，从变化过程来看，径流率变化与弃土体相似，随降雨时间呈现突增—下降—稳定的变化过程。突增是因为产流开始

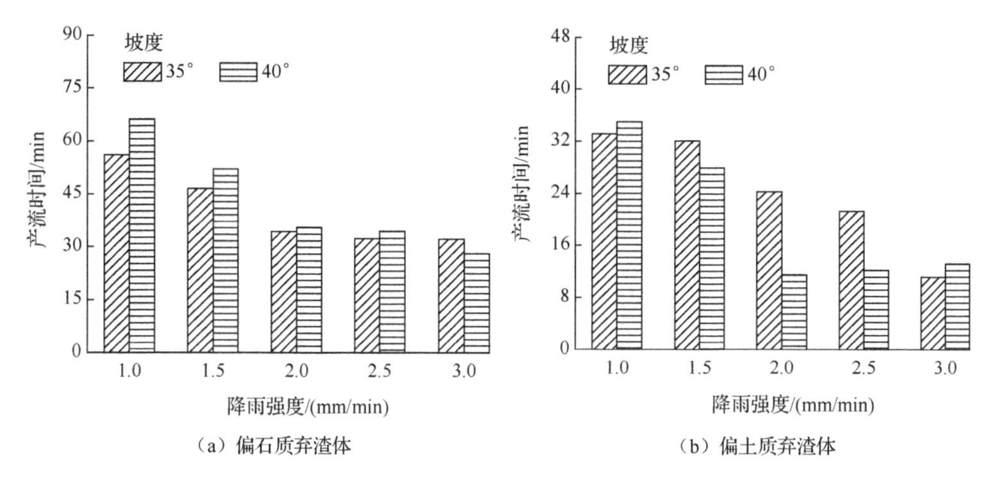

图 4-56　偏石质弃渣体和偏土质弃渣体坡面产流时间随降雨强度的变化

时坡面细沙粒被冲刷后堵塞表面孔隙，短时间内入渗能力减小；下降是因为细颗粒被搬运后结构松散的下垫面入渗能力增大；稳定是因为径流在坡面形成稳定的流动路径。从波动程度分析，35°和 40°偏石质弃渣体坡面径流率随时间变化的变异系数分别为 15.99%、48.00%、25.15%、29.97%、14.75%和 9.22%、11.40%、5.09%、25.37%、17.80%；偏土质弃渣体坡面径流率随时间变化的变异系数分别为 43.81%、47.04%、72.38%、25.28%、18.63%和 29.63%、29.38%、45.83%、26.09%、62.76%。比较发现，对于相同坡度和降雨强度的两类弃渣体，偏土质弃渣体径流率变化过程较偏石质弃渣体大多具有更强的波动性。

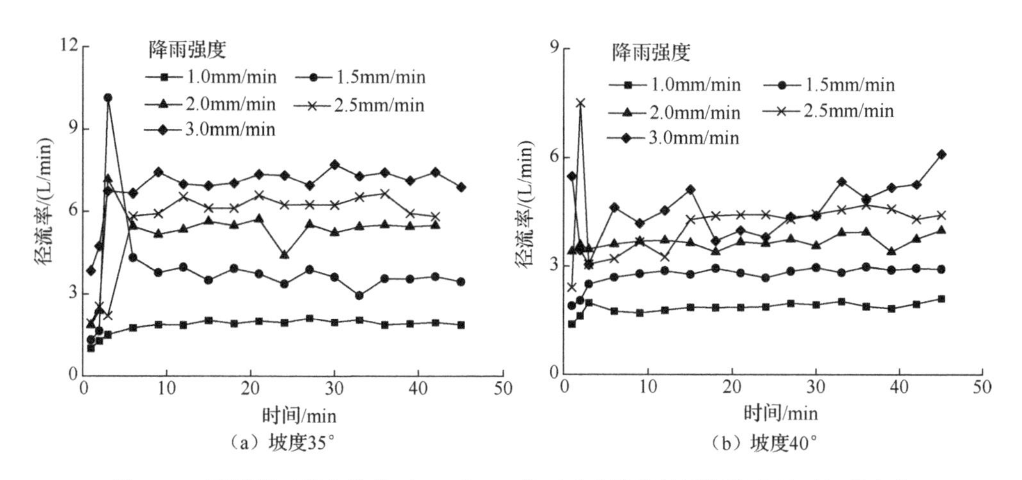

图 4-57　不同降雨强度条件下 35°和 40°偏石质弃渣体坡面径流率随时间的变化

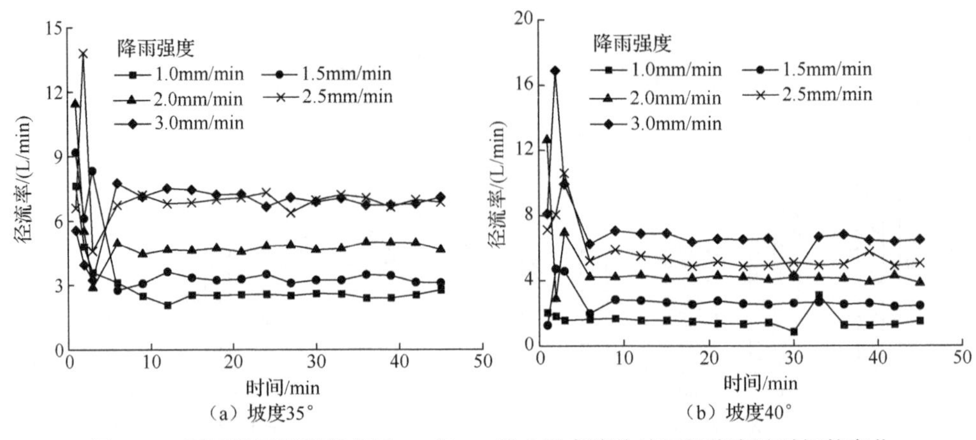

图 4-58　不同降雨强度条件下 35°和 40°偏土质弃渣体坡面径流率随时间的变化

相同的坡度条件下，平均径流率随时间的变化也随着降雨强度的增大而增大。图 4-59 为次降雨弃渣体坡面平均径流率随降雨强度的变化。两类弃渣体 35°和 40°坡面平均径流率均随着降雨强度增大而增大。对于偏石质弃渣体，1.5mm/min、2.0mm/min、2.5mm/min 和 3.0mm/min 降雨强度条件下，40°坡平均径流率较 35°坡面分别减少 27.71%、28.03%、22.50%和 33.15%，1.0mm/min 降雨强度条件下，40°坡平均径流率较 35°坡面增加 2.24%。回归分析表明，两坡度偏石质弃渣体平均径流率均与降雨强度呈显著的对数函数关系（R^2 分别为 0.98 和 0.99，$P<0.05$）。

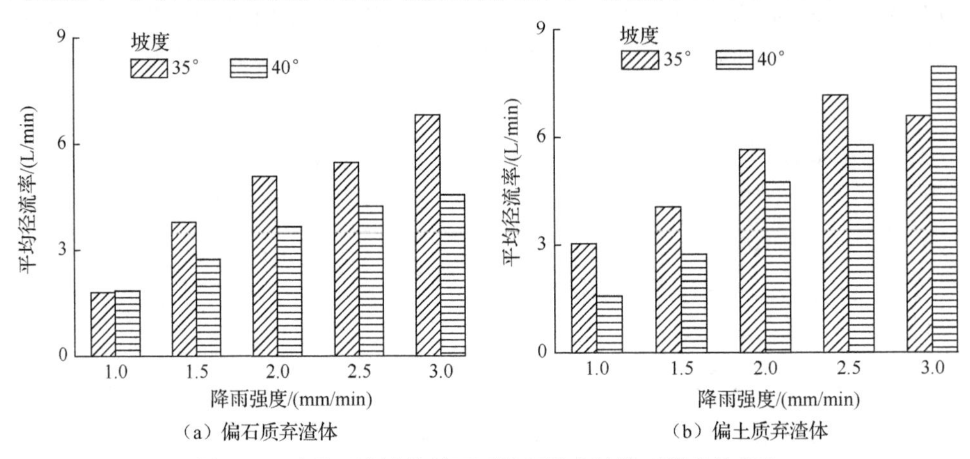

图 4-59　次降雨弃渣体坡面平均径流率随降雨强度的变化

对于偏土质弃渣体，1.0mm/min、1.5mm/min、2.0mm/min 和 2.5mm/min 降雨强度条件下，40°坡平均径流率较 35°坡面分别减少 47.84%、32.53%、16.34%、19.32%，3.0mm/min 降雨强度条件下则增大 20.79%。回归分析表明，两坡度偏土质弃渣体平均径流率均与降雨强度呈显著的幂函数关系（R^2 分别为 0.94 和 0.99，$P<0.05$）。

3）水力学参数

（1）流速。图 4-60 为不同降雨强度条件下偏石质弃渣体和偏土质弃渣体坡面径流流速随时间的变化。整体上，从变化过程来看，径流流速变化与弃土体相似，但其峰值并未出现在产流前期，流速的总体变化特征：随降雨历时呈现突增—波动—逐渐稳定的过程。突增是因为产流后坡面径流强度增强，径流宽度逐渐减小，坡面出现集中股流，径流流速增大；波动是因为下垫面细颗粒被逐渐侵蚀搬运后，下垫面阻力增大，流速的波动是下垫面粗糙度与物质侵蚀搬运相互作用的结果；稳定是因为径流在坡面形成稳定的流动路径，且路径上的下垫面物质运移与分离趋于平衡。从过程的波动程度来看，35°和 40°偏石质弃渣体坡面径流流速随时间变化的变异系数分别为 11.16%、23.66%、28.13%、14.72%和 7.15%、22.94%、12.36%、19.76%、13.42%；偏土质弃渣体坡面径流流速随时间变化的变异系数分别为 22.67%、26.72%、35.62%、21.44%、13.72%和 22.74%、26.17%、22.82%、36.11%、10.82%。整体上，相同降雨强度和下垫面条件下，40°坡偏石质弃渣体和偏土质弃渣体坡面流速波动程度大多低于 35°坡面；相同坡度和降雨强度条件下，偏土质弃渣体径流流速变化过程较偏石质弃渣体大多具有更强的波动性。

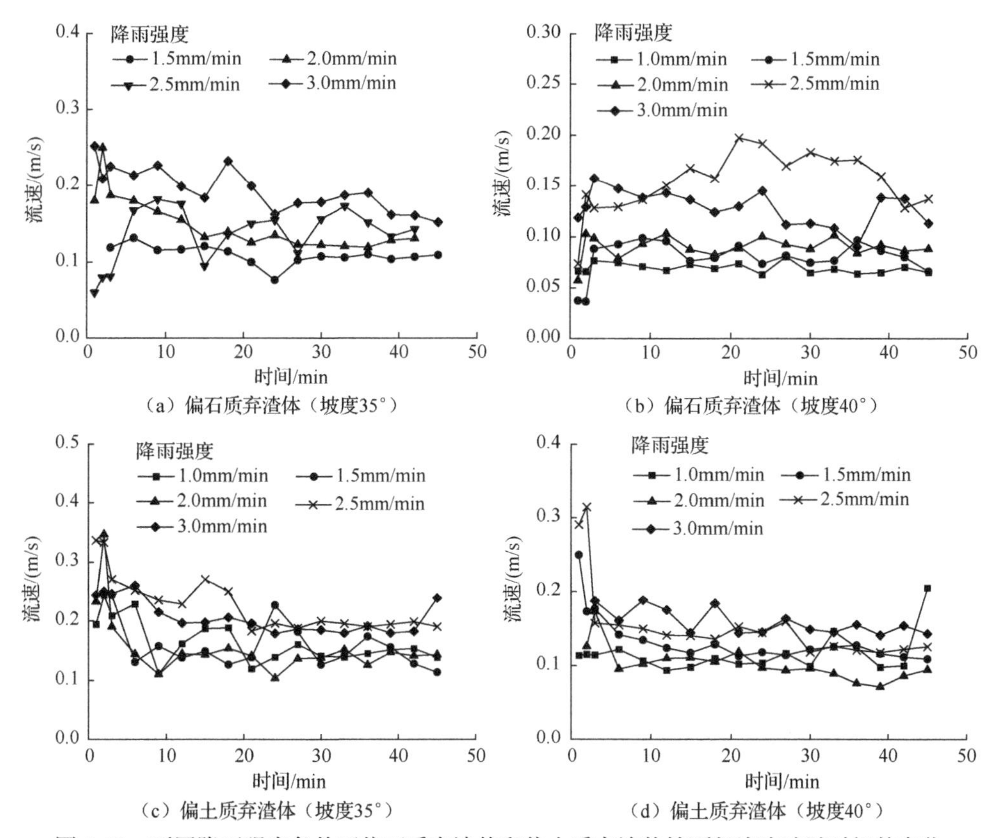

图 4-60　不同降雨强度条件下偏石质弃渣体和偏土质弃渣体坡面径流流速随时间的变化

相同的坡度条件下，径流流速随时间波动变化。对于 35°坡偏石质弃渣体，降雨强度由 1.5mm/min 增大至 2.0mm/min、2.5mm/min、3.0mm/min 过程中，平均流速分别为 0.11m/s、0.15m/s、0.13m/s、0.19m/s，40°坡不同降雨强度下的平均流速分别为 0.07m/s、0.08m/s、0.09m/s、0.15m/s、0.13m/s。1.5mm/min、2.0mm/min 和 3.0mm/min 降雨强度条件下，40°坡平均流速较 35°坡面分别减少 36.4%、40.0%和 31.6%，2.5mm/min 降雨强度条件下，40°坡流速较 35°坡面则增加 15.4%。对于 35°偏土质弃渣体，降雨强度由 1.0mm/min 增大至 3.0mm/min 过程中，平均流速分别为 0.17m/s、0.16m/s、0.16m/s、0.23m/s、0.21m/s，40°坡平均流速分别为 0.12m/s、0.14m/s、0.10m/s、0.16m/s、0.16m/s。1.0mm/min、1.5mm/min、2.0mm/min、2.5mm/min 和 3.0mm/min 降雨强度条件下，40°坡径流平均流速较 35°坡分别减少 29.4%、12.5%、37.5%、30.4%和 23.8%。

（2）雷诺数。图 4-61 为不同降雨强度条件下偏石质弃渣体和偏土质弃渣体坡面径流雷诺数随时间的变化。整体上，各降雨强度条件下两坡度径流雷诺数变化

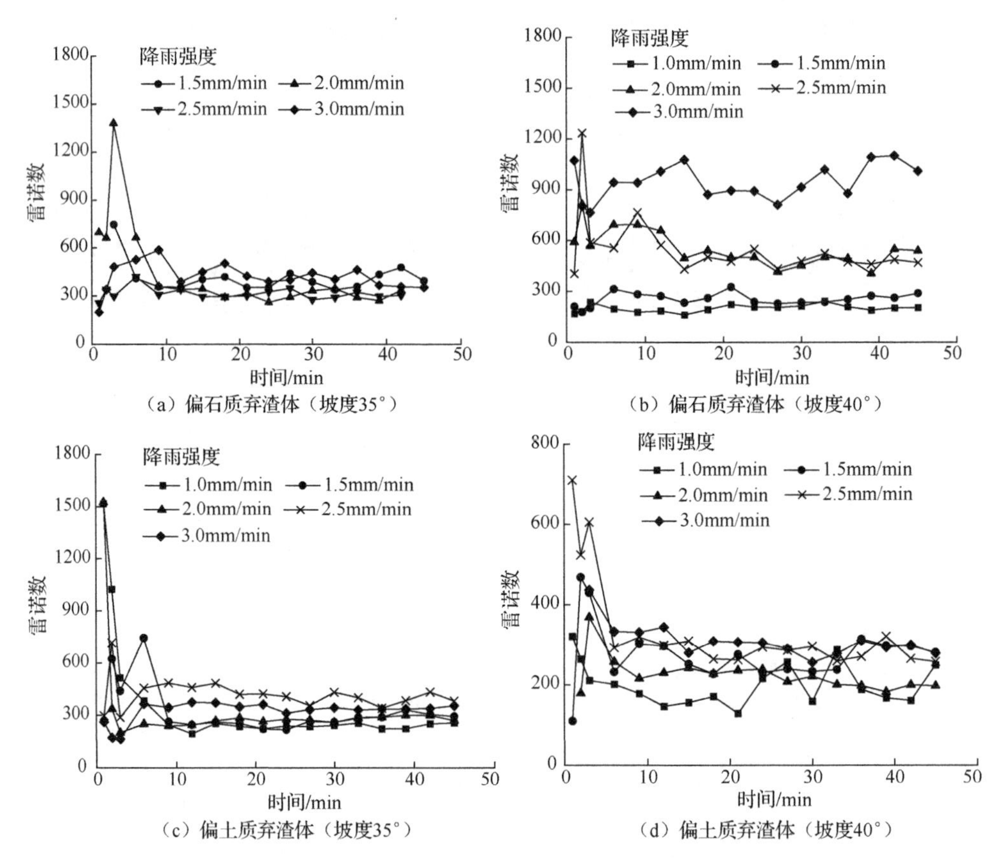

图 4-61 不同降雨强度条件下偏石质弃渣体和偏土质弃渣体坡面径流雷诺数随时间的变化

基本一致，先增大后快速减小并逐渐趋于稳定。产流前期波动主要是因为产流后坡面径流流路不稳定，当坡面集中股流出现并稳定后，雷诺数变化则变得缓和。从波动程度来看，35°和 40°偏石质弃渣体坡面径流雷诺数随时间变化的变异系数分别为 11.85%～64.20%和 11.05%～35.18%；偏土质弃渣体坡面径流雷诺数随时间变化的变异系数分别为 19.74%～92.44%和 13.57%～39.26%。比较发现，40°坡偏石质弃渣体和偏土质弃渣体坡面雷诺数波动程度低于 35°坡面；相同条件下，偏土质弃渣体径流雷诺数变化过程较偏石质弃渣体具有更强的波动性。

对于 35°坡偏石质弃渣体，降雨强度为 1.5mm/min、2.0mm/min、2.5mm/min、3.0mm/min 时，平均雷诺数分别为 414.88、448.94、313.88、416.03，40°坡不同降雨强度下的平均雷诺数分别为 199.49、252.07、552.96、552.26、946.86。1.5mm/min 降雨强度条件下，40°坡平均雷诺数较 35°坡面减少 39.24%，2.0～3.0mm/min 降雨强度条件下，40°坡平均雷诺数较 35°坡面则增加 23.17%、75.95%、127.59%。降雨强度为 1.0mm/min、1.5mm/min、2.0mm/min、2.5mm/min、3.0mm/min 时，35°偏土质弃渣体径流平均雷诺数分别为 382.44、330.84、344.20、420.60、319.59，40°坡平均雷诺数分别为 203.23、277.39、224.59、342.97、309.72。与偏石质弃渣体不同的是 1.0～3.0mm/min 降雨强度条件下，40°坡径流平均雷诺数均小于 35°坡面，分别较 35°坡面减少 46.86%、16.15%、34.75%、18.46%、3.09%。

（3）弗劳德数。图 4-62 为不同降雨强度条件下偏石质弃渣体和偏土质弃渣体坡面弗劳德数随时间的变化。整体上，其变化趋势与雷诺数基本相同。相同降雨强度条件下两坡度径流弗劳德数变化基本一致。从波动程度来看，35°和 40°偏石质弃渣体坡面径流弗劳德数随时间变化的变异系数分别为 16.86%～38.42%和 11.41%～32.13%。偏土质弃渣体坡面径流弗劳德数随时间变化的变异系数分别为 25.43%～55.55%和 12.66%～69.67%。整体上，相同坡度和降雨强度的两类弃渣体，偏土质弃渣体径流弗劳德数变化过程较偏石质弃渣体具有更强的波动性。

对于 35°坡偏石质弃渣体，1.5～3.0mm/min 降雨强度条件下，平均弗劳德数分别为 0.56、0.89、0.86、1.30，40°坡不同降雨强度下平均弗劳德数分别为 0.40、0.42、0.36、0.83、0.47。各降雨强度条件下，40°坡平均弗劳德数较 35°坡减少 3.49%～63.85%。对于 35°偏土质弃渣体，降雨强度为 1.0mm/min、1.5mm/min、2.0mm/min、2.5mm/min、3.0mm/min 时，平均弗劳德数分别为 1.16、1.12、1.14、1.72、1.68，相同降雨强度下 40°坡径流平均弗劳德数较 35°坡分别减少 26.38%、10.38%、40.15%、37.06%、34.92%。

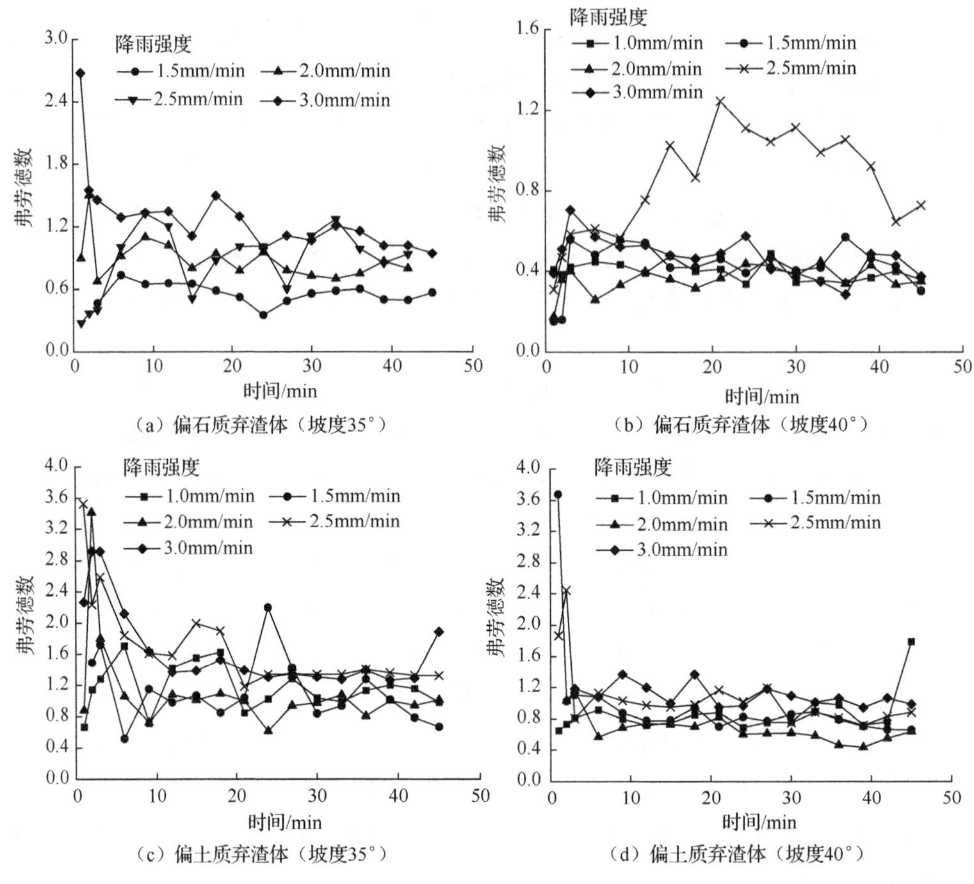

(a) 偏石质弃渣体（坡度35°）　(b) 偏石质弃渣体（坡度40°）

(c) 偏土质弃渣体（坡度35°）　(d) 偏土质弃渣体（坡度40°）

图 4-62　不同降雨强度条件下偏石质弃渣体和偏土质弃渣体坡面弗劳德数随时间的变化

（4）阻力系数。图 4-63 为不同降雨强度条件下偏石质弃渣体和偏土质弃渣体坡面阻力系数随时间的变化。整体上，两类弃渣体坡面径流阻力系数在产流前期（0～9min）呈现剧烈下降的趋势，此后也呈现多峰多谷的变化状态。35°和 40°偏石质弃渣体坡面径流阻力系数峰值分别为 5.17～59.81 和 45.24～223.36，偏土质弃渣体坡面径流阻力系数峰值分别为 2.85～17.01 和 5.82～26.90，其中 1.0～2.0mm/min 降雨强度阻力系数整体高于 2.5mm/min 和 3.0mm/min 降雨强度，这与弃土弃渣体下垫面物质颗粒较粗有关。在 1.0～2.0mm/min 降雨强度条件下，坡面径流率较其他降雨强度小，对大颗粒物质的侵蚀搬运能力也相对较小，因此相应的阻力系数更大。从波动程度来看，35°和 40°偏石质弃渣体坡面径流阻力系数随时间变化的变异系数分别为 33.29%～125.93%和 11.41%～32.13%；偏土质弃渣体坡面径流阻力系数随时间变化的变异系数分别为 25.43%～55.55%和 21.81%～129.26%。整体上，40°偏石质弃渣体坡面径流阻力系数波动程度较 35°低，40°偏土质弃渣体径流阻力系数波动程度则较 35°高。

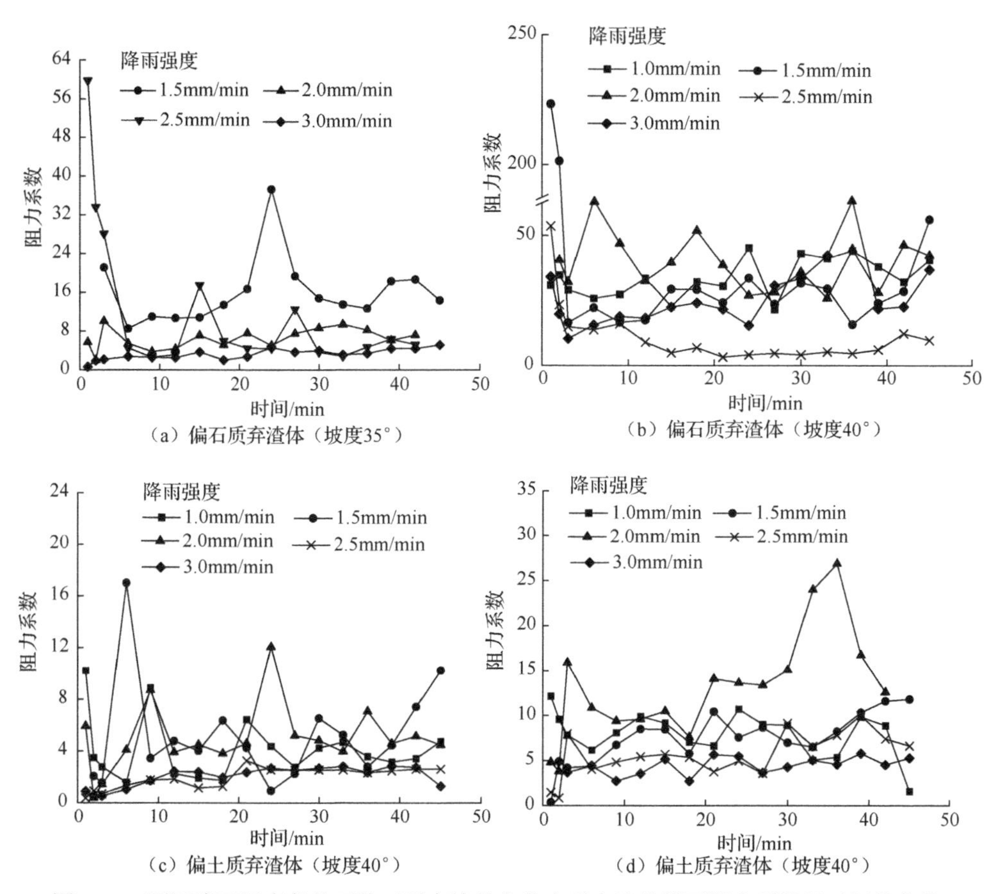

（a）偏石质弃渣体（坡度35°）（b）偏石质弃渣体（坡度40°）

（c）偏土质弃渣体（坡度40°）（d）偏土质弃渣体（坡度40°）

图 4-63 不同降雨强度条件下偏石质弃渣体和偏土质弃渣体坡面阻力系数随时间的变化

对于 35°偏石质弃渣体，1.5～3.0mm/min 降雨强度条件下，平均阻力系数分别为 16.06、6.47、12.47、3.16，40°坡不同降雨强度下的平均阻力系数分别为 33.68、48.39、47.34、11.56、26.54，这表明坡度的增大对坡面径流阻力的增大有着极其明显的促进作用。降雨强度由 1.0mm/min 增大至 3.0mm/min 过程中，35°偏土质弃渣体坡面径流的平均阻力系数分别为 4.13、5.20、4.98、1.93、1.99，相同降雨强度下 40°坡径流平均阻力系数较 35°坡分别增加 93.66%、41.94%、162.36%、192.17%、124.23%。

（5）曼宁糙率系数。图 4-64 为不同降雨强度条件下偏石质弃渣体和偏土质弃渣体坡面曼宁糙率系数随时间的变化。两类弃渣体坡面曼宁糙率系数随时间的变化与阻力系数相似，整体上呈现多峰多谷的变化状态。35°和 40°偏石质弃渣体坡面曼宁糙率系数峰值分别为 0.10～0.36 和 0.30～0.73，偏土质弃渣体坡面曼宁糙率系数峰值分别为 0.07～0.20 和 0.10～0.22。35°和 40°偏石质弃渣体坡面曼宁糙率系数随时间变化的变异系数分别为 21.49%～64.33%和 12.80%～58.41%；35°和

40°偏土质弃渣体坡面曼宁糙率系数随时间变化的变异系数分别为 27.11%～43.63%和 12.45%～27.56%。整体上，40°偏石质弃渣体和偏土质弃渣体坡面曼宁糙率系数波动程度均较 35°低。

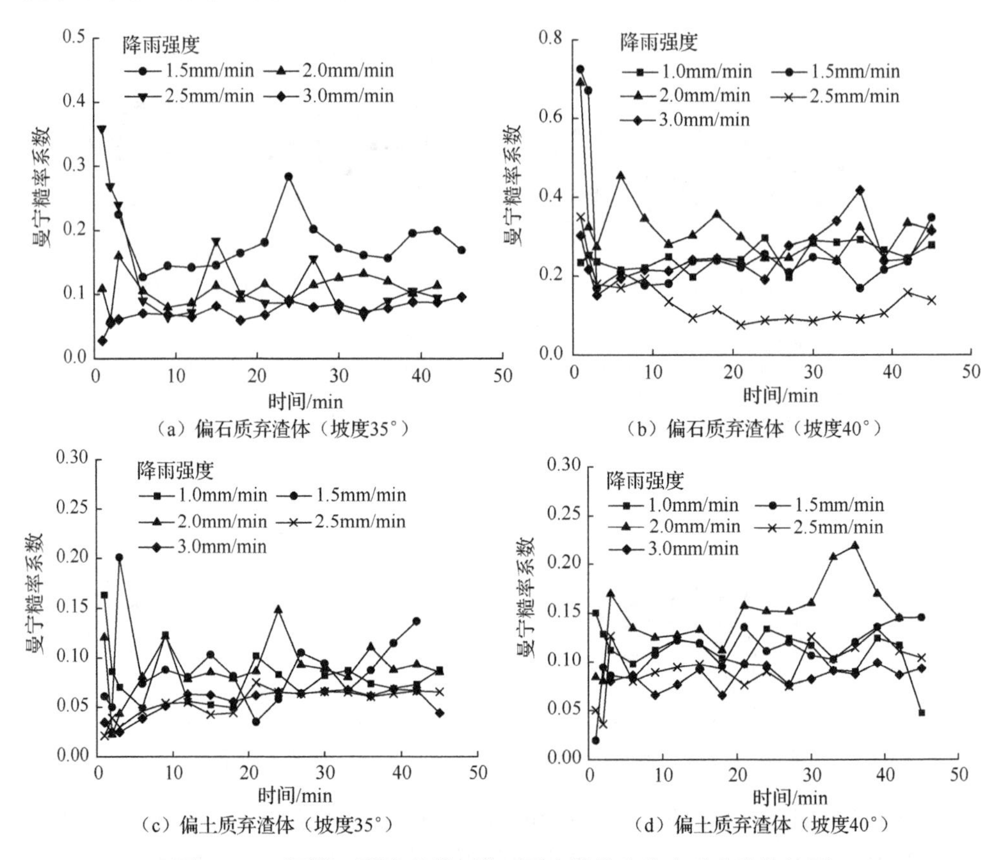

图 4-64　不同降雨强度条件下偏石质弃渣体和偏土质弃渣体坡面曼宁糙率系数随时间的变化

1.5～3.0mm/min 降雨强度条件下，35°偏石质弃渣体坡面平均曼宁糙率系数分别为 0.18、0.11、0.13、0.07，40°坡不同降雨强度下的平均曼宁糙率系数分别为 0.25、0.28、0.33、0.14、0.25，这表明坡度的增大对坡面径流的曼宁糙率系数的增大有明显的促进作用。对于 35°偏土质弃渣体，降雨强度为 1.0mm/min、1.5mm/min、2.0mm/min、2.5mm/min、3.0mm/min 时，平均曼宁糙率系数分别为 0.08、0.09、0.09、0.05、0.05，相同降雨强度下 40°坡平均曼宁糙率系数较 35°坡分别增加 37.84%、21.31%、64.89%、73.82%、57.60%。

4）水动力学参数

（1）径流剪切力。图 4-65 为弃渣体坡面径流剪切力随降雨强度的变化。不同降雨强度下，35°偏石质弃渣体坡面径流剪切力分别为 22.91N/m^2、17.89N/m^2、16.98N/m^2、14.31N/m^2，随降雨强度的增大而减小，二者呈极显著幂函数关系（R^2=0.96）；40°坡径流剪切力分别为 20.02N/m^2、24.01N/m^2、42.94N/m^2、26.99N/m^2、52.16N/m^2，整体上，随降雨强度的增大而增大，二者呈显著幂函数关系（R^2=0.63）。相同降雨强度条件下，40°坡面径流剪切力较 35°坡面分别增加 4.80%、140.01%、58.90%、264.40%。对于偏土质弃渣体，不同降雨强度下，35°坡面径流剪切力分别为 15.84N/m^2、15.88N/m^2、15.32N/m^2、12.99N/m^2、10.32N/m^2，随降雨强度的增大而减小，二者呈显著线性函数关系（R^2=0.84）；40°坡径流剪切力分别为 14.06N/m^2、16.40N/m^2、15.99N/m^2、15.36N/m^2、15.31N/m^2，整体上，随降雨强度先增大后减小，二者函数关系不明确。1.0mm/min 降雨强度时的 40°坡面径流剪切力较 35°坡面减小 11.24%，其他降雨强度条件下分别增加 3.27%、4.37%、18.24%、48.35%。

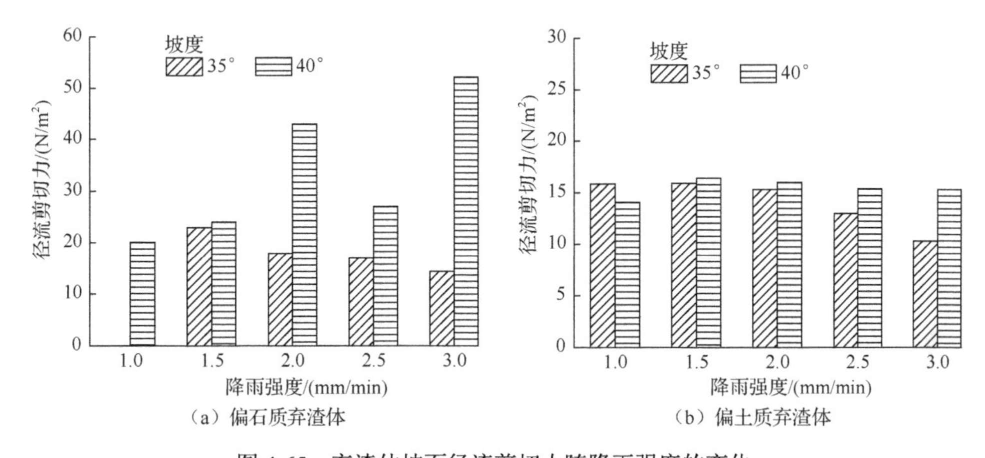

图 4-65　弃渣体坡面径流剪切力随降雨强度的变化

（2）径流功率。图 4-66 为弃渣体坡面径流功率随降雨强度的变化。对于偏石质弃渣体，不同降雨强度下，35°坡面径流功率分别为 2.49W/m^2、2.80W/m^2、2.07W/m^2、2.76W/m^2，随降雨强度的增大变化不明显；40°坡径流功率分别为 1.39W/m^2、1.80W/m^2、3.79W/m^2、3.94W/m^2、6.60W/m^2，整体上，随降雨强度的增大而增大，二者呈极显著指数函数关系（R^2=0.95）。1.5mm/min 降雨强度条件下，40°坡面径流功率较 35°坡面减小 27.71%，其余降雨强度条件下则分别增加 35.36%、90.34%、139.13%。不同降雨强度下，35°偏土质弃渣体坡面径流功率分别为 2.78W/m^2、2.49W/m^2、2.46W/m^2、2.92W/m^2、2.11W/m^2，40°坡径流功率分别为 1.61W/m^2、2.21W/m^2、1.66W/m^2、2.51W/m^2、2.45W/m^2，两坡度坡面径流功率随降雨强度的增大呈波动式变化。1.0～2.5mm/min 降雨强度条件下，40°偏土质弃渣体坡面径流功率较 35°坡面分别减小 42.09%、11.24%、32.52%、14.04%，3.0mm/min 降雨强度条件下增加 16.10%。

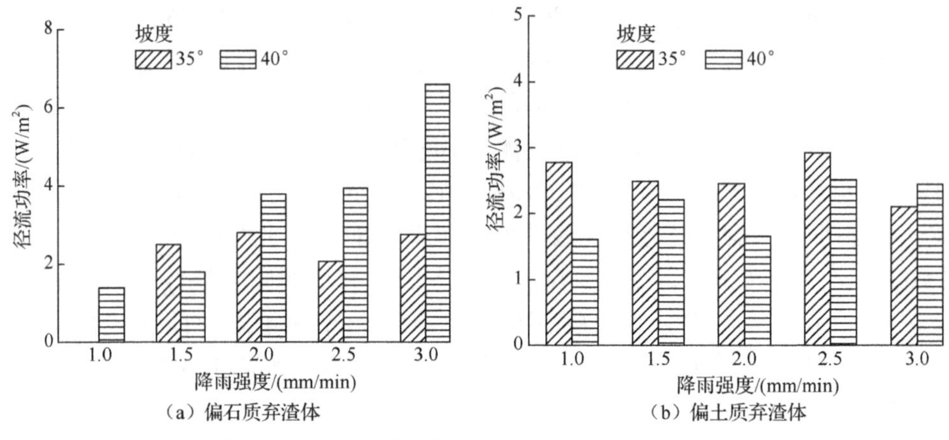

图 4-66　弃渣体坡面径流功率随降雨强度的变化

（3）单位径流功率。图 4-67 为弃渣体坡面单位径流功率随降雨强度的变化。对于偏石质弃渣体，不同降雨强度下，35°坡单位径流功率分别为 0.06m/s、0.09m/s、0.08m/s、0.11m/s；40°坡单位径流功率分别为 0.04m/s、0.05m/s、0.06m/s、0.10m/s、0.08m/s，整体上，随降雨强度的增大而增大，二者呈显著指数函数关系（R^2=0.85）。2.5mm/min 降雨强度条件下，40°坡单位径流功率较 35°坡面增大 25%，其余降雨强度条件下较 35°坡分别减少 16.67%、33.33%、27.27%。对于偏土质弃渣体，不同降雨强度下，35°和 40°坡面单位径流功率随降雨强度的增大变化不明显，分别为 0.09m/s、0.09m/s、0.09m/s、0.13m/s、0.12m/s 和 0.07m/s、0.09m/s、0.07m/s、0.10m/s、0.10m/s。1.0～3.0mm/min 降雨强度条件下，40°坡面单位径流功率较 35°坡面分别减小 22.22%、0%、22.22%、23.08%、16.67%。

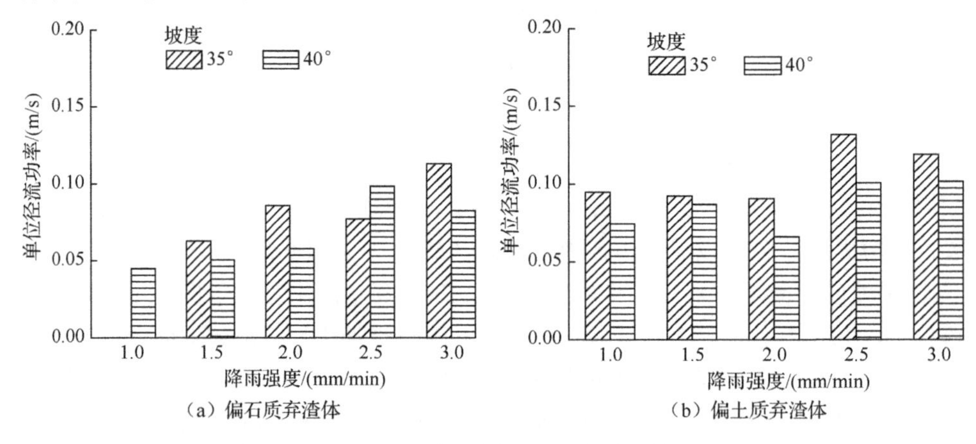

图 4-67　弃渣体坡面单位径流功率随降雨强度的变化

2. 径流冲刷试验

1）径流率

图 4-68 为不同流量条件下两类弃渣体坡面径流率随时间的变化。整体来看，各次试验径流率波动性较大，两类弃渣体各次试验径流率峰值分别为 6.94L/min、12.97L/min、9.58L/min、13.79L/min 和 9.60L/min、10.98L/min、20.92L/min、21.24L/min，相同条件下偏土质弃渣体径流率峰值大多较偏石质弃渣体径流率峰值高；偏石质和偏土质弃渣体径流率变异系数分别为 72.72%、23.34%、44.20%、48.11%和 45.62%、30.21%、22.01%、17.13%，偏石质弃渣体径流率波动程度更高。偏石质弃渣体产流过程中存在断流现象，主要是因为在放水冲刷过程中，随时会发生沟壁坍塌，出现沟道内短暂的断流现象。两类弃渣体次试验平均径流率分别为 2.41L/min、9.66L/min、4.70L/min、6.66L/min 和 3.90L/min、6.40L/min、15.02L/min、16.71L/min，整体上平均径流率随流量的增大而增大。另外，偏石质弃渣体坡面较偏土质弃渣体坡面上产流小，这是因为通过人为作用堆积而成的弃土弃渣体，其堆土的性质与原生坡面发生了很大变化，土壤极其松散，入渗性能大大提升，产生的径流小。偏土质弃渣体的土壤颗粒普遍较细，土壤孔隙度小，入渗相对缓慢。偏石质弃渣体的土壤颗粒均较粗大，土壤孔隙度大，入渗量大而迅速，所以产生的径流较弃土体和偏土质弃渣体的小。

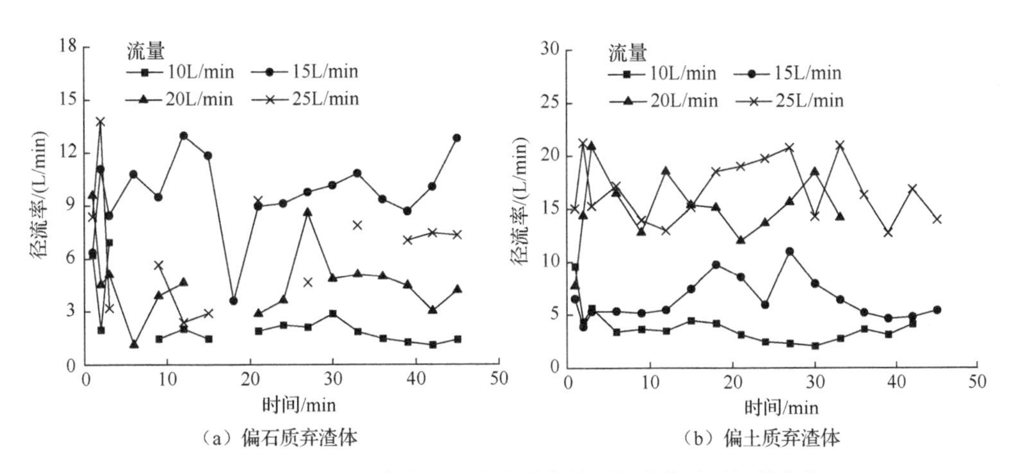

图 4-68　不同流量条件下两类弃渣体坡面径流率随时间的变化

2）水力学参数

（1）流速。图 4-69 为两类弃渣体坡面流速随时间的变化。流量越大，偏石质弃渣体坡面流速波动性越强，各次试验变异系数为 16.26%、10.87%、40.34%、

39.72%，峰值流速分别为 0.19m/s、0.27m/s、0.45m/s、0.34m/s。偏土质弃渣体则在小流量时波动性强，流量由 10L/min 增大至 25L/min，变异系数分别为 27.49%、31.52%、24.79%、17.57%。比较而言，10L/min 和 15L/min 流量条件下偏土质弃渣体坡面流速波动性较强，20L/min 和 25L/min 流量条件下偏石质弃渣体坡面流速波动性较强。两类弃渣体各流量条件下平均流速分别为 0.14m/s、0.22m/s、0.18m/s、0.20m/s 和 0.06m/s、0.19m/s、0.24m/s、0.24m/s，15L/min 时偏石质弃渣体平均流速最大，而偏土质弃渣体平均流速基本随流量增大而增大。

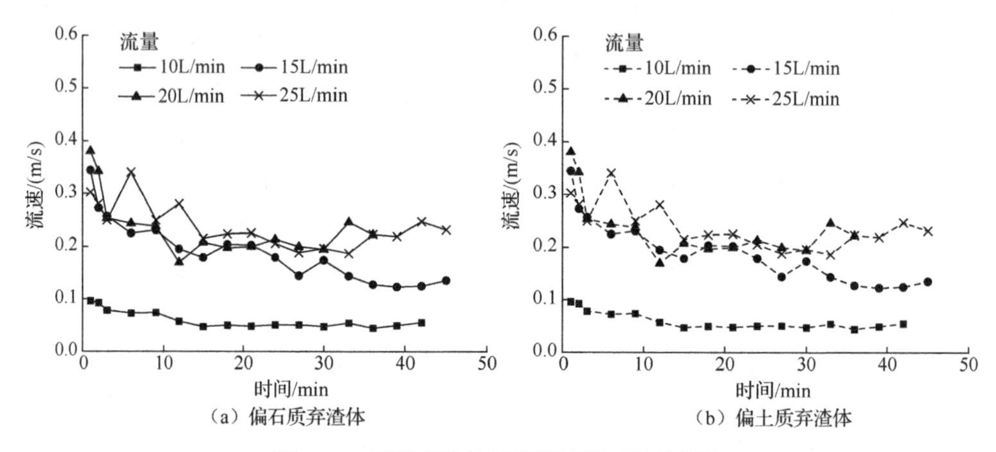

图 4-69　两类弃渣体坡面流速随时间的变化

（2）雷诺数和弗劳德数。图 4-70 为不同流量条件下两类弃渣体坡面径流雷诺数随时间的变化。由图可知，流量越大，偏石质弃渣体坡面径流雷诺数基本呈波动性越强的趋势，各次试验变异系数为 21.42%、17.83%、27.52%、37.83%，峰值雷诺数分别为 2320.80、3357.03、2797.41、3289.24。偏土质弃渣体在 10L/min 和 20L/min 流量时波动性强，放水流量由 10L/min 增大至 25L/min，变异系数分别为 56.71%、31.43%、46.31%、24.13%，且在 10L/min 流量条件下径流雷诺数在 10min 后即小于 500，属于层流范畴。比较而言，10～20L/min 流量条件下偏土质弃渣体坡面径流雷诺数波动性较强，25L/min 流量条件下偏石质弃渣体坡面径流雷诺数波动性较强。两类弃渣体各流量条件下平均雷诺数分别为 1805.55、2525.96、1624.45、2171.40 和 657.15、1903.54、2450.92、3214.41，15L/min 时偏石质弃渣体径流平均雷诺数最大，而偏土质弃渣体径流平均雷诺数随流量增大而增大，回归分析表明，二者均呈极显著对数函数关系（R^2=0.99）。

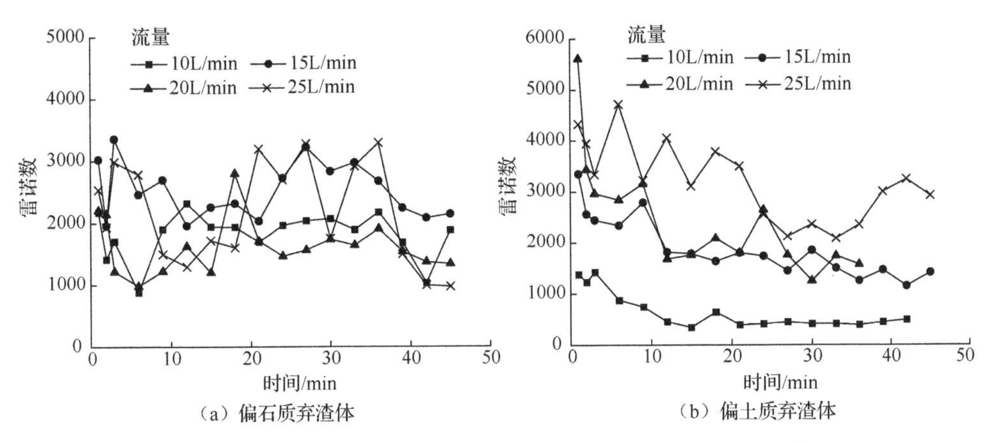

图 4-70　不同流量条件下两类弃渣体坡面径流雷诺数随时间的变化

图 4-71 为不同流量条件下两类弃渣体坡面径流弗劳德数随时间的变化。整体上看，两类弃渣体弗劳德数波动程度比雷诺数低，变异系数分别为 16.83%、13.60%、52.76%、41.98%和 15.70%、30.37%、21.13%、13.83%。另外，20L/min 流量条件下偏石质弃渣体在 15～18min 时弗劳德数大于 1，属于急流，其余条件和时间下均为缓流，而偏土质弃渣体在各流量条件下任何时段内径流流态均属缓流。流量由 10L/min 增大至 25L/min，坡面径流平均弗劳德数分别为 0.38、0.57、0.61、0.59 和 0.18、0.57、0.67、0.58；两类弃渣体平均弗劳德数随流量增大至 0.61 和 0.67 后，在 25L/min 流量时又呈现下降趋势。结合雷诺数和弗劳德数结果可知，两类弃渣体坡面径流紊动性较强，但均未达到急流状态。

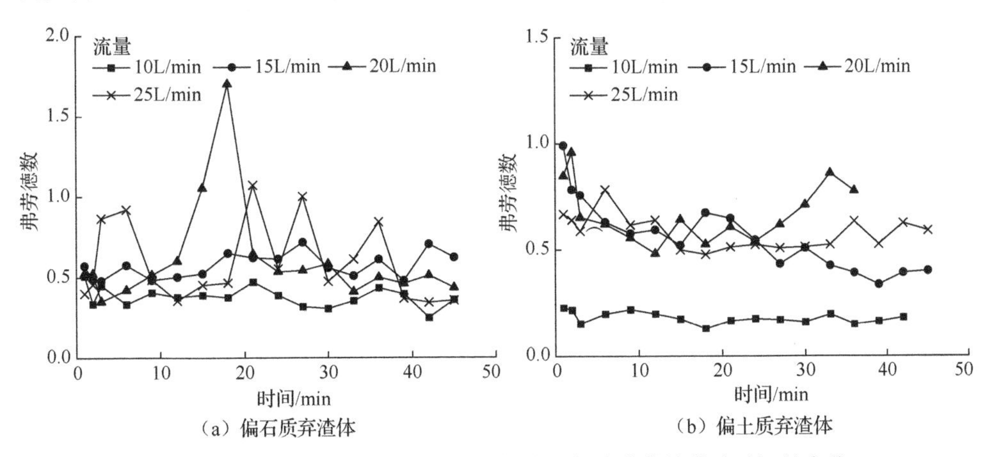

图 4-71　不同流量条件下两类弃渣体坡面径流弗劳德数随时间的变化

(3) 阻力系数和曼宁糙率系数。图 4-72 为两类弃渣体坡面径流阻力系数随时间的变化。由图可知，流量越大，偏石质弃渣体坡面径流阻力系数波动性越强，各次试验变异系数为 39.55%、24.31%、46.21%、62.02%，峰值阻力系数分别为 71.43、19.0、35.38、39.60。偏土质弃渣体则在 15L/min 和 20L/min 流量时波动性强，流量由 10L/min 增大至 25L/min，变异系数分别为 32.51%、57.77%、36.45%、27.33%。10L/min、20L/min 和 25L/min 流量条件下偏石质弃渣体坡面径流阻力系数波动性较偏土质弃渣体径流阻力系数波动性强。两类弃渣体各流量条件下平均阻力系数分别为 33.13、14.11、17.44、19.75 和 129.92、15.40、9.78、11.77。

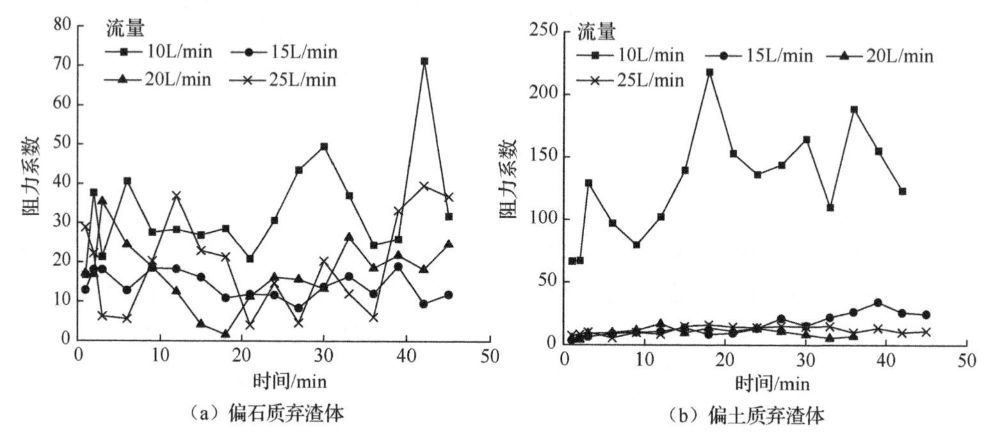

图 4-72　两类弃渣体坡面径流阻力系数随时间的变化

图 4-73 为两类弃渣体坡面曼宁糙率系数随时间的变化。整体上看，两类弃渣体坡面曼宁糙率系数的波动程度较雷诺数缓和很多，变异系数分别为 19.10%、13.67%、29.00%、35.30%和 16.47%、30.83%、20.12%、14.48%。偏石质弃渣体坡面曼宁糙率系数在大流量（20L/min 和 25L/min）时波动程度高，偏土质弃渣体则在小流量（15L/min）时较高，呈现完全不同的趋势。流量由 10L/min 增大至 25L/min，两类弃渣体坡面平均曼宁糙率系数分别为 0.31、0.20、0.21、0.22 和 0.58、0.20、0.16、0.19，比较发现 10L/min 流量条件下两类弃渣体平均曼宁糙率系数明显高于其他流量，其他三个流量条件下的坡面平均曼宁糙率系数基本相同，无明显的差异。

3）水动力学参数

表 4-6 为不同流量下两类弃渣体坡面径流水动力学参数特征值。对于径流剪切力，各流量条件下偏石质弃渣体径流剪切力分别为 60.96～115.08N/m^2、78.68～133.90N/m^2、35.81～85.98N/m^2、67.60～118.15N/m^2，其中 20L/min 流量时波动程度最大（变异系数为 19.78%）；偏土质弃渣体径流剪切力变化范围为 46.50～117.11N/m^2、53.21～80.03 N/m^2、49.65～113.50N/m^2、77.19～123.72N/m^2，其中 10L/min 和 20L/min 流量条件下波动程度相对较高。比较发现，偏石质弃渣体次试

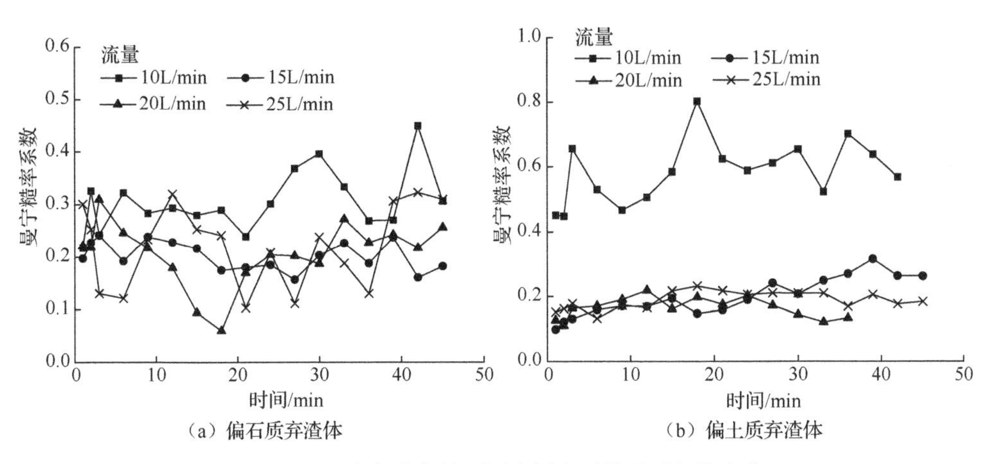

（a）偏石质弃渣体　　（b）偏土质弃渣体

图 4-73　两类弃渣体坡面曼宁糙率系数随时间的变化

验平均径流剪切力随流量变化趋势不明显，其中 15L/min 流量时最大（100.94N/m^2）；偏土质弃渣体坡面平均径流剪切力则随流量增大而增大，二者呈显著的指数函数关系（R^2=0.88）。

表 4-6　不同流量下两类弃渣体坡面径流水动力学参数特征值

指标	特征值	偏石质弃渣体				偏土质弃渣体			
		10L/min	15L/min	20L/min	25L/min	10L/min	15L/min	20L/min	25L/min
径流剪切力	最大值/（N/m^2）	115.08	133.90	85.98	118.15	117.11	80.03	113.50	123.72
	最小值/（N/m^2）	60.96	78.68	35.81	67.60	46.50	53.21	49.65	77.19
	平均值/（N/m^2）	89.36	100.94	66.55	83.00	65.65	66.00	77.79	97.52
	变异系数/%	14.82	13.96	19.78	15.22	29.96	9.93	24.49	12.11
径流功率	最大值/（W/m^2）	16.39	28.86	20.11	25.05	9.19	22.15	43.21	34.39
	最小值/（W/m^2）	6.21	16.82	7.06	7.41	2.21	7.63	9.66	15.24
	平均值/（W/m^2）	12.75	21.71	11.69	16.54	4.23	12.59	18.89	23.48
	变异系数/%	21.42	17.83	27.48	37.80	56.71	31.41	46.27	24.11
单位径流功率	最大值/（m/s）	0.12	0.18	0.30	0.23	0.06	0.20	0.22	0.20
	最小值/（m/s）	0.06	0.12	0.08	0.07	0.03	0.07	0.10	0.11
	平均值/（m/s）	0.09	0.14	0.12	0.13	0.03	0.11	0.14	0.14
	变异系数/%	16.25	10.86	40.27	39.69	27.48	31.49	24.76	17.55

对于径流功率，各流量条件下偏石质弃渣体径流功率分别为 6.21～16.39W/m^2、16.82～28.86W/m^2、7.06～20.11W/m^2、7.41～25.05W/m^2，变异系数基本随流量的增大而增大，最大可达 37.80%；偏土质弃渣体径流功率变化范围为 2.21～9.19W/m^2、7.63～22.15W/m^2、9.66～43.21W/m^2、15.24～34.39W/m^2，其

中 10L/min 和 20L/min 流量条件下波动程度相对较高，整体上偏土质弃渣体坡面径流功率波动程度高于偏石质弃渣体。比较发现，偏石质弃渣体次试验平均径流功率随流量变化趋势不明显，其中 15L/min 流量时最大（21.71W/m^2）；偏土质弃渣体坡面平均径流功率则随流量增大而增大，二者呈极显著的对数函数关系（R^2=0.99）。

对于单位径流功率，各流量条件下偏石质弃渣体单位径流功率分别为 0.06～0.12m/s、0.12～0.18m/s、0.08～0.30m/s、0.07～0.23m/s，20L/min 和 25L/min 流量时波动程度较高（变异系数为 40.27%和 39.69%）明显高于 10L/min 和 15L/min 流量条件下单位径流功率的波动程度；偏土质弃渣体单位径流功率变化范围为 0.03～0.06m/s、0.07～0.20m/s、0.10～0.22m/s、0.11～0.20m/s，其中，15L/min 流量条件下波动程度相对较高。偏石质弃渣体次试验平均单位径流功率随流量变化趋势不明显，其中 15L/min 流量时最大（0.14m/s）；偏土质弃渣体坡面平均单位径流功率则随流量增大而增大，二者呈极显著的对数函数关系（R^2=0.90）。

4.1.6　煤矸石堆积体径流特征

1. 模拟降雨试验

1）产流时间

图 4-74 为 40°煤矸石坡面产流时间随降雨强度的变化。煤矸石堆更为疏松，大多为风化后的碎屑，入渗量特别大，产流时间较长。随着降雨强度由 1.5mm/min 增大至 3.0mm/min，产流时间逐渐由 62.32min 缩减至 35.02min。回归分析表明，煤矸石坡面产流时间与降雨强度呈显著的指数函数关系（R^2=0.97，$P<0.05$）。

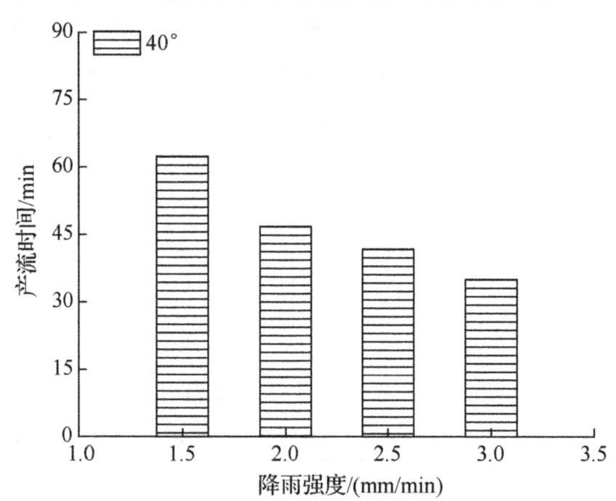

图 4-74　40°煤矸石坡面产流时间随降雨强度的变化

2）径流率

图 4-75 为 40°煤矸石坡面径流率随时间的变化。整体上径流率随时间的增加

呈逐渐增大并趋于稳定的变化过程。3.0mm/min 条件下，初始径流率达到 3.89L/min，呈现出异常现象，这主要是因为煤矸石坡面多为大颗粒碎石和煤矸石，入渗性能好，前期入渗量大，产流初期坡面出现泥石流现象，坡面水沙突然涌出小区，此时径流率较大。整体上，各降雨强度条件下的煤矸石坡面径流率随时间的波动程度差异不大，变异系数分别为 27.32%、41.40%、34.44%、30.25%。图 4-76 为次降雨煤矸石坡面平均径流率随降雨强度的变化，1.5～3.0mm/min 降雨强度下，平均径流率分别为 2.15L/min、2.60L/min、3.13L/min、3.59L/min，回归分析表明，平均径流率与降雨强度之间呈显著的线性函数关系（R^2=0.99，P<0.05）。

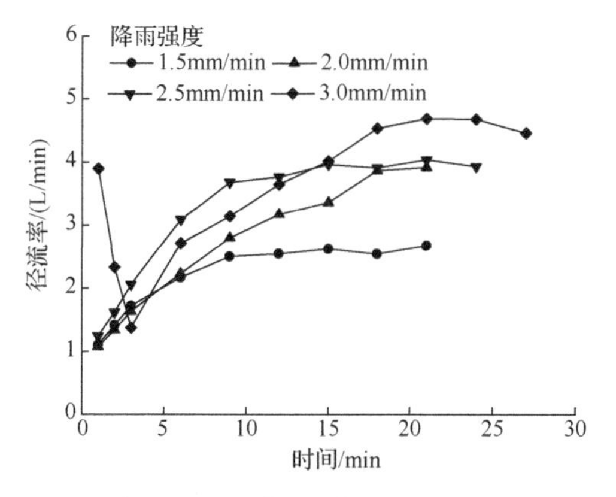

图 4-75　40°煤矸石坡面径流率随时间的变化

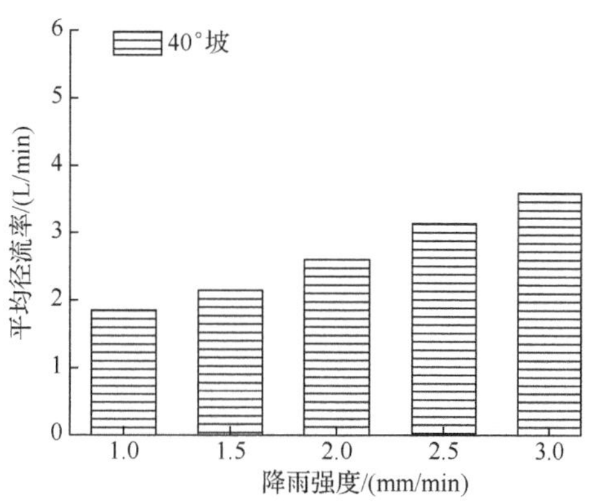

图 4-76　次降雨煤矸石坡面平均径流率随降雨强度的变化

2. 径流冲刷试验

1）径流率

由于煤矸石极易被风化，大块煤矸石在较短的时间内被风化成松散状的堆积体，加之煤矸石的吸水性极强，在小流量的水冲刷其坡面时，水流全部入渗，没有径流产生，当流量增大至 25L/min 时，才会出现断续的、较小的径流。图 4-77 为 25～40L/min 流量条件下煤矸石坡面径流率随时间的变化。由图可知，不同流量条件下坡面径流率随时间的变化呈多峰多谷的变化趋势，不同流量条件下坡面径流率峰值分别可达到 19.49L/min、22.68L/min、26.83L/min、71.64L/min，随流量的增大而增大。40L/min 流量条件下，坡面径流率最大值达到 71.64L/min，这主要是因为 40°煤矸石坡面颗粒组成复杂，分布不均，在较大径流冲刷条件下会形成细沟侵蚀，细沟的形成将加剧侵蚀沟发育，从而使下垫面物质更加不稳定，更易被侵蚀搬运，甚至在坡下部出现泥石流现象，坡面径流突然增大。35L/min 流量试验第 15min 坡面径流急剧增大至 17.38L/min，在随后的 10min 内径流率很小，第 30min 坡面出现大量泥石流涌出现象，导致径流率急剧增大至 26.83L/min。另外，各次试验径流率变异系数分别为 121.23%、99.59%、121.18%、110.73%，基本上属于强烈变异。次试验坡面平均径流率随着流量增大而增大，坡面平均径流率分别为 4.29L/min、7.41L/min、6.88L/min、19.28L/min。

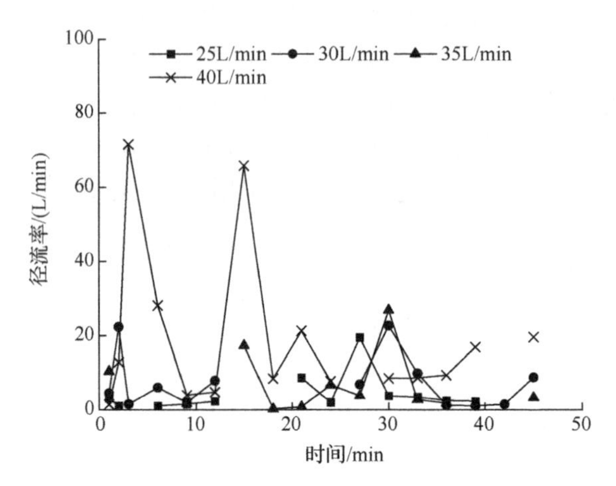

图 4-77 25～40L/min 流量条件下煤矸石坡面径流率随时间的变化

2）水力学参数

图 4-78 为不同流量下煤矸石坡面径流水力学参数随时间的变化。整体上，各水力学参数随时间的变化均呈波动式的变化，这也说明了弃渣体坡面侵蚀过程的复杂多变性。各流量条件下流速峰值分别为 0.29m/s、0.26m/s、0.27m/s、0.38m/s，40L/min 流量时流速最大；流速的变异系数分别为 16.09%、22.25%、14.23%、17.15%，各次试验波动程度基本一致；各流量条件下，平均流速分别为 0.24m/s、0.18m/s、0.21m/s、0.30m/s，平均流速并非随着流量的增大而增大，这与不同流量条件下形成的下垫面粗糙度及其对径流的阻力作用密切相关。

径流雷诺数和弗劳德数随时间的变化与径流流速变化基本一致，各次试验雷诺数峰值分别为 3498.11、2895.22、3290.31、5597.29，变异系数分别为 26.29%、30.69%、27.07%、20.61%，30L/min 时，雷诺数峰值最低，波动程度最大，与流速变化一致。25～35L/min 流量条件下各次试验弗劳德数均小于 1，40L/min 流量条件下，第 1min 和 3min 坡面径流流态达到急流，其余时段均为缓流，不同条件下径流雷诺数均大于 500，均属紊流范畴，这表明煤矸石坡面径流紊动性较高，但流态较缓和。25～40L/min 流量条件下，径流平均雷诺数和平均弗劳德数分别为 2441.76、1801.48、2340.60、4417.33 和 0.67、0.58、0.59、0.78，随流量的变化与流速完全一致，即 30L/min 流量条件下，平均雷诺数和平均弗劳德数最低。

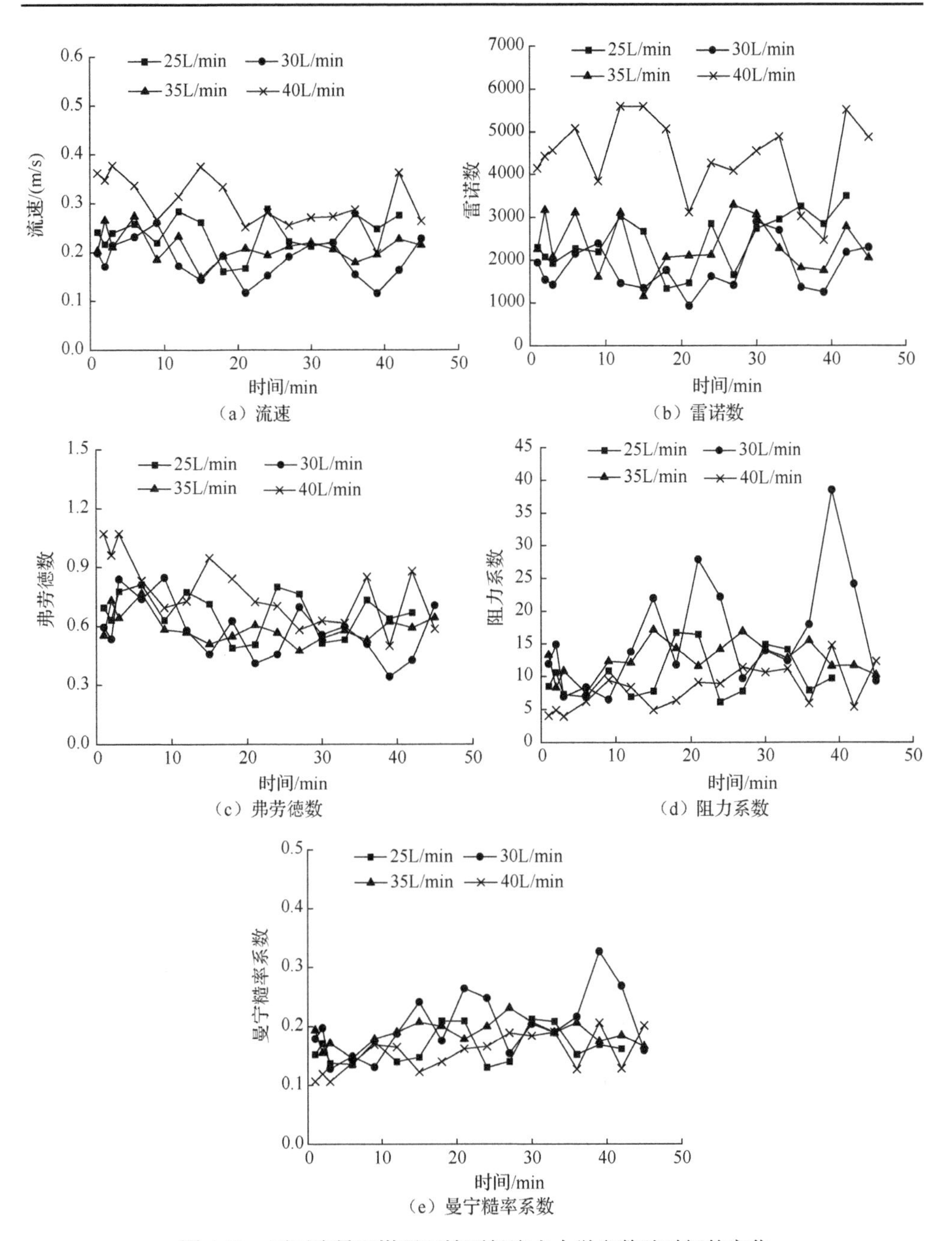

（a）流速
（b）雷诺数
（c）弗劳德数
（d）阻力系数
（e）曼宁糙率系数

图 4-78　不同流量下煤矸石坡面径流水力学参数随时间的变化

阻力系数和曼宁糙率系数随时间的变化基本一致，其在不同流量条件下的峰值分别为 16.74、38.52、17.17、14.76 和 0.21、0.33、0.23、0.21，变异系数分别为 35.99%、53.31%、21.12%、39.64%和 17.73%、26.91%、11.40%、21.45%，平

均值分别为 10.17、16.01、12.61、8.10 和 0.17、0.20、0.19、0.15，30L/min 流量时峰值、变异系数和均值均最大。次试验阻力系数和曼宁糙率系数随流量的变化趋势与流速、雷诺数及弗劳德数完全不同。

3）水动力学参数

图 4-79 为煤矸石坡面放水条件下水动力力学参数随时间的变化。整体上，各水动力学参数随时间均呈波动式变化。对于径流剪切力，25～40L/min 流量条件下随时间的变化范围分别为 61.54～110.87N/m^2、50.86～103.16N/m^2、68.38～137.29N/m^2、76.97～135.11N/m^2；径流剪切力的变异系数分别为 17.64%、19.59%、17.92%、16.22%；次试验平均径流剪切力分别为 84.77N/m^2、74.77N/m^2、97.47N/m^2、106.94N/m^2，径流剪切力整体上随着流量的增大而增大。

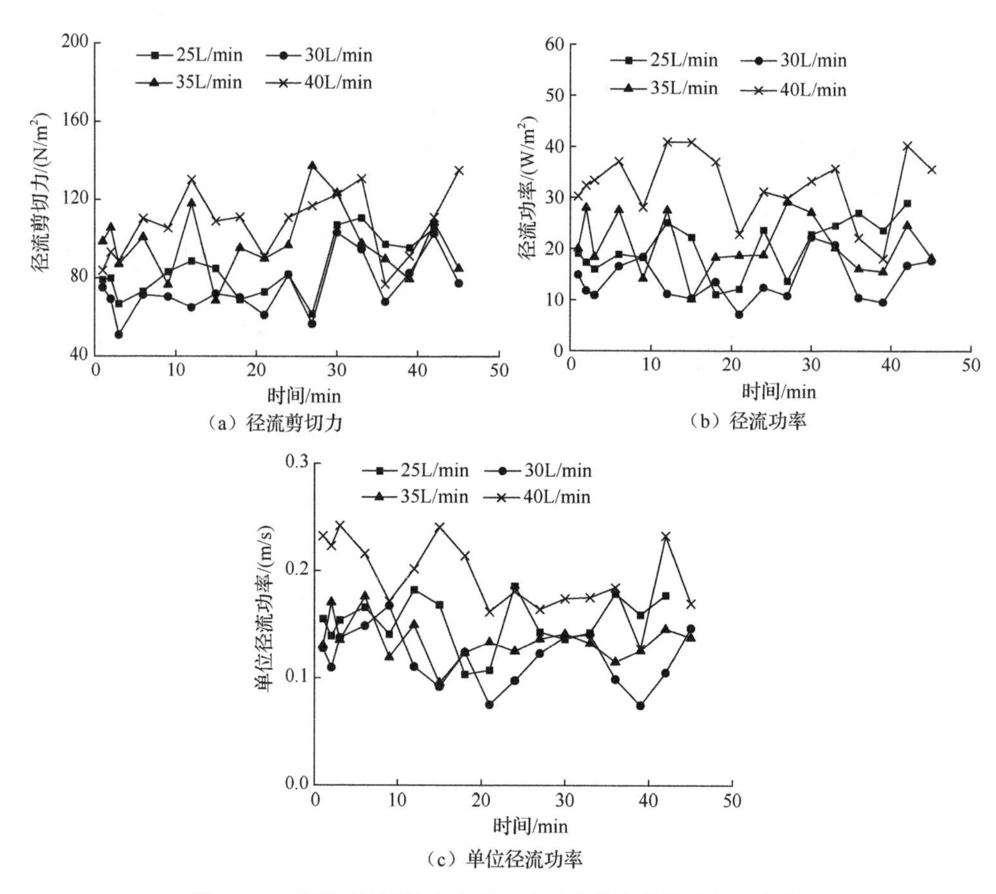

图 4-79　煤矸石坡面放水条件下水动力学参数随时间的变化

对于径流功率，其 25～40L/min 流量条件下随时间的变化范围分别为 11.08～29.04W/m^2、7.14～22.23W/m^2、10.16～29.13W/m^2、18.07～40.91W/m^2；径流功率

的变异系数分别为 26.28%、30.68%、27.06%、20.59%，各次试验中 30L/min 流量波动程度最高；次试验平均径流功率分别为 20.28W/m^2、13.83W/m^2、20.72W/m^2、32.29W/m^2。

对于单位径流功率，25～40L/min 流量条件下随时间的变化范围分别为 0.10～0.19m/s、0.07～0.17m/s、0.10～0.18m/s、0.13～0.24m/s；单位径流功率的变异系数分别为 16.08%、22.24%、14.22%、17.12%，30L/min 流量波动程度最高；平均单位径流功率分别为 0.15m/s、0.12m/s、0.13m/s、0.19m/s。

4.1.7　不同下垫面径流特征的差异性

1. 模拟降雨试验

1）产流时间

产流时间随着降雨强度的增大而减小，受坡度的影响较小。摒弃坡度影响，求得不同降雨强度条件下，不同下垫面的产流时间取平均值，得到不同降雨强度条件下不同下垫面的产流时间见表 4-7。产流时间和径流率并无关系，产流时间是指降雨到产流前的时间，而径流率是指在产流后，单位时间径流量的大小。虽然二者的直接影响因素都是下垫面的条件（物理组成、结构状况、孔隙大小等），但是产流时间受前期含水量的影响。另外，弃土弃渣体受到钢槽边界作用的影响，产流时间偏小，且其物理结构组成比较复杂，产流产沙过程较为特殊，对产流的影响还受到小型滑坡等因素的影响。如表 4-1 所示，土质道路的产流时间较短，其经过人为夯实，路面容重较大，致密度高，水分不易下渗。扰动坡面产流时间较长，其质地松散，容重小，表层蓄水能力强，下渗较快。偏土质弃渣体和煤矸石产流时间也较长，这是因为其下垫面孔隙较大，更容易下渗。

表 4-7　不同降雨强度条件下不同下垫面的产流时间

降雨强度/（mm/min）	产流时间/min						
	原生坡面	扰动坡面	土质道路	弃土体	偏土质弃渣体	偏石质弃渣体	煤矸石
0.5	—	—	2.99	—	—	—	—
1.0	28.38	22.32	1.92	39.27	34.08	61.17	—
1.5	10.20	13.48	1.31	23.55	29.93	49.34	62.32
2.0	3.16	10.47	0.64	10.88	17.90	34.86	46.77
2.5	1.73	7.55	0.46	3.27	16.72	33.30	41.69
3.0	1.06	4.55	0.26	2.35	12.24	30.03	35.02

2）径流率

各种典型的下垫面坡度，均选取矿区该下垫面典型的坡度。由于坡度对径流的影响较小，这里摒弃坡度的影响，将各种下垫面不同坡度条件下的径流率取平均值，得出不同降雨强度条件下不同下垫面的径流率如表 4-8 所示。可见，同一下垫面的径流率随着降雨强度的增加而增大。在 0.5mm/min 的降雨强度条件下，除了土质道路外，均不产流。在 1.0mm/min 的降雨强度条件下，煤矸石仍不产流。另外，弃土弃渣体的平均径流率较自然下垫面情况下偏大，由于钢槽作用，使其降雨整体向下渗漏，渗漏速率相对自然情况下较小，故径流率偏大。由表可知，各下垫面在 1.5～3.0mm/min 降雨强度条件下的平均径流率大小排序为弃土体>土质道路>偏土质弃渣体>偏石质弃渣体>原生坡面>扰动坡面>煤矸石。与原生坡面相比，扰动坡面和煤矸石坡面平均径流率减少 12.07%和 17.53%，弃土体、土质道路、偏土质弃渣体、偏石质弃渣体平均径流率分别增加 55.17%、53.45%、52.87%、29.02%。

表 4-8　不同降雨强度条件下不同下垫面的径流率

降雨强度/（mm/min）	径流率/（L/min）						
	原生坡面	扰动坡面	土质道路	弃土体	偏土质弃渣体	偏石质弃渣体	煤矸石
0.5	—	—	1.25	—	—	—	—
1.0	0.32	0.44	2.07	2.22	2.31	1.83	—
1.5	1.11	1.40	3.14	3.09	3.40	3.14	2.15
2.0	3.02	2.72	4.58	4.80	4.71	4.37	2.60
2.5	4.03	3.24	5.89	6.02	6.48	4.83	3.13
3.0	5.74	4.87	7.75	7.70	6.68	5.63	3.59
平均值	3.48	3.06	5.34	5.40	5.32	4.49	2.87

注：平均值为 1.5～3.0mm/min 降雨强度下的计算结果。

3）水力学参数

表 4-9 为不同降雨强度下不同下垫面的流速变化。从各下垫面坡面流速随降雨强度的变化规律来看，6 种下垫面流速均呈随降雨强度增大而增大的趋势。对于具有相同坡度的原生坡面和扰动坡面，在相同降雨强度条件下，原生坡面被扰动后流速明显增大，除 1.0mm/min 降雨强度外，流速增大 0.25～1.33 倍。对于坡度更大的土质道路坡面，其次降雨流速较原生坡面增大 0.92～2.60 倍。对于相同坡度的弃土弃渣体，偏土质弃渣体流速相对减小，主要是由于坡面颗粒组成较为复杂，中值粒径较大，对径流流速的影响相对较大，相同降雨条件下，弃土体、偏土质弃渣体和偏石质弃渣体流速分别是原生坡面的 0.42～2.60 倍、0.50～2.16 倍和 0.33～1.33 倍。各下垫面坡面平均流速大小为土质道路＞弃土体=偏土质弃渣体＞偏石质弃渣体＞扰动坡面＞原生坡面。

表 4-9　不同降雨强度下不同下垫面的流速变化

降雨强度 /（mm/min）	流速/（m/s）					
	原生坡面	扰动坡面	土质道路	弃土体	偏土质弃渣体	偏石质弃渣体
0.5	—	—	0.13	—	—	—
1.0	0.05	0.05	0.16	0.16	0.14	0.07
1.5	0.05	0.09	0.18	0.18	0.15	0.09
2.0	0.07	0.12	0.22	0.15	0.13	0.12
2.5	0.06	0.14	0.20	0.16	0.19	0.14
3.0	0.12	0.15	0.23	0.17	0.18	0.16
平均值	0.07	0.11	0.19	0.16	0.16	0.12

表 4-10 为不同降雨强度下不同下垫面的雷诺数变化。整体上，降雨强度越大，坡面径流紊动性越强，但除弃土体和偏石质弃渣体外，其余 4 种下垫面坡面雷诺数在试验条件下均小于 500，属于层流范畴。与原生坡面相比，相同降雨条件下扰动坡面雷诺数降低 42.28%～72.11%，土质道路在除 2.0mm/min 降雨强度外径流雷诺数提高 2.62%～41.69%。弃土体坡面径流雷诺数则较原生坡面增大 0.97～3.33 倍，而偏土质弃渣体在 1.0mm/min 和 1.5mm/min 降雨强度下雷诺数分别高于原生坡面的 110%和 60%，其余降雨强度下均较原生坡面低 4.04%～32.79%；但相同降雨强度下的偏石质弃渣体径流雷诺数则高于原生坡面 8.86%～100.01%。弃土体和偏石质弃渣体平均雷诺数显著高于原生坡面，土质道路和偏土质弃渣体与原生坡面相差较小，而扰动坡面较原生坡面减少 60.70%。

表 4-10　不同降雨强度下不同下垫面的雷诺数变化

降雨强度 /（mm/min）	雷诺数					
	原生坡面	扰动坡面	土质道路	弃土体	偏土质弃渣体	偏石质弃渣体
0.5	—	—	142.96	—	—	—
1.0	139.40	38.88	197.51	424.26	292.84	199.49
1.5	190.12	90.31	211.99	772.70	304.12	333.48
2.0	423.17	118.23	312.30	832.15	284.40	500.95
2.5	397.84	141.96	408.26	979.94	381.78	433.07
3.0	340.70	196.66	430.48	1475.35	314.66	681.45
平均值	298.24	117.21	283.92	896.88	315.56	429.69

表 4-11 为不同降雨强度下不同下垫面的弗劳德数变化。由表可知，整体上，原生坡面、弃土体和偏石质弃渣体坡面径流均为缓流，而扰动坡面在 2.0～3.0mm/min 降雨强度条件下、土质道路及偏土质弃渣体坡面流态几乎属急流范畴。原生坡面被扰动后，坡面径流流态明显变急，弗劳德数平均值提高 1.39 倍；相同降雨强度条件下，弃土体径流平均弗劳德数较原生坡面增大 75%，两类弃渣体平

均弗劳德数则较原生坡面提高 1.64 倍和 48%。相比其他下垫面，土质道路坡面径流流态最急，较原生坡面提高 1.35～5.03 倍，主要是因为土质道路遭受矿区机械碾压，土壤容重较大，入渗率较低，遇降雨极易产流，相同降雨强度条件下其径流流态最急。

表 4-11　不同降雨强度下不同下垫面的弗劳德数变化

降雨强度 /（mm/min）	弗劳德数					
	原生坡面	扰动坡面	土质道路	弃土体	偏土质弃渣体	偏石质弃渣体
0.5	—	—	1.28	—	—	—
1.0	0.55	0.52	1.53	0.96	1.01	0.40
1.5	0.29	0.92	1.75	0.91	1.07	0.49
2.0	0.34	1.23	1.99	0.69	0.91	0.62
2.5	0.26	1.35	1.55	0.67	1.40	0.84
3.0	0.77	1.25	1.81	0.64	1.39	0.89
平均值	0.44	1.05	1.65	0.77	1.16	0.65

表 4-12 为不同降雨强度下不同下垫面的阻力系数变化。整体上，5 种扰动和开挖堆积的坡面径流阻力系数大多较原生坡面小，尤其是相同坡度条件下的扰动坡面，其径流阻力系数较扰动前降低 9.64%～96.84%。原生坡面一般土壤结构良好，抗蚀性较强，且存在一定的植被，大大降低了径流侵蚀作用，相应径流受到的阻力也相对较高；坡面被扰动后土体变得松散和粗糙，同时也变得易蚀，径流也较易流动。对于偏石质弃渣体，其坡面颗粒物质组成粒径范围较大，且大颗粒（粒径＞2mm）占多数，对坡面径流的阻碍作用远大于土壤颗粒，尽管平均阻力系数较原生坡面降低 4.81%，但在小降雨强度时，弃渣体坡面阻力系数可达 33.68。偏土质弃渣体含有更多的砂粒，故坡面径流阻力系数相对较小，较原生坡面降低 31.34%～88.17%。在弃土体坡面，由于颗粒组成较弃渣体更细，且坡面细沟侵蚀剧烈，因此径流受到的阻力较弃渣体高，但平均阻力系数较原生坡面降低 40.65%。

表 4-12　不同降雨强度下不同下垫面的阻力系数变化

降雨强度 /（mm/min）	阻力系数					
	原生坡面	扰动坡面	土质道路	弃土体	偏土质弃渣体	偏石质弃渣体
0.5	—	—	0.70	—	—	—
1.0	10.17	9.19	0.54	8.47	6.07	33.68
1.5	36.22	2.84	0.42	10.02	6.30	32.23
2.0	42.66	1.35	0.34	14.69	9.02	26.90
2.5	31.95	1.17	0.57	20.04	3.78	12.02
3.0	4.69	1.18	0.39	21.36	3.22	14.85
平均值	25.14	3.15	0.49	14.92	5.68	23.93

土质道路曼宁糙率系数在各降雨强度条件下均小于 1，这主要与道路本身的物理性质有关，土质道路容重一般较大，降雨后极易产生径流，在雨滴击打作用下形成较为光滑的坡面。因此，土质道路坡面径流阻力较原生坡面更低，相比而言平均降低 98.05%。坡面曼宁糙率系数的变化与阻力系数的变化基本一致（表 4-13），在各降雨条件下，扰动坡面、土质道路、弃土体、偏土质弃渣体和偏石质弃渣体坡面平均曼宁糙率系数分别较原生坡面降低 80.95%、85.71%、19.05%、57.14%和 4.76%。

表 4-13　不同降雨强度下不同下垫面的曼宁糙率系数变化

降雨强度 /（mm/min）	曼宁糙率系数					
	原生坡面	扰动坡面	土质道路	弃土体	偏土质弃渣体	偏石质弃渣体
0.5	—	—	0.03	—	—	—
1.0	0.17	0.05	0.03	0.12	0.10	0.25
1.5	0.24	0.05	0.02	0.13	0.10	0.23
2.0	0.29	0.04	0.02	0.18	0.12	0.22
2.5	0.25	0.04	0.03	0.21	0.07	0.14
3.0	0.08	0.04	0.02	0.23	0.07	0.16
平均值	0.21	0.04	0.03	0.17	0.09	0.20

4）水动力学参数

表 4-14 为不同降雨强度下不同下垫面的径流水动力学参数变化。对于径流剪切力，扰动坡面径流剪切力较原生坡面降低 41.62%～87.84%，主要是因为坡面受扰动后，在降雨条件下形成多条细沟，径流比较分散，尽管细沟较原生坡面发育，但径流深较小，使径流剪切力减弱。土质道路坡面坡度较小，径流剪切力主要由坡面径流深和坡度决定，尤其是坡度的变化对径流剪切力的影响较大，各降雨强度条件下土质道路坡面径流剪切力较原生坡面降低 48.36%～87.72%。与原生坡面相比，弃土弃渣体坡面坡度较大，因此平均径流剪切力较原生坡面增大 3.26 倍、0.50 倍和 1.63 倍，即径流剪切下垫面物质的能力提升数倍，这也是坡度增大使侵蚀速率显著增大的水动力学原因。

对于径流功率，其变化与径流剪切力基本一致，径流功率是径流剪切力和流速的函数，各降雨条件下扰动坡面和土质道路较原生坡面分别减少 56.45%和 33.87%，而坡度较大的 3 种弃土弃渣体坡面径流功率分别较原生坡面增加 9.77 倍、2.74 倍和 3.68 倍，这也意味着弃土弃渣体坡面径流消耗在侵蚀上的功率较原生坡面提高数倍甚至十倍，这大大增强了易蚀的弃土弃渣体坡面径流的侵蚀能力。

表 4-14 不同降雨强度下不同下垫面的径流水动力学参数变化

降雨强度/（mm/min）	径流剪切力/（N/m²）						径流功率/（W/m²）						单位径流功率/（m/s）					
	原生坡面	扰动坡面	土质道路	弃土体	偏土质弃渣体	偏石质弃渣体	原生坡面	扰动坡面	土质道路	弃土体	偏土质弃渣体	偏石质弃渣体	原生坡面	扰动坡面	土质道路	弃土体	偏土质弃渣体	偏石质弃渣体
0.5	—	—	1.38	—	—	—	—	—	0.20	—	—	—	—	—	0.02	—	—	—
1.0	4.52	1.85	1.70	20.75	14.95	20.02	0.26	0.09	0.28	3.21	2.19	1.39	0.014	0.01	0.02	0.10	0.08	0.04
1.5	9.06	2.08	1.66	30.64	16.14	23.46	0.43	0.20	0.30	5.50	2.35	2.15	0.010	0.02	0.02	0.11	0.09	0.06
2.0	16.61	2.02	2.04	41.54	15.66	30.42	0.95	0.24	0.46	6.28	2.06	3.30	0.012	0.02	0.03	0.09	0.08	0.07
2.5	13.71	2.38	2.80	49.69	14.18	21.99	0.83	0.33	0.57	7.37	2.72	3.00	0.012	0.03	0.03	0.10	0.12	0.09
3.0	5.19	3.03	2.68	66.65	12.81	33.24	0.61	0.48	0.63	11.03	2.28	4.68	0.025	0.03	0.03	0.11	0.11	0.10
平均值	9.82	2.27	2.04	41.85	14.75	25.82	0.62	0.27	0.41	6.68	2.32	2.90	0.014	0.02	0.02	0.10	0.10	0.07

单位径流功率是流速和水力坡度的函数，与径流剪切力和径流功率相比，5 种扰动的下垫面坡面单位径流功率均较原生坡面有所提升，弃土体和偏土质弃渣体坡面单位径流功率较大（平均值为 0.10m/s）。弃土体坡面单位径流功率是原生坡面的 4.4～11.0 倍。偏土质弃渣体、偏石质弃渣体、土质道路和扰动坡面平均单位径流功率分别较原生坡面增加 6.14 倍、4.00 倍、0.43 倍和 0.43 倍。

2. 径流冲刷试验

1）径流率

表 4-15 为不同放水条件下不同下垫面坡面径流率变化。整体上，各下垫面径流率随流量的变化规律基本一致。与原生坡面相比，在相同上方来水条件下，扰动坡面径流率提高 4.23%～92.26%，尽管扰动后的坡面更为松散，但其径流率却高于原生坡面。由于扰动坡面表层松散，在集中水流条件下很快形成细沟水流，相比于原生坡面有着更低的入渗面积，因此径流稍高于原生坡面。弃土体也存在类似的情况，但在 25L/min 流量时，弃土体坡面出现小型泥流，径流拥堵造成一定程度的径流入渗，其径流率（17.36L/min）稍低于原生坡面（19.40L/min），弃土体坡面平均径流率高于原生坡面 37.89%。然而，土质道路由于其坡面土壤容重较大，土壤结构致密，表现为径流率最大，各流量条件下径流率较原生坡面提高 17.22%～80.95%。对于偏土质弃渣体，除 20L/min 流量外，其余条件下径流率比原生坡面小 13.87%～42.70%；颗粒更粗的偏石质弃渣体显示出更低的径流率（2.41～9.66L/min），较原生坡面降低 13.52%～65.67%。煤矸石坡面在 5～20L/min 流量条件下几乎不产流，在 25～40L/min 流量条件下其径流系数仅为 17.16%～48.20%。综上，各流量条件下弃土体坡面径流率最大，土质道路次之，偏石质弃渣体和煤矸石较小。

表 4-15　不同放水条件下不同下垫面坡面径流率变化

流量/（L/min）	径流率/（L/min）						
	原生坡面	扰动坡面	土质道路	弃土体	偏土质弃渣体	偏石质弃渣体	煤矸石
5	1.68	3.23	3.04	—	—	—	—
10	6.36	7.61	8.08	7.64	3.90	2.41	—
15	11.17	12.42	13.17	14.02	6.40	9.66	—
20	13.62	15.60	17.95	18.61	15.02	4.70	—
25	19.40	20.22	22.74	17.36	16.71	6.66	4.29
30	—	—	—	—	—	—	7.41
35	—	—	—	—	—	—	6.88
40	—	—	—	—	—	—	19.28
平均值	10.45	11.82	13.00	14.41	10.51	5.86	9.47

2）水力学参数

表 4-16 为不同放水条件下不同下垫面坡面流速变化。整体上，原生坡面经过扰动、开挖、堆积后坡面流速存在不同程度的增加，与径流率变化基本一致。扰动坡面径流流速较原生坡面增加 8.70%～90.0%，偏土质弃渣体和偏石质弃渣体径流平均流速则与原生坡面相差无几，尽管弃渣体坡面坡度较大，但其颗粒粒径较粗，对径流阻碍作用也强于原生坡面。颗粒组成相对较细的弃土体坡面在径流作用下极易形成细沟，因此相对径流比较宽缓的原生坡面，其细沟径流流速提高了 11.76%～30.0%，土质道路径流流速在各流量条件下均最大，高于原生坡面 0.50～1.60 倍。煤矸石坡面流速在相同流量条件下（25L/min）与原生坡面基本一致，在 30L/min 和 35L/min 时与 10L/min 和 15L/min 原生坡面基本持平，这主要是因为煤矸石坡面入渗率极高，更大坡度也不足以使径流流速加速至原生坡面水平。

表 4-16　不同放水条件下不同下垫面坡面流速变化

流量/（L/min）	流速/（m/s）						
	原生坡面	扰动坡面	土质道路	弃土体	偏土质弃渣体	偏石质弃渣体	煤矸石
5	0.10	0.19	0.26	—	—	—	—
10	0.17	0.22	0.28	0.19	0.06	0.14	—
15	0.20	0.23	0.30	0.26	0.19	0.22	—
20	0.20	0.24	0.32	0.26	0.24	0.18	—
25	0.23	0.25	0.32	0.29	0.24	0.20	0.24
30	—	—	—	—	—	—	0.18
35	—	—	—	—	—	—	0.21
40	—	—	—	—	—	—	0.30
平均值	0.18	0.22	0.29	0.25	0.18	0.19	0.23

表 4-17 为不同放水条件下不同下垫面坡面径流流型和流态的变化。对于雷诺数，除 5L/min 流量条件下原生坡面和土质道路径流雷诺数小于 500，属于层流外，

其余流量条件下各下垫面径流流型均属紊流范畴。由表可知，非原生坡面径流雷诺数较原生坡面显著提高。相同坡度的扰动坡面径流雷诺数较原生坡面提高12.13%～204.57%，尤其在流量较小时，雷诺数差异较大。随着流量增大原生坡面细沟发育导致雷诺数呈现翻倍式增加。土质道路径流雷诺数在5～20L/min流量时高于原生坡面2.01%～88.83%，25L/min时土质道路细沟发育规模较原生坡面小，细沟径流紊动性相对较弱。弃土体坡面径流雷诺数在最低流量时即可达到2109，可见坡面径流侵蚀过程的剧烈程度较原生坡面更甚，各条件下雷诺数是原生坡面的2.44～3.81倍。与弃土体相比，两类弃渣体坡面物质颗粒较粗，径流紊动性相对较低，但与原生坡面相比，偏土质弃渣体和偏石质弃渣体雷诺数分别增加18.59%～156.92%和23.63%～225.99%。比较相同流量条件下的煤矸石坡面和原生坡面可知，煤矸石坡面雷诺数提高39.07%，这主要与煤矸石坡度较大有关。

表4-17　不同放水条件下不同下垫面坡面径流流型和流态的变化

流量/(L/min)	雷诺数							弗劳德数						
	原生坡面	扰动坡面	土质道路	弃土体	偏土质弃渣体	偏石质弃渣体	煤矸石	原生坡面	扰动坡面	土质道路	弃土体	偏土质弃渣体	偏石质弃渣体	煤矸石
5	197	600	372	—	—	—	—	0.66	1.04	2.55	—	—	—	—
10	554	971	684	2109	657	1806	—	0.88	1.08	1.94	0.53	0.18	0.38	—
15	996	1359	1016	3317	1904	2526	—	0.90	0.91	1.68	0.69	0.57	0.57	—
20	954	1712	1225	3290	2451	1624	—	0.89	0.93	1.81	0.73	0.67	0.61	—
25	1756	1969	1496	4279	3214	2171	2442	0.82	0.82	1.62	0.72	0.58	0.59	0.67
30	—	—	—	—	—	—	1802	—	—	—	—	—	—	0.58
35	—	—	—	—	—	—	2341	—	—	—	—	—	—	0.59
40	—	—	—	—	—	—	4417	—	—	—	—	—	—	0.78
平均值	892	1322	959	3249	2057	2032	2750	0.83	0.96	1.92	0.66	0.50	0.54	0.66

对于弗劳德数，由表4-17可知，仅土质道路和小流量条件下（5L/min和10L/min）的扰动坡面径流流态属于急流，其余流量条件下各下垫面的径流流态均属缓流。原生坡面弗劳德数变化为0.66～0.90，与之相比，扰动坡面径流平均弗劳德数增大15.66%，且流量越小差异越大。这是因为原生坡面在小流量时形成细沟规模较小，而扰动坡面细沟发育程度高，径流流速较大，径流深则无明显差异。对于土质道路，其坡面流速明显大于原生坡面，且其径流在路面也较为分散，径流深较小，弗劳德数是流速与径流深平方根的比值，因此其坡面径流流态较原生坡面更急，弗劳德数是原生坡面的1.87～3.86倍。然而，弃土弃渣体和煤矸石坡面下垫面物质较粗，其流速较原生坡面增大幅度较小，但其细沟发育程度高，径流深较原生坡面明显增大，因此弗劳德数减小。与原生坡面相比，弃土体、偏土质弃渣体、偏石质弃渣体、煤矸石径流平均弗劳德数分别降低20.48%、39.76%、34.94%和20.48%。

表 4-18 为不同放水条件下不同下垫面坡面径流阻力系数和曼宁糙率系数变化。对于径流阻力系数，原生坡面阻力系数为 1.77～8.38，扰动坡面径流极易冲刷坡面物质，受到的阻力明显降低 45.16%。土质道路路面致密，径流阻力较原生坡面更低，各流量条件下阻力系数降低 70.06%～96.66%。相反，弃土弃渣体和煤矸石坡面颗粒粒径范围大，且粒径较粗，其对径流的消减作用明显。与原生坡面相比，弃土体、偏土质弃渣体、偏石质弃渣体及煤矸石坡面径流平均阻力系数分别增加 2.19 倍、11.23 倍、5.19 倍和 2.45 倍。

表 4-18　不同放水条件下不同下垫面坡面径流阻力系数和曼宁糙率系数变化

流量/（L/min）	阻力系数							曼宁糙率系数						
	原生坡面	扰动坡面	土质道路	弃土体	偏土质弃渣体	偏石质弃渣体	煤矸石	原生坡面	扰动坡面	土质道路	弃土体	偏土质弃渣体	偏石质弃渣体	煤矸石
5	8.38	1.50	0.28	—	—	—	—	0.11	0.05	0.02	—	—	—	—
10	2.01	1.78	0.43	16.24	129.92	33.13	—	0.06	0.06	0.03	0.21	0.58	0.31	—
15	1.77	2.05	0.53	10.27	15.40	14.11	—	0.06	0.06	0.03	0.17	0.20	0.20	—
20	2.37	2.28	0.47	8.44	9.78	17.44	—	0.07	0.07	0.03	0.15	0.16	0.21	—
25	2.51	1.75	0.61	8.62	11.77	19.75	10.17	0.08	0.06	0.03	0.16	0.19	0.22	0.17
30	—	—	—	—	—	—	16.01	—	—	—	—	—	—	0.20
35	—	—	—	—	—	—	12.61	—	—	—	—	—	—	0.19
40	—	—	—	—	—	—	8.10	—	—	—	—	—	—	0.15
平均值	3.41	1.87	0.46	10.89	41.72	21.11	11.72	0.08	0.06	0.03	0.17	0.28	0.23	0.18

对于坡面曼宁糙率系数，其变化与阻力系数基本一致，实际上，在相同试验条件下，径流阻力系数的大小主要由坡面粗糙度决定。同样地，扰动坡面和土质道路平均曼宁糙率系数分别较原生坡面降低 25.0%和 62.50%，弃土体、偏土质弃渣体、偏石质弃渣体及煤矸石坡面平均曼宁糙率系数分别较原生坡面增加 1.13 倍、2.50 倍、1.88 倍和 1.25 倍。

3）水动力学参数

表 4-19 为不同放水条件下不同下垫面坡面径流水动力学参数变化。对于径流剪切力，除土质道路外，其余 5 种下垫面径流剪切力整体上明显高于原生坡面，主要是因为土质道路下垫面物质较为均一，坡面平缓，粗糙度较小，上方汇水后形成的坡面径流较为均匀，径流深相对较小，而径流剪切力主要由坡度和径流深决定。另外，土质道路坡度也较原生坡面低，因此相同流量条件下土质道路坡面平均径流剪切力较原生坡面降低 42.87%。由于扰动坡面细沟发育程度高于原生坡面，相应的坡面径流深也较高，因此径流剪切力较原生坡面增大 28.51%。然而，弃土弃渣体和煤矸石坡面均属坡度高的陡边坡，其对径流剪切力的贡献远远大于径流深，相比而言，弃土体、偏土质弃渣体、偏石质弃渣体及煤矸石坡面径流剪切力分别提高 7.03～13.97 倍、5.83～9.13 倍、4.81～12.79 倍和 4.94 倍。

表 4-19　不同放水条件下不同下垫面坡面径流水动力学参数变化

流量/（L/min）	径流剪切力/（N/m²）							径流功率/（W/m²）							单位径流功率/（m/s）						
	原生坡面	扰动坡面	土质道路	弃土体	偏土质弃渣体	偏石质弃渣体	煤矸石	原生坡面	扰动坡面	土质道路	弃土体	偏土质弃渣体	偏石质弃渣体	煤矸石	原生坡面	扰动坡面	土质道路	弃土体	偏土质弃渣体	偏石质弃渣体	煤矸石
5	4.65	6.53	2.18	—	—	—	—	0.39	1.20	0.55	—	—	—	—	0.02	0.03	0.04	—	—	—	—
10	6.48	9.57	3.94	97.05	65.65	89.36	—	1.06	1.97	1.06	18.74	4.23	12.75	—	0.03	0.03	0.04	0.12	0.03	0.09	—
15	9.23	12.32	5.62	102.54	66.00	100.94	—	1.89	2.62	1.63	26.60	12.59	21.71	—	0.04	0.04	0.04	0.16	0.11	0.14	—
20	9.90	15.20	6.14	91.51	77.79	66.55	—	1.93	3.40	1.96	23.90	18.89	11.69	—	0.03	0.04	0.04	0.16	0.14	0.12	—
25	14.28	13.63	7.55	114.70	97.52	83.00	84.77	3.30	3.33	2.33	33.18	23.48	16.54	20.28	0.04	0.04	0.04	0.18	0.14	0.13	0.15
30	—	—	—	—	—	—	74.77	—	—	—	—	—	—	13.83	—	—	—	—	—	—	0.12
35	—	—	—	—	—	—	97.47	—	—	—	—	—	—	20.72	—	—	—	—	—	—	0.13
40	—	—	—	—	—	—	106.94	—	—	—	—	—	—	32.29	—	—	—	—	—	—	0.19
平均值	8.91	11.45	5.09	101.45	76.74	84.96	90.99	1.71	2.50	1.51	25.61	14.80	15.68	21.78	0.03	0.04	0.04	0.16	0.10	0.12	0.15

径流功率是径流剪切力和流速的乘积，以上分析可知，6 种工程堆积坡面径流流速较原生坡面均增加。因此，径流功率在不同下垫面之间的差异与径流剪切力变化一致。扰动坡面径流功率在 5～20L/min 流量条件下与原生坡面差距较大，在 25L/min 时则相差较小，这主要是因为在大流量时二者细沟发育规模相似。土质道路在 10L/min 流量时与原生坡面径流功率基本一致，但其各流量条件下的平均径流功率降低 11.70%。此外，与原生坡面相比，弃土体、偏土质弃渣体、偏石质弃渣体及煤矸石坡面平均径流功率分别增加 13.98 倍、7.66 倍、8.17 倍和 11.74 倍。

单位径流功率是径流流速和坡度的乘积，由表 4-19 可知，各流量条件下 6 种工程扰动和堆积坡面单位径流功率大多高于原生坡面，其中扰动坡面和土质道路与原生坡面的单位径流功率差异较小，平均值较原生坡面分别增大 12.50%和 33.33%。弃土弃渣体和煤矸石坡度较大，且流速也较原生坡面大，各流量条件下弃土体、偏土质弃渣体、偏石质弃渣体及煤矸石坡面平均单位径流功率分别较原生坡面增加 3.00～4.33 倍、1.75～3.67 倍、2.00～3.00 倍和 2.75 倍。

4.2　典型下垫面产沙特征

4.2.1　原生坡面产沙特征

1. 模拟降雨试验

1）侵蚀过程

图 4-80 为不同降雨强度条件下原生坡面侵蚀速率随时间的变化。由图可知，原生坡面侵蚀速率随产流时间在 1.0～2.5mm/min 降雨强度条件下呈先增大后逐渐稳定的趋势，产流后期趋于稳定，各降雨强度条件下 5°、10°和 18°坡面稳定侵蚀速率分别为 0.16～5.50g/(m^2·min)、0.37～12.52g/(m^2·min)、0.30～9.66g/(m^2·min)。在稳定之前，降雨强度越大，侵蚀速率变化的波动性也越强。当降雨强度增大至 3.0mm/min 时，由于产流后坡面径流率也较其他降雨强度时大，极易对坡面松散细颗粒产生分离和搬运，因此在试验初期即出现侵蚀速率峰值。5°、10°和 18°坡面侵蚀速率峰值分别为 23.97g/(m^2·min)、42.17g/(m^2·min)、37.03g/(m^2·min)，随着表层松散颗粒逐渐被搬运，侵蚀速率逐渐下降，且在 5°和 10°坡面呈现逐渐稳定，18°坡面则一直呈现波动变化，主要是因为坡度的增大使径流在坡面形成细沟，细沟的发育在一定程度上增强了侵蚀过程的剧烈程度。

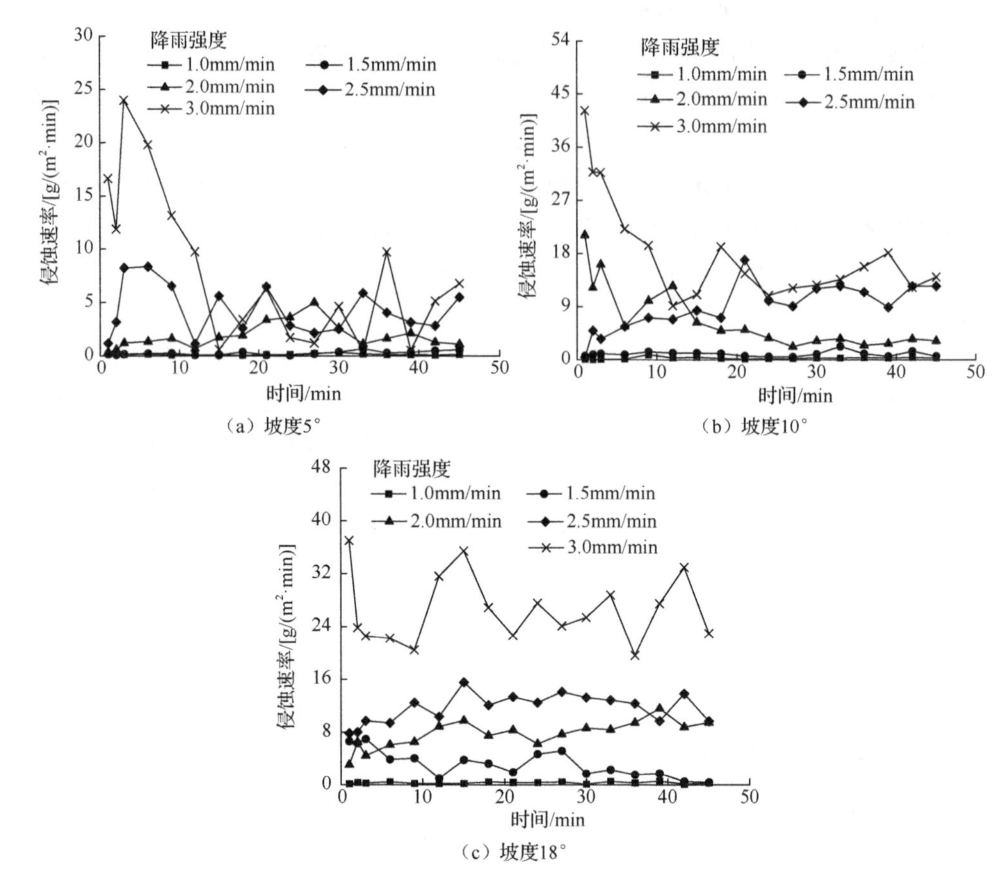

（a）坡度5°

（b）坡度10°

（c）坡度18°

图 4-80　不同降雨强度条件下原生坡面侵蚀速率随时间的变化

2）侵蚀速率与坡度和降雨强度的关系

图 4-81 为降雨条件下各坡度原生坡面侵蚀速率与坡度和降雨强度的关系。由图可知，降雨强度增大，原生坡面侵蚀速率随之增大，回归分析表明，5°和 18°坡面侵蚀速率与降雨强度之间呈极显著指数函数关系（$P<0.01$），且 18°坡面幂指数（2.23）明显高于 5°坡面（1.52），这表明相同降雨强度条件下，坡度越大侵蚀速率对降雨强度的敏感程度越高，更易被侵蚀；10°坡面侵蚀速率与降雨强度呈显著的幂函数关系（$P<0.01$）。相同降雨强度条件下，侵蚀速率也随坡度增大而增大。与 5°相比，10°和 18°坡面侵蚀速率增加 1.08～2.95 倍和 0.61～2.33 倍。

3）水沙关系

图 4-82 为降雨条件下原生坡面侵蚀速率与径流率的关系，由图可知，侵蚀速率随径流率增大而增大。回归分析表明，侵蚀速率与径流率之间呈显著的幂函数关系（R^2=0.51），由拟合方程可知，随着径流率的增大，侵蚀速率增长率逐渐增大。当

径流率在 0～3L/min 变化时，径流产沙呈显著协调关系，且呈现明显的线性关系，这主要是因为降雨强度较小，以坡面侵蚀为主。当径流率继续增大，即降雨强度继续增大时，其侵蚀速率呈现明显的波动性，这是因为坡面径流侵蚀能力逐渐增强，在原生坡面出现了细沟侵蚀，加剧了坡面侵蚀产沙。因此，侵蚀速率的增长率在坡面径流率超过 3L/min 后明显增大，这在一定程度上反映了坡面侵蚀到细沟侵蚀过程中水沙关系的巨大转变。

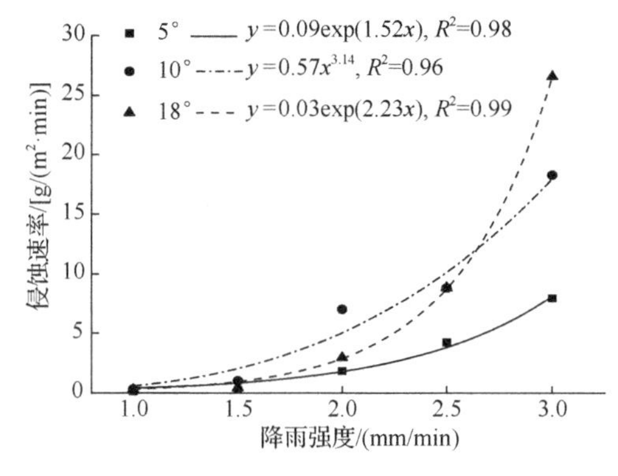

图 4-81　降雨条件下各坡度原生坡面侵蚀速率与坡度和降雨强度的关系

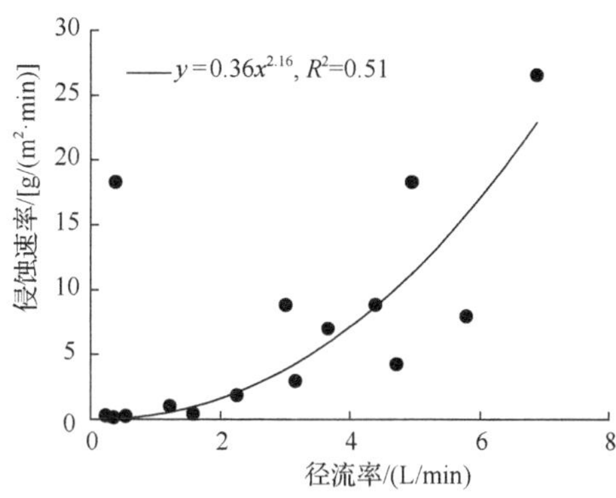

图 4-82　降雨条件下原生坡面侵蚀速率与径流率的关系

2. 径流冲刷试验

1）侵蚀过程

图 4-83 为不同放水条件下原生坡面侵蚀速率随时间的变化。3 个坡度的原生坡面在 5 个流量条件下基本呈现一致的变化趋势。在产流后 0～3min 急剧下降，3～12min 逐渐增大至峰值，此后逐渐下降并趋于稳定。5°、10°和 18°坡面侵蚀速率峰值变化范围分别为 0.50～55.36g/（m²·min）、9.24～77.60g/（m²·min）和 3.94～87.83g/（m²·min），且基本随流量的增大逐渐增大。这主要是因为上方来水条件下，坡面松散细颗粒率先被径流搬运出坡面，3min 后非松散物质在水流不断的浸泡和冲刷作用下使得侵蚀速率逐渐增大。此过程中细沟逐渐发育，发育最为剧烈时侵蚀速率达到峰值，而后细沟发育逐渐趋于稳定，因此侵蚀速率也随之稳定。在流量较大时，5°和 10°坡面细沟发育也较为剧烈，因此在峰值后侵蚀速率呈现波动式变化，试验末期也呈现较差的稳定性，但 18°坡面各流量条件下侵蚀速率在 25min 后即逐渐稳定下来，主要是因为坡度越大，细沟将提前发育至稳定。

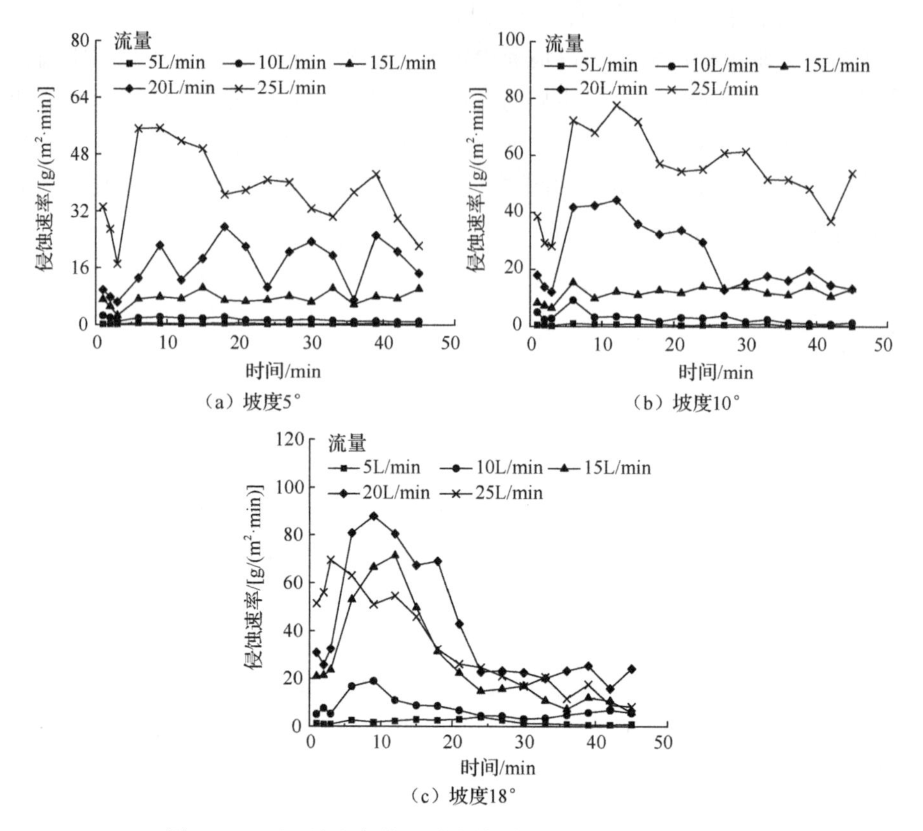

（a）坡度5°

（b）坡度10°

（c）坡度18°

图 4-83　不同放水条件下原生坡面侵蚀速率随时间的变化

2）侵蚀速率与坡度和流量的关系

图 4-84 为放水条件下各坡度原生坡面侵蚀速率与坡度和流量的关系。由图可知，流量增大，侵蚀速率随之增大，与 5L/min 流量侵蚀速率相比，5°、10°和 18°坡面 10～25L/min 流量条件下的侵蚀速率分别增大 5.11～124.65 倍、5.02～92.29 倍和 4.13～22.65 倍。回归分析表明，5°坡面侵蚀速率与流量之间呈极显著指数函数关系（P<0.01）；10°和 18°坡面侵蚀速率则与流量呈显著的幂函数关系（P<0.05）。5～20L/min 流量条件下，侵蚀速率随坡度增大而增大。与 5°相比，10°和 18°坡面侵蚀速率增加 0.47～0.94 倍和 1.47～4.97 倍。

3）水沙关系

图 4-85 为放水条件下原生坡面侵蚀速率与径流率的关系。由图可知，侵蚀速率与径流率之间呈显著的幂函数关系（R^2=0.82），由拟合方程可知，随着径流率的增大，侵蚀速率增长率逐渐增大。当径流率在 0～10L/min 变化时，径流产沙关系基本呈现线性变化趋势，当径流率继续增大时，对应的侵蚀速率呈现明显的突

增，主要是因为流量较大，坡面径流侵蚀力较强，在坡面形成了侵蚀沟，侵蚀沟的发育过程（尤其是沟壁的崩塌）极易增强坡面侵蚀的剧烈程度和侵蚀强度。与模拟降雨试验相比，拟合函数的幂指数（1.67）相对较小，这主要是因为模拟降雨试验过程中坡面侵蚀来源于细沟侵蚀和细沟间侵蚀，而径流冲刷试验细沟形成后细沟间侵蚀产沙基本为0，放水试验条件下土壤对侵蚀的敏感性较模拟降雨试验条件下低，这在一定程度上也反映了细沟间侵蚀对细沟侵蚀过程的影响。

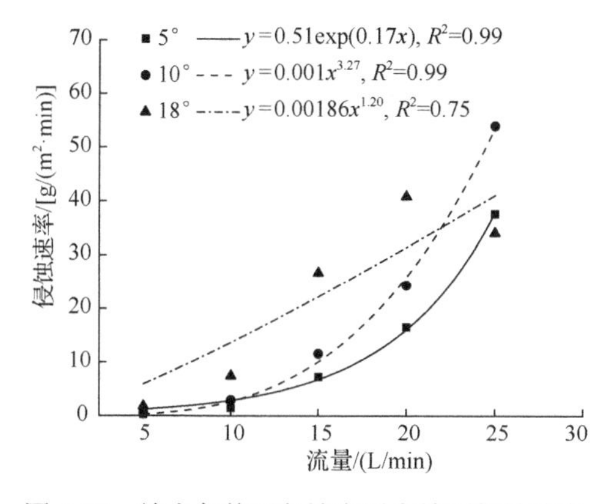

图4-84　放水条件下各坡度原生坡面侵蚀速率与坡度和流量的关系

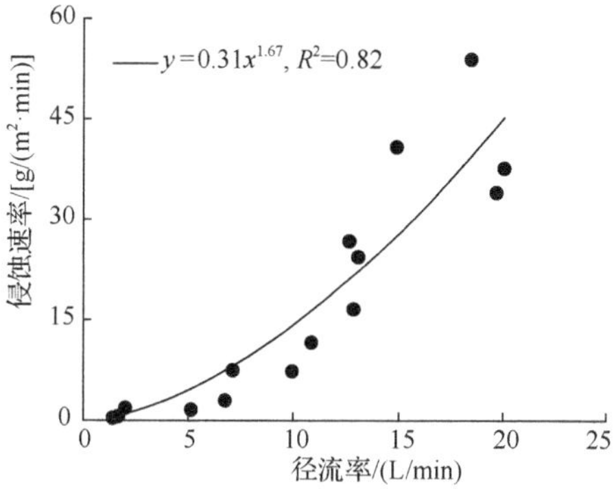

图4-85　放水条件下原生坡面侵蚀速率与径流率的关系

4.2.2　扰动坡面产沙特征

1. 模拟降雨试验

1）侵蚀过程

图4-86为不同降雨强度条件下扰动坡面侵蚀速率随时间的变化。整体上，不同降雨强度条件下各坡度扰动坡面侵蚀速率在产流初期均表现为突增的变化特征，主要是因为扰动坡面松散细颗粒物质较为丰富，产流后极易被坡面径流剥离搬运，并且降雨强度越大其突增的幅度也越大。突增后，降雨强度为1.0～2.0mm/min时，侵蚀速率变化幅度较小，而降雨强度为2.5mm/min和3.0mm/min时，侵蚀速率则波动明显。主要是因为扰动坡面在较大降雨强度条件下极易形成细沟，并且细沟的活跃程度较高，沟头的前进和沟壁的崩塌显著影响坡面侵蚀过程。在产流40min后，侵蚀速率趋于稳定。5°、10°和18°坡面侵蚀速率峰值变化为0.24～42.39g/(m²·min)、0.42～36.23g/(m²·min)和6.13～107.49g/(m²·min)，并且峰值基本随坡度和降雨强度的增大而增大。

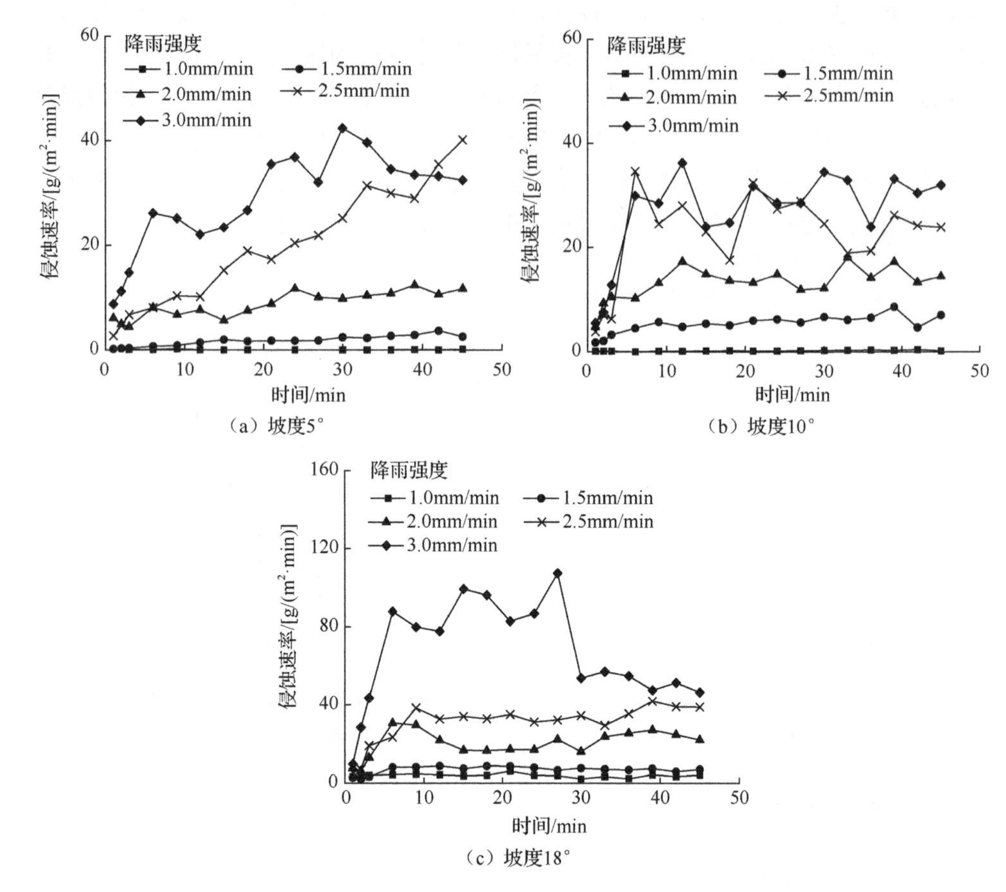

图 4-86　不同降雨强度条件下扰动坡面侵蚀速率随时间的变化

2）侵蚀速率与坡度和降雨强度的关系

图 4-87 为降雨条件下各坡度扰动坡面侵蚀速率与坡度和降雨强度的关系。由图可知，降雨强度增大，扰动坡面侵蚀速率随之增大，与 1.0mm/min 降雨强度条件下侵蚀速率相比，5°、10°和 18°坡面 1.5～3.0mm/min 降雨强度条件下的侵蚀速率分别增大 21.47～365.71 倍、24.48～12.20 倍和 0.69～15.36 倍。回归分析表明，5°、10°和 18°坡面侵蚀速率与降雨强度之间分别呈显著二次函数、线性及指数函数关系（$P<0.01$）。1.0～3.0mm/min 降雨强度条件下，侵蚀速率基本随坡度增大而增大，与 5°相比，10°和 18°坡面侵蚀速率增加 0.93～2.07 倍和 0.56～51.04 倍。

3）水沙关系

图 4-88 为降雨条件下扰动坡面侵蚀速率与径流率的关系。由图可知，侵蚀速率与径流率之间呈显著的幂函数关系（R^2=0.72），由拟合方程可知，随着径流率的增大，侵蚀速率增长率逐渐增大。当径流率小于 3L/min 时，径流产沙关系基本

呈现线性变化趋势，当径流率继续增大时，对应的侵蚀速率呈现明显的突增，主要是因为降雨强度增大，坡面径流率增大，其侵蚀能力增强，尤其是加快了坡面细沟的形成，在较大降雨强度条件下细沟发育过程也较为剧烈，细沟侵蚀产沙逐渐占据主导地位，使侵蚀速率与径流率之间的关系发生转变。

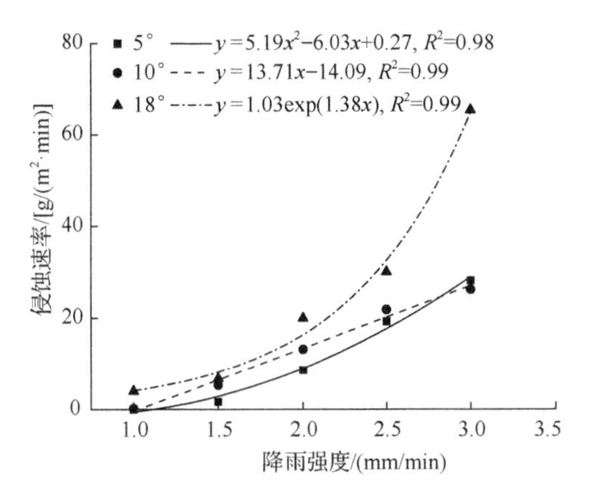

图 4-87　降雨条件下各坡度扰动坡面侵蚀速率与坡度和降雨强度的关系

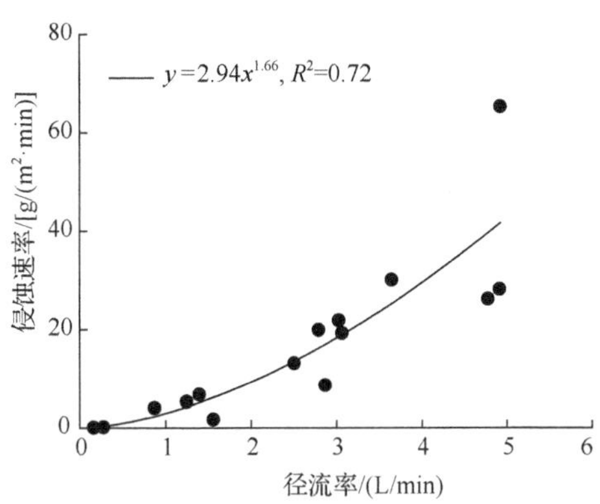

图 4-88　降雨条件下扰动坡面侵蚀速率与径流率的关系

2. 径流冲刷试验

1）侵蚀过程

图 4-89 为不同流量条件下各坡度扰动坡面侵蚀速率随时间的变化。由图可知，放水条件下的扰动坡面侵蚀速率变化过程与降雨条件下显著不同。整体上，不同坡度和流量条件下的侵蚀速率随时间的变化呈现突增—下降—稳定的变化趋势。在产流初期（0～9min），坡面松散物质可蚀性较高，很容易被径流携带运移出坡面，因此呈现突增的趋势，且流量越大侵蚀速率突增的幅度也越大。一般突增后的侵蚀速率即可达到试验过程中的最大侵蚀速率，5°、10°和 18°坡面各流量条件下的侵蚀速率峰值分别为 10.71～299.52g/（m^2·min）、51.45～438.64g/（m^2·min）和 77.50～825.76g/（m^2·min），且峰值随流量的增大而增大。从波动程度来看，流量越大波动也越为剧烈，尤其是 18°坡面 15～25L/min 流量条件下侵蚀速率过程波动程度达到剧烈（变异系数>1）。一旦达到峰值，侵蚀速率即出现下降趋势，流量越大下降得越快，主要是因为挟沙能力较大，在产流后期（36～45min），侵蚀速率基本达到稳定状态。

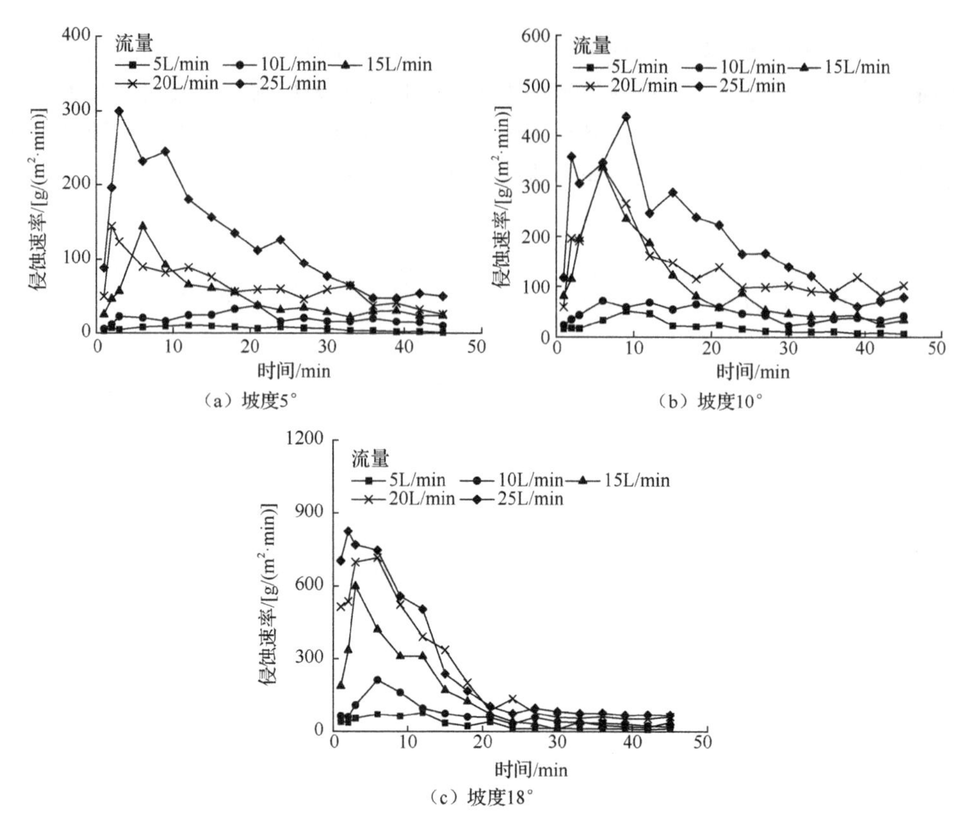

(a) 坡度5°

(b) 坡度10°

(c) 坡度18°

图 4-89　不同流量条件下各坡度扰动坡面侵蚀速率随时间的变化

2）侵蚀速率与坡度和流量的关系

图 4-90 为放水条件下各坡度扰动坡面侵蚀速率与坡度和流量的关系。对于次试验平均侵蚀速率，流量和坡度越大，侵蚀速率变化越大。与 5°相比，相同条件下 10°和 18°坡面的侵蚀速率分别是其 1.56~3.21 倍和 2.37~5.31 倍，流量越大，三个坡度之间差异越小。与 5L/min 流量相比，10～25L/min 流量条件下的 5°、10°和 18°坡面侵蚀速率分别是其 3.17～21.47 倍、2.33～10.45 倍和 2.15～9.58 倍，回归分析表明，三个坡度条件下的侵蚀速率均与流量呈显著的幂函数关系（R^2 为 0.96～0.99）。为明确侵蚀速率与坡度和流量的关系。非线性拟合结果表明，侵蚀速率（D_r）可采用坡度（θ）的线性和流量（q）的幂函数形式描述[D_r=$0.312(0.447\theta+0.946)q^{1.462}$，$R^2$=0.98]。

3）水沙关系

图 4-91 为放水条件下扰动坡面侵蚀速率与径流率的关系。由图可知，侵蚀速率随坡面径流率增大而增大，回归分析结果表明，二者呈显著的幂函数关系（R^2=0.51），与降雨条件下的模拟结果形式一致。拟合方程中幂指数为 1.24，这说明随着坡面产流的增大，侵蚀速率的增速越来越大。在一定程度上说明扰动坡面

侵蚀过程中水沙关系随细沟发育程度的变化而变化，且随坡度和流量的增大变得更敏感。另外，该值小于降雨条件下的增速（幂指数为 1.66），是因为放水条件下侵蚀速率主要来自细沟侵蚀产沙，而降雨条件下的侵蚀产沙包括细沟间侵蚀和细沟侵蚀，尤其是细沟间径流对沟壁的发育有着助推作用，常常加剧侵蚀沟的发育，使侵蚀速率迅速增加，提高了侵蚀对坡面径流率的敏感性。

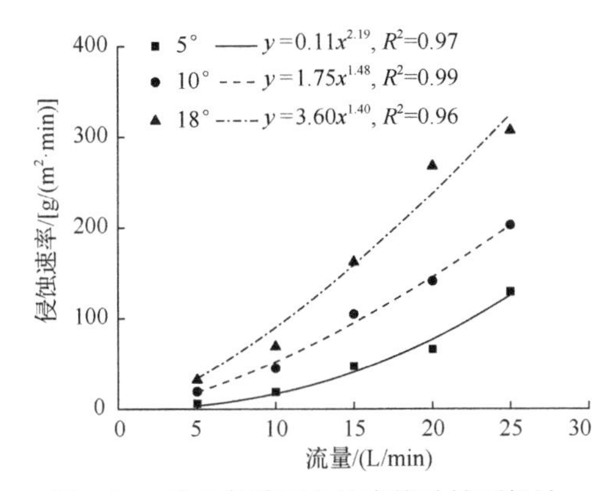

图 4-90　放水条件下各坡度扰动坡面侵蚀速率与坡度和流量的关系

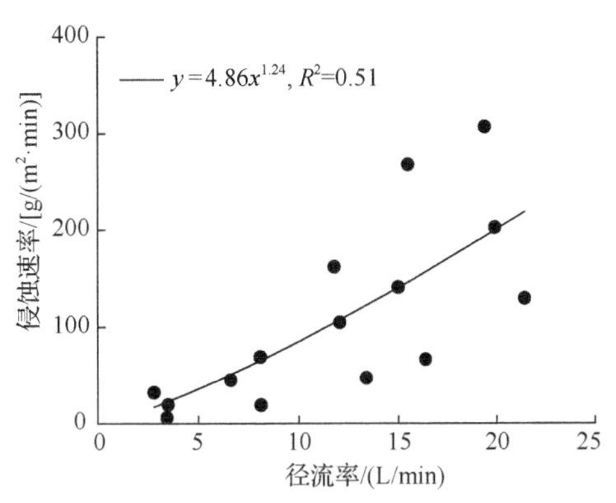

图 4-91　放水条件下扰动坡面侵蚀速率与径流率的关系

4.2.3　土质道路产沙特征

1. 模拟降雨试验

1）侵蚀过程

图 4-92 为不同降雨强度条件下各坡度土质道路侵蚀速率随时间的变化。整体上剥蚀过程可以概括为 3 个阶段。第一，侵蚀速率突变阶段，主要发生在产流 0～6min，随着降雨强度的增大，突变也越为明显，坡面产流后径流流量增加迅速，且初期坡面表层松散土壤颗粒丰富，抗蚀性差，在降雨和径流作用下极易被分离搬运，其间出现侵蚀速率峰值，不同降雨强度条件下，3°、6°、9°及 12°坡面侵蚀速率峰值分别为 0.69～78.09g/(m^2·min)、2.80～423.98g/(m^2·min)、2.09～394.16g/(m^2·min)、6.69～493.73g/(m^2·min)，侵蚀速率峰值随坡度、降雨强度均呈递增的幂函数关系（P<0.01）。第二，侵蚀速率波动变化阶段，发生于产流 9～36min，降雨强度和坡度越大波动时间越长，由于细沟的发育，变化过程存在波动式增加和减小两种形式，前者是发生在径流冲刷和细沟沟壁坍塌相互作用下，此时沟壁一次坍塌产生的泥沙补给需径流的多次搬运，因此产生波动式增长；后者是在侵蚀过程中径流冲刷占优势，细沟沟槽发育产生的松散物质对泥沙的补给作用被径流掩盖，造成波动式下降。第三，侵蚀速率稳定发展阶段，产流 36min 后细沟发育和径流流路均趋于稳定，坡面径流侵蚀速率达到稳定阶段。

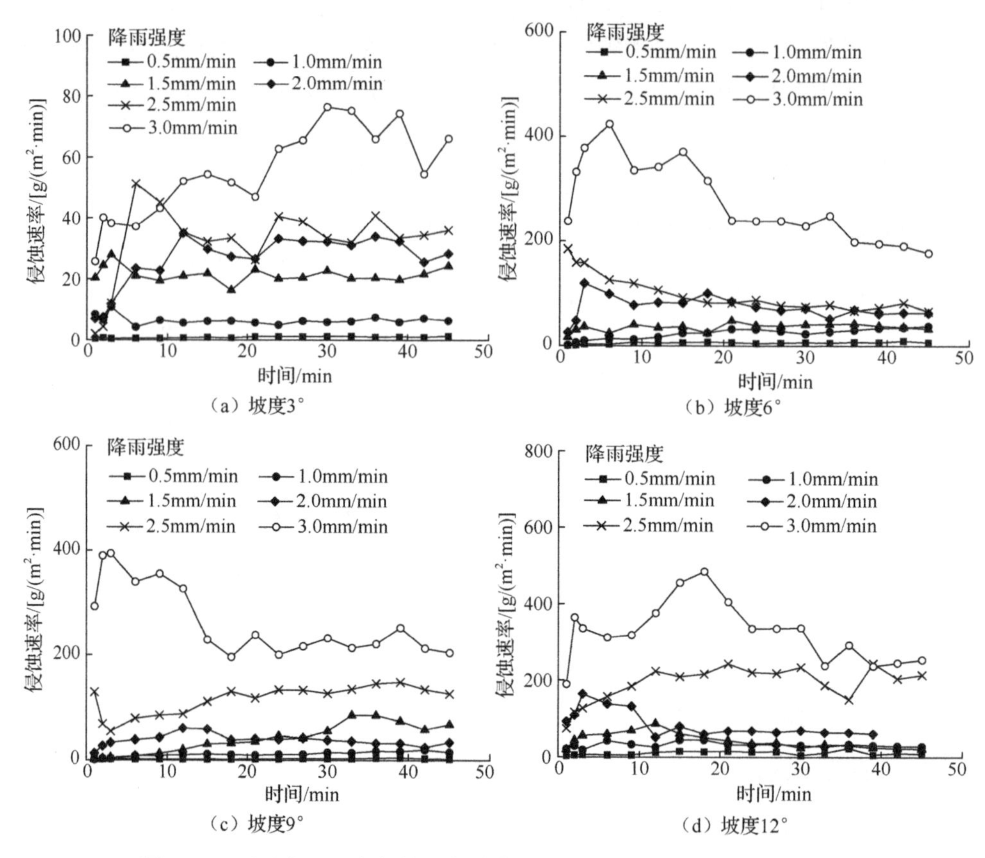

图 4-92　不同降雨强度条件下各坡度土质道路侵蚀速率随时间的变化

2）侵蚀速率与坡度、降雨强度和径流率的关系

图 4-93 为不同降雨强度条件下土质道路土壤侵蚀速率变化。可知，3°～12°土质道路侵蚀速率均随降雨强度和坡度增大而增大，3°坡道路侵蚀速率为 0.92～54.77g/（m^2·min），同一降雨强度条件下 6°、9°和 12°道路侵蚀速率分别是其 1.40～3.22 倍、1.78～5.74 倍和 1.96～11.57 倍。当降雨强度＞1.0mm/min 时，6°、9°和 12°道路侵蚀速率均显著高于 3°（P＜0.05）。同一坡度土质道路，降雨强度越大，侵蚀速率之间差异也逐渐增大，各坡度道路侵蚀速率与降雨强度呈极显著幂函数关系（R^2 为 0.871～0.938，P＜0.01）。相关分析结果表明，侵蚀速率与坡度相关性不显著（P＞0.05），与降雨强度及降雨强度-坡度交互作用（$I\times\theta$）相关性极显著（P＜0.01），如图 4-94（a）所示，侵蚀速率与降雨强度-坡度交互作用（$I\times\theta$）呈极显著幂函数关系（R^2=0.898，P＜0.01），这表明土质道路土壤侵蚀受降雨强度-坡度交互作用的影响。

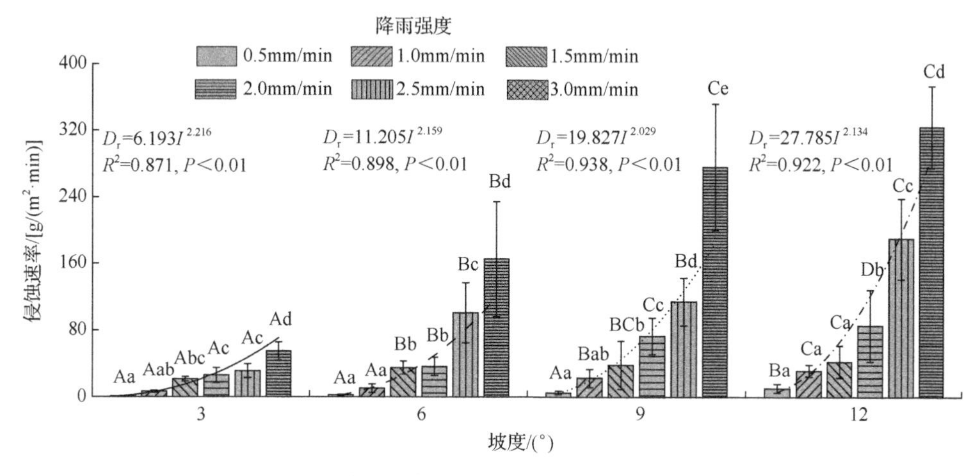

图 4-93 不同降雨强度条件下土质道路土壤侵蚀速率变化

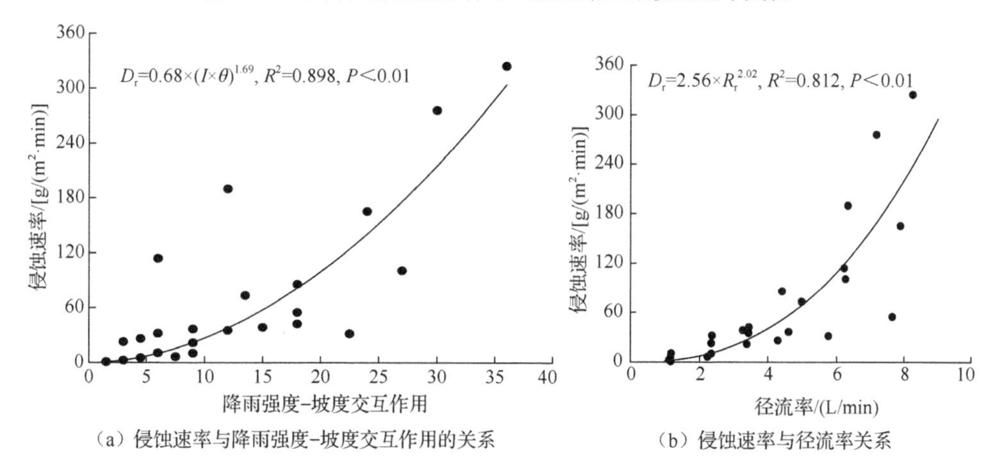

（a）侵蚀速率与降雨强度-坡度交互作用的关系　　（b）侵蚀速率与径流率关系

图 4-94 土质道路侵蚀速率与降雨强度-坡度交互作用及径流率之间关系

Cao 等（2015）认为道路侵蚀速率的大小由降雨强度、坡度、径流率及土壤类型 4 个因素决定。本书中的道路土壤为同一类型，由上分析可知，降雨强度-坡度交互作用（$I\times\theta$）对道路侵蚀速率影响显著。图 4-94（b）为土质道路侵蚀速率（D_r）与径流率（R_r）关系，侵蚀速率随径流率增大而增大，二者幂函数关系极显著（R^2=0.812，P<0.01），这说明径流率也对道路侵蚀速率具有显著的影响。为分析降雨强度、坡度及径流率共同作用对侵蚀速率的影响，回归分析侵蚀速率与三者关系结果表明，侵蚀速率与三者呈极显著幂函数关系：$D_r=0.57I^{0.69}\theta^{1.10}R_r^{1.34}$（$R^2$=0.968，$P$<0.01）。

土质道路侵蚀过程可分为浮土片蚀阶段和细沟侵蚀阶段（李建明等，2015，2014；史志华等，2009）。3°道路形成的径流较均匀，径流下切作用弱，形成的跌坎较浅，跌坎连通后形成的沟槽宽而浅，侵蚀过程以片状侵蚀为主。坡度>3°时，径流更加集中，剪切土壤能力增强，细沟不断发育，侵蚀速率增强，相同降雨条件下，6°～12°坡侵蚀速率是3°坡的1.40～11.57倍，结果与黄鹏飞等（2013）和Cao等（2009）研究结果相似。各坡度道路侵蚀速率为0.92～324.46g/(m^2·min)，变幅大，这是因为不同降雨强度和坡度条件下细沟发育程度有着巨大的差异。细沟的形成改变了径流在路面汇集的方式，更多径流进入细沟内，径流剪切力、径流功率均不断增大，这又促进了细沟的发育（和继军等，2014），导致侵蚀加剧。

3）土质道路细沟发育特征

一般认为细沟侵蚀形成的沟槽宽和深均不超过20cm，细沟宽深比、复杂度、割裂度和细沟密度是表征细沟形态的重要参数（沈海鸥等，2015）。3°坡道路较缓，水流较均匀，浮土层与土壤层容重差异较大，跌坎深度与浮土层厚度接近，降雨过程中跌坎以片状方式连通，连通后的沟槽宽而浅，平均宽度均大于20cm，平均深度1cm左右，3°坡道路并未出现明显细沟，以片状侵蚀为主。随着坡度增加，径流下切能力增强，6°、9°及 12°坡面出现不同形态的细沟。6°～12°道路细沟形态参数统计如表4-20所示，细沟沟形态参数和侵蚀量与降雨强度、坡度及其交互作用的相关系数如表4-21所示。

表4-20 细沟形态参数统计

降雨强度/（mm/min）	坡度/（°）	宽深比	复杂度	割裂度/%	密度/（m/m^2）
0.5	6	3.75Ac	1.07Aa	0.20Aa	0.07Aa
	9	2.50Aa	1.09Aa	0.25Aa	0.08Aa
	12	2.17Aa	1.20Aa	0.49Aa	0.30Aa
1.0	6	3.49Abc	1.08Aa	0.87Aa	0.20Aab
	9	2.04Aa	1.13Aa	2.07Ab	0.72Ab
	12	2.02Aa	1.36Aa	1.75Aa	0.51Aab
1.5	6	3.74Ac	1.10Aa	3.41Ab	0.63Aabc
	9	2.50Aa	1.13Aa	3.45Ab	0.75Ab
	12	1.80Aa	1.32Aa	3.68Ab	0.75Aabc
2.0	6	3.33Abc	1.13Aa	3.40Ab	0.77Abc
	9	2.30Aa	1.16Aa	3.73Ab	0.89Ab
	12	1.94Aa	1.36Aa	5.78Bc	0.90Abc
2.5	6	2.25Aab	1.20Aa	5.03Ab	1.10Ac
	9	1.93Aa	1.22Aa	3.95Ab	0.87Ab
	12	2.16Aa	1.43Aa	7.71Bd	1.17Ac
3.0	6	1.97Aa	1.36Aa	6.83Ac	1.96Bd
	9	2.00Aa	1.39Aa	9.33Bc	1.30Ab
	12	1.99Aa	1.55Aa	10.33Be	2.01Bd

表 4-21　细沟沟形态参数和侵蚀量与降雨强度、坡度及其交互作用的相关系数

参数	宽深比	复杂度	割裂度/%	密度 /（m/m^2）	总侵蚀量 /kg	细沟侵蚀量 /kg
I	−0.42	0.66**	0.92**	0.91**	0.86**	0.89**
θ	−0.69**	0.63**	0.24	0.11	0.25	0.27
$I\times\theta$	−0.59**	0.86**	0.93**	0.81**	0.89**	0.93**

注：*表示在 P<0.05 水平上显著；**表示在 P<0.01 水平上显著，下同。

细沟宽深比反映细沟沟槽形状，6°、9°及 12°道路细沟宽深比分别为 1.97～3.75、1.93～2.50 和 1.80～2.17，除 3.0mm/min 降雨强度条件下 9°和 12°坡面细沟宽深比与 6°坡接近外，其余降雨强度条件下，9°和 12°坡面细沟宽深比较 6°坡减小 14.40%～41.42%和 4.04%～51.97%，这表明相同降雨条件下，坡度越大，径流易汇集，径流剪切力随之增强，细沟下切越深。不同坡度道路细沟宽深比差异不显著（P>0.05）。不同降雨强度条件下 6°坡道路细沟宽深比呈现一定差异性，但坡度增大至 9°和 12°时，不同降雨强度形成的细沟宽深比差异不显著（P>0.05）。由表 4-21 可知，细沟宽深比与 I 不相关（P>0.05），但与 θ 和 $I\times\theta$ 相关性极显著（P<0.01），这表明坡度对细沟形状的影响较大，使降雨强度对其影响被掩盖（李君兰等，2011）。

细沟复杂度表征细沟沟网的丰富度，6°道路细沟复杂度为 1.07～1.36，9°和 12°路面细沟复杂度分别是 6°的 1.01～1.04 倍和 1.13～1.26 倍，相同降雨强度条件下，随着坡度增大，细沟复杂度增大；同一坡度道路细沟复杂度随降雨强度增大基本呈增大趋势。这表明坡度和降雨强度越大，细沟在道路上分布越为复杂，但不同坡度和降雨强度条件下路面细沟复杂度差异均不显著（P>0.05）。由表 4-21 可知，细沟复杂度与 I、θ 和 $I\times\theta$ 均极显著相关（P<0.01），且与 $I\times\theta$ 相关性最强，这说明了降雨强度-坡度交互作用对道路细沟沟网丰富度影响最大（和继军等，2014，2012）。

细沟割裂度和细沟密度反映坡面破碎程度和细沟侵蚀强度。6°、9°和 12°坡道路细沟割裂度分别为 0.20%～6.83%、0.25%～9.33%和 0.49%～10.33%，降雨强度为 2.0mm/min 和 2.5mm/min 时，12°坡道路细沟割裂度显著高于 6°和 9°。6°～12°道路细沟密度分别为 0.07～1.96m/m^2、0.08～1.30m/m^2、0.30～2.01m/m^2，相同降雨条件下（除 3.0mm/min 外），各坡度道路细沟密度无显著差异（P>0.05）；6°和 12°坡度道路细沟密度随降雨强度增大基本呈增大趋势。相关分析表明，细沟割裂度和细沟密度与 θ 均不相关（P>0.05），但与 I 和 $I\times\theta$ 相关性极显著（P<0.01），这表明降雨强度对细沟割裂度和密度的影响较大，使坡度对其影响被掩盖（李君兰等，2011）。

降雨强度为 0.5～2.5mm/min 时，细沟宽深比随坡度增大基本呈减小趋势，这说明坡度增大时增强了细沟内径流下切能力，使细沟下切速度高于拓宽速度（沈海鸥等，2015；和继军等，2014）。研究还发现，降雨强度与细沟复杂度、割裂度和密度的相关程度高于坡度（表 4-21）。沈海鸥等（2015）认为降雨强度对黄土坡面细沟割裂度和复杂度影响显著，坡度对细沟宽深比和细沟密度影响更敏感，且细沟宽深比和细沟复杂度略低，主要是因为土壤质地和土体结构差异，道路坡度相对较小且土壤容重较大，细沟发育深度较小；在路面上形成的细沟较浅，发育规模较小，侵蚀强度较弱。因此，宽深比及细沟弯曲程度（复杂度）较大，而细沟的密度和坡面破碎程度（割裂度）则相对较低。

相关分析表明，细沟宽深比与降雨强度不相关，细沟割裂度和细沟密度与坡度不相关，但均与降雨强度-坡度交互作用（$I \times \theta$）相关性极显著，这也说明细沟发育程度不是单因素影响的结果，而是受降雨强度和坡度的共同作用（和继军等，2014）。不同降雨强度和坡度条件下形成了发育程度不一的细沟，细沟形态决定了径流下切作用的强弱，从而影响道路侵蚀强度。研究发现，细沟发育程度越高，土壤侵蚀量越大，其中细沟割裂度对土质道路土壤侵蚀影响最为显著。因此，在进行土质道路建设时应注重道路排水方式，道路中部应修建为微凸形，防止径流汇集成股后增强对路面的切割（Nyssen and Moeryersons, 2002），道路两侧应进行夯实并根据径流特征、临界径流剪切力和临界功率设计合理排水沟断面尺寸和材料，便于路面径流分散地进入排水沟，结果可为矿区土质道路水土保持工程措施设计及生产安全提供参数支持。

4）细沟发育对土质道路土壤侵蚀的影响

图 4-95 为不同降雨强度条件下土质道路总侵蚀量与细沟侵蚀量随坡度的变化。6°道路土壤总侵蚀量为 0.34～22.34kg，相同降雨条件下，9°和 12°道路土壤总侵蚀量增大 0.10～1.19 倍和 0.21～3.23 倍。6°道路细沟侵蚀量为 0.064～7.580kg，9°和 12°道路细沟侵蚀量分别是其 0.89～3.10 倍和 1.47～4.29 倍，除 0.5mm/min 和 2.5mm/min 降雨强度外，其余降雨强度条件下 9°和 12°道路细沟侵蚀量显著高于 6°坡；各坡度道路细沟侵蚀量随降雨强度的增大而增大。由表 4-21 可知，总侵蚀量和细沟侵蚀量与坡度均不相关（$P>0.05$），但均与 $I \times \theta$ 相关性程度较高（$P<0.01$），这说明降雨强度-坡度交互作用对道路土壤总侵蚀量和细沟侵蚀量的影响最显著。

相同条件下，6°、9°和 12°道路细沟侵蚀量分别占总侵蚀量的 18.74%～46.40%、18.0%～57.16%和 19.02%～56.21%。同一坡度道路细沟侵蚀量所占比例随降雨强度增大呈先增大后减小的趋势，降雨强度为 0.5mm/min 时最小，降雨强度为 1.5mm/min 或 2.0mm/min 时最大。这是因为降雨强度较小时，路面上细沟发

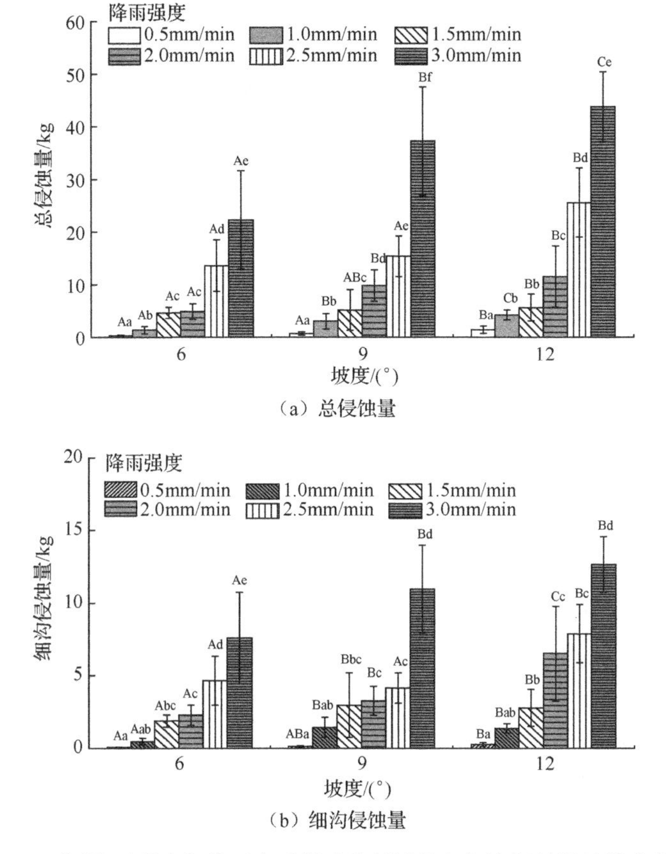

（a）总侵蚀量

（b）细沟侵蚀量

图4-95　不同降雨强度条件下土质道路总侵蚀量与细沟侵蚀量随坡度的变化

育程度低，且细沟侵蚀泥沙中大多数来自浮土颗粒，道路产沙以细沟间侵蚀为主。因此，细沟侵蚀量所占比例较小；随着降雨强度增大，细沟发育程度较高，坡面水流更为集中，细沟内径流下切能力增强，细沟侵蚀量也相对增大，当降雨强度＞1.5mm/min时，由于降雨强度较大，细沟间径流剥蚀土壤能力相对增强，细沟间径流侵蚀能力增加幅度高于细沟内径流，因此细沟侵蚀量所占比例相对减小。

由表4-21可知，降雨强度-坡度交互作用（$I\times\theta$）对道路细沟形态和侵蚀量影响极显著（$P<0.01$），这是因为降雨强度和坡度越大，细沟密度和复杂度增大、细沟径流路径增长、径流侵蚀能力增强（沈海鸥等，2015；和继军等，2014，2012），坡面破碎更加严重并加剧了道路土壤侵蚀。总侵蚀量与细沟形态参数之间的关系如图4-96所示。由图可知，总侵蚀量与细沟割裂度和细沟密度均呈递增的幂函数关系（R^2为0.96和0.73，$P<0.01$），与细沟复杂度呈递增的线性函数关系（R^2为0.66，$P<0.01$），这表明随着细沟发育密度越大、复杂程度和割裂度越高，总侵蚀量越大。总侵蚀量与细沟宽深比呈递减的指数函数关系（R^2=0.35，P=0.01），

这说明细沟发育宽度越宽、下切深度越小，总侵蚀量越小，实质上宽深比越大，沟槽宽而浅，侵蚀方式以片蚀为主。比较总侵蚀量与 4 个细沟形态参数之间关系可知，割裂度是影响土质道路总侵蚀量的最佳细沟形态参数。

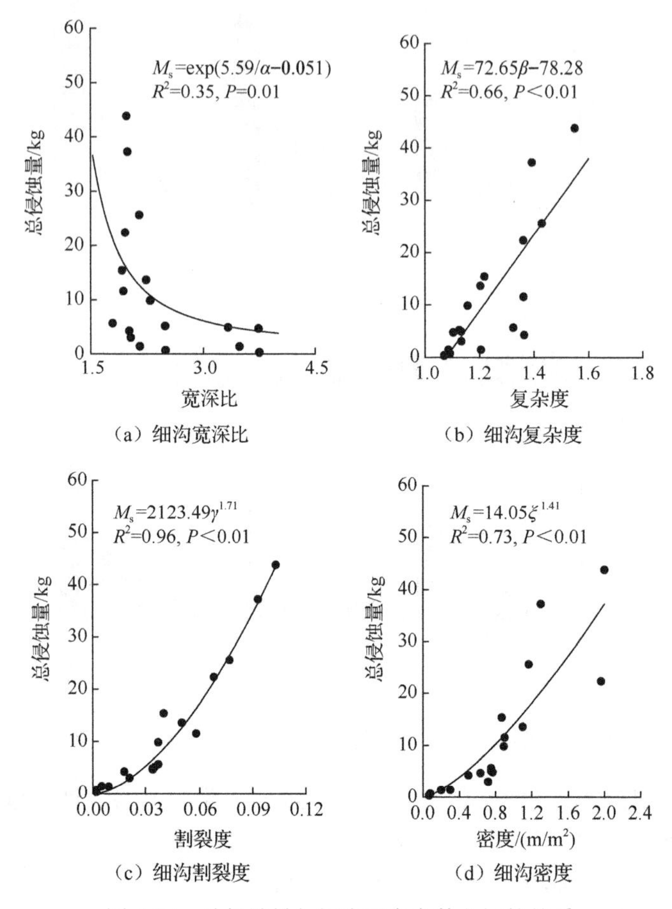

图 4-96　总侵蚀量与细沟形态参数之间的关系

2. 径流冲刷试验

1）侵蚀过程

放水条件下不同坡度土质道路侵蚀速率随时间的变化见图 4-97。由图可知，侵蚀速率随时间逐渐减小，在冲刷过程中，侵蚀速率的变化趋势较平滑，波动性略小，达到最大峰值的幅度大而明显。侵蚀速率随时间具有上述变化特征的原因是当产沙量达到峰值以后，水流继续掏蚀侵蚀沟的两侧，沟道断面出现倒梯形，发生崩塌，从而使径流含沙量忽高忽低。当侵蚀沟趋于稳定，径流冲刷作用到一定土层时，就会接触密度较大而未扰动的心土或岩土。由于该土层的黏粒体积分数高，抵抗径流冲刷的能力强，所以土壤不易被侵蚀，径流含沙量降低。对于 3°坡面，当流量为 5L/min 和 10L/min 时，侵蚀速率随冲刷时间的变化没有峰值出现，而是呈直线状平稳地变化；当流量为 15L/min、20L/min 和 25L/min 时，侵蚀速率均在 12min 时达到了峰值。对于 7°、9°和 12°坡面，5 种不同流量条件下，在整个冲刷过程中，侵蚀速率随时间均呈现一致的变化趋势，即先增大后减小并趋于稳定，尽管出现峰值的时间不同，但都在 21min 内出现，且流量越大峰值出现时间越早。从波动程度来看，3°～12°坡侵蚀速率变异系数分别为 32.62%～62.60%、40.52%～54.31%、48.52%～77.78%、42.97%～63.56%，相同流量条件下各坡度侵蚀速率波动性差异较小。

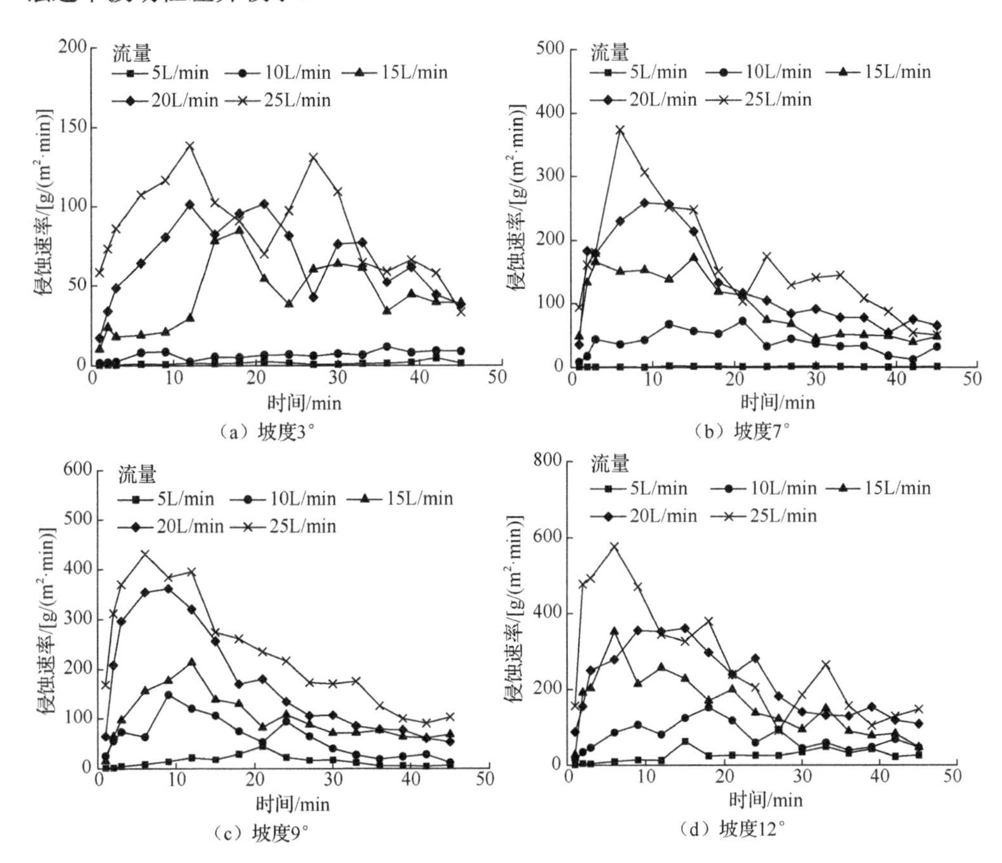

图 4-97　放水条件下不同坡度土质道路侵蚀速率随时间的变化

2）侵蚀速率与坡度、流量的关系

图 4-98 为放水条件下土质道路侵蚀速率随流量和坡度的变化。由图可知，当坡度相同时，土质道路坡面侵蚀速率随流量增大而增大，5L/min 流量条件下坡面侵蚀速率为 1.45～24.91g/（m^2·min），3°～12°坡 10～25L/min 流量条件下侵蚀速

率较 5L/min 分别增大 4.34～59.35 倍、28.56～122.99 倍、4.33～16.70 倍、2.86～11.21 倍，回归分析结果如图 4-98 所示，3°和 9°坡度条件下道路侵蚀速率与流量呈显著递增的幂函数关系（R^2 分别为 0.95 和 0.99），其他坡度条件下侵蚀速率与流量均呈显著的线性函数关系（R^2=0.99）。各流量条件下，3°坡道路坡面侵蚀速率为 1.45～86.05g/（m^2·min），7°、9°和 12°坡道路侵蚀速率分别是其 0.91～5.98 倍、2.34～9.69 倍、3.24～17.18 倍。回归分析表明，各流量条件下侵蚀速率与坡度呈显著的线性函数关系（R^2 为 0.71～0.99）。多元回归分析表明，侵蚀速率与流量和坡度呈极显著幂函数关系：$D_r=0.29\theta^{0.91}\cdot q^{1.45}$，$R^2$=0.99，$N$=20。

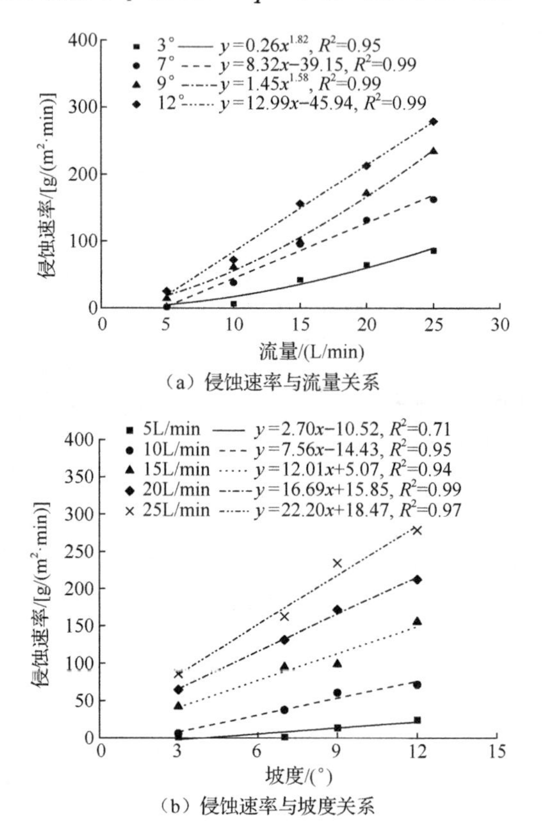

（a）侵蚀速率与流量关系

（b）侵蚀速率与坡度关系

图 4-98　放水条件下土质道路侵蚀速率随流量和坡度的变化

3）水沙关系

相关分析表明，各坡度土质道路侵蚀速率与径流率之间相关性均达到极显著水平（$P<0.01$）。图 4-99 为放水条件下土质道路水沙关系，由图可知，侵蚀速率随径流率增大而增大，二者呈极显著的线性函数关系（R^2 为 0.96～0.99）。由拟合方程可知，随着坡面径流率的增大，土质道路侵蚀速率的增长速度保持不变，表现出更加稳定的侵蚀过程。

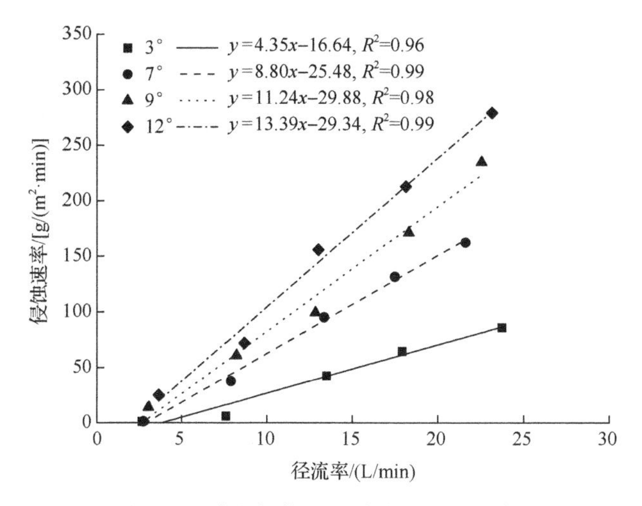

图 4-99　放水条件下土质道路水沙关系

4.2.4　弃土体产沙特征

1. 模拟降雨试验

1）侵蚀过程

图 4-100 为不同降雨强度条件下弃土体坡面侵蚀速率随时间的变化。从侵蚀过程分析，35°弃土体整体上呈上升—下降—稳定的过程，各次降雨侵蚀速率均在产流后 6～9min 出现单峰值，随降雨强度增大侵蚀速率峰值分别达 887.02g/(m^2·min)、1032.59g/(m^2·min)、1364.24g/(m^2·min)、1344.29g/(m^2·min)、2641.49g/(m^2·min)，40°坡侵蚀过程则一直处于波动状态，属多峰多谷侵蚀类型，最大侵蚀速率分别为 629.42g/(m^2·min)、479.19g/(m^2·min)、1381.66g/(m^2·min)、1358.80g/(m^2·min)、1247.48g/(m^2·min)。35°和 40°坡弃土体侵蚀速率变异系数分别为 1.11、0.91、0.99、1.02、0.88 和 0.81、0.63、0.82、0.72、0.45，整体上侵蚀速率峰值和波动性均低于 35°坡。产生以上侵蚀变化的原因是弃土体结构松散、抗蚀性差，在降雨和径流作用下易被破坏。35°弃土体在产流期间呈现单峰值侵蚀变化过程，由于在产流前期雨滴击溅坡面形成临时结皮，大量松散细颗粒及表层大颗粒在径流作用下迅速输移，侵蚀速率剧增，随后坡面汇流增大，结皮消失，径流流路逐渐稳定，侵蚀速率也逐渐稳定下来；坡度增大至 40°时，径流更易汇集，径流剪切力大大增强，坡面形成一连串的侵蚀跌坑，随着坡面径流率增大，跌坑快速连通，径流下切作用加剧，沟壁土体随之失稳崩塌进入径流路径，阻滞径流运动和泥沙输移，侵蚀速率暂时降低，此后上方径流快速汇集，冲刷崩塌的土体并形成高浓度的固液二相流，快速下滑搬运出坡面，沟壁崩塌与径流汇集冲刷不断交替进行，使得 40°坡弃土体侵蚀过程表现为多峰多谷，剧烈波动。

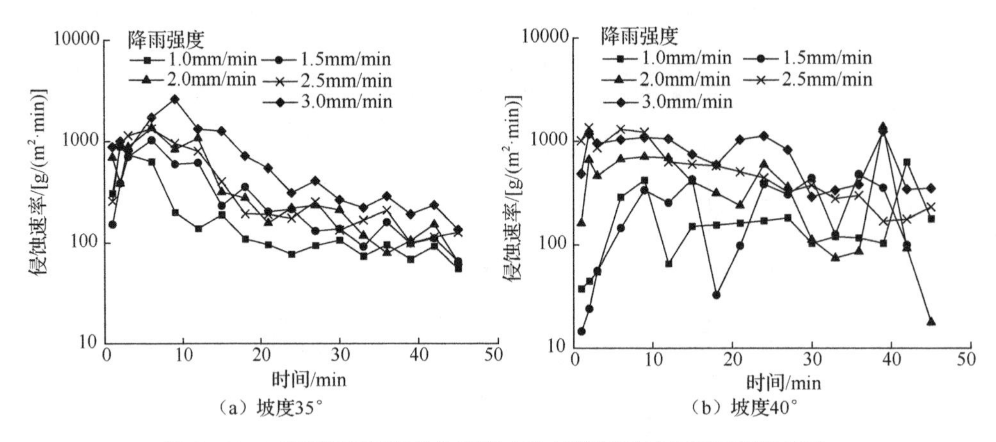

（a）坡度35°　（b）坡度40°

图 4-100　不同降雨强度条件下弃土体坡面侵蚀速率随时间的变化

2）坡度和降雨强度对侵蚀速率影响

图 4-101 为弃土体各坡度条件下次降雨侵蚀速率与降雨强度的关系。35°、40°坡侵蚀速率分别为 233.29～765.39g/（m^2·min）、175.74～769.68g/（m^2·min）。相同坡度条件下，侵蚀速率均随降雨强度的增大而增大。相同降雨强度条件下，40°坡面侵蚀速率是 35°坡的 75%、68%、98%、138%、101%，降雨强度≤2.0mm/min 时，40°坡侵蚀速率小于 35°坡，侵蚀速率峰值也小于 35°坡，原因与弃渣体相似，坡度增大的同时坡面径流阻力也随之增大，坡面粗糙度阻滞效应大于坡度效应，当降雨强度＞2.0mm/min 时坡度对径流的加速效应逐渐大于阻滞作用，径流的剥蚀能力随之增强。回归分析表明，35°和 40°弃土体坡面次降雨平均侵蚀速率与降雨强度呈极显著指数函数关系。

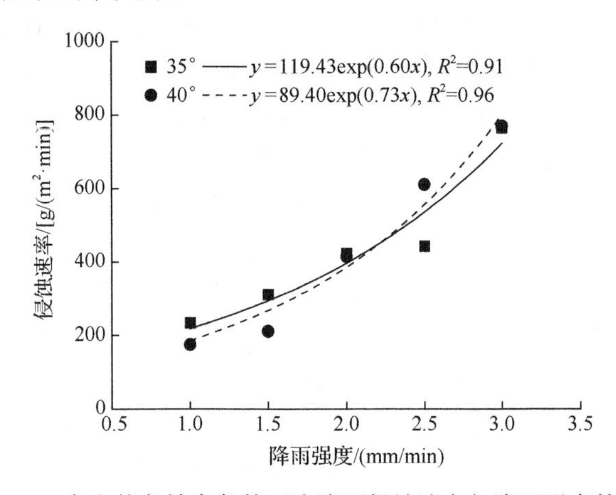

图 4-101　弃土体各坡度条件下次降雨侵蚀速率与降雨强度的关系

3）水沙关系

相关分析表明，弃土体侵蚀速率与径流率之间相关性极显著（P=0.01）。图 4-102

为降雨条件下弃土体坡面侵蚀速率与径流率的关系，回归分析表明，侵蚀速率与径流率之间呈极显著的指数函数关系（R^2=0.97），由拟合方程可知，侵蚀速率随径流率的变化率也随着径流率的增大逐渐增大，这表明坡面汇流速度越快，弃土体侵蚀速率的增速更快，侵蚀强度更剧烈。

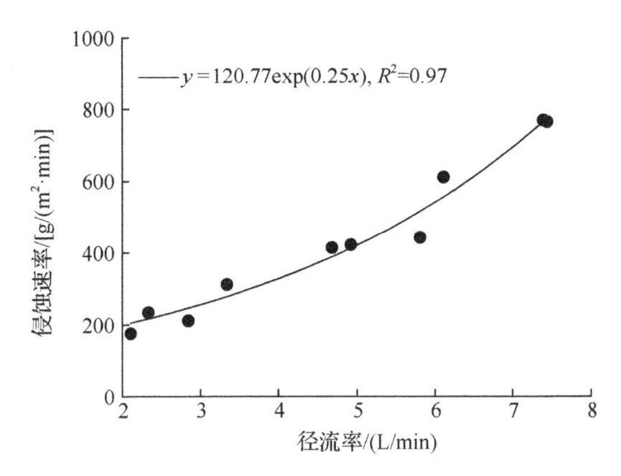

图 4-102　降雨条件下弃土体坡面侵蚀速率与径流率的关系

2. 径流冲刷试验

1）侵蚀速率

图 4-103 为不同流量条件下弃土体坡面侵蚀速率随时间的变化。由图可知，各流量条件下侵蚀速率呈下降—稳定的变化趋势，在试验初期（0～9min）侵蚀速率即达到较大值，各流量条件下侵蚀速率最大值分别为 1696.13g/(m^2·min)、3433.48g/(m^2·min)、1851.36g/(m^2·min)、3968.02g/(m^2·min)，随后侵蚀速率急剧下降，在稳定的过程中出现波动现象，主要是侵蚀沟的形成过程中沟壁崩塌所致，其中 20L/min 流量条件下尤为明显，侵蚀速率由 653.86g/(m^2·min) 增大至 2509.64g/(m^2·min)。整个侵蚀过程侵蚀速率变异系数分别为 67.84%、77.71%、49.68%、86.03%，其中 20L/min 流量时波动程度弱于其他流量。10～25L/min 流量条件下弃土体坡面平均侵蚀速率分别为 648.87g/(m^2·min)、975.52g/(m^2·min)、1068.01g/(m^2·min)、1300.27g/(m^2·min)，回归分析表明，侵蚀速率与流量之间呈极显著对数函数关系（R^2=0.97）。

2）水沙关系

相关分析表明，弃土体侵蚀速率与径流率之间显著性较差（P=0.11）。图 4-104 为放水条件下弃土体坡面侵蚀速率与径流率的关系，由图可知，径流率为 10～20L/min 时，侵蚀速率随径流率增大而增大；回归分析表明，侵蚀速率与径流率之间呈幂函数关系（R^2=0.88），由拟合方程可知，随着径流率的增大，侵蚀速率随径流率的变化率逐渐减弱，这表明随着坡面径流率的不断增大，弃土体侵蚀速率的增长速度减缓，可能与侵蚀沟发育过程中沟壁崩塌等重力侵蚀现象有关。

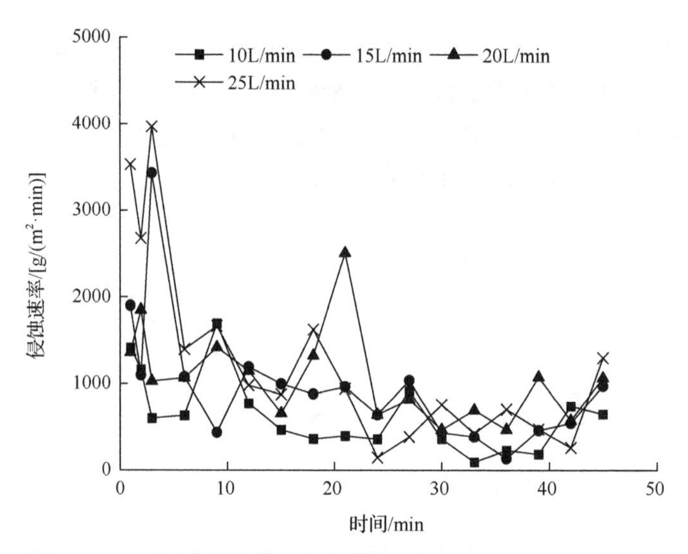

图 4-103　不同流量条件下弃土体坡面侵蚀速率随时间的变化

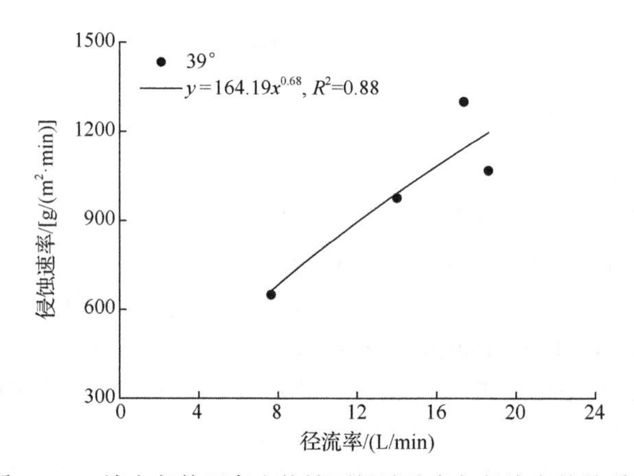

图 4-104　放水条件下弃土体坡面侵蚀速率与径流率的关系

4.2.5　弃渣体产沙特征

1. 模拟降雨试验

1）侵蚀过程

图 4-105 为不同降雨强度条件下两类弃渣体侵蚀速率随时间的变化。分析侵蚀变化过程可知，侵蚀过程均属多峰多谷类型，产流前期侵蚀尤为剧烈，变幅巨大。偏石质弃渣体第 15min 进入侵蚀稳定期，35°坡侵蚀速率较 40°坡稍早稳定。35°、40°坡偏土质弃渣体均在产流第 2min 出现侵蚀速率峰值，分别为 3173.93g/(m^2·min)、5177.29g/(m^2·min)、6734.05g/(m^2·min)、9973.33g/(m^2·min)、4195.14g/(m^2·min)和 483.50g/(m^2·min)、3369.72g/(m^2·min)、2201.40g/(m^2·min)、

3960.05g/（m^2·min）、30565.72g/（m^2·min），远大于相同坡度和降雨强度条件下偏石质弃渣体的侵蚀速率。侵蚀速率于产流 9min 后基本稳定，两类弃渣体侵蚀速率在稳定期出现单次波动均为弃渣体局部失稳所致。以变异系数表征侵蚀速率的波动性，两坡度偏石质弃渣体侵蚀速率变异系数分别为 0.55～2.78、0.38～2.50，偏土质弃渣体变异系数为 1.91～2.44、1.17～2.61，整体上偏土质弃渣体侵蚀波动程度高于偏石质弃渣体。产生以上侵蚀过程特征的原因有二：第一，弃渣体不具有土壤各项物理化学性质（郭明明等，2014），结构性、稳定性差，产流后表层细颗粒易被径流剥蚀搬运，大颗粒之间黏结力差，渣体稳定性易遭破坏，失稳导致前期侵蚀速率和波动程度均较大；第二，坡面小颗粒在大量吸水后逐渐向坡下移动，受到大颗粒阻挡短暂积累，当大颗粒失稳后快速向下涌动并伴随小范围泥石流现象，偏土质弃渣体较偏石质弃渣体细颗粒含量多，形成的坡面泥石流次数更多，随着坡面细颗粒逐渐被搬运，弃渣体中未被侵蚀的大颗粒相互支撑形成了稳定渣床面（李建明等，2013），侵蚀速率逐渐稳定下来。

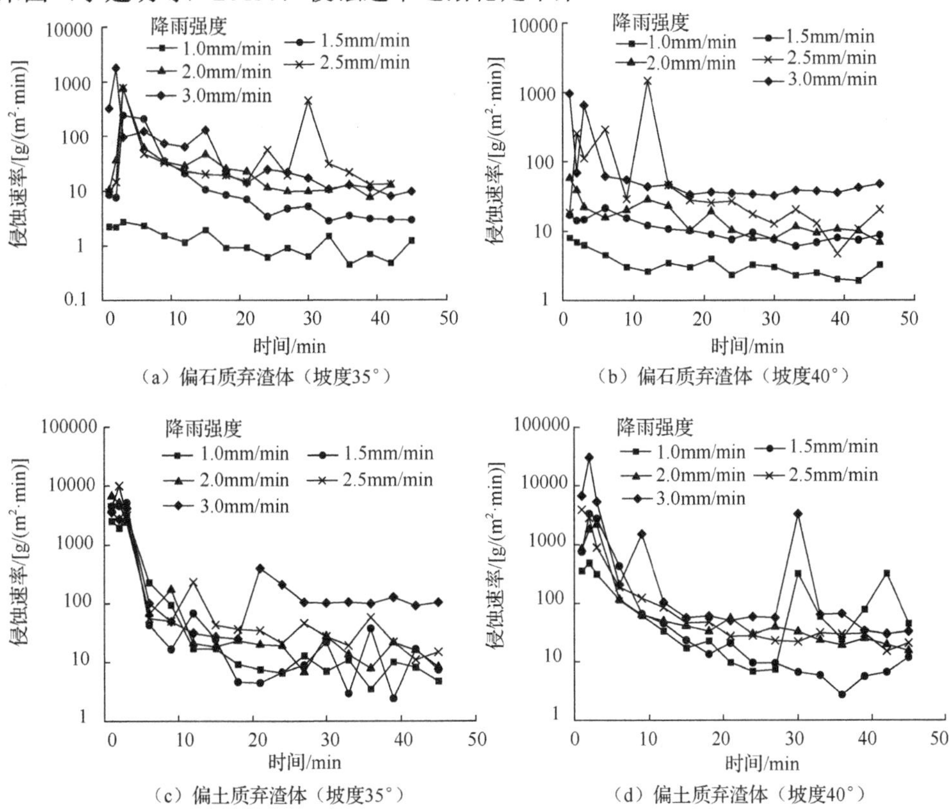

图 4-105　不同降雨强度条件下两类弃渣体侵蚀速率随时间的变化

2）坡度和降雨强度对侵蚀速率的影响

图 4-106 为两类弃渣体次降雨平均侵蚀速率与降雨强度的关系。偏石质和偏

土质弃渣体在 35°、40°坡度各次降雨侵蚀速率分别为 1.33～163.01g/(m^2·min)、3.70～142.70g/(m^2·min)和 476.16～1070.10g/(m^2·min)、133.27～2848.64g/(m^2·min)，整体随降雨强度增大而增大，各降雨强度间侵蚀速率差异明显。回归分析如图 4-106 所示，35°坡偏石质弃渣体次降雨侵蚀速率与降雨强度呈显著线性函数关系（R^2=0.96），40°坡呈指数函数关系（R^2=0.93）；对于偏土质弃渣体，35°和 40°坡次降雨侵蚀速率与降雨强度分别呈显著的幂函数（R^2=0.42）和指数函数关系（R^2=0.94）。1.5mm/min、2.0mm/min、3.0mm/min 降雨强度下，40°坡偏石质弃渣体侵蚀速率低于 35°坡，1.0mm/min、2.5mm/min 降雨强度下 40°坡侵蚀速率均大于 35°坡。40°坡偏土质弃渣体侵蚀速率在 1.0～2.5mm/min 降雨强度时小于 35°坡；3.0mm/min 降雨强度下，40°坡侵蚀速率大于 35°。坡度对侵蚀速率的影响不明显，这是因为坡面侵蚀过程中沟床形态和径流水力条件之间相互影响，存在反馈关系（李君兰等，2011）。相同降雨强度不同坡度条件下，径流使床面的粗糙度产生差异，坡度增大时，径流速度增加使坡面侵蚀加剧，但床面粗糙度会随之增大。这就意味着径流阻力增大，从而减缓侵蚀（Govers and Rauws, 1986），两种效应相互作用产生以上结果。相同条件下，35°坡偏土质弃渣体各次降雨侵蚀速率分别是偏石质弃渣体的 358 倍、25.09 倍、13.43 倍、11.65 倍、4.36 倍，40°坡偏土质弃渣体各次降雨侵蚀速率分别是偏石质弃渣体的 36.01 倍、40.22 倍、17.47 倍、3.49 倍、21.35 倍。原因有二，其一，偏土质弃渣体中细颗粒含量高于偏石质弃渣体，相同降雨强度条件下，偏土质弃渣体被剥蚀的颗粒多于偏石质弃渣体；其二，偏石质弃渣体砾石质量分数相对较高，当砾石置于弃渣体表面或镶嵌其中时，砾石表面径流及砾石间霍顿流被砾石周围大孔隙吸收，产流随砾石质量分数增加而减少，且砾石对径流的阻滞作用也显著，从而使径流剥蚀和挟沙能力降低，侵蚀速率随之下降（王小燕等，2011）。

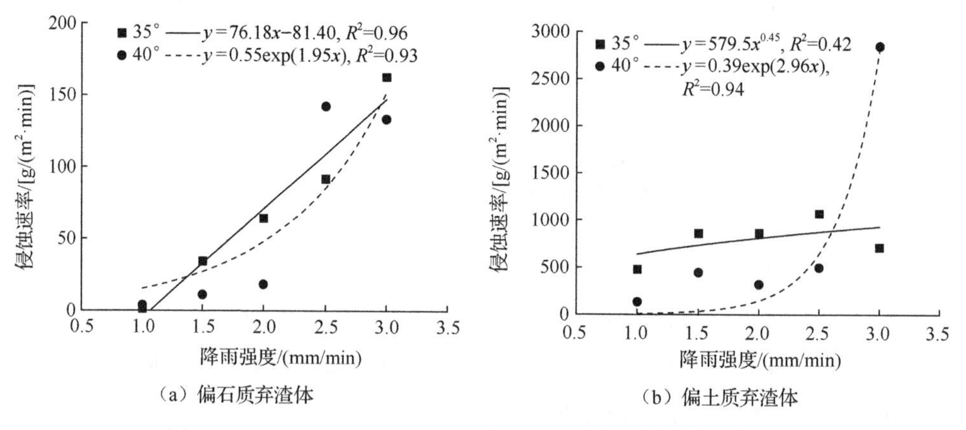

（a）偏石质弃渣体　　（b）偏土质弃渣体

图 4-106　两类弃渣体次降雨平均侵蚀速率与降雨强度的关系

3）水沙关系

相关分析表明，两类弃渣体坡面侵蚀速率与径流率均呈显著的正相关关系（$P<0.05$），图 4-107 为降雨条件下两类弃渣体坡面侵蚀速率与径流率的关系，回归分析结果表明，偏石质与偏土质弃渣体侵蚀速率与径流率分别呈极显著的幂函数（R^2=0.85）和指数函数关系（R^2=0.74）。对于偏土质弃渣体，径流率最大值（3.0mm/min 降雨强度）对应的侵蚀速率明显高于其他降雨强度，这是侵蚀速率与径流率呈现指数函数关系的根源所在，这也说明了当偏土质弃渣体坡面径流率达到一定值后，侵蚀速率将大规模增大。因此，针对此类弃渣体应更加注意坡面汇水和强降雨侵蚀，以免引起大规模坡面泥石流。

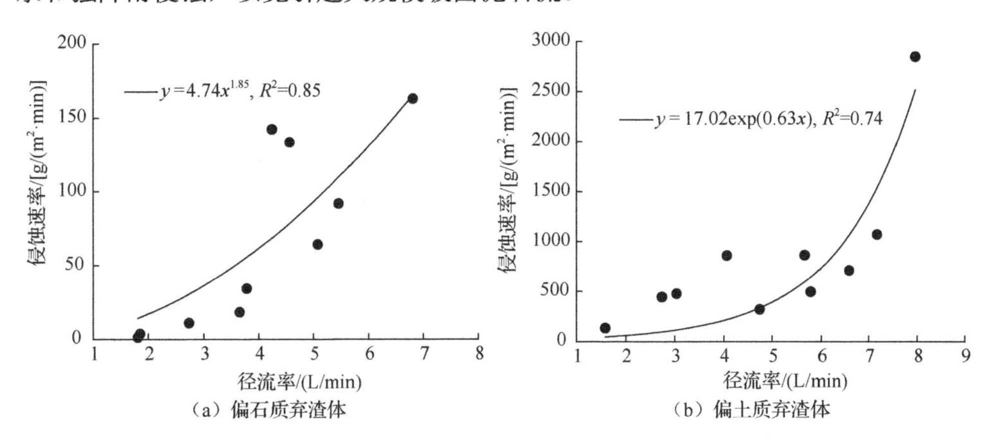

（a）偏石质弃渣体　（b）偏土质弃渣体

图 4-107　降雨条件下两类弃渣体坡面侵蚀速率与径流率的关系

2. 径流冲刷试验

1）侵蚀过程

图 4-108 为不同流量条件下两类弃渣体坡面侵蚀速率随时间的变化。由图可知，两类弃渣体侵蚀速率在试验初期（0～6min）即表现出较高的侵蚀速率，偏石质和偏土质弃渣体各流量条件下侵蚀速率初期最大值分别为 650.61g/(m²·min)、1728.12g/(m²·min)、1214.84g/(m²·min)、1896.55g/(m²·min)和 1046.18g/(m²·min)、747.70g/(m²·min)、1195.77g/(m²·min)、2115.86g/(m²·min)。整个侵蚀过程，各流量条件下偏石质弃渣体侵蚀速率变异系数为 173.60、87.16%、155.24%、175.62%，偏土质弃渣体侵蚀速率变异系数为 161.35%、94.18%、69.10%、73.32%。另外，偏石质弃渣体侵蚀速率在试验过程中出现断流现象，主要是因为弃渣体坡度大，坡面物质组成松散易蚀，在径流作用下大量的细颗粒首先被径流迅速搬运，但在沟道发育过程中，这些细颗粒会形成坡面稀性泥石流在大颗粒砾石阻碍作用下拥堵在沟道拐弯处，只有上方径流集聚至一定程度后才能冲开拥堵的颗粒物，而相同试验条件下偏土质弃渣体并未出现稀性泥石流和拥堵断流现象，这与物质组成

中砾石质量分数密切相关，偏土质弃渣体砾石质量分数低于偏石质弃渣体，在径流流动过程中的阻碍作用要低于偏石质弃渣体。比较发现，偏石质弃渣体侵蚀速率波动程度高于相同条件下的偏土质弃渣体。

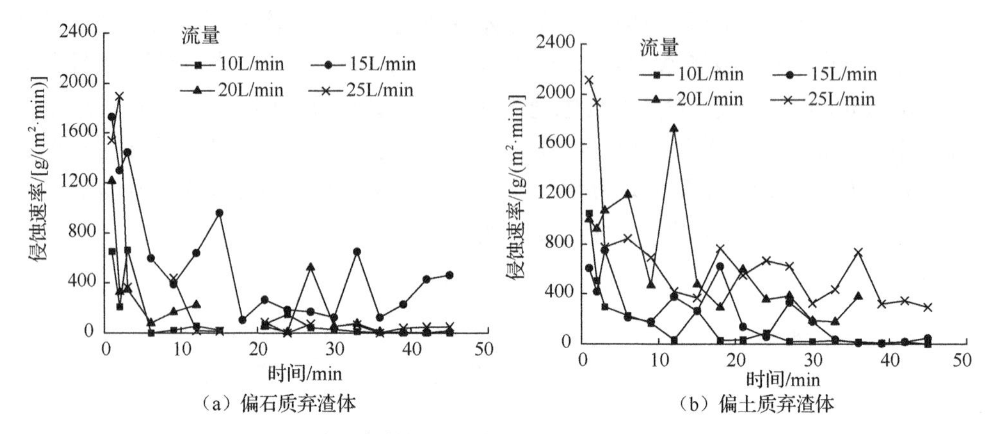

图 4-108　不同流量条件下两类弃渣体坡面侵蚀速率随时间的变化

2）流量对侵蚀速率的影响

图 4-109 为两类弃渣体坡面平均侵蚀速率随流量的变化。偏石质和偏土质弃渣体次试验平均侵蚀速率分别为 128.15g/(m^2·min)、574.63g/(m^2·min)、205.86g/(m^2·min)、355.36g/(m^2·min)和 165.11g/(m^2·min)、249.04g/(m^2·min)、658.19g/(m^2·min)、717.48g/(m^2·min)，其中 15L/min 流量条件下偏石质弃渣体平均侵蚀速率远高于其他流量，这主要是因为坡面稀性泥石流出现的次数多于其他试验，出现连续性的高侵蚀速率现象，而偏土质平均侵蚀速率在各流量条件下的表现较为稳定，回归分析表明，偏土质弃渣体次试验平均侵蚀速率与流量呈极显著幂函数关系（R^2=0.92）。

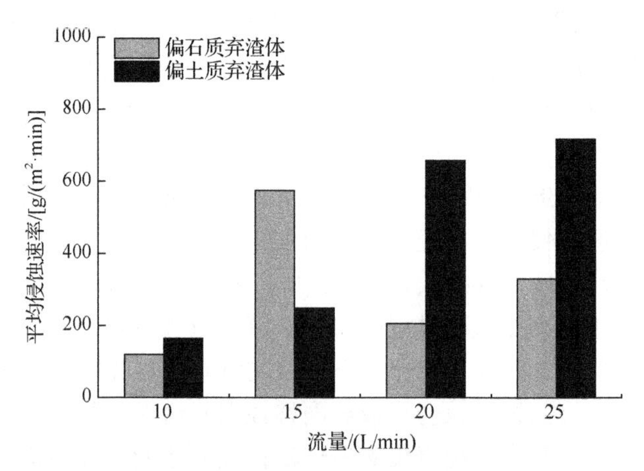

图 4-109　两类弃渣体坡面平均侵蚀速率随流量的变化

3）水沙关系

相关分析表明，两类弃渣体坡面侵蚀速率与径流率均呈极显著的正相关关系（$P<0.01$），图4-110为放水条件下弃渣体坡面侵蚀速率与径流率关系。进一步回归分析表明，二者与径流率分别呈极显著的幂函数（R^2=0.99）和线性函数关系（R^2=0.99）。对于偏石质弃渣体，其侵蚀速率随径流率的变化呈加速变化的趋势，即侵蚀速率随径流率增大其增加的速度也在提升，这可能是当径流率增大至一定程度后，偏石质弃渣体坡面发生泥石流等重力侵蚀现象，导致侵蚀速率不断加速增大。因此，针对此类弃渣体应更加注意坡面汇水和强降雨侵蚀，以免引起大规模坡面泥石流。偏土质弃渣体侵蚀速率与径流率呈极显著线性关系，即随着径流率增大，侵蚀速率保持着基本不变的速度增加，与偏石质弃渣体水沙关系明显不同。

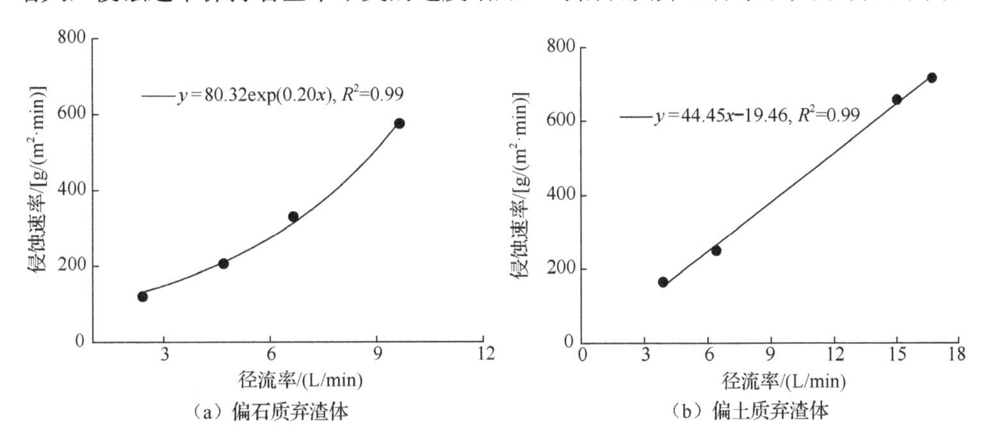

图4-110　放水条件下弃渣体坡面侵蚀速率与径流率关系

4.2.6　煤矸石堆积体产沙特征

1. 模拟降雨试验

1）侵蚀速率

图4-111为不同降雨强度条件下40°煤矸石坡面侵蚀速率随时间的变化。整体上，降雨强度越大，侵蚀波动程度越高，各降雨强度条件下侵蚀速率变异系数分别为134.07%、116.42%、97.90%、125.13%，均属于强烈变异。这主要是因为煤矸石坡面入渗能力强，坡面物质组成复杂，颗粒粒径范围大且不均匀，侵蚀过程中径流率与径流路径变异性很强，侵蚀速率的变化也较为剧烈。各降雨强度条件下侵蚀速率峰值分别为0.54g/(m^2·min)、0.53g/(m^2·min)、4.74g/(m^2·min)、20.22g/(m^2·min)，整体上随降雨强度增大而增大。各次降雨平均侵蚀速率分别为0.15g/(m^2·min)、0.16g/(m^2·min)、1.64g/(m^2·min)、4.10g/(m^2·min)，随降雨强度增大而增大，回归分析表明，二者呈极显著指数函数关系。

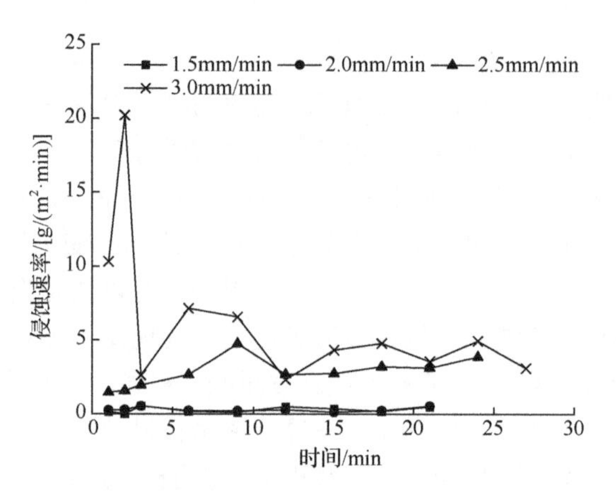

图 4-111 不同降雨强度条件下 40°煤矸石坡面侵蚀速率随时间的变化

2）水沙关系

图 4-112 为煤矸石坡面水沙关系。由图可知，侵蚀速率与径流率呈极显著的指数函数关系（R^2=0.98），由拟合方程可知，径流率的变化率随着径流率的增大逐渐增大，这表明坡面径流率越大，煤矸石坡面侵蚀速率的增长速度更快，表现出更剧烈的侵蚀。此外，拟合指数函数的幂指数（2.27）远大于弃土体和偏土质弃渣体，这说明煤矸石坡面物质的分离搬运对径流的敏感性更高。

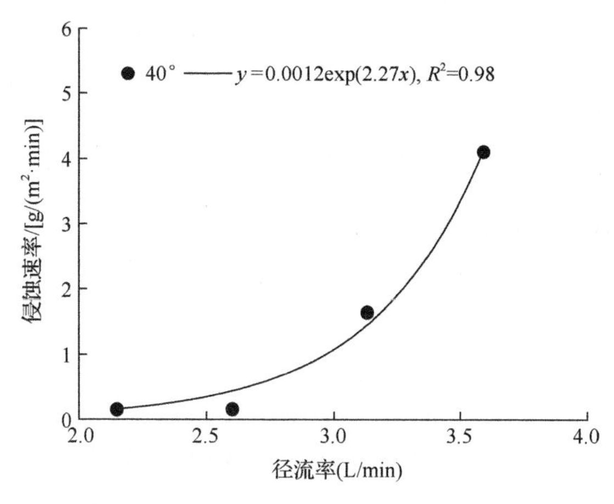

图 4-112 煤矸石坡面水沙关系

2. 径流冲刷试验

1）侵蚀速率

图 4-113 为不同流量条件下侵蚀速率随时间的变化。整体上，各次试验侵蚀速率变化过程呈多峰多谷趋势，各流量条件下侵蚀速率变异系数分别为 192.25%、169.24%、125.94%、182.95%，均属于强烈变异。并且各流量条件下侵蚀速率均

存在中断现象。这是因为径流在顺坡向下流动的过程中，对地表物质具有分选作用，首先将细小的沙土和砾石冲走，使冲刷初期径流含沙量大。当这些细小沙石迅速减少时，径流含沙量降低。随着径流的进一步冲刷，较大砾石周围被掏空并逐渐失去支撑，在重力和径流冲刷力共同的作用下被卷入径流，然后在径流的巨大冲刷力推动下顺坡滚动而下。由于剧烈的径流冲刷作用，坡面上迅速形成侵蚀沟，而侵蚀沟的形成使径流继续对沟壁两侧进行掏蚀，对沟底进行强烈的下切侵蚀，再加上重力的作用，沟壁两侧的沙石很快发生崩塌脱落，堵塞径流。当径流汇集到一定程度后，堵塞部位的沙石就被径流重新漫溢溃决，以高含沙水流或稀性泥石流的形式顺沟而下，此过程在整个放水冲刷过程中重复出现，因此侵蚀速率随时间出现忽高忽低，剧烈波动的现象。在中断前后侵蚀速率往往可以达到峰值，各次试验侵蚀速率峰值分别为 2692.39g/(m^2·min)、4211.61g/(m^2·min)、2866.89g/(m^2·min)、9554.42g/(m^2·min)，整体上随流量增大而增大。各次降雨平均侵蚀速率分别为 419.68g/(m^2·min)、694.91g/(m^2·min)、737.01g/(m^2·min)、1350.82g/(m^2·min)，随降雨强度增大而增大，回归分析表明，二者呈极显著指数函数关系（R^2=0.92）。

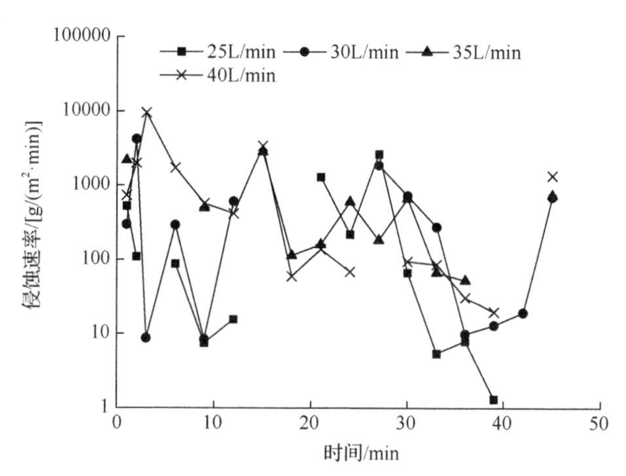

图 4-113　不同流量条件下侵蚀速率随时间的变化

2）水沙关系

图 4-114 为放水条件下煤矸石坡面侵蚀速率与径流率的关系，相关分析表明，二者呈显著的正相关关系（P=0.02）。由图可知，侵蚀速率随径流率增大而增大。回归分析表明，侵蚀速率与径流率之间呈极显著的对数函数关系（R^2=0.99），对拟合方程取对数可知，随着径流率的增大，侵蚀速率随径流率的变化率也逐渐减小，这表明随着坡面径流率的增大，煤矸石坡面侵蚀速率的增长速度将会减小，这与模拟降雨条件下煤矸石水沙关系显著不同，但其侵蚀速率远远高于模拟降雨。

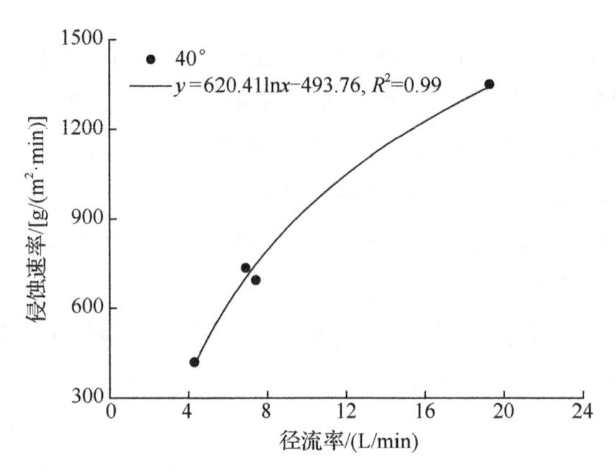

图 4-114 放水条件下煤矸石坡面侵蚀速率与径流率的关系

4.2.7 不同下垫面侵蚀特征的差异性

1. 模拟降雨试验

1）原生与扰动坡面侵蚀速率差异性

表 4-22 为降雨条件下 7 种下垫面坡面侵蚀速率变化，在不同坡度条件下，原生坡面与扰动坡面侵蚀速率的对比分析表明，侵蚀速率均随着降雨强度的增大明显增大。原生坡面 3.0mm/min 降雨强度是 1.0mm/min 降雨强度侵蚀速率的近 80 倍。侵蚀速率随坡度增大明显增大。从 5°增大到 18°，侵蚀速率增大了 2～10 倍。扰动坡面的大降雨强度较小降雨强度条件下的侵蚀速率相差更大。扰动坡面的侵蚀速率明显高于原生坡面。经计算，扰动坡面的侵蚀速率是原生坡面的 2.27～8.07 倍。在降雨强度较小时，侵蚀速率差别不大。扰动坡面地表没有植被的保护，加上人为的翻动干扰，致使松散的表土更容易被径流携带冲刷，侵蚀速率较高。

表 4-22 降雨条件下 7 种下垫面坡面侵蚀速率变化

降雨强度 /（mm/min）	侵蚀速率/[g/（m^2·min）]						
	原生坡面	扰动坡面	土质道路	弃土体	偏土质弃渣体	偏石质弃渣体	煤矸石
0.5	—	—	4.83	—	—	—	—
1.0	0.24	1.43	17.75	204.52	304.71	2.51	—
1.5	0.57	4.60	34.23	261.09	651.61	22.65	0.15
2.0	3.93	13.90	55.25	418.43	591.91	41.33	0.16
2.5	7.31	23.72	108.99	526.70	783.10	117.06	1.64
3.0	17.60	39.91	230.19	767.53	1779.80	148.23	4.10
平均值	5.93	16.71	75.21	435.65	822.23	66.36	1.51

2）弃土体、弃渣体及煤矸石侵蚀速率差异性

图 4-115 为弃土弃渣体和煤矸石坡面各次降雨侵蚀速率对比。由图可知，相同坡度和降雨强度条件下煤矸石坡面侵蚀速率最小[0.15～4.10g/(m^2·min)]。同样地，40°条件下弃土体、偏石质弃渣体和偏土质弃渣体分别是煤矸石坡面侵蚀速率的 187.51～2656.16 倍、32.51～117.45 倍、302.35～3004.85 倍。35°条件下，整体上各次降雨试验偏土质弃渣体侵蚀速率最大，弃土体次之，偏石质弃渣体最小。采用 t 检验对三个下垫面平均侵蚀速率差异性进行检验，三种弃土弃渣体平均侵蚀速率差异性检验结果如表 4-23 所示，在方差相等和不相等条件下，偏石质弃渣体平均侵蚀速率均显著小于偏土质弃渣体和弃土体（$P<0.05$），而弃土体和偏土质弃渣体之间差异不显著（$P>0.05$）。

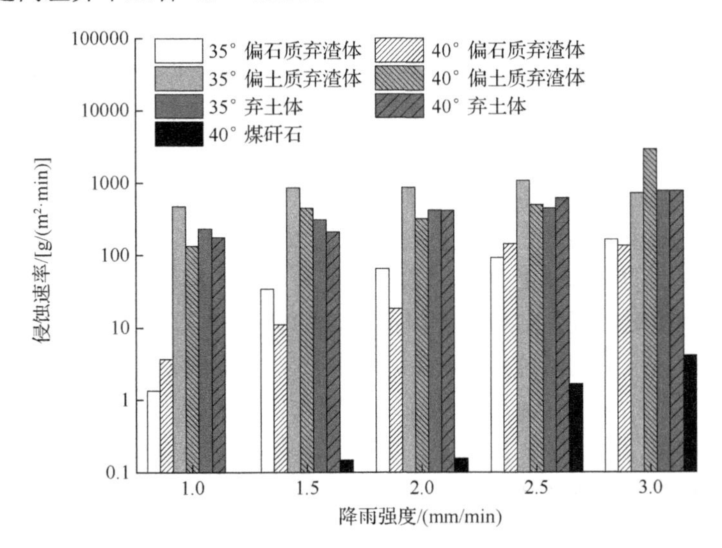

图 4-115　弃土弃渣体和煤矸石坡面各次降雨侵蚀速率对比

表 4-23　三种弃土弃渣体平均侵蚀速率差异性检验结果（t 检验）

检验对象	t 值	自由度	显著性水平（双尾）
偏石质弃渣体-偏土质弃渣体	−3.11	18	0.006
偏石质弃渣体-弃土体	−5.16	18	0.000
偏土质弃渣体-弃土体	1.535	18	0.142

3）各下垫面侵蚀速率差异性分析

与撂荒地相比，扰动坡面侵蚀波动性整体上较弱，但次降雨侵蚀速率却增大了 0.43～5.73 倍，两类弃渣体和弃土体不但侵蚀波动性达到剧烈波动程度，而且侵蚀速率增加数倍乃至数百倍。相同降雨和自然堆积条件下的偏石质弃渣体、偏土质弃渣体、弃土体及扰动坡面侵蚀速率分别是撂荒地的 6.51～14.25 倍、57.91～

239.15 倍、43.60～180.13 倍、2.27～3.06 倍。分析表明，降雨强度对侵蚀速率影响显著（表 4-24）。同一降雨强度条件下，对下垫面和坡度间的侵蚀速率进行方差分析结果表明，下垫面类型及坡度之间侵蚀速率差异显著（表 4-25）。各类弃土弃渣体与撂荒地侵蚀差异的原因如下：①下垫面物理化学性质不同是侵蚀差异性的根本原因（郭明明等，2014），物质组成决定下垫面的抗蚀性，进而影响侵蚀速率，弃土弃渣体物质组成复杂，颗粒间黏结性差，在降雨条件下坡面上的砾石易失稳发生重力侵蚀（蒲玉宏和王伟，1995），与撂荒地相比弃土弃渣体侵蚀过程更为复杂，波动性更强且侵蚀方式多样。②人为堆积产生的各类弃渣体、弃土体及扰动坡面达到稳定后的坡度存在差异，在相同降雨条件下，坡度的增加可以提高坡面物质及径流向下运动的加速度，从而影响侵蚀速率（李君兰等，2011），且弃土弃渣体中砾石的存在既可以增加径流路径及坡面粗糙度以削弱径流剥蚀和搬运能力，又能通过影响土壤的物理性质（孔隙度、表土结皮与紧实度），水文过程（地表径流的产生及其水动力特性）间接支配土壤侵蚀过程（张乐涛等，2013；Poesen and Lavee, 1994）。本书中偏石质弃渣体砾石质量分数为 69.33%，偏土质弃渣体为 45.06%，弃土体为 7.11%，侵蚀速率随着砾石质量分数增大而减小，因此砾石对土壤侵蚀过程有重要的影响（Descroix et al., 2001; Chow and Rees,1995）。③降雨是坡面产生侵蚀的根本动力来源，坡面初期的击溅侵蚀主要动力来自降雨动能，当坡面全面产流后降雨主要体现在坡面径流的补给上，降雨形成的径流对坡面物质进行剥蚀和搬运，随着降雨补充和径流冲刷，坡面物质组成和粗糙度时刻发生着变化，同时坡度又使径流运动的加速度增大，粗糙度与水力条件的相互作用影响径流剥蚀和搬运能力。由此可知，弃土弃渣体、扰动坡面侵蚀状况是由降雨、径流、坡度及物质组成之间的相互作用决定的。

表 4-24 相同下垫面不同降雨强度、坡度之间侵蚀速率方差分析

下垫面	变量	*F* 检验值	显著性水平
偏石质弃渣体	降雨强度	10.293	0.044
	坡度	0.113	0.759
偏土质弃渣体	降雨强度	10.601	0.035
	坡度	0.004	0.953
弃土体	降雨强度	15.668	0.024
	坡度	0.149	0.725
扰动土体	降雨强度	8.105	0.016
	坡度	3.606	0.094
撂荒地	降雨强度	11.536	0.007
	坡度	6.289	0.034

表 4-25　同一降雨强度条件下各下垫面、坡度侵蚀速率方差分析

降雨强度/（mm/min）	变量	*F* 检验值	显著性水平
1.5	下垫面类型	9.904	0.025
	坡度	8.838	0.026
2.0	下垫面类型	44.336	0.002
	坡度	42.815	0.003
2.5	下垫面类型	18.213	0.013
	坡度	3.972	0.100
3.0	下垫面类型	8.095	0.036
	坡度	8.638	0.027

2. 径流冲刷试验

表 4-26 为降雨条件下 7 种下垫面坡面侵蚀速率变化。由表可知，原生坡面被扰动后，侵蚀速率在 5～25L/min 流量条件下增加 4.09～20.28 倍，这表明一旦矿区自然坡面被扰动后即可产生数倍乃至数十倍的土壤流失增量。对于土质道路，其在相同流量条件下较原生坡面增加 3.55～10.59 倍，尽管土质道路容重较大，抗蚀性强，但坡面入渗能力差，相同上方汇水条件下坡面极易形成较大径流，集中切割道路路面，尤其在强降雨条件下矿区土质道路随处可见被水流切割形成的细沟。在相同的上方汇水条件下弃土弃渣体和煤矸石坡面更易被侵蚀，相比而言，弃土体、偏土质弃渣体、偏石质弃渣体和煤矸石坡面较同条件下原生坡面侵蚀速率增加 309.40～1629.33 倍、170.28～439.77 倍、74.57～377.05 倍和 99.19 倍。

表 4-26　降雨条件下 7 种下垫面坡面侵蚀速率变化

流量/（L/min）	侵蚀速率/[g/(m^2·min)]						
	原生坡面	扰动坡面	土质道路	弃土体	偏土质弃渣体	偏石质弃渣体	煤矸石
5	0.90	19.15	10.43	—	—	—	—
10	3.98	44.43	44.17	6488.71	1754.26	1281.54	—
15	15.20	104.70	98.12	9755.24	2490.38	5746.31	—
20	27.24	158.39	145.19	10680.12	6581.94	2058.64	—
25	41.89	213.03	190.55	13002.68	7174.78	3849.69	4196.83
30	—	—	—	—	—	—	6949.11
35	—	—	—	—	—	—	7370.06
40	—	—	—	—	—	—	13508.25
平均值	17.84	107.94	97.69	9981.69	4500.34	3234.05	8006.06

4.3　典型下垫面土壤侵蚀动力机制

4.3.1　原生坡面土壤侵蚀动力机制

1. 模拟降雨试验

1）侵蚀速率与水力学参数的关系

降雨条件下原生坡面侵蚀速率与径流特性参数之间的相关关系如表 4-27 所示，侵蚀速率与流速和弗劳德数呈显著的正相关关系，与阻力系数呈显著的负相关关系（$P<0.05$），坡面径流流速增大，流态变急显著增加径流的侵蚀能力；侵蚀速率与雷诺数和曼宁糙率系数相关关系不显著。降雨条件下原生坡面侵蚀速率与水力学参数之间的关系如图 4-116 所示，侵蚀速率与流速幂函数关系显著，其幂指数（0.90）接近 1，在一定程度上说明侵蚀速率随流速的增大几乎按照匀速增长，这一结论也在弗劳德数与侵蚀速率的关系中得到体现。另外，侵蚀速率与阻力系数呈显著的指数函数关系（$P<0.05$），由图可知，当阻力系数逐渐增大至 15 时，侵蚀速率显著减小至 5.0g/(m^2·min)，当阻力系数继续增大，侵蚀速率变化不大，维持在较低水平，这也反映了侵蚀初期坡面水流侵蚀能力较弱时受到的阻力较大，引起的侵蚀速率较小，当坡面产流量较大时，流速增强，流态变急，尤其是细沟形成后，阻力系数显著减弱，从而导致侵蚀速率增大。

表 4-27　降雨条件下原生坡面侵蚀速率与径流特性参数之间的相关关系

相关性	流速	雷诺数	弗劳德数	阻力系数	曼宁糙率系数	径流剪切力	径流功率	单位径流功率
相关系数	0.86	0.22	0.55	−0.57	−0.30	−0.03	0.28	0.71
显著性水平	0.00	0.43	0.04	0.04	0.29	0.91	0.31	0.00

2）侵蚀速率与水动力学参数的关系

相关分析结果表明，侵蚀速率与单位径流功率呈极显著的相关关系（P=0.00），与径流剪切力和径流功率均不相关，甚至与径流剪切力存在一定程度的负相关关系。图 4-117 为降雨条件下原生坡面侵蚀速率与水动力学参数的关系，径流剪切力小于 8N/m^2 或径流功率小于 1.0W/m^2 时，侵蚀速率与之线性关系比较明确。随着坡面产流量逐渐增大，细沟开始发育，侵蚀产沙来源于细沟间侵蚀和细沟侵蚀，而二者侵蚀机制存在较大差异，且侵蚀占比随坡度和降雨强度的变化尚不明确，因此侵蚀速率与坡面整体的径流动力特征关系逐渐变得模糊。回归分析表明，侵蚀速率与单位径流功率呈显著的线性函数关系，由拟合关系可知，原生坡面的土壤可蚀性参数为 0.01kg/m^3，发生土壤分离的临界单位径流功率为 0.003m/s。

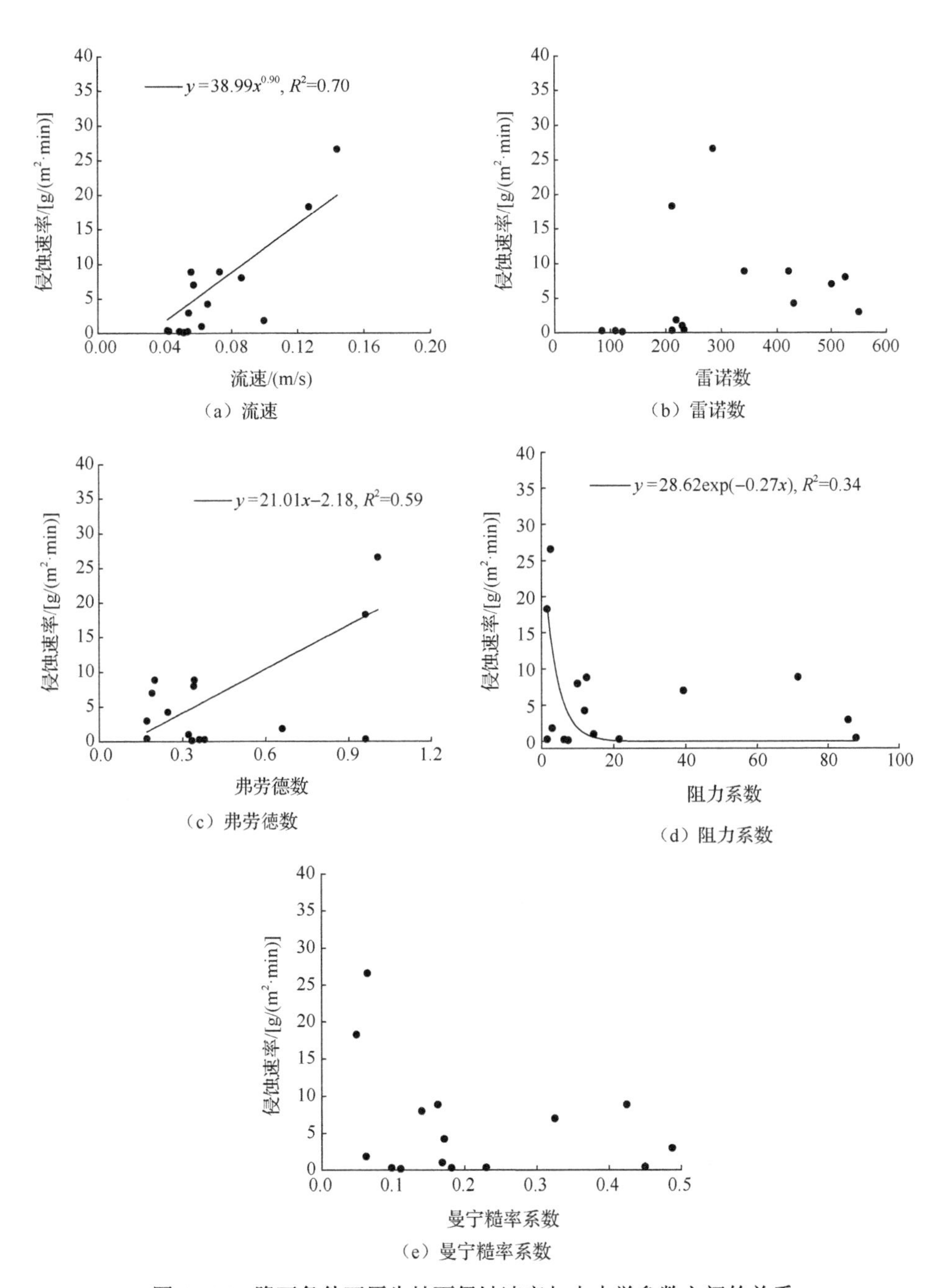

（a）流速

（b）雷诺数

（c）弗劳德数

（d）阻力系数

（e）曼宁糙率系数

图 4-116　降雨条件下原生坡面侵蚀速率与水力学参数之间的关系

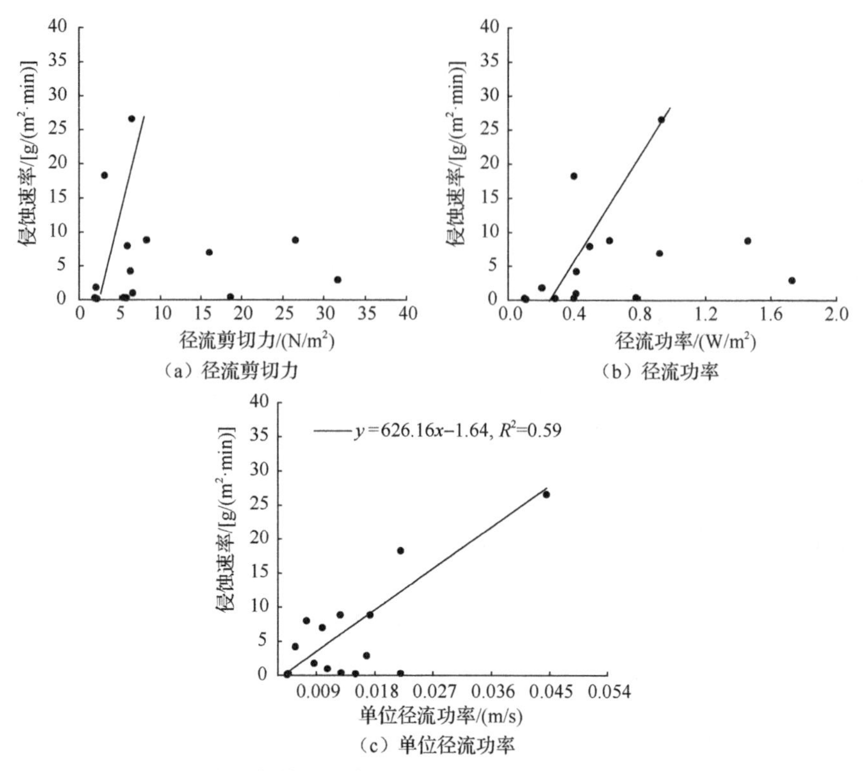

图 4-117　降雨条件下原生坡面侵蚀速率与水动力学参数的关系

2. 径流冲刷试验

1）侵蚀速率与水力学参数的关系

放水条件下原生坡面侵蚀速率与径流特性参数之间的相关关系如表 4-28 所示，侵蚀速率与流速和雷诺数呈显著正相关关系（$P<0.05$），与弗劳德数、阻力系数及曼宁糙率系数不相关（$P>0.05$）。图 4-118 为放水条件下原生坡面侵蚀速率与水力学参数之间的关系，回归分析结果表明，侵蚀速率仅与流速和雷诺数呈显著的幂函数关系。由图可知，当流速大于 0.2m/s，雷诺数大于 900 时，侵蚀速率突增。对于弗劳德数、阻力系数和曼宁糙率系数，尽管侵蚀速率与三者函数关系不显著，但整体上侵蚀速率随着径流流态的变急显示增大的趋势，随阻力系数和曼宁糙率系数的增大侵蚀速率减弱。

表 4-28　放水条件下原生坡面侵蚀速率与径流特性参数之间的相关关系

相关性	流速	雷诺数	弗劳德数	阻力系数	曼宁糙率系数	径流剪切力	径流功率	单位径流功率
相关系数	0.57	0.70	0.15	−0.23	−0.11	0.74	0.70	0.59
显著性水平	0.03	0.00	0.60	0.41	0.69	0.00	0.00	0.02

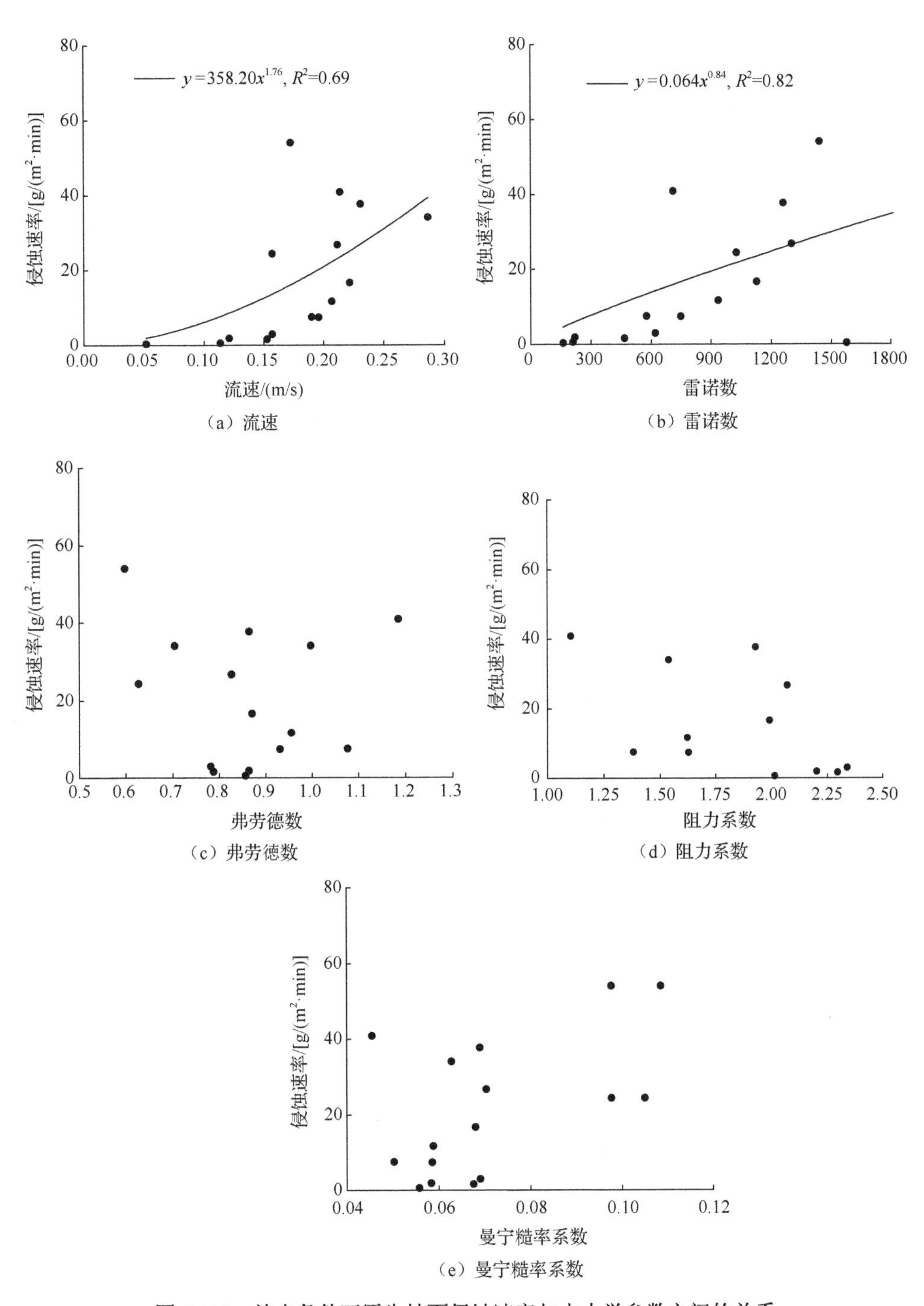

（a）流速　（b）雷诺数　（c）弗劳德数　（d）阻力系数　（e）曼宁糙率系数

图 4-118　放水条件下原生坡面侵蚀速率与水力学参数之间的关系

2）侵蚀速率与水动力学参数的关系

侵蚀速率与水动力学参数（径流剪切力、径流功率、单位径流功率）分析结果表明（表 4-28），侵蚀速率与径流剪切力和径流功率均呈极显著正相关关系（$P<0.01$），与单位径流功率呈显著相关关系（$P=0.02$），其中侵蚀速率与径流剪切力相关程度最高。图 4-119 为放水条件下原生坡面侵蚀速率与水动力学参数的关系，回归分析结果表明，对于径流剪切力，由拟合结果可知，原生坡面颗粒被分离的临界径流剪切力为 3.57N/m^2，拟合的斜率值可表征原生坡面可蚀性，转化为国际制后为 5.57×10^{-5}s/m[图 4-119（a）]。对于径流功率和单位径流功率，侵蚀速率与二者的最优关系为幂函数关系[图 4-119（b）和（c）]。径流功率与侵蚀速率拟合关系的幂指数（0.90）小于 1，这表明侵蚀速率随径流功率增大其增大的速度逐渐减缓，且当径流率大于 2W/m^2 时，侵蚀速率明显波动，主要是因为细沟发育加剧

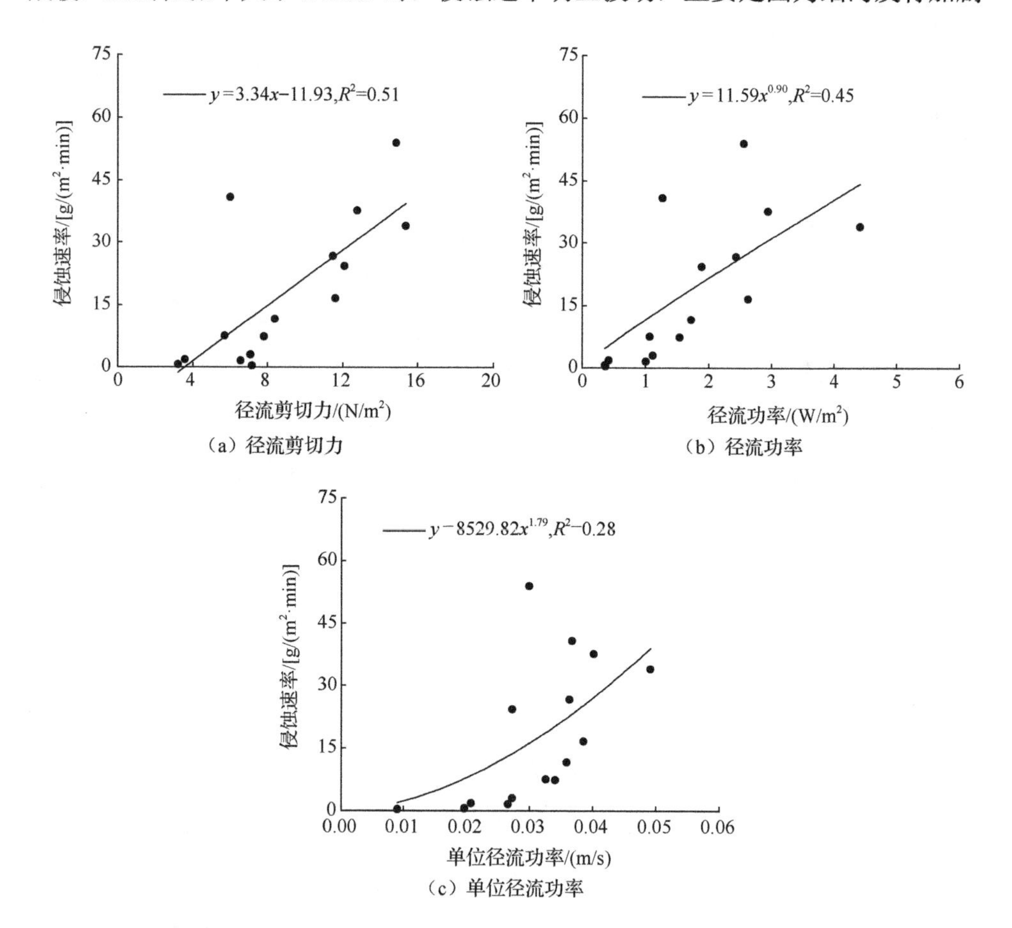

图 4-119　放水条件下原生坡面侵蚀速率与水动力学参数的关系

了产沙过程的波动性。对于单位径流功率，拟合函数的幂指数（1.79）远大于 1，这表明侵蚀速率随单位径流功率的增大急剧增大，主要是因为单位径流功率是流速与水力坡度的函数，随着细沟的发育，细沟水流流速越来越大，且细沟水力坡度也逐渐大于原生坡面坡度，将加剧侵蚀，尤其在单位径流功率大于 0.03m/s 时，侵蚀速率显著增大并伴随明显的波动。与几个水力学参数相比，水动力学参数对侵蚀的模拟效果更好，其中径流剪切力最优。

4.3.2　扰动坡面土壤侵蚀动力机制

1. 模拟降雨试验

1）侵蚀速率与水力学参数的关系

降雨条件下扰动坡面侵蚀速率与径流特性参数之间的相关关系如表 4-29 所示。结果表明，侵蚀速率与流速、雷诺数和弗劳德数呈显著的正相关关系（$P<0.05$），即流速越大，径流的紊动性越强，流态越急，侵蚀速率就越大。降雨条件下扰动坡面侵蚀速率与水力学参数的关系回归分析见图 4-120，侵蚀速率与流速和弗劳德数呈显著的幂函数关系（R^2 分别为 0.78 和 0.81），与雷诺数呈显著的线性关系（R^2=0.89）。然而，侵蚀速率与阻力系数和曼宁糙率系数相关性不显著（$P>0.05$），这主要是因为扰动坡面细沟发育改变了坡面侵蚀机制，但整体上随着坡面阻力系数和曼宁糙率系数的增大，侵蚀速率呈下降的趋势，回归分析表明，侵蚀速率与阻力系数呈显著的幂函数关系（R^2=0.50），由图可知，当阻力系数增大至 2 后，侵蚀速率显著降低。

表 4-29　降雨条件下扰动坡面侵蚀速率与径流特性参数之间的相关关系

相关性	流速	雷诺数	弗劳德数	阻力系数	曼宁糙率系数	径流剪切力	径流功率	单位径流功率
相关系数	0.80	0.95	0.58	−0.39	−0.03	0.66	0.86	0.70
显著性水平	0.00	0.00	0.02	0.15	0.92	0.01	0.00	0.00

2）侵蚀速率与水动力学参数的关系

降雨条件下扰动坡面侵蚀速率与水动力学参数的关系如图 4-121 所示。相关分析结果表明，侵蚀速率与径流剪切力、径流功率及单位径流功率相关性达到极显著水平（$P\leqslant0.01$），整体上相关性水平高于 5 个水力学参数，这在一定程度上说明径流水动力特性对侵蚀的影响更为显著。侵蚀速率与径流剪切力呈显著的线性关系（R^2=0.44），土壤可蚀性参数为 1.28×10^{-4}s/m，产生侵蚀的临界径流剪切力为 0.09N/m^2。侵蚀速率与径流功率呈显著线性关系（R^2=0.72），但从拟合方程分析，并不存在临界径流功率，主要是因为径流功率是由径流剪切力和流速决定的，试验中细沟形成后流速值即为细沟水流流速，计算的径流功率包含了细沟和细沟间的流速特征。侵蚀速率与单位径流功率呈显著的幂函数关系（R^2=0.56），且增长率逐渐增大。

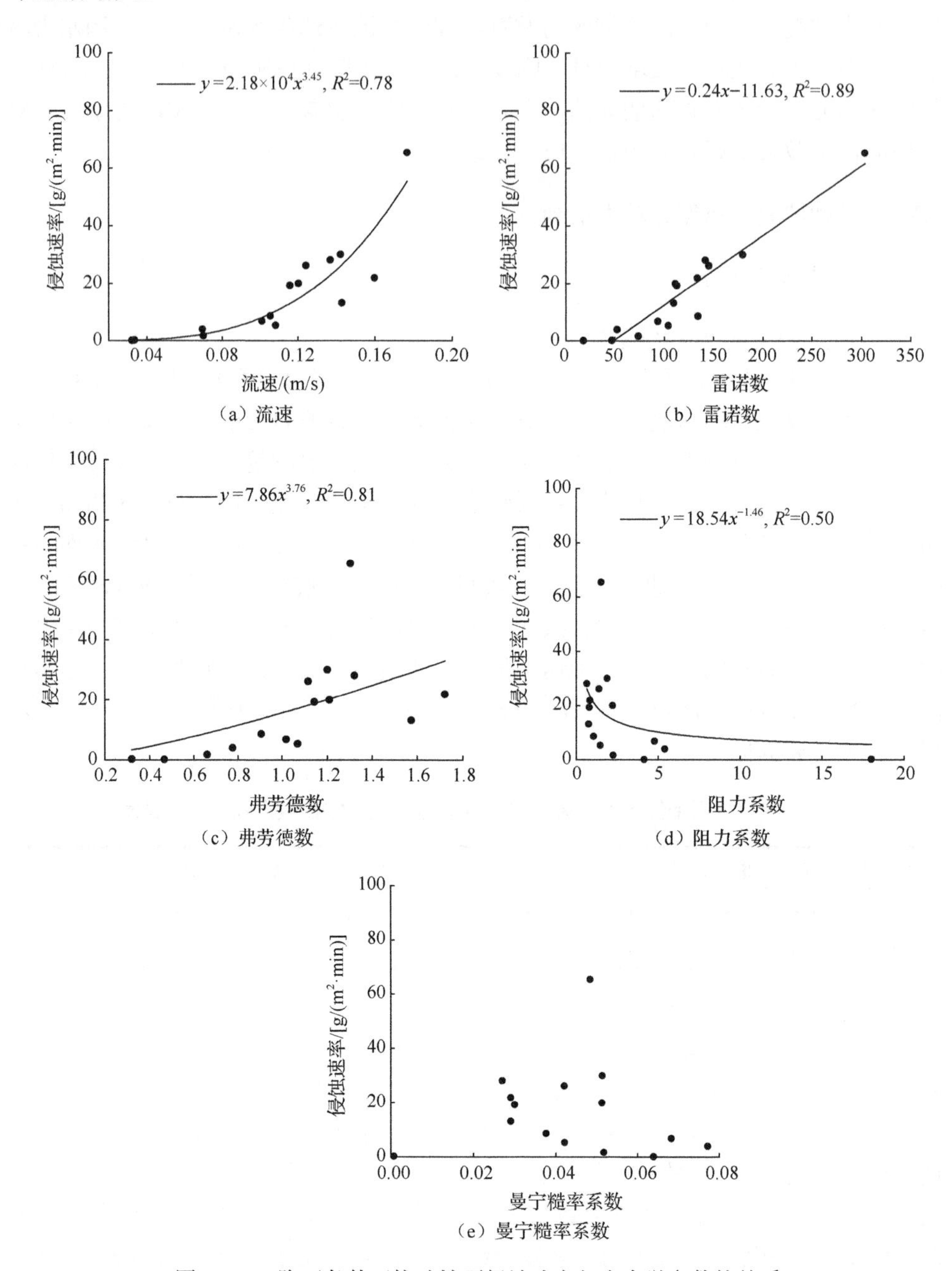

图 4-120　降雨条件下扰动坡面侵蚀速率与水力学参数的关系

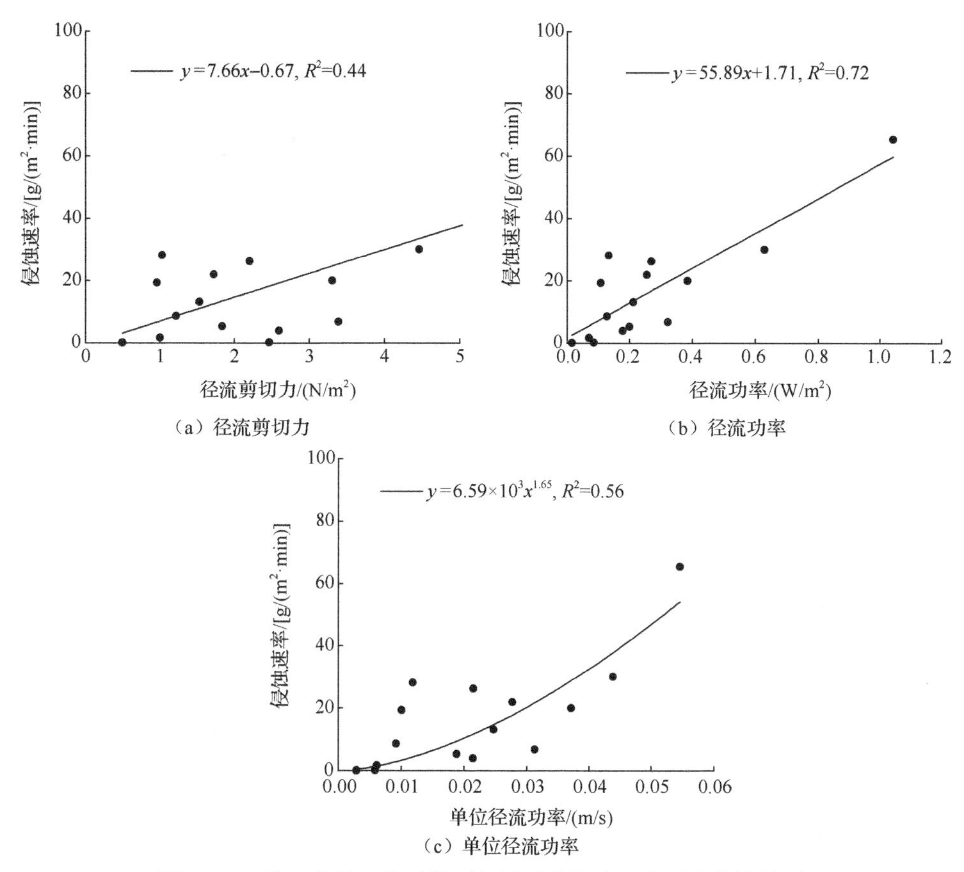

（a）径流剪切力　（b）径流功率

（c）单位径流功率

图4-121　降雨条件下扰动坡面侵蚀速率与水动力学参数的关系

2. 径流冲刷试验

1）侵蚀速率与水力学参数的关系

放水条件下扰动坡面侵蚀速率与径流特性参数之间的相关关系如表4-30所示。图4-122为放水条件下扰动坡面侵蚀速率与水力学参数的关系。结果表明，侵蚀速率与流速相关性不显著（P=0.22），主要是因为频繁的细沟沟壁崩塌使得细沟径流流速降低，此时侵蚀速率却很大，当崩塌物质输移完成后，侵蚀速率降低，此时细沟内流速又增大[图4-122（a）]，二者相关性降低。侵蚀速率与雷诺数呈显著的正相关关系，与弗劳德数呈显著的负相关关系，回归分析表明，侵蚀速率与二者呈显著的幂函数关系[图4-122（b）和（c）]。侵蚀速率与阻力系数和曼宁糙率系数均呈显著的正相关关系，即坡面越粗糙，阻力越大，侵蚀速率越大，这与降雨条件下的侵蚀水力学特征差异较大，放水条件下产流后很快形成细沟，细沟发育程度越大，坡面细颗粒侵蚀量越大，在沟底留下相对更高含量的粗颗粒，增加了细沟水流的阻力和粗糙度，但细沟侵蚀却并未减少，主要是因为坡度和流量的增大对侵蚀速率的提高远远大于坡面的粗糙度。回归分析表明，侵蚀速率与曼宁糙率系数线性关系较阻力系数更为显著[图 4-122（d）和（e）]。

表 4-30　放水条件下扰动坡面侵蚀速率与径流特性参数之间的相关关系

相关性	流速	雷诺数	弗劳德数	阻力系数	曼宁糙率系数	径流剪切力	径流功率	单位径流功率
相关系数	0.34	0.77	−0.57	0.61	0.69	0.79	0.86	0.59
显著性水平	0.22	0.00	0.03	0.02	0.00	0.00	0.00	0.02

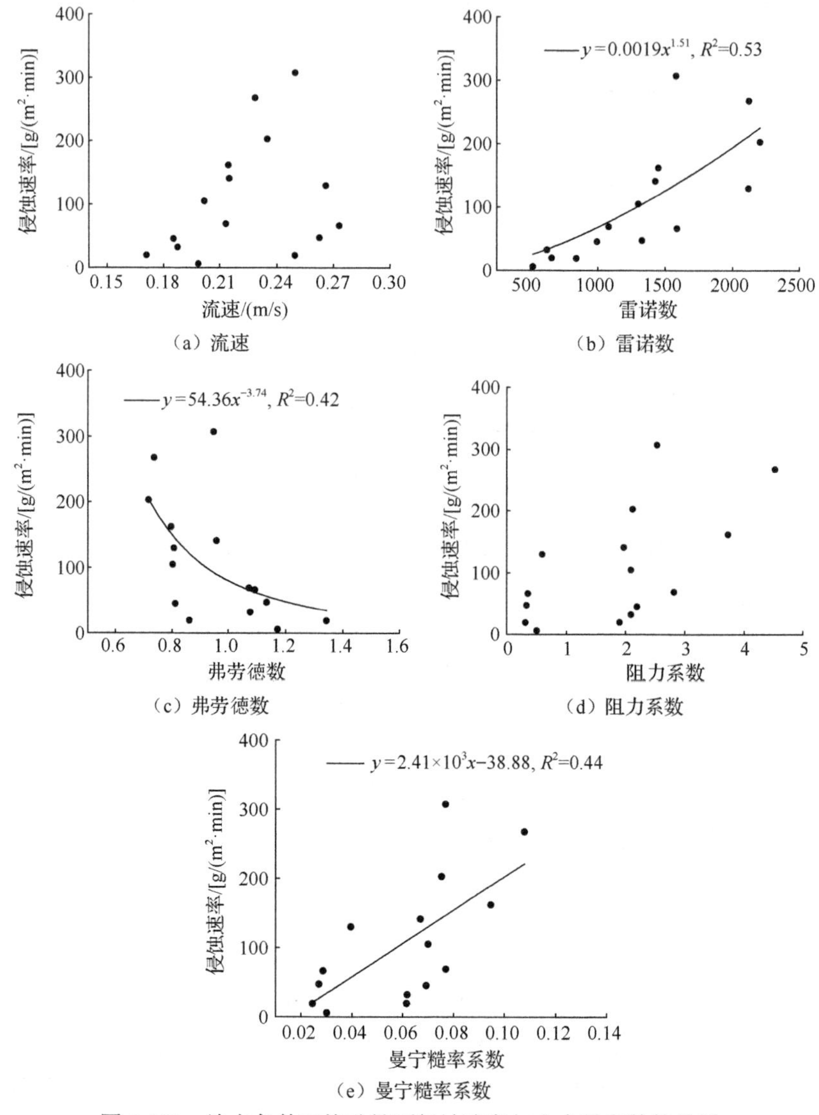

图 4-122　放水条件下扰动坡面侵蚀速率与水力学参数的关系

2）侵蚀速率与水动力学参数的关系

相关分析表明，侵蚀速率与径流剪切力和径流功率之间相关性达到极显著水平（P<0.01），与单位径流功率相关性达到显著水平（P=0.02），其中，与径流功率相关性最高。放水条件下扰动坡面侵蚀速率与水动力学参数的关系如图 4-123 所示。侵蚀速率与三者之间的回归分析结果表明，侵蚀速率与三者之间均呈显著的线性关系（R^2 为 0.33～0.71），其中与径流功率之间的拟合关系最优。但从拟合结果来看，扰动坡面并不存在侵蚀的临界动力条件，这主要是因为放水条件下细沟侵蚀发育较为剧烈，重力侵蚀产沙占据一定的比例，影响了侵蚀动力机制。

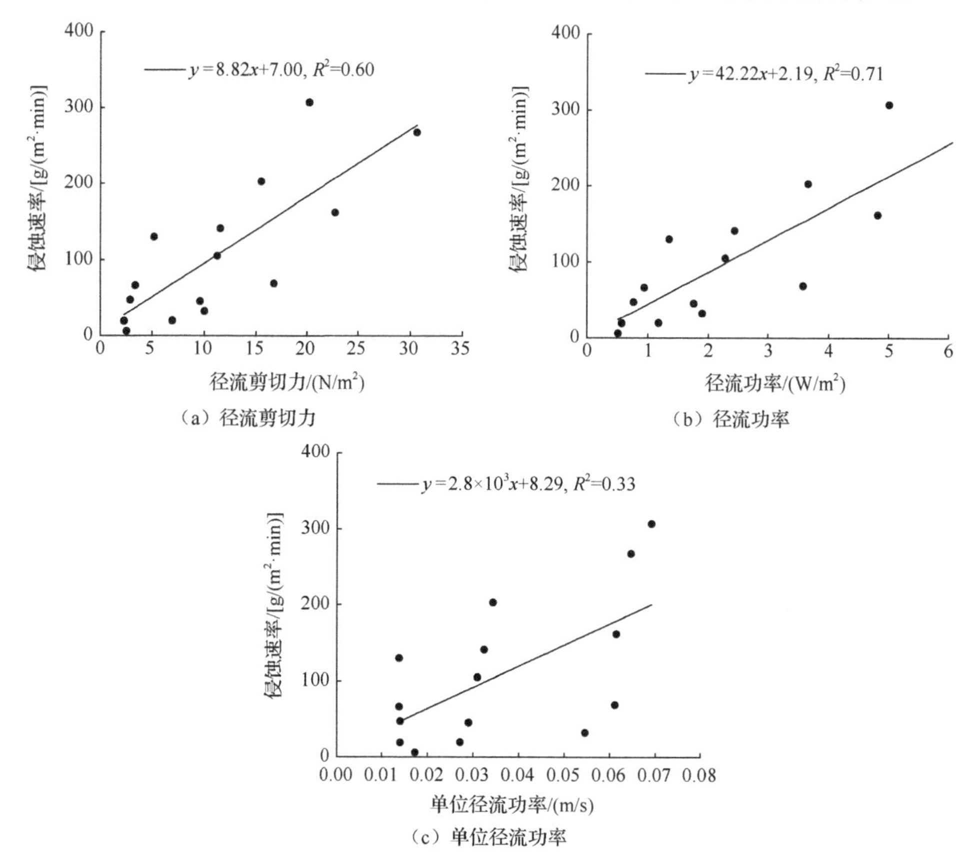

图 4-123　放水条件下扰动坡面侵蚀速率与水动力学参数的关系

4.3.3　土质道路土壤侵蚀动力机制

1．模拟降雨试验

1）侵蚀速率与水力学参数的关系

降雨条件下土质道路坡面侵蚀速率与径流特性参数之间的相关关系如表 4-31

所示。侵蚀速率与流速、雷诺数呈极显著正相关关系（$P<0.01$），与弗劳德数、阻力系数和曼宁糙率系数不相关（$P>0.05$）。图 4-124 为降雨条件下土质道路坡

表 4-31　降雨条件下土质道路坡面侵蚀速率与径流特性参数之间的相关关系

相关性	流速	雷诺数	弗劳德数	阻力系数	曼宁糙率系数	径流剪切力	径流功率	单位径流功率
相关系数	0.660	0.659	0.402	0.007	0.145	0.623	0.733	0.593
显著性水平	0.000	0.000	0.052	0.975	0.500	0.001	0.000	0.002

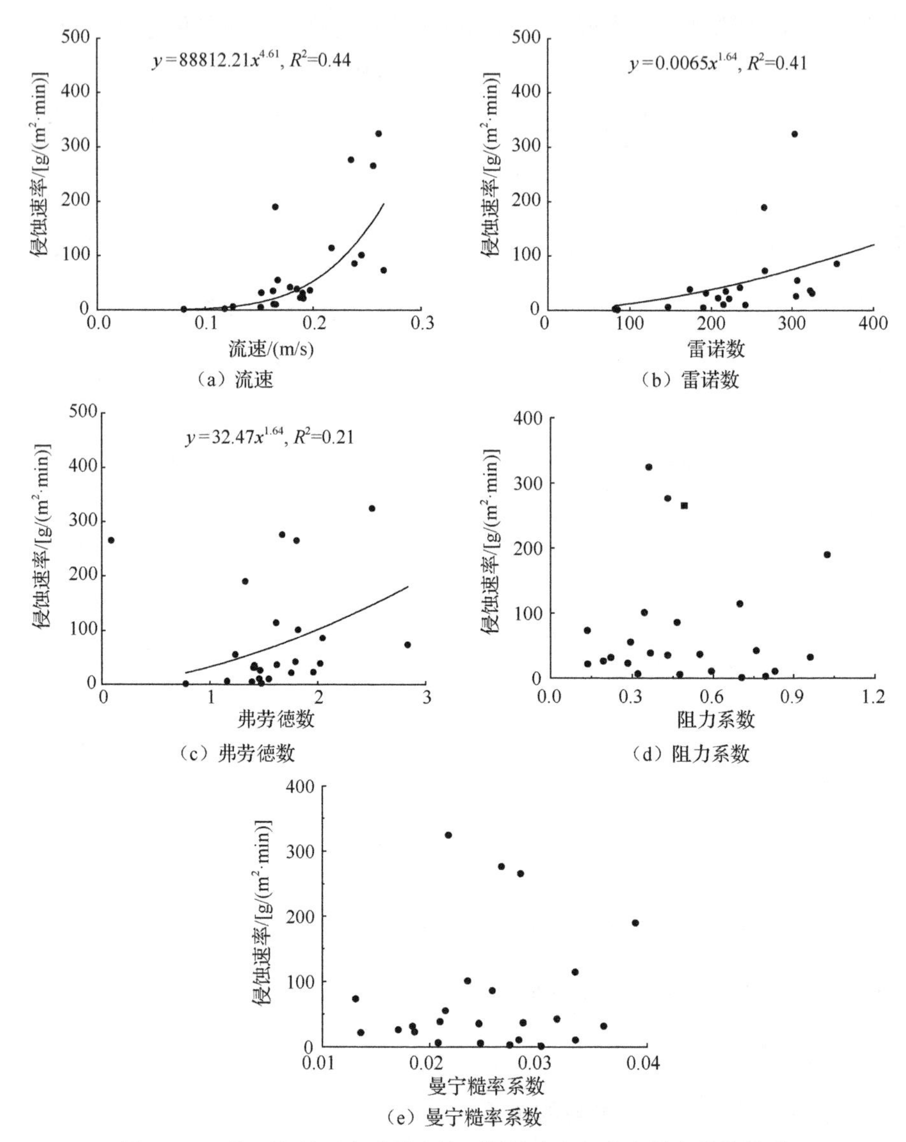

图 4-124　降雨条件下土质道路坡面侵蚀速率与水力学参数的关系

面侵蚀速率与水力学参数的关系，回归分析结果表明，侵蚀速率与流速和雷诺数均呈显著的幂函数关系（R^2 为 0.44 和 0.41），侵蚀速率的增长速率随流速和雷诺数的增大而增大，这表明径流流速越大，紊动性越强，土质道路侵蚀加剧程度越高。尽管侵蚀速率与弗劳德数相关性不显著（P=0.052），但二者呈幂函数关系（R^2=0.21），这表明径流流态越急，道路侵蚀强度随之增强。侵蚀速率与阻力系数和曼宁糙率系数无相关性和定量的函数关系，这可能是因为不同坡度和降雨强度条件下土质道路侵蚀产生的径流阻力系数和下垫面曼宁糙率系数变化范围较小，这体现了土质道路下垫面特殊性。

2）侵蚀速率与水动力学参数的关系

土壤侵蚀由径流冲刷能力与土壤抗蚀性的相互作用决定。径流水动力学参数决定土壤侵蚀强弱，国内外有关道路侵蚀模型的研究所采用的水动力学参数多为径流剪切力 τ 和径流功率 ω，τ 为径流力学参数，ω 则属径流能量范畴（Cao et al., 2015, 2011；黄鹏飞等，2013）。图 4-125 为土质道路土壤侵蚀速率与水动力学参数关系。3°坡土质道路径流剪切力为 1.52～3.14N/m²，6°、9°和 12°径流剪切力分别是其 1.81～3.32 倍、1.99～4.35 倍和 4.77～7.62 倍；3°坡土质道路径流功率为 0.12～0.56W/m²，相同降雨条件下，6°、9°和 12°土质道路径流功率是其 2.00～4.71 倍、3.16～6.55 倍和 1.34～8.75 倍。回归分析表明，侵蚀速率随径流剪切力的增大以线性方式增大（R^2=0.516，P＜0.001），图 4-125（a）中拟合方程的斜率为土壤可蚀性参数，基于国际制单位换算为 2.10×10^{-4}s/m，括号中常数为临界径流剪切力，即道路发生土壤剥蚀的临界径流剪切力为 2.15N/m²。侵蚀速率与径流功率线性关系极显著（R^2=0.684，P＜0.001），图 4-125（b）中拟合方程的斜率是土壤可蚀性参数，基于国际制单位换算为 0.99g/W，括号中常数为临界径流功率，即道路发生土壤剥蚀的临界径流功率为 0.41W/m²。研究发现，路面发生土壤剥蚀的临界径流剪切力和临界径流功率分别为 2.15N/m²、0.41W/m²，结果高于 Foltz 等（2008）

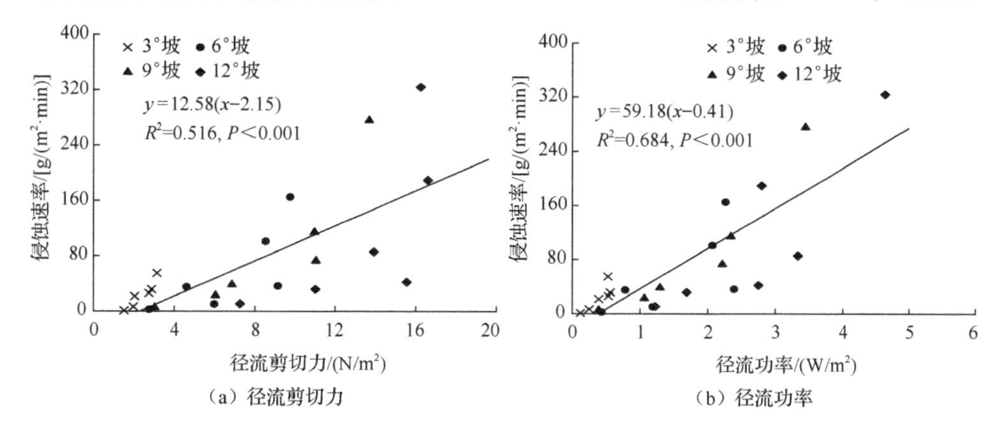

（a）径流剪切力　（b）径流功率

图 4-125　土质道路土壤侵蚀速率与水动力学参数关系

对沙壤土道路的研究，这是土壤容重和土壤质地差异所致，但低于 Cao 等（2011，2009）对黄土高原农田土质道路的研究，这是因为研究的路面存在 0.5cm 厚度浮土，且土壤中砂粒体积分数也较高，降低了土壤抗蚀性，因此土壤发生剥蚀的临界径流剪切力和临界径流功率较低。

2. 径流冲刷试验

1）侵蚀速率与水力学参数的关系

表 4-32 为放水条件下土质道路坡面侵蚀速率与径流特性参数之间的相关关系。相关分析结果表明，侵蚀速率与流速、雷诺数、阻力系数和曼宁糙率系数均呈极显著正相关关系（$P<0.01$），与弗劳德数呈显著的负相关关系（$P<0.05$）。图 4-126 为放水条件下土质道路侵蚀速率与水力学参数的关系，回归分析结果表明，侵蚀速率与流速、雷诺数均呈显著的指数函数关系（R^2 为 0.67 和 0.71），这表明径流流速越大、紊动性越强，土质道路侵蚀加剧程度越高。尽管侵蚀速率与弗劳德数相关性显著（P=0.038），但二者无显著的函数关系。侵蚀速率与阻力系数和曼宁糙率系数均呈显著递增的指数函数关系，径流受到的阻力越大侵蚀速率越大，下垫面越粗糙侵蚀速率越大，这主要是因为随着流量和坡度的增大，径流侵蚀力（以流速、径流剪切力等指标体现）随之增强，侵蚀速率增大，但与此同时，下垫面细颗粒率先被分离搬运，从而使其粗糙度逐渐增大，径流受到的阻力越来越大，但在整个侵蚀过程中侵蚀力与抗蚀力的相互变化中侵蚀力始终占据主导地位，这也体现了土质道路侵蚀过程的特殊性。

表 4-32 放水条件下土质道路坡面侵蚀速率与径流特性参数之间的相关关系

相关性	流速	雷诺数	弗劳德数	阻力系数	曼宁糙率系数	径流剪切力	径流功率	单位径流功率
相关系数	0.784	0.813	−0.47	0.763	0.841	0.894	0.926	0.581
显著性水平	0.000	0.000	0.038	0.000	0.000	0.000	0.000	0.007

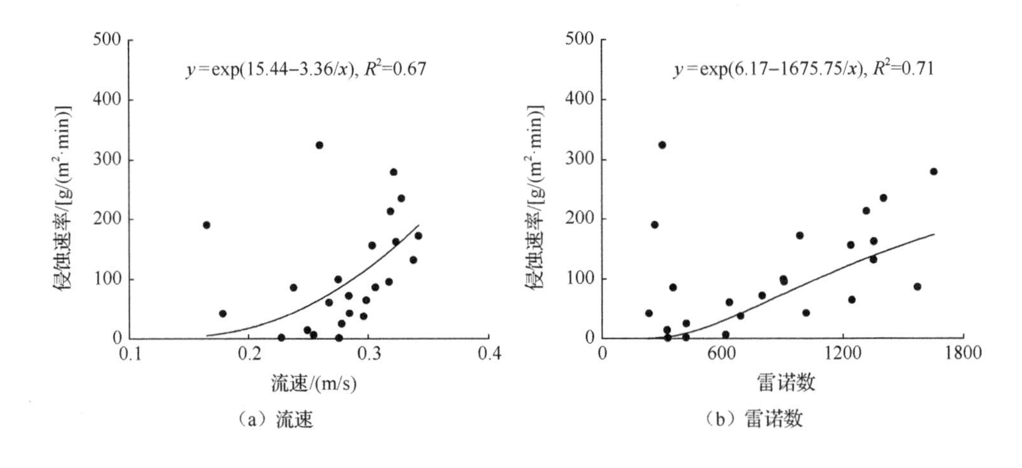

（a）流速　（b）雷诺数

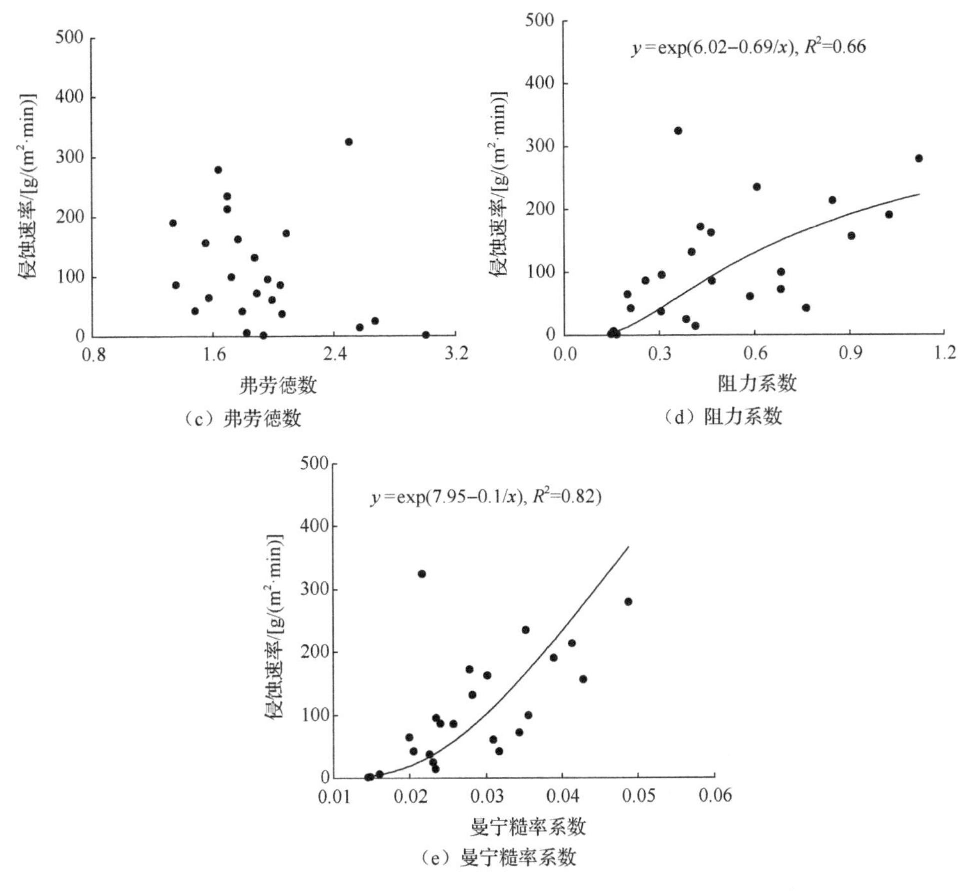

图4-126　放水条件下土质道路侵蚀速率与水力学参数的关系

2）侵蚀速率与水动力学参数的关系

侵蚀速率与水动力学参数分析结果表明，侵蚀速率与径流剪切力、径流功率和单位径流功率均呈极显著正相关关系（$P<0.01$），与径流功率关系最优。图4-127为放水条件下土质道路侵蚀速率与水动力学参数的关系。对于径流剪切力，由拟合结果可知，土质道路坡面颗粒被分离的临界径流剪切力为0.57N/m²，拟合的斜率值可表征为土质道路下垫面可蚀性，转化为国际制单位后为0.00036s/m[图4-127（a）]。对于径流功率，土质道路发生侵蚀的临界径流功率为0.14W/m²，拟合直线的斜率转化为国际制单位后为0.0012s²/m²，即采用径流功率表征的土质道路土壤可蚀性。对于单位径流功率，侵蚀速率与其线性关系显著，其中临界单位径流功率为0.005m/s，可蚀性参数（转化为国际制单位后）为0.051kg/m³[图4-127（c）]。

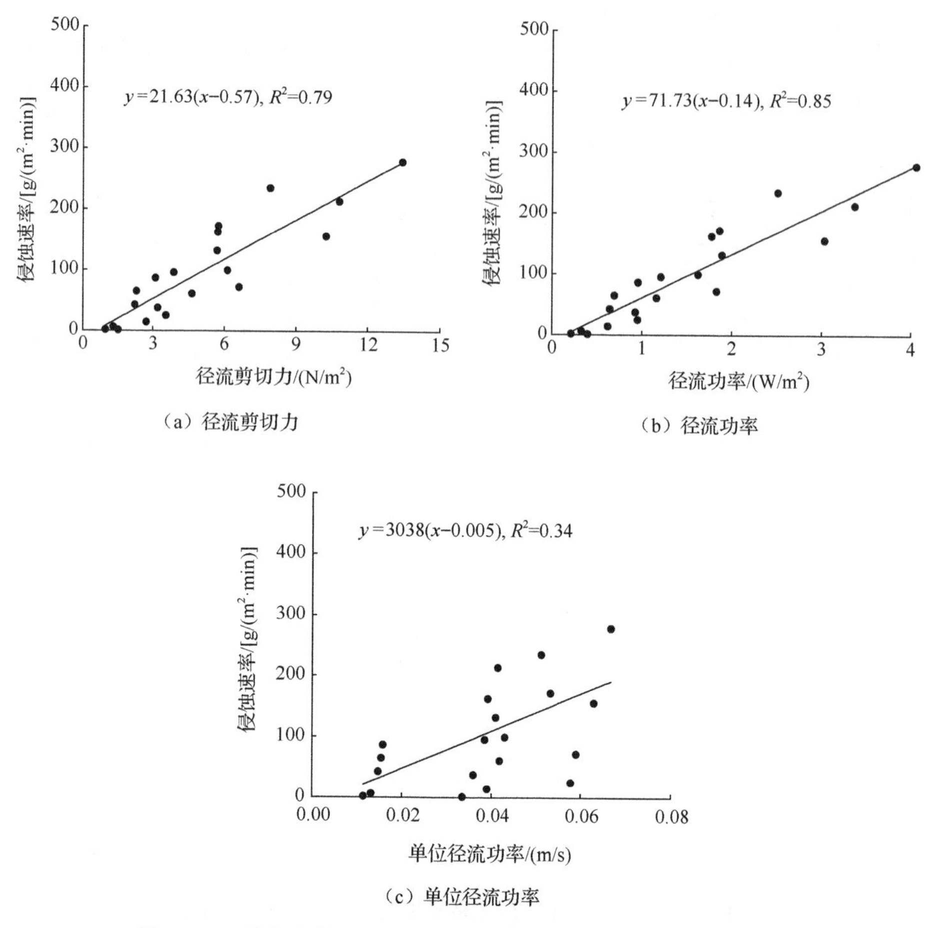

图 4-127　放水条件下土质道路侵蚀速率与水动力学参数的关系

4.3.4　弃土体土壤侵蚀动力机制

1. 模拟降雨试验

1）侵蚀速率与水力学参数的关系

降雨条件下弃土体坡面侵蚀速率与径流特性参数之间的相关关系如表4-33所示。侵蚀速率与流速、雷诺数、阻力系数呈极显著正相关关系（$P<0.01$），与弗劳德数呈显著负相关关系（$P<0.05$），与曼宁糙率系数不相关（$P=0.23$）。比较发现，侵蚀速率与各水力学参数的相关程度大小为流速＞雷诺数=阻力系数＞弗劳德数＞曼宁糙率系数。图 4-128 为降雨条件下弃土体坡面侵蚀速率与水力学参数之间的关系，结果表明，侵蚀速率与流速和阻力系数均呈显著的幂函数关系（R^2为0.85和0.70），其中侵蚀速率的增长速率随流速的增大而增大，但随阻力系数的增

大而减小；侵蚀速率与雷诺数呈显著的线性关系（R^2=0.74），这表明径流紊动性越强，其对弃土体侵蚀越剧烈；侵蚀速率与弗劳德数呈显著降低的幂函数关系，这与相关的研究结果不一致，主要是因为弃土体侵蚀过程中径流流态与坡面发育状况密切相关。小降雨强度（1.0mm/min 和 1.5mm/min）条件下坡面径流路径虽然单一但其流态较急，且其侵蚀量较小，降雨强度的增大导致坡面集中股流路径多、侵蚀量大，但其径流紊动性较低。尽管侵蚀速率与曼宁糙率系数无相关性和定量的函数关系，但整体上侵蚀速率随下垫面曼宁糙率系数的增大而减小，这也表明下垫面的粗糙度大可减弱侵蚀。

表 4-33　降雨条件下弃土体坡面侵蚀速率与径流特性参数之间的相关关系

相关性	流速	雷诺数	弗劳德数	阻力系数	曼宁糙率系数	径流剪切力	径流功率	单位径流功率
相关系数	0.90	0.86	−0.64	0.86	−0.42	0.91	0.82	−0.01
显著性水平	0.00	0.002	0.048	0.002	0.23	0.00	0.004	0.97

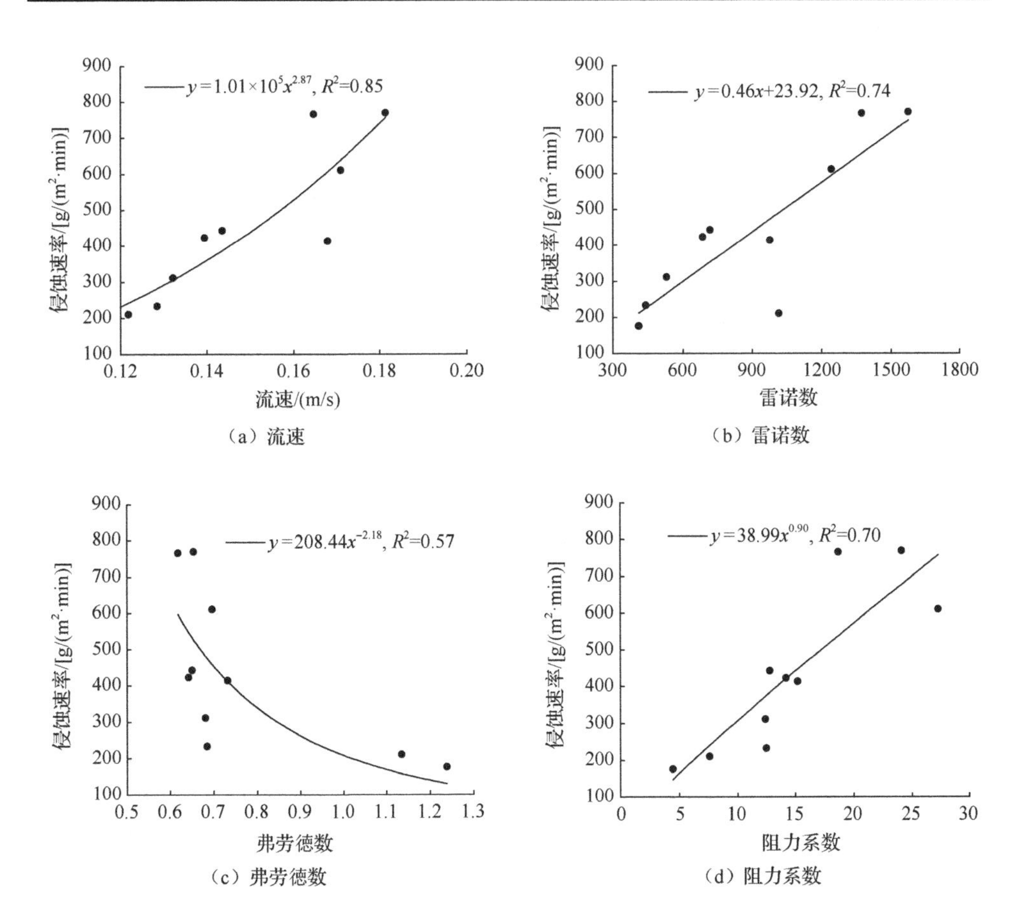

（a）流速　（b）雷诺数

（c）弗劳德数　（d）阻力系数

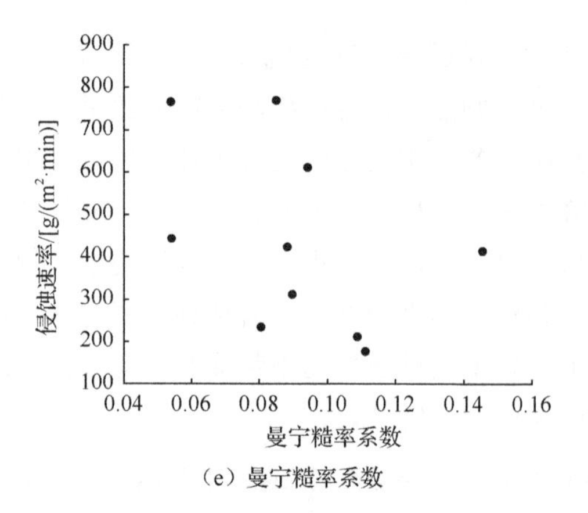

（e）曼宁糙率系数

图 4-128　降雨条件下弃土体坡面侵蚀速率与水力学参数之间的关系

2）侵蚀速率与水动力学参数的关系

相关分析结果表明，侵蚀速率与径流剪切力和径流功率均呈极显著正相关关系（$P<0.01$），与单位径流功率无相关关系（$P=0.97$），侵蚀速率与径流剪切力相关关系最优。图 4-129 为降雨条件下弃土体坡面侵蚀速率与水动力学参数的关系，其中侵蚀速率与单位径流功率之间拟合时剔除了异常值。对于径流剪切力，由拟合结果可知，弃土体坡面颗粒被分离的临界径流剪切力为 0.15N/m^2，拟合的斜率值可表征弃土体下垫面可蚀性参数，转化为国际制单位后为 0.00017s/m[图 4-129（a）]。对于径流功率，拟合发现并不存在临界径流功率[图 4-129（b）]，这与弃土体坡面侵蚀过程中发生的重力侵蚀有关。对于单位径流功率，侵蚀速率与其线性关系显著，其中临界单位径流功率为 0.035m/s，可蚀性参数为（转化为国际制单位后）0.14kg/m^3 [图 4-129（c）]。此外，通过与黄土区坡面侵蚀过程比较发现，基于径流剪切力、径流功率及单位径流功率的弃土体土壤可蚀性参数均大于黄土区坡面土壤，临界径流剪切力均低于黄土坡面土壤（王瑄等，2008；张光辉等，2005；

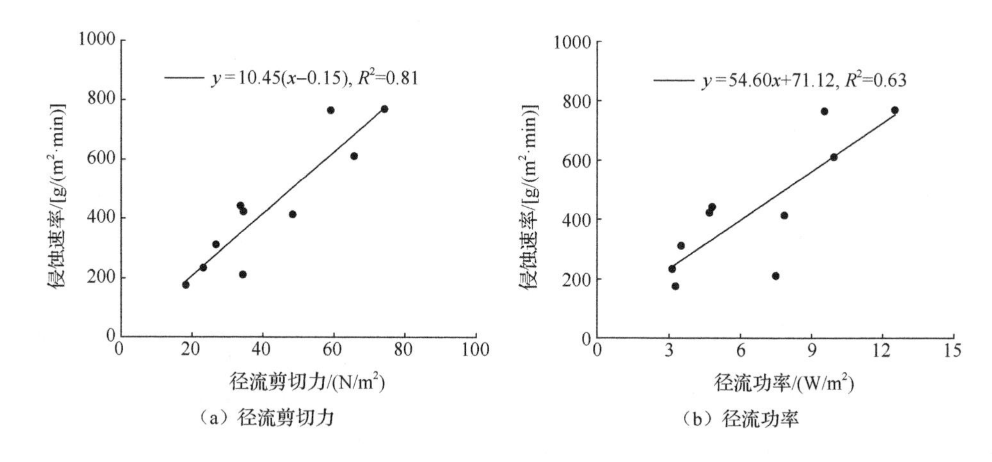

（a）径流剪切力　　（b）径流功率

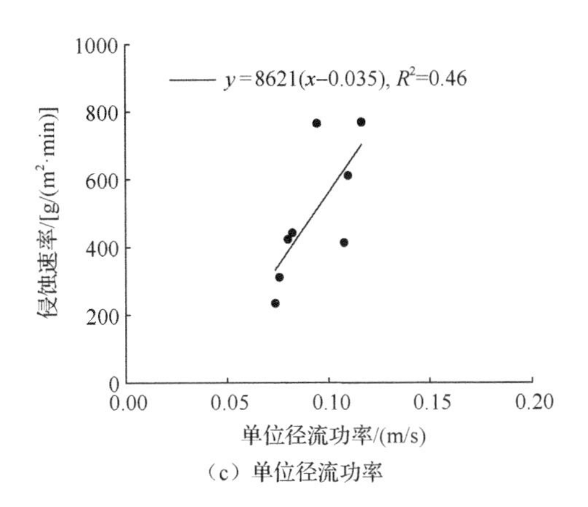

（c）单位径流功率

图 4-129　降雨条件下弃土体坡面侵蚀速率与水动力学参数的关系

雷俊山和杨勤科，2004），这表明相同降雨条件下矿区弃土体具有更高的土壤可蚀性且土壤颗粒更易被径流剥离搬运。

2. 径流冲刷试验

1）侵蚀速率与水力学参数的关系

放水条件下弃土体坡面侵蚀速率与径流特性参数之间的相关关系如表4-34所示。弃土体坡面侵蚀速率与流速、雷诺数呈显著正相关关系（$P<0.05$），与弗劳德数、阻力系数、曼宁糙率系数不相关（$P>0.05$）。图 4-130 为放水条件下弃土体坡面侵蚀速率与水力学参数的关系，结果表明侵蚀速率与流速、雷诺数和弗劳德数分别呈显著递增的幂函数、线性和指数函数关系（R^2 分别为 0.94、0.96 和 0.87），其中侵蚀速率的增长速率随流速和弗劳德数的增大而增大，与雷诺数增大的速度相同，这表明弃土体侵蚀速率对流速和弗劳德数的敏感性高于雷诺数。尽管侵蚀速率与阻力系数和曼宁糙率系数相关性不显著，但从拟合关系上看，侵蚀速率随着阻力系数和曼宁糙率系数的增大呈现指数函数减小的趋势，这在一定程度上说明下垫面的粗糙度越大，径流受到阻力越大，径流消耗在阻力做功的能量就越大，从而减弱了径流分离弃土体坡面物质的能量，导致侵蚀速率下降。

表 4-34　放水条件下弃土体坡面侵蚀速率与径流特性参数之间的相关关系

相关性	流速	雷诺数	弗劳德数	阻力系数	曼宁糙率系数	径流剪切力	径流功率	单位径流功率
相关系数	0.98	0.99	0.90	−0.92	−0.86	0.60	0.93	0.98
显著性水平	0.03	0.01	0.10	0.09	0.14	0.40	0.07	0.02

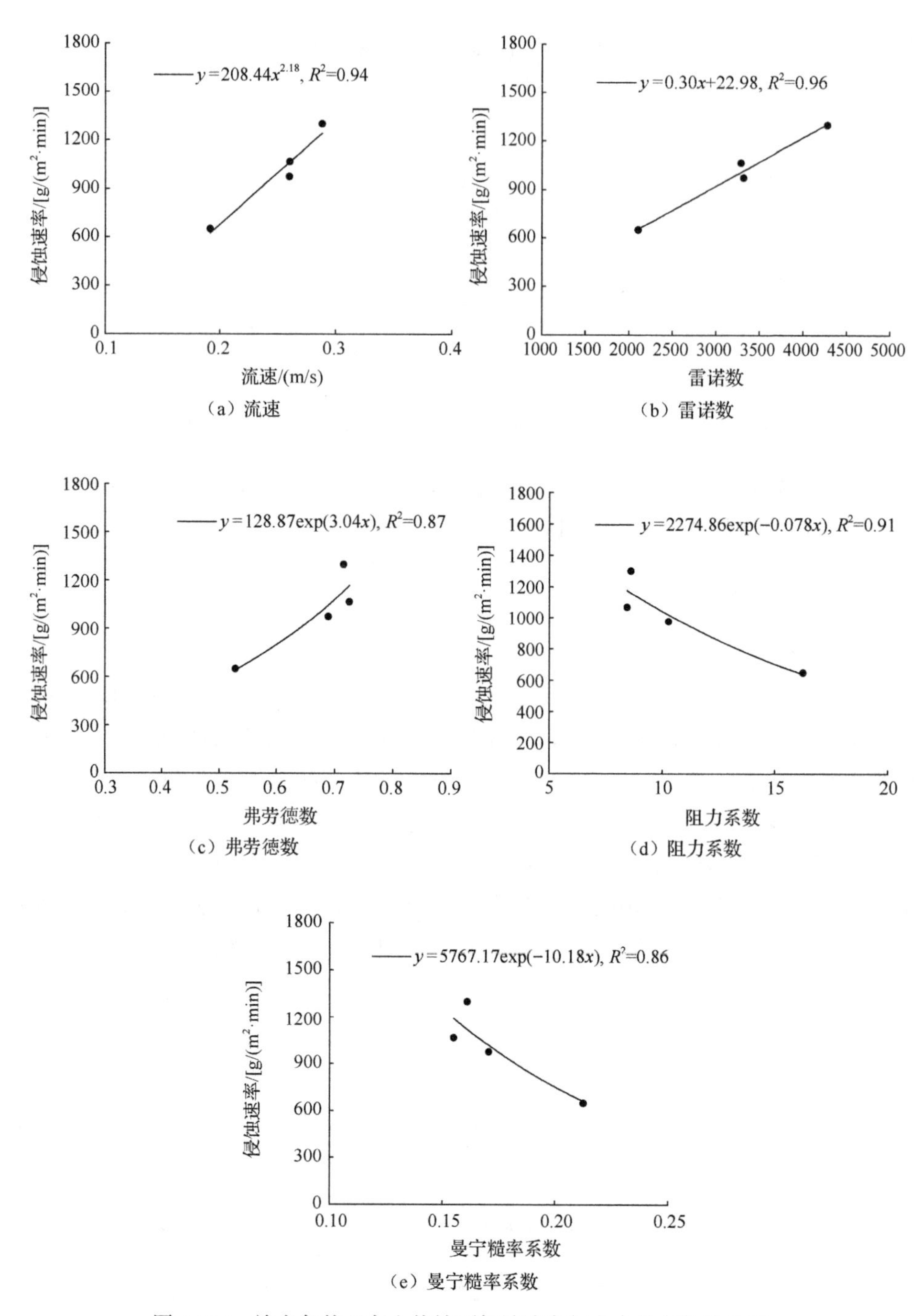

图 4-130　放水条件下弃土体坡面侵蚀速率与水力学参数的关系

2）侵蚀速率与水动力学参数的关系

由表 4-34 可知，相关分析结果表明，放水条件下弃土体侵蚀速率与径流剪切力和径流功率相关性均不显著（$P>0.05$），与单位径流功率显著相关（$P=0.02$）。这与模拟降雨条件下侵蚀速率与三个水动力学参数的相关分析结果相似，这说明在降雨条件和放水条件下单位径流功率均可作为表征侵蚀动力特征的参数。采用线性方程对侵蚀速率与水动力学参数进行拟合，放水条件下弃土体坡面侵蚀速率与水动力学参数的关系如图 4-131 所示。侵蚀速率与径流剪切力无函数关系，与径流功率和单位径流功率均可用线性方程表示。对于径流功率，拟合斜率为 41.94，可蚀性参数转化为国际制单位后为 $6.99\times10^{-4}s^2/m^2$，临界径流功率为 $1.81W/m^2$，即启动弃土体坡面物质的最低径流功率。对于单位径流功率，拟合直线的斜率为 10162.27，可蚀性参数转化为国际制单位后为 $0.17kg/m^3$，临界单位径流功率为 0.059m/s，稍高于降雨条件下的临界值（0.035m/s）。

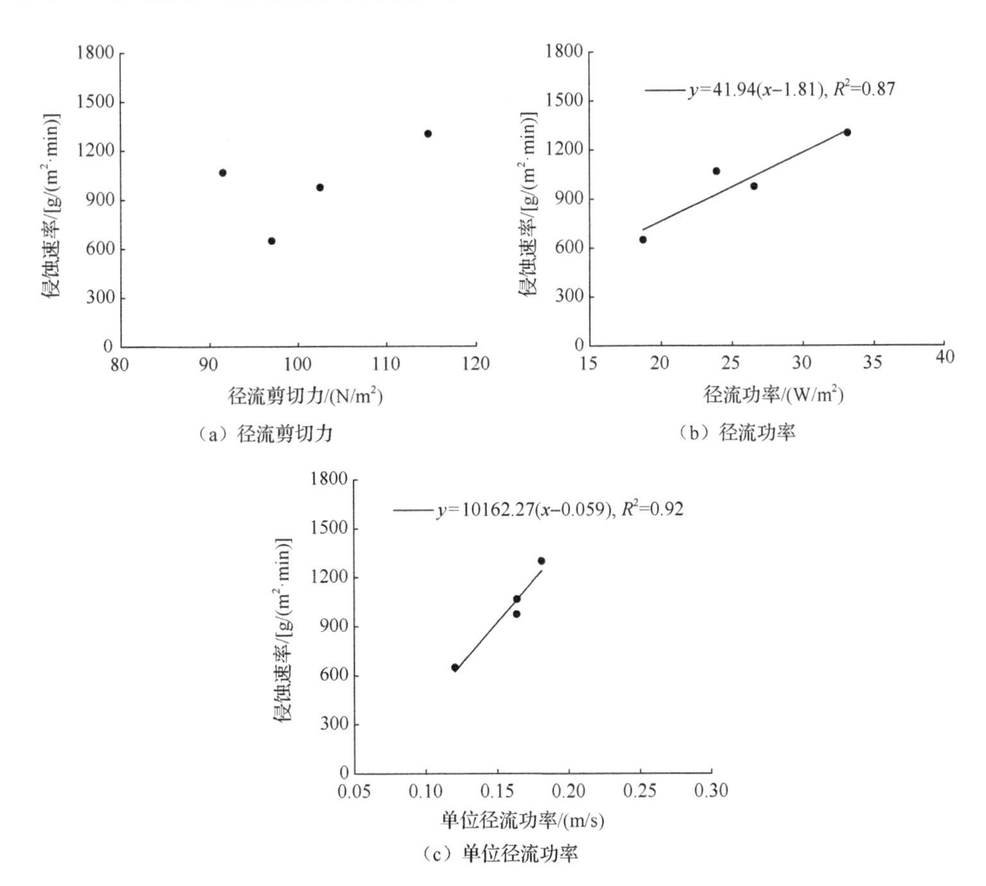

图 4-131　放水条件下弃土体坡面侵蚀速率与水动力学参数的关系

4.3.5 弃渣体土壤侵蚀动力机制

1. 模拟降雨试验

1）侵蚀速率与水力学参数的关系

表 4-35 为降雨条件下弃渣体坡面侵蚀速率与径流特性参数之间的相关关系。对于偏石质弃渣体，侵蚀速率除了与曼宁糙率系数无显著相关性外，与其余水力学参数均呈显著的相关性（$P<0.05$），其中与阻力系数呈显著的负相关关系。对于偏土质弃渣体，侵蚀速率与流速、雷诺数、弗劳德数、阻力系数和曼宁糙率系数均不相关，主要是因为偏土质弃渣体各次试验过程中多次出现坡面泥石流现象，呈现的产沙过程异常剧烈，使坡面水沙关系产生剧烈变化。通过剔除某些异常值，对两类弃渣体坡面侵蚀速率与水力学参数关系进行回归分析，降雨条件下偏石质弃渣体坡面侵蚀速率与水力学参数的关系结果如图 4-132 所示。偏石质弃渣体侵蚀速率与 5 个水力学参数均呈显著的幂函数关系，其中与流速、雷诺数和弗劳德数呈显著递增的关系，与阻力系数和曼宁糙率系数呈显著递减关系，从拟合优度判断，侵蚀速率与流速关系最为密切（R^2=0.89）。对于偏土质弃渣体，为了明确侵蚀速率与水力学参数的关系，将 3.0mm/min 降雨强度试验产生大量泥石流现象的试验数据剔除，降雨条件下偏土质弃渣体坡面侵蚀速率与水力学参数的关系如图 4-133 所示，侵蚀速率与雷诺数呈显著递增的幂函数关系（R^2=0.56），与流速和弗劳德数呈显著递增的线性函数关系（R^2为 0.61 和 0.56），与阻力系数和曼宁糙率系数分别呈显著减小的对数函数（R^2=0.49）和线性函数关系（R^2=0.51）。

表 4-35　降雨条件下弃渣体坡面侵蚀速率与径流特性参数之间的相关关系

弃渣体类型	相关性	流速	雷诺数	弗劳德数	阻力系数	曼宁糙率系数	径流剪切力	径流功率	单位径流功率
偏石质弃渣体	相关系数	0.89	0.72	0.73	−0.69	−0.65	0.04	0.53	0.91
	显著性水平	0.00	0.03	0.03	0.04	0.06	0.93	0.14	0.00
偏土质弃渣体	相关系数	0.28	0.26	0.22	−0.27	−0.27	−0.07	0.37	0.36
	显著性水平	0.43	0.46	0.54	0.45	0.46	0.98	0.30	0.30

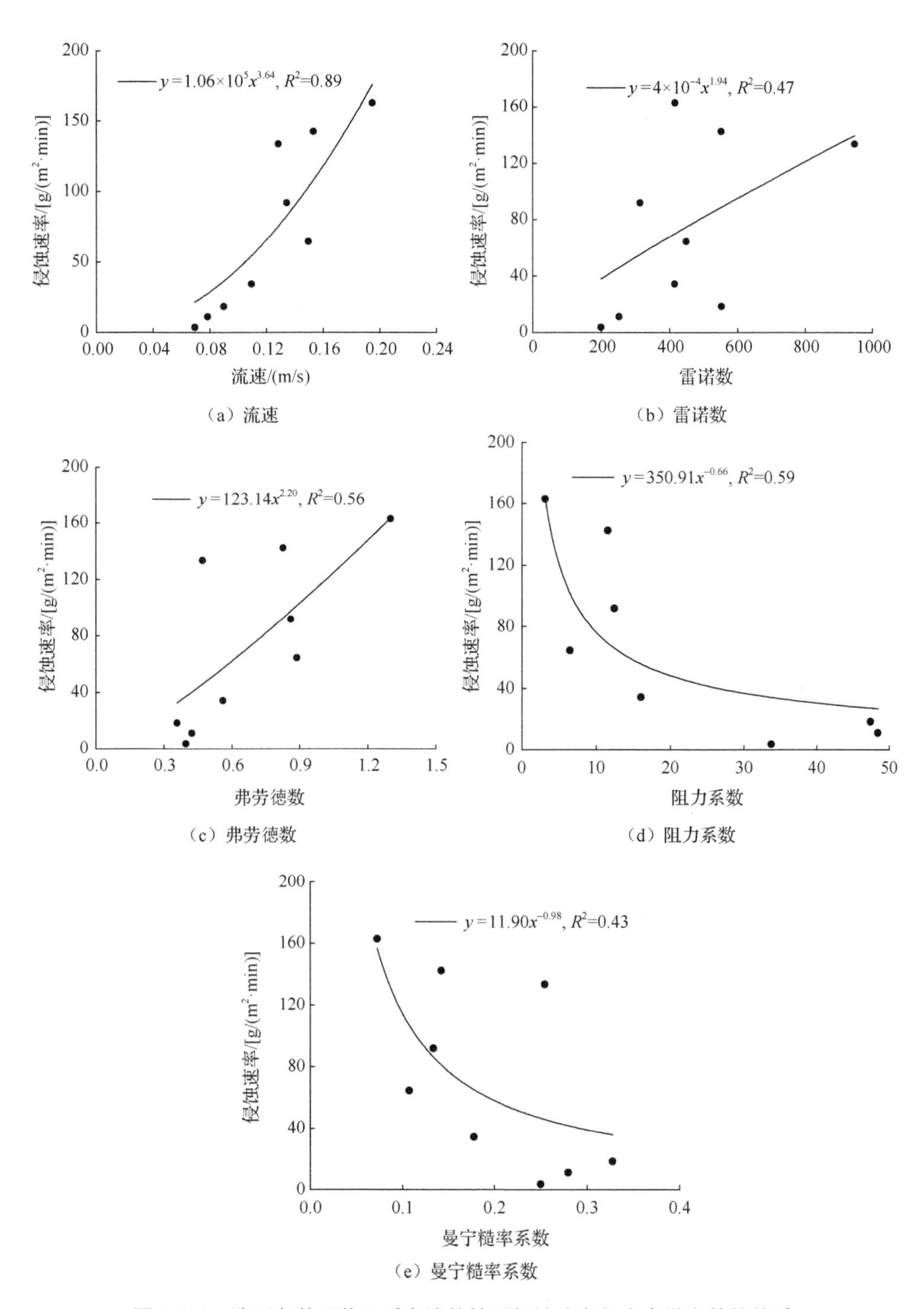

（a）流速　（b）雷诺数　（c）弗劳德数　（d）阻力系数　（e）曼宁糙率系数

图 4-132　降雨条件下偏石质弃渣体坡面侵蚀速率与水力学参数的关系

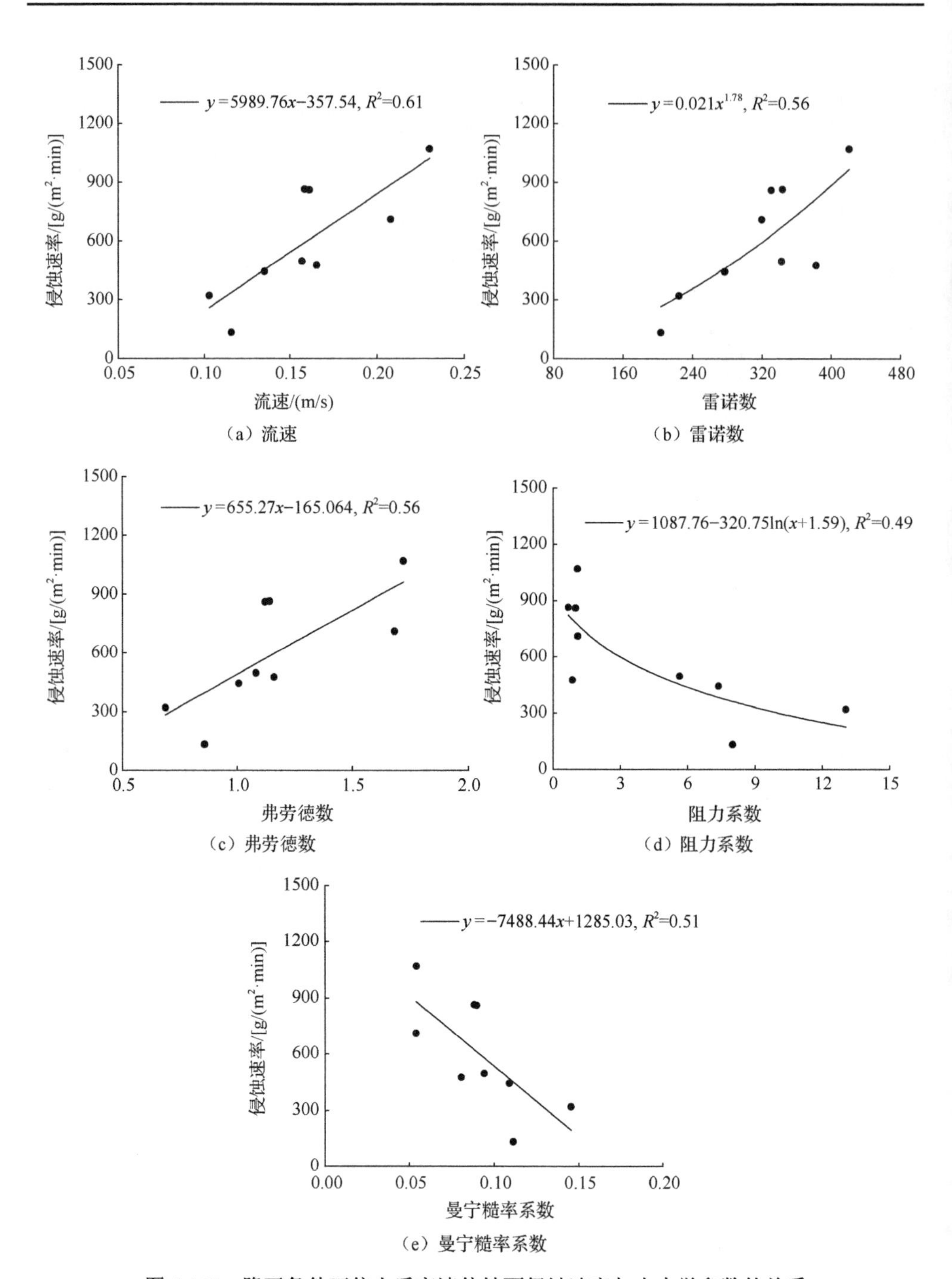

图 4-133　降雨条件下偏土质弃渣体坡面侵蚀速率与水力学参数的关系

2）侵蚀速率与水动力学参数的关系

相关分析表明，偏石质弃渣体侵蚀速率与径流剪切力和径流功率无显著相关性，与单位径流功率相关性显著；偏土质弃渣体侵蚀速率与三个水动力学参数均不相关，主要是因为坡面侵蚀剧烈，坡面产生泥石流。图 4-134 为降雨条件下偏石质弃渣体侵蚀速率与水动力学参数的关系，回归分析表明，偏石质弃渣体侵蚀速率与单位径流功率呈极显著的线性关系[图 4-134（c），R^2=0.87]。由拟合方程可知，偏石质弃渣体坡面颗粒被分离的临界单位径流功率为 0.046m/s，可蚀性参数经过单位转化后为 0.042kg/m^3。对于偏土质弃渣体，降雨条件下偏土质弃渣体侵蚀速率与水动力学参数的关系如图 4-135 所示，侵蚀速率（剔除异常值）与径流剪切力无显著函数关系，与径流功率和单位径流功率均呈显著的线性关系（R^2 为 0.54 和 0.56）。由拟合方程可知，坡面无泥流出现时，偏土质弃渣体侵蚀的临界径流功率和单位径流功率分别为 1.06W/m^2 和 0.041m/s，土壤可蚀性参数（单位转化后）分别为 0.008s^2/m^2 和 1.84kg/m^3，与偏石质弃渣体相比，偏土质弃渣体具有更高的可蚀性，且颗粒分离启动的临界水动力参数也较低。

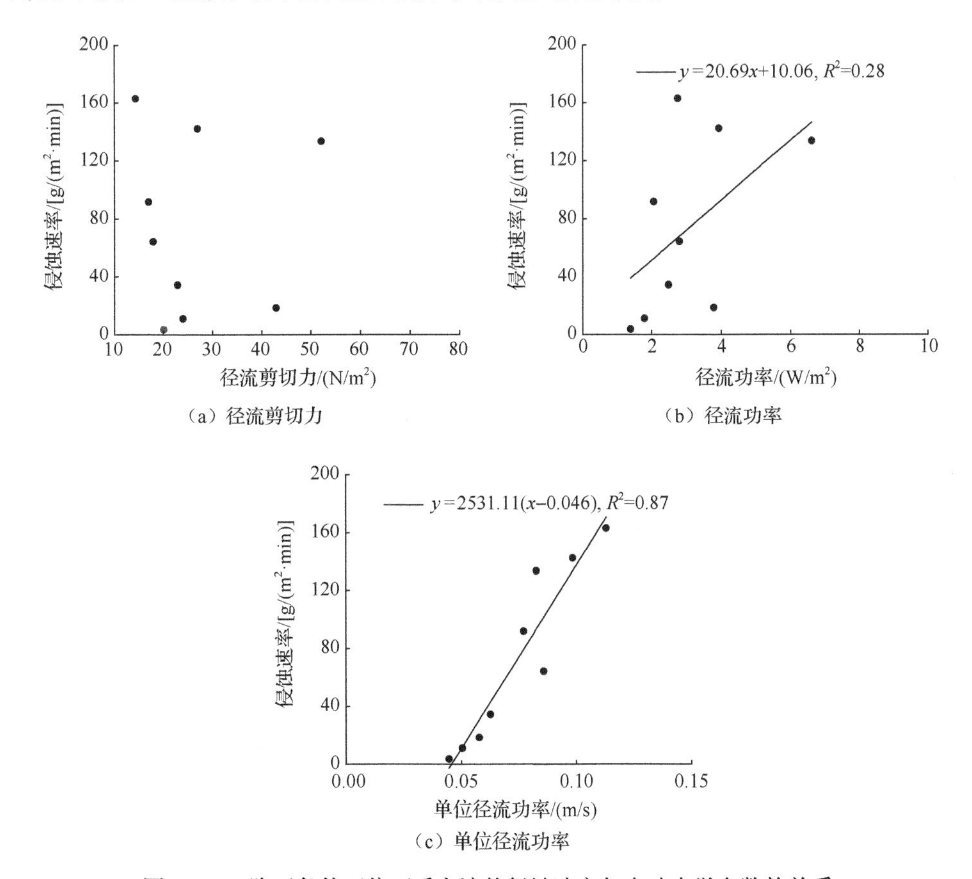

图 4-134　降雨条件下偏石质弃渣体侵蚀速率与水动力学参数的关系

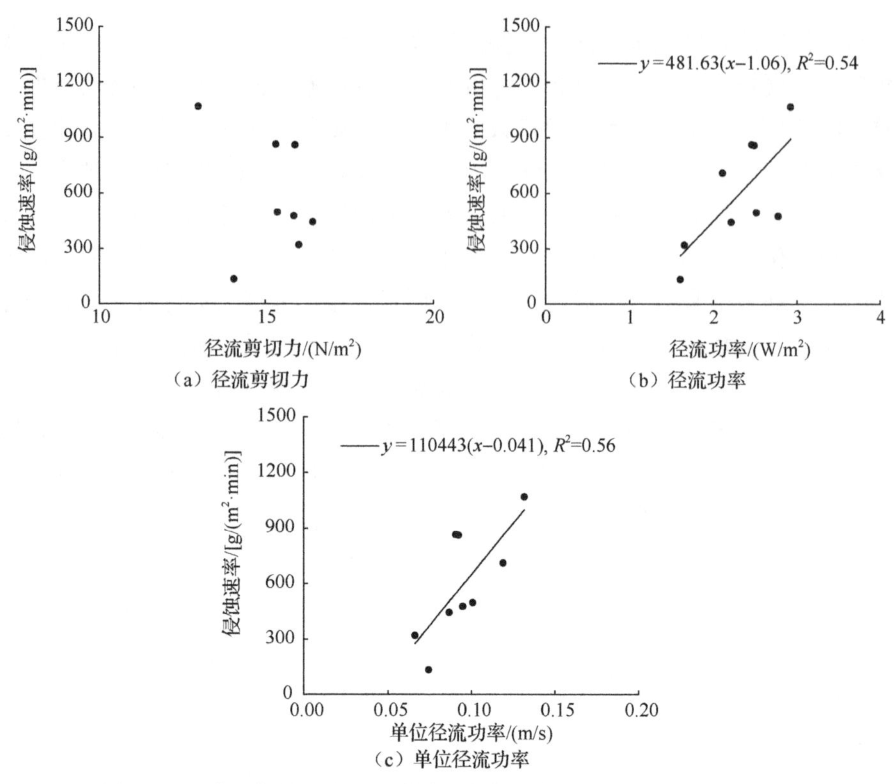

图 4-135　降雨条件下偏土质弃渣体侵蚀速率与水动力学参数的关系

2. 径流冲刷试验

1）侵蚀速率与水力学参数的关系

表4-36为放水条件下两类弃渣体坡面侵蚀速率与径流特性参数之间的相关关系。对于偏石质弃渣体，侵蚀速率与流速、雷诺数、弗劳德数、阻力系数和曼宁糙率系数相关性均不显著，其中与流速和雷诺数相关程度较高，接近显著水平。放水条件下偏石质弃渣体坡面侵蚀速率与水力学参数的关系如图 4-136 所示，侵蚀速率与流速、雷诺数分别呈指数（R^2=0.94）和线性函数关系（R^2=0.85），与弗劳德数无显著的函数关系。尽管侵蚀速率与阻力系数和曼宁糙率系数相关程度较低，但侵蚀速率均随二者的增大呈指数函数降低。对于偏土质弃渣体，侵蚀速率与流速、雷诺数、弗劳德数、阻力系数和曼宁糙率系数相关性均不显著（$P>0.05$），但侵蚀速率随着流速、雷诺数、弗劳德数增大呈现增大的趋势，随着阻力系数和曼宁糙率系数的增大呈现减小的趋势。放水条件下偏土质弃渣体坡面侵蚀速率与水力学参数的关系如图 4-137 所示，结果表明偏土质弃渣体侵蚀速率与流速和雷诺数均呈指数函数关系，与阻力系数呈显著递减的幂函数关系，与弗劳德数和曼宁糙率系数函数关系均不显著。

表 4-36　放水条件下两类弃渣体坡面侵蚀速率与径流特性参数之间的相关关系

弃渣体类型	相关性	流速	雷诺数	弗劳德数	阻力系数	曼宁糙率系数	径流剪切力	径流功率	单位径流功率
偏石质弃渣体	相关系数	0.94	0.94	0.53	−0.75	−0.71	0.61	0.96	0.89
	显著性水平	0.06	0.06	0.47	0.25	0.29	0.39	0.04	0.11
偏土质弃渣体	相关系数	0.84	0.90	0.72	−0.69	−0.70	0.88	0.94	0.84
	显著性水平	0.16	0.10	0.28	0.31	0.30	0.12	0.06	0.16

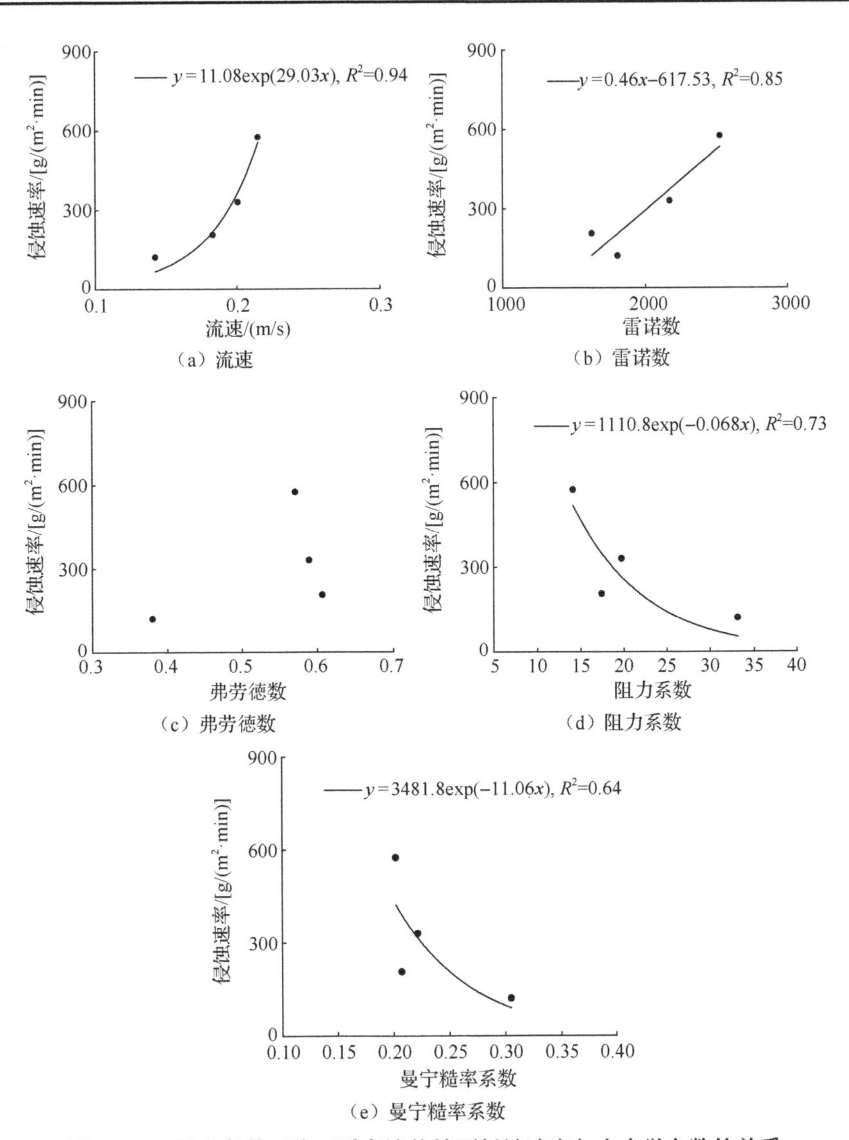

图 4-136　放水条件下偏石质弃渣体坡面侵蚀速率与水力学参数的关系

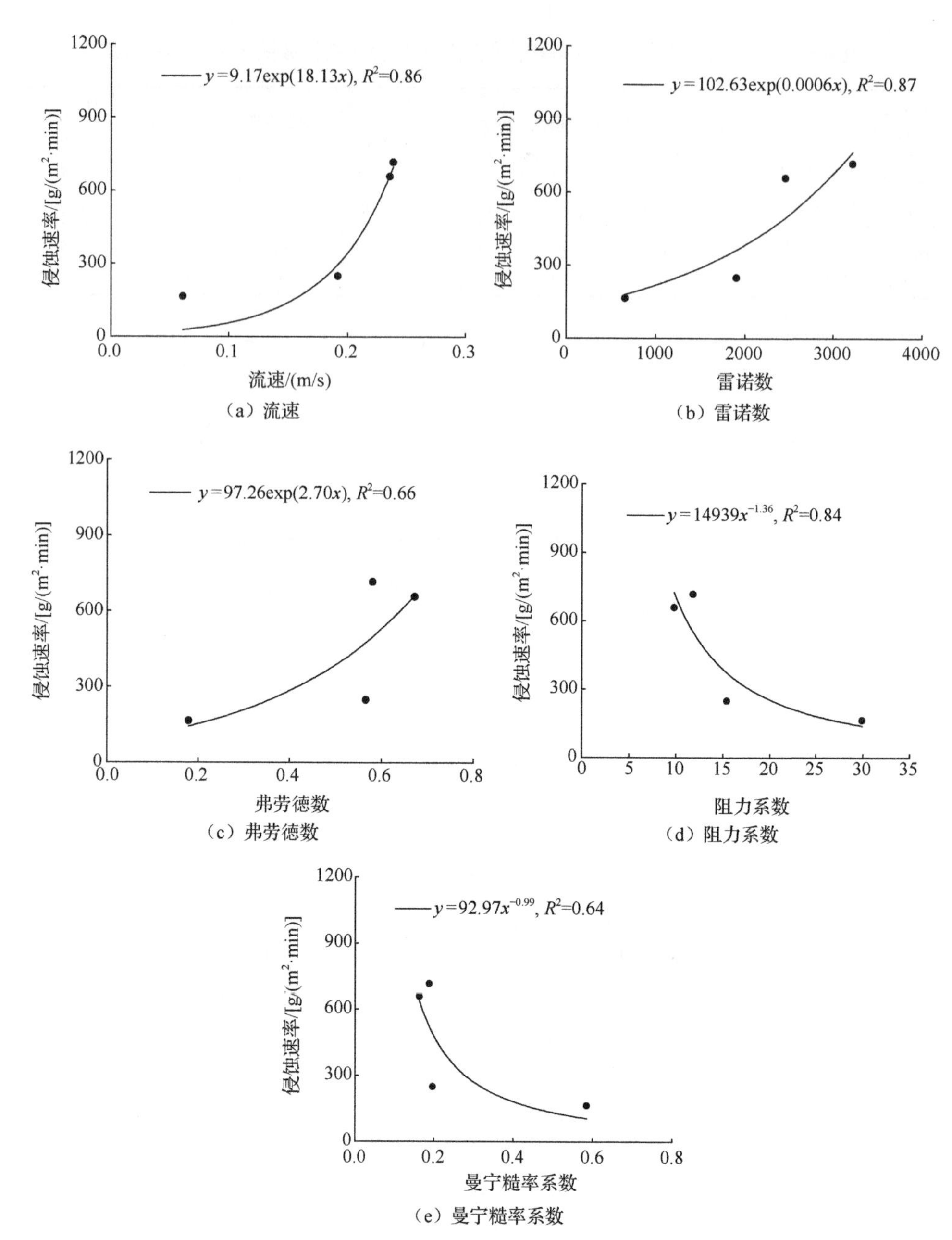

图 4-137　放水条件下偏土质弃渣体坡面侵蚀速率与水力学参数的关系

2）侵蚀速率与水动力学参数的关系

由表 4-36 可知，偏石质弃渣体侵蚀速率与径流剪切力和单位径流功率相关性均不显著（$P>0.05$），与径流功率呈现显著相关性（$P<0.05$）；偏土质弃渣体坡面侵蚀速率与三个水动力学参数相关性均不显著，其中，与径流功率相关程度最

高。放水条件下偏石质弃渣体侵蚀速率与水动力学参数的关系如图 4-138 所示，偏石质弃渣体侵蚀速率与径流剪切力具有线性变化关系，但关系不显著，主要是因为样本数较少。侵蚀速率与径流功率和单位径流功率拟合关系达到显著水平；对于径流功率，拟合方程的斜率为 41.95，转化为国际制单位为 $6.99\times10^{-4}s^2/m^2$，可视为偏石质弃渣体坡面的可蚀性参数，拟合直线的截距为 $8.34W/m^2$，即发生侵蚀的临界径流功率。对于单位径流功率，侵蚀速率与其呈显著的指数函数关系（R^2=0.94）。放水条件下偏土质弃渣体侵蚀速率与水动力学参数的关系见图 4-139，侵蚀速率与径流剪切力呈线性变化趋势，与径流功率呈现显著的线性关系，拟合直线的斜率为 31.77，转化为国际制单位为 $5.30\times10^{-4}s^2/m^2$，可视为偏土质弃渣体坡面的可蚀性参数，拟合直线的截距为 $0.71W/m^2$，即发生侵蚀的临界径流功率。比较发现，偏土质弃渣体可蚀性参数较偏石质低，且径流启动侵蚀的临界功率也较偏石质弃渣体低。这表明，尽管偏石质弃渣体土壤可蚀性较高，但其颗粒较粗，发生侵蚀的临界径流功率要高于偏土质弃渣体。另外，偏土质弃渣体侵蚀速率也与单位径流功率呈显著的指数函数关系（R^2=0.86）。

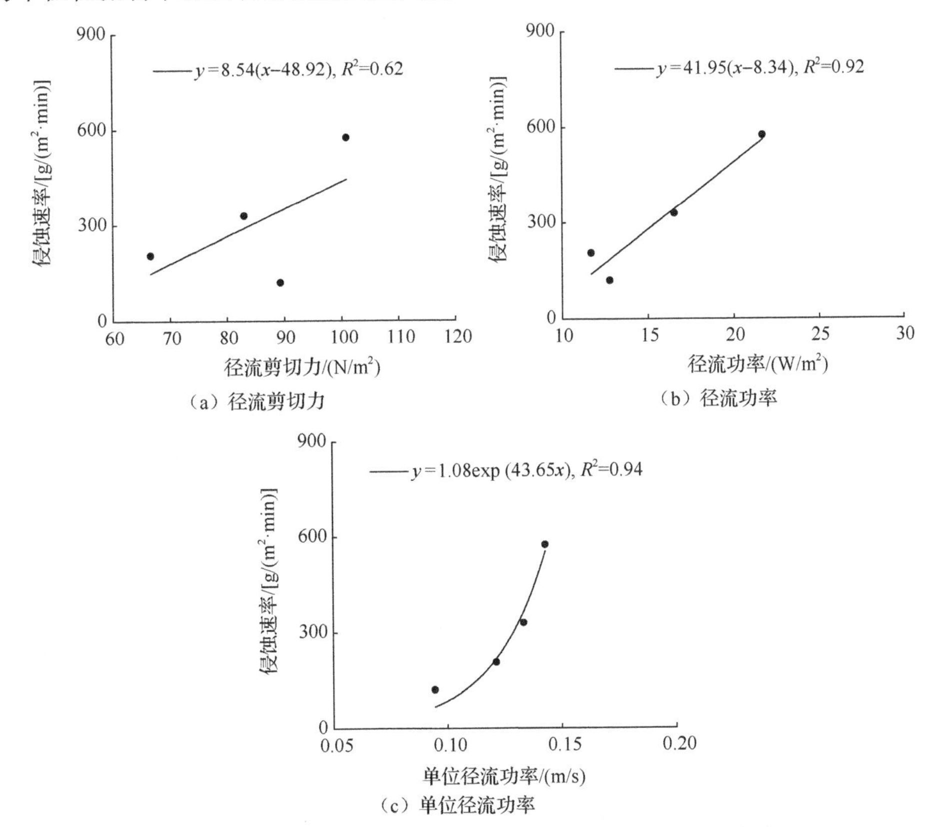

图 4-138　放水条件下偏石质弃渣体侵蚀速率与水动力学参数的关系

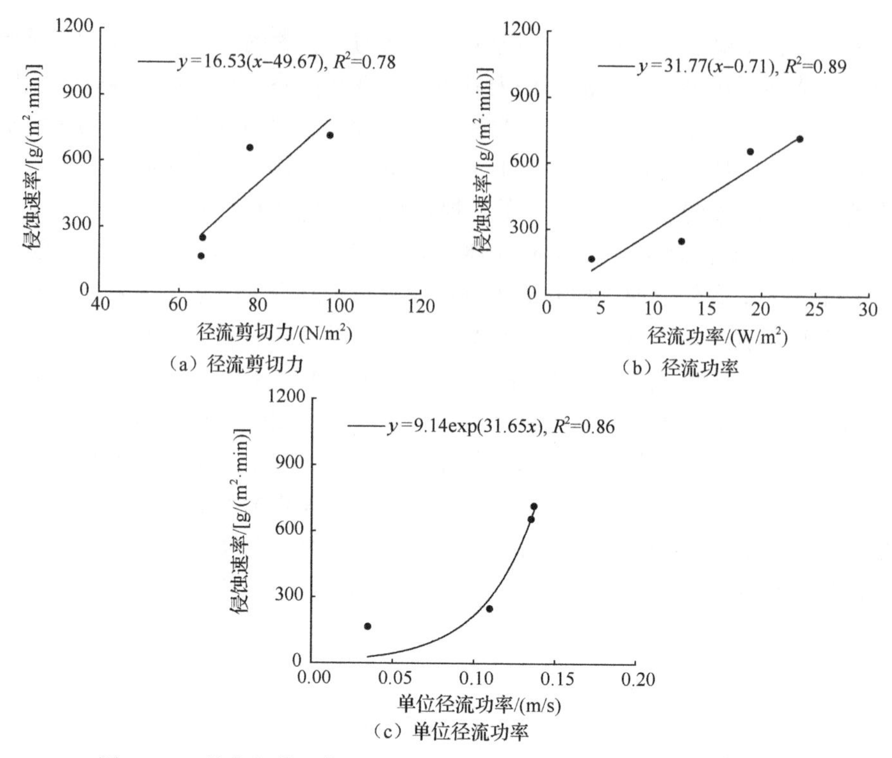

图 4-139　放水条件下偏土质弃渣体侵蚀速率与水动力学参数的关系

4.3.6　煤矸石堆积体土壤侵蚀动力机制

本小节介绍径流冲刷试验下煤矸石堆积体土壤侵蚀动力机制。

1）侵蚀速率与水力学参数的关系

表 4-37 为放水条件下煤矸石坡面侵蚀速率与径流特性参数之间的相关关系。回归分析表明，侵蚀速率与流速、雷诺数和弗劳德数呈显著的正相关关系（$P \leqslant 0.05$），与阻力系数和曼宁糙率系数负相关性不显著，其中与雷诺数相关程度最高，流速次之，弗劳德数较低。煤矸石坡面侵蚀速率与水力学参数的关系如图 4-140 所示，侵蚀速率与流速、雷诺数和弗劳德数均呈显著的线性函数关系，由拟合关系可知，煤矸石坡面发生物质分离搬运也存在一定的临界径流流速、临界雷诺数和临界弗劳德数，分别为 0.13m/s、398 和 0.46。这表明，对于煤矸石坡面，只有径流达到一定流速、流型和流态后，下垫面物质才会被侵蚀搬运。尽管侵蚀速率与阻力系数和曼宁糙率系数无显著相关性，但回归分析结果表明，侵蚀速率与二者呈显著的幂函数关系（R^2 为 0.93 和 0.86），并且侵蚀速率随着阻力系数和曼宁糙率系数的增大，其减小的速度也在增大，这表明随着煤矸石坡面的不断侵蚀，下垫面变得越来越粗糙，产生的径流阻力也逐渐增大，起到的减蚀作用极为明显。

表 4-37　放水条件下煤矸石坡面侵蚀速率与径流特性参数之间的相关关系

相关性	流速	雷诺数	弗劳德数	阻力系数	曼宁糙率系数	径流剪切力	径流功率	单位径流功率
相关系数	0.98	0.99	0.95	−0.90	−0.94	0.88	1.00	0.97
显著性水平	0.02	0.01	0.05	0.10	0.06	0.12	0.00	0.03

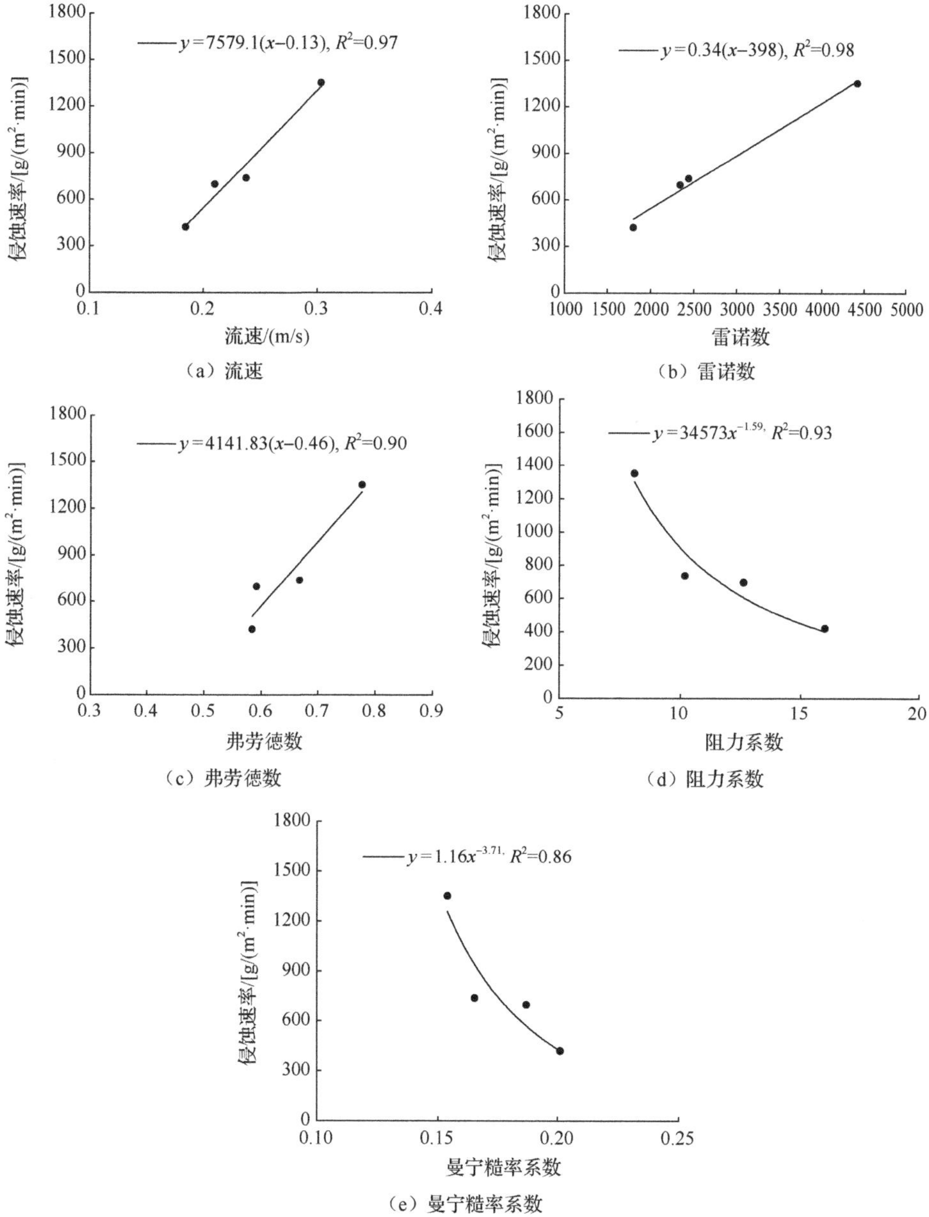

（a）流速

（b）雷诺数

（c）弗劳德数

（d）阻力系数

（e）曼宁糙率系数

图 4-140　煤矸石坡面侵蚀速率与水力学参数的关系

2）侵蚀速率与水动力学参数的关系

由表 4-37 可知，侵蚀速率与径流剪切力相关性不显著（P=0.12），与径流功率和单位径流功率均呈显著相关性（P<0.05），与径流功率相关程度最高。放水条件下煤矸石坡面侵蚀速率与水动力学参数的关系如图 4-141 所示，侵蚀速率与径流剪切力具有线性变化趋势，但关系不显著，主要是因为样本数较少。侵蚀速率与径流功率和单位径流功率拟合关系达到极显著水平。对于径流功率，拟合方程的斜率为 50.96，转化为国际制单位为 $8.49\times10^{-4}s^2/m^2$，可视为煤矸石坡面的可蚀性参数，拟合直线的截距为 $6.07W/m^2$，即煤矸石坡面发生侵蚀的临界径流功率。对于单位径流功率，拟合直线的斜率转化为国际制单位为 $0.2kg/m^3$，可用于表征煤矸石的可蚀性参数，发生侵蚀的临界单位径流功率为 0.08m/s。

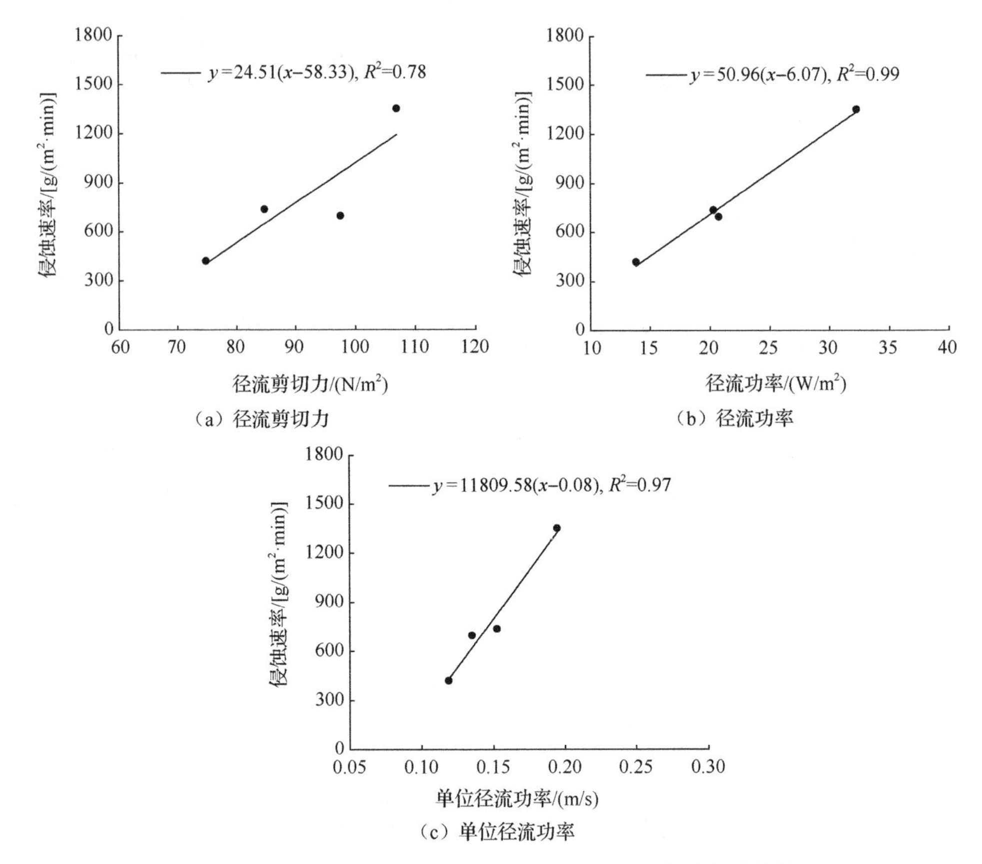

图 4-141　放水条件下煤矸石坡面侵蚀速率与水动力学参数的关系

4.4 本章小结

本章对 7 种典型矿区下垫面在模拟降雨和径流冲刷试验条件下的径流和产沙动态过程进行研究，对其水力学参数和水动力学参数进行分析，并对侵蚀速率与水力学参数、水动力学参数的关系进行拟合，深入探讨其水沙关系，阐明不同下垫面的径流产沙特性。从模拟降雨和放水冲刷两种条件下进行总结，得出以下主要结论。

1. 模拟降雨试验

（1）在相同的降雨强度条件下，与原生坡面相比，扰动坡面和三类弃土弃渣体产流时间明显增大，主要因为下垫面孔隙度较大，而土质道路由于机械碾压容重大且孔隙度小，极易产流；与原生坡面相比，扰动坡面和煤矸石坡面平均径流率减少 12.07%和 17.53%，而弃土体、土质道路、偏土质弃渣体、偏石质弃渣体则增加 29.02%～55.17%；其中，土质道路坡面径流流速最大，弃土体和偏土质弃渣体坡面流速基本相同，相同坡度条件下扰动坡面流速稍大于原生坡面。

（2）降雨条件下除弃土体外，其余下垫面径流大多属层流范畴。弃土体和偏石质弃渣体径流雷诺数显著高于原生坡面，土质道路和偏土质弃渣体则较原生坡面无明显变化，而扰动坡面则较原生坡面减少 60.70%。除了 2.0～3.0mm/min 降雨强度条件下扰动坡面、土质道路及偏土质弃渣体坡面流态属急流外，其余下垫面和外在条件下坡面径流流态均属缓流。

（3）扰动坡面、偏石质弃渣体、偏土质弃渣体、弃土体和土质道路径流阻力系数较原生坡面降低 9.64%～96.84%、4.81%、31.34%～88.17%、40.65%、98.05%，而坡面平均曼宁糙率系数分别较原生坡面降低 80.59%、85.71%、19.05%、57.14%和 4.76%。

（4）扰动坡面和土质道路径流剪切力较原生坡面降低 41.62%～87.84%和 48.36%～87.72%，径流功率减少 56.45%和 33.87%，而三种弃土弃渣体坡面平均径流剪切力较原生坡面增大 0.50～3.26 倍，径流功率增加 2.74～9.77 倍。5 种扰动的下垫面坡面单位径流功率均较原生坡面有所提升，弃土体和偏土质弃渣体坡面单位径流功率最大，弃土体坡面单位径流功率是原生坡面的 4.4～11.0 倍；偏土质弃渣体、石多沙少弃渣体、土质道路和扰动坡面则较其增加 0.43～6.14 倍。

（5）相同降雨强度条件下扰动坡面的侵蚀速率是原生坡面的 2～12 倍，煤矸石坡面侵蚀速率最小，仅为 0.15～4.10g/(m^2·min)，而弃土体、偏石质弃渣体和偏土质弃渣体分别是其 187.51～2656.16 倍、32.51～117.45 倍、302.35～3004.85 倍。

35°条件下，偏土质弃渣体坡面侵蚀速率最大，弃土体次之，偏石质弃渣体侵蚀速率显著小于偏土质弃渣体和弃土体（$P<0.05$）。

（6）模拟降雨条件下，6 种扰动或堆积体坡面侵蚀速率与水力学参数的相关关系不尽相同。引起侵蚀的最佳动力学参数也不同。原生坡面侵蚀速率仅与单位径流功率呈极显著的相关关系，发生土壤分离的临界单位径流功率为 0.003m/s；扰动坡面侵蚀速率与径流剪切力关系最佳，产生侵蚀的临界径流剪切力为 0.09N/m^2；土质道路侵蚀速率与径流剪切力、径流功率线性关系均极显著（$P<0.01$），发生侵蚀临界剪切力和径流功率分别为 2.15N/m^2 和 0.41W/m^2。弃土体侵蚀速率与径流剪切力和径流功率均呈极显著正相关关系（$P<0.01$），与单位径流功率无相关关系（P=0.97）。采用径流剪切力预测最优，其侵蚀临界径流剪切力为 0.15N/m^2。偏石质弃渣体和偏土质弃渣体侵蚀速率与众多水力学参数均不相关，主要是因为弃渣体出现坡面泥石流现象使坡面水沙关系产生剧烈变化。

2. 径流冲刷试验

（1）与原生坡面相比，在相同放水条件下扰动坡面、弃土体和土质道路径流率提高 4.23%～92.26%，而偏土质弃渣体和偏石质弃渣体径流率较原生坡面减小 13.52%～65.67%。煤矸石坡面仅在 25～40L/min 流量条件下产流侵蚀，其径流系数仅为 17.16%～48.20%；扰动坡面径流流速较原生坡面增加 8.70%～90.0%，两种弃渣体和煤矸石坡面径流流速则与原生坡面相差无几，土质道路径流流速高于原生坡面 0.50～1.60 倍。

（2）除 5L/min 流量条件下原生坡面和土质道路径流属于层流外，其余条件下各下垫面径流均属紊流范畴。土质道路径流雷诺数较原生坡面提高 2.01%～88.83%。扰动坡面、弃土体、沙多石少、偏石质弃渣体和煤矸石径流雷诺数较原生坡面提高 2.44～3.81 倍。各下垫面大多条件下径流流态属缓流。扰动坡面和土质道路径流弗劳德数增大 1.87～3.86 倍；弃土体、偏土质弃渣体、偏石质弃渣体、煤矸石弗劳德数降低 20.48%～39.76%。

（3）原生坡面阻力系数为 1.77～8.38，扰动坡面和土质道路径流阻力较原生坡面降低 45.16%～96.66%。相反，弃土体、偏土质弃渣体、偏石质弃渣体及煤矸石坡面径流受到的阻力增加 2.19～11.23 倍。曼宁糙率系数的变化与阻力系数基本一致，扰动坡面和土质道路曼宁糙率系数较原坡面降低 25.0%和 62.50%，而弃土体、偏土质弃渣体、偏石质弃渣体及煤矸石坡面曼宁糙率系数则增加 1.13～2.50 倍。

（4）相同条件下土质道路坡面径流剪切力较原生坡面降低 42.87%，扰动坡面、弃土体、偏土质弃渣体、偏石质弃渣体及煤矸石坡面径流剪切力提高 4.81～13.97 倍。扰动坡面径流功率随流量增大与原生坡面差距逐渐减小，平均较原坡面降低 11.70%；弃土体、偏土质弃渣体、偏石质弃渣体及煤矸石坡面径流功率分别平均增加 7.66～13.98 倍。放水条件下 6 种工程扰动和堆积坡面单位径流功率高于原坡面 1.75～4.33 倍。

（5）原生坡面被扰动后，土壤侵蚀速率增加 4.09～20.28 倍，表明矿区自然坡面被扰动和开挖后即可产生数倍乃至数十倍的土壤流失增量。土质道路侵蚀速率也较原坡面增加 3.55～10.59 倍，尽管土质道路容重大，但入渗能力差，径流系数大，极易形成大量汇流，切割路面，形成大量细沟，加剧矿区侵蚀。相同上方汇水条件下弃土弃渣体和煤矸石坡面更易侵蚀，相比而言，弃土弃渣体和煤矸石坡面侵蚀速率较扰动前增加 74.57～1629.33 倍。

（6）放水条件下各种扰动和堆积体坡面侵蚀动力机制也差异显著。原生坡面侵蚀速率与径流剪切力相关程度最高，侵蚀临界径流剪切力为 $3.57N/m^2$，扰动坡面侵蚀速率与径流功率之间的关系最优。土质道路坡面侵蚀速率与径流剪切力、径流功率和单位径流功率均呈极显著正相关关系（$P<0.01$），其侵蚀临界动力分别为 $0.57N/m^2$、$0.14W/m^2$、0.005m/s。弃土体坡面侵蚀速率与单位径流功率显著相关，启动弃土体坡面颗粒所需的单位径流功率为 0.059m/s。两类弃渣体侵蚀速率均与径流功率呈现显著线性相关，偏石质弃渣体发生侵蚀的临界径流功率为 8.34m/s，偏土质弃渣体发生侵蚀的临界径流功率为 $0.71W/m^2$。煤矸石坡面发生侵蚀的临界径流功率为 $6.07W/m^2$，临界单位径流功率为 0.08m/s。

参考文献

郭明明, 王文龙, 李建明, 等, 2014. 神府煤田土壤颗粒分形及降雨对径流产沙的影响[J]. 土壤学报, 51(5): 983-992.
和继军, 宫辉力, 李小娟, 等, 2014. 细沟形成对坡面产流产沙过程的影响[J]. 水科学进展, 25(1): 90-97.
和继军, 孙莉英, 李君兰, 等, 2012. 缓坡面细沟发育过程及水沙关系的室内试验研究[J]. 农业工程学报, 28(10): 138-144.
黄鹏飞, 王文龙, 罗婷, 等, 2013. 非硬化土路径流侵蚀产沙动力参数分析[J]. 应用生态学报, 24(2): 497-502.
雷俊山, 杨勤科, 2004. 坡面薄层水流侵蚀试验研究及土壤抗冲性评价[J]. 泥沙研究, (6): 22-26.
李建明, 秦伟, 左长清, 等, 2015. 黄土区土质道路浮土侵蚀过程[J]. 应用生态学报, 26(5): 1484-1494.
李建明, 秦伟, 左长清, 等, 2014. 黄土高原土质路浮土径流产沙模拟降雨试验研究[J]. 环境科学学报, 34(9): 2337-2345.
李建明, 王文龙, 王贞, 等, 2013. 神府东胜煤田弃土弃渣体径流产沙过程的野外试验[J]. 应用生态学报, 24(12): 3537-3545.
李君兰, 蔡强国, 孙莉英, 等. 2011. 坡面水流速度与坡面含砂量的关系[J]. 农业工程学报, 27(3): 73-78.
蒲玉宏, 王伟, 1995. 煤矿废弃堆积物坡面侵蚀研究初报[J]. 中国水土保持, (10): 11-15.
沈海鸥, 郑粉莉, 温磊磊, 等, 2015. 降雨强度和坡度对细沟形态特征的综合影响[J]. 农业机械学报, 46(7): 162-170.
史志华, 陈利顶, 杨长春, 等, 2009. 三峡库区土质道路侵蚀产沙过程的模拟降雨试验[J]. 生态学报, 2(12): 6785-6792.
田风霞, 刘刚, 郑世清, 等, 2009. 草本植物对土质路面径流水动力学特征及水沙过程的影响[J]. 农业工程学报, 25(10): 25-29.

王小燕, 李朝霞, 徐勤学, 等, 2011. 砾石覆盖对土壤水蚀过程影响的研究进展[J]. 中国水土保持科学, 9(1): 115-120.

王瑄, 李占斌, 尚佰晓, 等, 2008. 坡面土壤剥蚀率与水蚀因子关系室内模拟试验[J]. 农业工程学报, 24(9): 22-26.

张光辉, 刘宝元, 何小武, 等, 2005. 黄土区原状土壤分离过程的水动力学机理研究[J]. 水土保持学报, 19(4): 48-52.

张乐涛, 高照良, 李永红, 等, 2013. 模拟径流条件下工程堆积体陡坡土壤侵蚀过程[J]. 农业工程学报, 29(8): 145-153.

郑海金, 杨杰, 张洪江, 等, 2012. 南方红壤区农田道路强降雨侵蚀过程试验[J]. 农业机械学报, 43(9): 85-90, 98.

CAO L X, ZHANG K L, DAI H L, et al., 2015. Modeling interrill erosion on unpaved roads in the Loess Plateau of China[J]. Land Degradation and Development, 26(8): 825-832.

CAO L X, ZHANG K L, DAI H L, et al., 2011. Modeling soil detachment on unpaved road surfaces on the Loess Plateau[J]. Transactions of the ASABE, 54(4): 1377-1384.

CHOW T L, REES H W, 1995. Effects of coarse-fragment content and size on soil erosion under simulated rainfall[J]. Canadian Journal of Soil Science, 75(2): 227-232.

DESCROIX L, VIRAMONTES D, VAUCLIN M, et al., 2001. Influence of soil surface features and vegetation on runoff and erosion in the Western Sierra Madre(Durango, Northwest Mexico)[J]. Catena, 43(2): 115-135.

FOLTZ R B, RHEE H, ELLIOT W J, 2008. Modeling changes in rill erodibility and critical shear stress on native surface roads[J]. Hydrological Processes, 22(24): 4783-4788.

GOVERS G, RAUWS G, 1986. Transporting capacity of overland flow on plane and on irregular beds[J]. Earth Surface Processes and Landforms, 11(5): 515-524.

NYSSEN J, MOERYERSONS J, 2002. Impact of road building on gully erosion risk: A case study from the northern Ethiopian Highlands[J]. Earth Surface Process and Landforms, 27(12): 1267-1283.

POESEN J, LAVEE H, 1994. Rock fragments in top soils: Significance and processes[J]. Catena, 23(1-2): 1-28.

第5章　工程堆积体边坡径流产沙特征及水沙关系

5.1　工程堆积体边坡径流特征

5.1.1　壤土工程堆积体边坡径流特征

1. 不同坡度工程堆积体边坡径流特征

研究了5m坡长条件下不同坡度（15°、25°、30°和35°）壤土工程堆积体（简称“壤土堆积体”）边坡径流特征。

1）产流起始时间

产流起始时间（t_0）指降雨开始至坡面表层形成片流且流出小区出口的时间，可以反映下垫面组成差异性及入渗、径流的动态变化过程。堆积体中砾石改变原有土壤结构、孔隙状况及抗蚀抗冲能力，进而影响产流产沙过程。图5-1为不同砾石质量分数壤土堆积体在不同降雨强度条件下产流起始时间随坡度的变化。由图可知，t_0随坡度的增大基本呈增大趋势，表明坡面产流起始时间随坡度的增加而延长，这主要是因为坡度增大时，坡面承雨量降低，径流形成和流通过程延缓，坡面表层形成径流且流出小区出口的时间增加。坡度由15°增至35°，t_0由1.38～8.75min增至2.09～12.31min。t_0随降雨强度递增呈下降趋势，降雨强度增大，单位时间单位面积内降雨量增加，降雨首先满足入渗，当降雨强度大于入渗率，形成超渗产流，加快径流形成，t_0减小。降雨强度由1.0mm/min增至2.0mm/min时，t_0迅速递减，减幅可达82.94%；降雨强度由2.0mm/min增至2.5mm/min时，t_0的减小幅度趋缓且不同砾石质量分数之间的t_0差异也在缩小。坡度为15°及25°时，土质堆积体（0%砾石质量分数）的t_0均小于5.64min，而含砾石下垫面的t_0均大于土质堆积体，可认为此时砾石存在有助于延缓坡面径流的形成，这可能是因为堆积体中砾石增加坡面粗糙度且增强径流弯曲程度，使水流沿着不规则的路线运行，延长行程；当坡度为30°及35°时，砾石质量分数对t_0的作用差异均不显著，可能是由于坡度增大，重力作用凸显，弱化了砾石对径流的延缓作用。对产流起始时间与降雨强度、坡度、砾石质量分数进行多元线性逐步回归分析，得到式（5-1）。表5-1为不同砾石质量分数下壤土堆积体产流起始时间与降雨强度和坡度二元逐步回归分析结果。

$$t_0 = -4.111I + 0.061\theta + 9.879, R^2 = 0.686, P < 0.01, N = 64 \quad (5\text{-}1)$$

式中，t_0 为产流起始时间（min）；I 为降雨强度（mm/min）；θ 为坡度。

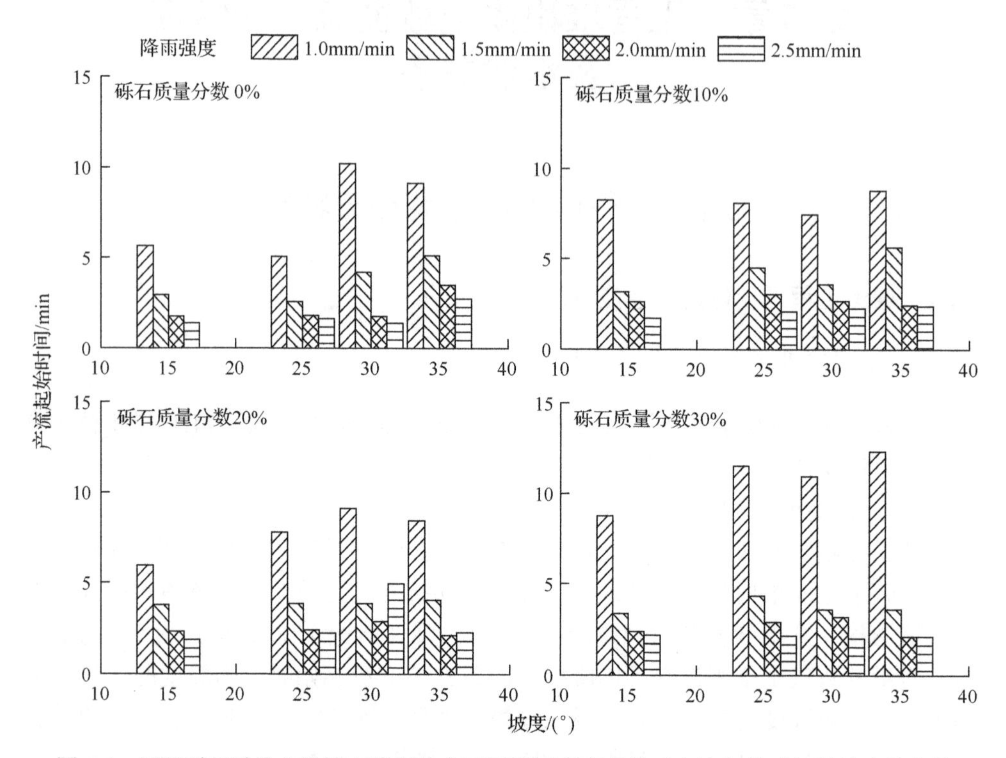

图 5-1　不同砾石质量分数壤土堆积体在不同降雨强度条件下产流起始时间随坡度的变化

表 5-1　不同砾石质量分数下壤土堆积体产流起始时间与降雨强度和坡度二元逐步回归分析结果

砾石质量分数/%	关系式	决定系数 R^2	显著性水平	N
0	t_0=−3.731I+0.113θ+7.355	0.708	P<0.01	16
10	t_0=−3.920I+11.161	0.811	P<0.01	16
20	t_0=−3.304I+10.011	0.611	P<0.01	16
30	t_0=−5.490I+14.434	0.701	P<0.01	16

2）径流率变化特征

（1）径流率变化过程。图 5-2 为不同砾石质量分数壤土堆积体在不同降雨强度和坡度条件下径流率随产流历时的变化过程。由图可知，整体上，径流率随产流历时的增加表现出前 3min 先快速增大，之后逐渐趋向稳定的变化趋势，且多存在上下缓幅波动变化的现象。

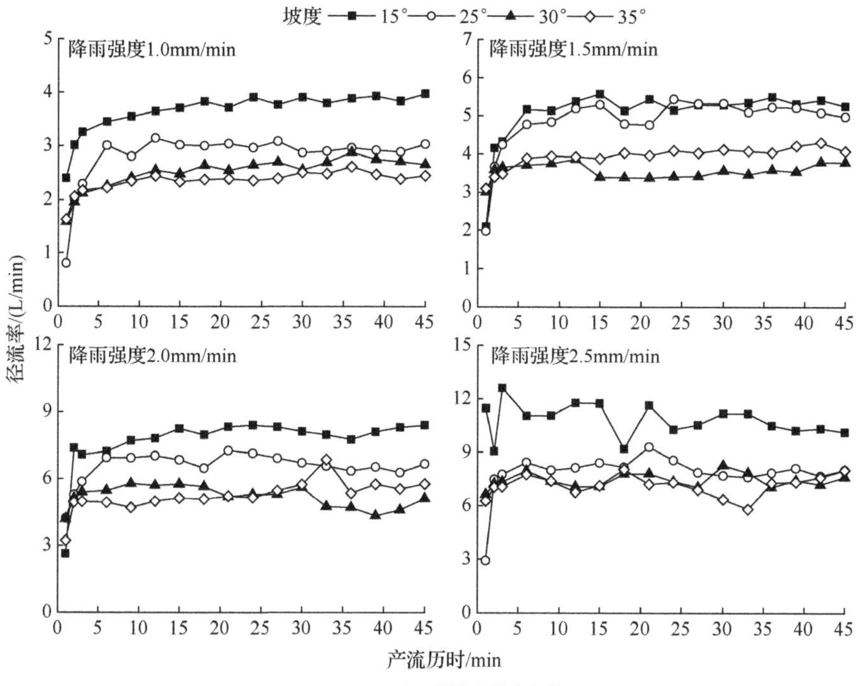

（a）0%砾石质量分数堆积体

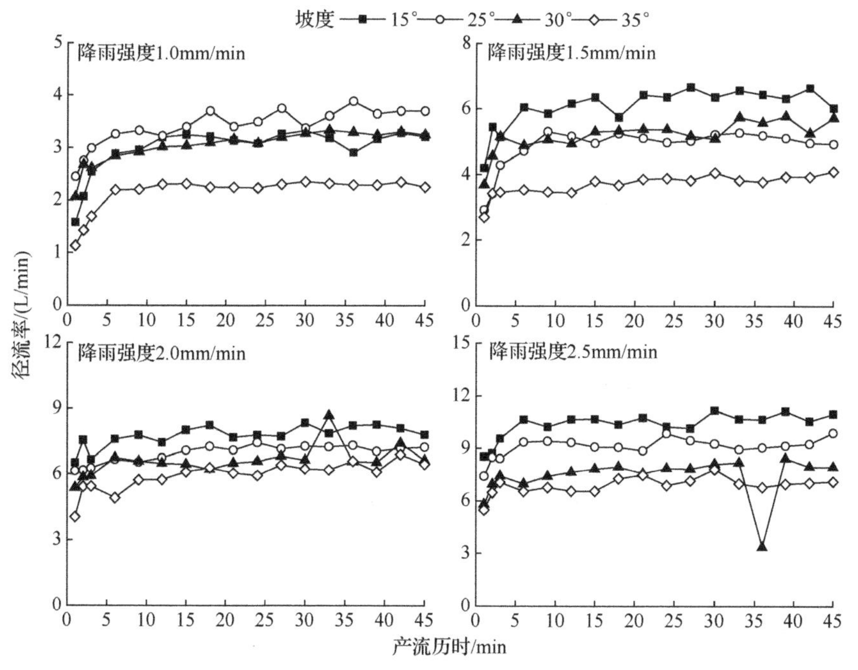

（b）10%砾石质量分数堆积体

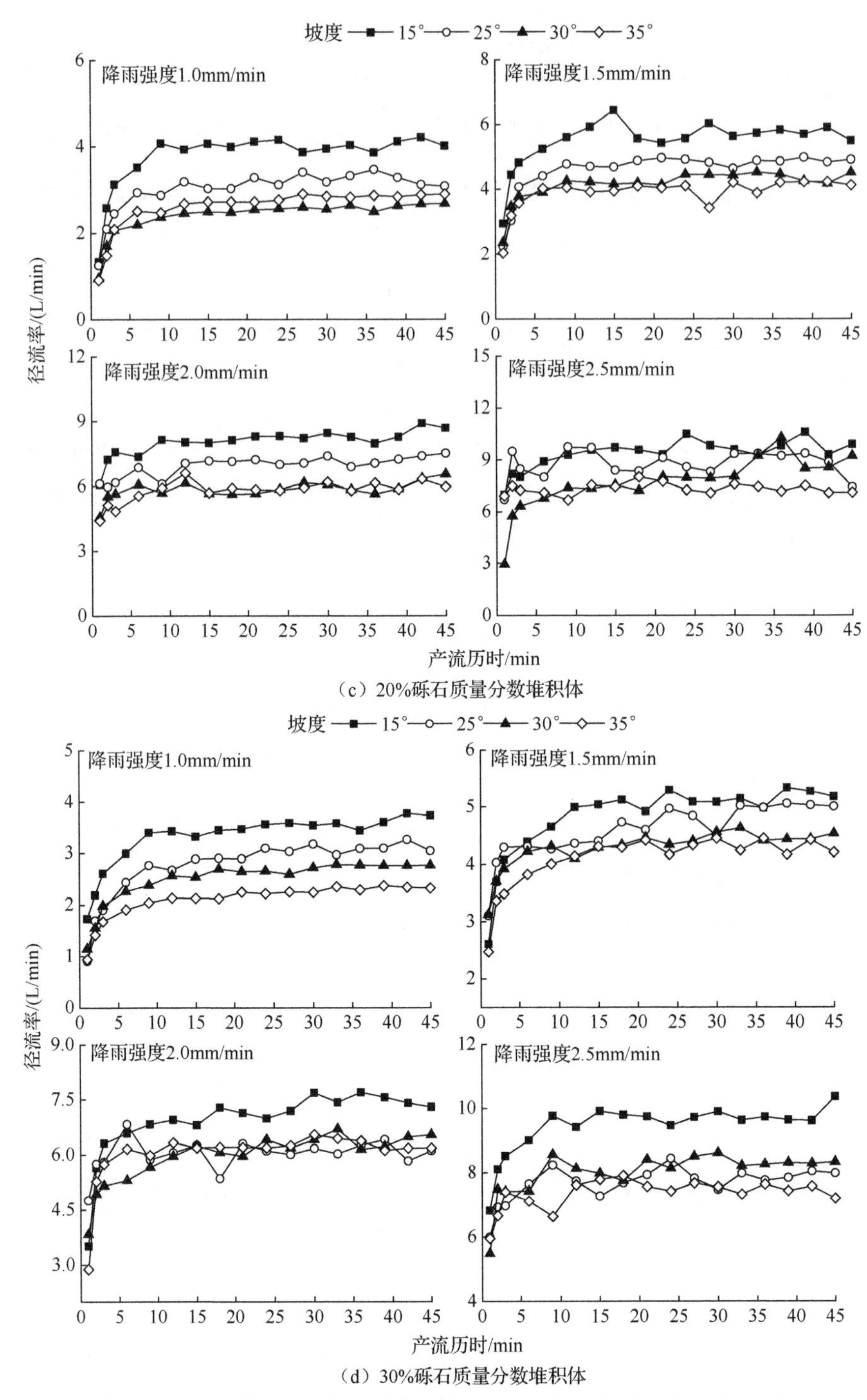

图 5-2　不同砾石质量分数壤土堆积体在不同降雨强度和坡度条件下径流率随产流历时的变化过程

0%砾石质量分数条件下，当坡度为 15°和 25°，降雨强度为 1.0mm/min、1.5mm/min、2.0mm/min，以及坡度为 30°和 35°，降雨强度为 1.0mm/min、1.5mm/min 时，径流率在产流 3min 后均呈现出平缓的波动变化趋势；坡度为 30°和 35°，降雨强度为 2.0mm/min 时，径流率开始出现较为剧烈的波动变化过程，尤其是降雨强度为 2.5 mm/min 时，各个坡度条件下的径流率随时间表现为多峰多谷的剧烈变化趋势。降雨强度为 1.0～2.5mm/min 条件下，15°、25°、30°和 35°坡度堆积体坡面径流率最大值分别为 3.97～12.59L/min、3.14～9.32L/min、2.88～8.27L/min 和 2.62～8.05L/min，径流率最大值随降雨强度增大而增大，随坡度的增大而减小。各试验处理条件下径流率变异系数变化范围为 5.75%～20.43%。

10%砾石质量分数条件下，与土质堆积体类似，在 6min 前，径流率随着产流历时的延长呈现增大的变化趋势，6min 后则围绕某些常数呈现上下波动的变化过程。除坡度为 30°、35°，降雨强度为 2.0mm/min 和 2.5mm/min，各坡度条件下的径流率随降雨历时呈较为剧烈的上下波动趋势外，其余条件下的径流率均随时间呈平缓的波动变化过程。降雨强度为 1.0～2.5mm/min 条件下，15°、25°、30°和 35°坡度堆积体坡面径流率最大值变化范围分别为 3.33～11.18L/min、3.88～9.90L/min、3.33～8.44L/min 和 2.36～7.81L/min，径流率最大值随降雨强度增大而增大，随坡度的增大呈减小趋势。各试验处理条件下径流率变异系数变化范围为 6.04%～16.28%。

20%砾石质量分数条件下，除降雨强度为 2.5mm/min 各坡度条件下的径流率随产流历时呈较为剧烈的上下波动趋势外，其余条件下的径流率均随时间呈平缓的波动变化过程。经分析，坡面上随机分散的砾石较多，砾石对水流的拦截消能作用更加明显，15°坡、各降雨强度条件下，坡面以面蚀为主，仅在降雨强度为 2.5mm/min 时有几处跌坎形成。坡度为 25°、30°和 35°、降雨强度为 2.5mm/min 时，坡面有跌坎和细沟出现，沟头随机崩塌的土体与沟床的砾石延缓了径流流动，致使径流随降雨历时呈现较为剧烈的上下波动过程。降雨强度 1.0～2.5mm/min 条件下，15°、25°、30°和 35°坡度堆积体坡面径流率最大值变化范围分别为 4.21～10.60L/min、3.47～9.72L/min、2.69～10.27L/min 和 2.90～8.01L/min，径流率最大值随降雨强度增大而增大，随坡度的增大呈减小趋势。各试验处理条件下径流率变异系数变化范围为 4.34%～21.20%。最大降雨强度及最大坡度条件下，观测到最小的径流率变异系数。

30%砾石质量分数条件下，径流率随产流历时呈现先增大（第 3～6min）后趋于稳定的变化过程，趋于围绕某一平均值上下波动。当降雨强度为 2.5mm/min 且坡度为 25°、30°和 35°，以及降雨强度为 2.0mm/min 且坡度为 30°和 35°条件下的径流率随时间出现了较强的波动。降雨强度 1.0～2.5mm/min 条件下，15°、25°、30°和 35°坡度堆积体坡面径流率最大值变化范围分别为 3.77～10.36L/min、3.26～

8.45L/min、2.78～8.62L/min 和 2.37～7.91L/min，径流率最大值随降雨强度增大而增大，随坡度的增大呈减小趋势。各试验处理条件下径流率变异系数变化范围为 6.55%～22.69%。径流率最小变异系数在最大降雨强度和最大坡度条件下被观测到。

径流率变化过程与坡面入渗和侵蚀过程息息相关。降雨开始后，雨点首先击溅土体，造成地表湿润，使地表变得更加粗糙，此时并没有径流形成，主要表现为下渗作用。随着降雨时间的延续，地表逐渐变得泥泞，并在不同的坡位有小片的径流开始形成，但并没有形成明显的流路；随着降雨的进行，地表径流形成明显的流路，坡面能明显看到径流形成的波峰，土壤入渗率已经小于降雨强度。产流后，随着降雨强度的不断增大，当土壤入渗率达到饱和时，径流随降雨历时呈现稳定的波动变化趋势。坡度和降雨强度较小的情况下，地表仅以面蚀为主；随着坡度和降雨强度的增大，坡面开始出现跌坎，并逐渐形成细沟，沟头不间断有土体塌陷形成的碎块，阻碍径流流动，在径流的浸泡和冲刷作用下变成泥流，随径流以脉冲的形式流出坡面。坡度和降雨强度越大，沟头和沟壁的坍塌越严重，径流的脉冲现象也越明显，径流表现为剧烈的波动趋势。进一步分析发现，坡面上随机分散有粒径不同的砾石，从而使坡面粗糙度增大，水流因砾石的拦截消能作用，其流速和径流紊动性较小。尽管在大的坡度和降雨强度条件下，坡面有跌坎或细沟形成，因砾石的阻碍作用，使沟头和沟壁的崩塌趋于平缓，加之砾石进入细沟，使床底砾石增多，进一步阻碍了径流泥沙的输移，致使径流随降雨历时不会呈现多峰多谷的剧烈变化过程。坡面分散的大量大小粒径不同的砾石，对径流流速、流态具有明显的影响，通过试验发现，坡面砾石质量分数较大时，砾石对坡面径流的阻碍作用增强，来水的一侧表现为泥沙沉积，形成一个个较小的淤积平台。例如，30%砾石质量分数条件下降雨强度为 2.5mm/min，坡度为 15°，坡面的中下部仅出现几个深度在 1～2cm 左右小的跌坎；坡度为 25°和 30°，坡面的下部跌坎较多，并有较小的细沟形成；坡度为 35°，坡面的中下部出现跌坎群，在径流的冲刷作用下，发展较快的跌坎逐渐贯通形成沟宽小于 15cm，沟深小于 3cm 的细沟。坡面和沟床砾石多，对径流泥沙具有明显的滞缓作用，表现为径流随时间呈现出较强的上下波动变化趋势。其余条件下，坡面仅发生面状侵蚀。

（2）平均径流率。图 5-3 为不同砾石质量分数壤土堆积体在不同降雨强度条件下平均径流率（R_r）随坡度的变化。由图可知，随着坡度增大，R_r 明显递减，可能是降雨强度相同时坡度越大，侵蚀越强，水流中携带的泥沙越多，导致平均径流率相对减小，且坡度增大，雨滴降落至地面与下垫面的夹角减小，更利于雨水下渗，导致入渗量增多，径流量减小。不考虑砾石质量分数影响，当坡度由 15°增大至 35°时，4 种降雨强度下的 R_r 分别减少了 32.96%、26.95%、24.50%和 28.53%。随坡度的增大，平均径流率呈现减小的变化趋势，原因是试验槽的水平投影承雨面积随着坡度的增大而减小。R_r 随降雨强度增大显著线性递增，2.5mm/min 降雨强度下的平均径流率是 1.0mm/min 降雨强度下的 2.38～3.38 倍。对平均径流率与降雨强度、坡度、砾石质量分数进行多元线性逐步回归分析，得到式（5-2）。表 5-2 为不同砾石质量分数𡒄土堆积体平均径流率与降雨强度和坡度之间的二元逐步回归分析结果。

$$R_r = 3.622I - 0.097\theta + 1.863, R^2 = 0.952, P < 0.01, N = 64 \tag{5-2}$$

式中，R_r 为平均径流率（L/min）。

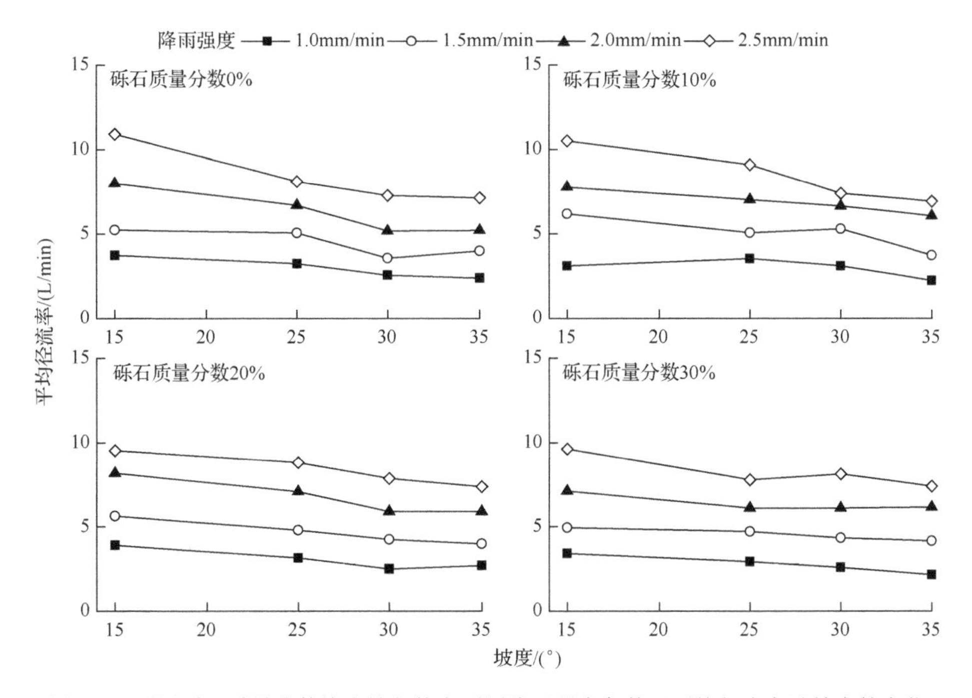

图 5-3　不同砾石质量分数𡒄土堆积体在不同降雨强度条件下平均径流率随坡度的变化

表 5-2　不同砾石质量分数𡒄土堆积体平均径流率与降雨强度和坡度二元逐步回归分析结果

砾石质量分数/%	关系式	决定系数 R^2	显著性水平	N
0	R_r=3.584I−0.125θ+2.524	0.935	P<0.01	16
10	R_r=3.659I−0.103θ+2.170	0.938	P<0.01	16
20	R_r=3.612I−0.097θ+1.958	0.983	P<0.01	16
30	R_r=3.632I−0.064θ+0.798	0.980	P<0.01	16

3）水力学参数变化特征

（1）径流流速。图 5-4 为不同砾石质量分数𡒄土堆积体在不同降雨强度和坡度条件下径流流速随产流历时的变化。由图可知，整体上，径流流速随产流历时的变化过程表现为产流后前 3min 快速增加，之后缓慢增加或趋于稳定。

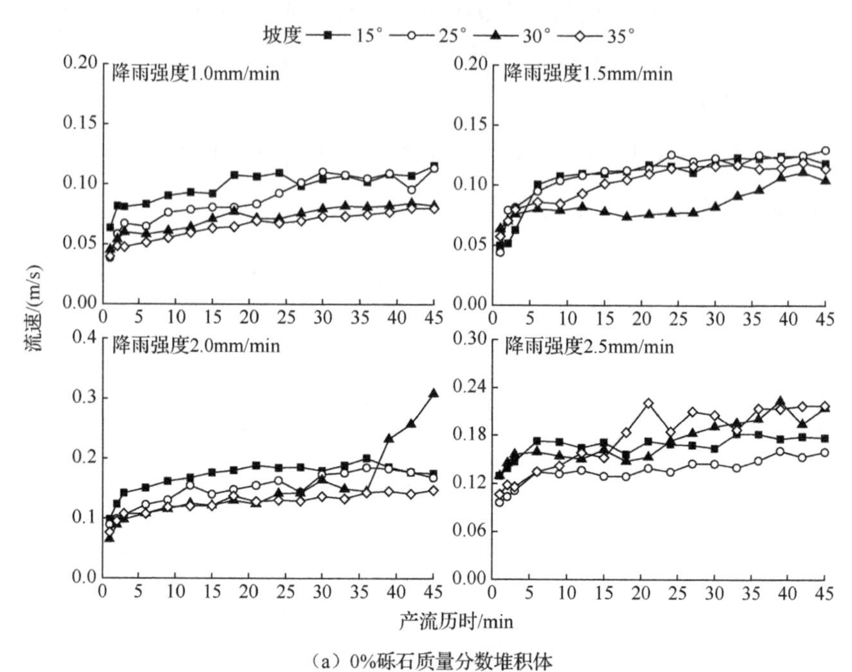

（a）0%砾石质量分数堆积体

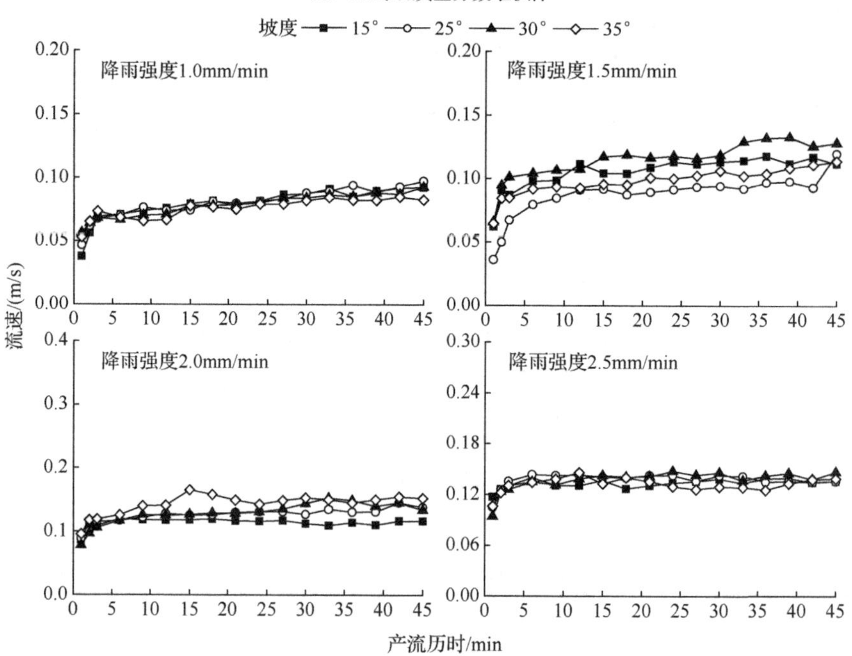

（b）10%砾石质量分数堆积体

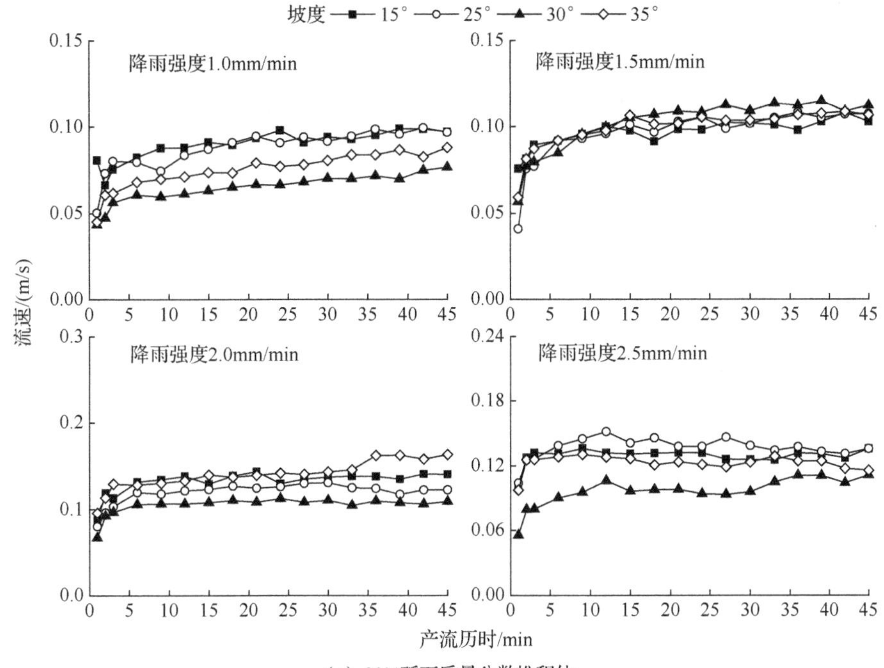

（c）20%砾石质量分数堆积体

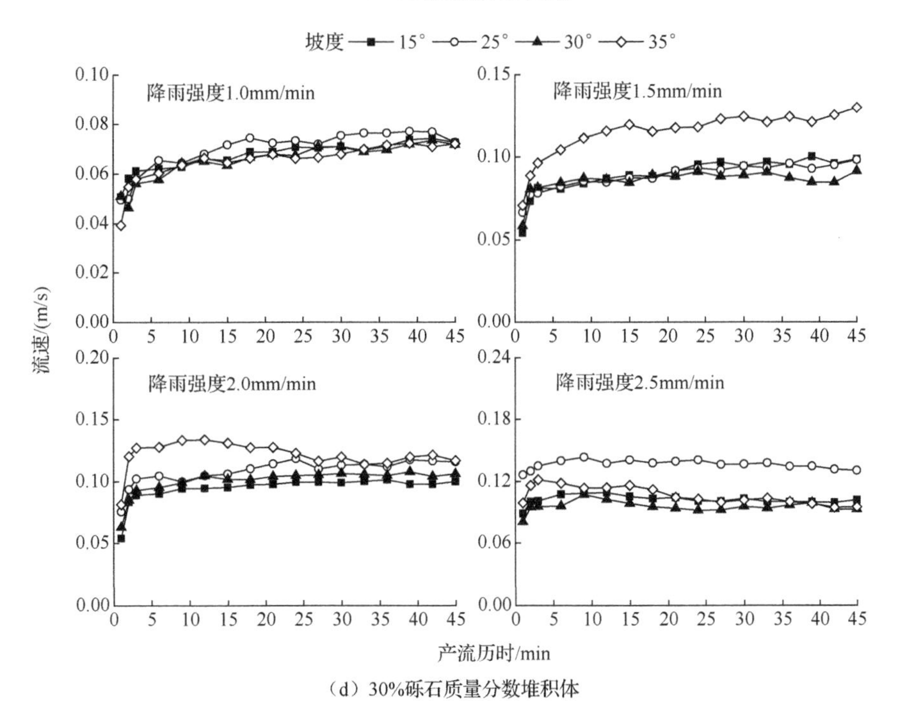

（d）30%砾石质量分数堆积体

图 5-4　不同砾石质量分数壤土堆积体在不同降雨强度和坡度条件下径流流速随产流历时的变化

从图 5-4 中可以看出流速随产流历时变化均表现为产流开始 0～3min，流速显著递增，而 3～45min 流速趋于相对稳定或缓慢递增，将此阶段流速的均值定义为平均稳定流速（V_t），降雨强度 1.0mm/min、1.5mm/min 时平均稳定流速分别可达前 3min 平均流速的 1.19～1.67 倍和 1.19～2.05 倍。主要是由于在产流初期，下垫面入渗，降雨消耗于入渗后形成径流，在产流 3min 左右，入渗达到稳定，径流趋于相对稳定，进而使流速变化减小。随着降雨强度增大，流速呈递增趋势，1.0mm/min、1.5mm/min 降雨强度下平均流速分别为 0.07m/s 和 0.09m/s，在下垫面条件相同时，降雨强度越大，形成坡面径流越多，水流势能加强，导致流速增大。两种降雨强度下，在坡度≤25°时，砾石对流速影响显著，总体呈现为砾石质量分数 0%（土质堆积体）＞10%＞20%＞30%，砾石存在减缓坡面流速，且随砾石质量分数增大，阻滞作用越显著，土质堆积体平均流速为 0.10m/s，可达砾石质量分数 30%平均流速的 1.25 倍。砾石在坡面分布，经冲刷后，形成固定流路，但径流受表层砾石阻挡，改变路径，增加了径流弯曲程度，进而延缓流速。当坡度＞25°时，不同砾石质量分数下流速随降雨强度、坡度变化而变化，但总体上看，在产流 12min 后含砾石坡面的流速均大于砾石质量分数为 0%（土质堆积体）的整个侵蚀过程平均流速，造成该现象的原因可能是坡度增大，重力作用愈加凸显，侵蚀营力的变化使侵蚀方式发生改变，坡面侵蚀愈加严重，下垫面表层中的土粒随径流流失，产流中后期下垫面表层覆盖一层砾石层。随着砾石质量分数递增，流速变化规律不显著。

不同砾石质量分数壤土堆积体在不同降雨强度条件下平均流速随坡度变化如图 5-5 所示。平均流速随坡度的变化过程较为复杂，或随坡度的增加而减小，或随坡度增加先减小后增大，或持续增大，或先增大后减小。整体上，坡度对平均流速的影响不明显。当坡度为 25°时，不同砾石质量分数下平均流速随降雨强度增大而递增。含砾石坡面平均流速均小于土质堆积体，且砾石质量分数为 30%时的平均流速最小，不同砾石质量分数平均流速差异不显著且处于 0.06～0.14m/s。坡度为 30°及 35°时，土质堆积体平均流速随降雨强度递增显著增大，幅度可达 154.04%～183.74%；含砾石坡面降雨强度由 1.0mm/min 增至 2.0mm/min 时，平均流速递增较明显，随降雨强度持续增大，30°坡面平均流速变化较小，而 35°坡面平均流速递减，这可能是大坡度大降雨强度下，雨滴的击打能力提升，降落雨滴的动能主要消耗于剥离，含沙量的增大及沟壁坍塌阻滞使得平均流速减小。总体来看，随坡度的增大，砾石质量分数对平均流速的影响被弱化，随降雨强度的增大，砾石质量分数对平均流速的影响增强。对平均流速与降雨强度、坡度、砾石质量分数进行多元线性逐步回归分析，得到式（5-3）。

$$V = 0.042I - 0.116G + 0.058, R^2 = 0.722, P < 0.01, N = 64 \tag{5-3}$$

式中，V为径流平均流速（m/s）；G为砾石质量分数（取值分别为 0%、10%、20%、30%）。

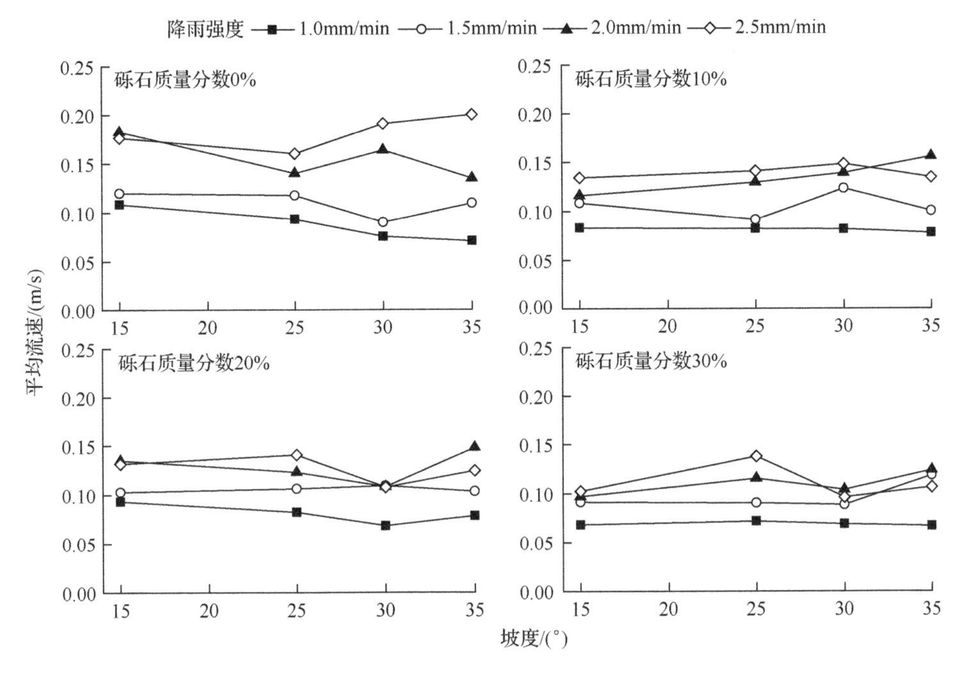

图 5-5　不同砾石质量分数壤土堆积体在不同降雨强度条件下平均流速随坡度变化

（2）雷诺数。不同砾石质量分数壤土堆积体在不同降雨强度条件下平均雷诺数（$\overline{Re}$）随坡度的变化特征如图 5-6 所示。由图可知，整体上平均雷诺数随坡度的增加而减小。于 0%砾石质量分数堆积体而言，试验坡度范围内 2.5mm/min 降雨强度时$\overline{Re}$变化范围为 126.70～199.83，与 1.0mm/min、1.5mm/min、2.0mm/min 降雨强度相比，增长率分别为 118.08%～199.81%、39.26%～116.56%、19.34%～43.57%，$\overline{Re}$随降雨强度增大明显递增。10%～30%砾石质量分数堆积体$\overline{Re}$随降雨强度变化也表现出相同规律。剔除砾石质量分数、降雨强度影响，分析坡度对$\overline{Re}$的影响可知，15°～35°坡面平均雷诺数分别为 118.55、103.97、89.37、84.50，$\overline{Re}$随坡度增加呈减少趋势。各砾石质量分数下，$\overline{Re}$与降雨强度、坡度呈极显著线性函数关系（$R^2 \geqslant 0.938$，$P<0.01$）。对平均雷诺数与降雨强度、坡度、砾石质量分数进行多元线性逐步回归分析，得到式（5-4）。表 5-3 为不同砾石质量分数壤土堆积体平均雷诺数与降雨强度和坡度之间的二元逐步回归分析结果。

$$\overline{Re} = 66.261I - 25.567G - 1.779\theta + 33.681, R^2 = 0.930, P < 0.01, N = 64 \qquad (5\text{-}4)$$

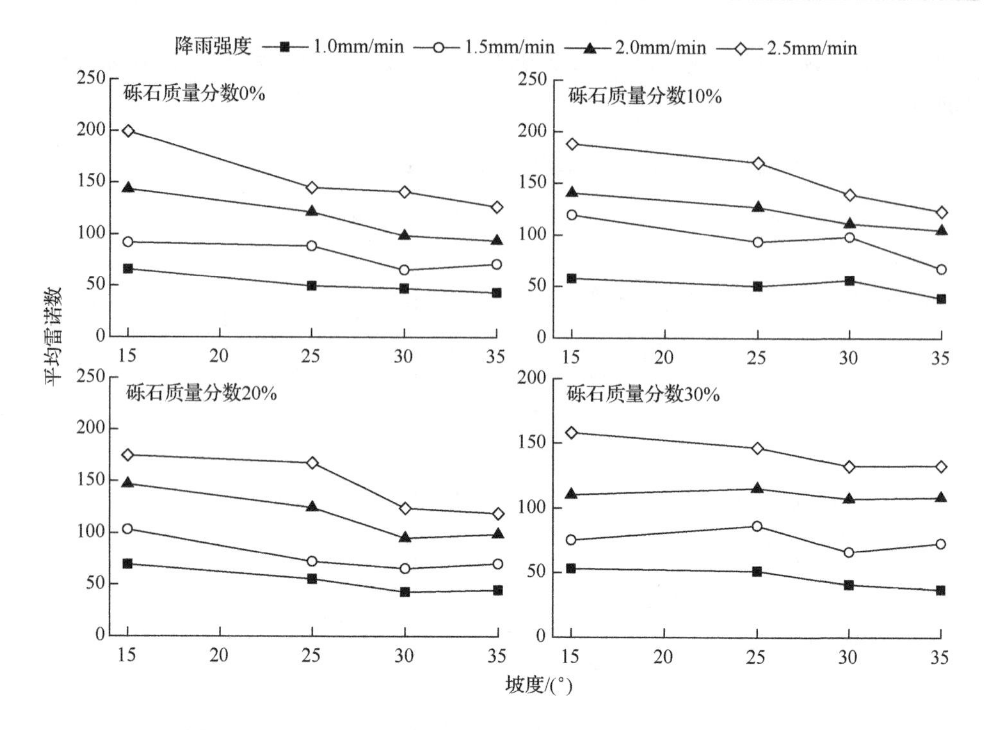

图 5-6　不同砾石质量分数壤土堆积体在不同降雨强度条件下平均雷诺数随坡度的变化

表 5-3　不同砾石质量分数壤土堆积体平均雷诺数与降雨强度和坡度二元逐步回归分析结果

砾石质量分数/%	关系式	决定系数 R^2	显著性水平	N
0	$\overline{Re}=68.112I-2.162\theta+36.967$	0.939	$P<0.01$	16
10	$\overline{Re}=68.149I-2.045\theta+39.863$	0.939	$P<0.01$	16
20	$\overline{Re}=63.639I-2.228\theta+45.347$	0.938	$P<0.01$	16
30	$\overline{Re}=65.144I-0.682\theta-2.799$	0.973	$P<0.01$	16

（3）弗劳德数。不同砾石质量分数壤土堆积体在不同降雨强度条件下平均弗劳德数（$\overline{Fr}$）随坡度的变化特征如图 5-7 所示。坡度一定时，0%和 10%砾石质量分数下 4 个降雨强度对应的$\overline{Fr}$分别为 1.06、1.19、1.84、1.83 和 1.04、1.13、1.38、1.35，整体随降雨强度增大而增大；20%和 30%砾石质量分数处理下不同降雨强度之间变异系数为 0.08～0.28 和 0.07～0.24，属弱变异。10%砾石质量分数处理下，剔除降雨强度影响可知，15°～35°坡面$\overline{Fr}$分别为 1.08、1.15、1.29、1.37。其他砾石质量分数处理下$\overline{Fr}$随降雨强度增加变化不明显。对平均弗劳德数与降雨强度、坡度、砾石质量分数进行多元线性逐步回归分析，得到式（5-5）。

$$\overline{Fr}=0.284I-1.439G+0.012\theta+0.670, R^2=0.477, P<0.01, N=64 \tag{5-5}$$

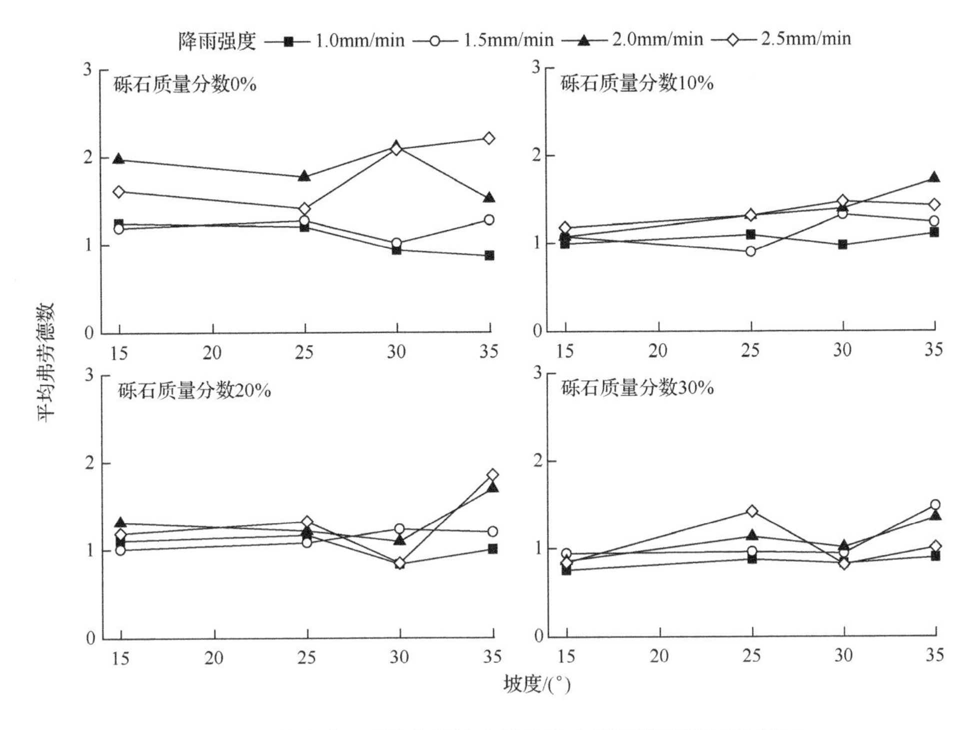

图 5-7　不同砾石质量分数壤土堆积体在不同降雨强度条件下弗劳德数随坡度的变化

4）水动力学参数变化特征

（1）径流剪切力。图 5-8 为不同砾石质量分数壤土堆积体在不同降雨强度下的平均径流剪切力（τ）随坡度的变化特征。坡度一定时，对 0%砾石质量分数堆积体而言，降雨强度每增加 0.5mm/min，τ 依次增大 1.22 倍、1.43 倍、1.28 倍；相同条件下 10%～30%砾石质量分数堆积体 τ 分别增加 1.24 倍、1.03 倍、1.10 倍，1.18 倍、1.23 倍、1.18 倍和 1.17 倍、1.32 倍、1.30 倍。剔除砾石质量分数、降雨强度影响，分析坡度对 τ 的影响可知，15°～35°坡面 τ 为 2.52N/m^2、3.58N/m^2、4.21N/m^2、4.17N/m^2，整体随坡度增加而增大，其中 30°～35°坡面在 10%～30%砾石质量分数条件下 τ 随坡度增大有减小趋势。对平均径流剪切力 τ 与降雨强度、坡度、砾石质量分数进行多元线性逐步回归分析，得到式（5-6）。表 5-4 为不同砾石质量分数壤土堆积体平均径流剪切力与降雨强度和坡度之间的二元逐步回归分析结果。

$$\tau = 1.396I + 2.231G + 0.112\theta - 1.670, R^2 = 0.762, P < 0.01, N = 64 \tag{5-6}$$

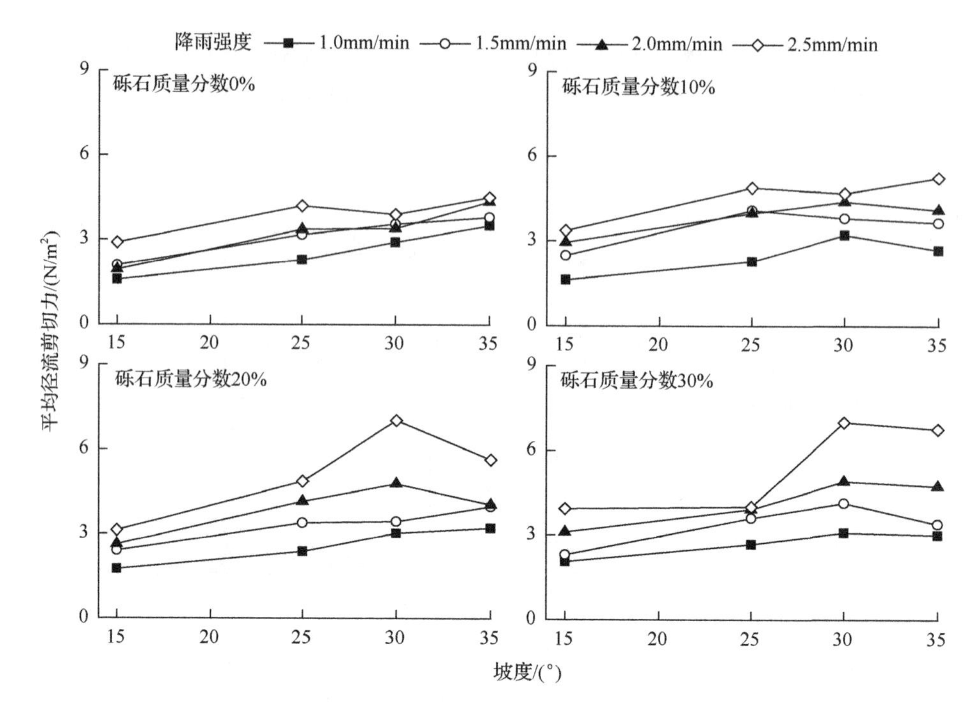

图 5-8　不同砾石质量分数壤土堆积体在不同降雨强度下平均径流剪切力随坡度的变化

表 5-4　不同砾石质量分数壤土堆积体平均径流剪切力与降雨强度和坡度二元逐步回归分析结果

砾石质量分数/%	关系式	决定系数 R^2	显著性水平	N
0	$\tau=0.803I+0.093\theta-0.613$	0.914	$P<0.01$	16
10	$\tau=1.325I+0.070\theta-0.565$	0.839	$P<0.01$	16
20	$\tau=1.664I+0.099\theta-1.763$	0.791	$P<0.01$	16
30	$\tau=1.792I+0.094\theta-1.695$	0.780	$P<0.01$	16

（2）径流功率。径流功率是坡面径流使土壤颗粒发生剥离、运移等过程做功的大小，因此是反映土壤侵蚀严重与否的一个重要水动力学参数。图 5-9 为不同砾石质量分数壤土堆积体在不同降雨强度下的平均径流功率（ω）随坡度的变化特征。剔除砾石质量分数、坡度影响分析降雨强度对 ω 的影响可知，1.0mm/min 降雨强度时 ω 为 0.19W/m^2，分别占 1.5～2.5mm/min 降雨强度的 58.67%、41.25%、31.64%，降雨强度越大 ω 越大。剔除砾石质量分数、降雨强度影响，分析坡度对 ω 的影响可知，15°坡面 ω 为 0.28W/m^2，分别占 25°～35°坡面的 70.57%、65.45%、59.73%，坡度越大 ω 越大。对平均径流功率 ω 与降雨强度、坡度、砾石质量分数进行多元

线性逐步回归分析，得到式（5-7）。表 5-5 为不同砾石质量分数壤土堆积体平均径流功率与降雨强度和坡度之间的二元逐步回归分析结果。

$$\omega = 0.275I + 0.012\theta - 0.356, R^2 = 0.925, P < 0.01, N = 64 \tag{5-7}$$

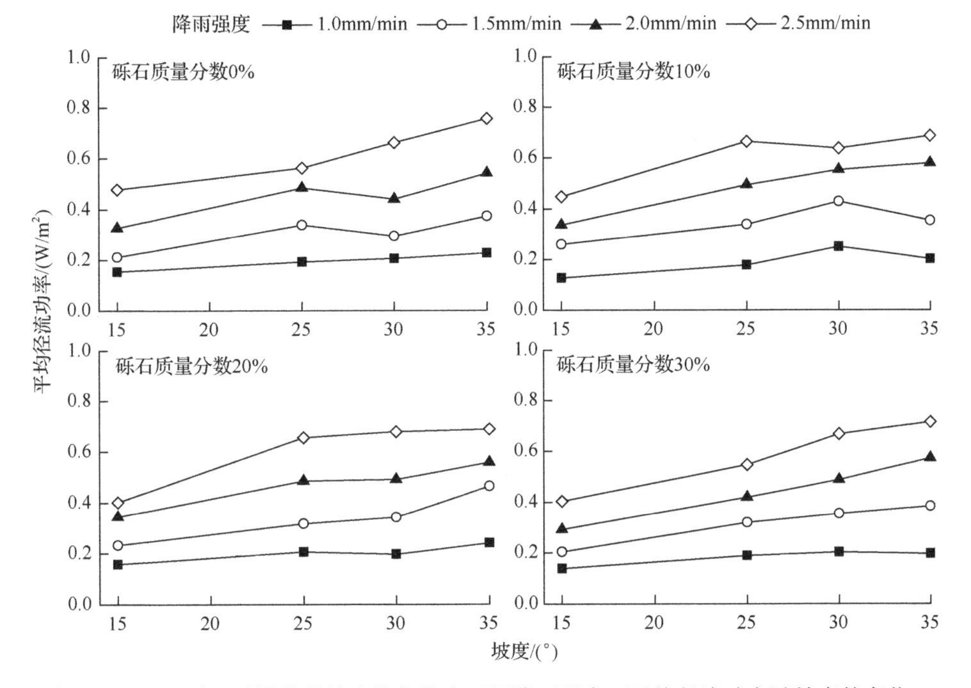

图 5-9　不同砾石质量分数壤土堆积体在不同降雨强度下平均径流功率随坡度的变化

表 5-5　不同砾石质量分数壤土堆积体平均径流功率与降雨强度和坡度二元逐步回归分析结果

砾石质量分数/%	关系式	决定系数 R^2	显著性水平	N
0	ω=0.271I+0.009θ−0.326	0.939	P<0.01	16
10	ω=0.281I+0.009θ−0.317	0.935	P<0.01	16
20	ω=0.270I+0.010θ−0.329	0.934	P<0.01	16
30	ω=0.267I+0.011θ−0.366	0.941	P<0.01	16

（3）单位径流功率。图 5-10 为不同砾石质量分数壤土堆积体在不同降雨强度下的平均单位径流功率（U）随坡度的变化。剔除砾石质量分数、坡度影响分析降雨强度对 U 的影响可知，降雨强度每增加 0.5mm/min，U 依次增大 32.06%、28.36%、4.59%，且降雨强度越大增幅越小。砾石质量分数和降雨强度一定时，U 在 15°～25°坡面呈递增趋势，增幅为 33.42%～117.29%；U 在 25°～30°坡面（除 20%、30%砾石质量分数在 2.5mm/min 条件下）整体呈递增趋势；U 在 30°～35°坡面呈递增趋势，增幅为 7.20%～53.14%。对平均单位径流功率 U 与降雨强度、坡

度、砾石质量分数进行多元线性逐步回归分析，得到式（5-8）。表 5-6 为不同砾石质量分数壤土堆积体平均单位径流功率与降雨强度和坡度之间的二元逐步回归分析结果。

$$U = 0.018I + 0.002\theta - 0.036G - 0.027, R^2 = 0.804, P < 0.01, N = 64 \tag{5-8}$$

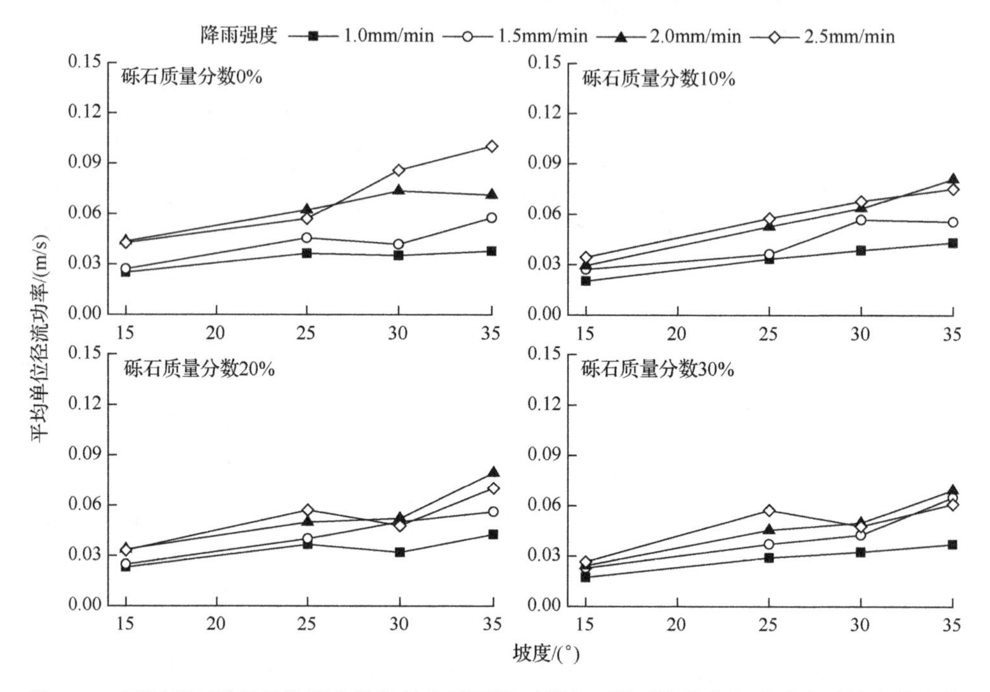

图 5-10　不同砾石质量分数壤土堆积体在不同降雨强度下的平均单位径流功率随坡度的变化

表 5-6　不同砾石质量分数壤土堆积体平均单位径流功率与降雨强度和坡度二元逐步回归分析结果

砾石质量分数/%	关系式	决定系数 R^2	显著性水平	N
0	U=0.027I+0.002θ−0.037	0.830	P<0.01	16
10	U=0.018I+0.002θ−0.031	0.897	P<0.01	16
20	U=0.013I+0.002θ−0.018	0.775	P<0.01	16
30	U=0.013I+0.002θ−0.024	0.808	P<0.01	16

2. 不同坡长工程堆积体边坡径流特征

研究了 25°坡度条件下不同坡长（3m、5m、6.5m 和 12m）壤土工程堆积体边坡径流特征。

1）产流起始时间

图 5-11 为不同砾石质量分数壤土堆积体在不同降雨强度下产流起始时间随坡

长的变化。产流起始时间随坡长变化除在0%砾石质量分数下呈递减趋势外，其余条件下均有明显波动，波动幅度较小。若不考虑坡长影响降雨强度为1.0～2.5mm/min条件下，0%、10%、20%、30%砾石质量分数的平均产流起始时间分别为5.83min、5.93min、6.12min、6.28min，3.11min、3.25min、3.40min、3.39min，2.14min、2.35min、2.18min、2.34min和1.60min、1.74min、1.73min、1.80min，同一降雨强度下，产流起始时间随砾石质量分数的增大呈现递增趋势。t_0随降雨强度递增呈下降趋势，0%、10%、20%和30%砾石质量分数下，产流起始时间随降雨强度的增大分别可提前4.23min、4.20min、4.40min和4.49min，减幅分别为72.55%、70.71%、71.80%和71.40%。忽略砾石质量分数的影响，当坡长由3m增至12m时，降雨强度为1.0mm/min的平均产流起始时间分别是1.5mm/min、2.0mm/min、2.5mm/min条件下平均产流起始时间的1.83倍、2.68倍、3.52倍，随着降雨强度的增大，产流起始时间显著提前。对产流起始时间与降雨强度、砾石质量分数进行多元线性逐步回归分析，得到式（5-9）。

$$t_0 = -2.804I + 8.231, R^2 = 0.766, P < 0.01, N = 64 \tag{5-9}$$

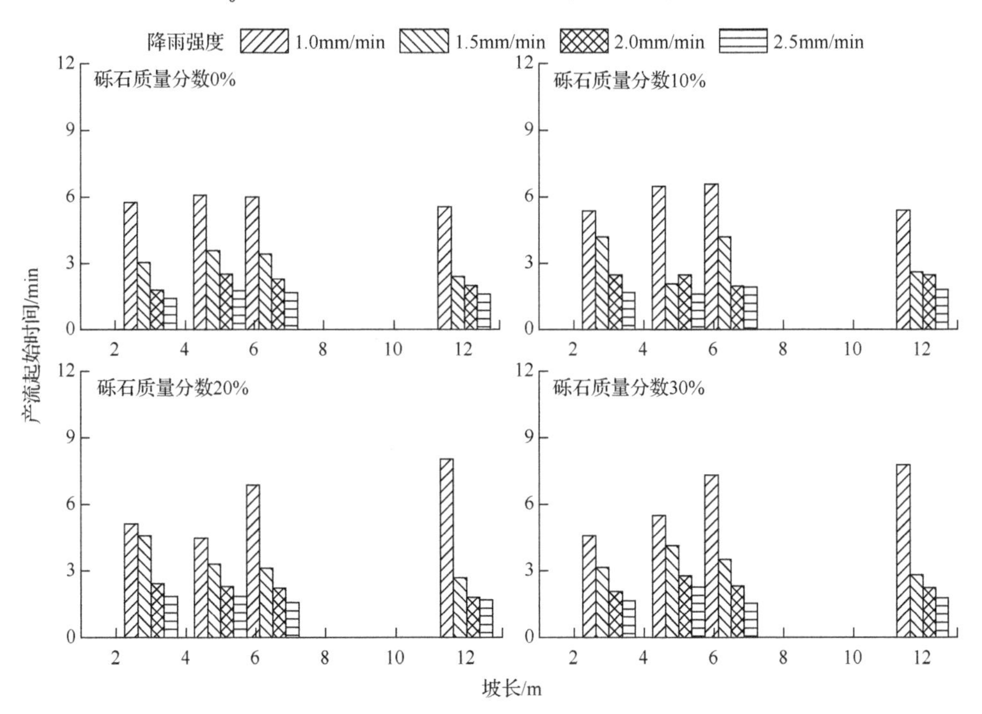

图5-11　不同砾石质量分数壤土堆积体在不同降雨强度下产流起始时间随坡长的变化

2）径流率变化特征

（1）径流率。图5-12为不同砾石质量分数壤土堆积体在不同降雨强度下径流率随产流历时的变化过程。由图可知，整体上，径流率随产流历时增加表现出前3min先快速增大，之后逐渐稳定或缓慢增大的趋势。

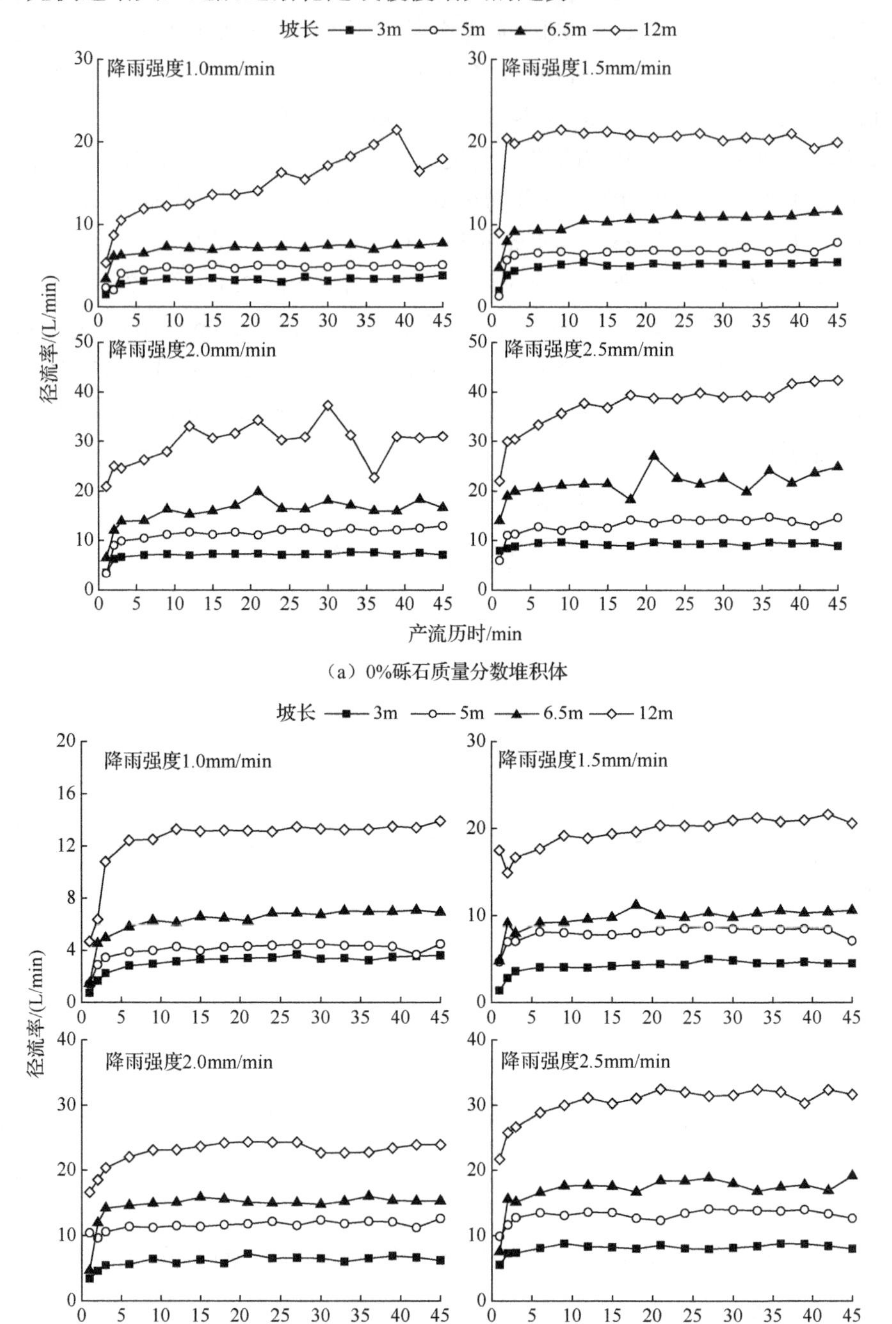

（a）0%砾石质量分数堆积体

（b）10%砾石质量分数堆积体

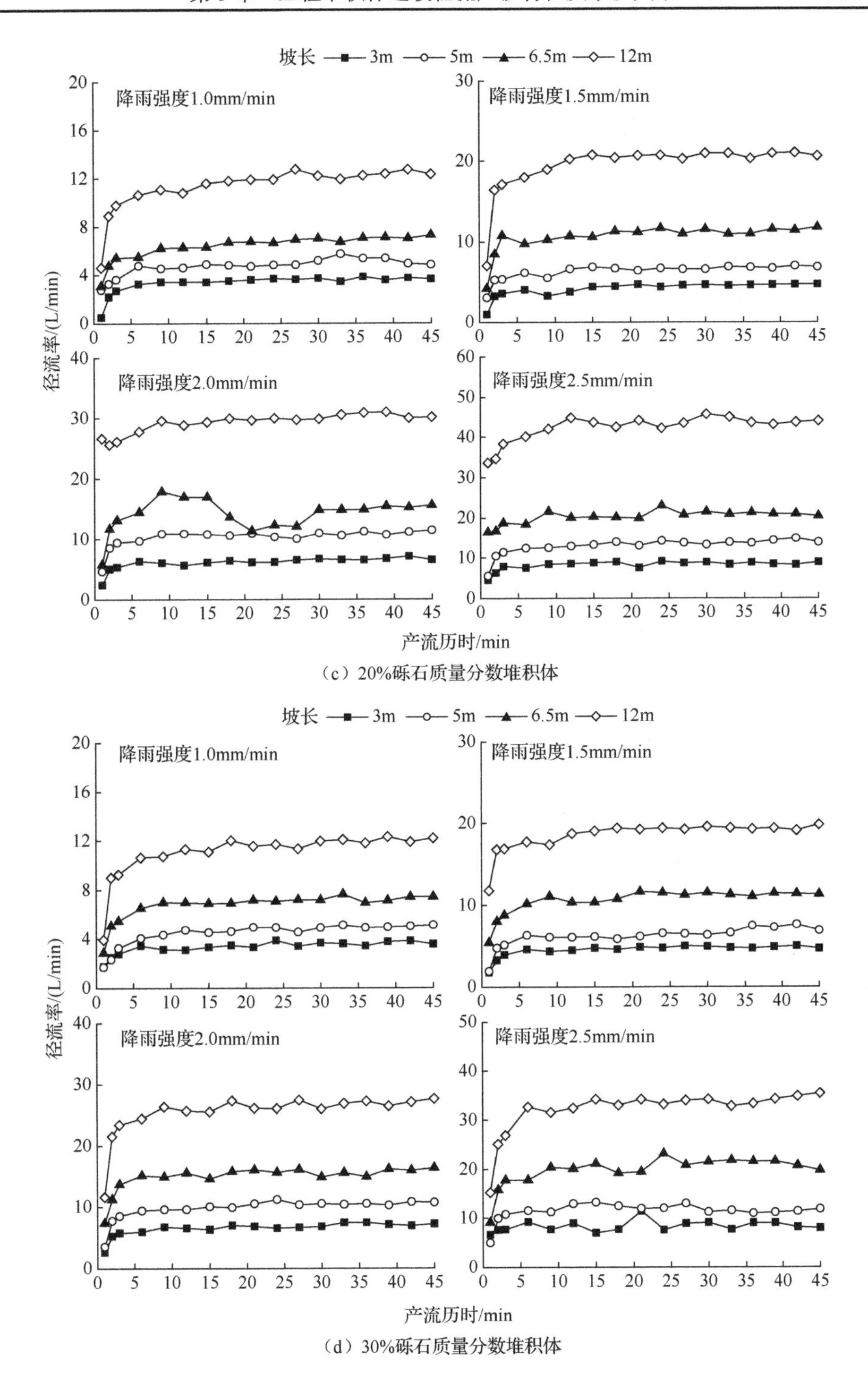

（c）20%砾石质量分数堆积体

（d）30%砾石质量分数堆积体

图5-12　不同砾石质量分数壤土堆积体在不同降雨强度下径流率随产流历时的变化过程

0%砾石质量分数条件下，当坡长为 3m 和 5m 时，各降雨强度下径流率在产流 3min 后均趋于稳定；当坡长 6.5m 时，1.0mm/min 和 1.5mm/min 降雨强度下，径流率在产流 3min 后均趋于稳定，而在 2.0～2.5mm/min 降雨强度下，径流率在产流 3min 后存在波动现象；当坡长为 12m 时，径流率波动强烈。降雨强度 1.0～2.5mm/min 条件下，3m、5m、6.5m 和 12m 坡长堆积体坡面径流率最小值变化范围分别为 1.53～7.96L/min、2.06～5.98L/min、3.42～13.99L/min 和 5.36～22.01L/min，径流率最大值变化范围为 3.83～9.69L/min、4.06～14.82L/min、7.75～26.99L/min 和 21.50～42.40L/min，径流率最值均随降雨强度和坡长的增加呈增大趋势。各试验处理径流率变异系数变化范围为 4.98%～27.55%，最小降雨强度及最大坡长条件下，径流率变异系数最大。

10%砾石质量分数条件下，降雨强度为 1.0～2.5mm/min 时，3m、5m、6.5m 和 12m 坡长堆积体坡面径流率最小值变化范围分别为 0.74～5.55L/min、1.44～9.91L/min、1.46～7.56L/min、4.67～21.72L/min，径流率最大值变化范围为 3.68～8.82L/min、4.50～14.10L/min、7.06～19.17L/min、13.91～32.48L/min，各降雨强度条件下，径流率最大值随坡长的增大而增大，其最小值也随坡长的增加呈递增趋势。各试验处理径流率变异系数变化范围为 6.37%～24.98%，最小降雨强度及最小坡长条件下，径流率变异系数最大。

20%砾石质量分数条件下，降雨强度为 1.0～2.5mm/min 时，3m、5m、6.5m、12m 坡长堆积体坡面径流率最小值变化范围分别为 0.51～4.51L/min、2.76～5.50L/min、3.08～16.43L/min 和 4.63～33.69L/min，径流率最大值变化范围为 3.84～9.14L/min、5.75～14.86L/min、7.30～23.04L/min 和 12.74～45.68L/min，径流率最值均随降雨强度和坡长的增大而增大。各试验处理径流率变异系数变化范围为 5.42%～24.35%，最大变异系数在最小降雨强度及坡长条件下被观测到。

30%砾石质量分数条件下，降雨强度为 1.0～2.5mm/min 时，3m、5m、6.5m 和 12m 坡长堆积体坡面径流率最小值变化范围分别为 1.75～6.62L/min、1.70～5.00L/min、2.85～9.11L/min 和 3.91～15.20L/min，径流率最大值变化范围为 3.86～11.43L/min、5.11～13.19L/min、7.62～23.17L/min 和 12.32～35.45L/min，各降雨强度条件下，径流率最大值随坡长增大而增大，最小值随坡长增加呈递增趋势。不同试验处理下径流率变异系数变化范围为 10.29%～22.26%。

（2）平均径流率。图 5-13 为不同砾石质量分数壤土工程堆积体在不同降雨强度条件下平均径流率随坡长的变化。3m、5m、6.5m 和 12m 坡长堆积体平均径流率变化范围分别为 3.04～9.19L/min、3.97～12.98L/min、6.11～21.49L/min 和 10.87～42.40L/min。平均径流率随着坡长的增大而增大，0%、10%、20%和 30%砾石质量分数堆积体坡长由 3m 增大至 12m 时，各试验处理下平均径流率分别增加了 3.01～3.50 倍、2.65～3.00 倍、2.38～4.27 倍和 2.32～3.18 倍。1.0mm/min、

1.5mm/min、2.0mm/min 和 2.5mm/min 降雨强度下壤土工程堆积体平均径流率变化范围分别为 3.04～14.43L/min、4.13～19.92L/min、6.03～29.41L/min 和 8.05～42.41L/min，平均径流率随着降雨强度增大而增大，当降雨强度由 1.0mm/min 增至 2.5mm/min，0%、10%、20%和 30%砾石质量分数堆积体平均径流率增大了 1.56～2.15 倍、1.47～2.27 倍、1.44～2.80 倍和 1.50～1.91 倍。以平均径流率为因变量，以坡长、降雨强度和砾石质量分数为自变量，采用多元逐步回归分析，发现平均径流率与坡长和降雨强度呈极显著线性函数关系[式（5-10）]。各砾石质量分数下平均径流率与降雨强度和坡长的二元逐步回归分析结果见表 5-7。

$$R_r = 8.258I + 2.001\lambda - 15.194, R^2 = 0.876, P < 0.01, N = 64 \tag{5-10}$$

式中，λ 为坡长（m）。

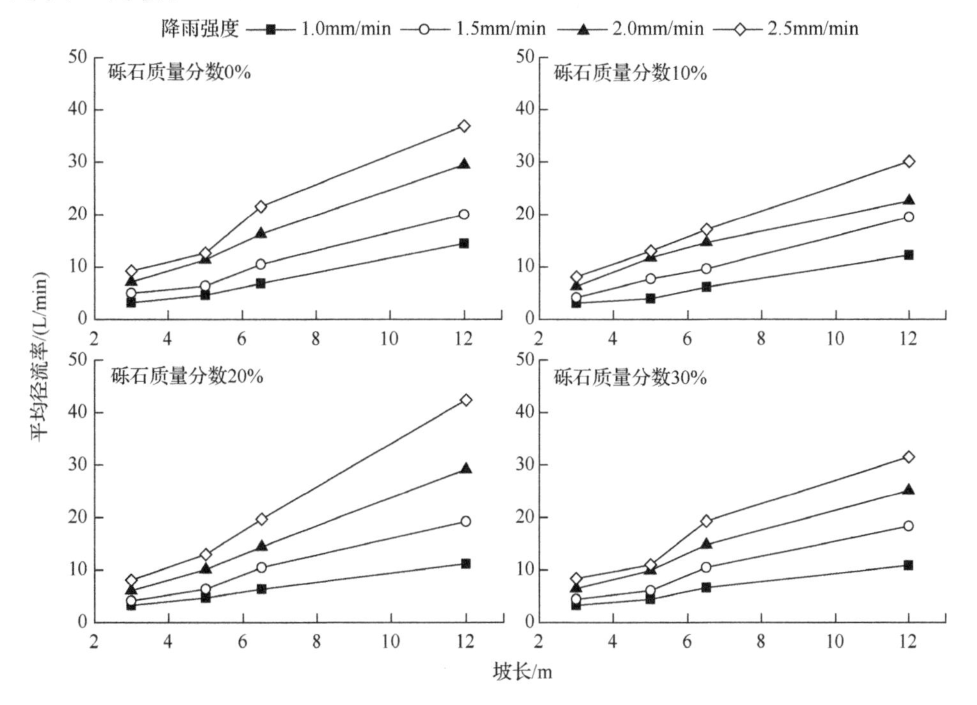

图 5-13　不同砾石质量分数壤土工程堆积体在不同降雨强度条件下平均径流率随坡长的变化

表 5-7　不同砾石质量分数壤土工程堆积体平均径流率与降雨强度和坡长二元逐步回归分析结果

砾石质量分数/%	关系式	决定系数 R^2	显著性水平	N
0	R_r=8.780I+2.174λ−16.336	0.905	P<0.01	16
10	R_r=7.152I+1.738λ−12.178	0.934	P<0.01	16
20	R_r=9.602I+2.282λ−18.899	0.831	P<0.01	16
30	R_r=7.605I+1.808λ−13.363	0.889	P<0.01	16

3）水力学参数变化特征

（1）径流流速。图 5-14 为不同砾石质量分数壤土堆积体在不同降雨强度和坡长条件下流速随产流历时的变化过程。由图可知，整体上，流速随产流历时的增加表现出前 3min 先快速增大，之后逐渐趋向稳定或缓慢增大。

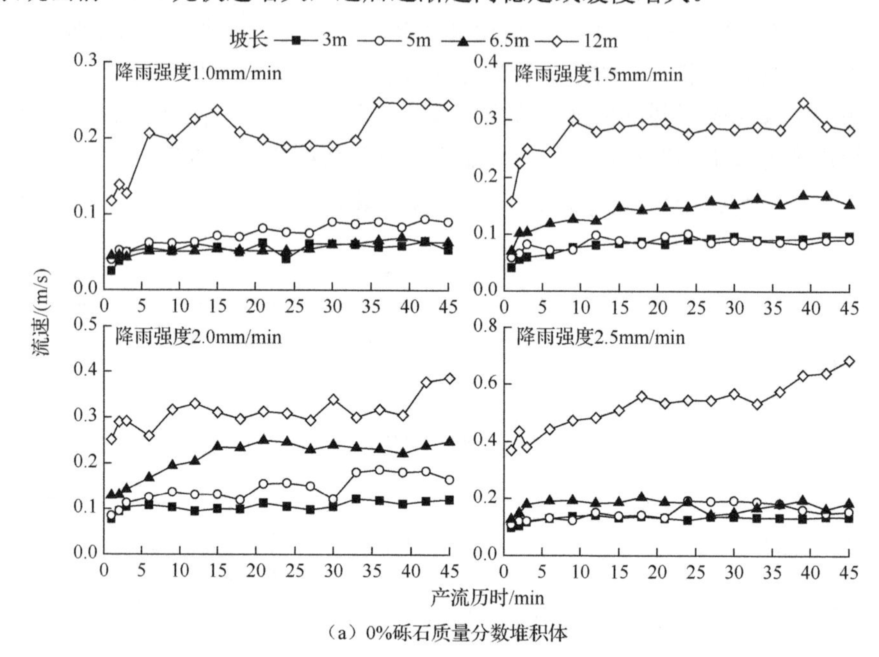

（a）0%砾石质量分数堆积体

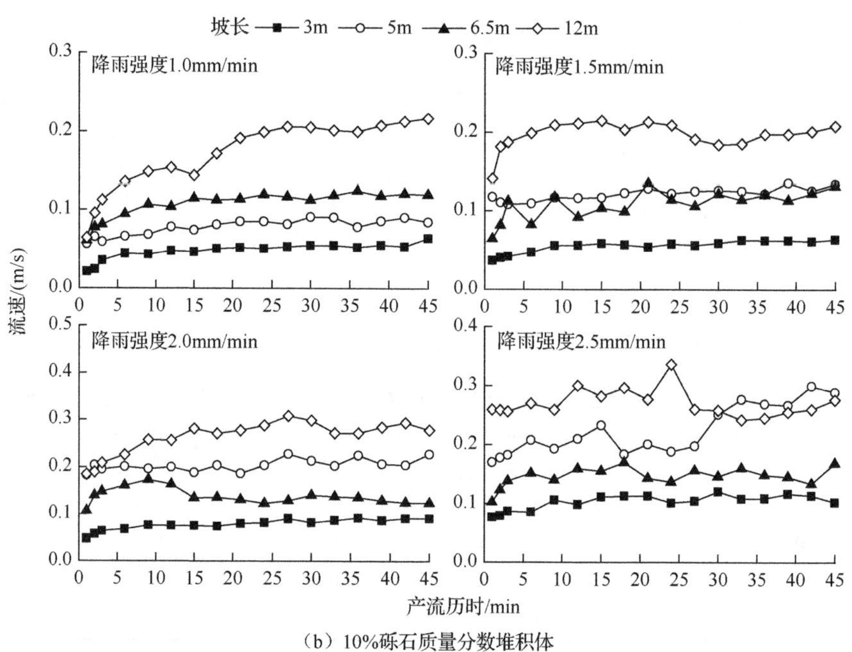

（b）10%砾石质量分数堆积体

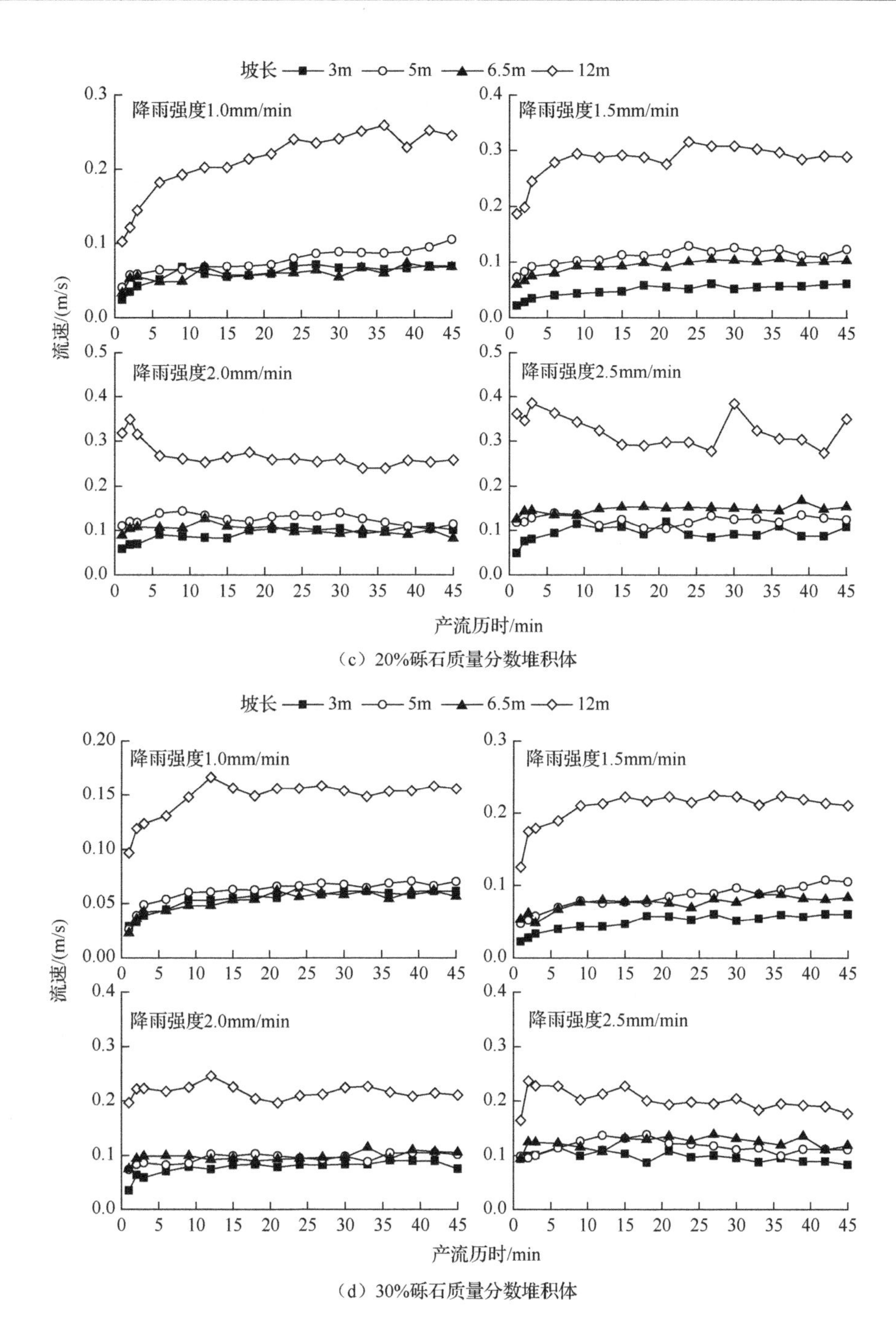

（c）20%砾石质量分数堆积体

（d）30%砾石质量分数堆积体

图 5-14　不同砾石质量分数壤土堆积体在不同降雨强度和坡长条件下流速随产流历时的变化过程

0%砾石质量分数条件下，降雨强度为1.0～2.5mm/min时，3m、5m、6.5m和12m坡长堆积体坡面流速最小值变化范围分别为0.02～0.10m/s、0.04～0.11m/s、0.04～0.13m/s和0.12～0.37m/s，流速最大值变化范围为0.06～0.14m/s、0.09～0.19m/s、0.07～0.20m/s和0.25～0.69m/s。流速最值随坡长和降雨强度的增大均呈增加趋势。各试验处理下流速变异系数变化范围为9.19%～21.34%。

10%砾石质量分数条件下，降雨强度为1.0～2.5mm/min时，3m、5m、6.5m和12m坡长堆积体坡面流速最小值变化范围分别为0.02～0.08m/s、0.06～0.17m/s、0.06～0.10m/s和0.06～0.24m/s，最大值变化范围为0.06～0.12m/s、0.09～0.30m/s、0.12～0.17m/s、0.22～0.34m/s。各降雨强度条件下，流速最大值随坡长增大而增大，其最小值也随坡长增加呈递增趋势。各试验处理下流速变异系数变化范围为6.31%～26.38%。

20%砾石质量分数条件下，降雨强度为1.0～2.5mm/min时，3m、5m、6.5m和12m坡长堆积体坡面流速最小值变化范围分别为0.02～0.05m/s、0.04～0.10m/s、0.03～0.13m/s、0.10～0.27m/s。最大值变化范围为0.07～0.12m/s、0.11～0.14m/s、0.07～0.17m/s、0.26～0.39m/s。各降雨强度条件下，流速的最大值随坡长的增大而增大，其最小值也随坡长的增加呈递增趋势。对应的变异系数分别为22.47%～17.62%、21.26%～8.14%、16.28%～6.24%和21.83%～10.76%，变异系数随降雨强度的增大基本呈减小趋势。

30%砾石质量分数条件下，降雨强度为1.0～2.5 mm/min时，3m、5m、6.5m和12m坡长堆积体坡面流速最小值变化范围分别为0.03～0.08m/s、0.03～0.10m/s、0.02～0.09m/s、0.10～0.16m/s；最大值变化范围为0.06～0.11m/s、0.07～0.14m/s、0.06～0.14m/s、0.17～0.24m/s，各降雨强度条件下，流速峰值随坡长的增大呈递增趋势。各试验处理下流速变异系数变化范围为5.44%～24.01%。

图5-15为不同砾石质量分数壤土工程堆积体在不同降雨强度下平均流速随坡长的变化。由图可知，平均流速随坡长的增加呈现增长趋势。0%、10%、20%和30%砾石质量分数条件下，3m、5m、6.5m、12m坡长堆积体边坡在1.0～2.5mm/min降雨强度下的平均流速变化范围分别为0.05～0.13m/s、0.07～0.15m/s、0.05～0.21m/s、0.20～0.52m/s，0.05～0.10m/s、0.08～0.22m/s、0.11～0.15m/s、0.17～0.27m/s，0.05～0.09m/s、0.08～0.12m/s、0.06～0.15m/s、0.21～0.33m/s和0.05～0.10m/s、0.06～0.12m/s、0.05～0.12m/s、0.15～0.22m/s。0%砾石质量分数、1.0mm/min降雨强度，10%砾石质量分数、1.5～2.5mm/min降雨强度，20%砾石质量分数、1.0～2.0mm/min降雨强度，以及30%砾石质量分数、1.0～1.5mm/min降雨强度条件下，平均流速随坡长的增长均表现为先增加后减小再增加。坡长由

3m 增至 5m，平均流速增大 13.11%～162.88%；坡长由 5m 增至 6.5m，平均流速减小 8.77%～34.75%；坡长由 6.5m 增至 12m，平均流速成倍增加，增幅可达 82.20%～267.13%。其他砾石质量分数、降雨强度条件下，平均流速均随坡长的增大而增大，坡长由 3m 增至 12m，平均流速增幅可达 1.07～3.23 倍。坡长增长，径流加速路径延长，径流在沿坡面流动时其流速不断因为重力势能转化为动能而加快；另外，坡长越长，坡面承雨量增加，因此全坡面平均流速较短坡面而言明显增大。对平均流速 V 与降雨强度、坡度、砾石质量分数进行多元线性逐步回归分析，得到式（5-11）。

$$V = 0.061I - 0.186G + 0.020\lambda - 0.070, R^2 = 0.787, P < 0.01, N = 64 \quad (5\text{-}11)$$

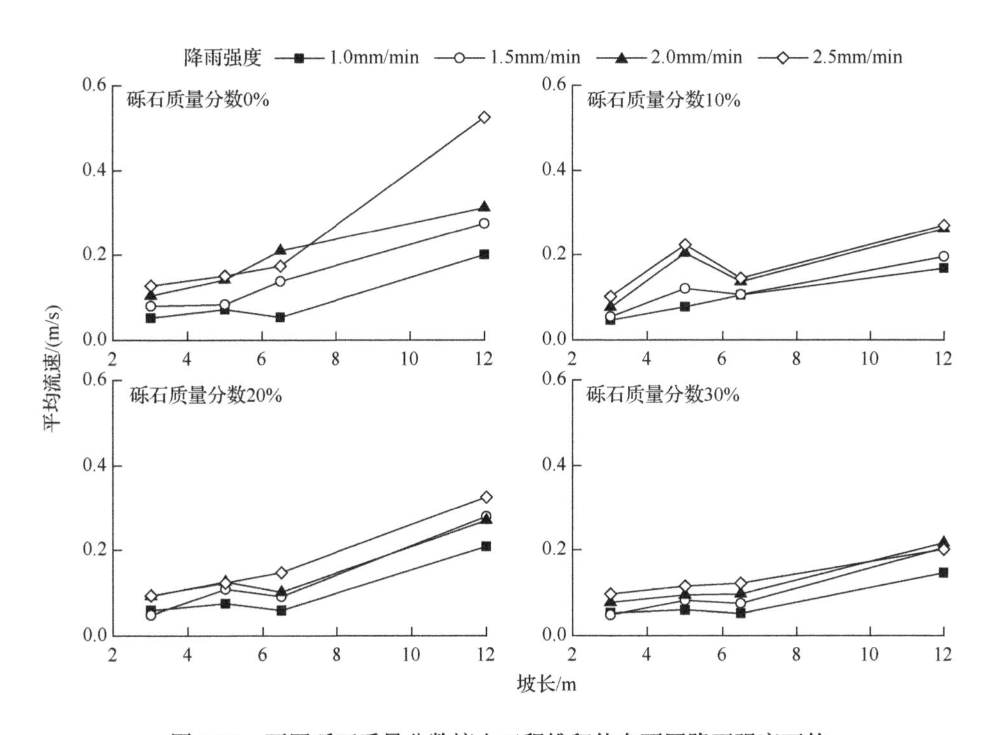

图 5-15　不同砾石质量分数壤土工程堆积体在不同降雨强度下的平均流速随坡长的变化

（2）雷诺数。图 5-16 为不同砾石质量分数壤土工程堆积体在不同降雨强度下平均雷诺数随坡长的变化。由图可知，平均雷诺数随坡长的增加先缓慢增大后快速增大。0%、10%、20%和 30%砾石质量分数下，平均雷诺数变化范围分别为 26.19～3271.71、31.04～1354.95、33.38～1655.54 和 32.78～527.15。坡长由 3m 增至 6.5m，平均雷诺数增大 0.13～3.67 倍，坡长由 6.5m 增至 12m，平均雷诺数增大了 1.41～9.64 倍。降雨强度为 2.0mm/min 和 2.5mm/min 时，12m 坡长壤土工程堆积体坡面平均雷诺数大于 500，以紊流为主；3m、5m 和 6.5m 坡长堆积体坡面平均雷诺数多低于 500，以层流为主。

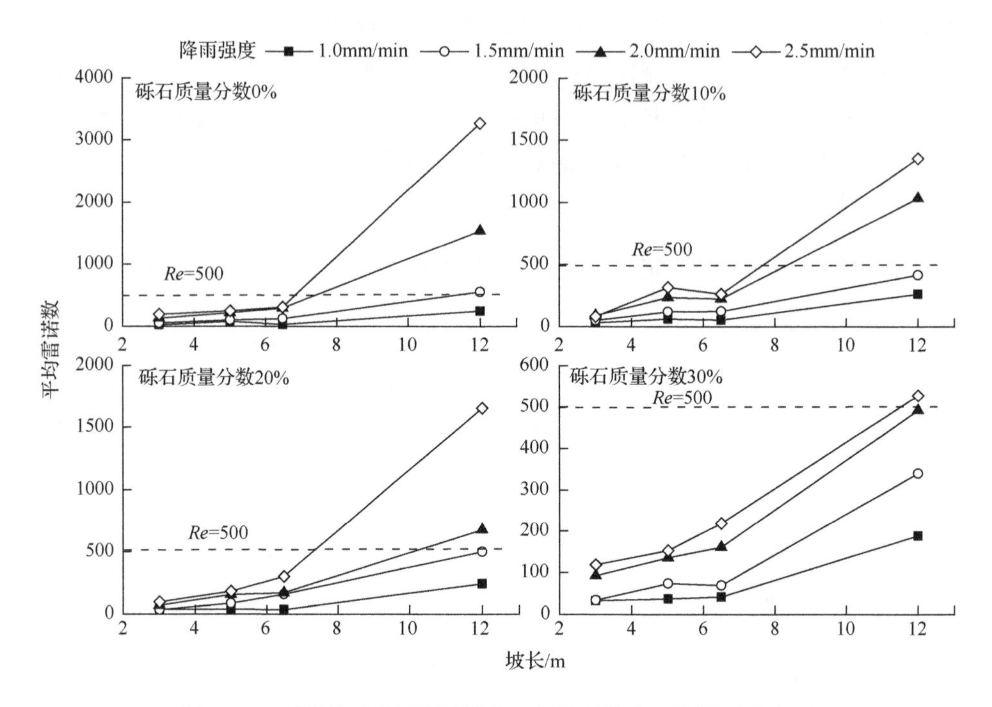

图 5-16　不同砾石质量分数壤土工程堆积体在不同降雨强度下平均雷诺数随坡长的变化

（3）弗劳德数。图 5-17 不同砾石质量分数壤土工程堆积体在不同降雨强度下平均弗劳德数随坡长的变化。整体上，平均弗劳德数随坡长的增加多呈现先增大后减小再增大的趋势。0%、10%、20%和 30%砾石质量分数下，平均弗劳德数变化范围分别为 0.73～2.52、0.59～1.92、0.59～2.25 和 0.59～1.73。砾石质量分数为 0%、10%、20%、30%条件下，降雨强度为 1.0mm/min、1.5mm/min、2.0mm/min 和 2.5mm/min 时，坡长由 3m 增至 12m 时，平均弗劳德数分别增加了 1.55 倍、1.13 倍、97%、1.41 倍，1.44 倍、1.49 倍、1.04 倍、66%，1.75 倍、2.82 倍、1.15 倍、1.12 倍和 1.06 倍、1.96 倍、1.16 倍、51%。0%和 10%砾石质量分数下，1.5～2.5mm/min 降雨强度下，坡长大于 3m 时，壤土工程堆积体坡面平均弗劳德数多大于 1，坡面以急流为主；当砾石质量分数较高，为 30%时，12m 坡长壤土工程堆积体坡面平均弗劳德数均远高于 1，以急流为主，其他坡长条件下以缓流为主。

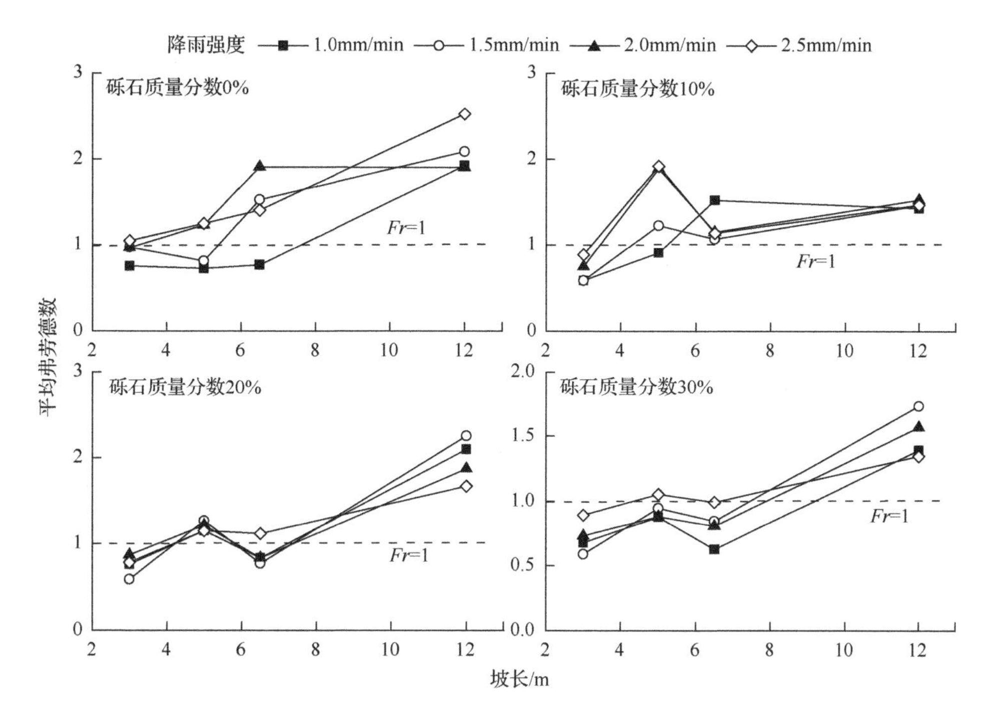

图 5-17　不同砾石质量分数壤土工程堆积体在不同降雨强度下平均弗劳德数随坡长的变化

4）水动力学参数变化特征

（1）径流剪切力。图 5-18 为不同砾石质量分数壤土工程堆积体在不同降雨强度下平均径流剪切力随坡长的变化。由图可知，平均径流剪切力随着坡长的增大而增大。同一砾石质量分数下，平均径流剪切力随着降雨强度的增大而增大，0%、10%、20%和 30%砾石质量分数条件下平均径流剪切力的变化范围分别是 2.47～25.22N/m^2、2.47～21.89N/m^2、2.28～22.51N/m^2 和 2.49～11.36N/m^2，30%砾石质量分数平均径流剪切力是 0%砾石质量分数平均径流剪切力的 0.45～1.01 倍，随着砾石质量分数的增加，平均径流剪切力呈递减趋势，土质堆积体边坡的平均径流剪切力最大。

采用 SPSS 软件分析了不同砾石质量分数下的平均径流剪切力与坡长、降雨强度及二者交互项（坡长×降雨强度）之间的 Pearson 相关性，不同砾石质量分数壤土工程堆积体平均径流剪切力与坡长、降雨强度及其交互项相关性分析见表 5-8，由表可知，平均径流剪切力与坡长×降雨强度的相关系数远大于其与坡长或降雨强度之间的相关系数。

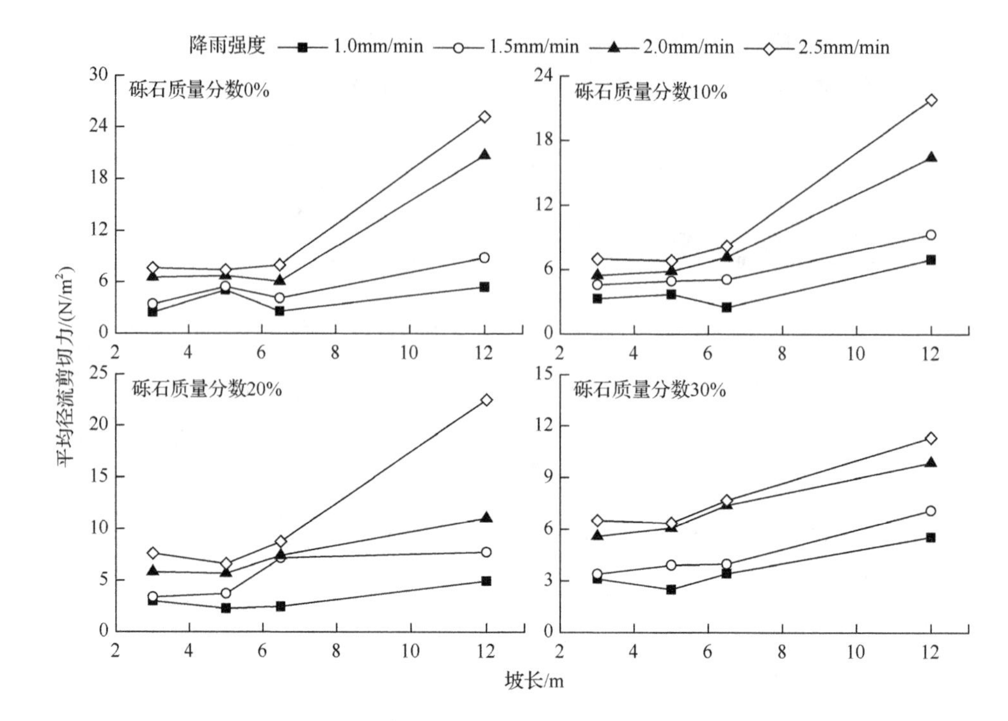

图 5-18　不同砾石质量分数壤土工程堆积体在不同降雨强度下平均径流剪切力随坡长的变化

表 5-8　不同砾石质量分数壤土工程堆积体平均径流剪切力与坡长、降雨强度及其交互项相关性分析

变量	0%	10%	20%	30%
坡长	0.645**	0.703**	0.575**	0.630**
降雨强度	0.538*	0.538*	0.634**	0.727**
坡长×降雨强度	0.912**	0.948**	0.896**	0.925**

注：* 表示显著相关，** 表示极显著相关。下同。

（2）径流功率。图 5-19 为不同砾石质量分数壤土堆积体在不同降雨强度条件下平均径流功率随坡长的变化。平均径流功率随着坡长的增大而增大。砾石质量分数为 0%、10%、20%和 30%时，平均径流功率的变化范围分别为 0.13～14.15W/m^2、0.16～5.86W/m^2、0.18～7.16W/m^2、0.16～2.28W/m^2，平均径流功率均随降雨强度的增大而增大。同一降雨强度条件下，平均径流功率随着砾石质量分数的增加呈递减趋势，2.5mm/min 降雨强度条件下的减幅是 1.0mm/min 降雨强度的 8.02 倍。采用 SPSS 软件分析了不同砾石质量分数下的平均径流功率与坡长、降雨强度及二者交互项之间的 Pearson 相关性，不同砾石质量分数壤土堆积体平均径流功率与坡长、降雨强度及其交互项相关性分析见表 5-9。由表可知，平均径流功率与坡长×降雨强度的相关系数远大于其与坡长或降雨强度之间的相关系数，且平均径流功率与降雨强度的相关性不显著。

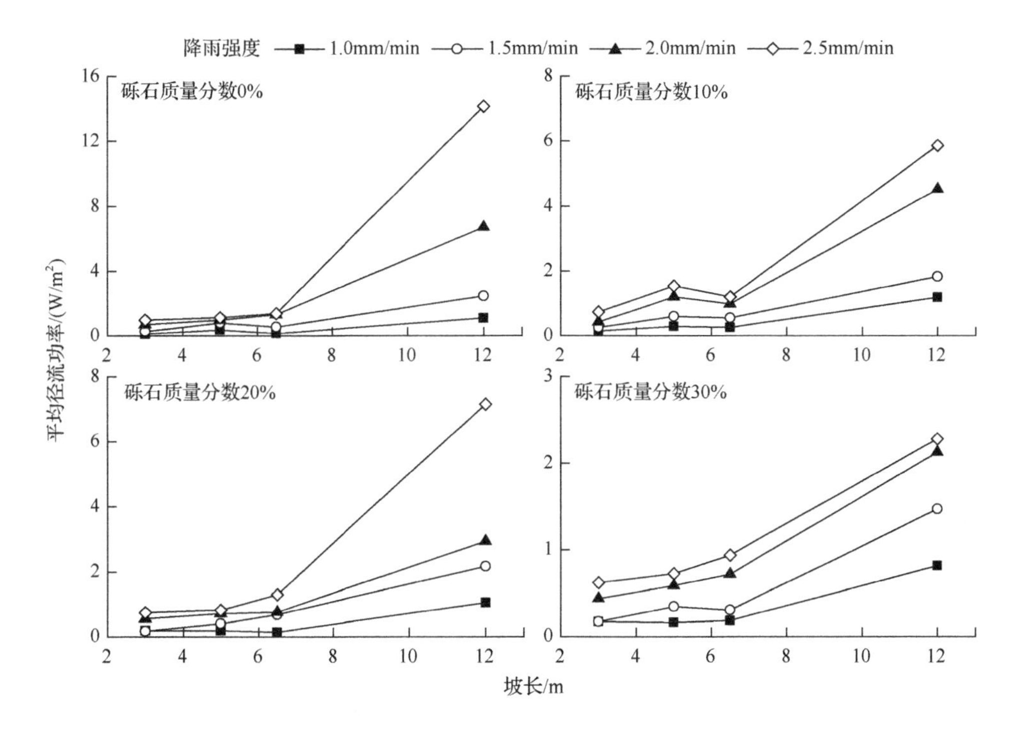

图 5-19　不同砾石质量分数壤土堆积体在不同降雨强度条件下平均径流功率随坡长的变化

表 5-9　不同砾石质量分数壤土堆积体平均径流功率与坡长、降雨强度及其交互项相关性分析

变量	0%	10%	20%	30%
坡长	0.636**	0.725**	0.682**	0.803**
降雨强度	0.431	0.474	0.443	0.491
坡长×降雨强度	0.878**	0.943**	0.903**	0.968**

（3）单位径流功率。图 5-20 为不同砾石质量分数壤土工程堆积体在不同降雨强度条件下平均单位径流功率随坡长的变化。不同砾石质量分数条件下，平均单位径流功率均随降雨强度和坡长的增大而增大。1.0～2.5mm/min 降雨强度条件下，0%、10%、20%、30%砾石质量分数的平均单位径流功率变化范围分别是 0.025～0.124m/s、0.022～0.105m/s、0.027～0.129m/s、0.024～0.091m/s，0.038～0.170m/s、0.026～0.122m/s、0.023～0.173m/s、0.023～0.128m/s，0.049～0.194m/s、0.036～

0.163m/s、0.043～0.168m/s、0.036～0.134m/s 和 0.06～0.326m/s、0.048～0.168m/s、0.044～0.202m/s、0.045～0.125m/s。同一降雨强度下，随着坡长和砾石质量分数的增加，平均单位径流功率逐渐减小，2.5mm/min 降雨强度条件下的减幅是 1.0mm/min 降雨强度的 2.53 倍。采用 SPSS 软件分析了不同砾石质量分数下的平均单位径流功率与坡长、降雨强度及二者交互项之间的 Pearson 相关性，结果见表 5-10。由表可知，平均单位径流功率与坡长×降雨强度之间呈极显著相关，其相关系数远大于其与坡长或坡度之间的相关系数，然而，单位径流功率与降雨强度的相关性不显著。

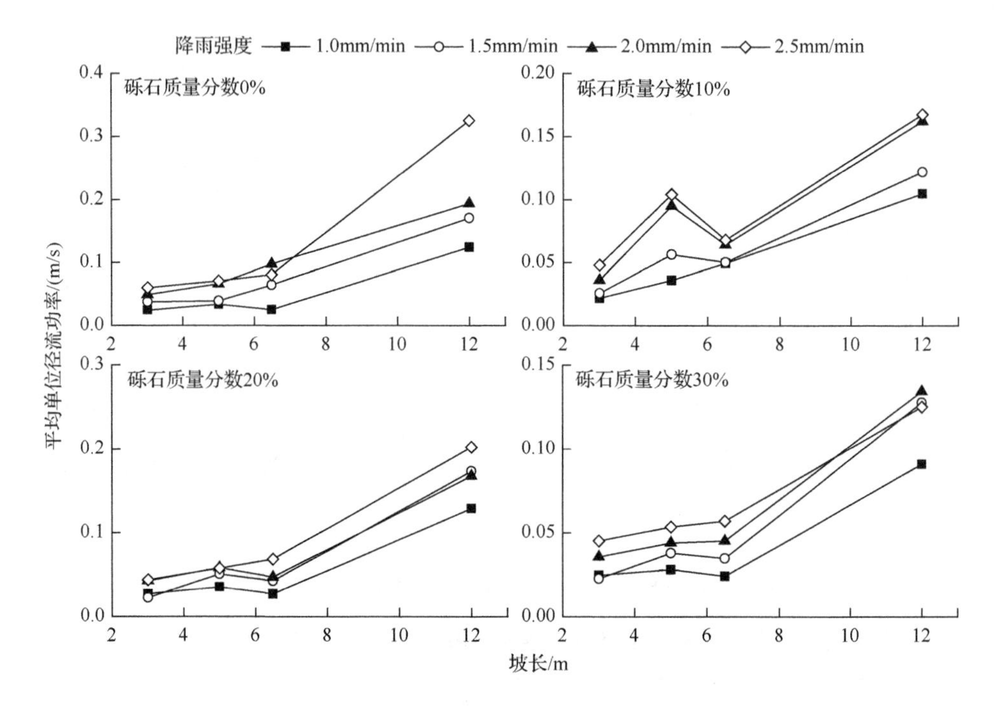

图 5-20　不同砾石质量分数壤土工程堆积体在不同降雨强度条件下平均单位径流功率随坡长的变化

表 5-10　不同砾石质量分数壤土堆积体平均单位径流功率与坡长、降雨强度及其交互项相关性分析

变量	0%	10%	20%	30%
坡长	0.819**	0.851**	0.914**	0.903**
降雨强度	0.392	0.396	0.243	0.279
坡长×降雨强度	0.947**	0.923**	0.899**	0.890**

3. 不同砾石质量分数工程堆积体边坡径流特征

研究了坡长 5m，坡度 25°时壤土工程堆积体坡面在不同砾石质量分数（0%、10%、20%、30%、40%和 50%）条件下的径流特征。

1）产流起始时间变化特征

图5-21为不同降雨强度下壤土工程堆积体产流起始时间随砾石质量分数的变化。分析可知，随降雨强度的增大，产流起始时间显著提前，与常规下垫面一致，降雨强度增大，单位时间单位断面承雨量增多，在小降雨强度时，降雨首先大部分消耗于入渗，随着降雨强度增大，最终大于坡面入渗强度，形成超渗产流，缩短坡面径流形成时间。由图 5-21 可知，产流起始时间随砾石变化除了 1.0mm/min 时波动显著外，其余降雨强度下变化较小。随降雨强度逐渐增大，各砾石质量分数下的产流起始时间差异也逐渐缩小。剔除砾石质量分数影响，降雨强度为 1.0mm/min、1.5mm/min、2.0mm/min、2.5mm/min 对应的平均产流起始时间分别为 7.38min、3.34min、2.20min、1.78min，可知，降雨强度对产流起始时间的影响在小降雨强度下尤其显著，可提前 4.04min，随降雨强度增大，递减幅度达 54.7%～75.9%。产流起始时间随砾石质量分数的变化总体表现为先递增后递减的趋势，在砾石质量分数为 30%时最大。砾石在坡面的分布改变了原有土壤的结构，而砾石粒径、质量分数及在剖面分布的不同均会导致坡面侵蚀过程产生差异。砾石质量分数为 30%时的产流起始时间最长，即此时的入渗量最大。分析可知，产流起始时间与降雨强度呈显著的负相关关系，相关系数为 0.785（$P<0.01$），产流起始时间 t_0 与降雨强度 I、砾石质量分数 G 之间可用多元线性函数表示，见式（5-12）。

$$t_0 = -3.589I - 0.946G + 10.187, R^2 = 0.621, P < 0.01, N = 24 \qquad (5\text{-}12)$$

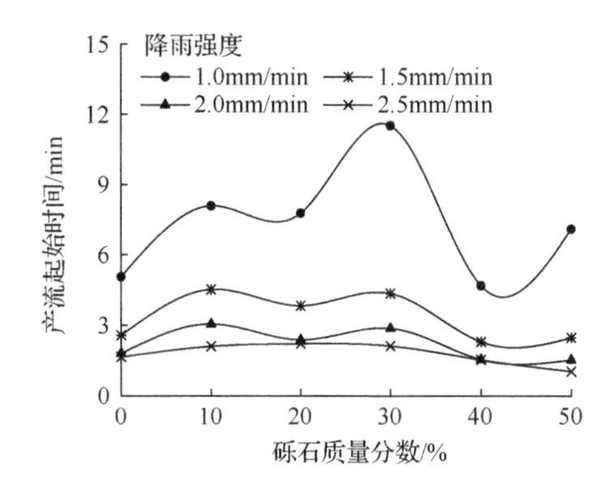

图 5-21　不同降雨强度下壤土工程堆积体产流起始时间随砾石质量分数的变化

2）径流率随产流历时变化特征

图5-22为不同降雨强度下不同砾石质量分数壤土工程堆积体径流率随产流历时的变化过程。分析可知，径流率随产流历时总体呈现先递增后趋于相对稳定的趋势，在产流后3min左右趋于稳定。砾石质量分数40%，降雨强度为2.5mm/min时径流率随产流历时始终在10L/min左右波动。其余降雨强度下，砾石质量分数为40%和50%时稳定后的径流率变化范围分别为3.59～10.24L/min、2.43～9.65L/min，而产流前3min平均径流率变化范围为2.71～10.49L/min、0.99～6.89L/min。降雨强度由1.0mm/min增至2.5mm/min，砾石质量分数为40%和50%对应的平均径流率分别为3.44L/min、5.41L/min、8.13L/min、10.28L/min和2.18L/min、5.27L/min、7.52L/min、9.16L/min，随降雨强度增大平均径流率显著递增，递增幅度分别为57.3%～198.8%和142.0%～320.2%。剔除降雨强度影响，砾石质量分数为40%、50%对应的平均径流率分别为6.81L/min、6.03L/min，而砾石质量分数分别为0%、10%、20%、30%对应的平均径流率为5.48L/min、5.98L/min、5.77L/min、5.19L/min。平均径流率随砾石质量分数的增大变化趋势较小，其变化幅度为5.6%～31.2%。

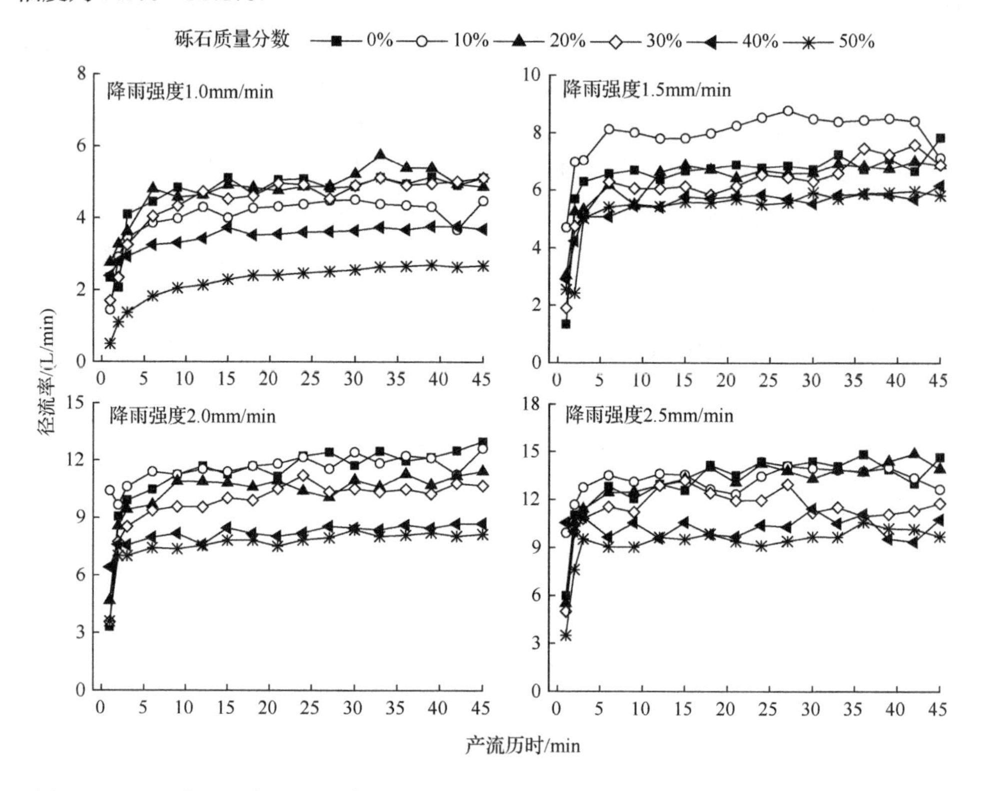

图5-22　不同降雨强度下不同砾石质量分数壤土工程堆积体径流率随产流历时的变化过程

图 5-23 为不同降雨强度下壤土堆积体平均径流率随砾石质量分数的变化。由图可知，平均径流率随砾石质量分数的增加呈现降低趋势。砾石质量分数低于 20%，平均径流率随砾石质量分数的增加表现为先增后减（1.5mm/min、2.0mm/min 降雨强度下），或缓慢降低（2.5mm/min 降雨强度下），或先降后增（1.0mm/min 降雨强度下）。砾石质量分数由 20%增至 50%，平均径流率不断降低，1.0mm/min、1.5mm/min、2.0mm/min、2.5mm/min 降雨强度下的降幅分别为 53.44%、15.69%、26.04%、28.47%。平均径流率与坡面入渗率密切相关，通过分析可知，砾石质量分数越高，壤土堆积体坡面入渗率越大。

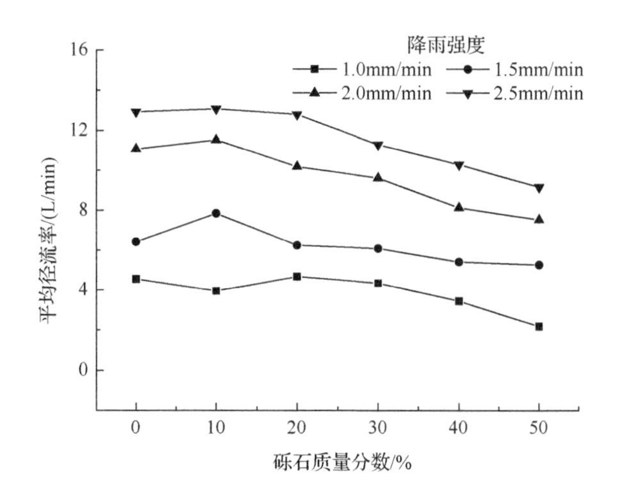

图 5-23　不同降雨强度下壤土堆积体平均径流率随砾石质量分数的变化

3）径流流速随产流历时变化特征

图 5-24 为不同降雨强度条件下不同砾石质量分数壤土工程堆积体坡面流速随产流历时的变化。由图可知，壤土工程堆积体在砾石质量分数为 40%和 50%时的流速随产流历时的变化规律与径流率比较相似，即在产流开始前 3min 流速波动显著，随后趋于相对稳定，趋于相对稳定的时刻点，与径流率趋于稳定的时刻点一致。但次降雨的平均流速随降雨强度增大的变化趋势不显著，砾石质量分数为 40%时，随降雨强度由 1.0mm/min 增至 2.0mm/min，平均流速递增，而随降雨强度继续增大至 2.5mm/min 时，突然递减；砾石质量分数为 50%时，平均流速随降雨强度增大表现为先递减后递增趋势。在砾石质量分数为 40%和 50%时，平均流速随降雨强度增大的幅度分别为 64.6%～108.8%和 9.5%～63.3%。

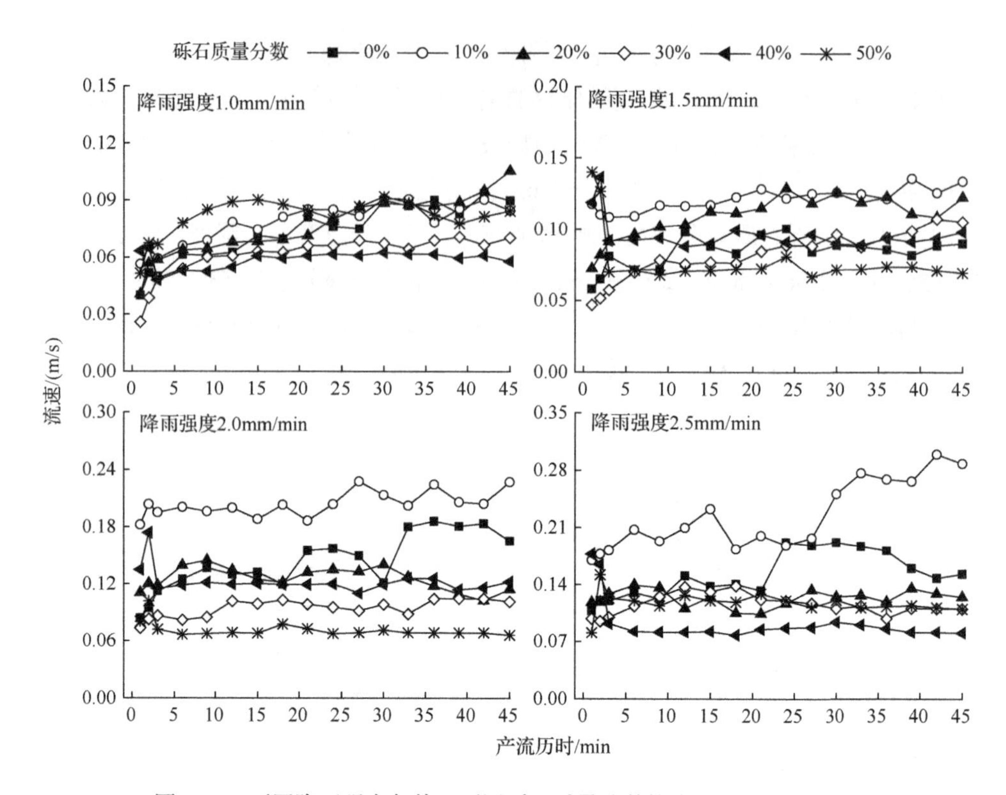

图 5-24　不同降雨强度条件下不同砾石质量分数壤土工程堆积体坡面流速随产流历时的变化

图 5-25 为不同降雨强度条件下壤土堆积体平均流速随砾石质量分数的变化。由图可知，各降雨强度下平均流速随砾石质量分数的增加表现出不同的变化过程。1.0mm/min 降雨强度下，平均流速变化范围较小，为 0.06～0.08m/s，在 30%～40%砾石质量分数下达到最小，在 50%砾石质量分数下达到最大。1.5mm/min、2.0mm/min 降雨强度下，平均流速变化范围分别为 0.08～0.12m/s、0.07～0.20m/s，随砾石质量分数增大表现为先增后减再增再减的变化过程，均在 10%砾石质量分数下达到最大值，最小值均出现在 50%砾石质量分数下。2.5mm/min 降雨强度下，平均流速变化范围较大，为 0.10～0.22m/s，随砾石质量分数增大表现为先增后减再增的变化过程，在 10%砾石质量分数下达到最大值，最小值出现在 40%砾石质量分数下。计算可知，剔除降雨强度影响，砾石质量分数为 0%、10%、20%、30%、40%、50%对应的平均流速分别为 0.12m/s、0.11m/s、0.11m/s、0.10m/s、0.09m/s、0.09m/s，相关性分析显示，工程堆积体平均流速 V 与砾石质量分数 G 呈显著的负相关关系，二者之间可用线性函数表示，见式（5-13）。

$$V = -0.063G + 0.119, R^2 = 0.943, P < 0.01, N = 6 \tag{5-13}$$

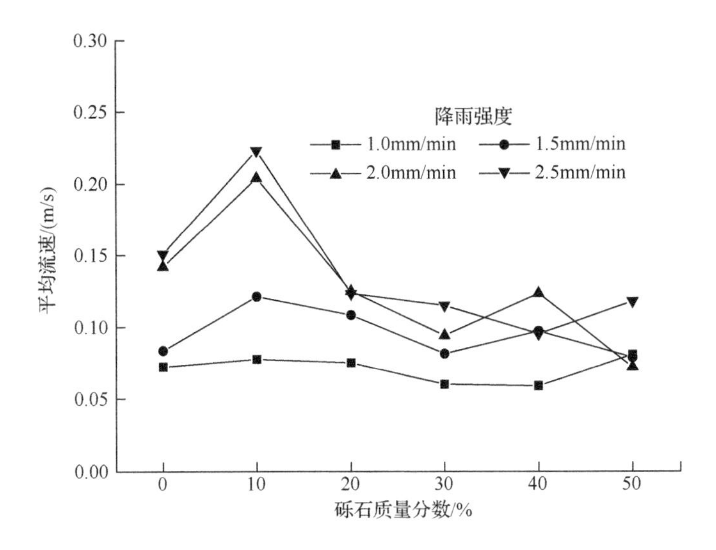

图 5-25 不同降雨强度条件下壤土堆积体平均流速随砾石质量分数的变化

5.1.2 砂土工程堆积体边坡径流特征

1. 不同坡度工程堆积体边坡径流特征

研究了5m坡长条件下不同坡度（15°、25°、30°和35°）的砂土工程堆积体（简称“砂土堆积体”）边坡径流特征。

1）产流起始时间变化特征

表5-11为不同降雨强度条件下不同坡度与砾石质量分数砂土工程堆积体产流起始时间。为控制下垫面条件的一致性，选取25°坡为基准，其他坡度下的砾石质量分数、降雨强度均与其相同。在影响 t_0 的因素中，降雨强度起主要作用，单位时间单位面积内降雨量越多，产流越快。分析可知，在剔除坡度、砾石质量分数影响下，降雨强度由1.0mm/min增至2.5mm/min，t_0 分别为29.17min、11.49min、5.77min、4.25min，递减幅度达60.6%～85.4%，可知，小降雨强度对 t_0 的影响较大，该现象的原因是砂土区堆积体自身较松散，小降雨强度时（1.0mm/min）的降雨强度小于入渗强度，当表层达到湿润后方可形成径流，产流历时较长，随着降雨强度增大，雨水入渗时间缩短，产流提前。当降雨强度达到2.0mm/min和2.5mm/min时，降雨强度远大于入渗强度，发生超渗产流，此时的 t_0 差异较小，为26.4%。在不同降雨强度、砾石条件下，坡度对 t_0 的影响不显著。分析可知，t_0 可用坡度 θ、砾石质量分数 G、降雨强度 I 的多元线性函数表示，见式（5-14）。

$$t_0 = -19.186I + 0.221\theta - 38.614G, R^2 = 0.605, P < 0.01, N = 16 \qquad (5\text{-}14)$$

由式（5-14）可知，t_0与降雨强度及砾石质量分数均呈负相关关系，而与坡度呈正相关关系。

表 5-11　不同降雨强度条件下不同坡度与砾石质量分数砂土工程堆积体产流起始时间

降雨强度/（mm/min）	坡度/（°）	砾石质量分数/%	产流起始时间/min	降雨强度/（mm/min）	坡度/（°）	砾石质量分数/%	产流起始时间/min
1.0	15	30	25.41	2.0	15	20	7.54
1.0	25	30	9.93	2.0	25	20	3.15
1.0	30	10	51.87	2.0	35	0	6.00
1.0	25	10	29.45	2.0	25	0	6.38
1.5	15	10	8.93	2.5	15	0	3.84
1.5	25	10	19.31	2.5	25	0	6.44
1.5	35	30	13.39	2.5	30	20	3.85
1.5	25	30	4.33	2.5	25	20	2.85

2）径流率变化特征

图5-26为不同降雨强度条件下不同坡度及砾石质量分数砂土工程堆积体径流率随产流历时变化过程。分析可知，径流率随产流历时总体表现为先递增后趋于相对稳定，在降雨强度为 1.0mm/min 时的转折点在 9min 左右，而其他降雨强度条件下的转折点为产流开始后 3min 左右。径流率在产流初期呈递增趋势的原因主要是初期下垫面入渗强度较大，雨水入渗，随降雨持续，入渗强度趋于相对稳定，径流率趋于平稳。降雨强度为 1.0mm/min、1.5mm/min、2.0mm/min、2.5mm/min 时的平均径流率变化范围分别为 0.34～2.84L/min、1.63～4.31L/min、3.53～6.69L/min、5.99～7.98L/min，随降雨强度增大，平均径流率递增幅度达 181.0%～379.4%。降雨强度增大，形成的径流量越多，单位时间通过单位面积的径流量增大，径流率显著增加。在 4 个降雨强度下，径流率随坡度的变化受砾石质量分数的影响有所不同。在 25°时，砾石质量分数大的径流率总体大于砾石质量分数小的，在不考虑砾石质量分数影响下，径流率大小总体表现为 30°（35°）＜15°＜25°，坡度由 15°增大至 25°时，水流受到沿坡面向下方向的应力增大，径流流速加大，导致单位时间径流量增多。坡度由 25°继续增大过程中，由于侵蚀形式可能发生改变，水流的重力作用凸显，同时也可能导致此时的径流含沙量增多，使得径流率降低。计算可知，剔除砾石质量分数及降雨强度影响，15°、25°、30°（35°）平均径流率分别为 4.25L/min、4.34L/min、3.13L/min，变化幅度为 2.2%～28.0%。分析平均径流率与降雨强度、坡度、砾石质量分数相关关系，可知，平均径流率与降雨强度呈显著线性相关，相关系数为 0.893（$P<0.01$）。剔除降雨强度、坡度影响分析可知，砾石质量分数对平均径流率的影响表现为 10%＜30%＜20%＜0%，

其变化范围为 2.47～5.52L/min。分析可知，平均径流率 R_r 可用坡度 θ、砾石质量分数 G、降雨强度 I 的多元线性函数表示，见式（5-15）。

$$R_r = 4.061I - 0.056\theta + 4.154G - 2.348, R^2 = 0.855, P < 0.01, N = 16 \quad (5\text{-}15)$$

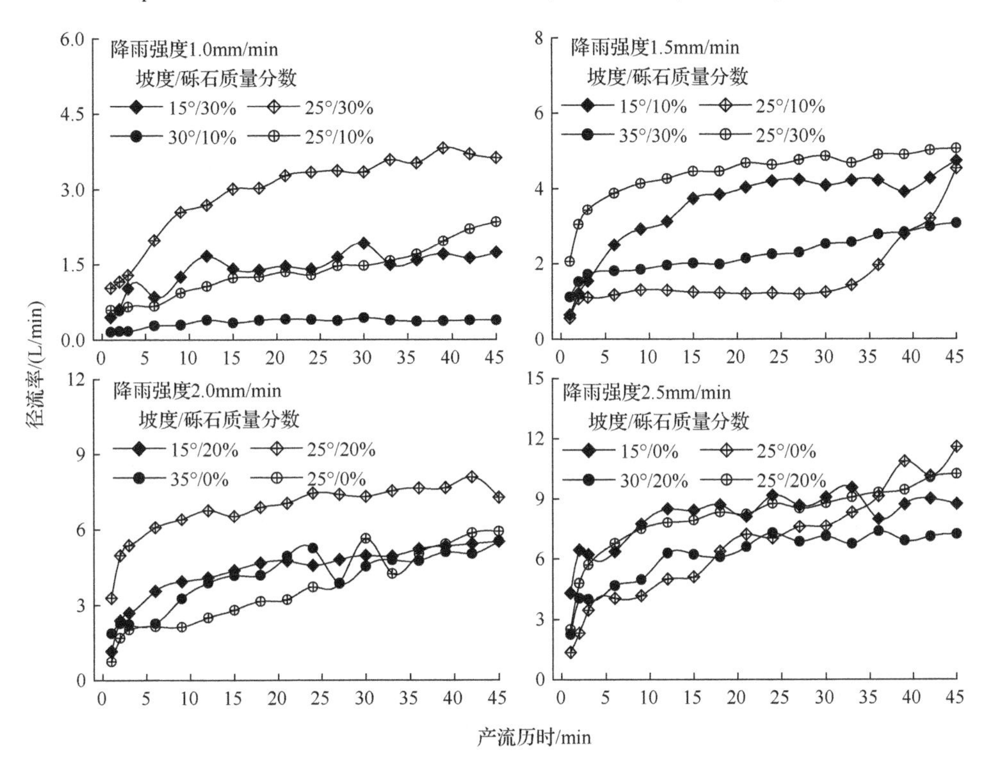

图 5-26　不同降雨强度条件下不同坡度及砾石质量分数砂土工程堆积体径流率随产流历时变化过程

3）径流流速变化特征

图 5-27 为不同降雨强度条件下不同坡度及砾石质量分数砂土工程堆积体流速随产流历时变化过程。可知，各下垫面条件下小区平均流速随降雨强度增大呈递增趋势，剔除坡度、砾石质量分数影响可知，1.0mm/min、1.5mm/min、2.0mm/min、2.5mm/min 降雨强度对应的平均流速分别为 0.06m/s、0.09m/s、0.11m/s、0.15m/s，递增幅度为 50.0%～150.0%。降雨强度增大，单位面积单位时间承雨量增多，径流率增大，导致平均流速加快。分析可知，25°、砾石质量分数 0%在产流后期的平均流速突然递增，可能是下垫面形态的变化导致径流量突然递增，而其他条件下的平均流速在产流初期较波动，产流 3min 后随产流历时总体呈现较平稳的状态。剔除降雨强度、砾石质量分数影响下 15°、25°、30°（35°）的平均流速分别为 0.09m/s、0.12m/s、0.07m/s，与径流率随坡度变化趋势一致，进一步证明了坡

面流速的大小与径流率相关。分析可知，坡面平均流速与降雨强度相关性显著，相关系数为 0.754（$P<0.01$）。

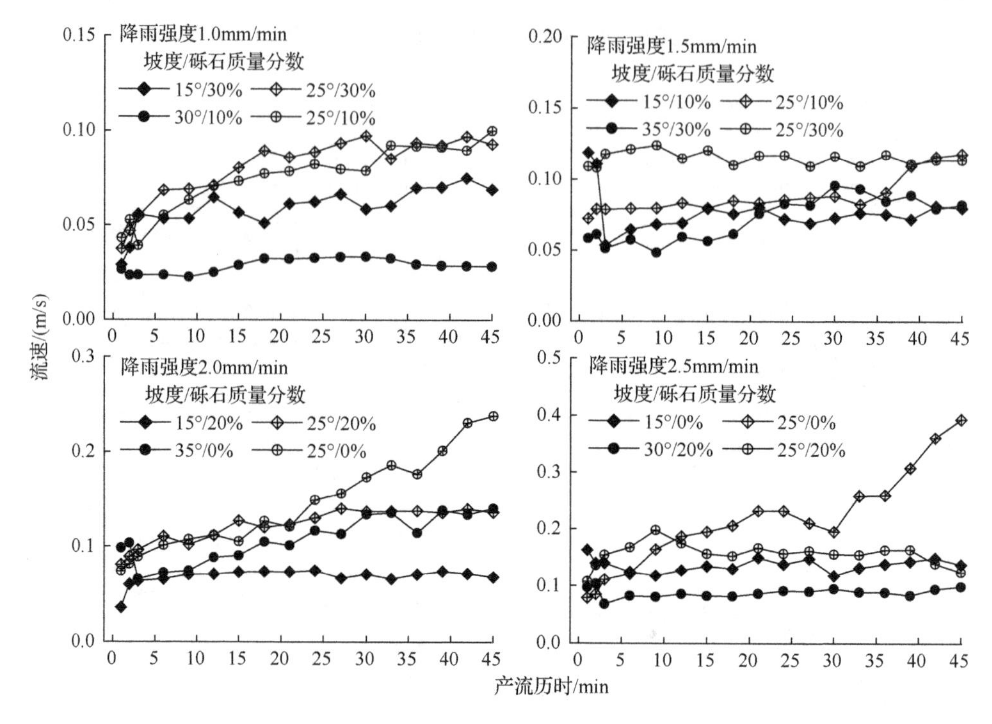

图 5-27　不同降雨强度条件下不同坡度及砾石质量分数砂土工程堆积体流速随产流历时变化过程

2. 不同坡长工程堆积体边坡径流特性

研究了 25°坡度条件下不同坡长（3m、5m、8m 和 12m）的砂土工程堆积体边坡径流特征。

1）产流起始时间变化特征

表 5-12 为不同降雨强度条件下不同坡长及砾石质量分数砂土工程堆积体产流起始时间。砂土区生产建设项目工程堆积体在不同降雨强度下坡度均为 25°时的产流起始时间 t_0，剔除坡长、砾石质量分数对 t_0 影响，可知，降雨强度由 1.0mm/min 增至 2.5mm/min，对应的 t_0 分别为 19.69min、7.21min、6.12min 和 4.25min，随降雨强度增大，径流形成时间提前，使得 t_0 减小，分析可知，t_0 与降雨强度呈显著负相关关系，相关系数为 0.699（$P<0.01$）。坡长不同会对坡面径流的形成产生影响。从试验现象观测可知，降雨导致坡面表层湿润首先发生在坡中下部，随后向上延伸。由表 5-12 可知，在 1.0mm/min、1.5mm/min 降雨强度时，t_0 随坡长变化总体表现为 8m＜3m＜5m，而在 2.5mm/min 时表现为 12m＜3m＜5m。可知，t_0 随坡长变

化规律并非传统认为的随坡长增大呈线性递增或递减趋势，该现象的原因可能是下垫面组成不同，工程堆积体下垫面含有不同砾石质量分数，砾石的存在改变了下垫面原有的理化性质。分析可知，产流起始时间 t_0 可用坡长 λ、砾石质量分数 G、降雨强度 I 的多元线性函数表示，见式（5-16）。

$$t_0 = -8.990I - 0.620\lambda - 20.524G + 31.694, R^2 = 0.609, P < 0.01, N = 16 \tag{5-16}$$

表 5-12　不同降雨强度条件下不同坡长及砾石质量分数砂土工程堆积体产流起始时间

降雨强度/(mm/min)	坡长/m	砾石质量分数/%	产流起始时间/min	降雨强度/(mm/min)	坡长/m	砾石质量分数/%	产流起始时间/min
1.0	3	10	23.1	2.0	3	20	3.94
1.0	5	10	29.45	2.0	5	20	3.15
1.0	8	20	10.45	2.0	12	10	3.82
1.0	5	20	15.76	2.0	5	10	13.55
1.5	3	0	7.88	2.5	3	30	2.78
1.5	5	0	11.83	2.5	5	30	5.07
1.5	8	30	4.81	2.5	12	0	2.69
1.5	5	30	4.33	2.5	5	0	6.44

2）径流率变化特征

图 5-28 为不同降雨强度条件下不同坡长及砾石质量分数砂土工程堆积体径流率随产流历时变化过程。可知，4 种降雨强度条件下，除 12m 外其余各坡长下的径流率随产流历时均表现为产流开始至 3min 左右，径流率呈递增趋势，随后径流率趋于相对稳定，即可认为整个侵蚀过程中径流率表现为先上升后稳定，产流初期径流率上升的原因可能是下垫面入渗强度较大，随降雨继续，入渗率达到稳定，在降雨强度不变时，径流率趋于相对稳定。不同坡长、砾石质量分数下，降雨强度 1.0mm/min、1.5mm/min、2.0mm/min、2.5mm/min 下平均径流率变化范围分别为 0.67～4.45L/min、1.76～9.76L/min、3.25～17.63L/min、6.01～26.30L/min，最大值可达最小值的 39.3 倍。在剔除坡长、砾石质量分数影响下，降雨强度 1.0mm/min 增至 2.5mm/min 对应的平均径流率分别为 2.26L/min、4.63L/min、8.03L/min、11.83L/min，递增幅度达 104.9%～423.5%，可知，降雨强度是影响坡面径流率的主要因素之一。由图 5-28 可知，在降雨强度为 1.0mm/min、1.5mm/min，不同坡长条件下的径流率大小表现为 3m＜5m＜8m，而降雨强度为 2.0mm/min 和 2.5mm/min 时，径流率大小表现为 3m＜5m＜12m。在剔除降雨强度、砾石质量分数影响下，3m、5m、8m（12m）对应的平均径流率分别为 2.92L/min、4.65L/min、14.53L/min，可知，随着坡长增大，平均径流率呈显著递增趋势，递增幅度达 59.3%～397.6%。分析可知，平均径流率与降雨强度、坡长均呈显著相关关系，

相关系数分别为 0.556（$P<0.05$）和 0.861（$P<0.01$）。平均径流率 R_r 与坡长 λ、砾石质量分数 G、降雨强度 I 之间可用多元线性函数表示，见式（5-17）。

$$R_r = 4.954I + 1.836\lambda - 1.027G - 12.387, R^2 = 0.921, P < 0.01, N = 16 \quad (5\text{-}17)$$

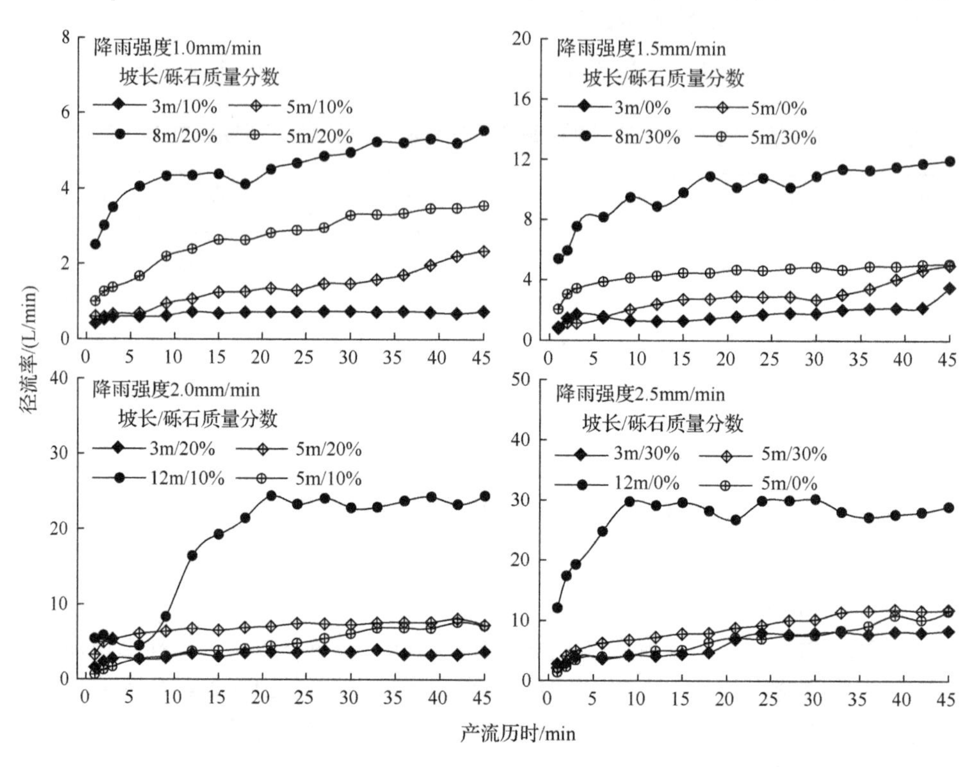

图 5-28　不同降雨强度条件下不同坡长及砾石质量分数砂土工程堆积体径流率随产流历时变化过程

3）径流流速变化特征

断面流速的大小可以反映坡面水流的形态，也是计算坡面水力学参数的基础。图5-29为不同降雨强度条件下不同坡长及砾石质量分数砂土工程堆积体流速随产流历时变化过程。总体上看，除在 2.5mm/min 降雨强度、坡长为 5m 时流速随产流历时在产流后期波动显著，这与该时段径流率及含沙量的变化有关，其余条件下的断面流速总体上随产流历时呈较平稳的变化趋势，但随着降雨强度增大，其波动趋势也越明显。降雨强度增大，坡面形成径流越快且形成的径流量越多，随雨滴降落至表层形成径流，增加了水流的紊动程度，导致流速出现波动趋势。在降雨强度≤2.0mm/min 时，坡面平均流速随坡长的延长总体呈递增趋势，剔除降雨强度、砾石质量分数影响，分析可知，3m、5m、8m（12m）对应的平均流速分别为 0.07m/s、0.10m/s、0.11m/s，坡长越长，有利于坡面径流的汇集，且坡中下部的流速往往大于其上部，径流的汇集作用也会导致流速整体增大。剔除坡长、砾石质量分数影响，分析降雨强度对坡面平均流速影响可知，随降雨强度增大，平均流速变化范围为 0.07～0.16m/s，其递增幅度为 57.1%～128.6%。分析可知，平均流速与降雨强度呈显著相关关系，相关系数为 0.764（P<0.01）。断面平均流速 V 与降雨强度 I、砾石质量分数 G、坡长 λ 之间可用多元线性表示，见式(5-18)。

$$V = 0.050I + 0.003\lambda - 0.019G + 0.011, R^2 = 0.632, P < 0.01, N = 16 \tag{5-18}$$

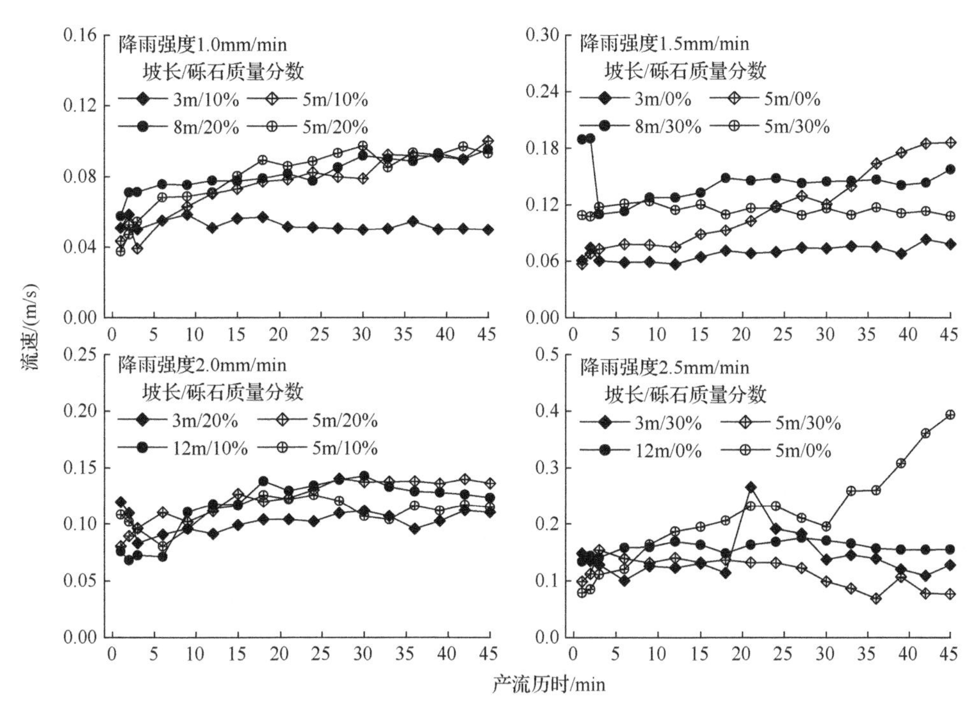

图 5-29　不同降雨强度条件下不同坡长及砾石质量分数砂土工程堆积体流速随产流历时变化过程

分析平均流速与平均径流率、平均含沙量的相关关系可知，平均流速与二者均呈显著线性关系，相关系数为 0.546 和 0.612（P<0.05）。

3. 不同砾石质量分数工程堆积体边坡径流特征

研究了 25°坡度，5m 坡长条件下不同砾石质量分数（0%、10%、20%和 30%）的砂土工程堆积体径流特征。

1）产流起始时间变化特征

表 5-13 为不同降雨强度下不同砾石质量分数砂土堆积体产流起始时间。不同砾石质量分数的产流起始时间随降雨强度增大依次减小；相同降雨强度条件下，

随砾石质量分数增大产流起始时间呈先增大后减小的趋势，多表现为砾石质量分数为10%的产流起始时间最长，砾石质量分数为30%和0%的产流起始时间较小，两者相差0.22～1.44min，差距较小。这是因为土体中砾石的存在改变了土体的孔隙分布状况，增加了土壤的孔隙度，从而增加土壤入渗，延迟产流时间。当砾石质量分数继续增大时，土体中砾石导致水流弯曲度增加，甚至阻断了下渗通路，因此入渗减小，产流起始时间减小。

表 5-13　不同降雨强度下不同砾石质量分数砂土堆积体产流起始时间　（单位：min）

降雨强度	砾石质量分数			
	0%	10%	20%	30%
1.0mm/min	11.81	29.43	20.56	13.25
1.5mm/min	10.70	19.30	15.75	9.91
2.0mm/min	6.43	13.55	9.81	6.65
2.5mm/min	6.36	3.25	2.84	5.06

经分析，产流起始时间与降雨强度间具有良好的线性关系，不同砾石质量分数砂土堆积体产流起始时间与降雨强度拟合关系式见表5-14。由于研究点产流方式为超渗产流，开始降雨时土壤入渗率较大，随着雨水的不断下渗，土壤含水量增大，土壤吸力减小，入渗率减小，当入渗率小于降雨强度时开始产生地表径流，随着降雨强度增大，单位时间内来水量更易大于入渗量，因此能在更短的时间内满足超渗产流的条件，从而使产流起始时间减小。

表 5-14　不同砾石质量分数砂土堆积体产流起始时间与降雨强度拟合关系式

砾石质量分数/%	拟合式	样本数	R^2	P
0	$t_0=-4.12I+16.04$	4	0.877	0.0001
10	$t_0=-16.86I+45.88$	4	0.989	0.0000
20	$t_0=-11.82I+32.93$	4	0.993	0.0000
30	$t_0=-5.57I+18.46$	4	0.977	0.0001

2）径流率变化特征

图5-30为不同砾石质量分数砂土堆积体在不同降雨强度条件下径流率随产流历时变化过程。可知，各砾石质量分数堆积体径流率均随降雨强度增大而增大。降雨强度为1.0mm/min、1.5mm/min时，各砾石质量分数堆积体入渗率分别为0.03～0.05L/min、0.06～0.10L/min，随砾石质量分数增加径流率增幅较小。降雨强度2.0mm/min和2.5mm/min下，径流率呈产流前期（0～9min）迅速增加，中后期（9～42min）波动增长趋势，0～9min内土质坡面入渗率为0.15～0.26L/min，10%、20%、30%砾石质量分数坡面入渗率为0.26～0.49L/min，分别为同等降雨

强度下土质坡面的 1.46～2.33 倍；9～42min 内，土质坡面入渗率增长为 0.13～0.24L/min，含砾石坡面为 0.03～0.15L/min，分别为土质坡面的 0.23～0.92 倍。

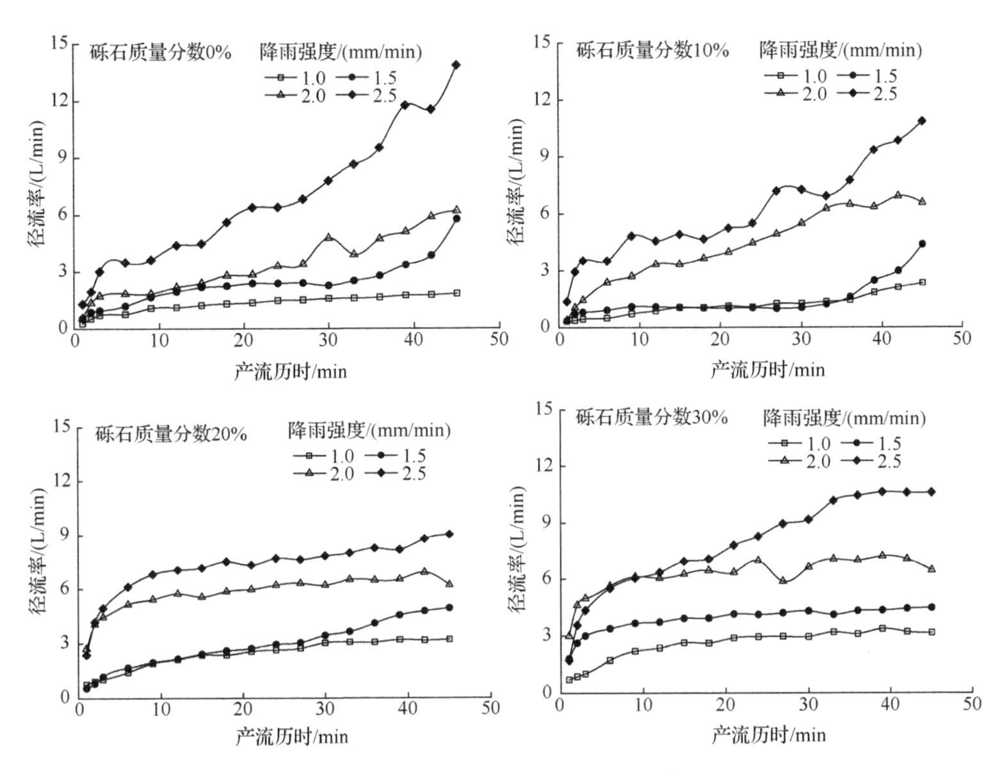

图 5-30　不同砾石质量分数砂土堆积体在不同降雨强度条件下径流率随产流历时变化过程

图 5-31 为砂土堆积体平均径流率随降雨强度和砾石质量分数的变化。由图可知，0%、10%、20%和 30%砾石质量分数坡面平均径流率均随降雨强度增大而增大，变化范围分别为 1.11～2.41L/min、1.42～3.70L/min、3.12～5.90L/min、5.92～7.45L/min，回归分析表明，各砾石质量分数坡面平均径流率与降雨强度均呈显著指数函数关系（R^2=0.942～0.983，P<0.05），其中 30%时二者相关性最强（P<0.01）。对产流过程（图 5-31）分析可知，1.0mm/min、1.5mm/min、2.5mm/min 降雨强度下径流率均随砾石质量分数的增加呈先减后增趋势，在 10%砾石质量分数时最小，分别为 1.12L/min、1.42L/min、5.92L/min；相比土质坡面，1.0mm/min、1.5mm/min、2.5mm/min 降雨强度下 10%砾石质量分数坡面平均径流率减幅为 5.03%～39.99%，20%、30%砾石质量分数坡面平均径流率增幅分别为 7.48%～74.56%、19.51%～84.31%。

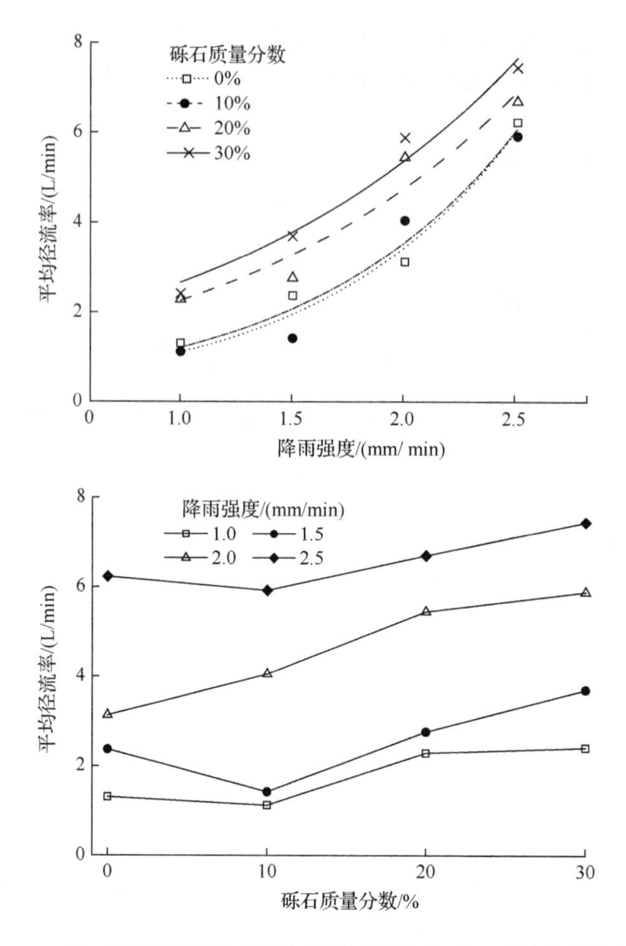

图 5-31　砂土堆积体平均径流率随降雨强度和砾石质量分数的变化

为明确降雨强度和砾石质量分数对平均径流率的影响，逐步回归分析平均径流率与降雨强度和砾石质量分数的关系，结果表明平均径流率与二者呈极显著线性关系，见式（5-19）。

$$R_r = 3.29I + 5.98G - 2.77, R^2 = 0.93, P < 0.01, N = 16 \tag{5-19}$$

3）径流流速变化特征

不同降雨强度条件下不同砾石质量分数砂土堆积体坡面流速随产流历时的变化过程如图 5-32 所示。降雨强度为 1.0mm/min 时，各砾石质量分数下流速与产流历时均呈极显著幂函数关系（R^2 为 0.902～0.956，P<0.01）。1.5～2.5mm/min 降雨强度时，土质堆积体坡面流速先快速增大，后波动增加，流速变化范围在 0.06～0.39m/s，变异系数为 0.339～0.389。含砾石堆积体坡面流速整体上在产流 0～6min 快速增大，之后或缓慢增加或保持稳定或逐渐下降，坡面流速变化范围为 0.07～

0.12m/s，变异系数为 0.044～0.240。含砾石堆积体坡面流速变化范围及变异系数较土质堆积体均明显降低。由图 5-32 可知，不同产流时段内土质堆积体与含砾石堆积体坡面流速的大小关系存在明显差异，产流 0～6min，细沟发育初期，坡面水流以细沟间径流为主，含砾石堆积体坡面流速较土质堆积体大，30%砾石质量分数堆积体坡面流速较土质堆积体增幅最高可达 52.8%；各降雨强度条件下坡面分别在产流 30min、27min、24min、12min 后，细沟发育程度较大，坡面水流以细沟流为主，土质堆积体坡面流速较含砾石堆积体明显增大，较 30%砾石质量分数堆积体增幅最高可达 408.5%。这说明在产流过程中，随着土壤侵蚀的发生，砾石对坡面流速的作用机制发生显著变化。

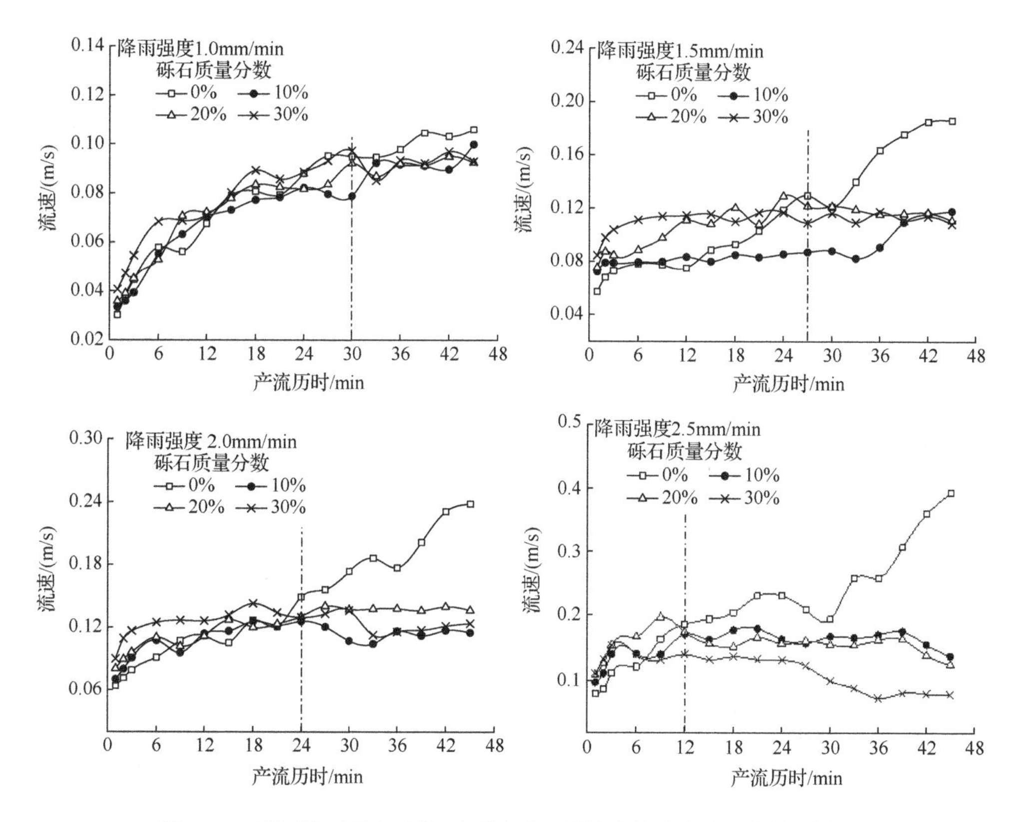

图 5-32　不同降雨强度条件下不同砾石质量分数砂土堆积体坡面流速随产流历时的变化过程

4）径流水力特征

不同砾石质量分数砂土堆积体坡面流水力学参数特征见表 5-15。砂土堆积体径流水力学参数与降雨强度、砾石质量分数及其交互项相关性分析结果见表 5-16。径流深和径流强度变化范围分别在 0.40～2.59mm、0.256～1.693mm/min，二者均随砾石质量分数增大先减小后增大，其中，各降雨强度下径流强度从小到大对应的砾石质量分数依次为 10%、0%、20%、30%，说明砾石质量分数对径流强度的影响存在一个阈值。径流深在 1.0～2.0mm/min 降雨强度下从小到大所对应的砾石质量分数为 10%、0%、20%、30%，而在 2.5mm/min 降雨强度下，径流深由小到大所对应的砾石质量分数为 10%、20%、30%、0%，这是因为径流深不仅受坡面入渗能力的影响，还与径流流宽有关。相关性分析（表 5-16）表明，降雨强度对径流深、径流强度的作用强于砾石质量分数。

表 5-15　不同砾石质量分数砂土堆积体坡面流水力学参数特征

砾石质量分数/%	降雨强度/（mm/min）	径流深/mm	径流强度/（mm/min）	流速/（m/s）	雷诺数	弗劳德数	阻力系数
0	1.0	0.46	0.286	0.079	36.6	1.15	3.36
	1.5	0.50	0.529	0.114	55.7	1.22	2.08
	2.0	1.54	0.963	0.143	257.1	1.28	2.51
	2.5	2.59	1.488	0.212	657.1	1.41	1.98
10	1.0	0.40	0.256	0.074	38.3	1.06	4.17
	1.5	0.49	0.317	0.088	54.8	1.08	2.71
	2.0	1.47	0.955	0.111	207.9	1.18	3.37
	2.5	1.89	1.319	0.156	293.6	1.32	2.53
20	1.0	1.09	0.524	0.074	80.1	0.77	5.12
	1.5	1.15	0.641	0.104	117.1	0.86	3.68
	2.0	1.81	1.214	0.121	209.3	0.95	4.28
	2.5	1.91	1.535	0.155	292.2	1.18	3.01
30	1.0	1.12	0.562	0.079	88.5	0.72	6.56
	1.5	1.72	0.815	0.114	177.6	0.83	4.86
	2.0	1.94	1.301	0.123	220.6	0.91	4.74
	2.5	2.19	1.693	0.115	238.1	0.82	7.69

表 5-16　砂土堆积体径流水力学参数与降雨强度、砾石质量分数及其交互项相关性分析结果

变量	径流深	径流强度	流速	雷诺数	弗劳德数	阻力系数
砾石质量分数	0.313	0.265	−0.255	−0.138	−0.828**	0.813**
降雨强度	0.828**	0.928**	0.841**	0.785**	0.464	−0.188
（1−砾石质量分数）×降雨强度	0.677**	0.757**	0.904**	0.817**	0.739**	−0.488

就流速而言，各降雨强度条件下，含砾石堆积体边坡流速较土质堆积体降低 0%～50.7%，其中，30%砾石质量分数堆积体坡面流速较土质堆积体降低了 0%～

45.8%，这是因为坡面阻力系数随砾石质量分数增大而增大（表 5-15），30%砾石质量分数堆积体坡面阻力系数较土质堆积体增大了 88.8%～288.4%。1.0～2.0mm/min 降雨强度下随砾石质量分数的增加，坡面流速先减小后增加，且 10%砾石质量分数堆积体坡面流速最小，这说明坡面流速大小与径流深、径流强度密切相关。2.5mm/min 降雨强度时，流速随砾石质量分数的增大而减小，说明该降雨强度条件下，20%、30%砾石质量分数堆积体坡面径流强度增大并未导致流速增加，这是因为此时砾石增加坡面阻力系数，降低流速的作用占主导。相关性分析结果（表 5-16）表明，坡面流速与降雨强度及降雨强度和砾石质量分数交互项极显著相关，与砾石质量分数相关性不显著，说明降雨强度对流速的作用强于砾石质量分数的影响。

对流态来说，试验条件下，土质堆积体坡面雷诺数变化范围为 36.6～657.1。其中，土质堆积体在 2.5mm/min 降雨强度下坡面水流以紊流为主，含砾石堆积体坡面雷诺数变化范围为 38.3～293.6，径流以层流为主。弗劳德数随降雨强度的增大而增大，随砾石质量分数的增大显著减小，其中，30%砾石质量分数堆积体坡面径流弗劳德数较土质堆积体降低 28.9%～41.8%。土质堆积体和 10%砾石质量分数堆积体坡面流弗劳德数变化范围为 1.06～1.41，以急流为主，而 20%、30%砾石质量分数堆积体坡面弗劳德数变化范围为 0.72～1.18，以缓流为主。相关性分析（表 5-16）表明，降雨强度对雷诺数的影响较砾石质量分数对其影响更大，而砾石质量分数对弗劳德数的影响较降雨强度而言更显著。说明试验条件下，砾石质量分数是决定坡面水流急缓的主要因素。

砾石对砂土堆积体坡面径流水动力学参数的影响主要来源于以下 3 个方面：①砾石改变了土体物理性质，使得土体入渗能力发生变化（Poesen and Lavee, 1994），从而决定了坡面产流状况；②砾石改变了坡面粗糙度（Rieke-Zapp et al., 2007）；③砾石影响着降雨对坡面地貌形态的重塑（Abrahams et al., 1996）。在坡面未产生细沟之前，覆盖或镶嵌于土体表面的小砾石（2～14mm）具有光滑表面，可促进水流流动，而大砾石（14～50mm）对坡面水流可起到合并-汇流的作用，因此流速较土质坡面更大。随侵蚀的发生，小砾石逐渐裸露，从光滑的水流面变成了阻碍水流流动的一个个小凸起，并且当坡面产生细沟后，砾石覆盖能分散径流动能并降低流速（Rieke-Zapp et al., 2007），此时，含砾石堆积体坡面流速较纯土体明显降低。试验结果与王小燕等（2014）的研究相似。径流强度主要取决于坡面入渗特征，试验条件下，径流强度由大到小所对应的砾石质量分数分别为 30%、20%、0%、10%，这与朱元骏和邵明安（2006）的研究结果相似。径流深不仅受径流强度的影响，还受坡面地貌形态特征的影响。含砾石坡面受径流冲刷易形成宽而浅的细沟（Abrahams et al., 1996），与土质坡面在大降雨强度条件下形成的细而深的侵蚀沟相比，具有较大的径流强度，但由于侵蚀沟较宽，径流分散，所以径流深有所降低。试验条件下，含砾石工程堆积体主要以层流为主，雷诺数主要集中在 0～700，无论是在室内模拟降雨（李宏伟等，2013）还是放水（24L/min、40L/min）条件下（李永红等，2015），均得到相似结果。土质、10%砾石质量分数堆积体坡面以急流为主，但弗劳德数远小于李永红等（2015）的研究成果，这与试验坡长密切相关，坡长越长，水流汇集程度越高，流动越急。砾石质量分数为 20%～30%时，水流以缓流为主，这是因为砾石阻碍径流前进，使得水流流动变缓，这与李宏伟等（2014）在相同坡度、坡长和降雨条件下得到的结果一致。

5.1.3　黏土工程堆积体边坡径流特征

1．不同坡度工程堆积体边坡径流特性

研究了 5m 坡长条件下不同坡度（15°、25°、30°和 35°）的黏土工程堆积体（简称“黏土堆积体”）边坡径流特征。

1）产流起始时间变化特征

从试验结果分析及试验过程现象的观测可知，在相同降雨条件下，黏土区工程堆积体坡面产流均快于砂土区，主要是因为颗粒机械组成不同。黏土区的土壤颗粒中砂粒、粉粒体积分数较多，黏粒体积分数较少，在降雨初期，雨水大量入渗，但黏土遇水发生黏结，使得原本的粗颗粒浸润后细化，堵塞了原本的孔隙，造成雨水入渗较难，加快坡面径流的形成。降雨强度是影响坡面径流形成速率的主要因素，降雨强度越大，下垫面表层湿润越快，产流起始时间缩短。表 5-17 为不同降雨强度下不同坡度和砾石质量分数黏土工程堆积体各场次降雨产流起始时间（t_0）。分析可知，剔除坡度、砾石质量分数影响，降雨强度为 1.0mm/min、1.5mm/min、2.0mm/min、2.5mm/min 对应的平均 t_0 分别为 8.74min、4.02min、2.68min、2.23min，可知，t_0 随降雨强度增大呈递减趋势，递减幅度达 54.0%～74.5%。在降雨强度由 1.0mm/min 增至 1.5mm/min，t_0 提前了 4.72min，由 1.5mm/min 增至 2.5mm/min，t_0 提前 1.79min，该现象的原因可能是在小降雨强度时，下垫面入渗能力强，降雨大部分先入渗，转化为径流的量较少，而在降雨强度增大后，单位时间内的降雨量大大增加，表层很快就被湿润，随后的降雨形成径流，t_0 递减。当降雨强度≥2.0mm/min，初期的降雨量足以满足最大入渗需求，使得 t_0 差异较小。在 4 种降雨强度条件下，t_0 随坡度的变化在降雨强度≤2.0mm/min 时表现为 15°＜30°（35°）＜25°，降雨强度为 2.5mm/min 时表现为 35°＜15°＜25°，均呈现出 25°产流时间最长。剔除降雨强度、砾石质量分数影响，15°、25°、30°（35°）对应的平均产流起始时间分别为 2.77min、5.78min、3.33min，25°分别是其他坡度下的 2.1 倍、1.7 倍。分析可知，t_0 与降雨强度显著负相关，相关系数为 0.741（$P<0.01$）。

表 5-17　不同降雨强度下不同坡度和砾石质量分数黏土工程堆积体产流起始时间

降雨强度/(mm/min)	坡度/(°)	砾石质量分数/%	产流起始时间/min	降雨强度/(mm/min)	坡度/(°)	砾石质量分数/%	产流起始时间/min
1.0	15	0	5.05	2.0	15	10	1.86
1.0	25	0	12.84	2.0	25	10	3.39
1.0	35	20	6.67	2.0	30	30	1.96
1.0	25	20	10.38	2.0	25	30	3.49
1.5	15	20	2.3	2.5	15	30	1.88
1.5	25	20	4.08	2.5	25	30	2.21
1.5	30	0	3.08	2.5	35	10	1.59
1.5	25	0	6.61	2.5	25	10	3.25

2）径流率变化特征

图5-33为不同降雨强度条件下不同坡度及砾石质量分数黏土工程堆积体径流率随产流历时的变化过程。总体上看，在降雨强度为2.5mm/min，坡度为15°、35°的径流率在产流中后期发生了一次突变，该现象的原因是大降雨强度下坡面可能出现细沟，在径流的累积冲刷作用下，可能发生沟壁坍塌，出现瞬时高含沙水流，径流率递增。其余各场次的径流率随产流历时总体呈现：0～3min，径流率迅速递增，3min后趋于相对稳定，初期降雨主要消耗于入渗，多余的降雨形成径流；随降雨持续，下垫面表层逐渐达到饱和，入渗达到稳定，降雨大部分转化为坡面径流，导致径流率在初期较小，随产流历时逐渐增大，最后降雨用于入渗与转化为径流的量趋于动态平衡，径流率达到稳定。图5-33中反映出各场次降雨下的径流率随降雨强度的增大显著递增，主要是降雨强度增大，降雨量增多，入渗条件不变时，转为径流的量必然增加。剔除坡度、砾石质量分数影响，降雨强度由1.0mm/min增至2.5mm/min时，平均径流率变化范围为3.45～10.39L/min，递增幅度为58.3%～201.1%。分析可知，平均径流率与降雨强度呈显著正相关，相关关系为0.779（$P<0.01$）。降雨强度≥1.5mm/min，径流率随坡度的变化均表现为25°<30°（35°）<15°，降雨强度为1.0mm/min时表现为35°<25°<15°，各场次下均表现为15°坡的径流率最大，剔除降雨强度、砾石质量分数影响，15°、25°、30°（35°）坡的平均径流率分别为9.63L/min、5.34L/min、6.49L/min，15°坡分别可达其他两个坡度的1.8倍、1.5倍。分析可知，平均径流率R_r与坡度θ、砾石质量分数G、降雨强度I之间可用多元线性函数表示，见式（5-20）。

$$R_r = 4.372I - 0.189\theta - 2.468G + 3.286, R^2 = 0.746, P < 0.01, N = 16 \quad (5\text{-}20)$$

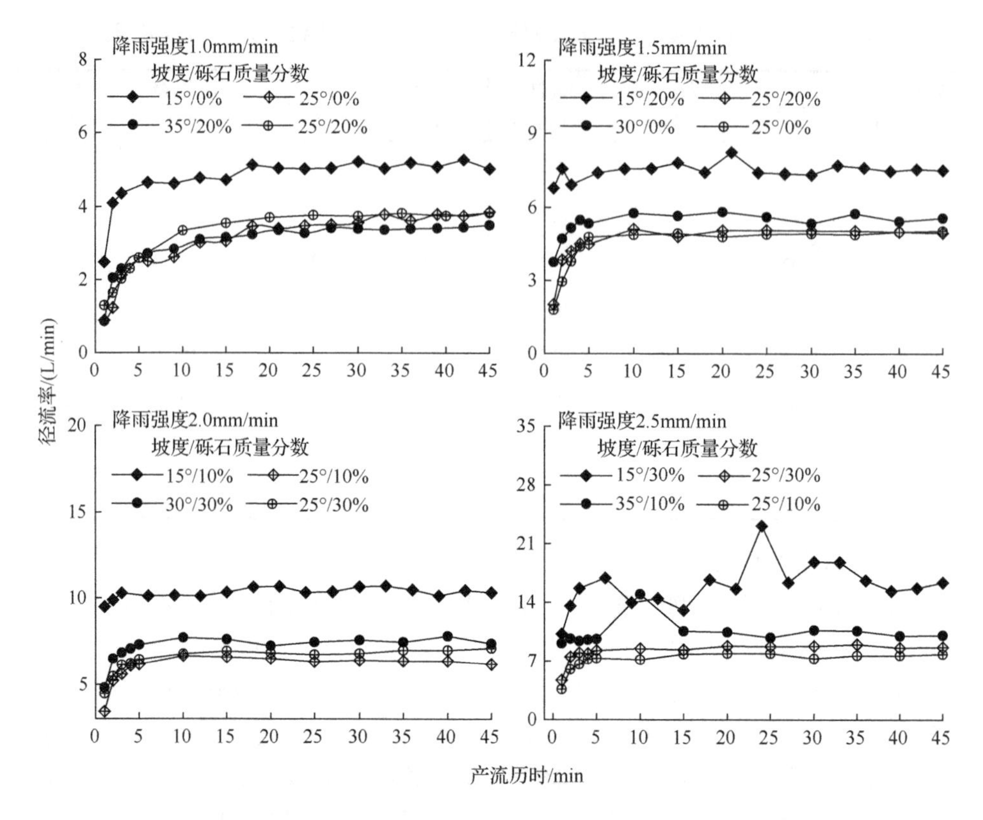

图 5-33　不同降雨强度条件下不同坡度及砾石质量分数黏土工程堆积体径流率随产流历时的变化过程

3）径流流速变化特征

坡面径流流速大小随产流历时的变化主要取决于下垫面粗糙度、径流大小等。图5-34为不同降雨强度条件下不同坡度及砾石质量分数黏土工程堆积体流速随产流历时的变化过程。分析可知，坡面平均流速随产流历时的变化规律与径流率相似，产流初期呈现显著波动趋势，随后趋于相对稳定，趋于稳定的时间在产流开始后9min左右，相对于径流率趋于稳定时间在产流开始后的3min而言，流速达到稳定的时间有滞后现象，即可证明坡面流速的大小不仅与坡面径流率有关，还与下垫面的条件有一定关系。剔除坡度、砾石质量分数的影响，随降雨强度1.0mm/min增至2.5mm/min时，坡面平均流速变化范围为0.07～0.10m/s，其变化幅度较小，仅为14.3%～43.0%，主要是因为后期下垫面入渗达到稳定，坡面径流较稳定，流速随降雨强度变化相对较小。平均流速随坡度的变化与平均含沙量相似。分析可知，平均流速与降雨强度、砾石质量分数均呈显著正相关关系，相关系数分别为0.585和0.528（$P<0.05$）。

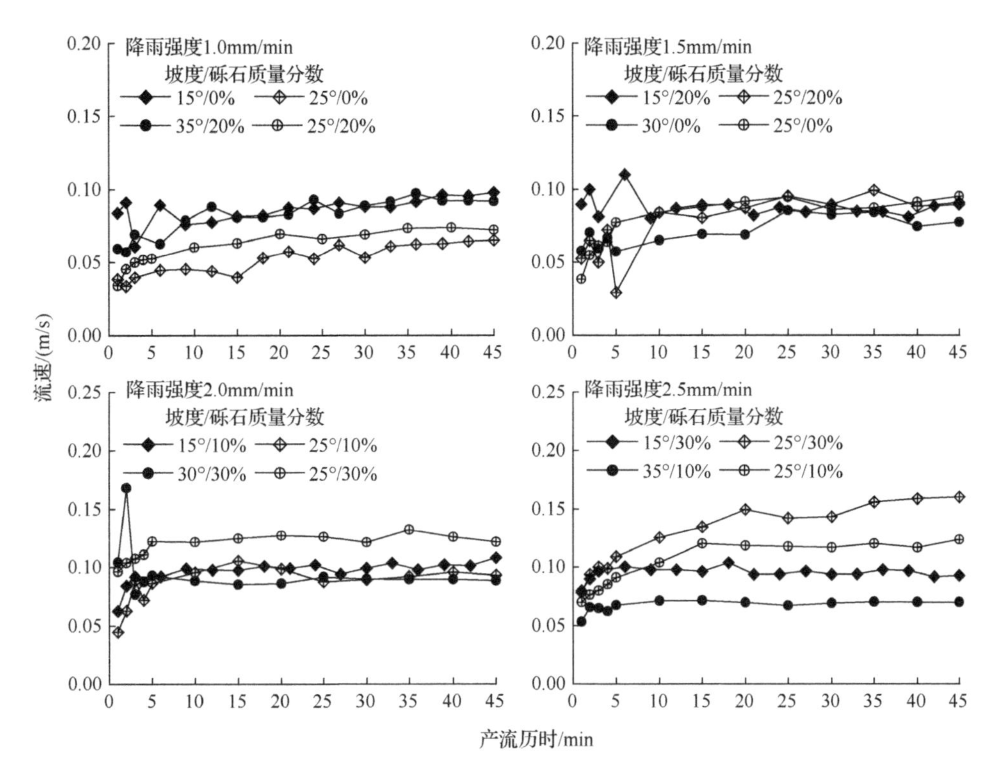

图 5-34　不同降雨强度条件下不同坡度及砾石质量分数黏土工程堆积体流速随产流历时的变化过程

2. 不同坡长工程堆积体边坡径流特性

研究了 25°坡度条件下不同坡长（3m、5m、8m 和 12m）黏土工程堆积体边坡径流特性。

1）产流起始时间变化特征

不同降雨强度条件下不同坡长及砾石质量分数黏土工程堆积体产流起始时间见表 5-18。黏土工程堆积体由于其特殊理化性质，遇水易黏结，在降雨不久后便可形成坡面径流。坡长不同导致小区坡面径流汇集的路径及快慢程度也发生一定改变，当坡长较短时，坡上、中、下部均较快湿润，而随着坡长的延长，不同部位间湿润程度的快慢也会发生改变。一般而言，坡面下部首先形成径流，随降雨的持续，湿润峰逐渐往坡上部移动，随后形成全坡面漫流。分析可知，产流起始时间随降雨强度增大显著递减，剔除坡长、砾石质量分数的影响，1.0mm/min、1.5mm/min、2.0mm/min、2.5mm/min 降雨强度对应的平均 t_0 分别为 9.16min、3.86min、2.99min 和 2.62min，降雨强度由 1.0mm/min 增至 1.5mm/min，递减幅度高达 57.8%，t_0 可提前 5.30min，该过程中径流形成主要受降雨强度及入渗强度的影响。t_0 随坡长的变化并非简单的线性关系，4 种降雨强度下 t_0 均表现为 3m＜8m（12m）＜5m，剔除降雨强度、砾石质量分数影响，平均 t_0 分别为 2.71min、4.11min、5.91min，5m 条件下产流最慢，相对 3m 和 8m（或 12m）分别滞后 118.5%和 43.8%。分析可知，t_0 与降雨强度呈显著负相关关系，相关系数为 0.733（P＜0.01）。

表 5-18　不同降雨强度条件下不同坡长及砾石质量分数黏土工程堆积体产流起始时间

降雨强度/（mm/min）	坡长/m	砾石质量分数/%	产流起始时间/min	降雨强度/（mm/min）	坡长/m	砾石质量分数/%	产流起始时间/min
1.0	3	0	5.00	2.0	3	30	2.07
1.0	5	0	12.84	2.0	5	30	3.49
1.0	12	30	8.86	2.0	8	0	2.55
1.0	5	30	9.94	2.0	5	0	3.86
1.5	3	10	2.33	2.5	3	20	1.42
1.5	5	10	6.03	2.5	5	20	3.79
1.5	12	20	3.01	2.5	8	10	2.02
1.5	5	20	4.08	2.5	5	10	3.25

2）径流率变化特征

图 5-35 为不同降雨强度条件下不同坡长及砾石质量分数黏土工程堆积体径流率随产流历时的变化过程。降雨强度对坡面径流率的影响主要表现在降雨强度的增大，当满足下垫面的入渗量时，多余的降雨则转化为径流。坡长越长，小区汇流面积增大，通过单位断面单位时间的流量增大。分析可知，不同坡长、砾石质量分数条件下，4 种降雨强度下径流率随产流历时的变化均呈现出先递增后稳定的趋势，转折点在产流后 3min 左右，且随着坡长的增大，径流率初期递增幅度越大。在剔除坡长、砾石质量分数影响下，随降雨强度增大，平均径流率大小分别为 5.43L/min、8.89L/min、9.18L/min、10.59L/min。在小降雨强度下，降雨强度对径流的影响较大降雨强度下更加显著，降雨强度增大至 1.5～2.5 倍，平均径流率增大为原来的 1.64～1.95 倍。在 4 种降雨强度下，径流率在整个侵蚀过程中尤其是趋于相对稳定后随坡长的变化均表现为随着坡长增大递增的趋势，主要是因为坡长延长，小区汇水面积加大，形成径流增多，剔除降雨强度、砾石质量分数影响，3m、5m、8m（12m）对应的平均径流率分别为 4.32L/min、5.32L/min、19.14L/min，递增幅度达 23.1%～343.1%。分析可知，平均径流率与坡长呈显著正相关关系，

相关系数为 0.822（P<0.01），平均径流率 R_r 与坡长 λ、降雨强度 I、砾石质量分数 G 可用线性表示，见式（5-21）。

$$R_r = 4.883I + 2.164\lambda - 10.359G - 10.911, R^2 = 0.872, P < 0.01, N = 16 \quad (5\text{-}21)$$

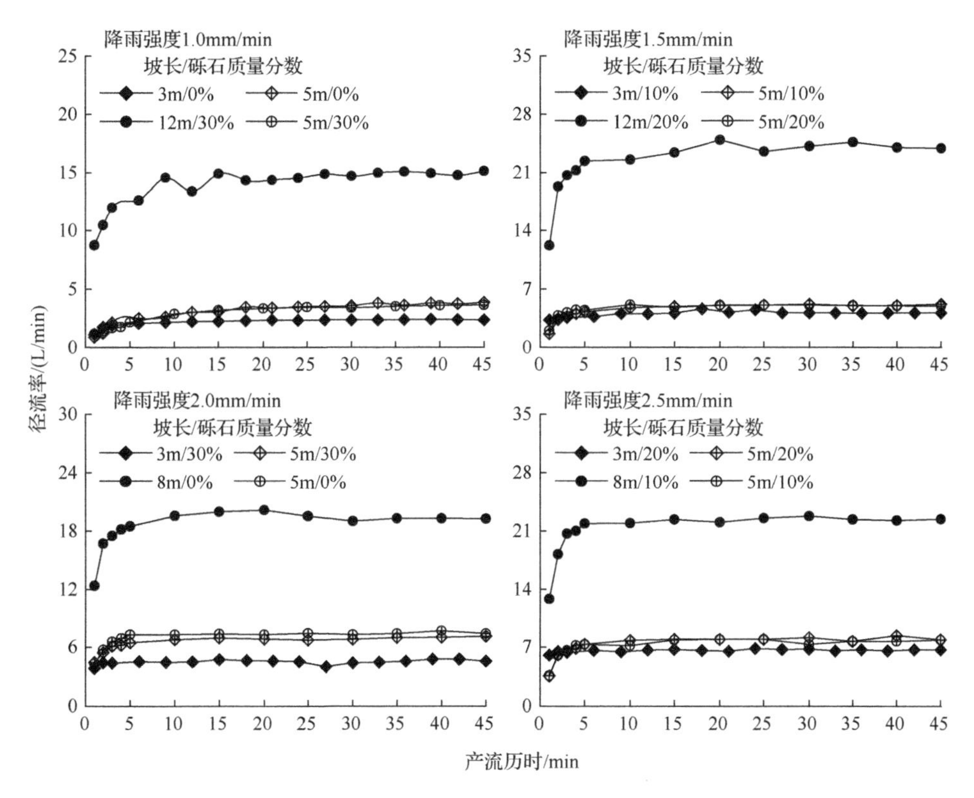

图 5-35　不同降雨强度条件下不同坡长及砾石质量分数黏土工程堆积体径流率随产流历时的变化过程

3）径流流速变化特征

研究中，对坡面流速的影响因素主要包括降雨强度、坡长、堆积体砾石质量分数等，而降雨强度又是三个因素中最重要的，其大小决定了单位时间内坡面的降雨量，进而影响径流量大小，导致流速发生改变。图 5-36 为不同降雨强度条件下不同坡长及砾石质量分数黏土工程堆积体流速随产流历时的变化过程。分析可知，剔除坡长、砾石质量分数影响，降雨强度从 1.0mm/min 增至 2.5mm/min 时对应的平均流速变化范围为 0.09～0.14m/s，降雨强度增大 1.5 倍，平均流速增大 55.6%，流速并不随降雨强度同步递增或递减，即影响流速的因素不仅仅是降雨强度，还包括其他的条件，综合作用对流速起决定作用。在降雨强度≤1.5mm/min，平均流速随坡长变化均表现为 5m＜12m＜3m，而 2.0mm/min 降雨强度下平均流速大小表现为 3m＜5m＜8m，2.5mm/min 降雨强度时为 5m＜3m＜8m。可知，坡长对流速的影响还受降雨强度限制。剔除降雨强度、砾石质量分数影响，平均流速随坡长变化总体表现为 5m＜3m＜8m（或 12m），5m 时平均流速为 0.09m/s，递增幅度为 33.3%～55.6%。分析可知，平均流速与降雨强度呈显著正相关，相关系数为 0.542（$P<0.05$）。

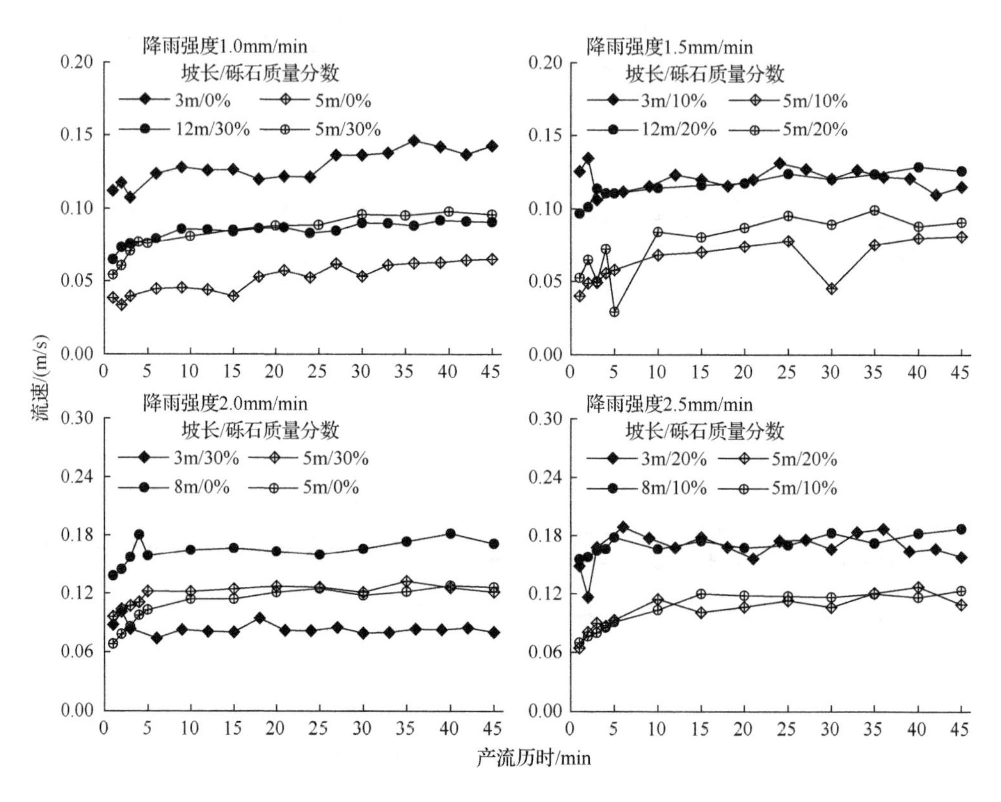

图 5-36 不同降雨强度条件下不同坡长及砾石质量分数黏土工程堆积体流速随产流历时的变化过程

3. 不同砾石质量分数工程堆积体径流特征

研究了 5m 坡长，25°坡度条件下，不同砾石质量分数（0%、10%、20%和 30%）黏土工程堆积体边坡径流特征。

1）产流起始时间变化特征

对于某一特定降雨来说，下垫面的变化使产流起始时间有所差异，进而使地表径流发生变化，最终导致坡面土壤侵蚀程度、强度及侵蚀方式发生改变。因此，研究产流起始时间具有重要意义。不同砾石质量分数黏土堆积体产流起始时间随降雨强度的变化如图 5-37 所示。同一砾石质量分数下垫面，坡面产流起始时间随降雨强度的增大而缩短。以降雨强度 1.0mm/min 为比较基准，随降雨强度增大，相同砾石质量分数的产流起始时间分别减少 48.5%～74.0%、50.4%～70.0%、51.1%～63.6%和 47.0%～77.9%。产流起始时间与降雨强度之间呈显著的幂函数关系：$t_0=a\cdot I^b$（a 为 9.35～12.42，b 为−1.62～−1.12），R^2 为 0.92～0.99，N=4。式中，t_0 为产流起始时间（min）；I 为降雨强度（mm/min）。以 0%砾石质量分数为基准，随着砾石质量分数的增大，相同降雨强度下的产流起始时间分别减少 15.8%～22.5%、19.0%～23.2%、4.2%～12.5%、13.2%～34.2%。

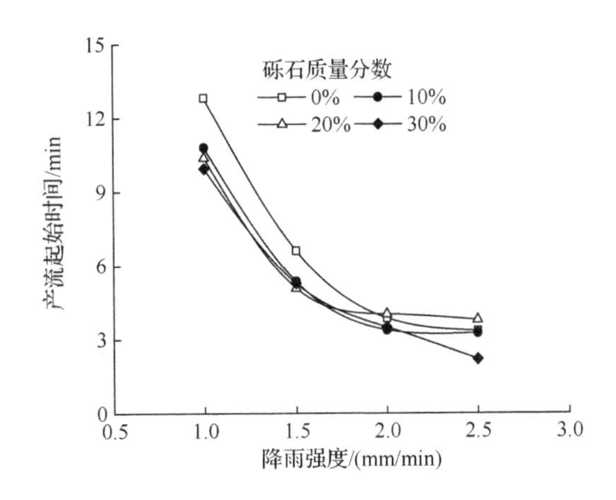

图 5-37　不同砾石质量分数黏土堆积体产流起始时间随降雨强度的变化

2）径流率变化特征

图 5-38 为不同砾石质量分数黏土堆积体在不同降雨强度条件下径流率随产流历时的变化过程。径流率随产流历时总体上表现为先迅速增大随后稳定的变化过程。在前 5min 内，径流率急剧上升，这与坡面平均流速的变化契合。比较产流 5min 后稳定径流率，砾石质量分数相同时，径流率与降雨强度幂函数关系极显著（$P<0.01$）。降雨强度 1.0mm/min 和 2.0mm/min 时，不同砾石质量分数坡面径流率比较结果分别为 10%＞20%＞0%＞30%和 0%＞30%＞20%＞10%；1.5mm/min 和 2.5mm/min 降雨强度时则表现为 30%＞20%＞0%＞10%，砾石对径流率的影响受降雨强度的变化而变化，这是由于砾石的存在一方面会降低土壤入渗率，进而增大径流率，另一方面又会增大地表粗糙度，保护土壤免受雨滴侵蚀，后形成结皮以增加土壤的入渗率，减小径流率。这两种影响相互作用使得不同砾石质量分数下的径流率呈现复杂的变化趋势。

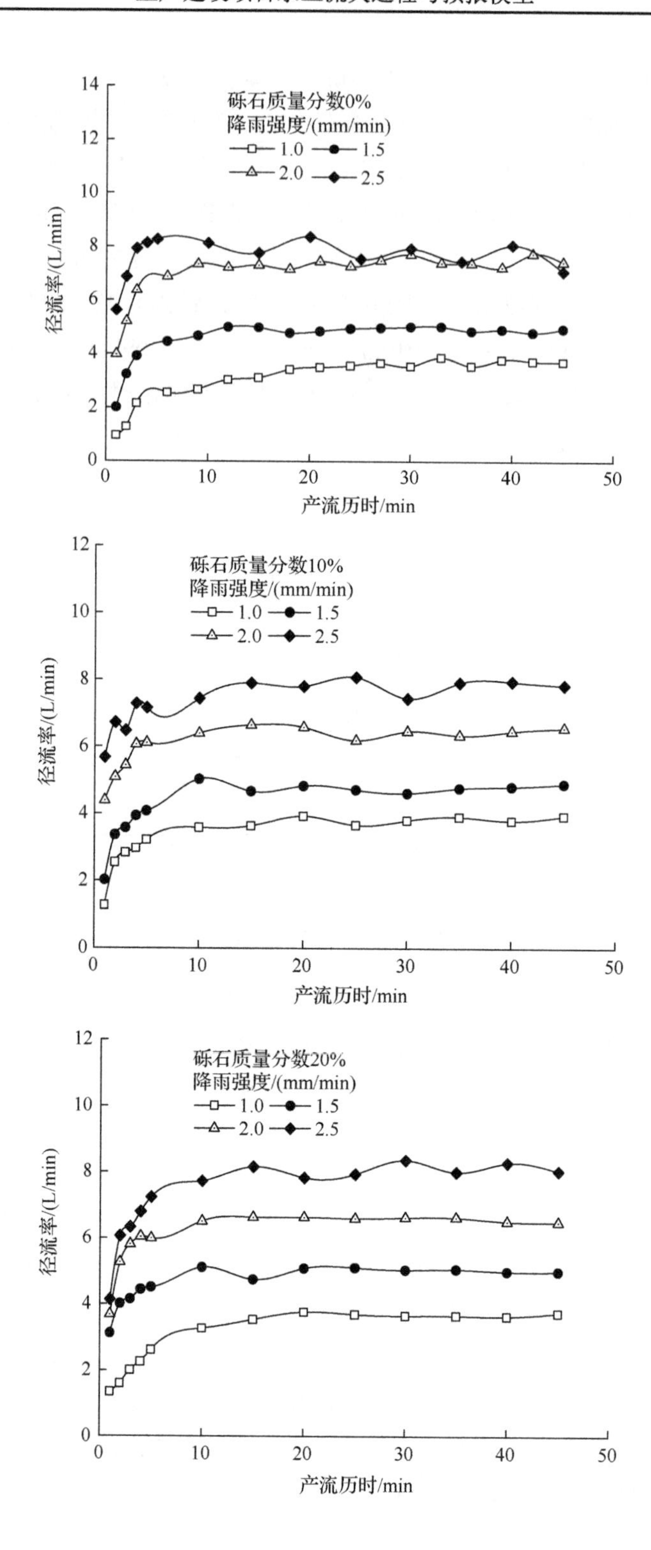
砾石质量分数0%
降雨强度/(mm/min)
1.0
1.5
2.0
2.5
径流率/(L/min)
产流历时/min
砾石质量分数10%
降雨强度/(mm/min)
1.0
1.5
2.0
2.5
径流率/(L/min)
产流历时/min
砾石质量分数20%
降雨强度/(mm/min)
1.0
1.5
2.0
2.5
径流率/(L/min)
产流历时/min

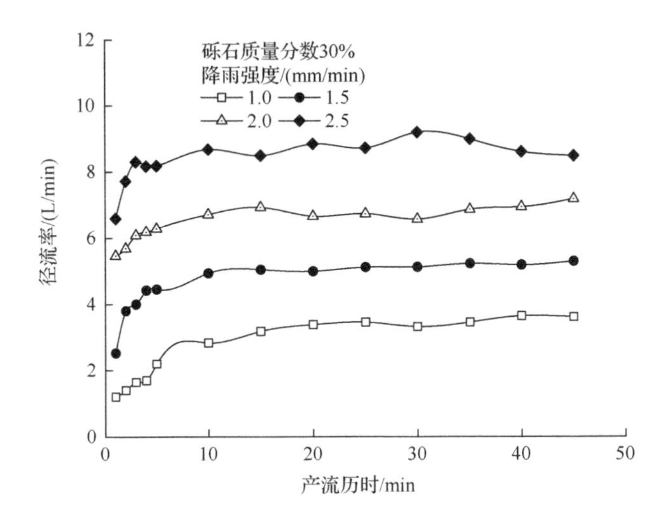

图 5-38　不同砾石质量分数黏土堆积体在不同降雨强度条件下径流率随产流历时的变化过程

不同砾石质量分数黏土堆积体次降雨径流量随降雨强度的变化见图 5-39。由图可知，径流量随降雨强度增大而增加，降雨强度每增加 0.5mm/min，径流量增大 0.1～0.6 倍，二者呈极显著的幂函数关系（P<0.01）。在 1.0mm/min 降雨强度下，次降雨径流量在 10%砾石质量分数时最大，为 164.0L；在其余降雨强度下，砾石质量分数 10%时径流量最小，分别为 208.5L、284.9L、345.0L。这说明砾石质量分数对径流量的影响存在一个阈值，这个阈值在 10%左右。在 1.0mm/min 降雨强度下，砾石质量分数低于 10%时，径流量随砾石质量分数增加而减小，大于

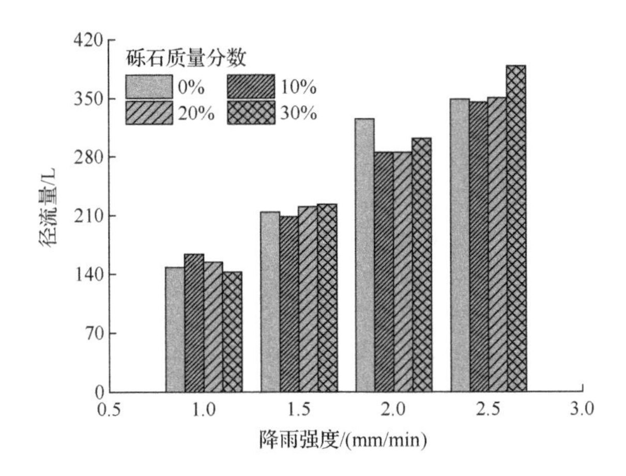

图 5-39　不同砾石质量分数黏土堆积体次降雨径流量随降雨强度的变化

10%时，径流量随着砾石质量分数的增大而增大，降雨强度大于 1.0mm/min 时则相反。以砾石质量分数 0%、1.0mm/min 坡面径流总量为比较基准，分析砾石质量分数和降雨强度对径流量的影响关系，砾石质量分数和降雨强度对径流量的贡献率见表 5-19。由表可知，以降雨强度由 1.0mm/min 增大至 1.5mm/min 为例，比较降雨强度和砾石质量分数对径流量的影响，随着砾石质量分数由 10%增大至 20%，砾石对径流量的贡献率由 26.6%减小至 8.8%，质量分数增至 30%时砾石能有效地抑制径流的产生（贡献率为−7.3%），对应的降雨强度对径流量的贡献率随砾石质量分数增大而增加。

表 5-19　砾石质量分数和降雨强度对径流量的贡献率

砾石质量分数/%	各降雨强度下的径流量/L		增量/L			贡献率/%	
	1.0mm/min	1.5mm/min	综合	*A*	*B*	砾石质量分数	降雨强度
0	147.9	214.1	66.2	0.0	66.2	0.0	100.0
10	164.0	208.5	60.6	16.1	44.5	26.6	73.4
20	154.3	220.1	72.2	6.4	65.8	8.8	91.2
30	142.4	223.1	75.2	−5.5	80.7	−7.3	107.3

砾石质量分数/%	各降雨强度下的径流量/L		增量/L			贡献率/%	
	1.0mm/min	2.0mm/min	综合	*A*	*B*	砾石质量分数	降雨强度
0	147.9	324.9	177.0	0.0	177.0	0.0	100.0
10	164.0	284.9	137.0	16.1	120.9	11.8	88.2
20	154.3	285.1	137.2	6.4	130.8	4.7	95.3
30	142.4	301.9	154.0	−5.5	159.5	−3.6	103.6

砾石质量分数/%	各降雨强度下的径流量/L		增量/L			贡献率/%	
	1.0mm/min	2.5mm/min	综合	*A*	*B*	砾石质量分数	降雨强度
0	147.9	348.8	200.9	0.0	200.9	0.0	100.0
10	164.0	345.0	197.1	16.1	181.0	8.2	91.8
20	154.3	350.2	202.3	6.4	195.9	3.2	96.8
30	142.4	387.9	240.0	−5.5	245.5	−2.3	102.3

注：*A* 表示 1.0mm/min 降雨强度下，不同砾石质量分数与 0%砾石质量分数黏土堆积体次降雨径流量的差值；*B* 表示不同降雨强度与 1.0mm/min 降雨强度下黏土堆积体次降雨径流量的差值；综合表示 *A* 和 *B* 的和。

3）径流流速变化过程

径流流速是计算水动力学参数的重要因子，其大小反映了坡面径流型态和侵蚀形式。不同砾石质量分数黏土堆积体在不同降雨强度下坡面流速随产流历时的变化过程见图 5-40。由图可知，在一个降雨历时内，坡面流速在产流初期呈迅速增大后稳定的变化趋势。纯黏土堆积体、降雨强度 2.5mm/min 条件下，坡面流速过程波动幅度最大，变异系数达 0.31，呈多峰多谷的特点。这是因为坡面细沟不断发育，沟壁崩塌及暂时性沉积影响了径流路径，进而改变坡面流速。坡面径流流速随降雨强度的增大而增大。砾石质量分数相同时，以 1.0mm/min 降雨强度流速为比较基准，随降雨强度增大，各砾石质量分数条件下平均流速分别增大 60.0%～116.6%、0.9%～57.6%、32.4%～67.0%、33.7%～97.7%。1.0mm/min 降雨强度时，10%～30%砾石质量分数流速较 0%流速增加 16.2%～26.6%，降雨强度大于 1.0mm/min 时，砾石存在可减小流速，减小幅度分别为 2.4%～21.1%、11.1%～26.8%、5.9%～11.3%。砾石质量分数对坡面径流流速的影响不及降雨强度显著。

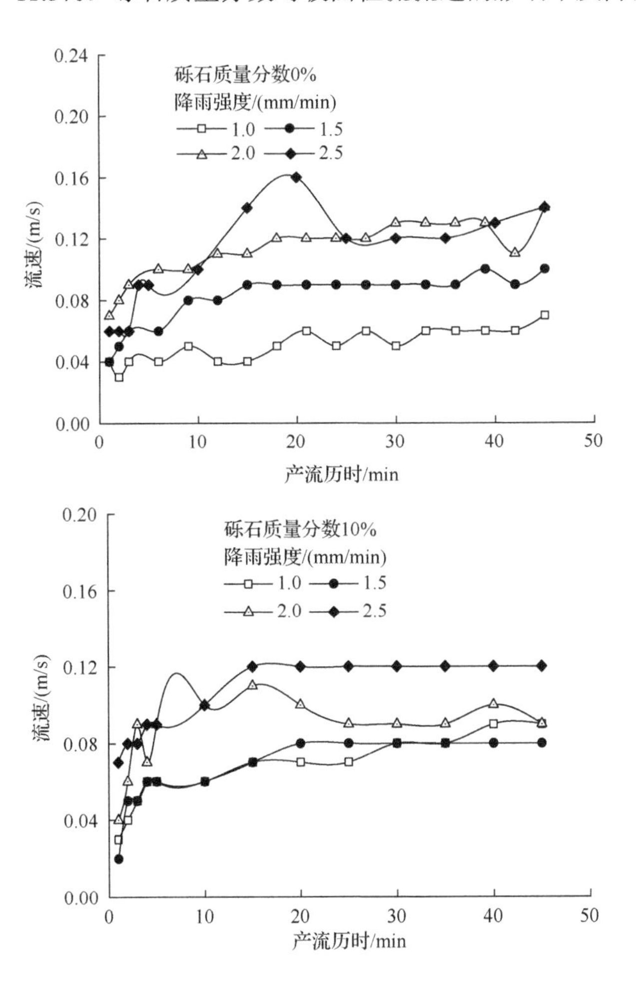

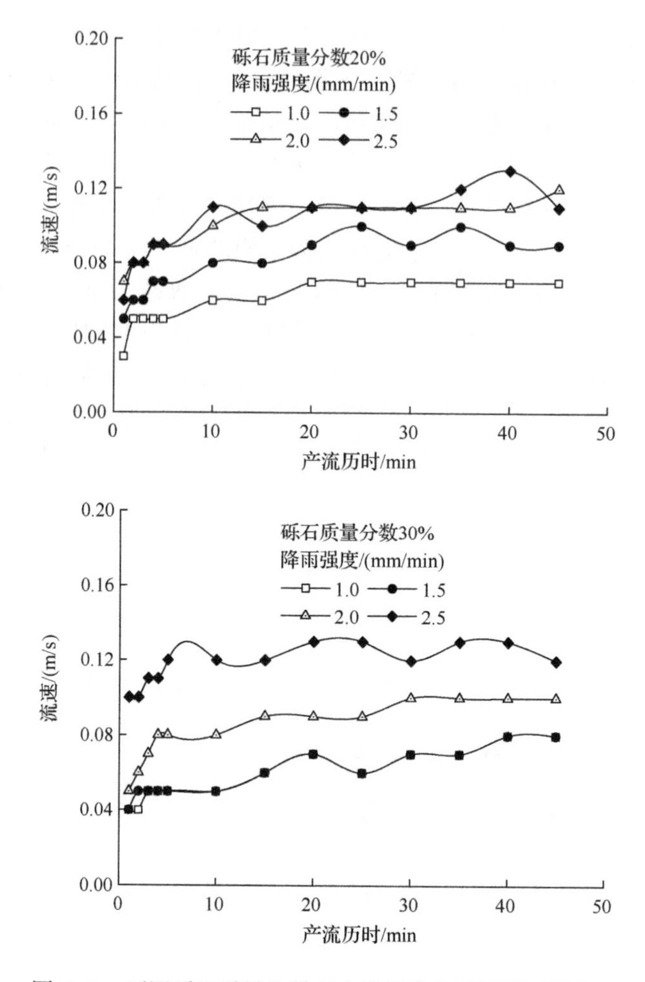

图 5-40　不同砾石质量分数黏土堆积体在不同降雨强度下坡面流速随产流历时的变化过程

4）径流水动力学参数变化特征

不同试验条件下边坡径流水动力学参数特征如表 5-20 所示。

表 5-20　不同试验条件下边坡径流水动力学参数特征

G /%	*I* /（mm/min）	*V* /（m/s）	*Re*	*Fr*	*τ*/（N/m²）	*ω*/（W/m²）	*E*/（10^{-3}m）
0	1.0	0.049	53.971	0.526	4.321	0.223	1.15
	1.5	0.078	84.853	0.855	4.504	0.336	1.31
	2.0	0.108	130.758	1.091	5.086	0.539	1.75
	2.5	0.127	170.776	1.194	6.042	0.723	2.23

续表

G /%	I /（mm/min）	V /（m/s）	Re	Fr	τ/（N/m²）	ω/（W/m²）	E/（10⁻³m）
10	1.0	0.065	65.463	0.762	2.008	0.276	1.13
	1.5	0.066	71.921	0.848	4.862	0.319	1.33
	2.0	0.103	109.613	1.045	5.005	0.496	1.63
	2.5	0.114	128.787	1.091	5.166	0.625	1.82
20	1.0	0.060	58.528	0.655	3.933	0.241	1.05
	1.5	0.077	77.251	0.836	4.974	0.357	1.29
	2.0	0.095	103.221	1.011	5.056	0.465	1.48
	2.5	0.101	122.197	1.039	5.892	0.594	1.80
30	1.0	0.082	47.922	0.988	2.525	0.213	0.91
	1.5	0.092	79.582	1.004	4.195	0.366	1.39
	2.0	0.106	112.069	1.044	4.234	0.503	1.65
	2.5	0.127	143.760	1.055	5.254	0.649	1.97

注：G、I、V、Re、Fr、τ、ω 和 E 分别表示砾石质量分数、降雨强度、径流流速、雷诺数、弗劳德数、径流剪切力、径流功率和过水断面单位能；下同。

（1）流速。各砾石质量分数条件下，流速随降雨强度的增大而增大。1.0mm/min 降雨强度条件下，土质边坡流速最小（0.049m/s），含砾石边坡较土质边坡的流速增大 22.4%～67.3%；2.0mm/min、2.5mm/min 降雨强度条件下，土质边坡流速最大（0.108m/s、0.127m/s），含砾石边坡较土质边坡的流速分别减小 1.9%～12.1%、0%～20.5%；在 1.5mm/min 降雨强度条件下，砾石质量分数≤10%时，流速大多随砾石质量分数的增大而减小，砾石质量分数＞10%时，流速随砾石质量分数的增大而增大。由此可知，不同降雨强度和砾石质量分数均会对流速产生重要影响，降雨强度≤1.5mm/min 时，砾石的存在促进边坡径流的流动，流速随砾石质量分数的增大而增大，降雨强度＞1.5mm/min 时，砾石的存在抑制边坡径流的流动。

（2）流型与流态。试验条件下，雷诺数随降雨强度的增大而增大，边坡径流为层流。弗劳德数随降雨强度的增大而增大。1.0mm/min 降雨强度条件下，弗劳德数变化范围为 0.526～0.988，边坡径流为缓流，此时，砾石的存在增大了径流的弗劳德数，相比土质边坡增大了 24.5%～89.7%；2.0mm/min、2.5mm/min 降雨强度下，各砾石质量分数边坡径流以急流为主，土质边坡的弗劳德数达最大，边坡的砾石降低了径流的弗劳德数，降低幅度为 4.2%～13.0%。

（3）径流功率。径流功率随降雨强度的增大而增大，经分析二者呈极显著幂函数关系（P<0.01）。土质边坡径流功率介于 0.223～0.723W/m^2，含砾石边坡径流功率变化范围为 0.213～0.649W/m^2。1.0mm/min、1.5mm/min 降雨强度条件下，各边坡径流功率由大到小对应的砾石质量分数依次为 10%、20%、0%、30%和 30%、20%、0%、10%；2.0mm/min、2.5mm/min 降雨强度条件下，土质边坡径流功率为最大分别为 0.539W/m^2、0.723W/m^2，含砾石边坡的径流功率较土质边坡的降低幅度分别为 6.6%～13.7%和 10.2%～17.9%。

5.1.4 不同土质工程堆积体边坡径流差异性特征

研究了 5m 坡长、25°坡度条件下不同土质（壤土、黏土、砂土）工程堆积体边坡径流特征。

1. *产流起始时间差异*

图 5-41 为各砾石质量分数条件下 3 种土壤质地工程堆积体产流起始时间随降雨强度的变化。壤土堆积体降雨首先满足入渗，当降雨强度大于入渗率，形成超渗产流，加快径流形成，t_0 减小，砾石质量分数对 t_0 的影响明显，表现为含砾石下垫面的 t_0 均大于土质堆积体，此时砾石阻滞径流形成；黏土堆积体主要发生蓄满产流，黏土遇水易发生黏结，在坡面表层形成结皮层，导致雨水入渗困难，加快表面径流形成，其 t_0 变化趋势与壤土堆积体相似，随降雨强度增大 t_0 减小，尤其在降雨强度≤1.5mm/min 时含砾石下垫面的 t_0 明显小于土质堆积体，此时砾石阻碍降雨入渗，加速坡面径流的形成；与壤土、黏土堆积体相比，砂土堆积体的 t_0 随降雨强度 I 和砾石质量分数 G 变化均较复杂，该现象的原因可能是砂土堆积体的土壤质地较疏松，堆积体中土壤与砾石间接触的紧密程度会对结果造成一定的影响。分析可知，降雨强度由 1.0～2.5mm/min 时，壤土、黏土、砂土工程堆积体平均 t_0 变化范围分别为 2.02～8.12min、3.15～10.49min、4.40～16.46min，且由 1.0mm/min 至 2.0mm/min，递减趋势尤其显著，3 种土壤质地工程堆积体的 t_0 分别缩短 5.59min、6.80min、9.90min；由 2.0mm/min 至 2.5mm/min，t_0 仅缩短 0.51～2.16min。可知，小降雨强度对工程堆积体产流速率的影响更为显著。分析壤土、黏土、砂土 3 种土壤质地堆积体各 16 场试验的平均 t_0，分别为 4.12min、5.71min 和 10.36min，砂土堆积体产流起始时间较壤土和黏土长。相关分析可知，壤土、黏土、砂土工程堆积体的 t_0 与 I 显著相关，相关系数分别为−0.811、−0.876 和−0.651（P<0.01）。

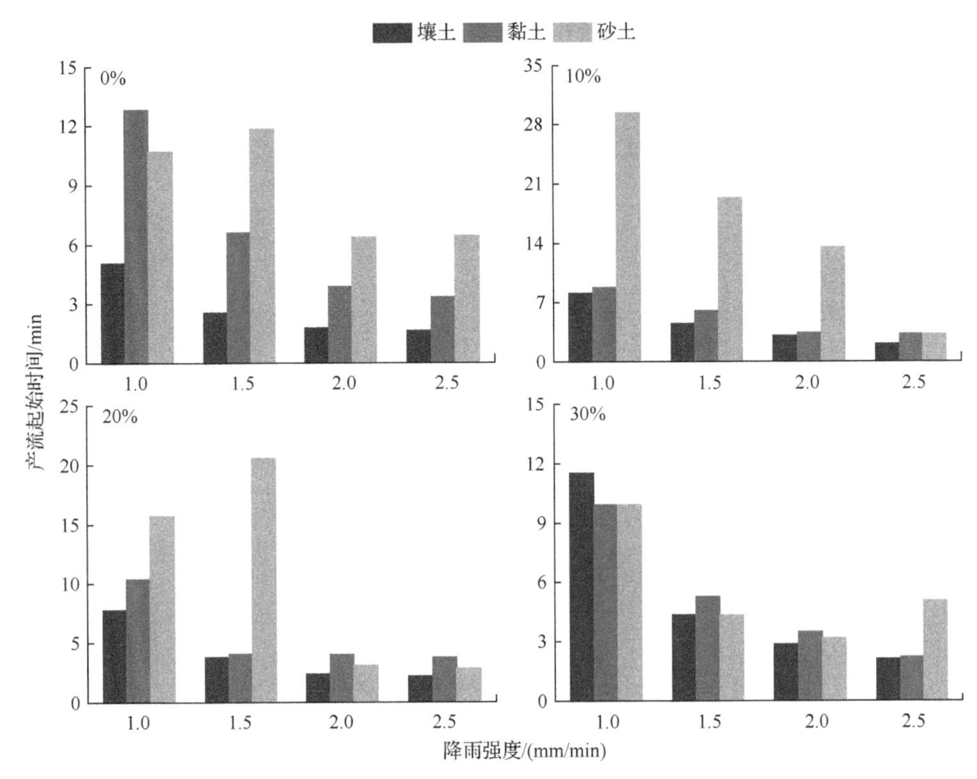

图 5-41　不同砾石质量分数条件下 3 种土壤质地工程堆积体产流起始时间随降雨强度的变化

2. 径流率差异

图 5-42 为不同砾石质量分数条件下 3 种土质工程堆积体在不同降雨强度下坡面径流率随产流历时的变化过程。对于 0%砾石质量分数，不同降雨强度处理下壤土径流率在产流 0～6min 迅速增加，产流 6min 后波动稳定变化，波动次数 1～3 次，变异系数 0.11～0.21。黏土径流率随产流历时增加表现为产流前期（0～6min）快速递增，产流中后期（6min 后）1.0mm/min 降雨强度时缓慢波动增长；1.5～2.5mm/min 降雨强度时稳定变化，变异系数分别为 0.20、0.11、0.12。砂土径流率在 0～45min 始终处于增长状态。对于 10%砾石质量分数，径流率变化过程与 0%砾石质量分数相似。从变异系数角度来看，壤土、黏土、砂土变异系数变化范围依次为 0.06～0.14、0.13～0.26、0.43～0.70，变异程度为砂土＞黏土＞壤土。从最小值角度来看，3 种土质径流率最小值分别为 2.45～7.40L/min、1.11～3.89L/min、0.35～1.36L/min，壤土＞黏土＞砂土。从最大值角度来看，1.0mm/min 和 1.5mm/min 降雨强度处理下 3 种土质径流率以黏土最大，壤土次之，砂土最小。对于 20%砾石质量分数，壤土径流率随产流历时先增加再波动变化，波动次数达 3～6 次。试验降雨强度范围内黏土径流率随产流历时呈先递增再稳定的变化趋势。砂土径

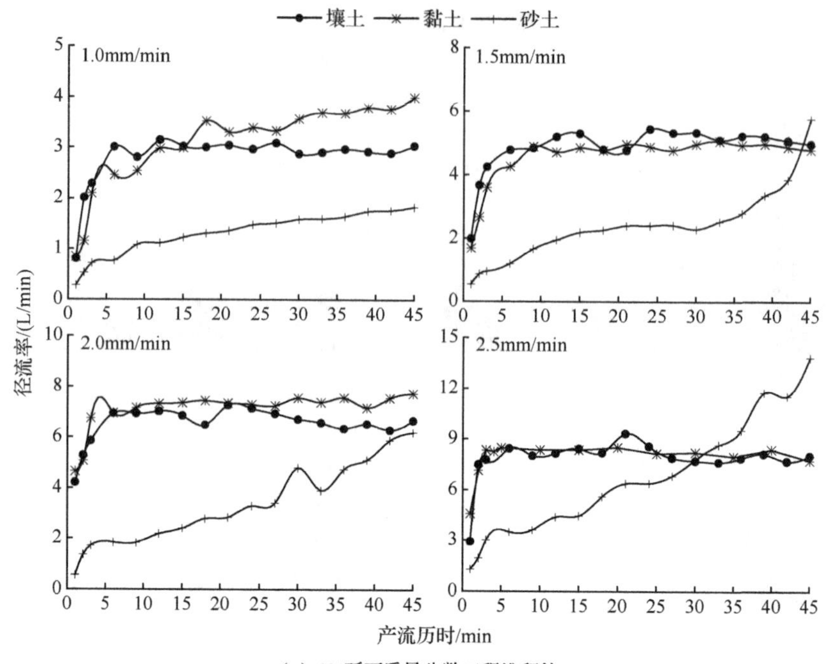

（a）0%砾石质量分数工程堆积体

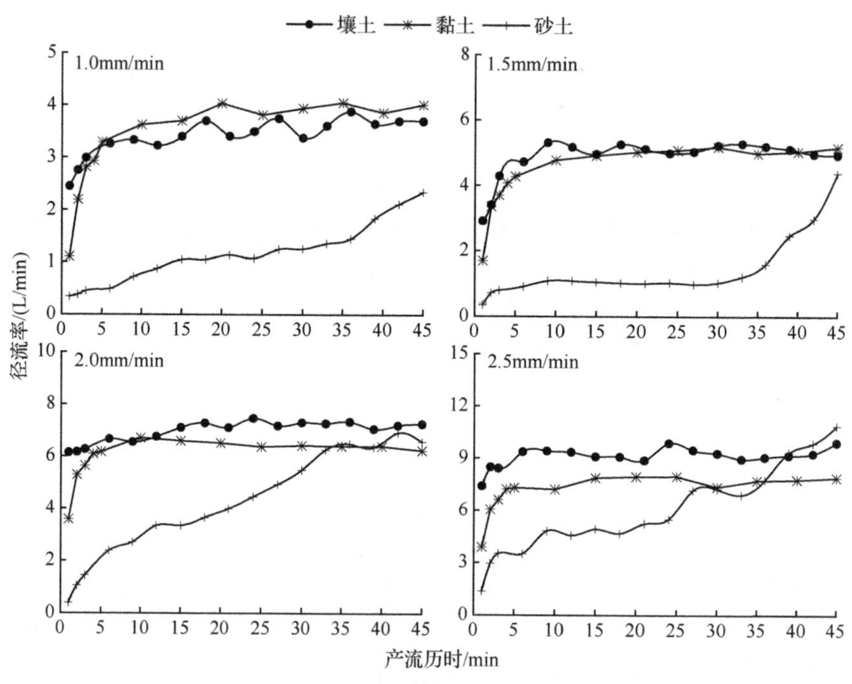

（b）10%砾石质量分数工程堆积体

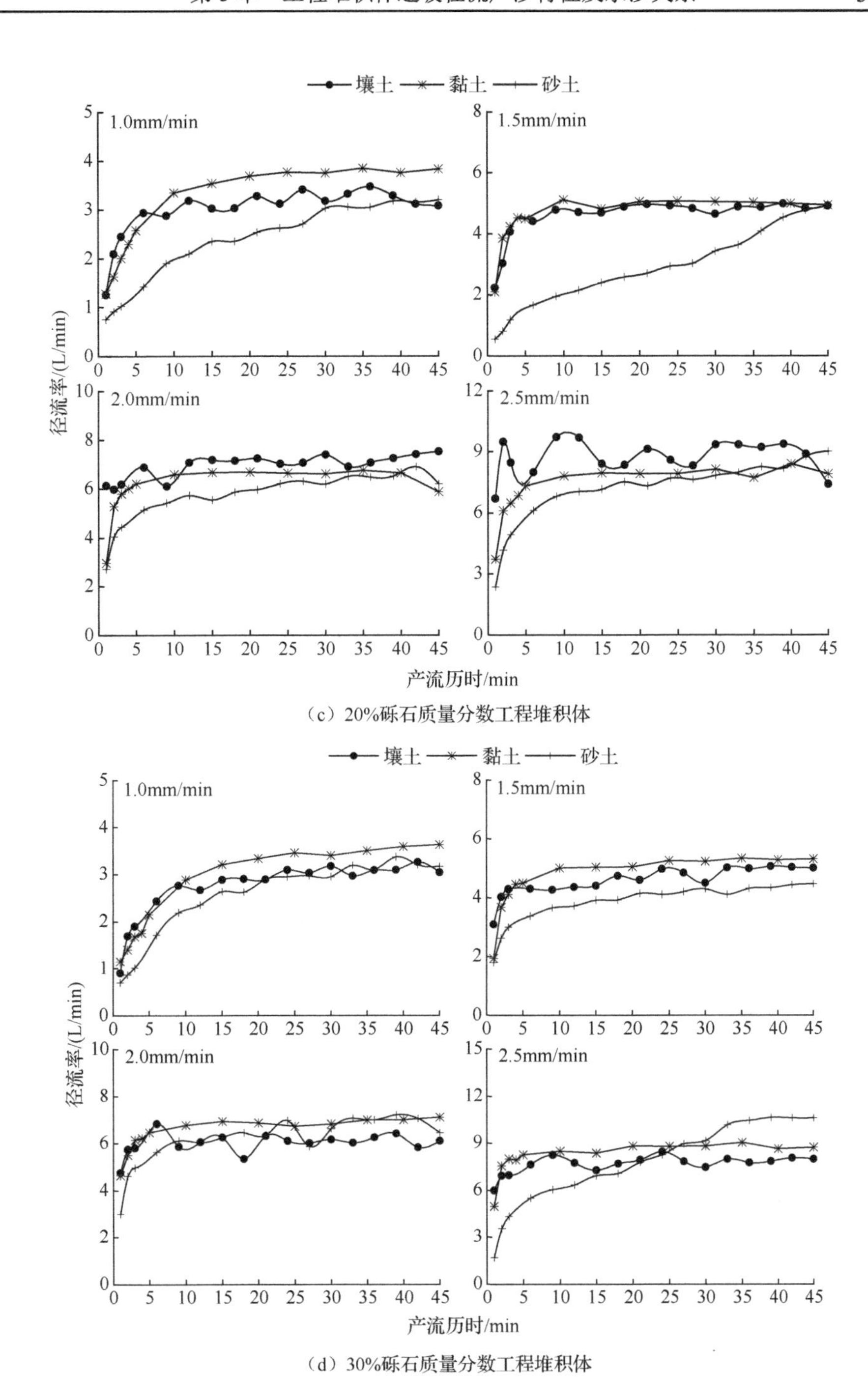

（c）20%砾石质量分数工程堆积体

（d）30%砾石质量分数工程堆积体

图 5-42　不同砾石质量分数条件下 3 种土质工程堆积体在不同降雨强度下坡面径流率随产流历时的变化过程

流率在 1.0～1.5mm/min 降雨强度时呈持续增长趋势；2.0～2.5mm/min 降雨强度时在 0～10min 递增，随后逐渐稳定。剔除降雨强度影响后，3 类土质变异系数分别为 0.13、0.21、0.31，变异程度砂土＞黏土＞壤土。对于 30%砾石质量分数，1.0mm/min 降雨强度时 3 种土质堆积体径流率均在 0～10min 递增，10min 后逐渐趋于稳定，变异系数分别为 0.03、0.07、0.09；1.5～2.0mm/min 降雨强度条件下 3 种土质堆积体径流率均在 0～5min 递增，5min 后稳定波动；2.5mm/min 降雨强度时壤土和黏土径流率在 0～3min 递增，3min 后壤土径流率在 7.26～8.45L/min 波动变化，而黏土径流率在 8.80L/min 附近趋于稳定；砂土在 0～45min 持续增加，变异系数达 0.34。

图 5-43 为不同砾石质量分数条件下 3 种土壤质地工程堆积体平均径流率随降雨强度的变化。3 种土壤质地工程堆积体平均径流率均随降雨强度的增大呈显著递增趋势。降雨强度由 1.0～2.5mm/min，壤土、黏土及砂土堆积体平均径流率在 4 种砾石质量分数下的平均值变化范围分别为 3.01～8.22L/min、3.03～7.94L/min、2.07～7.32L/min，递增幅度为 42.9%～253.4%。砂土工程堆积体平均径流率基本较壤土和黏土低，减少幅度分别为 20.7%和 18.8%，进一步表明砂土松散、易入渗的特性。壤土、黏土和砂土工程堆积体 16 场试验的平均径流率分别为 5.60L/min、5.47L/min 和 4.44L/min，可知，砂土平均径流率最小，壤土最大，黏土居中，该现象的原因可能是土壤机械组成差异，砂土较壤土及黏土质地轻，入渗能力强，导致径流率小。

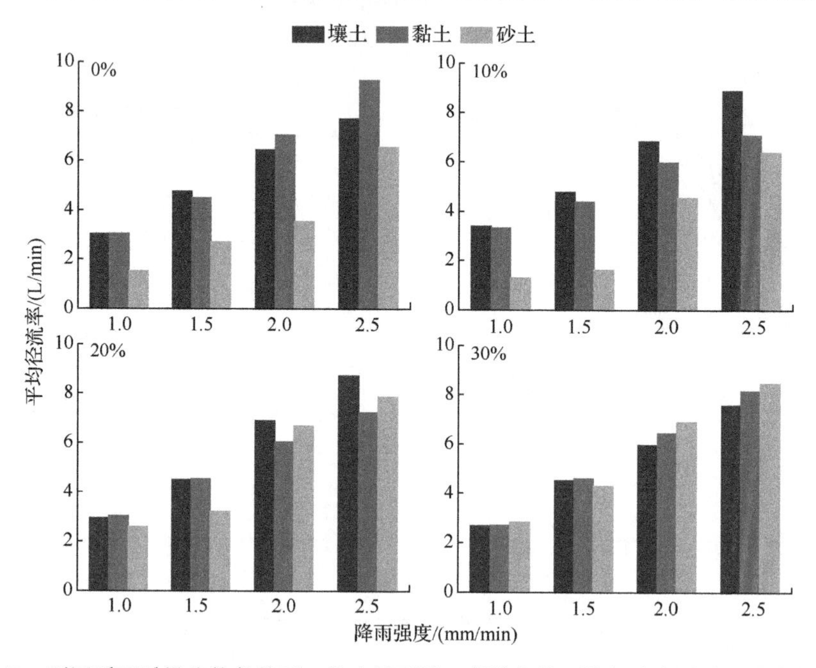

图 5-43　不同砾石质量分数条件下 3 种土壤质地工程堆积体平均径流率随降雨强度的变化

壤土堆积体中不同砾石质量分数下平均径流率差异较小，变幅仅为 5.6%～

15.2%；黏土堆积体表现为土质堆积体的平均径流率最大，可能是由于砾石存在增加入渗，进而减少坡面径流形成，但其差异也较小，变幅为 0.2%～14.6%。与其他土质相比，砂土堆积体在 20%和 30%砾石质量分数的径流率与前两者相近，但在砾石质量分数为 0%和 10%时，较壤土堆积体平均径流率减少 38.4%，较黏土堆积体减少 36.8%。为进一步分析不同砾石质量分数对径流率的影响，综合 3 种土壤质地 4 种降雨强度下砾石质量分数为 10%、20%和 30%的平均径流率分别为 4.89L/min、5.36L/min 和 5.43L/min，即随着砾石质量分数增大，径流率呈递增趋势。土质堆积体的平均径流率介于砾石质量分数为 10%～20%的堆积体，即砾石质量分数对堆积体径流的影响也存在突变。回归分析结果表明，平均径流率（R_r）与降雨强度（I）和土壤质量分数（SG）呈极显著线性关系，见表 5-21。

表 5-21　不同土壤质地工程堆积体平均径流率与降雨强度和砾石质量分数二元逐步回归分析结果

土壤质地	关系式	决定系数 R^2	显著性水平	N
壤土	R_r=3.506I+1.095SG−1.461	0.708	<0.01	16
黏土	R_r=3.320I+1.452SG−1.577	0.811	<0.01	16
砂土	R_r=3.642I−7.758SG−4.666	0.701	<0.01	16

3. 径流流速差异

图 5-44 为不同砾石质量分数下 3 种土质堆积体在不同降雨强度下坡面流速随产流历时的变化过程。对于 0%砾石质量分数，1.0mm/min 降雨强度时 3 种土质堆积体流速以 3min 为转折点，3min 前呈递增趋势，3min 后缓慢上升；1.5～2.5mm/min 降雨强度时壤土、黏土流速在 0～3min 递增，3min 后缓慢增长或趋于稳定，而砂土流速随降雨进行呈持续上升趋势。剔除降雨强度影响可知，3 种土质平均流速最大值依次为 0.11m/s、0.13m/s、0.13m/s，壤土最小，黏土、砂土相等。对于 10%砾石质量分数，1.0～1.5mm/min 降雨强度时 3 种土质堆积体流速同样以 3min 为转折点，3min 前快速增加，3min 后缓慢增加；2.0～2.5mm/min 降雨强度时 3 种土质堆积体流速在产流 10min 后基本达到稳定状态。不同降雨强度处理下 3 种土质堆积体流速变异系数为 0.07～0.21、0.18～0.26、0.11～0.23，壤土波动性最小。对于 20%砾石质量分数，壤土流速在 0～3min 迅速增加，之后逐渐趋于稳定。黏土流速随产流历时变化规律与壤土一致，但在 1.5mm/min 降雨强度 5min 左右和 2.0mm/min 降雨强度 15min 左右出现最小值 0.029m/s 和 0.047m/s。砂土流速递增阶段持续时间较壤土和黏土长，维持在 0～10min，10min 后流速波动变化并趋于稳定。对于 30%砾石质量分数，1.0mm/min 和 2.0mm/min 降雨强度时，3 种土质堆积体流速变化过程大致相同，均表现为产流 3min 内快速增加，3min 后波动变化并趋于稳定；1.5mm/min 降雨强度条件下，壤土和砂土流速变化过程一致，在产流 0～3min 迅速增加，3min 后平稳变化，而黏土流速在产流 0～6min 迅速增加，

随后波动变化并逐渐趋于平稳；2.5mm/min 降雨强度条件下，壤土和黏土流速随产流历时变化规律相同，而砂土流速随试验进行有下降趋势。

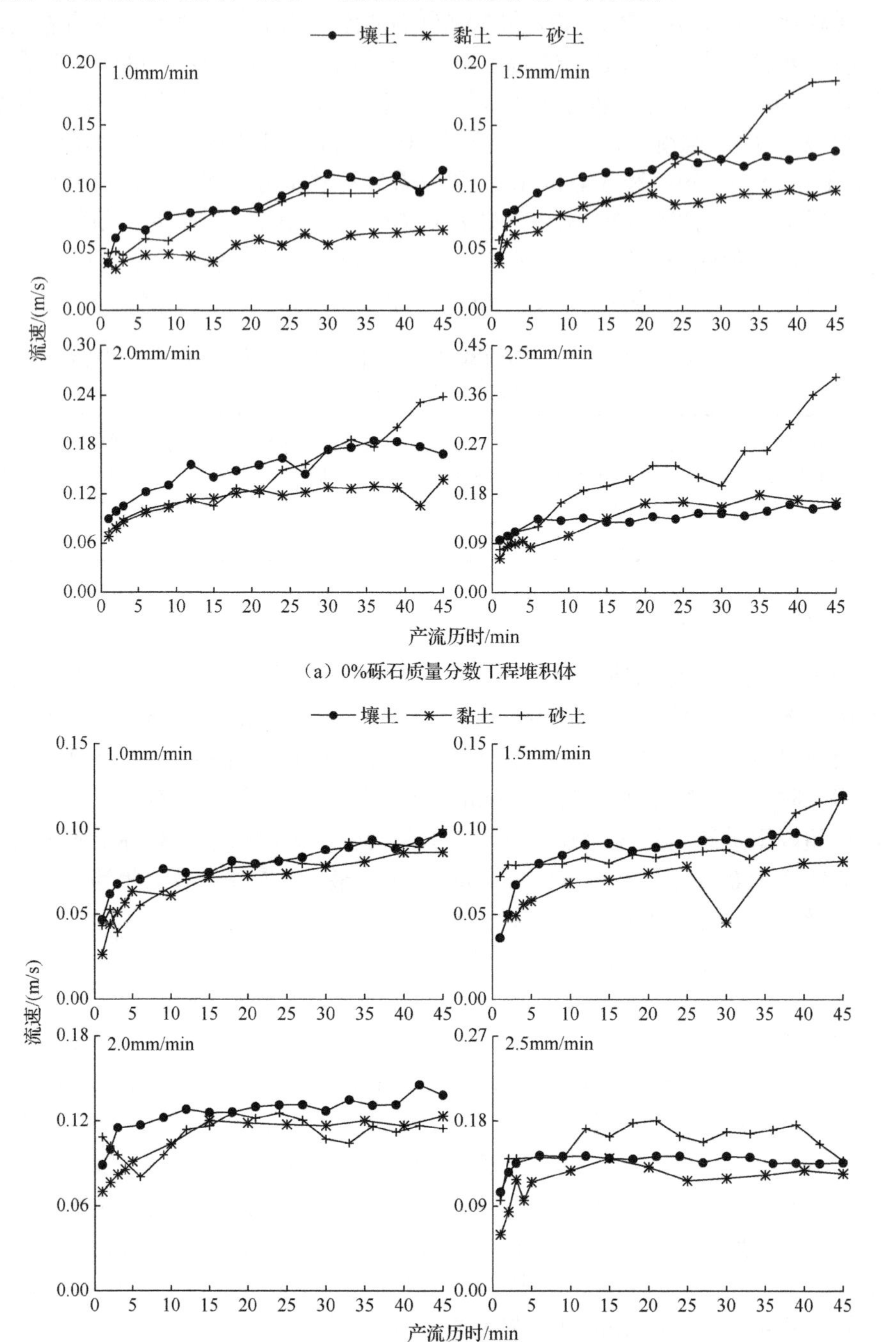

（a）0%砾石质量分数工程堆积体

（b）10%砾石质量分数工程堆积体

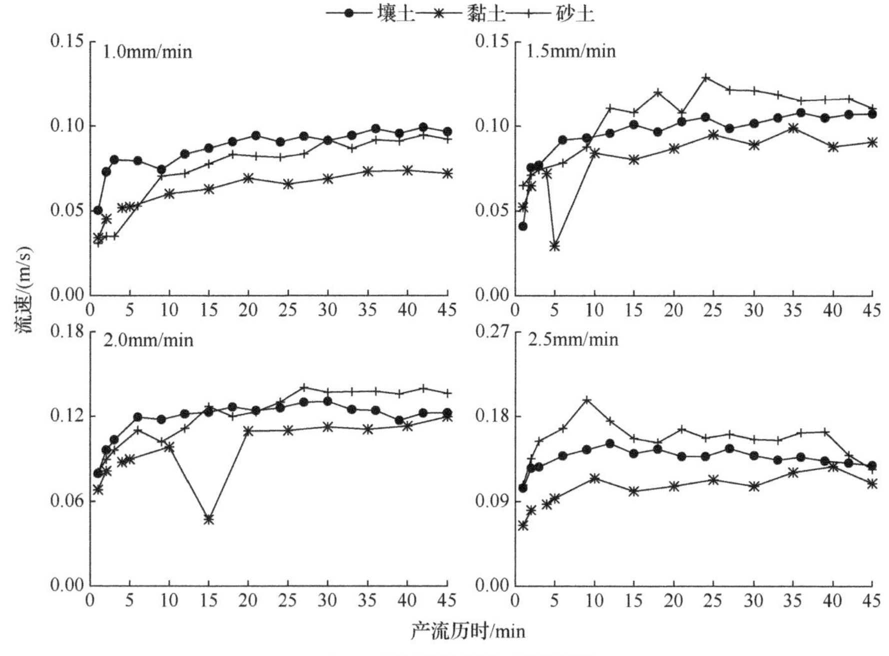

（c）20%砾石质量分数工程堆积体

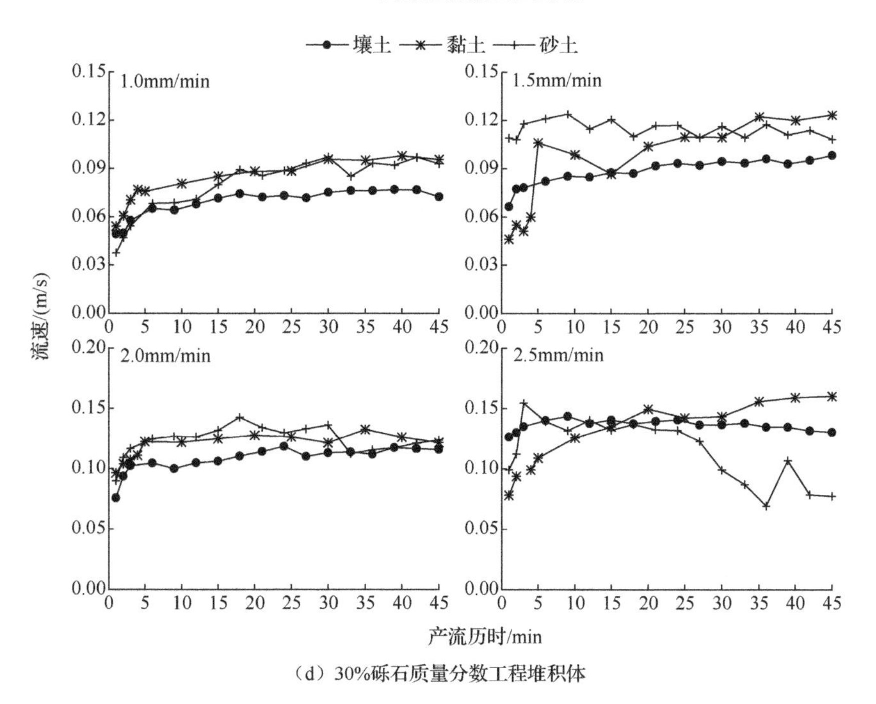

（d）30%砾石质量分数工程堆积体

图 5-44　不同砾石质量分数下 3 种土质工程堆积体在不同降雨强度下坡面流速随产流历时的变化过程

图 5-45 为不同砾石质量分数条件下 3 种土壤质地工程堆积体平均流速随降雨强度的变化。4 种降雨强度下，除砾石质量分数为 30%场次外，不同砾石质量分数的平均流速均表现为黏土堆积体小于砂土、壤土堆积体，降雨强度越大，差异越明显。分析 3 种土壤质地堆积体 16 场降雨的平均流速，砂土堆积体最大，为 0.12m/s，分别是黏土和壤土的 1.3 倍和 1.1 倍，可能是因为土壤性质差异。壤土、黏土和砂土工程堆积体的平均流速随降雨强度增大 1.5～2.5 倍，变化范围分别为 0.08～0.14m/s、0.05～0.13m/s、0.07～0.21m/s，递增幅度分别为 15.1%～79.6%、10.4%～75.3%和 20.1%～108.7%。砂土堆积体平均流速的变化幅度较其他类型大，可能是因为砂土较松散，颗粒间黏结力弱，大降雨强度时很快湿透至底层，小降雨强度时，雨水渗透较慢，在整个过程中降雨分别消耗于入渗和产流，导致不同降雨强度下的流速差异较大。分析相同条件时壤土、黏土及砂土工程堆积体的坡面平均流速，均表现为土质堆积体（砾石质量分数为 0%）最大，含砾石堆积体较其降低 8.3%～27.3%，这是因为砾石阻碍径流流动，增加径流线在坡面的分布。不同砾石质量分数下的平均流速差异不大，主要集中在 0.08～0.11m/s。

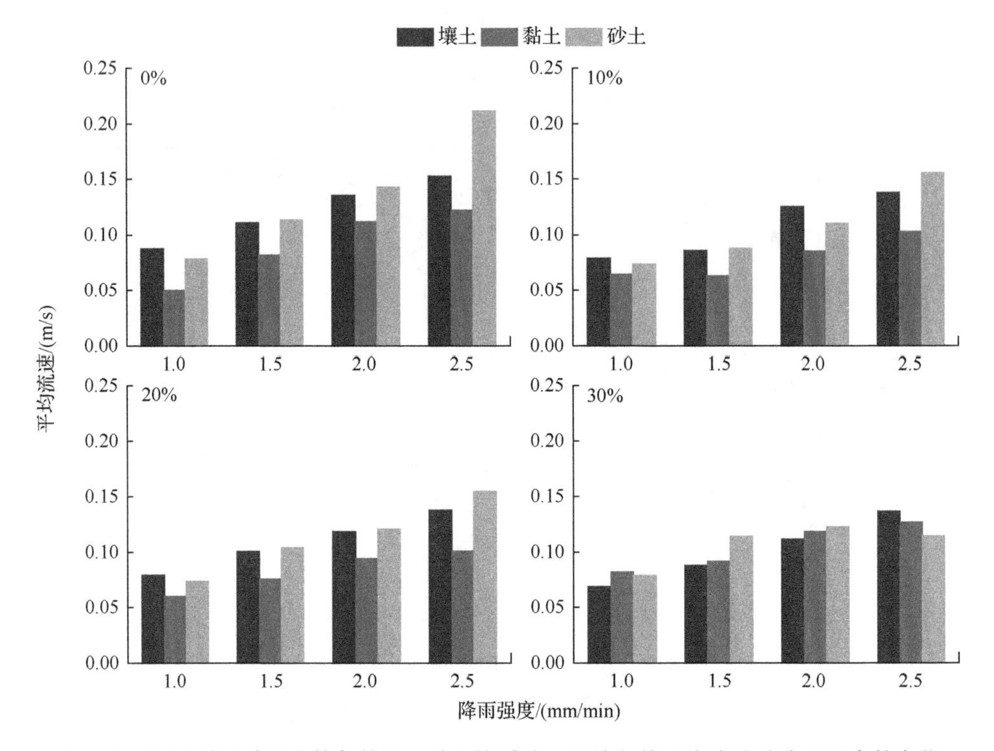

图 5-45　不同砾石质量分数条件下 3 种土壤质地工程堆积体平均流速随降雨强度的变化

通过相关分析可知，壤土、黏土、砂土堆积体的平均流速均与降雨强度显著相关，相关系数分别为 0.944、0.845 和 0.838（$P<0.01$）。表 5-22 为不同土壤质地工程堆积体平均流速与降雨强度和砾石质量分数二元逐步回归分析结果。

表 5-22 不同土壤质地工程堆积体平均流速与降雨强度和砾石质量分数二元逐步回归分析结果

土壤质地	关系式	决定系数 R^2	显著性水平	N
壤土	V=0.043I+0.059SG−0.016	0.953	P<0.01	16
黏土	V=0.034I+0.029	0.811	P<0.01	16
砂土	V=0.054I+0.022	0.687	P<0.01	16

4. 径流侵蚀动力差异

图 5-46 为各试验处理下不同土壤质地工程堆积体坡面水动力学参数变化。由图可知，3 种下垫面的各水动力学参数均随降雨强度增大而增大。随砾石质量分数的增大，各水动力学参数呈减小趋势。比较 3 种土质堆积体水动力学参数大小发现，不同试验处理下其分布规律有所差异。就径流剪切力来说，在砾石质量分数为 0%、10%，降雨强度为 1.0mm/min、1.5mm/min 时，砂土堆积体坡面径流剪切力最小（2.08～2.28N/m^2），较壤土和黏土分别降低 43.75%～58.05%和 47.18%～56.44%；在其他试验条件下，径流剪切力均表现为在砂土堆积体坡面最大，较壤土和黏土分别增大 11.43%～117.83%和 4.94%～108.53%。壤土和黏土堆积体坡面径流剪切力多表现在黏土堆积体坡面最小。就径流功率而言，在砾石质量分数为 0%、10%，降雨强度为 1.0mm/min、1.5mm/min 时，砂土堆积体坡面径流功率均最小（0.17～0.29W/m^2），较壤土和黏土分别降低 37.63%～58.19%和 13.69%～38.33%；在其他试验条件下，径流功率多表现为在砂土堆积体坡面最大，较壤土和黏土分别增大 20.97%～170.44%和 62.47%～184.92%。壤土和黏土堆积体坡面径流功率多在黏土堆积体坡面较小。就单位径流功率而言，各试验条件下，砂土堆积体坡面单位径流功率均高于黏土堆积体坡面，幅度可达 1.62%～85.29%；黏土堆积体坡面单位径流功率多低于壤土堆积体坡面，幅度可达 1.59%～54.32%。整体上，各试验条件下径流水动力学参数多表现为在砂土堆积体坡面最大，壤土堆积体坡面次之，黏土堆积体坡面最小。

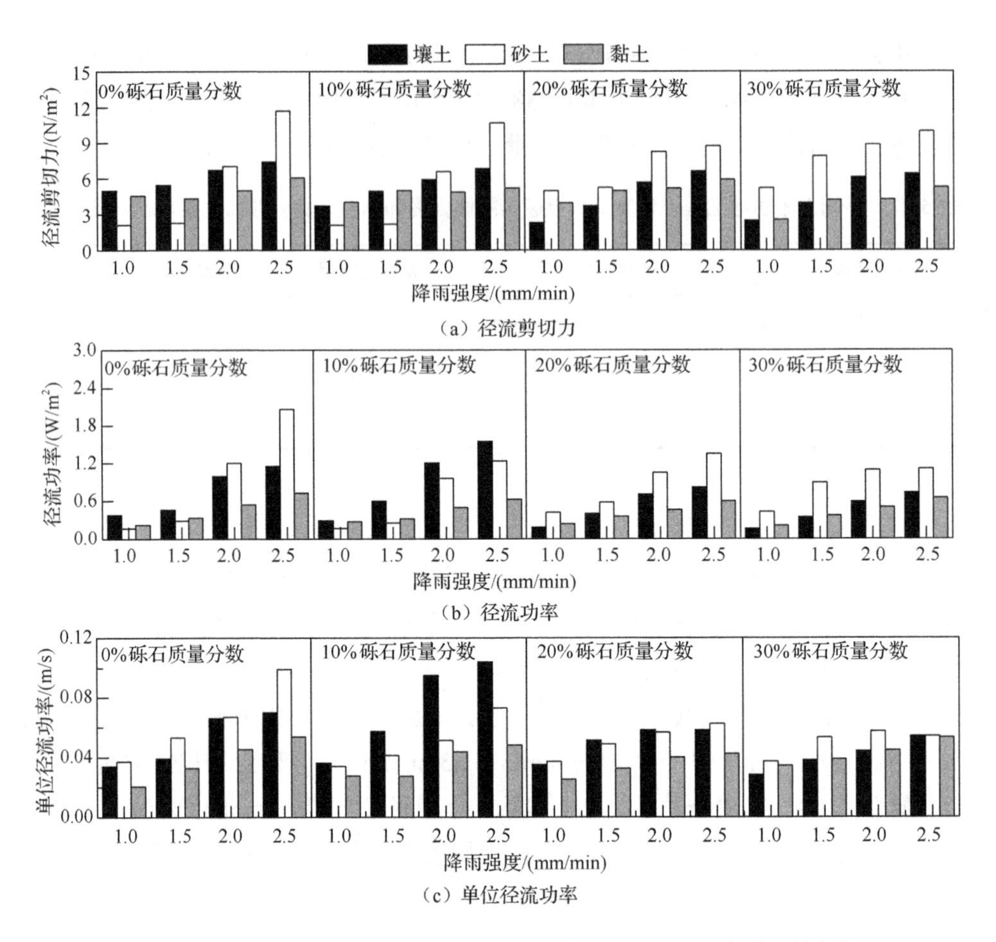

图 5-46　各试验处理下不同土壤质地工程堆积体坡面水动力学参数变化

5.2　工程堆积体边坡产沙特征

5.2.1　壤土工程堆积体边坡产沙特征

1. 不同坡度下壤土堆积体边坡产沙特征

研究了 5m 坡长条件下不同坡度（15°、25°、30°和 35°）的壤土工程堆积体边坡产沙特征。

1）产沙速率变化特征

（1）产沙速率变化过程。工程堆积体下垫面中的砾石改变了坡面径流路径，使得坡面流速发生变化，相对于一般侵蚀定义而言，工程堆积体侵蚀更加复杂，不仅发生水土资源损失，同时还包括其他杂质（砾石、弃渣、建筑垃圾等）。图 5-47

为不同砾石质量分数壤土堆积体在不同降雨强度及坡度条件下产沙速率随产流历时的变化过程。

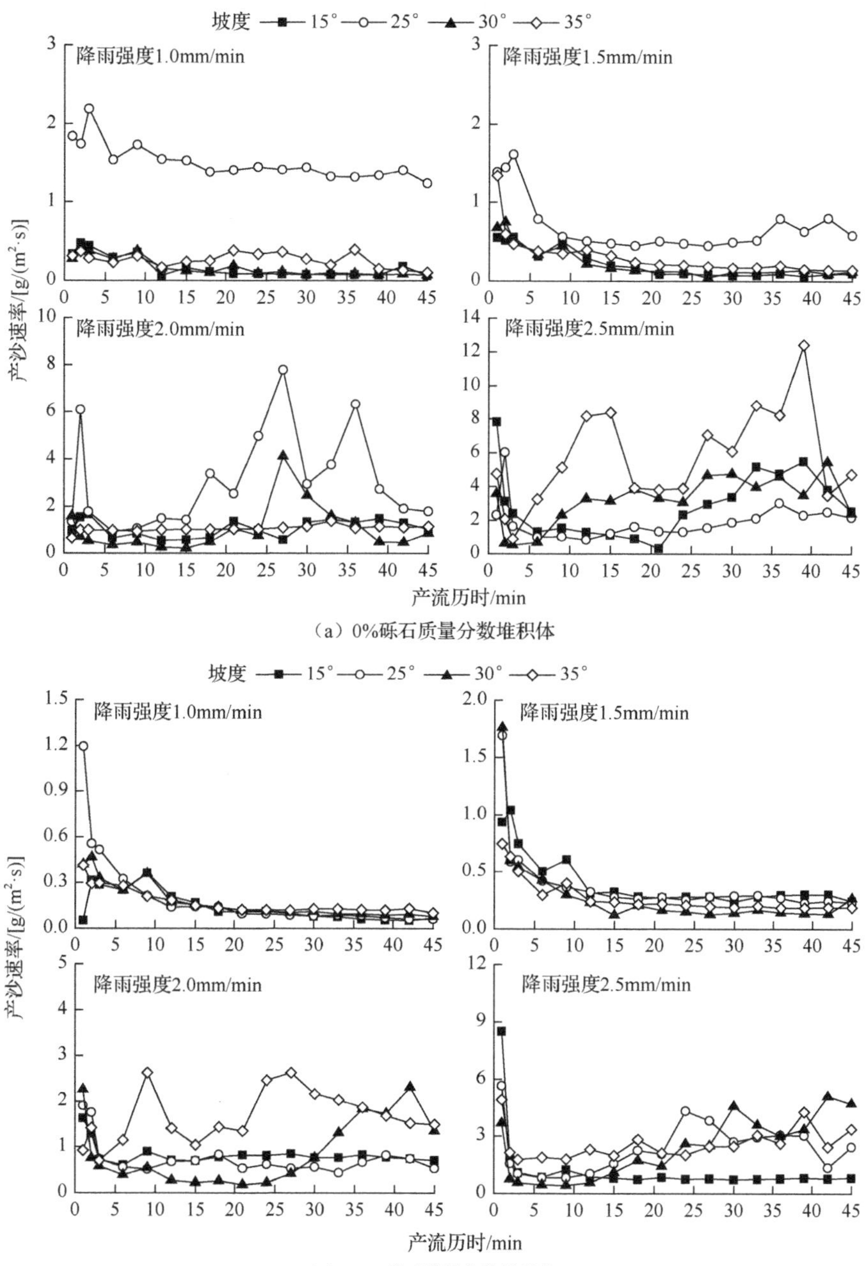

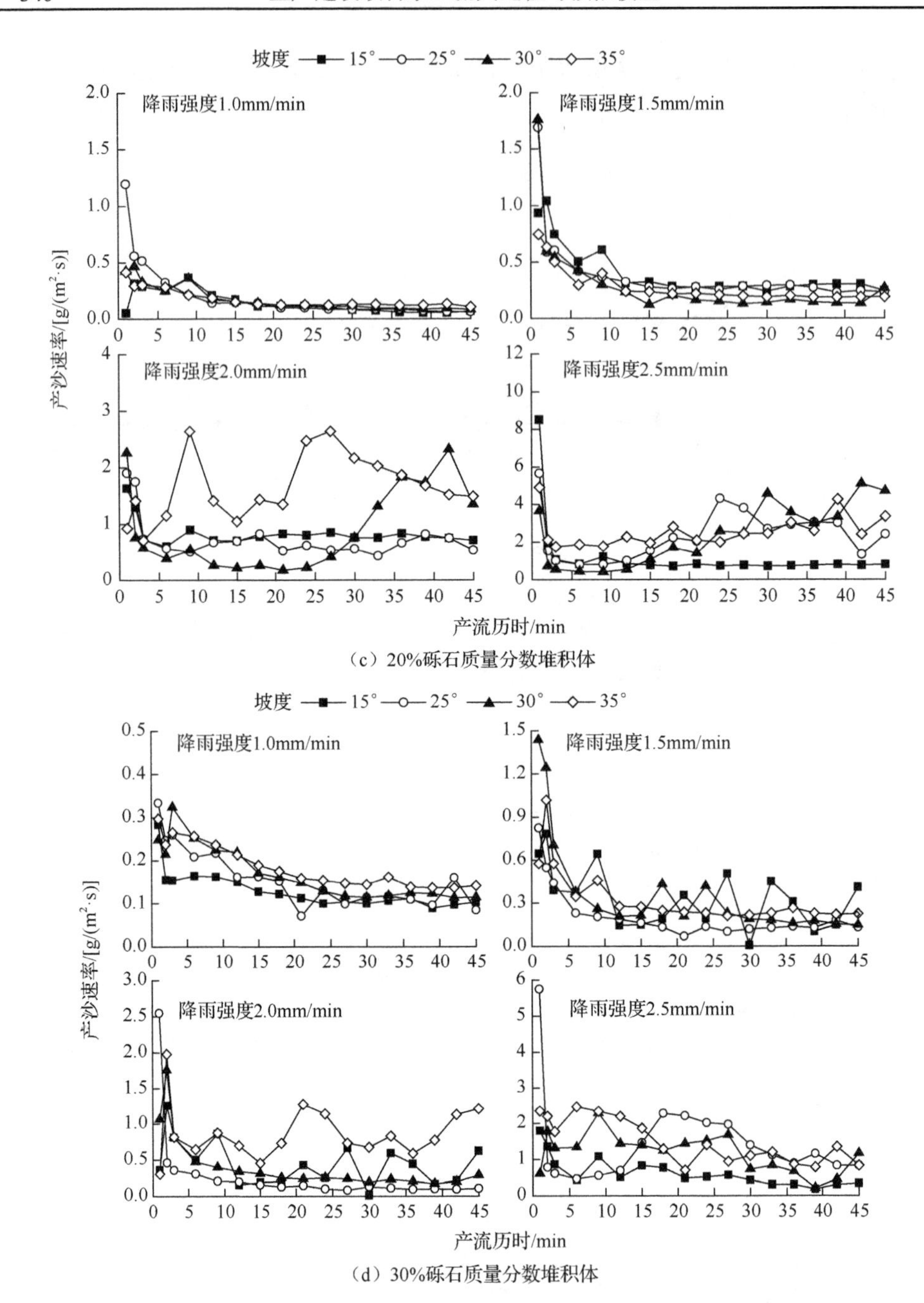

（c）20%砾石质量分数堆积体

（d）30%砾石质量分数堆积体

图 5-47　不同砾石质量分数壤土堆积体在不同降雨强度及坡度条件下产沙速率随产流历时的变化过程

产沙速率随产流历时可划分为 2 个阶段：①产流开始至 12min 左右，产沙速率随产流历时呈波动递减趋势，产流 12min 后产沙速率趋于相对稳定。在产流初期，下垫面表层为土、石混合介质，经降雨击溅，径流冲刷、剥蚀、搬运，原相互黏结的土石发生分离，由于砾石质量较大，径流无法对其造成冲刷，仅带走砾石间的土壤细颗粒，此时的产沙速率主要决定于径流的剥蚀、搬运能力与堆积体下垫面自身的抗蚀性能，造成产沙速率波动性较大。②大致经过12min时，堆积体表层可供侵蚀的细颗粒减少，此时径流侵蚀力与下垫面的抗蚀力大致趋于相对平衡，径流只能带走堆积体下垫面较深层次的土粒，且由于径流趋于相对稳定，水流挟沙力较稳定，产沙速率随产流历时波动性较小。

从图5-47中可知，随降雨强度增大，产沙速率显著递增。不考虑坡度影响下，在降雨强度为1.0mm/min时，12min稳定后砾石质量分数0%、10%、20%和30%的产沙速率均值分别为8.58g/(m^2·s)、6.54g/(m^2·s)、7.49g/(m^2·s)和7.90g/(m^2·s)，仅占产流前12min平均产沙速率的42.36%、32.38%、41.64%和57.70%；当降雨强度为1.5mm/min时，4种砾石质量分数下12min稳定后产沙速率较降雨强度1.0mm/min增大60.09%～110.81%，产流前12min平均产沙速率递增幅度可达83.19%～135.34%，后者可达前者的2.55～2.70倍。主要是因为下垫面条件一致时，降雨强度增大，单位时间内降雨量显著递增，降落雨滴的直径呈递增趋势，对坡面的溅蚀能力显著提升，且形成坡面径流量增多，会使得径流对堆积体表层的剥蚀、搬运能力加强，最终水土流失量显著递增。剔除降雨强度、砾石质量分数影响分析坡度对产沙速率影响，可知12min稳定后产沙速率均值随坡度变化表现为30°＜15°＜35°＜25°，其变化范围为8.82～13.42g/(m^2·s)，递增幅度达52.17%；在产流前12min平均产沙速率表现为15°＜35°＜30°＜25°，15°为24.33g/(m^2·s)，仅占25°的73.64%。可知，工程堆积体产沙速率随坡度变化存在一个临界转折点，大致在25°。剔除降雨强度、坡度影响，分析砾石对产沙速率的影响可知，在两个不同产沙速率阶段，平均产沙速率均表现为0%（土质堆积体）大于含砾石坡面，在12min稳定后产沙速率阶段，0%较含砾石的产沙速率递增5.00%～16.59%，对比产流前12min平均产沙速率可知，0%较含砾石的产沙速率递增0.62%～28.69%。

从图5-47中可以看出，除1.0mm/min降雨强度、坡度35°、砾石质量分数为0%次降雨中产沙速率峰值出现时间在产流开始后36min，产沙速率在产流后期出现突然递增的原因可能是大坡度下土质堆积体出现细沟，沟壁坍塌，形成高含沙水流，而在其他90%场次降雨下的产沙速率峰值均在产流前3min。通过产沙速率峰值出现时间及产流前12min平均产沙速率和12min稳定后平均产沙速率两方面分析可知，堆积体侵蚀主要发生在产流初期12min左右。在设计堆积体防护中，尤其注重产流初期水土流失防护，做好初期措施配置。

偏相关性分析得出，12min后稳定期平均产沙速率、产流前12min平均产沙速率均与降雨强度相关性显著，平均产沙速率与降雨强度、砾石质量分数、坡度差异性分析结果见表5-23。由表可知，砾石质量分数对平均产沙速率影响在产流初期较显著，而坡度对其影响在产沙稳定期更显著，且砾石质量分数、坡度与平均产沙速率均呈负相关关系。两个不同侵蚀阶段的产沙速率与降雨强度、砾石质量分数的关系可分别用式（5-22）和式（5-23）表示。

产流前 12min 平均产沙速率：

$$Y_{\text{r初期}} = 1.093 I^{1.770} G^{0.705}, R^2 = 0.748, P < 0.01, N = 32 \quad (5\text{-}22)$$

12min 后稳定期平均产沙速率：

$$Y_{\text{r稳定}} = 0.693 I^{1.384}, R^2 = 0.429, P < 0.01, N = 32 \quad (5\text{-}23)$$

式中，$Y_{\text{r初期}}$为产流前 12min 平均产沙速率[g/(m^2·s)]；$Y_{\text{r稳定}}$为 12min 后稳定期平均产沙速率[g/(m^2·s)]。

表 5-23　平均产沙速率与降雨强度、砾石质量分数、坡度差异性分析

时间	降雨强度		砾石质量分数		坡度	
	相关系数	显著性水平	相关系数	显著性水平	相关系数	显著性水平
产流初期（前 12min）	0.782	0.000	−0.226	0.248	−0.061	0.760
稳定期（12min 后）	0.584	0.001	−0.023	0.908	−0.104	0.600

分析可知，稳定产沙速率与稳定流速显著相关，相关系数为 0.443（P<0.05），产流前 12min 平均产沙速率与产流前 3min 平均流速显著相关，相关系数为 0.420（P<0.05），过程平均产沙速率与平均流速相关性显著，相关系数为 0.590（P<0.01）。

（2）平均产沙速率。坡面土壤侵蚀的外营力，一方面来自降雨雨滴产生的冲击力，破坏土壤颗粒间黏结性，使原来复粒结构分散为单粒，极易随径流沿坡面流出小区，造成流失；另一方面，在降雨初期，下垫面干燥，雨水降落后立即入渗，当降雨强度大于入渗强度时，坡面表层形成的径流产生巨大的剥蚀及搬运作用。产沙速率可以直观地反映坡面在任一时刻的侵蚀状况，对于明确坡面侵蚀过程具有重要意义。平均产沙速率（Y_r）为单位时间单位面积内产生的泥沙量，指在次降雨过程中产沙速率达到稳定时段内的平均值，不同砾石质量分数壤土工程堆积体在不同降雨强度下平均产沙速率随坡度变化见图 5-48。当降雨强度为 2.0mm/min、2.5mm/min 时，随砾石质量分数的增加，平均产沙速率总体呈现下降趋势，且砾石质量分数由 0%增至 10%时，递减趋势尤其显著，最大可减少 59.94%，随砾石质量分数继续增加，其递减趋势减缓。在 30°及 35°坡降雨强度为 2.5mm/min 时砾石质量分数为 20%的平均产沙速率大于砾石质量分数为 10%，可能是因为降雨强度达到暴雨级别，冲刷出侵蚀沟时间较早且数量较多，此时的产沙速率加强。砾石质量分数增至 30%时平均产沙速率又下降，这可能是因为侵蚀到一定程度时，一方面砾石裸露度过大，大部分雨滴击打在砾石表面，另一方面上部径流流动时阻力加大，从而使平均产沙速率下降。当降雨强度为 1.0mm/min 及 1.5mm/min

时，平均产沙速率变化近似平行直线，仅为 2.5mm/min 时的 2.19%～23.42%和 4.00%～55.23%，因此降雨强度对平均产沙速率的影响显著。随坡度增大平均产沙速率也明显增加，砾石质量分数为 0%、10%、20%、30%的产沙速率随坡度从 15°增至 35°分别增加 5.56%～61.18%、10.2%～75.5%、42.9%～101.41%、15.56%～62.82%。由此可知，砾石质量分数增加至 20%后，平均产沙速率增加程度明显降低并且在 30%含量时还出现平均产沙速率减弱的趋势，这是因为降雨强度过大，土壤颗粒的侵蚀搬运过早结束，砾石阻挡与供沙不足。逐步分析可知，平均产沙速率与降雨强度及砾石质量分数相关性显著，相关系数分别为 0.724（$P<0.01$）、0.290（$P<0.05$），可用式（5-24）表示。

$$Y_{\mathrm{r}} = 99.057I - 198.198G - 82.280, R^2 = 0.607, P < 0.01, N = 64 \qquad (5\text{-}24)$$

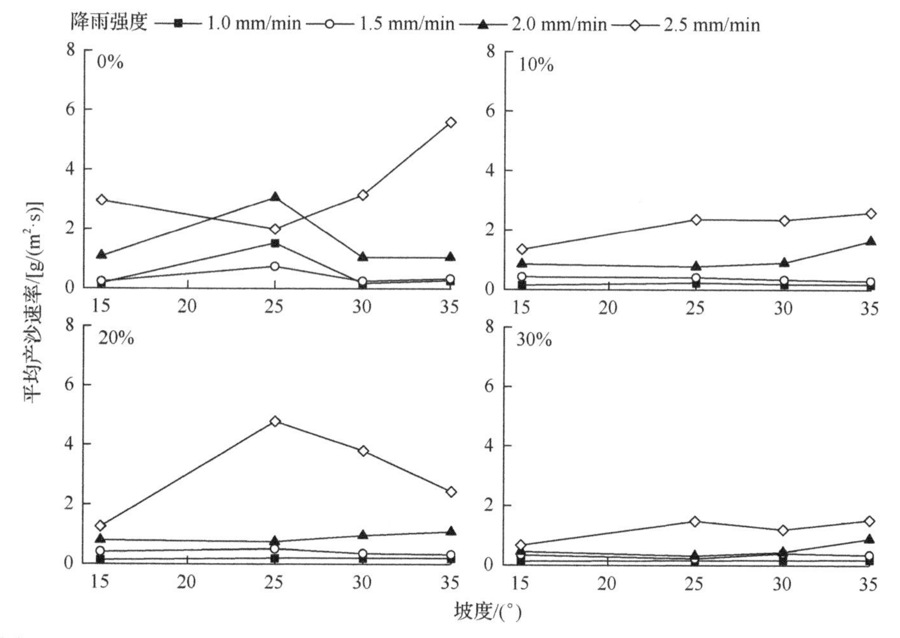

图 5-48　不同砾石质量分数壤土工程堆积体在不同降雨强度下平均产沙速率随坡度变化

2）含沙量变化特征

图 5-49 为不同砾石质量分数堆积体在不同降雨强度及坡度条件下含沙量随产流历时的变化。0%砾石质量分数条件下，土质堆积体在不同降雨强度和坡度下含沙量随产流历时呈波动变化。由图可知，降雨强度为 1.0mm/min 时，35°坡度下含沙量随产流历时呈大幅度波动变化，而其他 3 种坡度下含沙量在前 20min 时呈波动变化，随后趋于平缓，各个坡度下含沙量变化范围分别为 4.22～48.60g/L、8.13～77.91g/L、7.66～64.68g/L、12.69～66.02g/L，其变异系数随坡度的增加而降低，分别为 96.23%、84.82%、84.57%和 41.05%；降雨强度为 1.5mm/min 时，各坡度条件下含沙量前 5min 直线下降，随后趋于平缓变化，变化范围分别为 2.77～

40.33g/L、25.85～218.18g/L、3.39～75.59g/L、10～148.41g/L，其变异系数随坡度的增加呈波动变化；当降雨强度为 2.0mm/min 和 2.5mm/min 时，各坡度下含沙量前 5min 直线下降，随后随产流历时呈波动变化，其变异系数也呈波动变化。

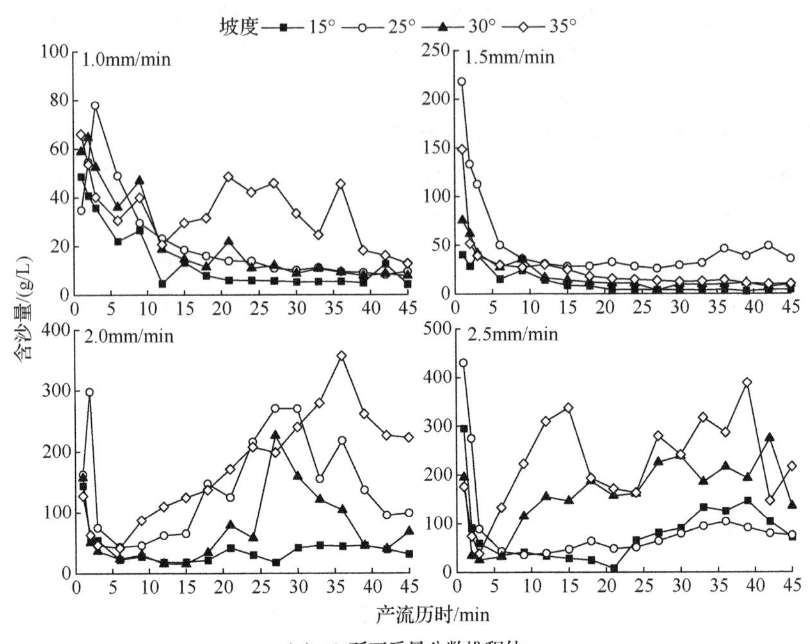

（a）0%砾石质量分数堆积体

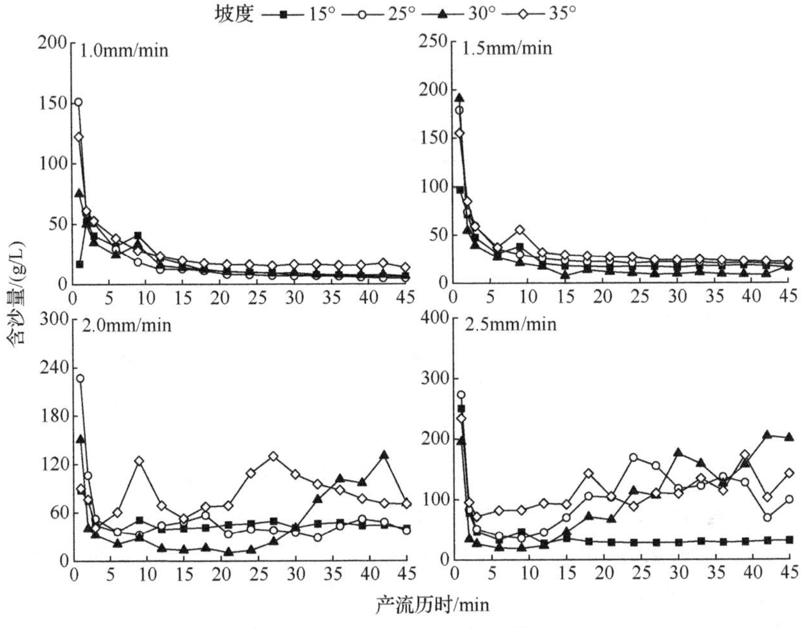

（b）10%砾石质量分数堆积体

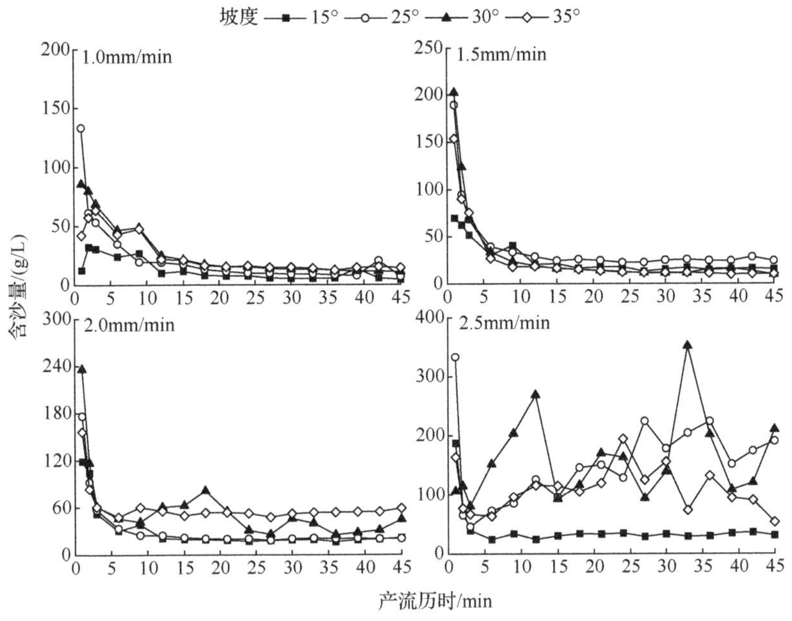

（c）20%砾石质量分数堆积体

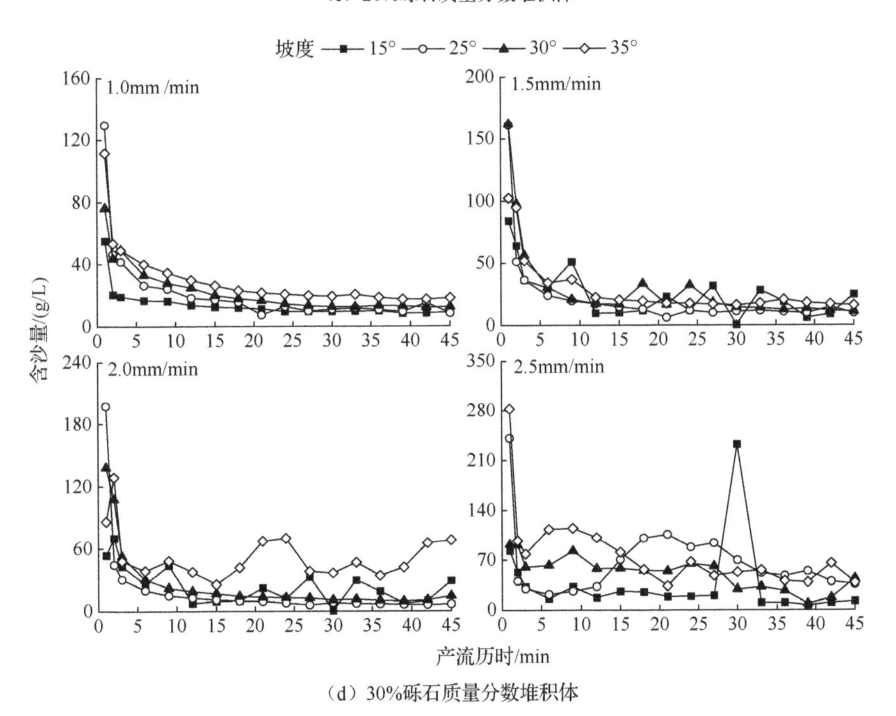

（d）30%砾石质量分数堆积体

图 5-49　不同砾石质量分数堆积体在不同降雨强度及坡度条件下含沙量随产流历时的变化

10%砾石质量分数条件下，与土质堆积体类似，在 5min 前，各坡度条件下径流含沙量随降雨历时呈急剧的下降趋势。在 6min 后，除了降雨强度为 2.0mm/min 和 2.5mm/min 时，坡度为 30°和 35°条件下的含沙量随产流历时呈波动变化外，其他坡度均呈平缓趋势。20%砾石质量分数条件下，坡度为 15°时，在任意降雨强度下，含沙量前 5min 直线下降，随后趋于平缓，其他坡度在降雨强度为 2.5mm/min 时，含沙量前 5min 直线下降，随后随产流历时呈波动变化。30%砾石质量分数条件下，降雨强度为 1.0mm/min 时，各坡度下含沙量前 5min 直线下降，随后趋于平稳变化，其波动范围分别为 8.33～55.29g/L、8.38～129.45g/L、12.20～76.27g/L 和 17.19～111.47g/L。降雨强度为 1.5mm/min，坡度为 15°和 30°下含沙量随产流历时呈波动变化，而 25°和 35°坡变化趋势与降雨强度为 1.0mm/min 时相似。降雨强度为 2.0mm/min 时，除坡度 35°外，其他坡度下含沙量前 5min 直线下降，随后随产流历时呈平缓变化，而 35°坡后期呈波动变化。降雨强度为 2.5mm/min 时，各坡度下含沙量前 5min 呈直线下降，随后随产流历时呈波动变化，坡度为 15°时，在 30min 含沙量直线上升，随后下降，平缓变化。

分析可知，侵蚀产沙是降雨和下垫面因素共同作用的结果。在坡面径流形成初期，地面分散着许多细小的土粒，一些较大的土粒经雨滴击溅、浸泡等作用分解成小土粒，可运移的细小物质较多。径流形成后会有明显的水波出现，并以不规则扇面的形式流动，导致一开始的径流含沙量较大，随着可运移的细小物质不断减少，侵蚀产沙量减小。下垫面分散着不同粒径的砾石，地面粗糙度高，砾石对水流有明显的消能作用，砾石的来水面往往表现为泥沙沉积，小坡度下，尽管降雨强度大，径流动能仍较小，冲刷能力弱，坡面仅有面蚀发生，因此径流含沙量随降雨历时波动变化较为平缓。随着坡度增大，在降雨强度较大的情况下，径流动能增大，冲刷和挟沙能力变强，此时坡面出现细沟，并成为泥沙输移的主要来源。坡度较大，降雨强度较小时，径流动能和挟沙能力较小，坡面仍以面蚀为主。分析可知，大的降雨条件下，径流冲刷坡面形成跌坎，随着时间的延续，跌坎不断贯通形成细沟侵蚀，因径流的冲刷作用，沟头和沟壁时有重力崩塌发生，大量的泥沙进入沟道，被径流携带输移出坡面。分析可知，坡面砾石质量分数多，砾石在阻滞径流的同时，也使砾石两侧水流的紊动性增强，从而较容易引起冲淘，带起泥沙，这一现象往往在坡面的中下部较容易发生，同时该部位径流量和径流动能大，跌坎和细沟多易发生。随着降雨的持续，沟头和沟壁崩塌的土石体进入沟道，土体在沟头不断来水的情况下，逐渐崩解变为高含沙径流，快速流出小区。崩塌的随机性使径流含沙量呈现剧烈的上下波动状态。

图 5-50 为不同砾石质量分数壤土工程堆积体在不同降雨强度下平均含沙量随坡度的变化。同一砾石质量分数和降雨强度下，平均含沙量随坡度呈波动变化。由图可知，砾石质量分数为 0%时，同一坡度条件下，平均含沙量随降雨强度增大而增大，降雨强度为 1.0mm/min 和 2.5mm/min 时，平均含沙量随坡度增加而增加，坡度每增大 1°，平均含沙量增加 0.02～2.33g/L 和 3.24～11.99g/L；降雨强度为 1.5mm/min 和 2.0mm/min 时，平均含沙量随坡度增加呈波动变化，最大值在 35°坡度下观测到，分别为 56.09g/L 和 164.01g/L。其余 3 种砾石质量分数，同一降雨强度下平均含沙量随坡度增加呈波动变化。分析可知，总体趋势上，坡度相同时，径流平均含沙量随降雨强度的增大而增大。降雨强度较小时，平均径流含沙量的差异较小，随降雨强度增大，平均径流含沙量随坡度增大。

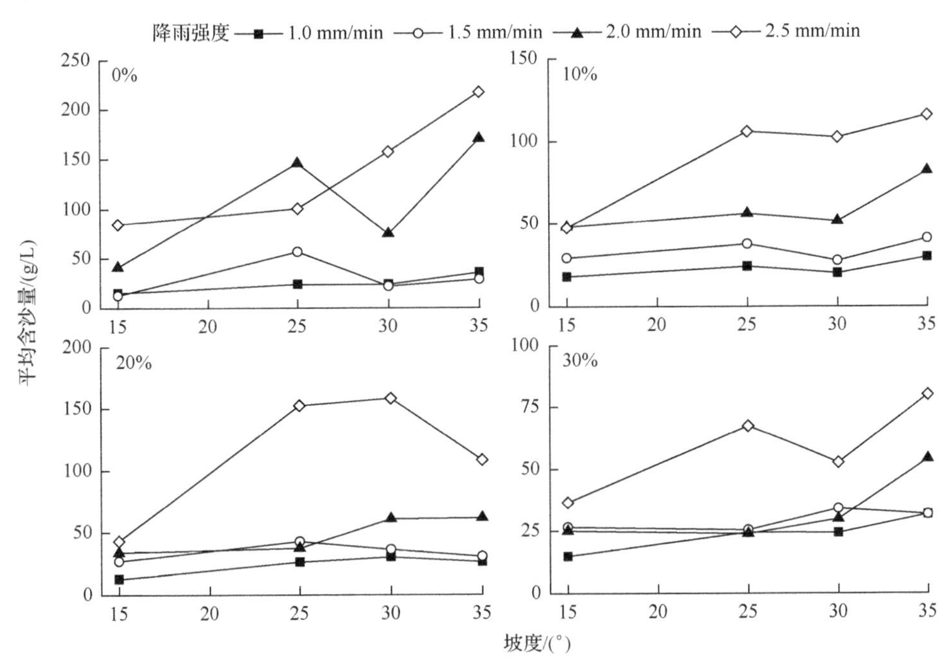

图 5-50　不同砾石质量分数壤土工程堆积体在不同降雨强度下平均含沙量随坡度的变化

2. 不同坡长下壤土堆积体边坡产沙特征

研究了 25°坡度条件下不同坡长（3.0m、5.0m、6.5m 和 12.0m）的壤土工程堆积体边坡产沙特征。

1）产沙速率变化特征

（1）产沙速率变化过程。图 5-51 为不同砾石质量分数壤土堆积体在不同降雨强度及坡长条件下产沙速率随产流历时的变化。

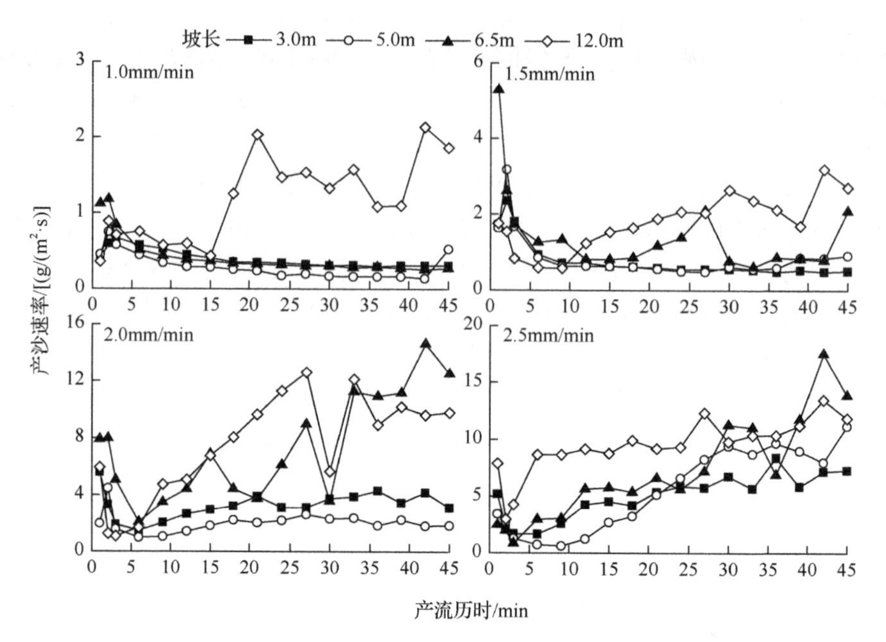

（a）0%砾石质量分数堆积体

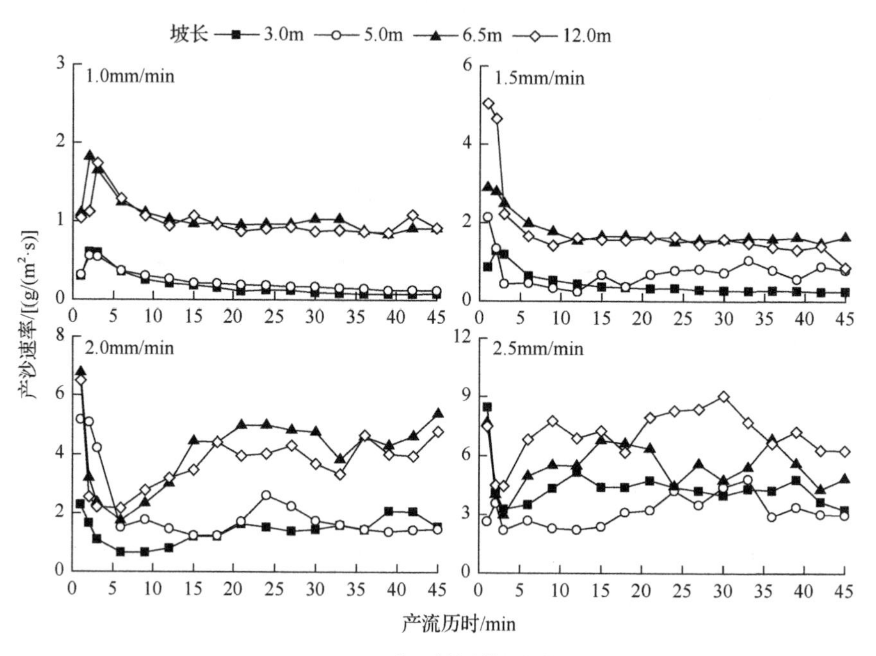

（b）10%砾石质量分数堆积体

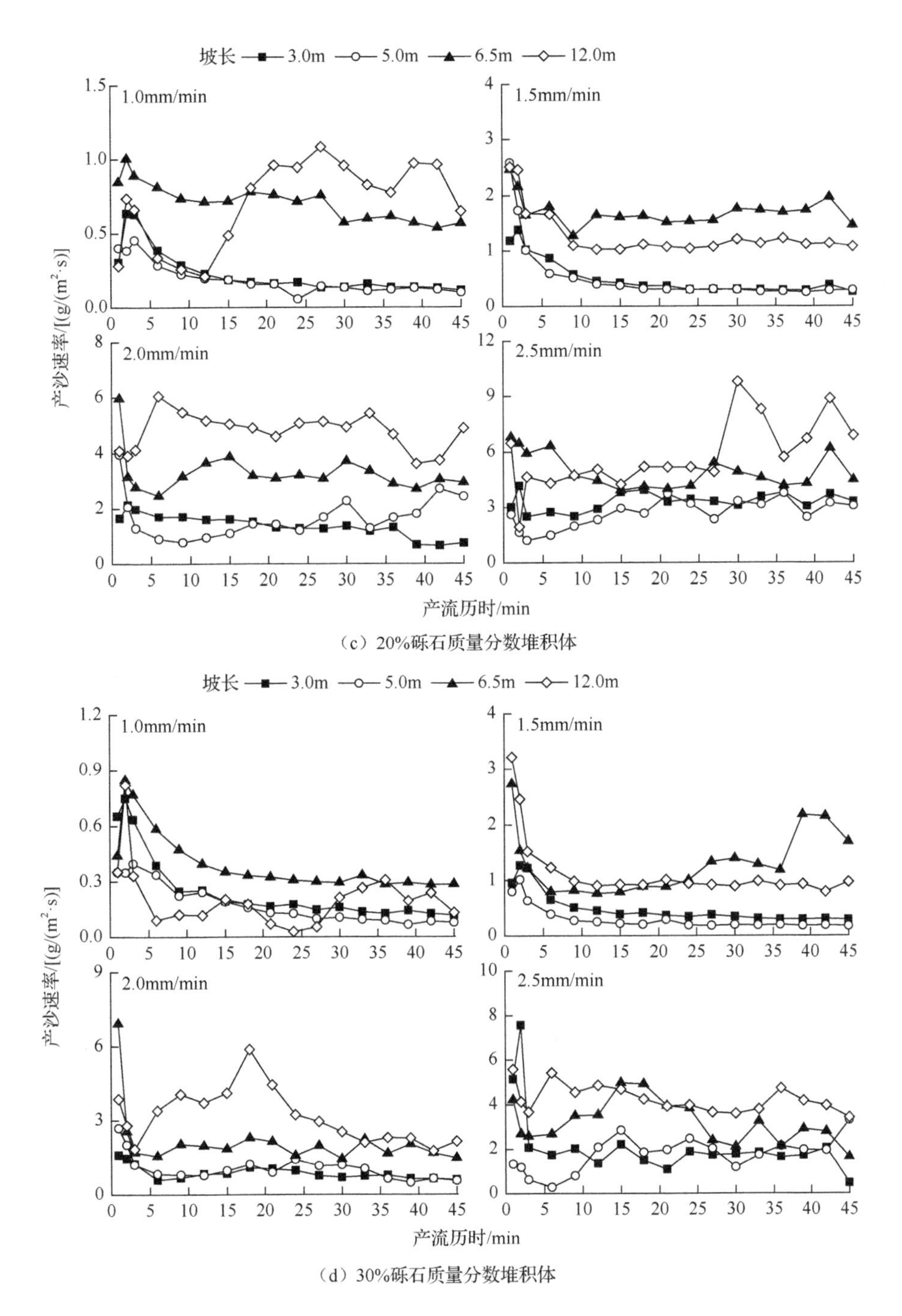

（c）20%砾石质量分数堆积体

（d）30%砾石质量分数堆积体

图 5-51　不同砾石质量分数壤土堆积体在不同降雨强度及坡长条件下产沙速率随产流历时的变化

0%砾石质量分数条件下，当降雨强度为 1.0mm/min 和 1.5mm/min 时，3.0m、5.0m、6.5m 坡长下的产沙速率在产流前 5min 取得最大值，分别为 0.67g/(m^2·s)、0.75g/(m^2·s)、1.18g/(m^2·s)和 2.36g/(m^2·s)、3.17g/(m^2·s)、5.29g/(m^2·s)，随后产沙速率骤降，并趋于平缓；坡长越长，变异系数越大，其数值为 29.82%、56.73%、65.05%和 66.92%、73.32%、76.47%。12.0m 坡长下产沙速率随产流历时先下降后突增，最后呈波动变化，最大值在 42min，当降雨强度为 1.0mm/min、1.5mm/min 时分别为 2.13g/(m^2·s)、3.21g/(m^2·s)，变化幅度较大，其范围为 0.36～2.13g/(m^2·s)、0.58～3.21g/(m^2·s)。降雨强度为 2.0mm/min 时，3.0m、6.5m、12.0m 坡长下的产沙速率随产流历时呈波动变化，变化幅度各异，3.0m 坡长变化范围较小，在 1.48～5.60g/(m^2·s)，而 6.5m 和 12.0m 坡长下变化范围较大，分别为 2.05～14.64g/(m^2·s)、1.07～12.62g/(m^2·s)，变异系数随波长增加而增加，分别为 29.97%、50.51%、50.58%；5.0m 坡长变化趋势不同于其他坡长，产沙速率随产流历时先上升随后下降，并趋于平缓变化，最大值在 2min，为 4.45g/(m^2·s)，其变异系数为 37.43%。降雨强度为 2.5mm/min 时，3.0m、6.5m、12.0m 坡长下的产沙速率随产流历时变化趋势与降雨强度为 2.0mm/min 相似，变异系数分别为 40.45%、65.39%、28.08%；5m 坡长下产沙速率随产流历时先下降随后稳定上升，在 42min 时为最大值[17.54g/(m^2·s)]，变异系数为 67.14%。

10%砾石质量分数条件下，不同降雨强度和坡长，其产沙速率变化趋势各异。当降雨强度为 1.0mm/min，各坡长下产沙速率随产流历时呈先增加后下降，最后趋于平缓，3.0m、5.0m、6.5m 和 12.0m 坡长下的产沙速率相对集中，且 3.0m、5.0m 坡长下产沙速率均小于 6.5m、12.0m 坡长下的产沙速率，各坡长条件下产沙速率最大值均在产流历时前 5min，分别为 0.60g/(m^2·s)、0.56g/(m^2·s)、1.82g/(m^2·s)和 1.74g/(m^2·s)，其变异系数随坡长增加而减小，分别为 83.08%、55.75%、24.43%和 21.08%。当降雨强度为 1.5mm/min 时，各坡长产沙速率随产流历时逐步下降，最后趋于平缓，其各自变化范围为 0.25～1.28g/(m^2·s)、0.24～2.14g/(m^2·s)、1.47～2.89g/(m^2·s)和 0.87～5.05g/(m^2·s)，变异系数随波长增加呈波动变化。当降雨强度为 2.0mm/min 和 2.5mm/min 时，各波长下产沙速率随产流历时呈波动变化，变化范围分别为 0.66～2.29g/(m^2·s)、1.36～5.17g/(m^2·s)、1.74～6.78g/(m^2·s)、2.21～6.50g/(m^2·s)和 3.25～8.46g/(m^2·s)、2.21～4.80g/(m^2·s)、2.95～7.68g/(m^2·s)、4.44～9.06g/(m^2·s)，其变异系数随波长增加而降低。

20%砾石质量分数，同一降雨强度条件下，不同坡长下产沙速率随产流历时变化各异。由图 5-51（c）可知，降雨强度为 1.0mm/min 时，3.0m、5.0m、6.5m 坡长下剥蚀速率随产流历时先上升后降低，最后平缓变化，其最大值在 2min、3min

和 3min，分别为 0.64g/(m^2·s)、0.45g/(m^2·s)和 0.89g/(m^2·s)，变异系数随坡长增加逐渐降低，分别为 69.0%、59.43%和 18.07%；当坡长为 12.0m 时，产沙速率随产流历时呈波动变化，变化范围为 0.21～1.08g/(m^2·s)，在 27min 为最大值，变异系数为 41.01%。1.5mm/min 降雨强度时，各坡长产沙速率随产流历时呈下降趋势，最后趋于平稳；降雨强度为 2.0mm/min、2.5mm/min 时，不同坡长下产沙速率和变异系数随产沙历时呈波动变化。

随着砾石质量分数增加，不同坡长下的产沙速率随产流历时变化趋势不同，砾石质量分数为 30%时，由图 5-51（d）可知，降雨强度为 1.0mm/min，各坡长下产沙速率随产流历时先上升后下降，最后趋于平缓变化，最大值在前 5min 取得，分别为 0.75g/(m^2·s)、0.40g/(m^2·s)、0.85g/(m^2·s)、0.82g/(m^2·s)；坡长为 12.0m 时，产沙速率变化幅度最大，变异系数可达 84.12%，其次为 3.0 m 坡长，变异系数为 77.04%，坡长为 5.0m 和 6.5m 时，变异系数分别为 61.80%和 42.63%。当降雨强度为 1.5mm/min，坡长为 3.0m 和 5.0m 时，产沙速率随产流历时先增加后降低，最后趋于平缓，而坡长为 6.5m 和 12.0m 时，则先下降，最后趋于平缓，各坡长下产沙速率变化范围为 0.28～1.27g/(m^2·s)、0.18～1.01g/(m^2·s)、0.76～2.74g/(m^2·s)和 0.79～3.22g/(m^2·s)，其变异系数随坡长呈波动变化，分别为 63.04%、77.56%、43.19%和 54.03%。当降雨强度为 2.0mm/min 和 2.5mm/min，产沙速率随产流历时波动变化，其各自变化范围为 0.58～1.61g/(m^2·s)、0.49～2.69g/(m^2·s)、1.43～6.92g/(m^2·s)、1.76～5.87g/(m^2·s)和 0.46～7.58g/(m^2·s)、0.27～3.30g/(m^2·s)、1.63～4.96g/(m^2·s)、3.42～5.59g/(m^2·s)，其变异系数随坡长呈波动变化。

（2）平均产沙速率。图 5-52 为不同砾石质量分数壤土堆积体在不同降雨强度条件下平均产沙速率随坡长的变化过程。由图可知，坡长 $\lambda \leqslant 5.0$m 时，平均产沙速率随坡长增加呈极其缓慢的增加趋势；坡长 $\lambda \geqslant 6.5$m 时，平均产沙速率随坡长增加的变化趋势仍趋于缓和；5.0m$<\lambda<$6.5m 时，平均产沙速率随坡长的增加有一个急剧增加的过程。原因是坡长增加到一定程度时小区内会出现明显细沟侵蚀，使得整个小区的产沙量大幅度增加，由此可知细沟侵蚀存在一个临界坡长，可能位于 5.0～6.5m，此结论对于生产实践有着重要的指导意义。

2）基于三维激光扫描数据的产沙初步分析

选取典型试验场次利用三维激光扫描仪进行雨后扫描，通过 ArcGIS 对扫描数据进行处理，6.5m 坡长堆积体降雨强度为 2.5mm/min、坡长为 6.5m 条件下雨后扫描图像见图 5-53，分辨率为 2cm。图 5-53（a）为纯土条件（砾石质量分数为 0%）下扫描图像，图 5-53（b）～（d）为含砾石条件下雨后扫描图像。显然，纯土条件下沟蚀更加严重，含砾石下垫面增加了小区表面的粗糙度，随着降雨的进行，沟道内砾石质量分数逐渐增多，有效阻止了水流对沟道的下切。

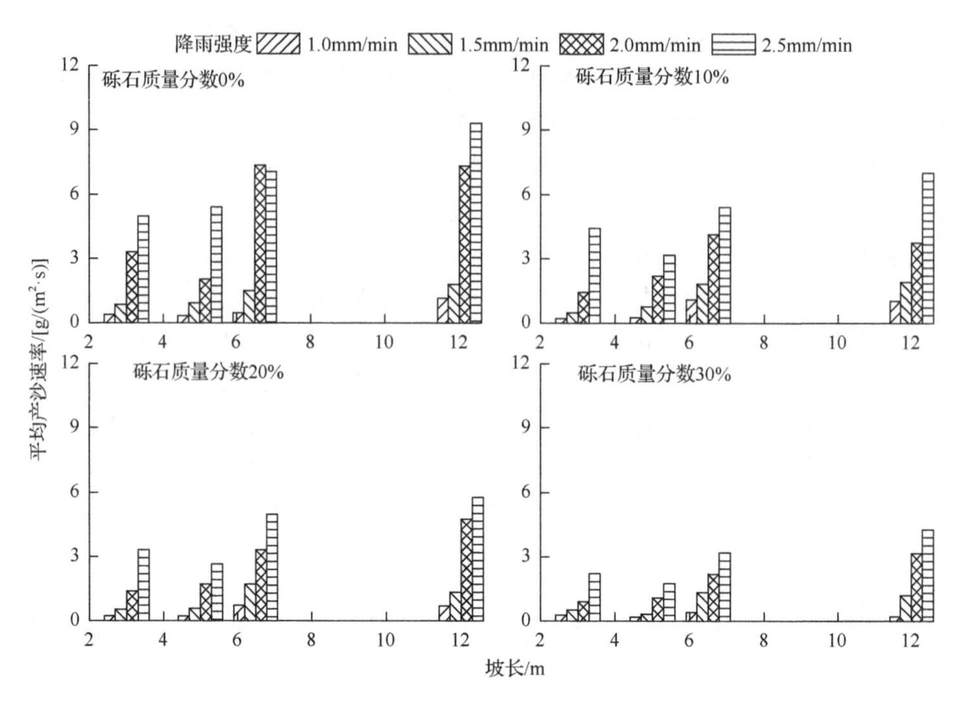

图 5-52　不同砾石质量分数壤土堆积体在不同降雨强度条件下平均产沙速率随坡长的变化过程

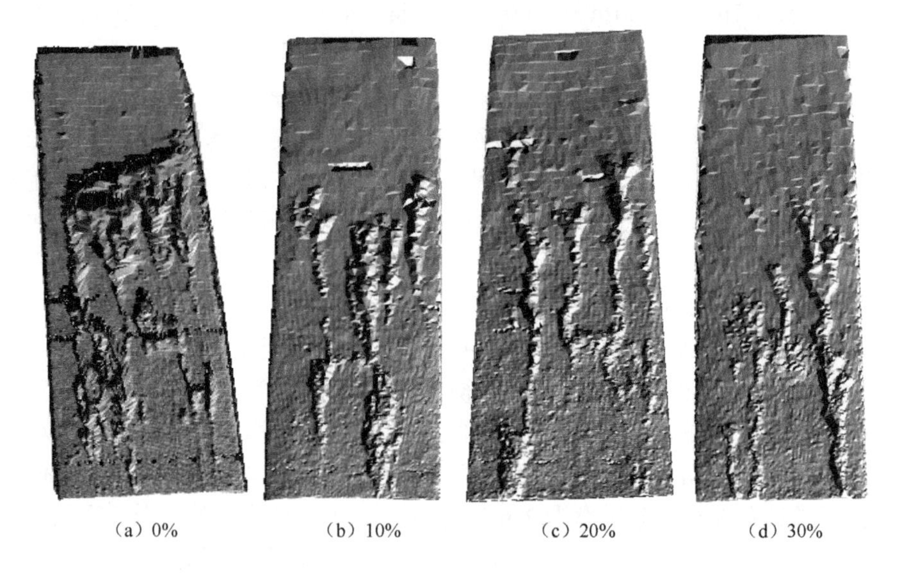

图 5-53　不同砾石质量分数堆积体在降雨强度 2.5mm/min、坡长 6.5m 条件下的雨后扫描图像

对每个时段内泥沙样进行积分可得次降雨产沙量，砾石质量分数为 0%、10%、20%、30%时的产沙量分别为 247.07kg、144.86kg、136.09kg、92.30kg。基于三维激光扫描仪数据，通过 ArcGIS 可求得各砾石质量分数条件下的沟蚀量分别为 193.40kg、96.00kg、99.97kg、52.99kg，分别占总产沙量的 78.28%、66.27%、73.46%、57.41%。显然，大降雨强度时，极易产生沟蚀，细沟的溯源侵蚀使得沟道快速发育，沟道深度、长度、宽度的增加使得产沙量急剧增加。计算结果表明，强降雨时，沟蚀量对总产沙量的贡献均在 50%以上。可见实施水土保持措施过程中可以把防止细沟的发育设为工作重点。

3. 不同砾石质量分数工程堆积体坡面产沙特征

研究了坡度 25°、坡长 5m 条件下不同砾石质量分数（0%、10%、20%、30%、40%和 50%）的壤土工程堆积体坡面产沙特征。

1）径流含沙量变化过程

坡面径流含沙量反映了坡面径流对下垫面的剥蚀及搬运挟沙能力，其随产流历时过程的变化规律即反映了次降雨中坡面侵蚀的动态过程。与农地、荒地、道路侵蚀等过程中径流含沙量的变化规律基本一致，即在侵蚀初期，呈显著的递减趋势，随后趋于相对稳定，且随着降雨强度的增大，坡面径流含沙量显著递增。初期工程堆积体表层含有较多的细颗粒，在降雨的打击作用下，破坏了土石混合结构，使得土壤颗粒分离，在径流作用下易被搬运，且侵蚀初期，径流量较小，也使得单位径流中的含沙量大大增加。不同降雨强度条件下不同砾石质量分数壤土工程堆积体含沙量随产流历时的变化见图 5-54。分析可知，砾石质量分数为 40%和 50%的堆积体坡面径流含沙量趋于相对稳定的时间大致在产流开始后 3min，与径流率的变化趋势一致，进一步阐明了坡面侵蚀过程中的径流、产沙具有协同关系。计算可知，砾石质量分数为 40%时，降雨强度为 1.0mm/min、1.5mm/min、2.0mm/min、2.5mm/min 对应的产流前 3min 平均含沙量分别为 66.92g/L、75.65g/L、101.04g/L、67.52g/L，而 3min 后随降雨强度增大，平均含沙量变化范围为 15.13～45.26g/L。当砾石质量分数为 50%时，工程堆积体随降雨强度由 1.0mm/min 增至 2.5mm/min 时，产流前 3min 平均含沙量分别为 41.62g/L、71.54g/L、98.12g/L、78.52g/L，而 3min 后随降雨强度增大，平均含沙量变化范围为 13.49～35.78g/L。分析可知，在产流前 3min，砾石质量分数为 40%、50%平均含沙量随降雨强度变化表现为 2.0mm/min 最大，主要是产流开始时的含沙量最大，在含沙量趋于稳定阶段，均表现为随着降雨强度增大，含沙量递增。砾石质量分数为 40%时，稳定后平均含沙量较初期减少 32.98%～77.39%；砾石质量分数为 50%，递减幅度为 54.4%～76.0%。剔除降雨强度影响下，砾石质量分数为 40%、50%工程堆积体次降雨平均含沙量分别为 36.84g/L 和 31.78g/L，而砾石质量分数为 0%、10%、20%、30%对应的平均含沙量分别为 81.80g/L、55.82g/L、64.54g/L、35.21g/L，可知，含砾石的工程堆积体坡面平均含沙量均小于土质堆积体，递减幅度为 21.1%～61.2%，平均含沙量 C_s 与砾石质量分数 G 呈显著的负相关关系，二者之间可用线性函数表示，见式（5-25）。

$$C_s = -96.106G + 75.025,\ R^2 = 0.819,\ P < 0.05, N = 4 \tag{5-25}$$

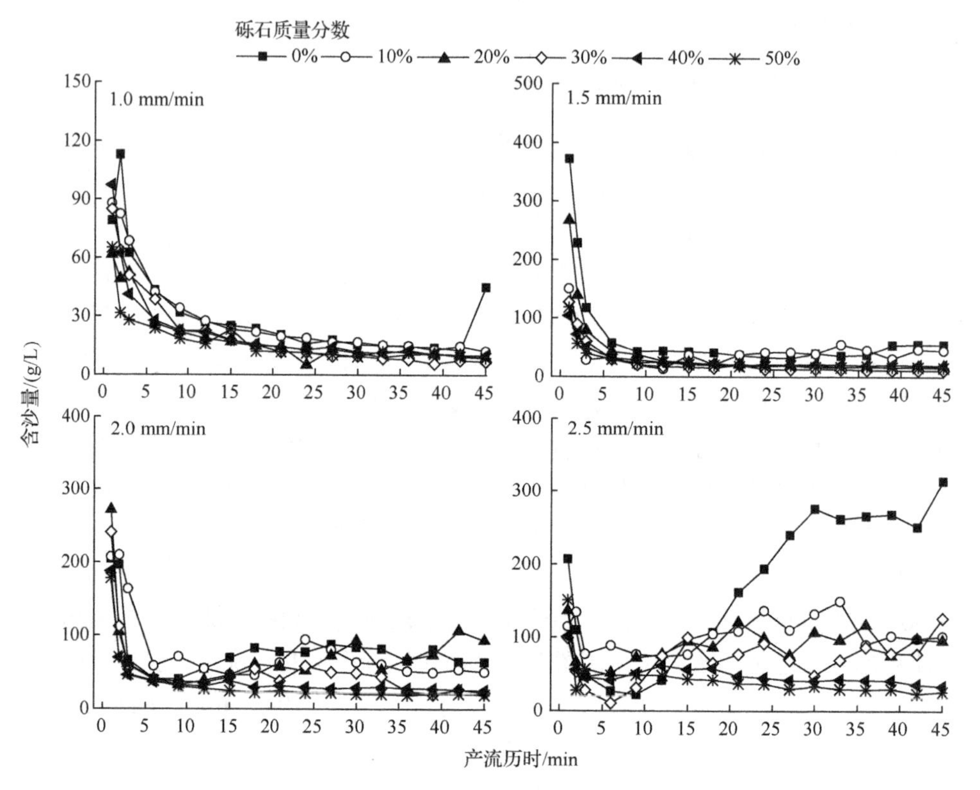

图 5-54　不同降雨强度条件下不同砾石质量分数壤土工程堆积体含沙量随产流历时的变化

2）平均含沙量随砾石质量分数的变化特征

图 5-55 为不同降雨强度条件下壤土堆积体平均含沙量随砾石质量分数的变化。由图可知，各降雨强度下平均含沙量随砾石质量分数的增大呈减小趋势。1.0mm/min 降雨强度下，0%和 10%砾石质量分数下的平均含沙量基本一致，分别为 33.88g/L 和 31.14g/L；20%～40%砾石质量分数平均含沙量变化范围较小，为 20.82～24.27g/L；50%砾石质量分数下的平均含沙量最小，为 18.45g/L，较 0%砾

石质量分数而言，50%砾石质量分数下的平均含沙量降低了 45.52%。1.5mm/min 降雨强度下，10%和 20%砾石质量分数下的平均含沙量基本一致，分别为 45.28g/L 和 47.14g/L，较 0%砾石质量分数分别降低 41.90%和 39.51%；30%～50%砾石质量分数平均含沙量变化范围较小，为 28.60～31.53g/L，较 0%砾石质量分数降低 59.54%～63.30%。2.0mm/min 降雨强度下，随砾石质量分数的增大，平均含沙量持续降低，其中 0%和 10%砾石质量分数下的平均含沙量基本一致，分别为 84.46g/L 和 83.58g/L；砾石质量分数由 20%增至 30%、30%增至 40%和 40%增至 50%，平均含沙量持续明显降低，降幅分别为 27.81%、24.39%和 13.29%。2.5mm/min 降雨强度下，平均含沙量随砾石质量分数的增加持续明显降低，50%砾石质量分数下的平均含沙量较 0%的降低幅度可达 74.53%。平均含沙量随降雨强度的增大而增大，0%、10%、20%、30%、40%和 50%砾石质量分数条件下，2.5mm/min 降雨强度下的平均含沙量是 1.0mm/min 降雨强度下的 5.02 倍、3.35 倍、4.27 倍、3.00 倍、2.03 倍和 2.35 倍。

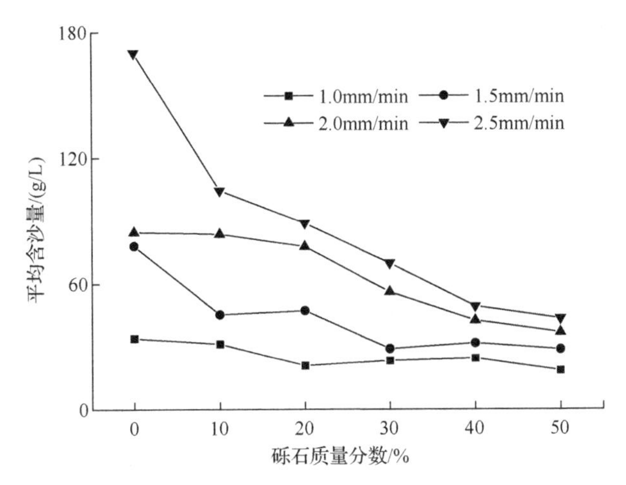

图 5-55　不同降雨强度条件下壤土堆积体平均含沙量随砾石质量分数的变化

5.2.2　砂土工程堆积体边坡产沙特征

1. 不同坡度工程堆积体含沙量特征

研究了 5m 坡长条件下不同坡度（15°、25°、30°和 35°）的砂土工程堆积体边坡含沙量特征。

土壤侵蚀过程中，含沙量的变化规律反映水沙关系的消长与演变。图 5-56 为不同降雨强度条件下不同坡度及砾石质量分数砂土工程堆积体坡面径流含沙量随产流历时的变化过程。常规的农耕地、道路等下垫面侵蚀过程中含沙量在产流初期较大，经历一定时段后，坡面侵蚀形态趋于相对稳定，呈现含沙量随产流历时变化较小的规律。工程堆积体由于下垫面组成物质的复杂性，砾石在下垫面的分布，改变了其侵蚀产沙的方式，进而使得坡面径流含沙量随产流历时呈特有规律。在产流初期，除 1.0mm/min 降雨强度外，各下垫面的含沙量总体呈递减趋势，至产流 3min 左右，递减趋势减缓甚至消失，该现象的原因可能是在产流初期，坡面表层含有较多的细颗粒。同时，由于雨滴的击溅作用，使得坡面原有的完整结构遭受破坏，土壤团聚体分裂，成为单粒，均为产流初期径流冲刷提供了大量的侵蚀源，进而使得初期的含沙量较大。在影响坡面侵蚀的诸多因素中，降雨及径流占主要地位，降雨的击溅和径流的冲刷是搬运坡面泥沙的主要外营力。分析可知，在剔除坡度、砾石质量分数影响下，4 个降雨强度下平均含沙量变化范围为 113.22～281.34g/L。在降雨强度为 1.0mm/min、1.5mm/min 时，只有坡度为 25°、产流后期（33min）含沙量迅速递增，此时可能是因为坡度较大，且经过径流较长历时的冲刷，砾石质量分数为 10%，使得土壤颗粒与砾石间的黏结性减弱，坡面土壤颗粒大量流失。在降雨强度大于 2.0mm/min 时，不同下垫面条件下的含沙量

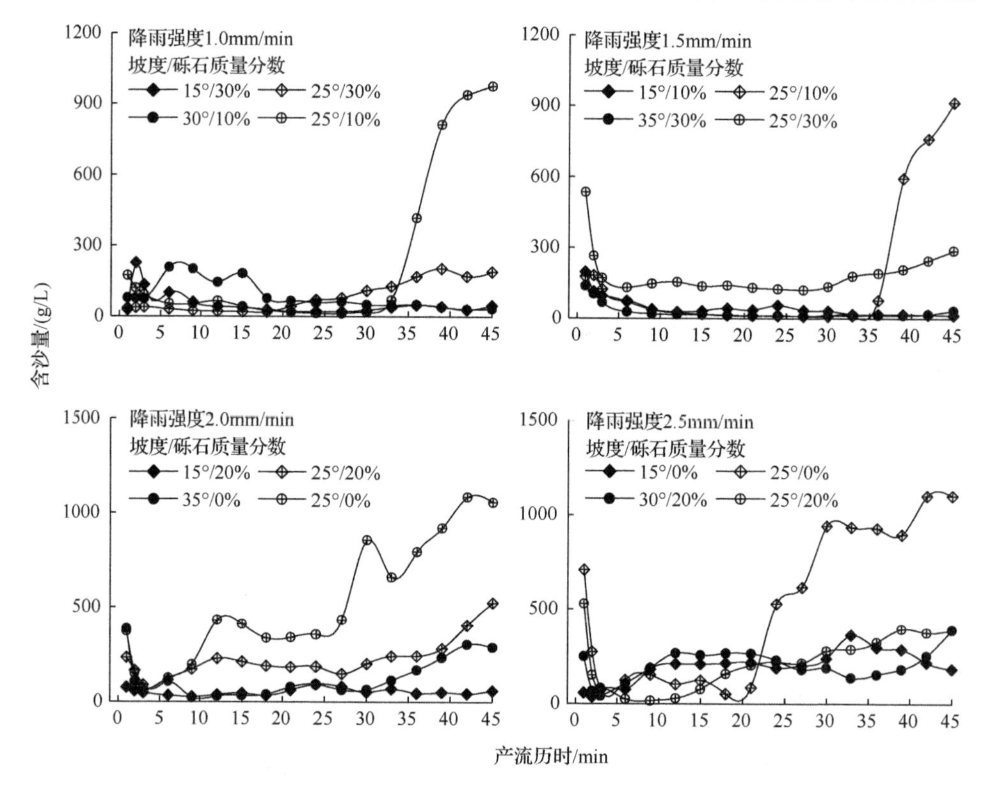

图 5-56　不同降雨强度条件下不同坡度及砾石质量分数砂土工程堆积体坡面径流含沙量随产流历时的变化过程

在产流 3min 后总体呈现一个缓慢上升的趋势，但坡度 25°、砾石质量分数 0%时的递增趋势尤其显著。在剔除降雨强度、砾石质量分数影响下，计算可知，坡度 15°、25°、30°（35°）的平均含沙量分别为 87.46g/L、268.28g/L、111.66g/L，即随着坡度增大，含沙量的变化存在一个阈值，在 25°～30°，小于该阈值时，含沙量随坡度增大递增，大于该阈值时，含沙量随坡度增大反而递减。主要原因是小于临界坡度时，坡度增大，使得坡面受到沿坡面向下的切应力加大，水流具有的势能增加，使得含沙量增大；大于临界坡度后，侵蚀形式发生改变，由“水力侵蚀”转变为“水力+重力侵蚀”，且下垫面砾石质量分数不同也会使得侵蚀程度发生改变。分析平均含沙量与降雨强度、砾石质量分数、坡度之间相关关系，可知平均含沙量与砾石显著负相关，相关系数为 0.552（$P<0.05$）。

2. 不同坡长工程堆积体含沙量特征

研究了 25°坡度条件下不同坡长（3m、5m、8m 和 12m）的砂土工程堆积体边坡含沙量特征。

图 5-57 为不同降雨强度条件下不同坡长及砾石质量分数砂土工程堆积体坡面径流含沙量随产流历时的变化过程。总体上看，在 4 种不同降雨强度下径流含沙量总体呈现在产流初期至 2min 左右呈递减趋势，随后在某一数值上下稳定波动，但坡长为 5m 时的含沙量在整个侵蚀过程，尤其是在产流后期均发生了突变，使得径流含沙量迅速递增。坡长为 3m，含沙量在 4 种降雨强度下均呈现较稳定状态。坡长为 8m 和 12m 在侵蚀过程中的含沙量相对于 3m 波动幅度较大，但较 5m 而言又较稳定。分析次降雨平均含沙量，4 种降雨强度条件下，含沙量总体表现为坡长 3m＜8m（12m）＜5m，剔除降雨强度、砾石质量分数影响，分析可知，坡长 3m、5m、8m（12m）所对应的平均含沙量分别为 59.65g/L、285.34g/L、154.23g/L，坡长 5m 条件下的平均含沙量分别可达 3m 和 8m（12m）的 4.8 倍和 1.9 倍。因此，坡面径流含沙量随坡长的变化与坡度较相似，并非呈规律性递增或递减，主要原因可能是工程堆积体下垫面物质组成中存在不同含量的砾石，且随着坡长的延长，坡面可蚀性颗粒在径流的剥蚀、搬运条件下，在运行过程中遇到表层砾石的阻挡，会发生沉积，发生侵蚀但未产生流失的现象。也解释了含沙量并非随着坡长延长而递增的结论。当降雨强度增大时，雨滴对坡面的击溅侵蚀及形成的坡面径流对其搬运作用显著加大，进而导致坡面径流含沙量递增。剔除坡长、砾石质量分数影响，随着降雨强度由 1.0mm/min 增至 2.5mm/min 时，平均含沙量分别为 106.10g/L、195.86g/L、200.80g/L、281.81g/L，降雨强度增大 2.5 倍，平均含沙量递增幅度为 84.6%～165.6%。相对于其他因素，降雨仍是影响坡面径流含沙量的主要因素。分析可知，平均含沙量与砾石质量分数呈显著的负相关关系，相关系数为 0.535（$P＜0.05$）。

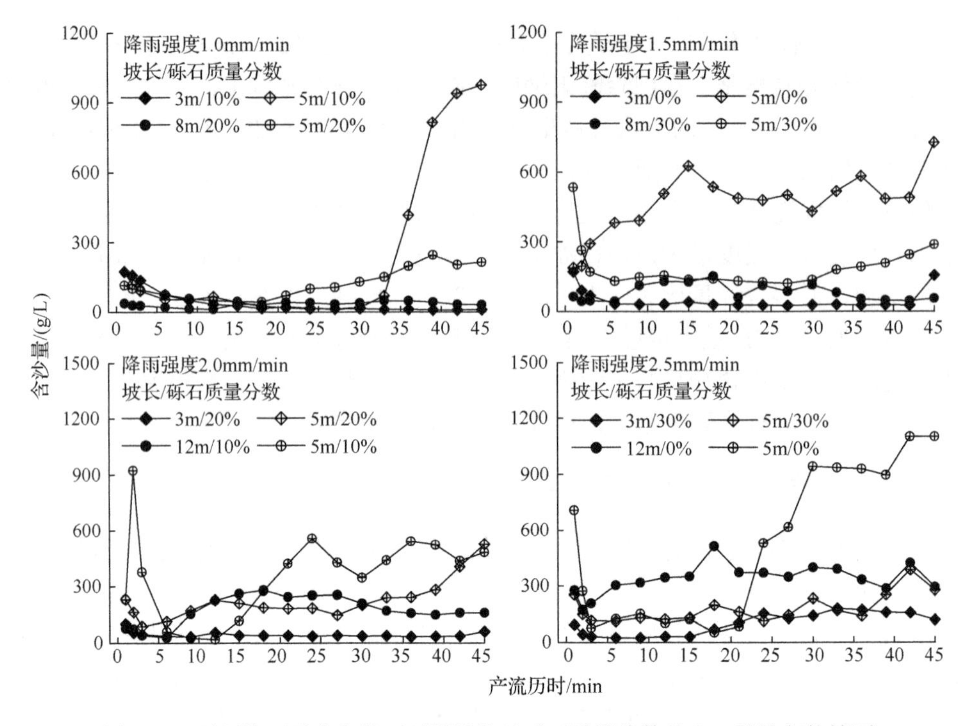

图 5-57　不同降雨强度条件下不同坡长及砾石质量分数砂土工程堆积体坡面径流含沙量随产流历时的变化过程

3. 不同砾石质量分数工程堆积体产沙特征

研究了 25°坡度、5m 坡长条件下不同砾石质量分数（0%、10%、20%、30%）的砂土工程堆积体坡面产沙特征。

1）产沙速率变化特征

不同降雨强度下不同砾石质量分数砂土堆积体产沙速率随产流历时的变化过程见图 5-58。土质堆积体产沙速率在 1.0mm/min 降雨强度时持续缓慢降低，变化范围为 0.14～0.25g/(m^2·s)，在 1.5mm/min 降雨强度时先增后减再增，变化范围为 0.33～9.54g/(m^2·s)。10%砾石质量分数土体产沙速率突增，与该砾石质量分数土体具有最大入渗率密切相关。降雨强度较小时径流冲刷作用较弱，但经长历时入渗，坡脚土体被浸泡软化，从而增强坡脚的冲刷效果（沈水进等，2011），导致坡脚土被大面积剥蚀。降雨强度为 1.5mm/min 时，20%、30%砾石质量分数土体产沙速率在产流 18min 左右开始增大，变化范围为 0.08～4.41g/(m^2·s)。降雨强度持续增大条件下，土质堆积体产沙速率变化范围为 0.42～50.78g/(m^2·s)，含砾石土体产沙速率变化范围为 0.22～28.54g/(m^2·s)。各砾石质量分数堆积体产沙速率在产流 3min 后开始逐渐增大，随坡面产流的持续，产沙速率增速加快，并表现出一定的波动性。

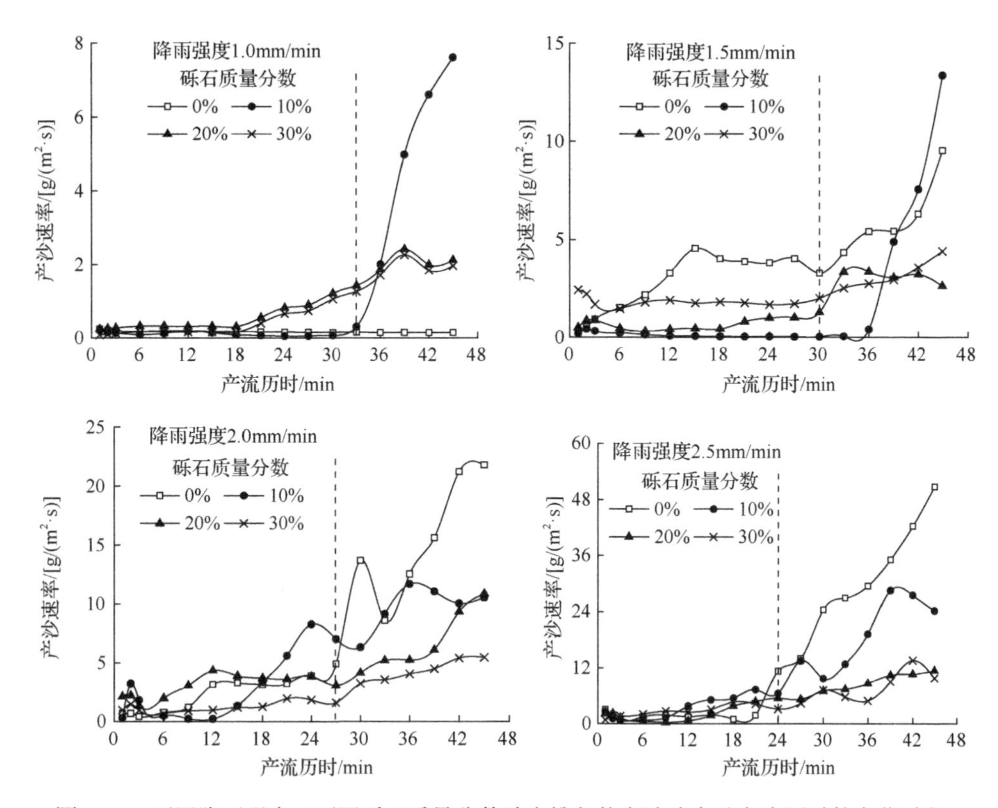

图 5-58　不同降雨强度下不同砾石质量分数砂土堆积体产沙速率随产流历时的变化过程

由图 5-58 可知，1.0～2.5mm/min 降雨强度下，产沙速率分别在产流 33min、30min、27min、24min 左右开始显著增加。分别以 33min、30min、27min、24 min 作为分割点将各降雨强度下的产流过程划分为两个时段，比较各时段平均产沙速率及各时段含砾石土体与土质堆积体平均产沙速率，以揭示研究区堆积体土壤侵蚀的阶段性和含砾石堆积体与土质堆积体在侵蚀过程中的差异性。不同处理产沙速率显著增加前、后时段的平均值见表 5-24。

表 5-24　不同处理产沙速率显著增加前、后时段的平均值　[单位：g/(m²·s)]

砾石质量分数	降雨强度							
	1.0mm/min		1.5mm/min		2.0mm/min		2.5mm/min	
	Ys_b	Ys_a	Ys_b	Ys_a	Ys_b	Ys_a	Ys_b	Ys_a
0%	0.19	0.15	2.65	5.98	2.31	15.58	2.62	31.86
10%	0.13	5.30	0.14	5.26	2.89	9.79	3.24	19.33
20%	0.56	2.10	0.71	3.24	2.98	7.35	2.27	8.67
30%	0.41	1.95	1.85	3.04	1.24	4.37	2.63	7.64

注：Ys_b、Ys_a 分别表示产沙速率显著增加前、后时段的平均值。

为了方便比较，计算 1.0mm/min 降雨强度时，土质堆积体在 0～33min、33～45min 两个产流时段产沙速率平均值。1.0mm/min、1.5mm/min、2.0mm/min、2.5mm/min 降雨强度下产沙速率显著增加后时段的平均值较显著增加前时段的平均值分别增大 3.75～40.77 倍、1.64～37.57 倍、2.47～6.74 倍、2.90～12.16 倍。就产沙速率显著增加前的时段均值而言，含砾石堆积体与土质堆积体差异不显著（$P>0.05$）。就产沙速率显著增加后的时段均值而言，在 1.0mm/min 降雨强度时，含砾石土体是土质堆积体的 13.00～35.33 倍；在 1.5mm/min、2.0mm/min、2.5mm/min 降雨强度时，含砾石土体较土质堆积体分别降低 49.2%、72.0%、76.0%，且随砾石百分含量变化均表现为 0%>10%>20%>30%。

2）径流含沙量变化过程

不同降雨强度条件下各砾石质量分数砂土堆积体坡面径流含沙量随产流历时的变化如图 5-59 所示。图中虚线为 400g/L 径流含沙量线，作为高含沙水流判定线（许炯心，1999），将含沙量高于判定线时的水流称为高含沙水流。

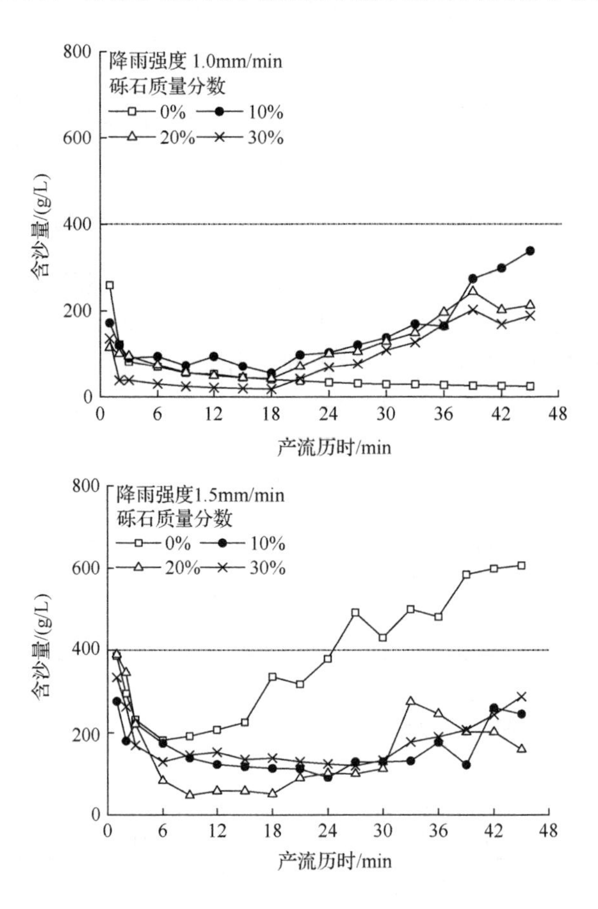

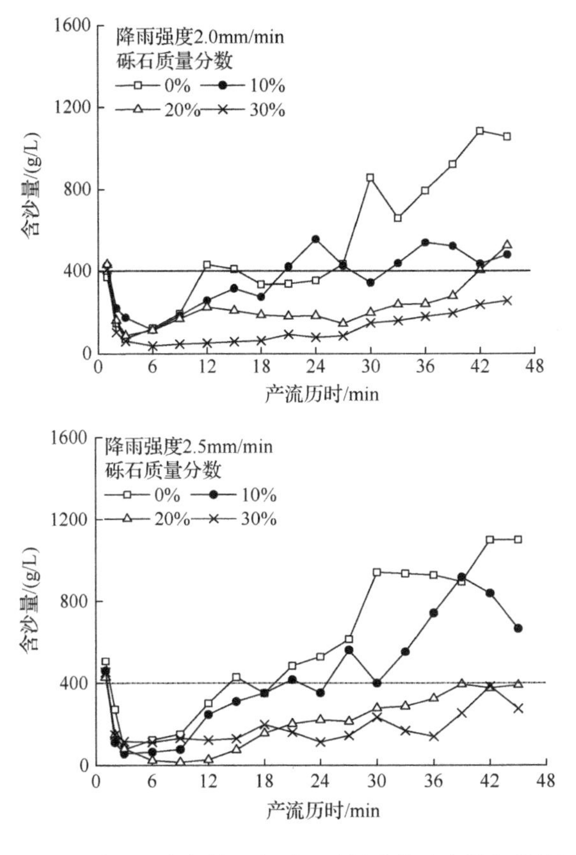

图 5-59　不同降雨强度条件下各砾石质量分数砂土堆积体坡面径流含沙量随产流历时的变化

就含沙量大小而言，由图 5-59 可知，土质堆积体在 1.5mm/min、2.0mm/min 和 2.5mm/min 降雨强度下产流 21～27min 后坡面流均出现高含沙水流；10%砾石质量分数堆积体在 2.0mm/min、2.5mm/min 降雨强度下产流 21～24min 后也出现高含沙水流现象，并持续这一现象至坡面产流结束；20%、30%砾石质量分数堆积体在各降雨强度下出现高含沙水流现象的概率几乎为 0。可见，0%、10%砾石质量分数堆积体是高含沙水流现象的易发区，尤其是在较大降雨强度时，高含沙水流出现的概率更高。砾石质量分数较高时，可以有效抑制降雨过程中工程堆积体高含沙水流的产生。另外，2.0mm/min、2.5mm/min 降雨强度下，部分处理在产流起始时刻也存在高含沙水流现象，这主要是砂土堆积体坡面松散物质含量高，而径流率较小的缘故。产流初期和产流过程中高含沙水流现象充分体现了堆积体坡面发生降雨剧烈侵蚀的水土流失特征。

从含沙量的变化过程上来说，整体而言，径流含沙量先后经历了快速减小，平稳过渡与波动上升 3 个阶段。1.0mm/min 降雨强度时，由于砂土土质堆积体坡面侵蚀过程中发生土壤结皮作用，侵蚀形态以面蚀为主，径流含沙量变化过程明显区别于其他试验处理；含砾石堆积体在产流 18min 后，含沙量开始缓慢增大，且高于土质堆积体，并在产流 36min 之后出现 1 次波动，最大波动幅度为 109.22g/L。1.5mm/min 降雨强度时，土质堆积体在产流 15min 后开始波动增加，波动次数 4 次，最大波动幅度为 173.75g/L；含砾石堆积体含沙量在产流 6min 后远低于土质堆积体，在产流 30min 后，10%砾石质量分数堆积体含沙量曲线波动 2 次，20%、30%时波动次数各 1 次，含砾石堆积体含沙量曲线发生波动的最大幅度为 162.05g/L。2.0mm/min、2.5mm/min 降雨强度下，0%和 10%砾石质量分数堆积体在产流 9min 后均开始波动增加，波动次数 3～4 次，最大波动幅度分别为 422.63g/L 和 279.65g/L、589.20g/L 和 517.51g/L；20%、30%砾石质量分数堆积体含沙量缓慢增加，产流 9min 后同一时刻的含沙量明显低于 0%和 10%砾石质量分数堆积体，且波动性明显减弱，波动次数 1～3 次，最大波幅 243.7g/L。波动次数可以反映出重力侵蚀发生的频率，波动幅度反映出重力侵蚀发生的程度。可见，砾石质量分数越低，降雨强度越大，重力侵蚀发生频率越高，程度越大。

径流含沙量的变化与侵蚀过程中细沟的发育密切相关，含沙量曲线的波动特征与重力坍塌作用联系紧密。不同砾石质量分数堆积体在不同降雨强度条件下细沟发育及重力侵蚀现象差异显著。低砾石质量分数（0%、10%）下，1.0mm/min、1.5mm/min 降雨强度时，坡面细沟侵蚀发生，细沟数量最终可达 4～7 条，细沟形态以短（长度＜50cm）、窄（宽度＜5cm）、浅（深度＜3cm）为主，尽管土质堆积体坡面发生重力侵蚀次数较多，但是细沟较浅，重力侵蚀发生程度较小，因此含沙量波幅较小；10%砾石质量分数堆积体细沟较土质堆积体更浅，重力侵蚀发生概率降低。2.0～2.5mm/min 降雨强度时，坡面细沟数量 2～4 条，细沟以长（长度＞50cm）、宽（宽度＞5cm）、深（深度＞3cm）为主，沟壁及沟头部位重力坍塌现象明显，从而导致含沙量的持续大幅波动增长，并出现高含沙水流现象。高砾石质量分数（20%、30%）下，砾石覆盖作用抑制细沟下切，细沟形态以宽而浅为主，对于这种细沟，重力侵蚀发生概率明显降低，径流含沙量缓慢增大，波动性减弱。

3）次降雨产沙特征

不同处理次降雨产沙特征见表 5-25。试验条件下，1.0mm/min 降雨强度下土质堆积体产沙量最小，侵蚀形态以面蚀为主，次降雨径流含沙量为 58.08g/L，产沙速率为 0.17g/(m^2·s)；2.5mm/min 降雨强度下土质堆积体产沙量最大，径流含沙量为 572.70g/L，产沙速率高达 16.37g/(m^2·s)，分别是 1.0mm/min 降雨强度下土质堆积体的 9.86 倍和 96.29 倍。以上数据充分表明了堆积体坡面未发生细沟侵蚀和细沟充分发育两种情况下侵蚀产沙的显著差异性。降雨强度较大时，往往使堆积体产生严重的水土流失，并导致局部地区河流泥沙含量剧增。

表 5-25　不同处理次降雨产沙特征

砾石质量分数/%	降雨强度/(mm/min)	产沙量/kg	含沙量/（g/L）	产沙速率/[g/（m^2·s）]	砾石质量分数/%	降雨强度/（mm/min）	产沙量/kg	含沙量/（g/L）	产沙速率/[g/（m^2·s）]
0	1.0	2.28	58.08	0.17	20	1.0	13.66	116.80	1.01
	1.5	56.00	379.27	4.15		1.5	20.33	161.50	1.51
	2.0	105.89	505.31	7.84		2.0	63.23	235.63	4.68
	2.5	220.94	572.70	16.37		2.5	71.66	214.53	5.31
10	1.0	20.31	145.51	1.50	30	1.0	11.56	86.96	0.86
	1.5	24.60	161.85	1.82		1.5	30.82	181.63	2.28
	2.0	78.31	361.89	5.80		2.0	33.92	134.67	2.51
	2.5	150.12	419.60	11.12		2.5	70.19	193.68	5.20

不同降雨强度下，砾石对次降雨产沙的影响存在差异。1.0mm/min 降雨强度时，10%～30%砾石质量分数土体径流含沙量、产沙速率较土质堆积体分别增大49.72%～150.53%、405.8%～788.3%；1.5mm/min 降雨强度时，含砾石土体径流含沙量、产沙速率均较土质堆积体低，降幅分别为 52.11%～57.42%、45.06%～63.86%。降雨强度为 2.0mm/min、2.5mm/min 时，随砾石质量分数的增大，径流含沙量和产沙速率持续降低，其中，30%砾石质量分数堆积体径流含沙量和产沙速率较土质堆积体分别降低 73.35%和 67.98%、66.18%和 68.23%。1.5～2.5mm/min 降雨强度下，较土质堆积体而言，产沙速率降幅与含沙量降幅基本相当。

坡面发生高含沙水流现象（含沙量＞400g/L）时，对应的产沙速率变化范围为 7.84～16.37g/（m^2·s）。相关性分析发现，含沙量与产沙速率之间呈极显著幂函数关系。

如不考虑降雨强度的影响，计算各砾石质量分数堆积体在不同降雨强度下的次降雨产沙量，次降雨产沙量随砾石质量分数的变化如图 5-60 所示，随砾石质量分数增大，次降雨产沙量逐渐减小。回归分析发现，产沙量和砾石质量分数之间呈极显著指数函数关系（$P<0.01$）。为了便于与前人研究作对比（Wang et al., 2012），用含砾石堆积体产沙量除以土质堆积体产沙量，计算各砾石质量分数条件下的相对土壤侵蚀比（RE，土质堆积体 RE=1）。回归分析得到，相对土壤侵蚀比与砾石质量分数关系见式（5-26）。相对土壤侵蚀比与砾石质量分数之间存在极显著负指数函数关系，且当砾石质量分数为 0 时，相对土壤侵蚀比为 0.973，基本等于理论值 1，表明式（5-26）满足上限要求。

$$\mathrm{RE}=0.973\mathrm{e}^{-3.575G}, R^2=0.974, P<0.01, N=4 \qquad (5\text{-}26)$$

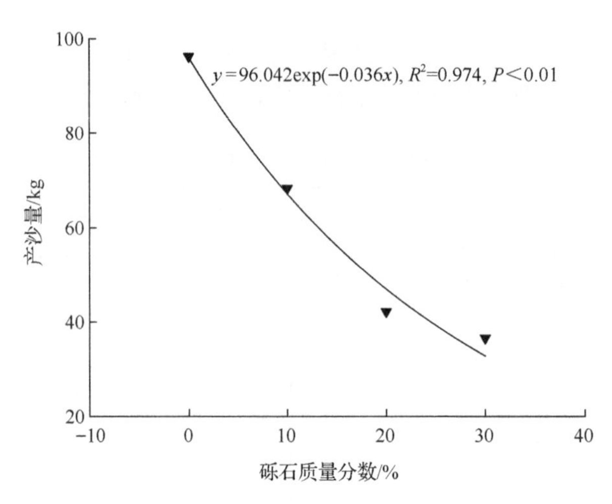

图 5-60　砂土堆积体次降雨产沙量随砾石质量分数的变化

砾石质量分数对坡面侵蚀产沙量影响显著。首先，土壤表层砾石与降雨雨滴和坡面径流直接发生作用从而影响土壤侵蚀；其次，土表及土壤中砾石，会改变土壤本身的物理性质及性状，影响水文过程，从而间接地作用于土壤侵蚀。相关研究表明，对于坡耕地或自然坡面而言，不同侵蚀形态下砾石对产沙的影响有所不同（王小燕等，2011）。在工程堆积体中，砾石的存在或增加坡面土壤侵蚀量（王雪松和谢永生，2015），或降低土壤侵蚀速率及产沙速率（李建明等，2014），在不同降雨强度条件下砾石对土壤产沙量的影响也有所不同（史倩华等，2015）。试验条件下，1.0mm/min 降雨强度时，砾石存在破坏了土表结构，降低土壤颗粒黏结程度，坡面结皮强度较土质堆积体大幅降低，大大增加了坡面侵蚀的可能性，从而导致产沙增多。当降雨强度≥1.5mm/min 时，坡面主要以细沟侵蚀为主，细沟内砾石周围土体被大量侵蚀，造成砾石大面积裸露。含砾石堆积体产沙减少的原因主要有以下 2 个方面：一是含砾石堆积体坡面，砾石在堆积体中占有一定的空间，侵蚀物质来源较土质堆积体减少；二是裸露的砾石在堆积体坡面可形成一层铠甲（Wang et al., 2012），保护下层土体不被侵蚀。细沟侵蚀是自然界中最常见的侵蚀形式，随着降雨侵蚀进行，细沟不断发育，含砾石堆积体坡面砾石覆盖度逐渐增大，砾石质量分数同砾石覆盖度对相对土壤侵蚀比的影响有着一定的相似性（Wang et al., 2012）。

5.2.3　黏土工程堆积体边坡产沙特征

1. 不同坡度工程堆积体产沙特性

研究了 5m 坡长条件下不同坡度（15°、25°、30°和 35°）的黏土工程堆积体边坡产沙特征。

径流含沙量可以动态反映整个侵蚀过程中断面侵蚀程度的变化过程。图 5-61 为不同降雨强度条件下不同坡度及砾石质量分数黏土工程堆积体坡面径流含沙量。分析可知，断面含沙量随产流历时的变化总体表现为在产流初期迅速递减，随后趋于相对稳定。含沙量趋于相对稳定的时间与降雨强度相关，降雨强度越大，断面形态稳定越快，降雨强度为 1.0mm/min 时含沙量大致在产流后 9min 趋于稳定，而降雨强度≥2.0mm/min 时，大致在产流后 3min 含沙量就趋于稳定。降雨强度越大，下垫面表层中的易侵蚀性颗粒随径流流失的速度加快，产流初期坡面的细颗粒大量流失导致含沙量大，随后主要发生径流对坡面的剥蚀及搬运。由于坡面径流趋于稳定，径流含沙量也趋于稳定，但在大降雨强度下，如 2.5mm/min 时，由于断面形态不断发生变化，含沙量在产流过程中呈现波动，但总体变化较小。计算可知，1.0mm/min 时，产流前 9min 平均含沙量变化范围为 46.50～119.14g/L，9min 后平均含沙量变化范围为 15.44～25.56g/L，降雨强度为 1.5mm/min、2.0mm/min 和 2.5mm/min 时产流前 3min 平均含沙量变化范围分别为 83.16～273.02g/L、114.74～249.35g/L 和 12.30～250.55g/L，3min 后平均含沙量变化范围分别为 21.56～58.53g/L、27.18～91.13g/L 和 11.90～127.14g/L，可知，黏土区生产建设项目工程

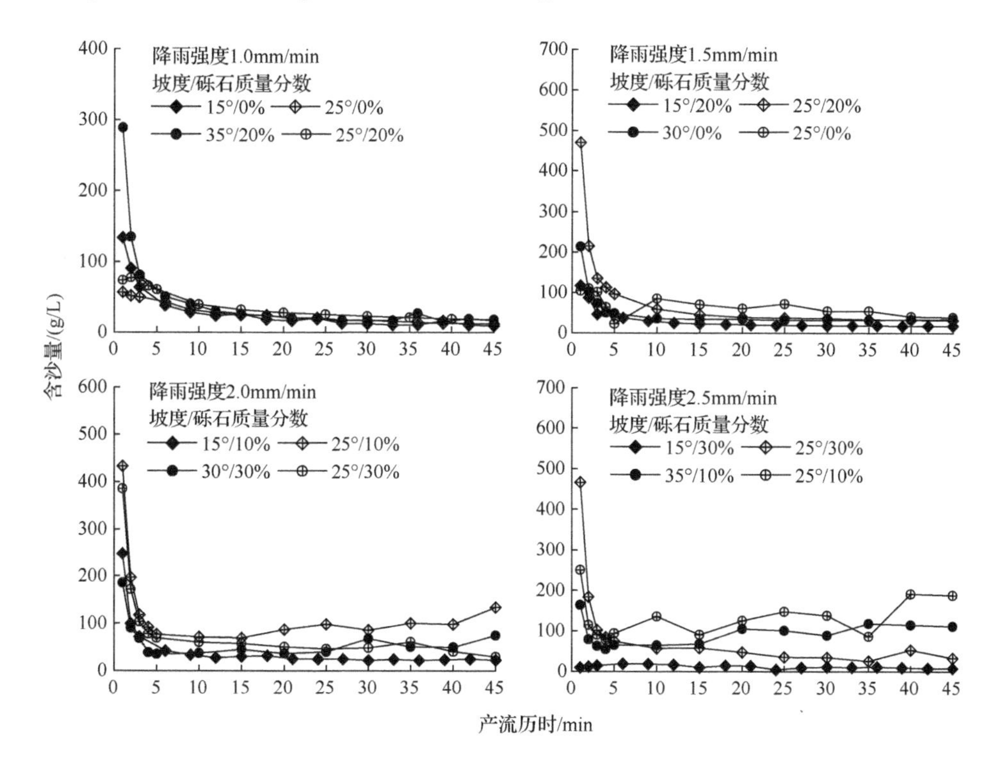

图 5-61　不同降雨强度条件下不同坡度及砾石质量分数黏土工程堆积体坡面径流含沙量

堆积体的侵蚀仍主要发生在产流初期。因此，在配置相应配套水保设施时，尤其要注重对预防初期发生严重侵蚀采取相应措施。降雨强度的增大，使得雨滴的击溅能力加大，降雨形成的径流对坡面的剥蚀能力也增强，使得含沙量随降雨强度增大呈递增趋势，剔除坡度、砾石质量分数的影响，可知，降雨强度为1.0mm/min、1.5mm/min、2.0mm/min 和 2.5mm/min 对应的平均含沙量分别为 37.68g/L、63.79g/L、81.77g/L 和 85.09g/L，递增幅度达 69.3%～125.8%。坡面平均含沙量随坡度的变化，在降雨强度为 1.0mm/min 时表现为 25°＜15°＜35°，而随着降雨强度的增大，总体均表现为 15°＜30°（35°）＜25°，大小分别为 30.81g/L、65.28g/L、86.12g/L。随着坡度的增大，平均含沙量存在一个临界值，在 25°～30°。分析可知，平均含沙量与降雨强度呈显著相关关系，相关系数为 0.500（$P<0.05$）。

2. 不同坡长工程堆积体产沙特性

研究了 25°坡度条件下不同坡长（3m、5m、8m 和 12m）黏土工程堆积体的边坡产沙特征。

不同降雨强度条件下不同坡长及砾石质量分数黏土工程堆积体坡面径流含沙量见图 5-62。总体看来可分为两个阶段：产流开始至 3min，含沙量呈显著递减趋势，3min 至产流结束，含沙量总体呈较平稳变化，但随着降雨强度的增大，含沙量在产流中后期出现起伏波动，且降雨强度越大波动越显著，不同坡长下，3m 时的含沙量最小且整个侵蚀过程中近似呈平行直线变化。分析可知，在产流前 3min，4 种降雨强度下的平均含沙量变化范围分别为 52.63～110.60g/L、96.13～273.02g/L、65.64～220.44g/L 和 53.52～196.42g/L，而产流 3min 后平稳阶段的平均含沙量变化范围分别为 16.70～36.46g/L、29.79～52.00g/L、25.37～99.04g/L 和 20.14～127.14g/L，4 种降雨强度下产流前 3min 可达产流 3min 后含沙量的 1.1～6.6 倍。与黏土区不同坡度下时含沙量随坡度变化趋势不同，产流初期含沙量最大，主要是因为初期堆积体表层较松散，且砾石破坏了表层土壤颗粒结构，雨滴的击溅也会增加表层可蚀性颗粒含量，最终导致含沙量显著高于后期。分析可知，在剔除坡长、砾石质量分数影响下，随降雨强度增大，平均含沙量增大，分别为 35.04g/L、69.66g/L、82.94g/L 和 93.39g/L，递增幅度达 98.8%～166.5%，经相关性分析可知，平均含沙量与降雨强度呈显著正相关，相关系数为 0.594（$P<0.05$）。在降雨强度不同时，平均含沙量随坡长的变化规律不显著，在剔除降雨强度、砾石质量分数影响下，平均含沙量随坡长变化大小表现为 3m＜8m（12m）＜5m，后者可达前两者的 2.6 倍、1.2 倍。

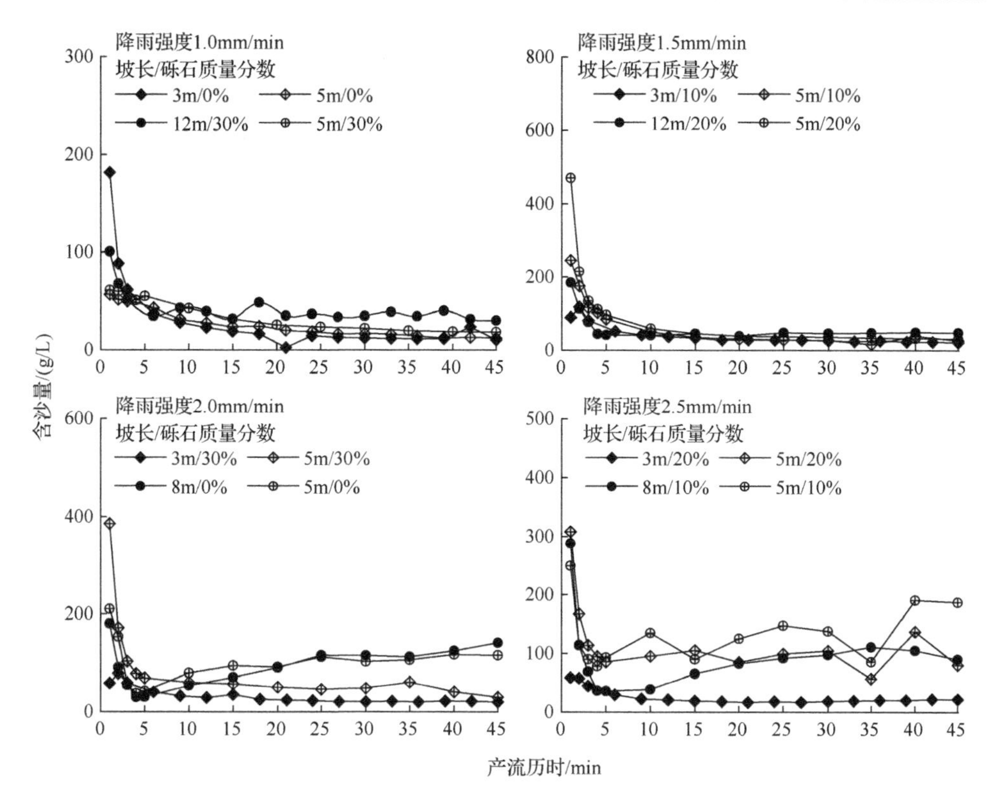

图 5-62　不同降雨强度条件下不同坡长及砾石质量分数黏土工程堆积体坡面径流含沙量

3. 不同砾石质量分数与降雨强度下工程堆积体产沙特征

研究了 25°坡度、5m 坡长条件下不同砾石质量分数（0%、10%、20%、30%）的黏土工程堆积体坡面产沙特征。

1）产沙速率变化过程

图 5-63 为不同降雨强度条件下不同砾石质量分数黏土堆积体边坡产沙速率随产流历时的变化。由图 5-63 可知，1.0mm/min、1.5mm/min 降雨强度下，产沙速率先上升（1～3min）后下降（4～35min），最后趋于稳定（40～45min），各边坡产沙速率分别在 3～5min、1～3min 达到最大，且含砾石边坡最大产沙速率是土质边坡的 1.12～2.59 倍。在下降和稳定阶段，1.0mm/min 降雨强度时，土质边坡相对于含砾石边坡的产沙速率低，土质边坡产沙速率稳定在 0.19g/（m^2·s）左右，含砾石边坡稳定在 0.22g/（m^2·s）左右；在 1.5mm/min 降雨强度时，土质边坡产沙速率整体上较含砾石边坡高，土质边坡产沙速率的稳定值在 1.06g/（m^2·s）左右，含砾石边坡产沙速率稳定在 0.59g/（m^2·s）左右。2.0mm/min、2.5mm/min 降雨强度条件下，产沙速率先迅速下降（1～5min）后波动变化（10～45min）。在波动阶段，2.0mm/min 降雨强度时，土质和 10%砾石质量分数边坡产沙速率波动

增大，而 20%、30%砾石质量分数边坡产沙速率持续下降，且各边坡产沙速率由大到小对应的砾石质量分数为土质（0%）、10%和 20%（30%）；2.5mm/min 降雨强度时，30%砾石质量分数边坡产沙速率逐渐降低，土质、10%和 20%砾石质量分数边坡产沙速率波动剧烈，变异系数分别为 0.31、0.25 和 0.27，但其变化趋势并不明显。试验条件下，降雨强度越大，砾石质量分数越低的边坡产沙速率变化多呈多峰多谷。

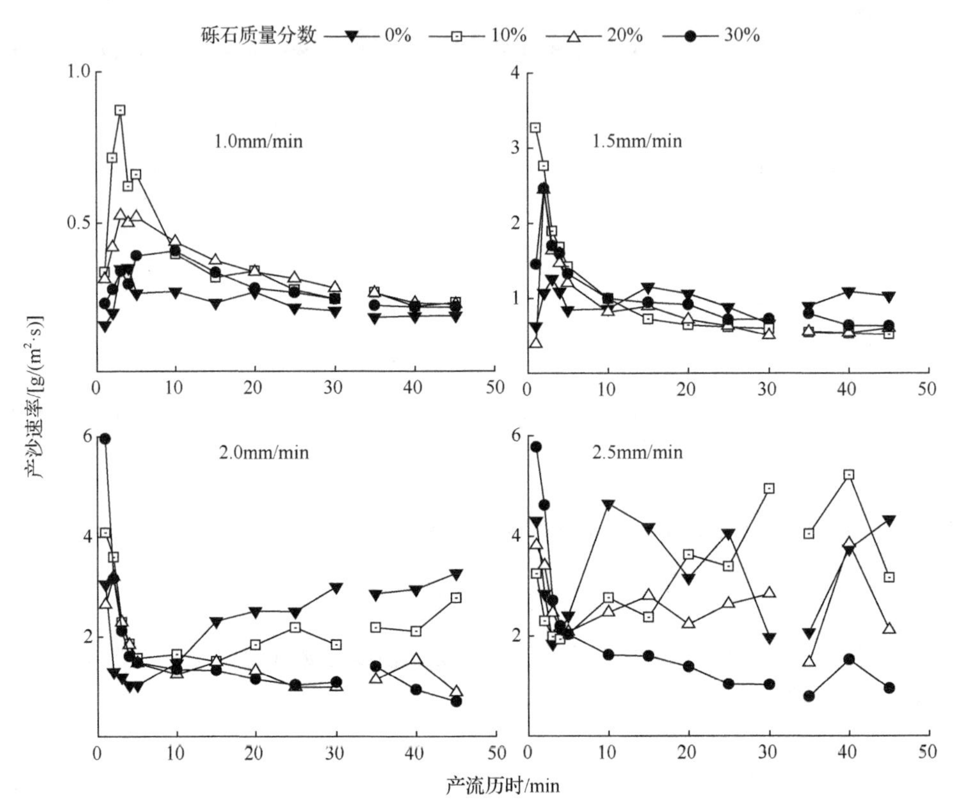

图 5-63　不同降雨强度条件下不同砾石质量分数黏土堆积体边坡产沙速率随产流历时的变化

2）含沙量变化过程

不同砾石质量分数条件下黏土堆积体在不同降雨强度下含沙量随产流历时的变化过程如图 5-64 所示，由图可知，除 1.0mm/min 降雨强度条件下（初始含沙量都维持在相对较低的水平（36.3～78.8g/L），其余降雨强度条件下各含砾石坡面含沙量在产流 0～5min 急剧下降，之后呈现波动—稳定的趋势，含沙量经历了突变、波动变化、稳定发展三个阶段。产流初期坡面表层土壤颗粒结构松散，易被径流冲刷，随着降雨持续，松散颗粒减少使含沙量减小。含沙量峰值均出现在产流 1～5min。随着降雨强度增大，各砾石质量分数的含沙量波动幅度也越大。这是因为降雨强度越大，在坡面土壤侵蚀过程中跌坎出现得就越早（标志着在产流初期坡面就形成了细沟），坡面汇流量越大，径流不断汇入细沟，使得细沟溯源侵蚀和沟壁侧蚀尤为剧烈，甚至形成沟壁崩塌，崩塌的泥沙冲刷下来使得含沙量呈现较大的波动。在降雨强度为 2.5mm/min，砾石质量分数为 0%时，产流第 4min、15min 即出现跌坎，并最终形成长、宽、深分别为 200cm、25cm、25cm 和 90cm、9cm、14cm 的侵蚀沟，含沙量极差值达 155.6g/L，故含沙量在整个降雨过程中波动剧烈。分析次降雨平均含沙量与降雨强度和砾石质量分数相关性结果表明，含沙量与降雨强度关系达极显著水平（$P<0.01$），而与砾石质量分数相关性不显著。

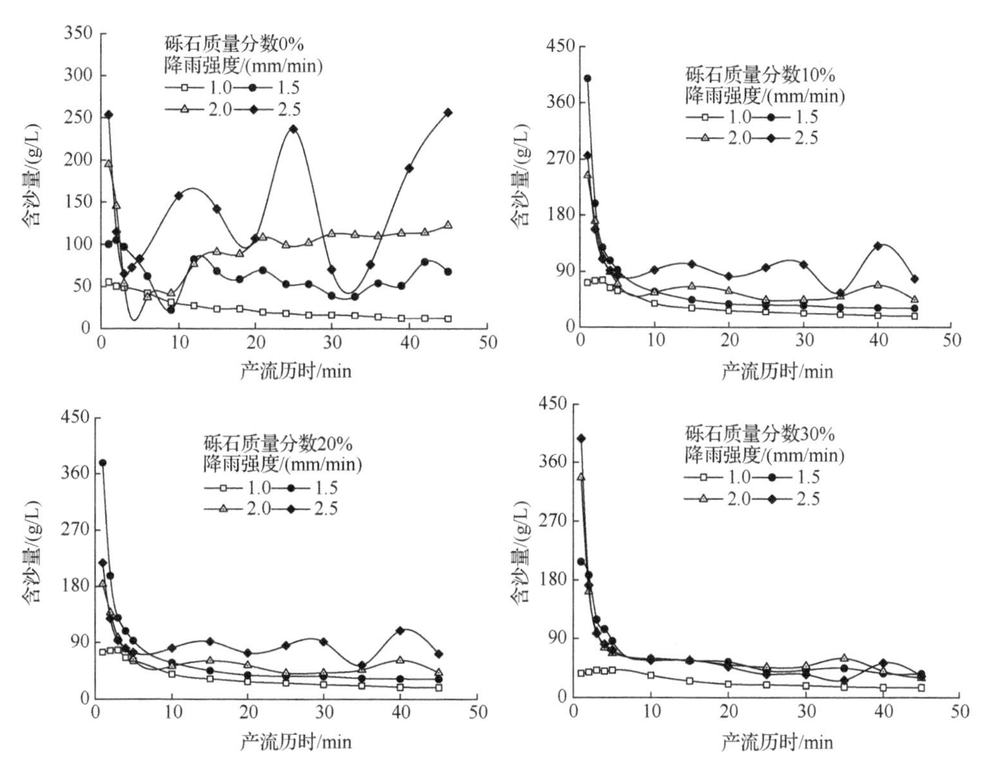

图 5-64　不同砾石质量分数条件下黏土堆积体在不同降雨强度下含沙量随产流历时的变化过程

3）次降雨产沙量特征

不同砾石质量分数黏土堆积体次降雨产沙量随降雨强度变化见图 5-65。由图可知，产沙量随降雨强度的增大而增大。随着降雨强度增大，坡面径流量增大且汇流作用增强，从而使径流剥蚀土壤的能力增强，细沟侵蚀更为剧烈，导致产沙量大幅增加。在 1.0mm/min 降雨强度下，各砾石坡面产沙量表现为 20%＞10%＞30%＞0%，产沙量随着砾石质量分数的增大而减少，砾石的存在加剧了土壤侵蚀，相对于无砾石坡面，10%、20%、30%砾石质量分数坡面增沙幅度分别为 48.0%、48.3%、27.5%。在 1.5mm/min 降雨强度条件下，产沙量表现为砾石质量分数 0%＞30%＞20%＞10%，无砾石坡面产沙量最大，含砾石坡面减沙幅度分别为 20.5%、15.0%、4.6%。对于含砾石坡面，产沙量随砾石质量分数增大而增大。2.0mm/min 和 2.5mm/min 降雨强度时，产沙量则表现为砾石质量分数 0%＞10%＞20%＞30%，无砾石坡面产沙量最大，但含砾石坡面产沙量随砾石质量分数增加而减小，两个降雨强度条件下含砾石坡面减沙幅度分别为 14.6%、46.0%、45.9%和 24.8%、43.0%、66.8%。总体上，降雨强度大于 1.0mm/min 时，砾石的存在减弱了土壤侵蚀。对产沙量与降雨强度和砾石质量分数的关系进行相关分析，结果表明产沙量与二者呈显著的线性函数关系。可表示为 $SY=24.55I-47.05G-15.8$，$R^2=0.83$，$N=16$。式中，SY 为次降雨的产沙量（kg）；I 为降雨强度（mm/min）；G 为砾石质量分数。

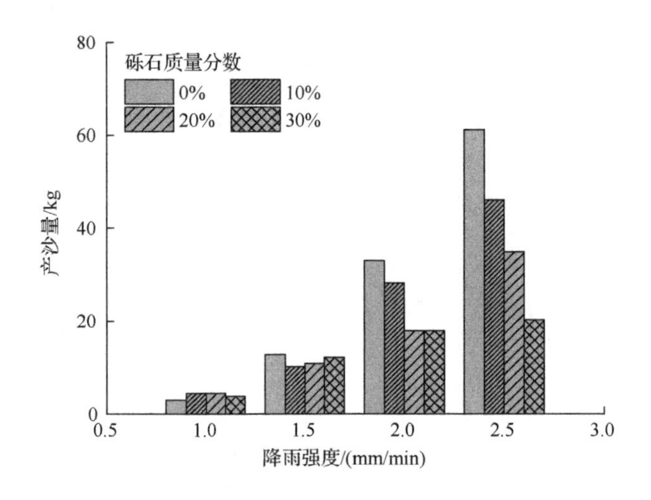

图 5-65　不同砾石质量分数黏土堆积体次降雨产沙量随降雨强度变化

5.2.4　不同土质工程堆积体边坡产沙差异性特征

研究了 5m 坡长、25°坡度条件下不同土质（壤土、黏土、砂土）工程堆积体边坡产沙特征。

图 5-66 为不同砾石质量分数条件下不同土壤质地堆积体在不同降雨强度下产沙速率随产流历时的变化过程。对于 0%砾石质量分数，1.0mm/min 降雨强度时 3 种土质堆积体产沙速率随产流历时缓慢下降，且壤土剥蚀能力明显高于其他土质；1.5～2.5mm/min 降雨强度时壤土、黏土产沙速率随试验进行变化规律与 1.0mm/min 降雨强度相同，而砂土产沙速率呈先缓慢增大后快速增大趋势。剔除降雨强度因素，砂土平均产沙速率为 27.37g/(m^2·s)，分别是壤土和黏土的 5.33 倍和 6.86 倍。

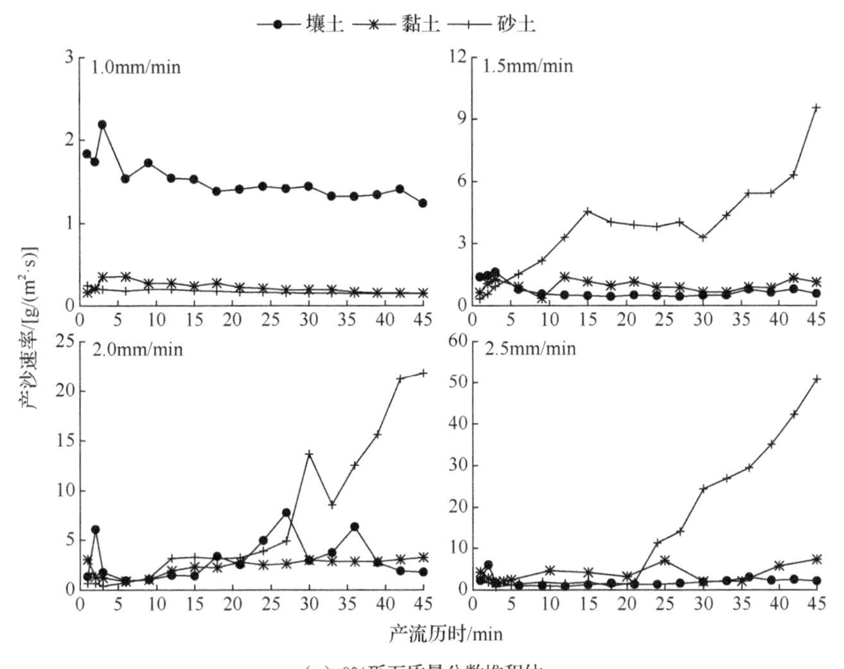

（a）0%砾石质量分数堆积体

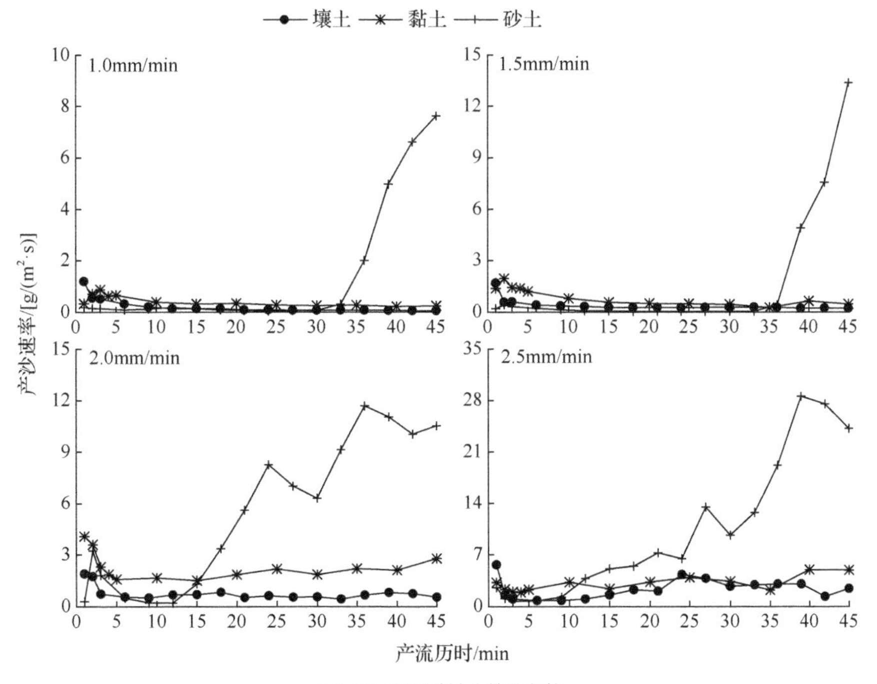

（b）10%砾石质量分数堆积体

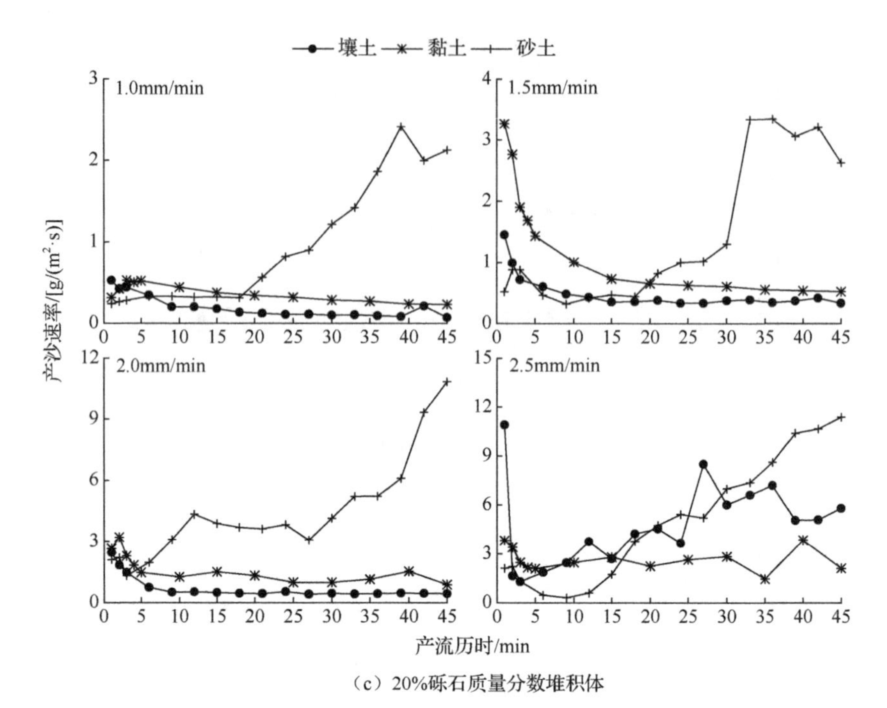

（c）20%砾石质量分数堆积体

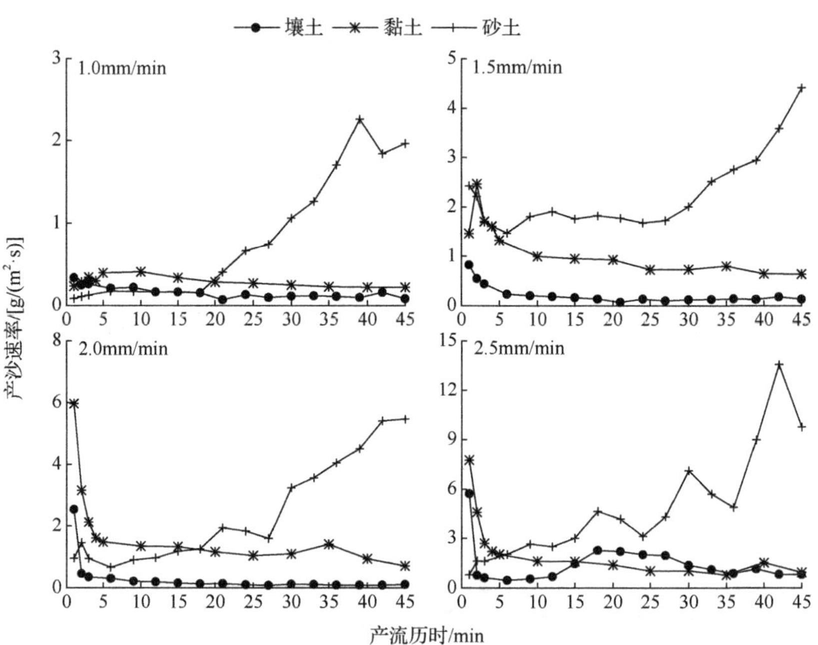

（d）30%砾石质量分数堆积体

图 5-66　不同砾石质量分数条件下不同土壤质地堆积体在不同降雨强度下产沙速率随产流历时的变化过程

对于 10%砾石质量分数，各降雨强度条件下壤土和黏土产沙速率在产流 0～3min 快速下降，3min 后持续平缓下降或趋于稳定；砂土产沙速率随产流历时总体呈先减小后快速增加的变化趋势。不同降雨强度条件下砂土变异系数在 0.77～2.16，分别是壤土和黏土的 1.47～2.56 倍和 2.34～3.84 倍。

对于 20%砾石质量分数，1.5～2.0mm/min 降雨强度时 3 种土质堆积体产沙速率变化规律皆与 10%砾石质量分数相同；2.5mm/min 降雨强度时，3 种土质堆积体产沙速率在产流 0～3min 快速下降，3min 后波动上升。降雨强度较大时，径流冲刷力增强，更易形成细沟，加速侵蚀，随着降雨的持续，沟头、沟壁部位土体坍塌，在上方来水作用下形成高含沙水流，从而使产沙速率呈现波动性变化。

对于 30%砾石质量分数，各降雨强度条件下壤土和黏土在产流前 3min 呈下降趋势，且降雨强度较大时降幅更高；由于壤土、黏土颗粒级配良好，土壤颗粒间黏结作用较强，抗侵蚀能力较强，因此产流 3min 后产沙速率随降雨持续呈缓慢减小或稳定变化趋势。砂土颗粒间黏结性差，极易被径流输移搬运，随降雨持续产沙速率呈波动增长趋势。

图 5-67 为不同砾石质量分数条件下 3 种土壤质地工程堆积体平均产沙速率随降雨强度的变化。总体上看，相同条件下壤土、黏土及砂土工程堆积体的平均

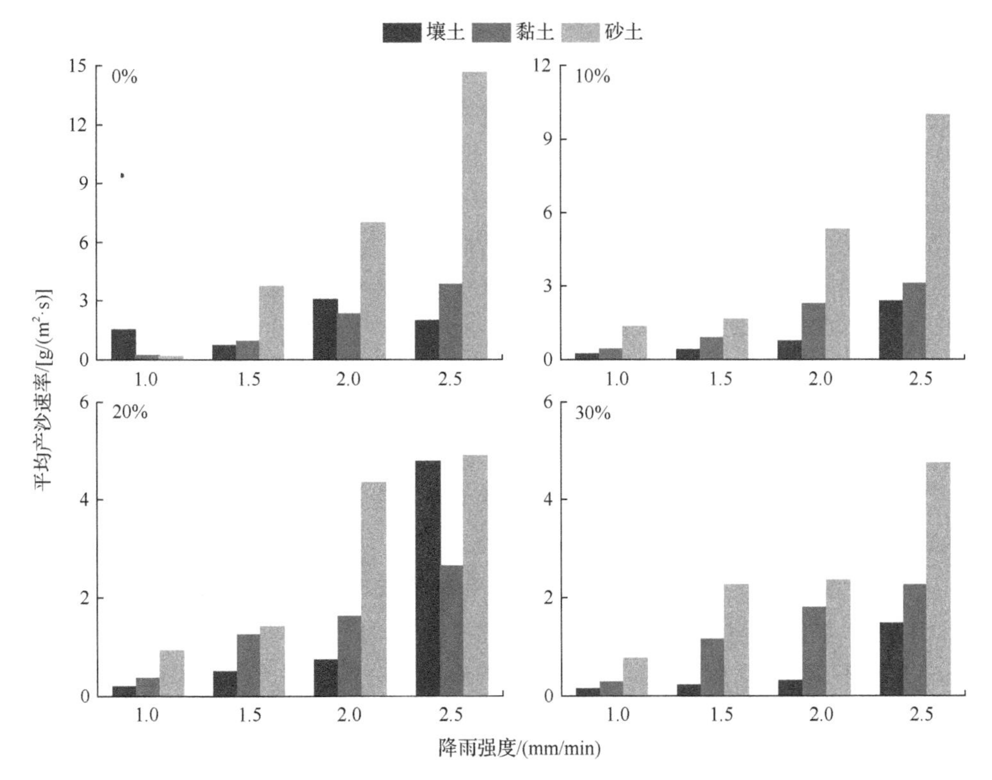

图 5-67　不同砾石质量分数条件下 3 种土壤质地工程堆积体平均产沙速率随降雨强度的变化

产沙速率表现为砂土最大，壤土最小，黏土居中。相同降雨强度下，砂土堆积体最大产沙速率可达壤土堆积体的 4.6～12.6 倍，是黏土堆积体的 3.3～4.3 倍。壤土、黏土、砂土工程堆积体的16场试验的平均产沙速率分别为1.33g/(m^2·s)、1.72g/(m^2·s)和 3.95g/(m^2·s)，砂土平均产沙速率可达壤土的 3.0 倍，黏土的 2.3 倍。

壤土堆积体除降雨强度为 2.5mm/min、砾石质量分数为 20%的平均产沙速率较土质堆积体增大 16.0%外，其他各降雨强度条件下含砾石堆积体的平均产沙速率均显著小于土质堆积体，这是因为砾石的存在增加了坡面径流能量的消耗，从而降低了径流的分离能力。在 2.5mm/min 降雨强度时，坡面局部发生滑塌，导致瞬时产沙量突然增大，其中夹杂着砾石碎屑，使得该场次平均产沙速率较相同条件下土质堆积体大。4 种降雨强度下，土质堆积体的平均产沙速率是砾石质量分数为 30%堆积体的 2.5 倍，认为此时堆积体中砾石存在可减缓侵蚀程度。4 种砾石质量分数堆积体平均产沙速率随降雨强度的增大显著增大，变化范围为 0.25～3.27g/(m^2·s)，递增幅度为 153.1%～1219.9%。

砂土堆积体除 1.0mm/min 出现土质堆积体的平均产沙速率低于含砾石堆积体外，其余条件下均显示出土质堆积体的平均产沙速率显著大于含砾石堆积体。砾石质量分数由 0%增大至 10%及 10%增大至 20%时，平均产沙速率分别减少 23.1%和 18.6%，而随砾石质量分数 20%继续增大至 30%，平均产沙速率递减趋势减缓，减少 14.9%，即随着砾石质量分数逐步增大，产沙速率减少比例在逐步降低，主要是因为大砾石质量分数下，下垫面表层近乎被砾石覆盖，可供侵蚀的物质差异变小。砾石质量分数 0%、10%、20%、30%在 4 种降雨强度下产沙速率平均值分别为 5.40g/(m^2·s)、4.15g/(m^2·s)、3.38g/(m^2·s)、2.88g/(m^2·s)，递减幅度高达 46.7%。分析降雨强度对次降雨平均产沙速率影响可知，随降雨强度 1.0～2.5mm/min，平均产沙速率变化范围为 0.77～7.80g/(m^2·s)，递增幅度为 212.4%～913.0%。

相对于壤土及砂土堆积体，黏土堆积体砾石质量分数对产沙速率的影响较小。4 种降雨强度的平均产沙速率随砾石质量分数变化表现为 30%＜20%＜10%＜0%，但不同砾石质量分数下平均产沙速率的变化幅度较小，仅为 0.1%～14.0%。相同条件下黏土堆积体平均产沙速率随降雨强度增大呈递增趋势，变化范围为 0.39～3.04g/(m^2·s)，递增幅度为 224.0%～679.5%。

分析可知，壤土、黏土、砂土工程堆积体平均产沙速率与降雨强度相关性显著，相关系数分别为 0.819、0.967、0.863（$P<0.01$），随砾石质量分数递增呈显著线性递减关系。采用线性回归分析 3 种土壤质地堆积体平均产沙速率（Y_r）与土壤中砾石质量分数 G 的表达式如下：

$$Y_r = 4.088G - 1.140, R^2 = 0.979, P < 0.05, N = 4 \tag{5-27}$$

表 5-26 为 3 种土壤质地工程堆积体次降雨径流量与产沙量。分析 3 种土壤质地堆积体中砾石质量分数对次降雨径流量的影响，在砂土堆积体较显著，随砾石质量分数增大，平均径流量为 157.79L、152.98L、220.14L、243.16L，相同降雨强度下，其变化幅度为 32.5%～160.7%。壤土堆积体在 4 种降雨强度下，随砾石质量分数增大，径流量呈先递增后递减趋势，大多呈砾石质量分数 10%时最大，可达其他砾石质量分数条件下的 1.1～1.2 倍。黏土堆积体砾石质量分数对径流量的影响，受降雨强度大小不同有所差异，当降雨强度≥2.0mm/min 时的径流量表现为土质堆积体大于含砾石堆积体，随砾石质量分数增大，平均径流量分别为 252.91L、228.12L、229.75L、239.72L。相同降雨强度下，砾石质量分数对黏土堆积体径流量影响较小，变化幅度为 6.0%～27.3%。3 种土壤质地工程堆积体径流量均随降雨强度增大显著递增，砂土、壤土、黏土堆积体径流量递增幅度分别为 42.2%～253.2%、53.1%～166.3%和 42.6%～144.6%。砂土、壤土和黏土工程堆积体 16 场试验的平均径流量分别为 193.54L、234.33L、237.63L，可知，砂土堆积体入渗量最大，黏土堆积体最小，壤土堆积体居中，但壤土及黏土堆积体平均径流量差异较小，变幅仅为 1.4%。

表 5-26　3 种土壤质地工程堆积体次降雨径流量与产沙量

降雨强度/(mm/min)	砾石质量分数/%	径流量/L			产沙量/kg		
		壤土	黏土	砂土	壤土	黏土	砂土
1.0	0	129.28	132.77	66.75	2.18	2.72	2.54
1.0	10	141.70	151.53	57.32	1.95	4.03	19.49
1.0	20	125.70	142.52	113.52	2.04	3.99	14.64
1.0	30	116.01	129.74	125.03	1.77	3.44	12.14
1.5	0	202.15	192.91	119.36	7.98	11.65	61.99
1.5	10	202.42	197.44	70.42	5.39	7.70	23.97
1.5	20	191.14	199.03	142.38	5.71	10.06	21.16
1.5	30	189.37	204.6	183.53	3.08	11.01	31.77
2.0	0	269.45	295.73	155.3	23.20	29.77	101.91
2.0	10	283.95	256.98	204.37	12.96	25.38	78.03
2.0	20	285.89	261.29	284.63	7.61	16.22	67.52
2.0	30	246.83	276.02	293.05	3.40	16.09	36.75
2.5	0	324.87	390.21	289.79	41.33	48.22	188.15
2.5	10	368.14	306.56	279.91	37.16	41.42	144.33
2.5	20	358.13	316.07	340.09	36.43	31.49	76.76
2.5	30	314.08	348.57	370.95	19.30	18.67	71.42

当降雨强度≥2.0mm/min 时，砂土、壤土和黏土堆积体的次降雨产沙量均表现为 0%＞10%＞20%＞30%，即随砾石质量分数增大，产沙量递减；降雨强度为 1.5mm/min 时，3 种土壤质地工程堆积体次降雨产沙量总体表现为土质堆积体大于含砾石下垫面，但随砾石质量分数增大，变化不显著；降雨强度为 1.0mm/min 时，壤土堆积体含砾石堆积体次降雨产沙量小于土质堆积体，而砂土和黏土堆积体产沙量均表现为砾石质量分数 0%＜30%＜20%＜10%，含砾石堆积体次降雨产沙量均大于土质堆积体，与同条件下的径流量变化较相似，可能是由于小降雨强度时，土质堆积体的径流在坡面停留时间较长，入渗较多，使得次降雨产沙量减少。砂土、壤土和黏土工程堆积体在 4 种降雨强度下的平均次降雨产沙量均表现为随砾石质量分数增大而递减，变化范围分别为 38.02～88.64kg、6.89～18.67kg、12.33～23.11kg，土质堆积体平均次降雨产沙量分别可达含砾石堆积体的 1.3～2.3 倍、1.3～2.7 倍、1.2～1.9 倍。砂土、壤土和黏土工程堆积体随降雨强度增大 1.5～2.5 倍，平均次降雨产沙量可分别递增 184.7%～885.2%、178.9%～1589.1%和 185.1%～886.3%。对比分析不同土壤质地工程堆积体 16 场次的平均次降雨产沙量，可知砂土堆积体平均次降雨产沙量最大，为 59.54kg，是壤土堆积体的 4.5 倍，是黏土堆积体的 3.4 倍。

分析可知，壤土、黏土和砂土工程堆积体的次降雨产沙量 SY 与径流量均显著相关，相关系数分别为 0.854（$P<0.01$）、0.887（$P<0.01$）和 0.598（$P<0.01$）。降雨强度与次降雨产沙量及径流量均显著相关，且显著性 $P<0.01$。分析可知，3 种土壤质地工程堆积体产沙量与影响因素间均可用二元线性函数表示（表 5-27）。

表 5-27　不同土壤质地工程堆积体次降雨产沙量与降雨强度和砾石质量分数二元逐步回归分析结果

土壤质地	关系式	决定系数 R^2	显著性水平	N
壤土	$SY=18.10I-3.74G-16.59$	0.701	$P<0.01$	16
黏土	$SY=13.01I-14.61G+2.16$	0.808	$P<0.01$	16
砂土	$SY=45.56I-47.30G+3.46$	0.690	$P<0.01$	16

5.3　工程堆积体边坡水沙关系

5.3.1　壤土工程堆积体边坡侵蚀水沙关系

研究了 5m 坡长条件下不同坡度（15°、25°、30°和 35°），以及不同砾石质量分数（0%、10%、20%、30%）的壤土工程堆积体边坡水沙关系。

1. 不同坡度下壤土堆积体边坡侵蚀水沙关系

表 5-28 为 5m 坡长不同砾石质量分数条件下壤土堆积体产沙速率与各水力学参数（流速 V、径流率 R_r、雷诺数 Re、阻力系数 f、弗劳德数 Fr、径流剪切力 τ、径流功率 ω 和单位径流功率 U）之间的 Pearson 相关性分析结果。由表可知，各砾石质量分数下，产沙速率与流速、径流率、雷诺数、径流剪切力和径流功率之间均呈显著或极显著线性相关（$r \geq 0.50$，$P<0.05$），其中，产沙速率与径流功率相关性最显著，各砾石质量分数下二者之间均呈极显著线性相关（$r \geq 0.80$，$P<0.01$）。

表 5-28　5m 坡长不同砾石质量分数条件下壤土堆积体产沙速率与各水力学参数之间的 Pearson 相关性分析结果

砾石质量分数/%	相关性参数	流速	径流率	雷诺数	阻力系数	弗劳德数	径流剪切力	径流功率	单位径流功率
0	相关系数	0.74^{**}	0.63^{**}	0.63^{**}	-0.54^{*}	0.72^{**}	0.53^{*}	0.87^{**}	0.78^{**}
	显著性水平（双尾）	0.0010	0.0090	0.0095	0.0300	0.0017	0.0338	0.0000	0.0003
	N	16	16	16	16	16	16	16	16
10	相关系数	0.80^{**}	0.70^{**}	0.69^{**}	−0.49	0.67^{**}	0.77^{**}	0.89^{**}	0.66^{**}
	显著性水平（双尾）	0.0002	0.0027	0.0029	0.0515	0.0045	0.0005	0.0000	0.0055
	N	16	16	16	16	16	16	16	16
20	相关系数	0.50^{*}	0.68^{**}	0.66^{**}	0.04	0.21	0.75^{**}	0.80^{**}	0.41
	显著性水平（双尾）	0.0476	0.0036	0.0058	0.8801	0.4402	0.0007	0.0002	0.1190
	N	16	16	16	16	16	16	16	16
30	相关系数	0.65^{**}	0.72^{**}	0.76^{**}	−0.13	0.35	0.77^{**}	0.87^{**}	0.59^{*}
	显著性水平（双尾）	0.0068	0.0016	0.0006	0.6307	0.1773	0.0005	0.0000	0.0166
	N	16	16	16	16	16	16	16	16

通过表 5-28 可知，各砾石质量分数下产沙速率与径流率之间均表现为极显著相关。图 5-68 为不同砾石质量分数条件下壤土堆积体产沙速率与径流率之间的关系。由图 5-68 可知，产沙速率随径流率的增加以极显著线性函数的形式增大。这一结果在试验现象上表现为“水大沙多”。不同砾石质量分数下产沙速率与径流率线性函数的斜率和截距均存在明显差异。0%、10%、20%和 30%砾石质量分数下，各拟合直线斜率分别为 0.42、0.26、0.42 和 0.15。值得注意的是，0%砾石质量分数和 20%砾石质量分数条件下，拟合曲线斜率相等，但是其在 x 轴上的截距存在明显差异。20%砾石质量分数下的直线在 x 轴上的截距（R_r=3.02L/min）高出 0%砾石质量分数的（R_r=1.74L/min）73.56%，说明相对于 0%砾石质量分数堆积体坡面而言，在 20%砾石质量分数条件下，引起坡面细沟侵蚀发生的径流率将更大。

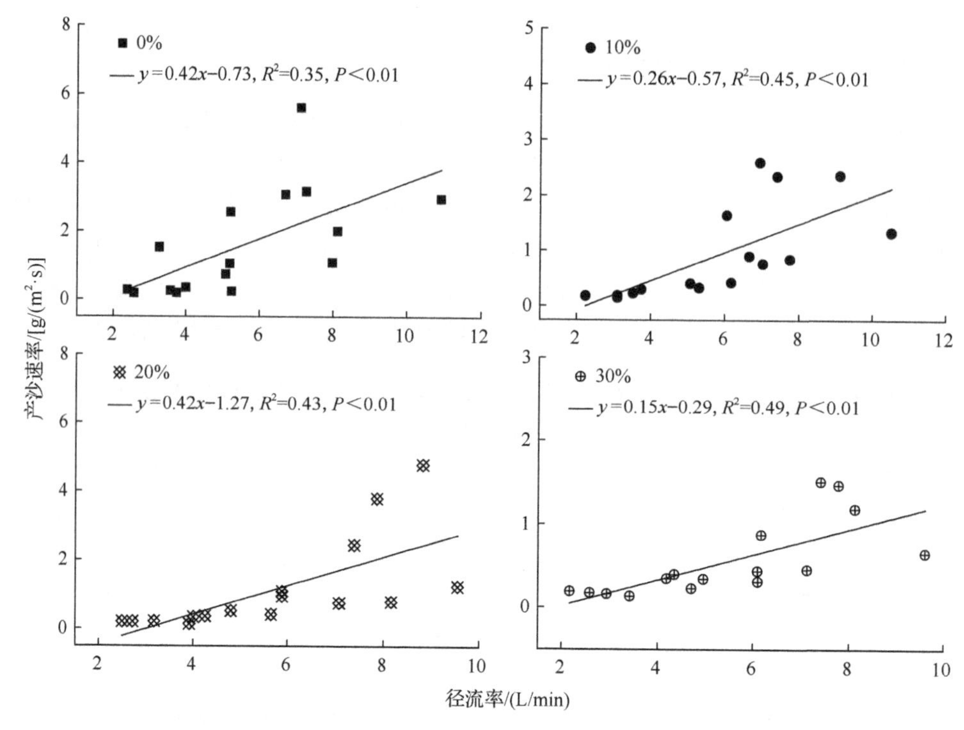

图 5-68　不同砾石质量分数条件下壤土堆积体产沙速率与径流率之间的关系

通过表 5-28 可知，各砾石质量分数下产沙速率与雷诺数之间均表现为极显著相关。图 5-69 为不同砾石质量分数条件下壤土堆积体产沙速率与雷诺数之间的关系。由图 5-69 可知，产沙速率随雷诺数的增加以极显著线性函数的形式增大。不同砾石质量分数下产沙速率与雷诺数之间的线性函数的斜率和截距均存在明显差异。0%、10%、20%和 30%砾石质量分数下，各拟合直线斜率分别为 0.022、0.014、0.022 和 0.009。以上结果表明，在相同雷诺数条件下，砾石质量分数越高，产沙速率越小。0%和 20%砾石质量分数条件下的拟合曲线斜率相等，但其在 x 轴上的截距存在明显差异。20%砾石质量分数下的直线在 x 轴上的截距（Re=45）高出 0%砾石质量分数的（Re=29）55.17%，说明相对土质堆积体坡面而言，在 20%砾石质量分数条件下，引起坡面细沟侵蚀发生的临界雷诺数更大。

通过表 5-28 可知，各砾石质量分数下产沙速率与径流功率之间均表现为极显著相关。图 5-70 为不同砾石质量分数壤土堆积体产沙速率与径流功率之间的关系。由图 5-70 可知，产沙速率与径流功率之间的关系更适合于用幂函数来描述，各砾石质量分数下其决定系数（R^2=0.76～0.88）均高于线性函数关系式（R^2=0.62～0.78）。可见，随径流功率的增大，产沙速率呈幂函数形式增大。整体上，随着砾石质量分数的增加，曲线斜率呈减小趋势，表明径流功率的增加，在土质堆积体坡面引起的侵蚀增量要比含砾石堆积体坡面大。

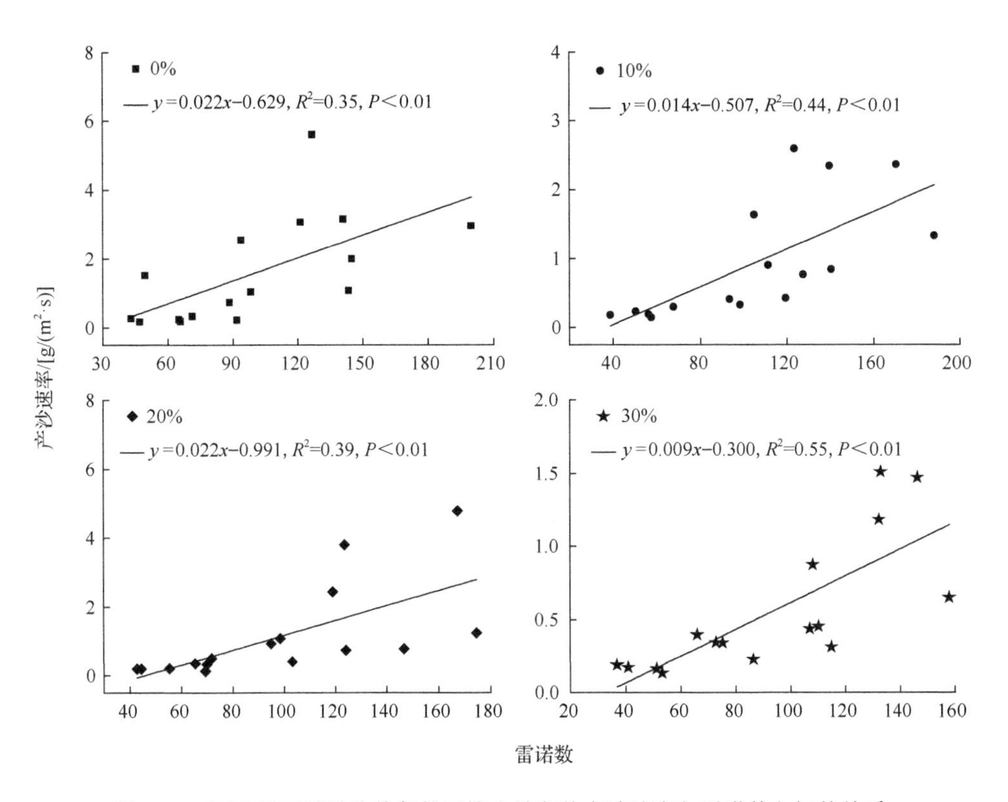

图 5-69　不同砾石质量分数条件下𡒄土堆积体产沙速率与雷诺数之间的关系

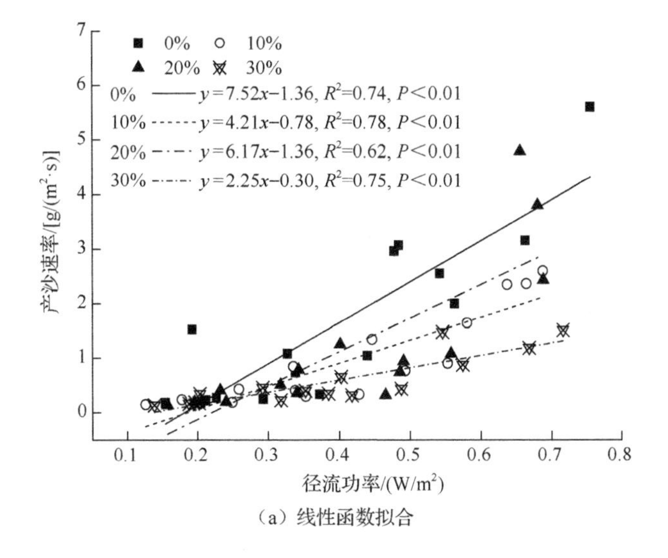

（a）线性函数拟合

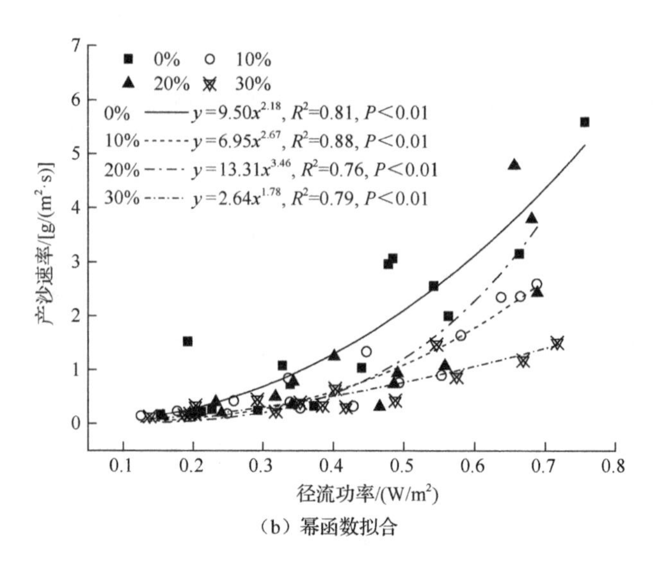

（b）幂函数拟合

图 5-70　不同砾石质量分数壤土堆积体产沙速率与径流功率之间的关系

2. 不同坡长下壤土堆积体边坡侵蚀水沙关系

研究了 25°坡度条件下不同坡长（3m、5m、6.5m 和 12m），以及不同砾石质量分数（0%、10%、20%、30%）的壤土工程堆积体边坡水沙关系。

表 5-29 为 25°坡度不同砾石质量分数条件下壤土堆积体产沙速率与各水力学参数（径流率、流速、雷诺数、弗劳德数、阻力系数、径流剪切力、径流功率）之间的 Pearson 相关性分析结果。由表可知，各砾石质量分数下，产沙速率与径流率、流速、雷诺数、弗劳德数、径流剪切力和径流功率之间均呈显著或极显著线性相关（$r>0.50$，$P<0.05$）。土质堆积体产沙速率与阻力系数之间呈极显著负相关关系（$r=-0.634$，$P=0.01$），而含砾石堆积体产沙速率与阻力系数之间相关性不显著（$P>0.05$）。在 0%和 10%砾石质量分数条件下，产沙速率与径流率相关性最显著，二者之间均呈极显著线性相关（$r\geqslant0.79$，$P<0.01$）。在 20%和 30%砾石质量分数条件下，产沙速率与径流剪切力相关性最显著，二者之间均呈极显著线性相关（$r>0.84$，$P<0.01$）。

表 5-29　25°坡度不同砾石质量分数条件下壤土堆积体产沙速率与各水力学参数之间的 Pearson 相关性分析结果

砾石质量分数/%	相关性参数	径流率	流速	雷诺数	弗劳德数	阻力系数	径流剪切力	径流功率
0	相关系数	0.795**	0.716**	0.664**	0.667**	−0.634**	0.745**	0.669**
	显著性水平（双尾）	0	0.002	0.005	0.005	0.008	0.001	0.005
	N	16	16	16	16	16	16	16

续表

砾石质量分数/%	相关性参数	径流率	流速	雷诺数	弗劳德数	阻力系数	径流剪切力	径流功率
10	相关系数	0.790**	0.638**	0.702**	0.537*	−0.434	0.764**	0.705**
	显著性水平（双尾）	0	0.008	0.002	0.032	0.093	0.001	0.002
	N	16	16	16	16	16	16	16
20	相关系数	0.845**	0.589*	0.715**	0.517*	−0.341	0.846**	0.717**
	显著性水平（双尾）	0	0.016	0.002	0.04	0.197	0	0.002
	N	16	16	16	16	16	16	16
30	相关系数	0.880**	0.652**	0.789**	0.619*	−0.483	0.908**	0.796**
	显著性水平（双尾）	0	0.006	0	0.011	0.058	0	0
	N	16	16	16	16	16	16	16

通过表 5-29 可知，各砾石质量分数下产沙速率与径流率之间均表现为极显著相关（$P<0.01$）。图 5-71 为不同砾石质量分数条件下壤土堆积体产沙速率与径流率之间的关系。由图 5-71 可知，产沙速率随径流率的增加以极显著线性函数的形式增大（R^2 为 0.598～0.758，$P<0.01$）。不同砾石质量分数下，产沙速率与径流率

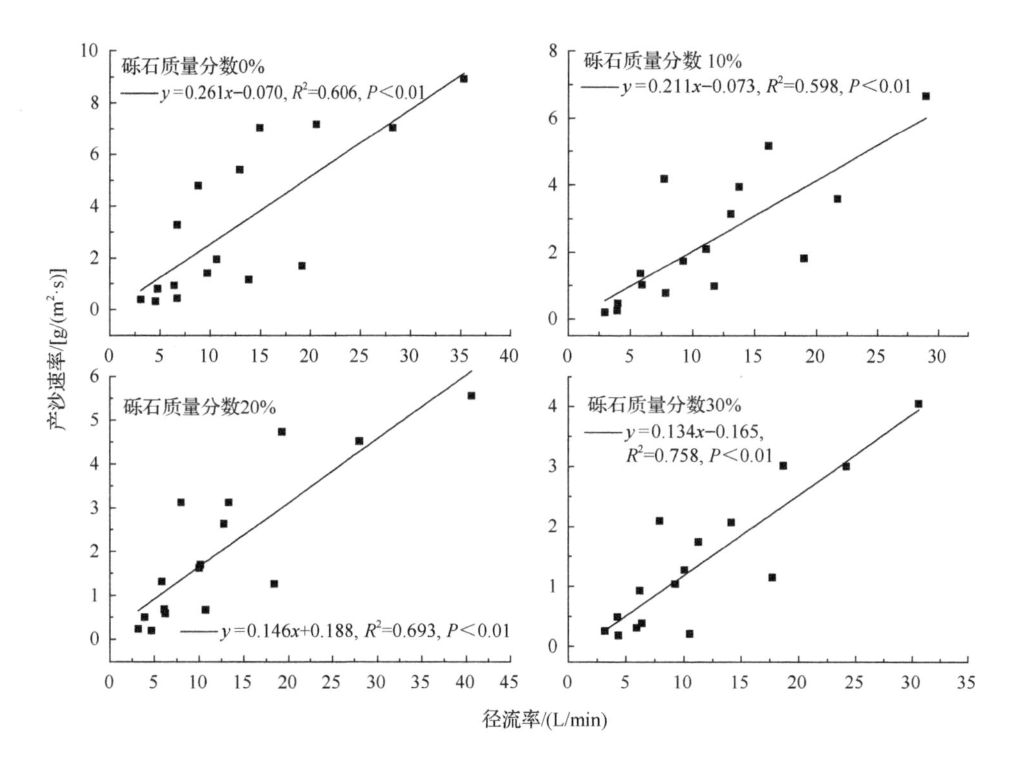

图 5-71　不同砾石质量分数下壤土堆积体产沙速率与径流率之间的关系

之间的线性函数的斜率和截距均存在明显差异。0%、10%、20%和30%砾石质量分数下，各拟合直线斜率分别为0.261、0.211、0.146和0.134，直线斜率随着砾石质量分数的增加而降低。这表明在相同径流率条件下，砾石质量分数越高，产沙速率越小。0%、10%和30%砾石质量分数下，当产沙速率为0时的临界径流率分别为0.268L/min、0.346L/min、1.231L/min，可见砾石质量分数增大，引起壤土堆积体坡面产沙的临界径流率呈明显的增大趋势。

通过表5-29可知，各砾石质量分数下产沙速率与径流剪切力之间均表现为极显著相关（$P<0.01$）。图5-72为不同砾石质量分数条件下壤土堆积体产沙速率与径流剪切力之间的关系。由图5-72可知，产沙速率随径流剪切力的增加以极显著线性函数的形式增大（R^2为0.523～0.813，$P<0.01$）。

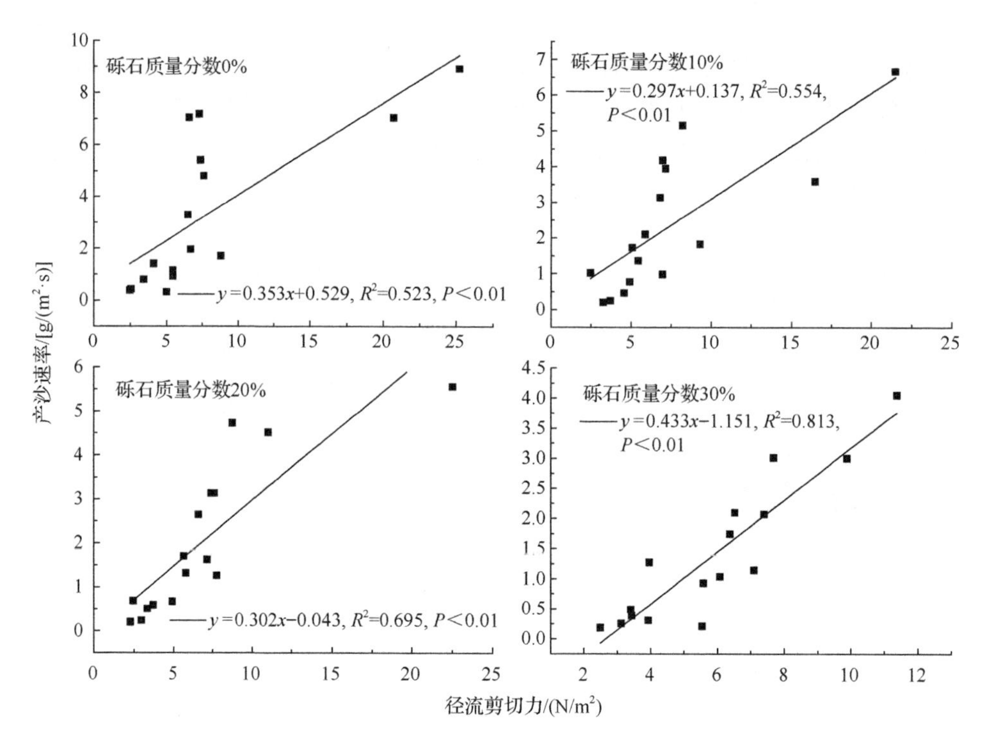

图5-72　不同砾石质量分数下壤土堆积体产沙速率与径流剪切力之间的关系

5.3.2　砂土工程堆积体边坡侵蚀水沙关系

研究了坡度25°、坡长5m条件下不同砾石质量分数（0%、10%、20%、30%）的砂土工程堆积体边坡侵蚀水沙关系。

1. 次降雨产沙量与径流强度、流速及其二者交互项的关系

径流强度是径流量在坡面平均过水面积上的平均径流深（单位为 mm/min）。分别对次降雨产沙量与径流强度、流速及其交互项（径流强度×流速）进行 Pearson 相关性分析，砂土堆积体次降雨产沙量与各影响因子 Pearson 相关性分析结果见表 5-30。从表中可以看出，次降雨产沙量与径流强度、流速及其交互项均呈极显著相关，其中，次降雨产沙量与流速相关性最高，相关系数高达 0.920。

表 5-30　砂土堆积体次降雨产沙量与各影响因子 Pearson 相关性分析结果

参数	次降雨产沙量		
	相关系数	显著性水平（双尾）	N
径流强度	0.631**	0.009	16
流速	0.920**	0.000	16
径流强度×流速	0.875**	0.000	16

图 5-73 为次降雨产沙量与径流强度、流速及其二者交互项的关系曲线，由图可知，次降雨产沙量与径流强度、流速及其二者交互项的关系均可用线性函数来描述。根据线性函数的截距大小，可判定当次降雨产沙量>0，即当堆积体坡面发生侵蚀时，所对应的径流指标临界。因此，试验条件下风沙区工程堆积体坡面发生侵蚀的临界流速为 0.076m/s，临界径流强度为 0.087mm/min。

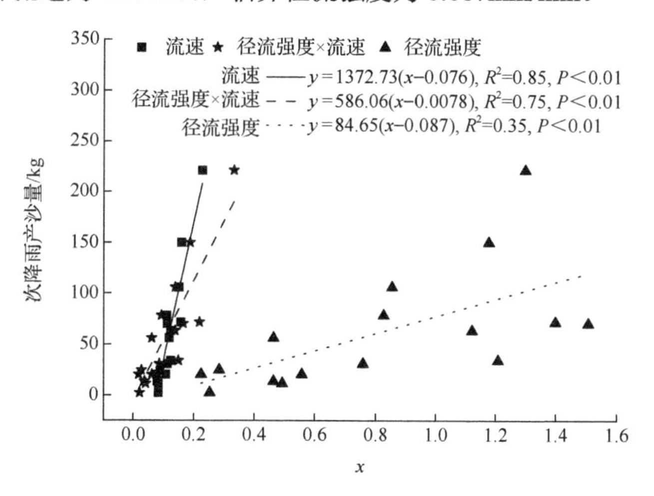

图 5-73　砂土堆积体次降雨产沙量与径流强度、流速及其二者交互项的关系曲线

x 表示流速 V/（m/s）、径流强度 R/（mm/min）或流速与径流强度交互项 $R\times V$/（10^{-3}m^2/s^2）

图 5-74（a）为砂土堆积体不同砾石质量分数下次降雨产沙量随径流强度的变化。由图可知，次降雨产沙量随径流强度的增加呈线性函数增大（$P<0.01$），且各线

性函数斜率（a_r）随砾石质量分数（G，%）的增大呈指数函数减小（$a_r=200.97e^{0.048G}$，$R^2=0.99$）。表明堆积体土石质边坡产流产沙过程具有水大沙大的特征，但是当砾石质量分数增加时，相同径流强度的径流造成的次降雨产沙量明显降低。

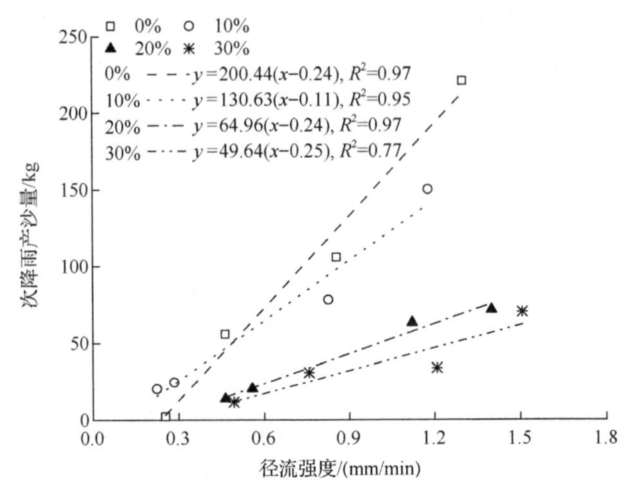

（a）次降雨产沙量随径流强度的变化

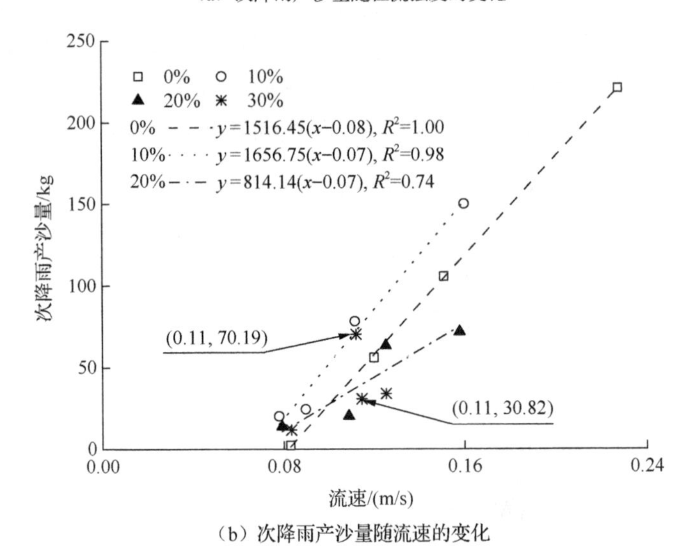

（b）次降雨产沙量随流速的变化

图 5-74　不同砾石质量分数下砂土堆积体次降雨产沙量随径流强度、流速的变化

不同砾石质量分数下次降雨产沙量随流速的变化如图 5-74（b）所示。由图可以看出，不同砾石质量分数条件下次降雨产沙量随坡面平均流速的变化有所差异。对于堆积体土质边坡及 10%砾石质量分数边坡，次降雨产沙量随流速的增大呈极显著线性函数增加（$P<0.01$），斜率基本一致，临界流速 0.07～0.08m/s；20%砾石质量分数边坡次降雨产沙量虽然随流速增加而增加，但增加过程已经失去了线

性特征（$P>0.05$）；30%砾石质量分数边坡，出现2个不同降雨强度下流速一致，次降雨产沙量相差较大的情况，这种情况具体表现为2.5mm/min降雨强度和1.5mm/min降雨强度条件下的流速基本相等（0.11m/s），而2个次降雨产沙量比值高达2.3（30.82kg和70.19kg），2.5 mm/min降雨强度下坡面径流强度是1.5mm/min降雨强度的2.2倍，这可能是相同流速条件下不同次降雨产沙量差异的主要原因。

2. 次降雨产沙量与径流特性关系

图5-75为砂土堆积体次降雨产沙量随径流特性变化。为进一步明确次降雨产沙量与径流特性之间关系，对16场降雨所得径流率、雷诺数、弗劳德数、阻力系数与次降雨产沙量分别进行了相关性分析和回归分析。相关性分析表明，次降雨产沙量与径流率、雷诺数、弗劳德数分别呈极显著或显著正相关关系，但与阻力系数相关性较差，相关系数依次为0.711、0.891、0.550、−0.452，径流率、雷诺数、弗劳德数对次降雨产沙量具有显著影响；回归分析表明，次降雨产沙量与径流率、阻力系数呈显著幂函数关系，与雷诺数、弗劳德数呈显著线性函数关系。

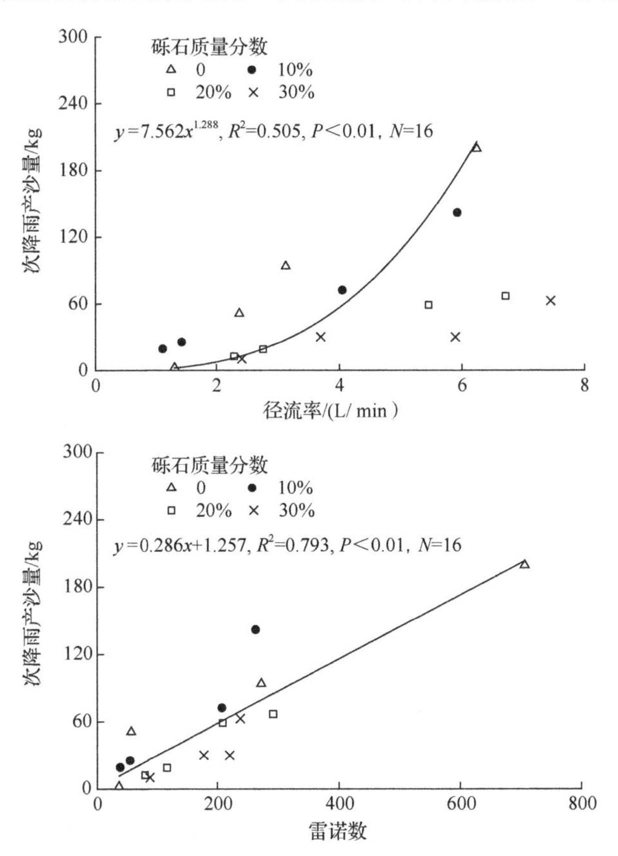

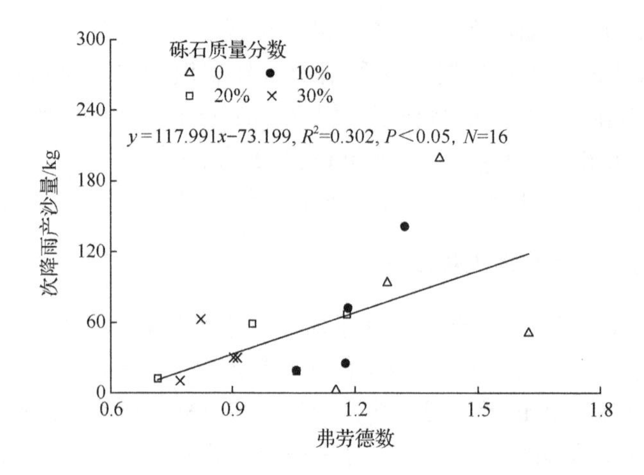

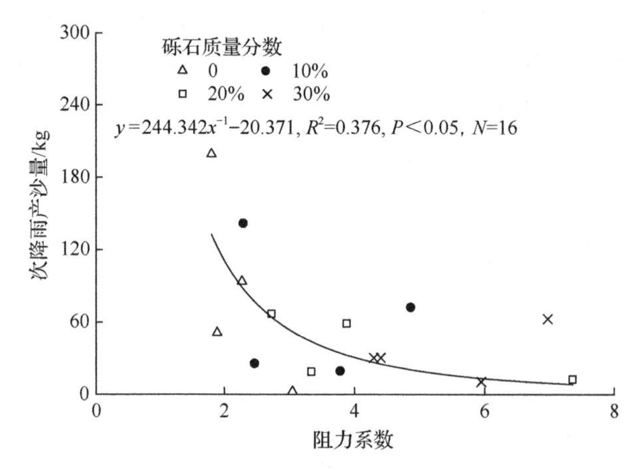

图 5-75　砂土堆积体次降雨产沙量随径流特性变化

3. 含砾石堆积体坡面侵蚀动力机制

次降雨产沙速率（Y_r）与径流剪切力（τ）、径流功率（ω）、单位径流功率（U）、过水断面单位能（E）均极显著相关（$P<0.01$），对应的相关系数 r 大小表现为 $r_U(0.945)>r_\omega(0.887)>r_E(0.861)>r_\tau(0.717)$。因此，单位径流功率 U 是描述风沙区含砾石工程堆积体侵蚀动力机制的最优因子，回归分析得到式（5-28）。砂土堆积体产沙速率可通过单位径流功率的简单线性函数表达，且发生细沟侵蚀的临界单位径流功率为 3.54×10^{-2}m/s，对应的土壤可蚀性参数为 245.27g/m³。

$$Y_r = 245.27(U - 0.0354), R^2 = 0.89, P < 0.01, N = 16 \tag{5-28}$$

砾石的存在，一方面改变了坡面径流动力特征，另一方面改变了坡面侵蚀临界条件与可蚀性参数。产沙速率与侵蚀水动力学参数的关系见图 5-76。分析发现，就同一侵蚀水动力学参数对应的产沙速率而言，0%、10%砾石质量分数堆积体均明显高于 20%、30%砾石质量分数堆积体，而 0%和 10%砾石质量分数堆积体差异不大，20%和 30%砾石质量分数堆积体差异也不明显，因此分别绘制了 0%、10%砾石质量分数堆积体和 20%、30%砾石质量分数堆积体产沙速率随侵蚀水动力学参数的变化曲线。由图 5-76 可知，砾石质量分数从 10%增加到 20%，产沙速率与侵蚀水动力学参数线性关系中的斜率与截距发生了明显改变。由各线性关系式可知，0%、10%砾石质量分数堆积体和 20%、30%砾石质量分数堆积体发生细沟侵蚀的坡面临界径流剪切力分别为 $0.92N/m^2$ 和 $3.79N/m^2$，相应土壤可蚀性参数分别为 $1.31\times10^{-3}s/m$ 和 $8.2\times10^{-4}s/m$；临界径流功率分别为 $5.8\times10^{-3}W/m^2$ 和 $0.26W/m^2$，对应的土壤可蚀性参数分别为 $7.66\times10^{-3}s^2/m^2$ 和 $4.81\times10^{-3}s^2/m^2$；临界单位径流功率为 $3.2\times10^{-2}m/s$ 和 $3.3\times10^{-2}m/s$、对应的土壤可蚀性参数为 $247.64g/m^3$ 和 $163.75g/m^3$；临界过水断面单位能为 $4.1\times10^{-4}m$ 和 $1.1\times10^{-3}m$，对应的土壤可蚀性参数为 $3518.39g/(m^3\cdot s)$和 $2465.31g/(m^3\cdot s)$。20%、30%砾石质量分数堆积体发生细沟侵蚀的各临界侵蚀水力学参数分别较 0%、10%砾石质量分数堆积体增大了 3.1 倍、43.83 倍、0.03 倍、1.68 倍；各土壤可蚀性参数分别减小了 37.40%、36.81%、33.87%、29.93%。可见，砾石质量分数为 20%、30%时，坡面侵蚀动力机制虽然没有发生变化，但是侵蚀临界水动力学参数增大，土壤可蚀性参数降低，土体抵抗径流冲刷的能力增强。根据不同砾石质量分数下工程堆积体产沙速率与各侵蚀水动力学参数关系式的相关系数可知，单位径流功率是描述 0%及 10%砾石质量分数堆积体侵蚀产沙的最优因子，而径流功率与过水断面单位能是描述 20%、30%砾石质量分数堆积体侵蚀产沙动力机制的最优因子。

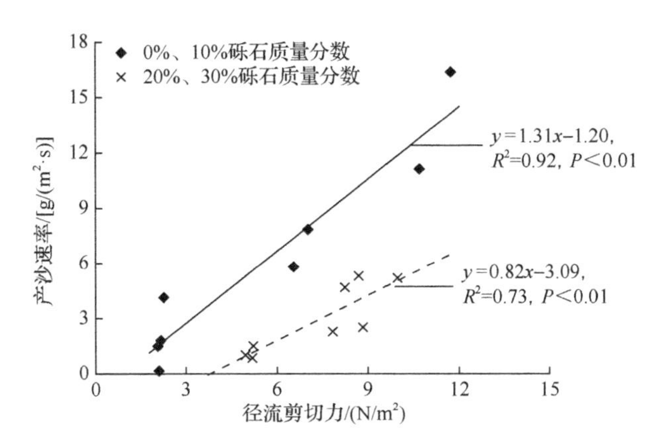

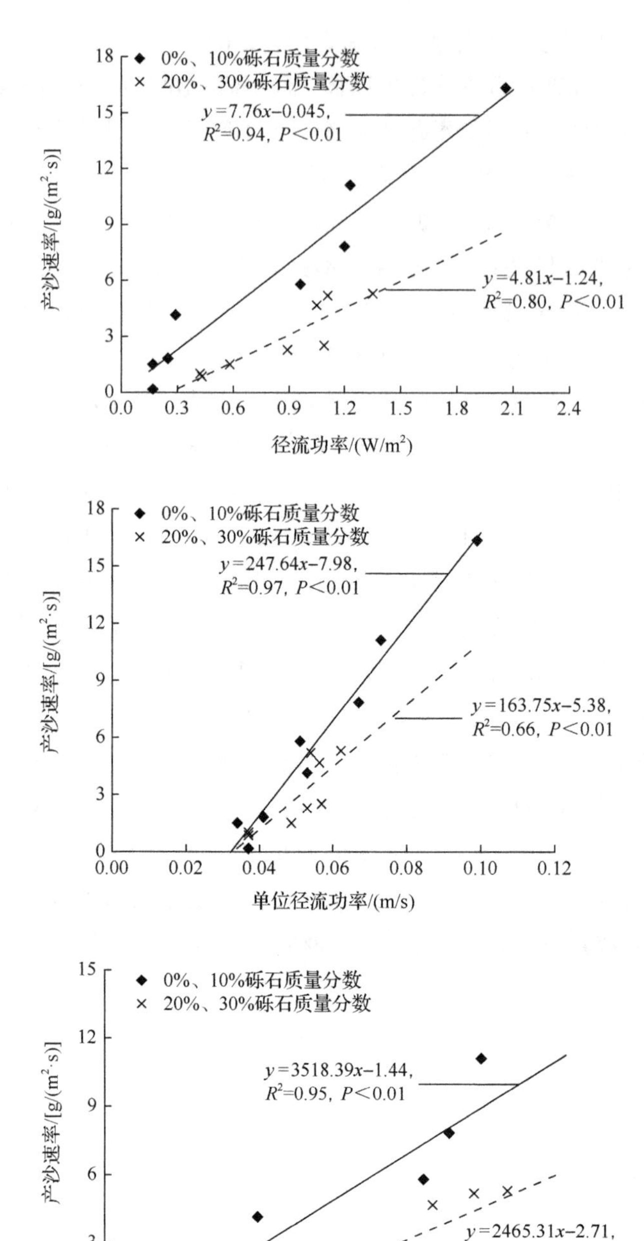

图 5-76　砂土堆积体产沙速率与侵蚀水动力学参数的关系

试验条件下，土壤产沙速率与径流剪切力、水流功率、单位水流功率和过水断面单位能均可用简单线性函数关系描述，这与相关研究（李永红等，2015；王雪松和谢永生，2015；张乐涛等，2013）结果相似，但是在描述含砾石工程堆积体侵蚀产沙动力机制最优水动力学因子选择方面存在一定差异。试验条件下，相对于 0%、10%砾石质量分数堆积体而言，径流功率更适合于描述土石质堆积体侵蚀产沙过程。单位径流功率才是描述 0%、10%砾石质量分数堆积体侵蚀产沙的最优因子。在下垫面坡度不变的前提下，单位径流功率仅是流速的函数，在砾石质量分数较低时，流速受砾石的影响减弱，流速越大，径流对坡面的冲刷作用也越强烈，导致产沙速率增大；砾石质量分数较高时，砾石阻碍径流流动的作用增强，且即使流速增大，但砾石裸露保护下层土体，产沙量增大并不明显，因此用单位径流功率来描述 20%、30%砾石质量分数堆积体侵蚀产沙过程存在一定的风险。需要说明的是，试验条件下坡面以细沟侵蚀为主，由于试验限制，并未考虑面蚀条件下的侵蚀动力过程，因此所得结果与相关研究中砾石使黏土堆积体可蚀性参数及临界单位径流功率增大几十倍的结果不一致（王雪松和谢永生，2015），这充分说明了砾石在堆积体坡面面蚀和沟蚀 2 种不同土壤侵蚀形态下，对坡面侵蚀临界条件及土壤可蚀性参数影响的显著差异性。

5.3.3　黏土工程堆积体边坡侵蚀水沙关系

研究了坡度 25°、坡长 5m 条件下不同砾石质量分数（0%、10%、20%、30%）的黏土工程堆积体边坡侵蚀水沙关系。

产沙速率与各水力学及水动力学参数的相关性如表 5-31 所示，结果显示边坡产沙速率（Y_r）与各水力学及水动力学参数之间均有良好的相关关系，对应的相关系数 r 表现为 $r_{\omega}>r_{Re}>r_E>r_V>r_{Fr}>r_{\tau}$。

表 5-31　黏土堆积体产沙速率与各水力学及水动力学参数的相关性

项目	Y_r	V	Re	Fr	τ	ω	E
Y_r	1	—	—	—	—	—	—
V	0.808**	1	—	—	—	—	—
Re	0.903**	0.920**	1	—	—	—	—
Fr	0.763**	0.930**	0.799**	1	—	—	—
τ	0.717**	0.576*	0.739**	0.473	1	—	—
ω	0.904**	0.931**	0.986**	0.816**	0.751**	1	—
E	0.897**	0.891**	0.986**	0.762**	0.781**	0.983**	1

注：采用 Pearson 相关性双尾检验，N=16；**表示 $P<0.01$；*表示 $P<0.05$。

图 5-77 为黏土堆积体产沙速率与侵蚀水动力学参数的关系。由图可知，20%和 30%砾石质量分数边坡的产沙速率（Y_r）与径流剪切力（τ）可用线性函数表示；0%和 10%砾石质量分数边坡的产沙速率（Y_r）与单位径流功率（U）存在线性关系；各砾石质量分数边坡产沙速率（Y_r）与径流功率（ω）、过水断面单位能（E）均呈显著性线性关系（$P<0.05$）。由各土壤侵蚀动力机制控制方程分析可知，不同砾石质量分数条件下，产沙速率与径流水动力学参数关系式中的横坐标截距（发生侵蚀临界值）与斜率（可蚀性参数）具有差异性，同时也具有规律性，产沙速率与 ω、E 的关系中发生侵蚀的临界值及可蚀性参数表现出一致性，其大小按砾石质量分数排列均为 10%＞0%＞20%＞30%。砾石质量分数为 0%、10%、20%、30%的边坡发生侵蚀的临界径流功率分别为 0.21W/m²、0.24W/m²、0.21W/m²、

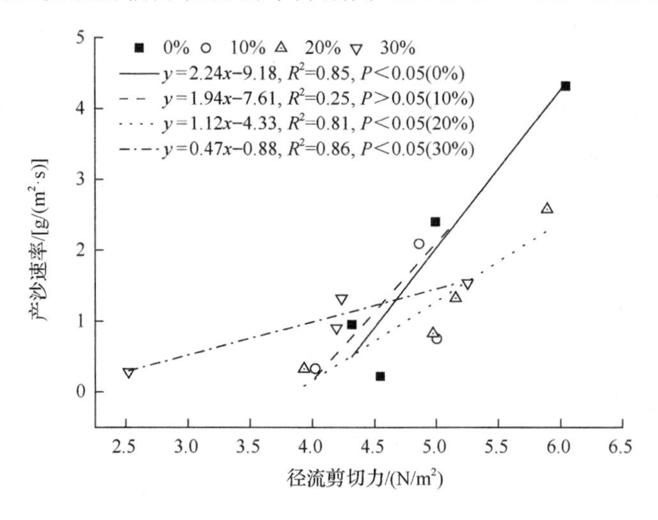

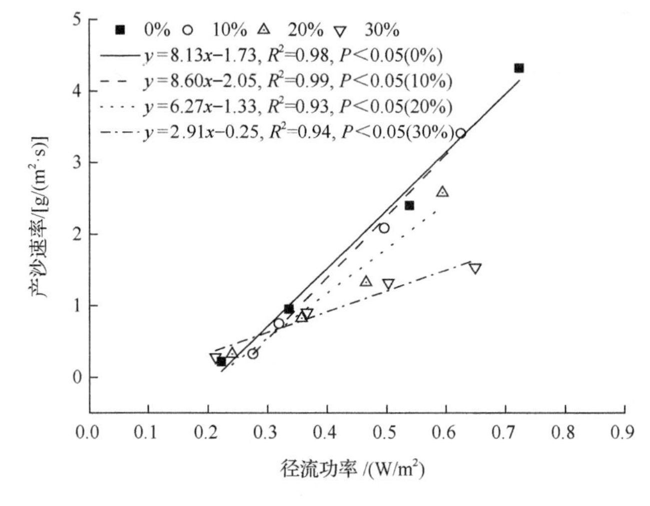

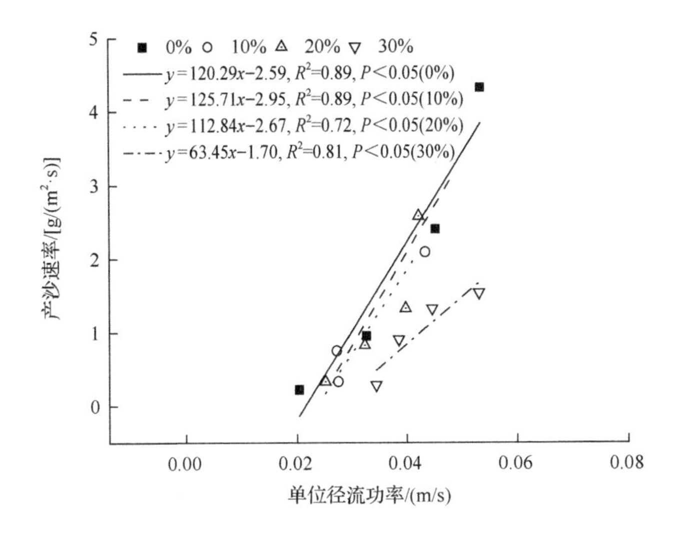

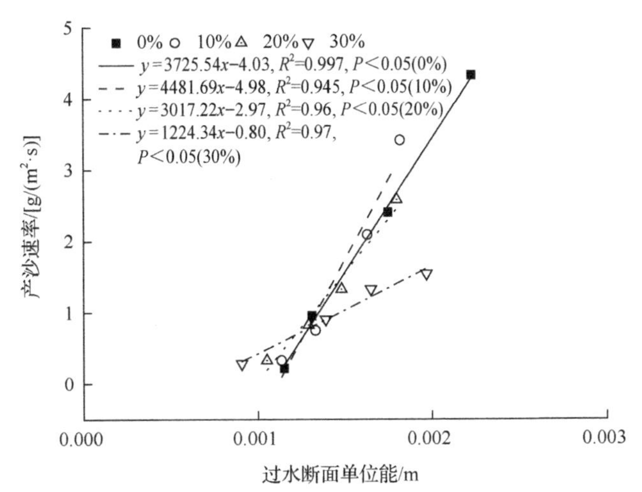

图 5-77　黏土堆积体产沙速率与侵蚀水动力学参数的关系

0.08W/m^2，对应的可蚀性参数分别为 8.13s^2/m^2、8.60s^2/m^2、6.26s^2/m^2、2.90s^2/m^2；临界过水断面单位能分别为 1.0×10^{-3}m、1.1×10^{-3}m、9×10^{-4}m、6×10^{-4}m，对应的可蚀性参数分别为 3726g/(m^3·s)、4481g/(m^3·s)、3017g/(m^3·s)、1224g/(m^3·s)。10%的砾石质量分数边坡发生侵蚀的临界径流功率和临界过水断面单位能分别为 0%、20%、30%的砾石质量分数边坡的 1.14 倍、1.14 倍、3.00 倍和 1.10 倍、1.22 倍、1.83 倍，可蚀性参数分别增大 5.8%～196.6%和 20.3%～266.0%。

通过研究含砾石黏土边坡的产沙速率与各水动力学参数的关系发现：能量参数径流功率（ω）、过水断面单位能（E）均可用于描述含砾石黏土边坡侵蚀动力机制，但在最优参数选择方面（R^2 结合相关性分析），径流功率（ω）是描述黏土区含砾石工程堆积体侵蚀动力机制更为合理的参数，这与诸多学者在放水条件或模拟降雨条件下对工程堆积体的研究一致。根据土壤产沙速率和径流功率的侵蚀动力机制控制方程得到的黏土区工程堆积体可蚀性参数介于 2.90～8.13s^2/m^2，是牛耀彬等（2015）对有工程措施堆积体研究得到可蚀性参数的 1.0～5.8 倍，这说明了工程措施对防治堆积体水土流失的重要性，整体上比张乐涛等（2013）对陡坡堆积体得到的可蚀性参数小（8.0s^2/m^2），这与土壤在较陡边坡上对侵蚀更为敏感有关。同时，在不同条件下运用不同的控制方程得出的土壤可蚀性参数之间并无必然联系，在运用通用土壤流失方程等预报模型时，对土壤可蚀性参数的选择需要根据实际条件而定，不可一概而论。研究中得到的侵蚀临界值和可蚀性参数按砾石质量分数排列均为 10%＞0%＞20%＞30%，这说明了 10%的砾石质量分数边坡在降雨下难以启动侵蚀，但是对侵蚀的敏感性高，这可能与入渗特征有关，整体上 10%砾石质量分数条件下边坡入渗量最大，导致坡面径流强度低，坡面径流不易启动侵蚀，但是一旦坡面侵蚀被启动，最大的入渗作用使边坡含水量增大，导致抵抗侵蚀的能力减弱。

5.3.4　不同土质工程堆积体边坡水沙关系差异性特征

研究了坡长 5m、坡度 25°条件下不同砾石质量分数（0%、10%、20%、30%），以及不同土质（壤土、黏土、砂土）工程堆积体边坡水沙关系。

分析次降雨产流产沙关系，不同土质堆积体边坡次降雨产沙量与径流量关系如图 5-78 所示。由图可知，壤土、砂土和黏土堆积体次降雨产沙量与径流量均呈极显著指数函数关系[$y=a\exp(bx)$，$P<0.01$]。从壤土到砂土，系数 a 显著增大，系数 b 显著降低。在相同径流量条件下，砂土堆积体次降雨产沙量远高于壤土和黏土堆积体。虽然砂土堆积体坡面次降雨产沙量与径流量之间呈极显著指数函数关系，但其决定系数很低。对于砂土堆积体，次降雨产沙量与径流量之间采用幂函数拟合时具有更高的决定系数，见式（5-29）。

$$\mathrm{SY}=0.05R_{\mathrm{r}}, R^2=0.340, P<0.01, N=16 \tag{5-29}$$

分析了坡度 25°，坡长 5m 条件下的 3 种不同土质堆积体侵蚀动力机制差异。图 5-79～图 5-81 为不同砾石质量分数条件下不同土质工程堆积体坡面产沙速率与径流剪切力、径流功率和单位径流功率的关系。表 5-32 为不同砾石质量分数下 3 种土质工程堆积体临界水流动力学参数及其对应土壤可蚀性参数对比。

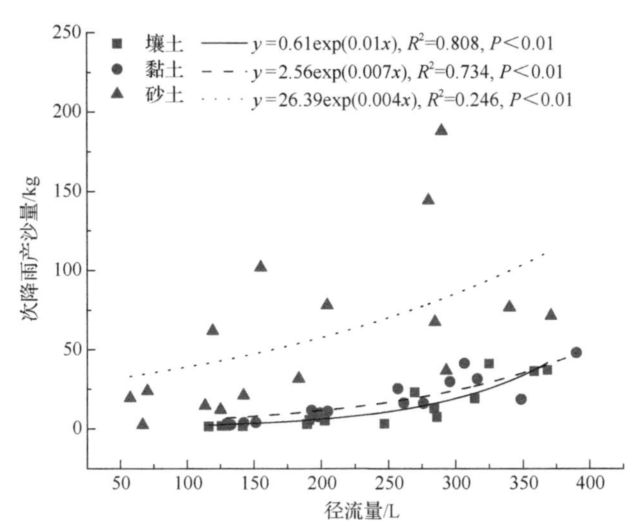

图 5-78　不同土质堆积体边坡次降雨产沙量与径流量关系

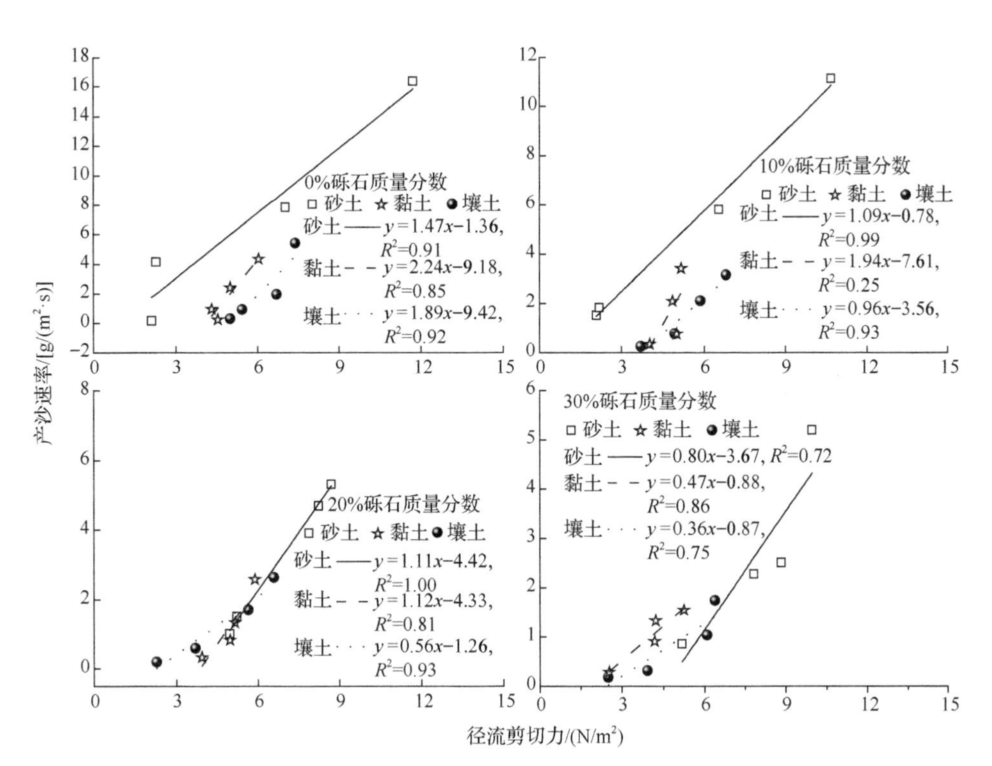

图 5-79　不同砾石质量分数条件下不同土质工程堆积体坡面产沙速率与径流剪切力的关系

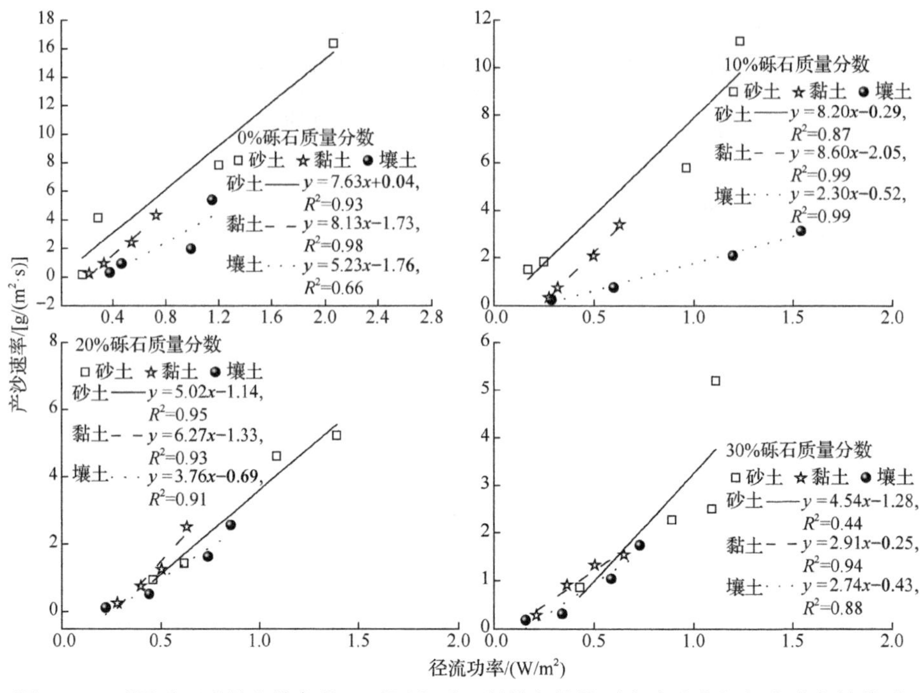

图 5-80　不同砾石质量分数条件下不同土质工程堆积体坡面产沙速率与径流功率的关系

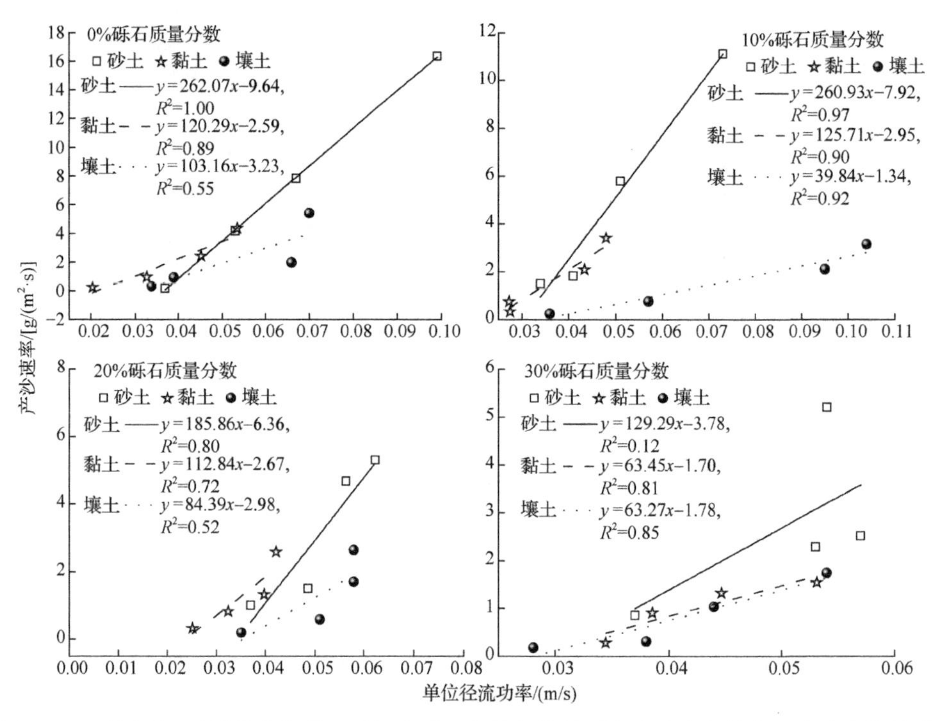

图 5-81　不同砾石质量分数条件下不同土质工程堆积体坡面产沙速率与单位径流功率的关系

表 5-32　不同砾石质量分数下 3 种土质工程堆积体临界水流动力学参数及其对应土壤可蚀性参数对比

砾石质量分数/%	土壤类型	径流剪切力				径流功率				单位径流功率			
		土壤可蚀性参数/（s/m）	临界径流剪切力 τ/（N/m^2）	R^2	P	土壤可蚀性参数/（s^2/m^2）	临界径流功率 ω/（W/m^2）	R^2	P	土壤可蚀性参数/（g/m^3）	临界单位径流功率 U/（m/s）	R^2	P
0	砂土	1.47	0.925	0.91**	<0.05	7.63	0.005	0.93**	<0.05	262.07	0.037	1.00**	<0.05
	黏土	2.24	4.098	0.85	<0.05	8.13	0.213	0.98**	<0.05	120.29	0.022	0.89	<0.05
	壤土	1.89	4.984	0.92**	<0.05	5.23	0.337	0.66	>0.05	103.16	0.031	0.55	>0.05
10	砂土	1.09	0.716	0.99**	<0.05	8.20	0.035	0.87	<0.05	260.93	0.030	0.97**	<0.05
	黏土	1.94	3.923	0.25	>0.05	8.60	0.238	0.99**	>0.05	125.71	0.023	0.90**	<0.05
	壤土	0.96	3.708	0.93**	<0.05	2.30	0.226	0.99**	<0.05	39.84	0.034	0.92**	<0.05
20	砂土	1.11	3.982	1.00**	<0.05	5.02	0.227	0.95**	<0.05	185.86	0.034	0.80	<0.05
	黏土	1.12	3.866	0.81	<0.05	6.27	0.212	0.93**	<0.05	112.84	0.024	0.72	<0.05
	壤土	0.56	2.250	0.93**	<0.05	3.76	0.181	0.91**	<0.05	84.39	0.035	0.52	>0.05
30	砂土	0.80	4.588	0.72	<0.05	4.54	0.282	0.44	>0.05	129.29	0.029	0.12	>0.05
	黏土	0.47	1.872	0.86	<0.05	2.91	0.086	0.94**	<0.05	63.45	0.027	0.81	<0.05
	壤土	0.36	2.417	0.75	<0.05	2.74	0.157	0.88	<0.05	63.27	0.028	0.85	<0.05

由图 5-79～图 5-81 可知，各砾石质量分数下，不同土质工程堆积体坡面土壤产沙速率与水动力学参数多呈较好的线性函数关系（R^2>0.90），部分试验条件下二者之间的线性函数关系较差（R^2<0.70）。主要针对拟合较好的线性函数关系对堆积体坡面侵蚀临界条件及其土壤可蚀性参数进行了分析。由表 5-32 可知，3 种土质在不同砾石质量分数下，侵蚀产沙发生的临界水动力学参数及其对应的土壤可蚀性参数均有较大差异。首先，各土质堆积体坡面的侵蚀临界水动力学参数值随砾石质量分数的增大呈现出的变化趋势大多并不明显，而对应的土壤可蚀性参数随砾石质量分数的增大呈现减小趋势，可见当砾石质量分数增大时，堆积体坡面的土壤可蚀性降低，抗蚀能力增加，但是发生侵蚀的临界水动力条件可能降低。这是因为含砾石工程堆积体坡面在土壤侵蚀之前，砾石破坏了土体的整体连接性，土壤颗粒较为分散，且砾石周围的土体更为分散和疏松，侵蚀初始阶段含砾石坡面相较土质坡面更易发生侵蚀。比较 3 种土质堆积体坡面发生侵蚀的临界条件及其对应的土壤可蚀性参数。就径流剪切力而言，10%和 20%砾石质量分数下，砂土堆积体坡面基于径流剪切力的土壤可蚀性参数较壤土大 13.54%和 98.21%，其临界径流剪切力较壤土大 4.18 倍和低 43.50%。就单位径流功率而言，10%砾石质量分数下，砂土堆积体坡面基于单位径流功率的土壤可蚀性参数分别较黏土和壤土大 1.08 倍和 5.55 倍。从表 5-32 中看出，3 种土质在不同砾石质量分数下发生侵蚀的临界水动力学参数值及其对应的土壤可蚀性参数并未表现出一致性规律。还需进一步研究来揭示不同土质工程堆积体坡面侵蚀动力机制。

5.4 本 章 小 结

通过室内模拟降雨试验，室内概化工程堆积体下垫面，研究了不降雨强度（1.0mm/min、1.5mm/min、2.0mm/min 和 2.5mm/min）条件下，不同坡度（15°、25°、30°和 35°），不同坡长（3m、5m、6.5m、8m 和 12m），不同砾石质量分数（0%、10%、20%、30%、40%和 50%）和不同土质（壤土、砂土和黏土）的工程堆积体边坡径流产沙特征。主要得出以下结论。

（1）就产流起始时间 t_0 而言，壤土工程堆积体边坡 t_0 与坡度的余弦值、降雨强度呈负相关，随坡长的增大多呈先增后减的变化趋势，与砾石质量分数呈负相关关系；砂土工程堆积体边坡 t_0 与降雨强度、砾石质量分数呈负相关关系，与坡度呈正相关关系，与坡长呈负相关关系；黏土工程堆积体边坡 t_0 随坡度、坡长的增加表现为先递增再减小的变化趋势，且在坡度 25°、坡长 5m 坡面最大，砾石质量分数高于 0%时，t_0 缩短。1.0～2.5mm/min 降雨强度条件下，壤土、黏土和砂土工程堆积体平均 t_0 变化范围分别为 2.02～8.12min、3.15～10.49min、4.40～16.46min，壤土、黏土、砂土 3 种土壤质地堆积体平均 t_0 分别为 4.12min、5.71min 和 10.36min，砂土堆积体 t_0 较壤土和黏土长。

（2）就径流率 R_r 而言，3 种土质堆积体边坡 R_r 随降雨强度和坡长的增大明显增大，随坡度的增大而减小，其随坡度、坡长的变化特征与有效承雨面积密切相关。壤土堆积体 R_r 随砾石质量分数的增大呈减小趋势，砂土和壤土堆积体 R_r 多呈先减小后增大的变化趋势，并在 10%砾石质量分数下达到最小值。壤土、黏土和砂土工程堆积体平均径流率分别为 5.60L/min、5.47L/min 和 4.44L/min，砂土堆积体平均径流率较壤土和黏土低，减少幅度分别为 20.7%和 18.8%。这可能是因为土壤机械组成差异，砂土较壤土及黏土质地轻，入渗能力强。

（3）就流速 V 而言，壤土堆积体边坡 V 受坡度的影响不明显，其与降雨强度呈正相关关系，并随坡长的增大呈现增大趋势，其随砾石质量分数增大呈现的变化过程较为复杂，但整体上二者呈负相关关系；砂土堆积体在 15°、25°、30°（35°）坡度下的平均流速分别为 0.09m/s、0.12m/s、0.07m/s，3m、5m、8m（12m）坡长对应的平均流速分别为 0.07m/s、0.10m/s、0.11m/s，V 随砾石质量分数的增加先减小后增加（≤2.0mm/min 降雨强度），且在 10%砾石质量分数下最小，2.5mm/min 降雨强度时 V 随砾石质量分数的增大而减小；黏土堆积体 V 与降雨强度、砾石质量分数均呈显著正相关关系，与坡度的关系并不密切。平均流速随坡长变化总体表现为 5m＜3m＜8m（12m），5m 时为 0.09m/s，递增幅度为 33.3%～55.6%。4 种降雨强度下，除 30%砾石质量分数外，其他砾石质量分数的平均流速均表现为黏土堆积体小于砂土、壤土堆积体，降雨强度越大，差异越明显。砂土堆积体平均流速最大为 0.12m/s，分别是黏土和壤土的 1.3 倍及 1.1 倍。

（4）就水动力学参数而言，3 种土质堆积体边坡径流各水动力学参数均随降雨强度的增大而增大，随砾石质量分数的增大呈减小趋势。就径流剪切力 τ 和径流功率 ω 而言，砾石质量分数 0%、10%和降雨强度 1.0mm/min、1.5mm/min 条件下，砂土堆积体坡面 τ、ω 均最小（2.08～2.28N/m^2、0.17～0.29W/m^2），较壤土和黏土分别降低 43.75%～58.05%和 47.18%～56.44%、37.63%～58.19%和 13.69%～38.33%。当砾石质量分数和降雨强度都增大时，τ、ω 均在砂土堆积体坡面最大。就单位径流功率 U 而言，各试验条件下，砂土堆积体坡面 U 均高于黏土堆积体坡面，增幅达 1.62%～85.29%；黏土堆积体坡面 U 多低于壤土堆积体坡面。整体上，径流水动力学参数多以在砂土堆积体坡面最大，而在黏土堆积体坡面最小。

（5）就含沙量和产沙速率而言，3 种土质堆积体边坡含沙量随坡度的增加多表现为先增加后减小的变化趋势，且在 25°（30°）边坡上达到最大值。壤土堆积体产沙速率随坡长的增加整体上多呈现增加趋势，且在 5.0～6.5m 处的增幅远大于其他相邻 2 个坡长之间的增幅，平均含沙量随砾石质量分数的增加呈现明显的递减趋势；砂土堆积体 3m、5m、8m（12m）坡长所对应的平均含沙量分别为 59.65g/L、285.34g/L、154.23g/L，5m 坡长条件下的平均含沙量可达 3m 和 8m（12m）的 4.8 倍和 1.9 倍；黏土堆积体平均含沙量随坡长变化大小表现为 3m＜8m（12m）＜5m，后者可达前两者的 2.6 倍、1.2 倍。砂土和黏土堆积体平均产沙速率在 1.0mm/min 降雨强度下均表现为含砾石坡面大于土质坡面，在 2.0～2.5mm/min 降雨强度下，均随砾石质量分数的增大而明显减小。整体上，相同条件下壤土、黏土及砂土工程堆积体的平均产沙速率大小表现为砂土堆积体最大，壤土最小。相同降雨强度下，砂土堆积体最大产沙速率分别是壤土和黏土堆积体的 4.6～12.6 倍和 3.3～4.3 倍。壤土、黏土、砂土工程堆积体的平均产沙速率分别为 $1.33g/(m^2 \cdot s)$、$1.72g/(m^2 \cdot s)$和 $3.95g/(m^2 \cdot s)$，砂土可达壤土的 3.0 倍，黏土的 2.3 倍。相对于壤土和砂土堆积体，砾石质量分数对黏土堆积体产沙速率的影响较小。

（6）就水沙关系而言，壤土堆积体各砾石质量分数下产沙速率与径流功率之间均表现为极显著相关（$P<0.01$），相关性最好，二者之间的关系可通过幂函数（R^2 为 0.76～0.88）来描述；砂土堆积体可通过单位径流功率的简单线性函数表达，砂土堆积体边坡细沟侵蚀临界单位径流功率为 $3.54\times10^{-2}m/s$，对应的土壤可蚀性参数为 $245.27g/m^3$。黏土堆积体产沙速率与径流功率之间的相关性最好（$R^2=0.904$），二者之间呈极显著线性关系，砾石质量分数为 0%、10%、20%、30%的边坡侵蚀临界径流功率分别为 $0.21W/m^2$、$0.24W/m^2$、$0.21W/m^2$、$0.08W/m^2$，对应的可蚀性参数分别为 $8.13s^2/m^2$、$8.60s^2/m^2$、$6.26s^2/m^2$、$2.90s^2/m^2$。总体上，不同土质工程堆积体坡面产沙速率与水动力学参数多呈较好的线性函数关系（$R^2>0.90$）。

参 考 文 献

李宏伟, 牛俊文, 宋立旺, 等, 2013. 工程堆积体水动力学参数及其产沙效应[J]. 水土保持学报, 27(5): 63-67.

李宏伟, 王文龙, 黄鹏飞, 等, 2014. 土石混合堆积体土质可蚀性 K 因子研究[J]. 泥沙研究, (2): 49-54.

李建明, 王文龙, 黄鹏飞, 等, 2014. 黄土区生产建设工程堆积体砾石对侵蚀产沙的影响[J]. 泥沙研究, (4): 10-17.

李永红, 牛耀彬, 王正中, 等, 2015. 工程堆积体坡面径流水动力学参数及其相互关系[J]. 农业工程学报, 31(22): 83-88.

牛耀彬, 高照良, 刘子壮, 等, 2015. 工程措施条件下堆积体坡面土壤侵蚀水动力学特性[J]. 中国水土保持科学, 13(6): 105-111.

沈水进, 孙红月, 尚岳全, 等, 2011. 降雨作用下路堤边坡的冲刷-渗透耦合分析[J]. 岩石力学与工程学报, 30(12): 2456-2462.

史倩华, 王文龙, 郭明明, 等, 2015. 模拟降雨条件下含砾石黏土工程堆积体产流产沙过程[J]. 应用生态学报, 26(9): 2673-2680.

王小燕, 李朝霞, 徐勤学, 等, 2011. 砾石覆盖对土壤水蚀过程影响的研究进展[J]. 中国水土保持科学, 9(1): 115-120.

王小燕, 王天巍, 蔡崇法, 等, 2014. 含碎石紫色土坡面降雨入渗和产流产沙过程[J]. 水科学进展, 25(2): 189-194.

王雪松, 谢永生, 2015. 模拟降雨条件下锥状工程堆积体侵蚀水动力特征[J]. 农业工程学报, 31(1): 117-124.

许炯心, 1999. 黄土高原的高含沙水流侵蚀研究[J]. 土壤侵蚀与水土保持学报, 5(1): 28-35.

张乐涛, 高照良, 田红卫, 2013. 工程堆积体陡坡坡面土壤侵蚀水动力学过程[J]. 农业工程学报, 29(24): 94-102.

朱元骏, 邵明安, 2006. 不同碎石含量的土壤降雨入渗和产沙过程初步研究[J]. 农业工程学报, 22(2): 64-67.

ABRAHAMS A D, LI G, PARSONS A J, 1996. Rill hydraulics on a semiarid hillslope, southern Arizona[J]. Earth Surface Processes and Landforms, 21(1): 35-47.

POESEN J, LAVEE H, 1994. Rock fragments in top soils: Significance and processes[J]. Catena, 23: 1-28.

RIEKE-ZAPP D, POESEN J, NEARING M A, 2007. Effects of rock fragments incorporated in the soil matrix on concentrated flow hydraulics and erosion[J]. Earth Surface Processes Landforms, 32(7): 1063-1076.

WANG X Y, LI Z X, CAI C F, et al., 2012. Effects of rock fragment cover on hydrological response and soil loss from Regosols in a semi-humid environment in South-West China[J]. Geomorphology, 151-152: 234-242.

第6章　生产建设项目水土流失预报模型

6.1　野外原位试验条件下水土流失预报模型

6.1.1　模拟降雨条件下水土流失预报模型

1. 模型框架

侵蚀速率是矿区弃土弃渣综合治理措施布设的重要参考依据，因此准确预测弃土弃渣侵蚀速率是非常必要的。根据建模方法，土壤侵蚀模型一般分为经验模型和物理模型两种。与物理模型相比较，经验模型结构简单、计算方便、对参数要求低，但模型被移植使用时，模型精度和适用性受到影响，针对生产建设项目水土流失规律及流失量预测方面也取得了一定的成果（程冬兵等，2014；李建明等，2013；赵暄等，2013；李璐等，2004）。程冬兵等（2014）借鉴 RUSLE 建模思路提出生产建设项目开挖面土壤侵蚀模型，综合考虑了降雨特征参数、土壤参数（粉粒、黏粒体积分数和容重）、地形因子（坡度和坡长）、径流参数（径流量）对土壤流失量的影响，模型预测精度较高；Guy 等（2009a）认为坡面侵蚀受到 4 个因素的影响，即土壤因素 Soil、降雨因素 Rain、地形因素 Landform 及径流因素 Flow，四个因素间的相互作用影响着侵蚀过程。本章采用程冬兵等（2014）建模思路和 Guy 等（2009a）提出的方法提出弃土弃渣体侵蚀模数概化预报模型，如式（6-1）所示。

$$T_s = f\left(\text{Soil,Rain,Landform,Flow}\right) \tag{6-1}$$

式中，T_s 为侵蚀速率[$g/(m^2 \cdot s)$]。

2. 参数选择与分析

对于土壤因素 Soil 参数的选取，中值粒径 d_{50}（m）常被作为土壤参数出现在许多侵蚀模型的研究中（Mahmoodabadi et al., 2014；Ali et al., 2011；Li et al., 2011），Guy 等（2009b）认为土壤粒径分布越宽，采用中值粒径 d_{50} 预测侵蚀速率的精度越差，而土壤颗粒质量分形维数 D_i 是表征土壤颗粒分布状况的因子，包含了所有粒径范围特征，被众多研究者作为抗蚀性及预测土壤侵蚀的指标（郭明明等，2014；杨培岭等，1993）；降雨因素 Rain 的特征参数一般选择降雨强度 I(m/s)；地形因素 Landform 参数选择坡长λ(m)和坡度θ(°)，本章小区的坡长是固定的（3m），因此地形因素参数选择为坡度θ(°)；径流因素 Flow 在进行参数选择时考虑径流的物理参数和水力学参数，包括水的密度ρ_w(kg/m^3)、水的黏滞力υ(m^2/s)、重力加速度 g(m/s^2)、径流深 h(m)、流速 v(m/s)、径流率 q(m^3/s)、含沙量 C_s(kg/m^3)、径流剪切力τ(N/m^2)、径流功率 ω[J/(m^2·s)]、单位径流功率 U(m/s)、泥沙沉速 v_s(m/s)。

试验研究中，偏石质弃渣体、偏土质弃渣体、弃土体及扰动坡面共计 36 场模拟降雨数据被获取。将上述土壤因素、降雨因素、地形因素及径流因素的各代表指标与各次降雨侵蚀速率进行偏相关分析，侵蚀速率与各因素偏相关分析结果见表 6-1。结果表明，除泥沙沉速与黏滞力 2 个指标外，侵蚀速率与坡度、降雨强度、含沙量、流速、径流剪切力、径流功率、单位径流功率及径流率呈显著正相关关系，与中值粒径和分形维数呈显著负相关关系（表 6-1），表明这些指标都显著影响着弃土弃渣土体及扰动坡面侵蚀过程。颗粒分形维数越大，土壤细颗粒越多，结构越好，抗蚀性越强（郭明明等，2014；杨培岭等，1993），径流搬运坡面物质所消耗能量就越多，因此侵蚀速率与之呈负相关关系。

表 6-1　侵蚀速率与各因素偏相关分析结果

相关性	坡度	降雨强度	含沙量	流速	径流剪切力	径流功率	单位径流功率	黏滞力	泥沙沉速	径流率	中值粒径	分形维数
相关系数	0.54**	0.35*	0.89**	0.62**	0.79**	0.81**	0.73**	−0.31	−0.20	0.65**	−0.36*	−0.44**
显著性水平	0.001	0.035	0.000	0.000	0.000	0.000	0.000	0.063	0.243	0.000	0.034	0.008

注：**表示显著性水平为 0.01，*表示显著性水平为 0.05。

在选择预测指标时，除考虑侵蚀速率外，还需考虑因子获取的难易程度。对于弃土弃渣体，由于物质组成颗粒粒径分布较广，侵蚀床面粗糙度较大，测量径流深时存在很大的误差，由于径流剪切力和径流功率是径流深的函数，因此径流深、径流剪切力、径流功率不作为有效水力学参数，采用颜色示踪法测量流速，此方法已经被广泛应用在坡面侵蚀流速测量中，单位径流功率是流速和坡度的函数。Ali 等（2013，2011）、Govers 和 Rauws（1986）研究认为单位径流功率 U(m/s)是预测坡面侵蚀最优因子，体现单位重量水沙在侵蚀过程中功率消耗状况，因此将单位径流功率作为径流水力代表因子。土壤中值粒径和分形维数可通过实验室测量及计算得到；径流率反映径流对坡面侵蚀供水情况，含沙量反映径流对下垫面作用的结果（王小燕等，2011），径流率和含沙量可通过泥沙样精确地确定，因而径流指标选择单位径流功率 U(m/s)、径流率 q(m^3/s)和含沙量 C_s(kg/m^3)。模型式（6-1）可具体为式（6-2）。

$$T_s = f\left(D, I, d_{50}, \theta, C_s, q, U\right) \tag{6-2}$$

模型效率系数 ME：用于评价模型预测值与实测值之间的差异，ME≤1，数值越接近 1，模型预测效果越好，由式（6-3）计算。

$$\mathrm{ME} = 1 - \frac{\sum (T_{sm} - T_{sp})^2}{\sum (T_{sm} - \overline{T_{sm}})^2} \tag{6-3}$$

式中，T_{sm} 为实测侵蚀模数；T_{sp} 为预测侵蚀模数；$\overline{T_{sm}}$ 为实测侵蚀模数均值。

相对均方根误差 RRMSE：用于衡量模拟侵蚀速率与实测值间的误差大小，由式（6-4）计算。

$$\mathrm{RRMSE} = \frac{\sqrt{(1/n)\sum (T_{sp} - T_{sm})^2}}{\overline{T_{sm}}} \tag{6-4}$$

土壤颗粒分形维数 D_i：分形维数采用粒径的质量分布描述土壤分形模型，由式（6-5）计算。

$$\frac{W(\delta > d_i)}{W_0} = 1 - \left(\frac{d_i}{d_{\max}}\right)^{3-D} \tag{6-5}$$

两边取对数得

$$\lg\left[\frac{W(\delta < d_i)}{W_0}\right] = (3 - D_i)\lg\left(\frac{d_i}{d_{\max}}\right) \tag{6-6}$$

式中，$W(\delta > d_i)$表示大于 d_i 累积土粒质量；W_0 为各粒级质量之和；d_i 为筛分粒径范围[d_j，d_{j+1}]平均值；$d_{\max}$ 为最大粒级平均直径，即在某个粒径级[d_j，d_{j+1}]，d_i=1/2(d_j+d_{j+1})。点绘 $\lg[W(\delta < d_i)/W_0]$ 与 $\lg(d_i/d_{\max})$ 关系，运用线性方程拟合，在置信度为 95%时得到直线方程的斜率 k_i 分别为 0.840、0.836、0.744、0.622、0.434。分形维数 D_i=3−k_i，偏石质弃渣体、偏土质弃渣体、弃土体、扰动坡面、原生坡面分形维数依次为 2.160、2.164、2.256、2.379、2.566。

3. 模型建立与验证

根据模型参数分析，依据π定理，对式（6-2）进行量纲分析，由于 T_s 量纲为 $M/(L^2/T)$，将 $C_s(M/L^3)$，$I(L/T)$，$d_{50}(L)$作为重复变量，θ_c 为坡度θ余弦值（量纲为1），各变量单位采用国际单位制，量纲分析结果如式（6-7）所示。

$$\frac{T_s}{C_s I}=f\left(\frac{q}{Id_{50}^2},\frac{U}{I},D_i,\theta_c\right) \tag{6-7}$$

转化为幂函数形式，并令 $\phi=\frac{T_s}{C_s I}$，$\Phi=\frac{q}{Id_{50}^2}$，$\Delta=\frac{P}{I}$，结果见式（6-8）：

$$\phi=K\Phi^a\Delta^b D_i^c\theta_c^d \tag{6-8}$$

将弃渣体、弃土体及扰动坡面的 36 场模拟降雨试验数据按式（6-8）进行回归分析，确定系数，结果见式（6-9）：

$$\phi=10^{6.16}\Phi^{0.23}\Delta^{0.27}D_i^{-24.98}\theta_c^{-0.50}\text{，}R^2\text{=0.94，}N\text{=36} \tag{6-9}$$

利用式（6-9）估算的侵蚀速率与实测值呈极显著线性关系，模拟降雨条件下弃土弃渣体侵蚀速率预测效果如图 6-1（a）所示（$p<0.01$），相关系数达 0.942，模型效率系数 E_f 为 0.940，侵蚀速率预测值与实测值相对均方根误差 RRMSE=0.288，因此全面考虑下垫面性质、地形特性、降雨性质及径流特征对侵蚀速率的影响是可行的。采用剩余的 30%数据对模型式（6-9）进行验证，验证结果如图 6-1（b）所示，验证结果较好（E_f=0.860，RRMSE=0.26）。

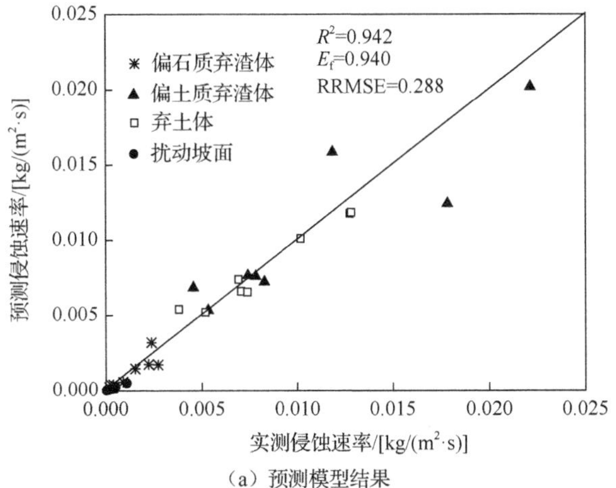

（a）预测模型结果

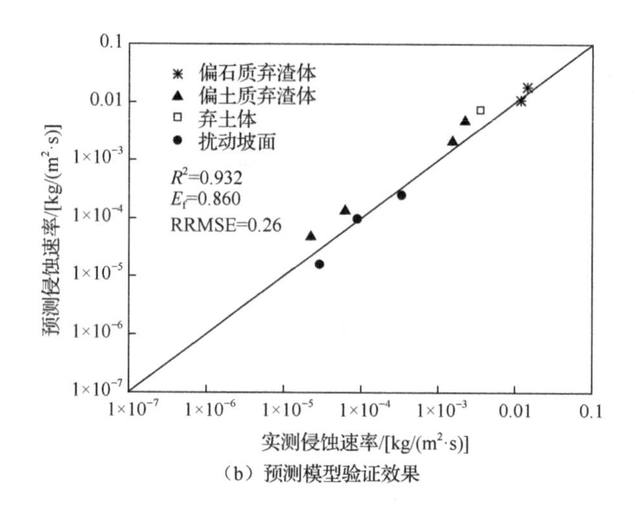

（b）预测模型验证效果

图 6-1　模拟降雨条件下弃土弃渣体侵蚀速率预测效果

由式（6-9）可知，侵蚀速率与含沙量、径流率、单位径流功率、降雨强度和坡度呈正相关关系，与中值粒径和分形维数呈负相关性，结果与表 6-1 中分析的侵蚀速率与各因子的相关关系完全一致。因此，建议采用式（6-9）估算弃土弃渣体土壤侵蚀速率。

6.1.2　放水冲刷条件下水土流失预报模型

1. 模型框架

与模拟降雨条件下的矿区各类扰动、开挖及堆积等下垫面水土流失相比，冲刷条件下的矿区边坡水土流失主要考虑的是坡面汇水或上方来水对坡面水土流失影响的情况。因此，在构建此模型时不再考虑降雨要素，模型的建立依然参照降雨条件下的模型结构，借鉴 RUSLE 建模思路，综合考虑土壤因素 Soil、径流因素 Flow、地形因素 Landform 对土壤流失的影响，由式（6-10）计算。

$$T_s = f(\text{Soil},\text{Landform},\text{Flow}) \tag{6-10}$$

2. 参数选择与分析

对于土壤因素 Soil 的参数选取，依然沿用降雨条件下的中值粒径 d_{50}(m)和土壤颗粒质量分形维数 D_i；地形因素 Landform 参数选择坡长λ(m)和坡度θ(°)，本章小区的坡长是固定的，因此地形因素参数选择为坡度θ(°)；径流因素选择为水的密度ρ_w(kg/m^3)、水的黏滞力υ(m^2/s)、重力加速度 g(m/s^2)、径流深 h(m)、流速 v(m/s)、径流率 q(m^3/s)、含沙量 C_s(kg/m^3)、径流剪切力τ(N/m^2)、径流功率ω[J/(m^2·s)]、单位径流功率 U(m/s)和泥沙沉速 v_s(m/s)。

试验研究中，偏石质弃渣体、偏土质弃渣体、弃土体及扰动坡面共计 28 场模拟放水试验数据被获取，将上述土壤因素、地形因素及径流因素的各代表指标与各次降雨侵蚀速率进行偏相关分析。侵蚀速率与各因素偏相关分析结果见表 6-2。结果表明，除泥沙沉速与黏滞力 2 个指标外，侵蚀速率与坡度、含沙量、流速、径流剪切力、径流功率、单位径流功率及径流率呈显著正相关关系，与中值粒径和分形维数呈显著负相关关系，说明这些指标显著影响弃土弃渣体及扰动坡面侵蚀。在此模型中，因素的选择与降雨条件下的原则基本一致，但对于模拟放水试验，由于径流比较集中，细沟内水流流速较易测量。最终，坡度、流速、中值粒径、分形维数、径流率、含沙量、单位径流功率被纳入模型。模型式（6-10）可具体为式（6-11）。

$$T_{\mathrm{s}} = f\left(D_i, v, d_{50}, \theta, C_{\mathrm{s}}, q, U\right) \tag{6-11}$$

表 6-2　侵蚀速率与各因素偏相关分析结果

相关性	坡度	含沙量	流速	径流剪切力	径流功率	单位径流功率	黏滞力	泥沙沉速	径流率	中值粒径	分形维数
相关系数	0.69	0.84	0.40	0.81	0.94	0.87	−0.30	−0.23	0.42	−0.41	−0.48
显著性水平	0.000	0.000	0.04	0.000	0.000	0.000	0.083	0.143	0.03	0.024	0.012

3. 模型建立与验证

根据模型参数分析，依据π定理，对式（6-11）进行量纲分析，由于 T_{s} 量纲为 $\mathrm{M/(L^2/T)}$，将 $C_{\mathrm{s}}(\mathrm{M/L^3})$、$v(\mathrm{L/T})$、$d_{50}(\mathrm{L})$作为重复变量，$\theta_{\mathrm{c}}$ 为坡度θ余弦值（量纲为 1），各变量单位采用国际单位制，量纲分析结果如式（6-12）所示。

$$\frac{T_{\mathrm{s}}}{C_{\mathrm{s}} v} = f\left(\frac{q}{v d_{50}^2}, \frac{U}{v}, D_i, \theta_{\mathrm{c}}\right) \tag{6-12}$$

转化为幂函数形式，并令 $\phi = \dfrac{T_{\mathrm{s}}}{C_{\mathrm{s}} v}$，$\varPhi = \dfrac{q}{v d_{50}^2}$，$\varDelta = \dfrac{U}{v}$，结果见式（6-13）：

$$\phi = K \varPhi^a \varDelta^b D_i^c \theta_{\mathrm{c}}^d \tag{6-13}$$

将本章弃渣体、弃土体及扰动坡面的 28 场模拟降雨试验数据按式（6-13）进行回归分析，确定系数，结果见式（6-14）。

$$\phi = 1.10 \times 10^{-5} \varPhi^{0.132} \varDelta^{0.01} D_i^{-0.48} \theta_{\mathrm{c}}^{-5.28}，R^2 = 0.88，N = 28 \tag{6-14}$$

利用式（6-14）预测的侵蚀速率与其实测值呈极显著线性关系，图 6-2（a）为放水条件下弃土弃渣体侵蚀模数实测值与模型预测值关系（$p<0.01$），模型效率系数 E_f 为 0.90，侵蚀速率预测值与实测值相对均方根误差 RRMSE=0.34，因此全面考虑下垫面性质、地形特性及径流特征对侵蚀速率的影响是可行的。采用剩余的 30%（8 场数据）数据对模型式（6-14）进行验证，结果如图 6-2（b）所示，验证结果较好（E_f =0.91，RRMSE=0.21）。由式（6-14）可知，侵蚀速率与含沙量、径流率、单位径流功率、流速和坡度呈正相关关系，与中值粒径和分形维数呈负相关关系，结果与表 6-2 中分析的侵蚀速率与各因子的相关关系完全一致。因此建议采用式（6-14）估算上方来水条件下弃土弃渣体土壤侵蚀速率。

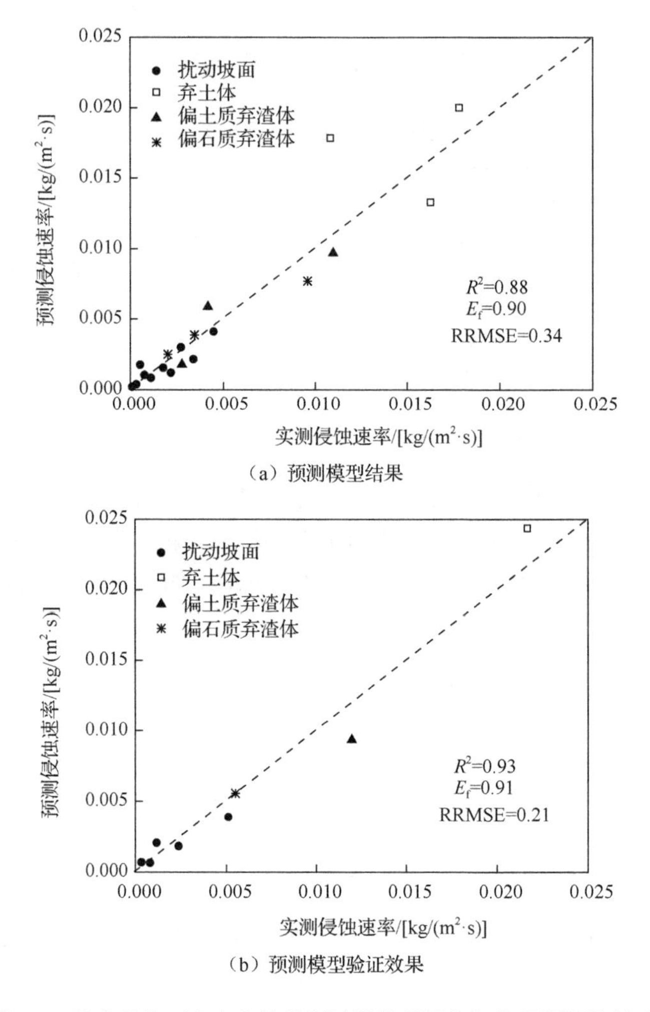

图 6-2　放水条件下弃土弃渣体侵蚀模数观测值与模型预测值关系

6.2　室内模拟条件下工程堆积体水土流失预报模型

6.2.1　工程堆积体土壤侵蚀的影响因素

对各类大型生产建设项目的调查显示，其在生产、运行过程中都会产生大量废弃堆积体，由于其堆积松散、结构性差、抗蚀性较差、物质组成复杂，且在强降雨条件下易产生严重滑坡、泥石流等灾害。在已有研究基础上分析及野外监测资料显示，影响生产建设项目工程堆积体水土流失的因素中，主要包括气象因素（降雨强度、降雨量），地形因素（坡度、坡长、坡向），下垫面因素（物质组成，主要是砾石质量分数），土壤质地类型（主要指土壤被侵蚀的难易程度）等。因此，进行生产建设项目工程堆积体水土流失机制研究主要从降雨强度、降雨量、砾石质量分数、坡度和坡长 5 个方面分别进行描述。

1. 降雨强度

引起坡面侵蚀的主要动力是径流，而降雨是坡面径流的主要来源。一场降雨过程可通过降雨历时、降雨强度、雨型等参数进行描述，其中，降雨强度是最关键的参数。不同的降雨强度代表着不同的降雨动能，雨滴的直径、降落速度等均不同，进而使得雨滴对下垫面表层的击打能量不同。降雨引起土壤侵蚀，首先是雨滴对地表击溅，造成土壤颗粒被剥离，不同降雨强度使土粒分散的距离、方向等各不相同，为侵蚀提供了物质源；其次，降雨强度与坡面入渗显著相关，改变了侵蚀过程中的入渗过程及坡面径流的形成过程，导致下垫面湿润过程发生变化，进一步改变侵蚀过程；最后，降雨强度决定降雨量，间接决定了坡面径流量，径流量决定了水流挟沙能力，是坡面土壤流失量的决定性因素（侯旭蕾，2013）。大量的研究发现，影响土壤侵蚀的降雨因子主要是降雨强度，决定了坡面径流量，而且对坡面径流流速的影响也较大。图 6-3 为三种土壤类型区工程堆积体降雨强度对土壤流失量影响。

砂土区土壤入渗量大，相同降雨强度条件下，其产流过程较其他两种质地有较大差异。由于其质地较轻，粉砂粒体积分数较大，降雨后入渗时间长，形成坡面产流时间较长。从图 6-3 中可知，土壤流失量随降雨强度增大呈显著递增趋势，主要是降雨强度增大，不仅导致降落雨滴特性发生改变，同时改变了坡面径流量。随着降雨强度增大，雨滴中数直径增大，大雨滴对堆积体表层细颗粒产生溅蚀作用力增强，破坏表层土壤颗粒与砾石间的黏结作用，细颗粒易随着坡面径流流失。降雨强度增大，导致坡面形成的径流量递增，坡面形成径流的时间缩短，更快发生侵蚀。不同下垫面条件下，在降雨强度为 1.0mm/min 时的土壤流失量变化

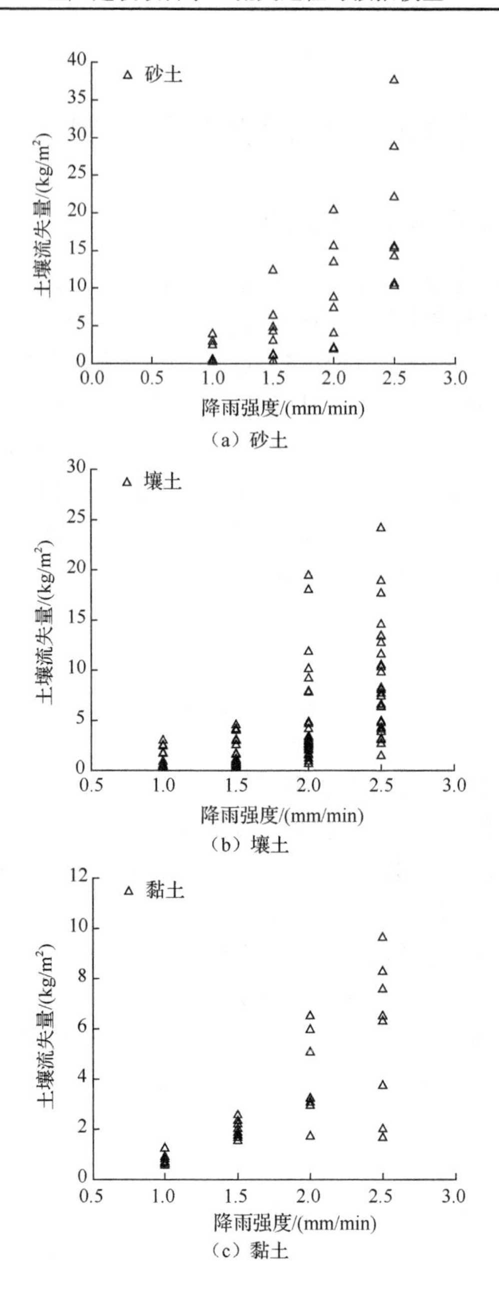

（a）砂土

（b）壤土

（c）黏土

图 6-3　三种土壤类型区工程堆积体降雨强度对土壤流失量影响

范围为 0.23～3.89kg/m^2，均值为 1.41kg/m^2；降雨强度为 1.5mm/min、2.0mm/min、2.5mm/min 时，土壤流失量变化范围分别为 0.34～12.40kg/m^2、1.89～20.38kg/m^2、10.34～37.63kg/m^2，均值分别为 4.17kg/m^2、9.19kg/m^2、19.36kg/m^2，随着降雨强度增大 1.5～2.5 倍，平均土壤流失量递增 3.0～13.7 倍。

壤土土壤质地相对于砂土而言入渗较难，在降雨过程中主要以超渗产流形式出现。降雨强度≤1.5mm/min 时，土壤流失量的变化范围较小，小于 5kg/m^2；当降雨强度≥2.0mm/min 时，土壤流失量显著增大，造成工程堆积体严重侵蚀的外营力主要是径流的冲刷、剥蚀、搬运作用，在降雨强度≤1.5mm/min 时，工程堆积体在降雨作用下的径流冲刷主要受入渗与径流共同影响，随降雨强度增大，入渗达到稳定的时间缩短，径流冲刷作用较早出现，当降雨强度继续增大，可能发生超渗产流。分析可知，降雨强度 2.0mm/min 和 2.5mm/min 对应的土壤流失量变化范围分别为 0.68～19.41kg/m^2 和 1.47～24.15kg/m^2，1.0mm/min、1.5mm/min、2.0mm/min、2.5mm/min 对应的平均土壤流失量分别为 0.80kg/m^2、1.67kg/m^2、5.32kg/m^2、8.81kg/m^2，随着降雨强度增大 1.5～2.5 倍，平均土壤流失量可增大 2.1～11.0 倍。

黏土区土壤质地类型相对于壤土区、砂土区而言，其机械组成有一定差异，土壤质地较粗，且南方黏土区土层较薄，与北方壤土区和砂土区的超渗产流相比，南方往往发生蓄满产流。黏土遇水易发生黏结作用，在坡面表层形成一层致密薄膜，阻碍雨水入渗，导致坡面径流形成时间大大缩短，进而使得坡面侵蚀过程发生变化。相对于砂土区、壤土区工程堆积体土壤流失量随降雨强度变化而言，黏土区工程堆积体土壤流失量对降雨强度的敏感性显著较强。图 6-3 反映出黏土区工程堆积体土壤流失量随降雨强度的增大呈显著递增趋势，1.0mm/min、1.5mm/min、2.0mm/min、2.5mm/min 条件下平均土壤流失量分别为 0.78kg/m^2、1.99kg/m^2、3.97kg/m^2、5.71kg/m^2，随降雨强度增大 1.5～2.5 倍，土壤流失量可增大 2.6～7.3 倍。

分析三个地区工程堆积体在相同降雨条件下的土壤流失量可知，砂土区＞壤土区＞黏土区。降雨强度为 1.0mm/min 时砂土区堆积体平均土壤流失量可达壤土区和黏土区的 1.8 倍，1.5mm/min、2.0mm/min、2.5mm/min 时砂土区可达壤土区平均土壤流失量的 2.5 倍、1.7 倍、2.2 倍，是黏土区平均土壤流失量的 2.1 倍、2.3 倍和 3.4 倍。

通过相关性分析可知，砂土区、壤土区和黏土区生产建设项目工程堆积体土壤流失量与降雨强度均呈显著相关关系，表 6-3 为不同土壤类型区工程堆积体土壤流失量与降雨强度相关性分析结果。

表 6-3　不同土壤类型区工程堆积体土壤流失量与降雨强度相关性分析结果

参数	指标	土壤流失量		
		砂土区	壤土区	黏土区
降雨强度	相关系数	0.962	0.973	0.996
	显著性水平	0.038	0.027	0.004

2. 降雨量

坡面径流是坡面侵蚀最直接的动力因素，降雨量是影响入渗量大小的决定因素，二者共同决定了坡面泥沙的搬运、沉积等过程。降雨量通过降雨强度与降雨历时计算得出，在降雨强度相同时，下垫面条件的不均性使得坡面径流的形成时间发生改变，进而导致降雨量与降雨强度之间并非简单的线性关系，但二者相关性显著。图 6-4 为三种土壤类型区工程堆积体降雨量对土壤流失量影响。

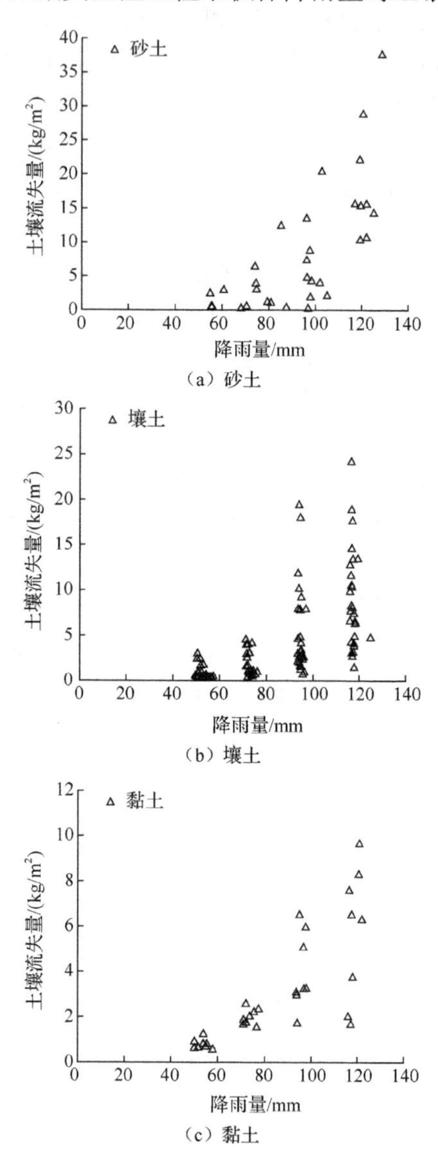

图 6-4　三种土壤类型区工程堆积体降雨量对土壤流失量影响

由于砂土颗粒较粗，有机质含量低，雨水降落至坡面后发生入渗，其孔隙较多，发生入渗时间长，径流形成时间慢。分析可知，砂土区土壤流失量与降雨量之间呈显著相关关系，相关系数达 0.713（$P<0.01$）。因此，土壤流失量随降雨量变化趋势与降雨强度相似，即随着降雨量增大，土壤流失量呈递增趋势。随雨强由 1.0mm/min 增大至 2.5mm/min，降雨量变化范围为 54.93～128.60mm，土壤流失量变化范围为 0.23～37.63kg/m^2。

与砂土有较大差异，由于壤土土层较厚，达到几十米甚至几百米，常发生超渗产流，主要是壤土的细颗粒较多，含有一定量的有机质。降雨落至坡面，首先湿润表层土壤，但当降雨强度大于入渗强度时，迅速形成坡面径流。相对于砂土而言，壤土区的产流时间较短，形成径流快。分析可知，壤土区工程堆积体的土壤流失量与降雨量也呈显著相关性，相关系数为 0.631（$P<0.01$）。土壤流失量随降雨量增大总体呈递增趋势，随降雨强度增大，降雨量的变化范围为 49.57～124.85mm，土壤流失量变化范围为 0.32～24.15kg/m^2，相对于砂土区而言，壤土区的降雨量较小，主要是因为产流时间差异。

通过试验过程现象观测可发现，在下垫面条件一致时，黏土产流时间最快，尤其是在小降雨强度时，其差异愈加显著。由于黏土的黏性较大，遇水使得原本分散的颗粒表层发生胶结作用，相互黏结，阻碍雨水入渗，坡面径流形成时间大大缩短，且随着降雨强度增大，产流越快。相关性分析可知，黏土区土壤流失量与降雨量呈显著线性关系，相关系数为 0.777（$P<0.01$）。土壤流失量随着降雨量呈递增趋势，随雨强增大，降雨量变化范围为 50～121.98mm，土壤流失量变化范围为 0.55～9.64kg/m^2。

分析三个不同土壤质地类型区降雨量与土壤流失量相关性，表 6-4 为不同土壤质地类型区工程堆积体土壤流失量与降雨量相关性分析结果。由表可知，不同土壤质地类型区工程堆积体土壤流失量均与降雨量显著相关。

表 6-4　不同土壤质地类型区工程堆积体土壤流失量与降雨量相关性分析结果

参数	指标	土壤流失量		
		砂土区	壤土区	黏土区
降雨量	相关系数	0.713	0.631	0.777
	显著性水平	0.000	0.000	0.000

3. 砾石质量分数

已有研究认为，一方面，砾石保护表土免受雨滴直接击溅，减少表土承雨面积，进而影响径流对表土的冲刷侵蚀，且砾石可以改变下垫面的粗糙度和径流路径，进一步影响径流产沙过程；另一方面，砾石改变了土壤的孔隙状况、黏结性、入渗等理化性状。研究含砾石土壤的侵蚀特征对于明确含砾石土壤侵蚀机理，以及对土壤侵蚀学科的拓展等都具有重要的科学意义。国外关于含砾石土壤的研究较早，但主要集中于砾石对侵蚀、径流及入渗等方面的影响。我国含砾石土壤分布广泛，包括北方土石山区、西南地区及西北黄土高原区，尤其是生产建设项目形成大量的含砾石松散堆积体。国内关于含砾石土壤的研究最初主要集中在含砾石土壤对入渗等理化性质影响方面，随着研究的深入，开始针对含砾石下垫面的侵蚀方面展开研究，且大多数学者认为随着覆盖砾石质量分数增大，产沙量减小，且径流宽度增加，随冲刷时间延长，砾石覆盖度呈递增趋势。砾石覆盖导致径流能量逐渐消减，紊流条件下，砾石质量分数对水力学参数粗糙度影响较大。但砾石类型、含量、在坡面土层分布的不同会导致侵蚀过程发生改变。坡面含水量也是影响含砾石下垫面侵蚀的一个重要因素，同时对砾石土强度及斜坡稳定性有一定影响。

生产建设项目工程堆积体下垫面的物质组成与传统的土壤有较大差异，砾石的存在破坏了土壤结构，改变了下垫面孔隙状况、入渗率及坡面表层土壤的抗蚀抗冲性。已有的研究表明，由于试验条件及试验目的不同，砾石在坡面的分布对径流的影响结果有一定差异，但砾石存在对产沙产生影响，大部分研究认为会减少侵蚀。造成该现象的原因如下：一是砾石在坡面表层的分布，减少了坡面表层可蚀性细颗粒，侵蚀物质源减少；二是砾石在坡面分布，使得表层细颗粒土壤随径流流失后，坡面表层覆盖了一层砾石层，起到保护作用，减少了深层次土壤直接被雨水打击，不易被侵蚀；三是砾石在坡面表层的分布，改变了径流流动路径，增加弯曲度，且被侵蚀的土壤颗粒在随径流搬运过程中，会被砾石阻挡，使得坡面侵蚀的土壤颗粒发生迁移，但未输移出小区。以上三方面作用都会使得砾石存在减少侵蚀。图 6-5 为三种土壤类型区工程堆积体砾石质量分数对土壤流失量的影响。

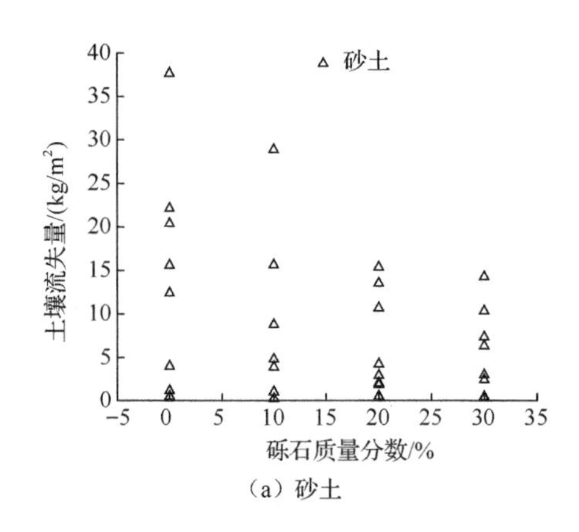

（a）砂土

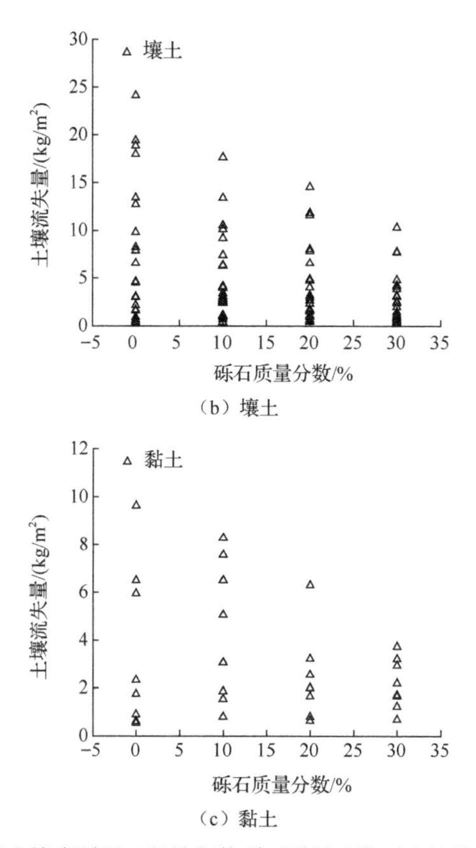

（b）壤土

（c）黏土

图 6-5　三种土壤类型区工程堆积体砾石质量分数对土壤流失量的影响

砂土工程堆积体土壤流失量随着砾石质量分数增大总体呈递减趋势，且含砾石下垫面和不含砾石下垫面（纯土体）差异较大，含砾石下垫面（砾石质量分数为 10%、20%、30%）的土壤流失量随砾石质量分数继续递减，递减幅度较小。剔除其他因素影响，分析砾石对土壤流失量的影响，砾石质量分数为 0%、10%、20%、30%对应的平均土壤流失量分别为 14.23kg/m^2、7.93kg/m^2、6.40kg/m^2、5.58kg/m^2。与纯土体（砾石质量分数为 0%）相比，随着砾石质量分数的增大，平均土壤流失量分别减少 44.2%、55.0%、60.8%。进一步证明了砾石存在对于减少侵蚀有一定效果。

壤土工程堆积体砾石质量分数为 0%时的平均土壤流失量为 6.28kg/m^2，相对于砾石质量分数为 10%、20%、30%分别增加了 47.1%、73.5%和 159.5%。砾石质量分数 0%、10%、20%、30%对应的土壤流失量分布范围分别为 0.32～24.15kg/m^2、0.36～17.64kg/m^2、0.41～14.57kg/m^2、0.33～10.34kg/m^2，不同砾石质量分数对应的土壤流失量最小值相差较小，差异幅度仅为 3.1%～28.1%，但最大土壤流失量的差异幅度达 27.0%～57.2%。

黏土工程堆积体在相同砾石质量分数条件下，次降雨土壤流失量的变化幅度在 0%（纯土体）和 10%时较大砾石质量分数（20%、30%）条件下显著。分析可知，砾石质量分数 0%、10%、20%、30%对应的平均土壤流失量分别为 3.53kg/m^2、4.34kg/m^2、2.40kg/m^2 和 2.18kg/m^2。砾石质量分数 10%堆积体的平均土壤流失量反而大于纯土体，该现象的原因可能是黏土的特殊理化性质。已有研究认为，砾石质量分数对坡面入渗、径流的影响存在一个阈值，坡面含水量受入渗量、径流量影响较大，均会导致产沙过程发生一定改变。

对比砂土、壤土和黏土区工程堆积体土壤流失量可知，土壤流失量大小总体呈现为砂土区＞壤土区＞黏土区。剔除其他条件影响可知，砂土工程堆积平均土壤流失量为 8.53kg/m^2，壤土区和黏土区工程堆积体平均土壤流失量分别为 4.15kg/m^2 和 3.11kg/m^2，砂土区分别可达壤土区和黏土区的 2.1 倍和 2.7 倍。表 6-5 为不同土壤质地类型区工程堆积体土壤流失量与砾石质量分数相关性分析。只有壤土区砾石质量分数对土壤流失量影响显著，由于土壤质地类型的特殊性，砂土区和黏土区砾石质量分数对土壤流失量影响不显著。

表 6-5　不同土壤质地类型区工程堆积体土壤流失量与砾石质量分数相关性分析

参数	指标	土壤流失量		
		砂土区	壤土区	黏土区
砾石质量分数	相关系数	−0.342	−0.282	−0.272
	显著性水平	0.056	0.003	0.132

4. *坡度*

坡度影响水土流失过程的主要切入点是降雨入渗时间和径流的速度。坡度大小不仅决定了坡面径流比降，同时还决定了水流对下垫面的切应力。

美国通用土壤流失方程 USLE 中，提出了土壤流失量与坡度的二次多项式关系，第二版的 USLE 中改为了坡度正弦值的二次多项式。我国不同学者研究土壤流失量与坡度关系时，由于研究对象、侧重点等不同，获得的结果有所差异。但较多学者提出了坡面土壤流失量随坡度变化存在一个临界点，在临界点两侧呈现不同变化趋势。临界坡度并非一个定值，是土壤自身理化性质相互作用的结果，且外界因素同样使临界坡度发生改变。江忠善等（2005）提出我国坡度因子变化主要集中在 1.30～1.45。本章砂土区和黏土区采用正交试验设计，壤土区坡度试验为完全试验设计，共计降雨 64+24+24=112（场）。

坡度不同导致相同条件时下垫面的有效受雨面积发生改变，且坡度的变化导致雨滴打击堆积体表层的作用力发生变化。在堆积体坡面侵蚀中，主要受降雨打击及径流的冲刷作用，坡度大小影响坡面入渗及侵蚀开始时间，且随坡度不断增大，可改变侵蚀形式。生产建设项目工程堆积体水土流失相对于传统的农地、荒地而言，其特点在于坡度较大，甚至超过了自然休止角。坡面坡度超过某一阈值，侵蚀形式发生改变，由水力侵蚀逐步转变为水力、重力共同作用。图 6-6 为不同坡度下生产建设项目工程堆积体土壤流失量变化。

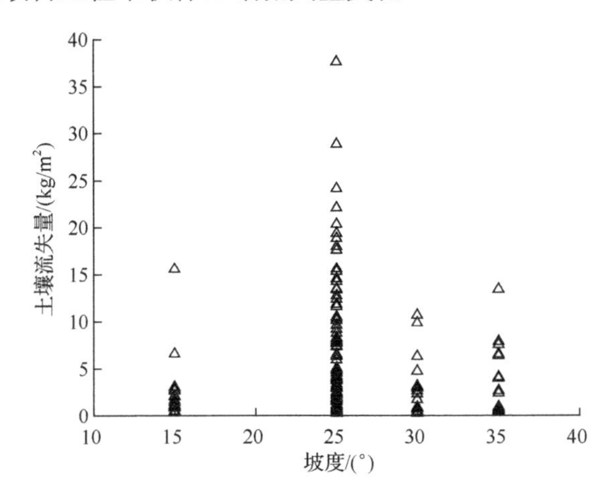

图 6-6　不同坡度下生产建设项目工程堆积体土壤流失量变化

从图 6-6 中可知，土壤流失量随坡度的变化并非呈简单的线性递增或递减关系，而是存在一个临界坡度的阈值，大致在 25°，与已有研究所得结论基本一致。分析可知，在剔除其他因素影响下，15°、25°、30°、35°的平均土壤流失量分别为 2.21kg/m^2、5.95kg/m^2、2.64kg/m^2 和 3.25kg/m^2，25°的土壤流失量分别可达 15°、30°、35°的 2.7、2.3、1.8 倍。由图可知，坡度 15°时的次降雨土壤流失量大多小于 3kg/m^2，而 25°时的土壤流失量分布比较均匀，主要集中在 0.3～25kg/m^2，30°、35°时的土壤流失量大多小于 10kg/m^2。

5. 坡长

在影响坡面侵蚀的地形因子中，坡长是另一个重要地形地貌参数。已有研究认为，在一定范围内，坡长越长，下垫面受雨面积越大，利于径流的汇集，导致径流剥离、搬运泥沙能力加强。现有研究主要有 3 种观点：①随着坡长的增加，径流能量多用于携带泥沙，侵蚀反而减弱；②随坡长延长，径流量、土壤流失量增加，但径流中泥沙量增多，侵蚀可能减弱，也可能导致土壤流失量随坡长延长而不变；③侵蚀量沿坡长增加呈波动起伏状态，可能与坡面侵蚀形态有一定关系（付兴涛等，2010）。在 USLE 第一版中，坡长指数的平均值取 0.5，随着研究的深入，在 USLE 第二版及后期版本中，均对该值计算方法进行修订，依据不同坡度取值有所差异。国内研究者通过大量野外小区资料统计分析，认为坡长指数取值在 0.44～0.45。

坡长不仅影响土壤侵蚀强度，同时还决定了坡面能量沿程的变化，进而影响坡面径流和水流产沙过程。坡长不同，径流在坡面的汇集过程改变。同时，雨滴的击溅作用造成的土壤细颗粒，在随径流沿程流动过程中，也会由于坡长的不同发生搬运—沉积—再搬运—再沉积的循环过程，且堆积体表层的细颗粒被剥蚀后，形成一层砾石层，表层凸出的菱角可能会阻碍侵蚀物质随径流的流动，使得侵蚀发生进一步改变。图 6-7 为不同投影坡长下生产建设项目工程堆积体土壤流失量变化。

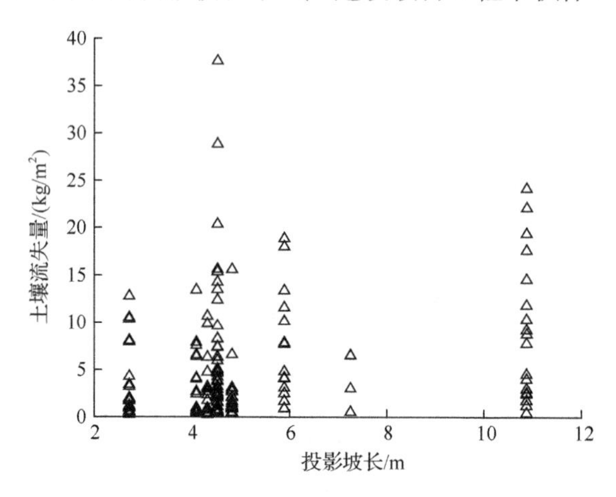

图 6-7　不同投影坡长下生产建设项目工程堆积体土壤流失量变化

分析可知，土壤流失量与坡长之间呈显著相关关系，相关系数为 0.258（$P<0.01$），在下垫面条件（坡度、砾石质量分数、土壤质地类型）不同时，土壤流失量随着坡长增大，其变化趋势并不十分显著，但在扣除斜面 8m（试验次数较少）和斜面 5 m 时极个别土壤流失量显著较大的场次外，总体上看，与已有研究较相似，土壤流失量随着坡长延长呈递增趋势。分析 3m、5m、6.5m、12m 的次降雨平均土壤流失量分别为 3.30kg/m²、4.09kg/m²、7.05kg/m²、8.56kg/m²，即随着坡长延长，土壤流失量总体呈递增趋势，坡长增大 1.7～4.0 倍，平均土壤流失量递增幅度达 23.4%～159.4%。在剔除其他因素影响下，分析坡长对平均土壤流失量的影响，二者之间可用幂函数表示，如式（6-15）所示。

$$A_0 = 1.464\lambda^{0.733},\ R^2 = 0.890,\ P = 0.057 \tag{6-15}$$

式中，A_0 为次降雨平均土壤流失量（kg/m²）；λ 为斜面坡长（m）。

6.2.2　水土流失预报模型建立及修订

1. 模型概化及因子定义

1）生产建设项目工程堆积体模型概化

通用土壤流失方程 USLE（universal soil loss equation）自 1965 年美国农业部

农业手册第 282 号正式颁布至今，已有 50 多年历史，经过不断改进，对原方程中各项因子定义也进行了补充与完善。1985 年，美国有关部门和土壤侵蚀研究专家决定利用最新研究成果和计算机技术再次对 USLE 进行修正，并将其命名为修正通用土壤流失方程（revised universal soil loss equation，RUSLE）（Renardand and Foster,1997；Wischmeier and Smith,1965），具体表达如式（6-16）所示。

$$A = R \cdot K \cdot L \cdot S \cdot C \cdot P \tag{6-16}$$

式中，A 为任一坡耕地在特定的降雨、作物管理制度及所采用的水土保持措施下，单位面积年平均土壤流失量；R 为降雨侵蚀力因子，是单位降雨侵蚀指标，如果融雪径流显著，需要增加融雪因子；K 为土壤可蚀性因子，标准小区上单位降雨侵蚀指标的土壤流失率；L 为坡长因子，等于其他条件相同时，实际坡长条件下与 22.13m 相比土壤流失量比值；S 为坡度因子，等于其他条件相同时，实际坡度条件下与 9%坡度相比土壤流失量比值；C 为作物覆盖和管理因子，等于其他条件相同时，特定植被和经营管理地块上的土壤流失量与标准小区土壤流失量之比；P 为水保措施因子，等于其他条件相同时实行等高耕作，等高带状种植或修地埂、梯田等水土保持措施后的土壤流失量与标准小区上土壤流失量之比。

RUSLE 的结构与 USLE 基本一致，但对各因子的含义和算法进一步进行了修正，增加了土壤侵蚀过程的概念，考虑了土壤分离过程等。RUSLE 使用的数据更广、资料的需求量也有较大提高，同时增强了模型的灵活性，增加了对次降雨土壤侵蚀的预报，适用范围更广，可用于不同系统的模拟（张光辉，2001）。应用 RUSLE 模型，可明确对管理措施中侵蚀速率的微小变化需采取的预防措施，从而增加该模型的实用性。

综合现有研究的基础上，经论证，本小节以美国修正通用土壤流失方程 RUSLE 为蓝本，建立生产建设项目工程堆积体水土流失预报模型，由于生产建设项目工程堆积体在堆弃短期内没有作物覆盖和管理，也并未布设相关的水保措施，因此模型中的 C 与 P 均取值 1。本章建模思路与程冬兵等（2014）研究一致，都是为解决现阶段大量生产建设项目造成严重水土流失而急需解决水土流失预报问题而开展。最终确定模型基本形式如式（6-17）所示。

$$A = R \cdot T \cdot L \cdot S \tag{6-17}$$

式中，A 为土壤流失量（t/km^2）；R 为降雨侵蚀力因子[$MJ \cdot mm/(km^2 \cdot h)$]；$T$ 为土石质因子[$t \cdot km^2 \cdot h/(km^2 \cdot MJ \cdot mm)$]；$L$ 为坡长因子，量纲为 1；S 为坡度因子，量纲为 1。

2）生产建设项目工程堆积体标准小区及因子定义

本章在前期大量野外实地调查数据的基础上，收集工程堆积体水土流失已有资料，综合分析并进行论证，最终确定采用 RUSLE 模型的基本框架建立生产建设项目工程堆积体水土流失预报模型，通过室内模拟降雨试验资料，参照修正通用土壤流失方程对各项参数因子的修订方法，完成各因子的修订工作，最终获取生产建设项目工程堆积体水土流失预报模型方程各因子的取值方法。

修正通用土壤流失方程的建立基于农耕地标准小区而定，坡度为9%，坡长为22.13m，由于我国地域辽阔，不同地区间地形地貌差异大，与修正通用流失方程有较大差异。通过野外调查资料及专家论证，最终确定生产建设项目工程堆积体标准小区的坡度和坡长取值。

生产建设项目工程堆积体水土流失预报模型标准小区定义：坡度为25°，坡长为4.53m，在人力及机械等外力作用下形成的裸露松散坡面。

由于生产建设项目工程堆积体下垫面物质组成复杂，与传统的土壤坡面有较大区别，其中砾石掺杂是主要方面，RUSLE中可蚀性因子指土壤的可蚀性，对生产建设项目并不适用。因此，将表征堆积物质对侵蚀的敏感程度称为土石质因子 T，其定义是以标准小区为研究对象，单位降雨侵蚀力产生的堆积体土壤流失量。

坡度因子 S 定义：确定其他因素处于相同水平时，实际坡度的工程堆积体产生的土壤流失量与坡度为25°的工程堆积体产生的土壤流失量之比。

坡长因子 L 定义：确定其他因素处于相同水平时，实际坡长的工程堆积体产生的土壤流失量与坡长为4.53m的工程堆积体产生的土壤流失量之比。

降雨侵蚀力 R 定义与修正通用土壤流失方程保持一致，指降雨引起土壤侵蚀的潜在能力，主要与降雨强度和降雨历时等降雨参数有关（秦伟等，2013）。

2. 模型建立

美国通用水土流失方程USLE适用于预报长期、多次降雨产生的坡地土壤流失量，与单次降雨引起的土壤流失量有很大不同。因此，不能将单次降雨引起的土壤流失量简单地代入公式计算，而应当是多场次的结果叠加后再计算。本章以RUSLE为参照，将4种不同降雨强度条件下产生的土壤流失量之和用于建立模型方程，对模型中各因子分别进行修订。

1）坡长因子 L 修订

坡长是影响土壤侵蚀地形因子的主要方面之一，对坡面产沙的发生、迁移及沉积过程均有较大影响，通过影响坡面径流的流速、流量及水流挟沙力，进而影响土壤侵蚀强度（曹龙熹和符素华，2007；黎四龙等，1998）。Foster和Wischmerier（1974）提出了对不规则坡面做分段分析的处理方法，每一分段坡长可以看作上游各分段坡长的累加。汤国安等（2005）定义坡长为地面上一点沿水流方向到其流向起点的最大地面距离在水平面上的投影长度，并给出了不规则坡长的计算方法。胡刚等（2015）研究黑土区地形因子算法表明，坡长指数采用与坡度相关的变值更加合理。以往研究者主要是针对缓坡或坡耕地、裸地等，针对生产建设项目坡长因子修订的研究仍较少（张翔和高照良，2018；刘宝元等，2010）。

根据定义，生产建设项目工程堆积体坡长因子修订采用 2.72m、4.53m、5.89m、10.88m 4 种坡长试验数据，壤土试验槽宽度为 1.5m。其中，2.72m、5.89m 及 10.88m 均采用壤土试验数据，而坡长 4.53m（标准小区坡长）采用砂土、壤土和黏土 3 种平均值作为计算值，砂土和黏土试验槽宽度为 1.0m。降雨强度包括 60mm/h、90mm/h、120mm/h、150mm/h 4 种类型，砾石质量分数为 0%，将砾石的影响放在土石质因子中分析，避免重复考虑。表 6-6 为工程堆积体坡长因子修订计算资料。

表 6-6　工程堆积体坡长因子修订计算资料

降雨强度/（mm/h）	坡长/m	土壤流失量/（kg/m^2）	相同坡长土壤流失量之和/（kg/m^2）	坡长因子 L
60	2.72	0.93	23.29	0.63
90	2.72	1.69		
120	2.72	7.92		
150	2.72	12.75		
60	4.53	0.67	36.92	1.00
90	4.53	1.86		
120	4.53	4.79		
150	4.53	14.03		
60	4.53	0.51		
90	4.53	12.40		
120	4.53	20.38		
150	4.53	37.63		
60	4.53	0.55		
90	4.53	2.33		
120	4.53	5.96		
150	4.53	9.64		
60	5.89	0.92	40.87	1.11
90	5.89	3.08		
120	5.89	18.00		
150	5.89	18.87		
60	10.88	3.00	51.08	1.38
90	10.88	4.53		
120	10.88	19.41		
150	10.88	24.15		

根据生产建设项目工程堆积体坡长因子定义分别计算坡长 2.72m、4.53m、

5.89m、10.88m 在 4 次降雨下总土壤流失量与标准小区坡长 4.53m 相同条件下的总土壤流失量之比，即可得到坡长因子 L。由表 6-6 可知，4 种坡长因子 L 值分别为 0.63、1.00、1.11、1.38。拟合坡长因子 L 与 $\lambda/4.53$ 即为坡长因子 L 计算式，见式（6-18）。

$$L = 0.909(\lambda / 4.53)^{0.552}, \quad R^2 = 0.928, \quad P = 0.037 \tag{6-18}$$

USLE 及 RUSLE 中坡长因子的取值跟坡度有关，用指数函数表示，取值在 0.2～0.5（刘宝元等，2010；Wischmeier and Smith, 1965）。程冬兵等（2014）以陡坡开挖面坡长降雨数据为基础，坡长因子与坡长是幂函数关系，且与坡度有关，幂指数为-0.1231。本章得出的坡长因子幂指数与上述结果均有一定差异，是因为研究对象的差异性及堆积体特有的陡坡特性等。

2）坡度因子 S 修订

坡度是影响坡面侵蚀地面形态的另一个主要特征，国内外学者们针对土壤侵蚀模型对坡度因子展开了大量的研究。20 世纪 40 年代，Zingg（1940）通过对土壤侵蚀速率和地形因子（坡度与坡长）的研究，用实证的分析方法建立了其相互间的定量关系。在 RUSLE 中，坡度因子计算采用坡度的正弦值（Mc Cool et al., 1987）。江忠善等（2005）提出我国坡度因子变化主要集中在 1.30～1.45。吴普特和周佩华（1993）在统计试验资料基础上提出了临界坡度，即土壤流失量与坡度之间并非简单的线性关系，而是存在突变。不同学者针对坡度因子展开试验研究，所得结论有所差异。

根据定义，坡度因子修订采用 15°、25°、30°、35° 4 种坡度试验数据，坡度因子修订均采用壤土堆积体试验数据，试验槽宽度均为 1.0m。采用 60mm/h、90mm/h、120mm/h、150mm/h 4 种降雨强度，砾石质量分数为 0%，避免二次考虑砾石的影响。表 6-7 为工程堆积体坡度因子修订计算资料。

表 6-7　工程堆积体坡度因子修订计算资料

降雨强度/（mm/h）	坡度/（°）	土壤流失量/（kg/m²）	相同坡长土壤流失量之和/（kg/m²）	坡度因子 S
60	15	0.32	9.44	0.63
90	15	0.37		
120	15	2.16		
150	15	6.59		
60	25	0.43	14.94	1.00
90	25	1.60		
120	25	4.64		
150	25	8.27		

续表

降雨强度/（mm/h）	坡度/（°）	土壤流失量/（kg/m²）	相同坡长土壤流失量之和/（kg/m²）	坡度因子 *S*
60	30	0.37	13.68	0.92
90	30	0.47		
120	30	3.01		
150	30	9.83		
60	35	0.63	22.63	1.51
90	35	0.67		
120	35	7.90		
150	35	13.43		

根据生产建设项目工程堆积体坡度因子定义分别计算坡度 15°、25°、30°、35°多次降雨下总土壤流失量与标准小区 25°相同条件下的总土壤流失量之比，即模型中的坡度因子 *S*，15°、25°、30°和 35°的坡度因子 *S* 分别为 0.63、1.00、0.92、1.51。通过建立坡度因子 *S* 与 $\theta/25$ 关系式进而求得不同坡度下的坡度因子。

拟合已求得的坡度因子 *S* 与 $\theta/25$ 即为坡度因子 *S* 计算式，见式（6-19）。

$$S=0.966(\theta/25)^{0.883}，R^2=0.823，P=0.093 \tag{6-19}$$

江忠善等（2005）提出了全国统一标准小区坡度与坡长，且坡度因子与坡长因子用幂函数表示，坡长幂指数根据坡度不同取 0.15～0.35，坡度幂指数取值 1.35。程冬兵等（2014）以 RUSLE 模型为基础建立陡坡开挖面水土流失预报模型，其坡度因子通过正弦线性计算。由于研究对象且采用的计算方法不同，研究结果有一定差异。

3）土石质因子 *T* 修订

生产建设项目工程堆积体相较传统的坡面侵蚀在侵蚀下垫面物质组成上存在较大差异，不仅包括传统土壤，而且混合了不同含量及粒径的砾石。由于土壤质地理化性质不同，尤其在砾石混合后，土壤与砾石之间的相互作用发生改变。本章将工程堆积体中的土壤质地概化为砂土、壤土和黏土 3 种类型。修订土石质因子 *T* 时，坡度和坡长因子均符合标准小区条件，即坡度 25°，投影坡长 4.53m，降雨强度 60mm/h、90mm/h、120mm/h、150mm/h，砾石质量分数为 0%、10%、20%、30%。

根据定义，工程堆积体土石质因子指标准小区上单位降雨侵蚀力堆积体产生的土壤流失量。因此，利用土壤流失量 *A* 与 *B*（侵蚀影响因子的乘积，即 *B*=*RLS*）间的正比关系来推求土石质因子 *T*，为符合修正通用土壤流失方程的适用条件，将多场降雨数据作为计算资料。拟合 A 与 B 间关系式的斜率即工程堆积体土石质因子 T。

（1）砂土土石质因子 T。在生产建设项目工程堆积体标准小区条件下，获取砂土工程堆积体在砾石质量分数 0%～30%下的土壤流失量与 B，砂土堆积体土石质因子 T 计算结果见表 6-8。

表 6-8　砂土堆积体土石质因子 *T* 计算结果

砾石质量分数/%	降雨量/mm	地形因子 LS	土壤流失量 A/(t/km^2)	B/[MJ·mm/(km^2·h)]	土石质因子 T /[t·km^2·h/(km^2·MJ·mm)]	降雨侵蚀力 R /[MJ·mm/(km^2·h)]
0	60	91587.24	0.878	510	80413.60	0.0063
	90	217119.02	0.878	12400	190630.50	0.0650
	120	348972.96	0.878	20380	306398.26	0.0665
	150	545907.00	0.878	37630	479306.35	0.0785
10	60	122395.80	0.878	3890	107463.51	0.0362
	90	245696.36	0.878	4800	215721.40	0.0223
	120	397671.60	0.878	15610	349155.66	0.0447
	150	512053.13	0.878	28870	449582.65	0.0642
20	60	99889.44	0.878	2930	87702.93	0.0334
	90	250586.60	0.878	4240	220015.03	0.0193
	120	327034.80	0.878	13500	287136.55	0.0470
	150	507808.13	0.878	15360	445855.54	0.0345
30	60	90304.92	0.878	2430	79287.72	0.0306
	90	188465.27	0.878	6350	165472.51	0.0384
	120	327170.64	0.878	7350	287255.82	0.0256
	150	531367.88	0.878	14280	466541.00	0.0306

不同砾石质量分数条件下，通过拟合相同砾石质量分数 4 种降雨强度条件下方程斜率作为砂土土石质因子 T，得出砂土堆积体 4 种不同砾石质量分数条件下的土石质因子 T，砂土不同砾石质量分数土壤流失量 A 与 B 的关系结果见图 6-8。

由图 6-8 可知，砂土工程堆积体在砾石质量分数为 0%（纯土体）、10%、20%和 30%时的土石质因子 T 分别为 0.0728t·km^2·h/(km^2·MJ·mm)、0.0520t·km^2·h/(km^2·MJ·mm)、0.0353t·km^2·h/(km^2·MJ·mm)和 0.0300t·km^2·h/(km^2·MJ·mm)，单位为国际制。含砾石堆积体的土石质因子均小于土质堆积体，且随着砾石质量分数增大土石质因子 T 减小，递减幅度为 28.57%～58.79%。

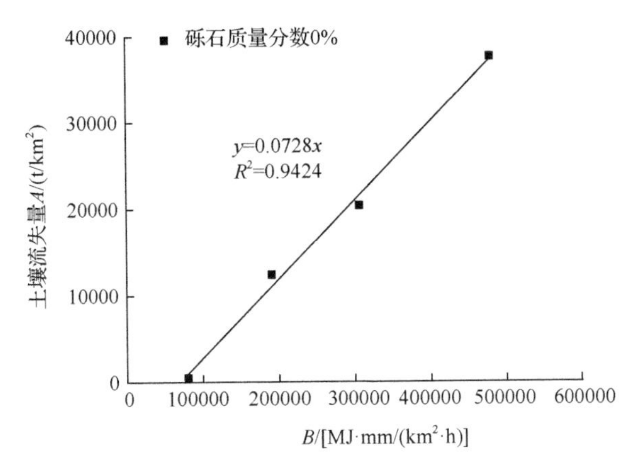

（a）砾石质量分数0%

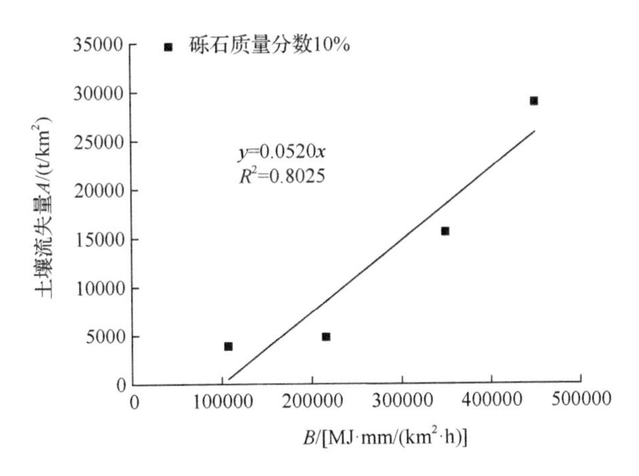

（b）砾石质量分数10%

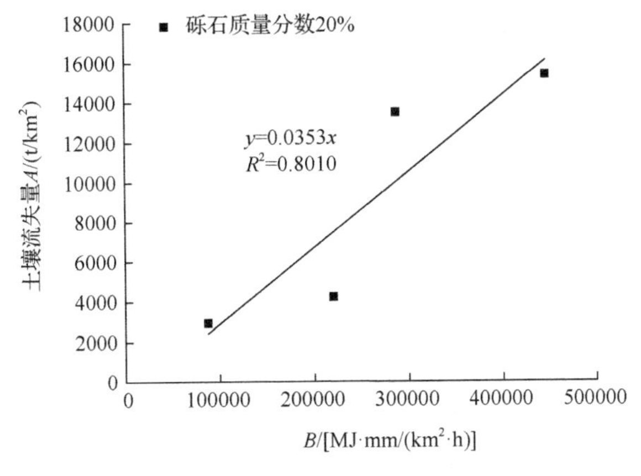

（c）砾石质量分数20%

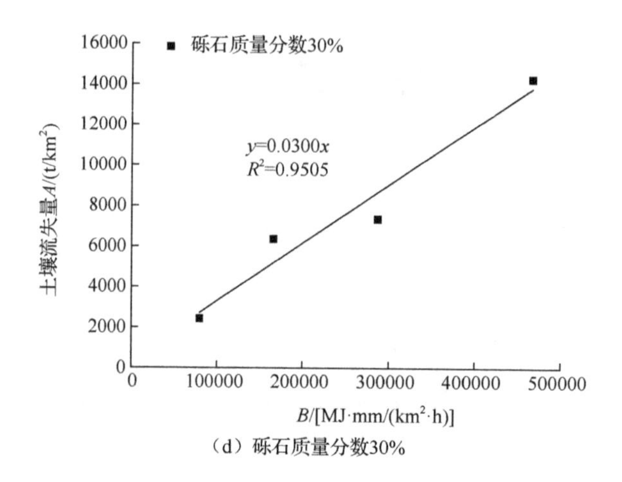

（d）砾石质量分数30%

图 6-8　砂土不同砾石质量分数土壤流失量 A 与 B 的关系

为了有效获取不同砾石质量分数下的砂土堆积体土石质因子 T，推求土石质因子 T 与砾石质量分数 G 之间的关系，结果见式（6-20）。

$$T = 0.071\mathrm{e}^{-3.047G}，R^2 = 0.976，P = 0.012 \tag{6-20}$$

式中，砾石质量分数 G 取小数，取值范围为 $0 \leqslant G < 1.0$，当 $G=1.0$ 时代表下垫面全为石子，不会被侵蚀，本书不考虑该极端情况。

（2）壤土土石质因子 T。相对于砂土堆积体，壤土堆积体土质不同，其土石质因子 T 也有差异。在生产建设项目工程堆积体标准小区条件下，获取壤土工程堆积体在砾石质量分数 0%～30%下的土壤流失量与 B，壤土堆积体土石质因子 T 计算结果见表 6-9。

表 6-9　壤土堆积体土石质因子 T 计算结果

砾石质量分数/%	降雨强度/(mm/h)	降雨侵蚀力 R /[MJ·mm/(km²·h)]	地形因子 LS	土壤流失量 A/(t/km²)	B/[MJ·mm/(km²·h)]	土石质因子 T/[t·km²·h/(km²·MJ·mm)]
0	60	83961.36	0.878	673	73718.08	0.0091
	90	185598.83	0.878	1860	162955.77	0.0114
	120	322653.96	0.878	4793	283290.18	0.0169
	150	496228.71	0.878	14027	435688.81	0.0322
10	60	84626.27	0.878	520	74301.87	0.0070
	90	179785.30	0.878	1700	157851.49	0.0108
	120	322450.20	0.878	4500	283111.28	0.0159
	150	494362.68	0.878	7793	434050.43	0.0180

续表

砾石质量分数/%	降雨强度/(mm/h)	降雨侵蚀力 R/[MJ·mm/(km²·h)]	地形因子 LS	土壤流失量 A/(t/km²)	B/[MJ·mm/(km²·h)]	土石质因子 T/[t·km²·h/(km²·MJ·mm)]
20	60	81327.31	0.878	407	71405.38	0.0057
	90	184533.33	0.878	1047	162020.27	0.0065
	120	321195.57	0.878	3907	282009.71	0.0139
	150	497015.80	0.878	6727	436379.87	0.0154
30	60	83002.82	0.878	387	72876.48	0.0053
	90	187676.76	0.878	627	164780.19	0.0038
	120	324470.82	0.878	2387	284885.38	0.0084
	150	501481.90	0.878	4480	440301.10	0.0102

拟合 4 种壤土不同砾石质量分数条件下壤土工程堆积体土壤流失量 A 与侵蚀影响因子的乘积 B（$B=RLS$）之间的关系，即可计算出壤土土石质因子 T，不同砾石质量分数土壤流失量 A 与侵蚀影响因子 B 的关系结果见图 6-9。

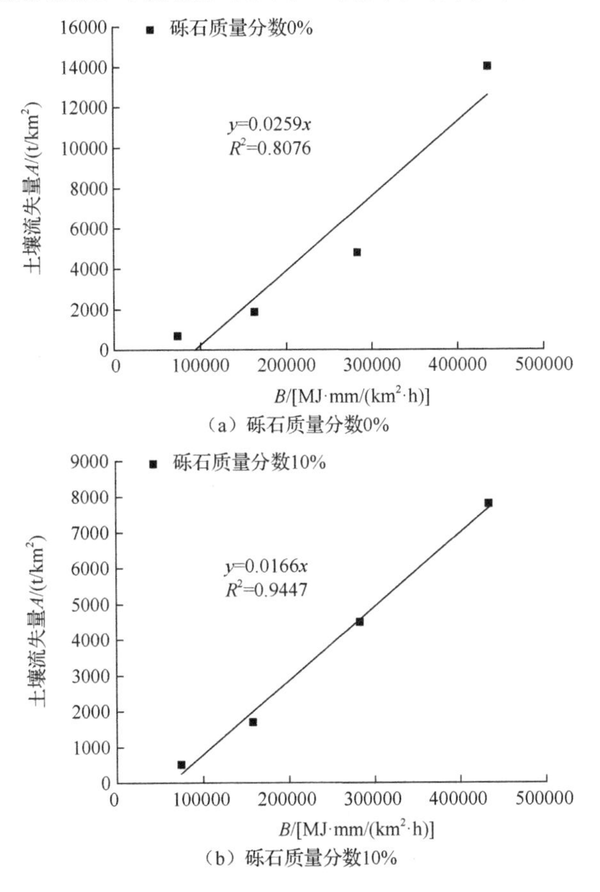

（a）砾石质量分数0%

（b）砾石质量分数10%

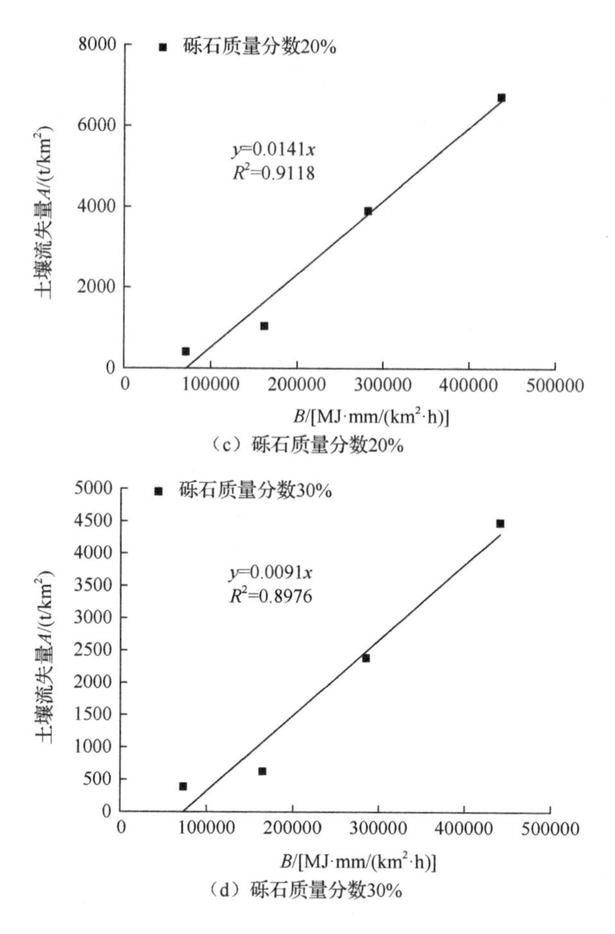

（c）砾石质量分数20%

（d）砾石质量分数30%

图 6-9　不同砾石质量分数土壤流失量 A 与 B 的关系

由图6-9可知，壤土工程堆积体在砾石质量分数为0%（纯土体）、10%、20%和30%时的土石质因子 T 分别为0.0259t·km^2·h/(km^2·MJ·mm)、0.0166t·km^2·h/(km^2·MJ·mm)、0.0141t·km^2·h/(km^2·MJ·mm)和 0.0091t·km^2·h/(km^2·MJ·mm)，单位为国际制。与砂土堆积体分析结果一致，含砾石堆积体的土石质因子均小于土质堆积体，随着砾石质量分数增大土石质因子 T 减少 35.91%～64.86%。

拟合不同砾石质量分数下的土石质因子 T 值与砾石质量分数 G 之间关系，结果见式（6-21）。

$$T = 0.025\mathrm{e}^{-3.301G}，R^2 = 0.972，P = 0.014 \tag{6-21}$$

（3）黏土土石质因子 T。南方黏土的土壤质地相对于砂土和壤土而言，颗粒更粗，但黏性强，遇水易黏结，导致坡面径流形成过程发生改变，产流较快，侵蚀提前。在生产建设项目工程堆积体标准小区条件下，获取黏土工程堆积体在砾石质量分数 0%～30%下的土壤流失量与 B，黏土堆积体土石质因子 T 计算结果见表 6-10。

表 6-10　黏土堆积体土石质因子 T 计算结果

砾石质量分数/%	降雨侵蚀力 R /[MJ·mm/(km²·h)]	地形因子 LS	土壤流失量 A/(t/km²)	B/[MJ·mm/(km²·h)]	土石质因子 T/[t·km²·h/(km²·MJ·mm)]	降雨侵蚀力 R /[MJ·mm/(km²·h)]
0	60	95082.11	0.878	550	83482.09	0.0066
	90	197180.25	0.878	2330	173124.26	0.0135
	120	331889.19	0.878	5960	291398.71	0.0205
	150	513055.42	0.878	9640	450462.66	0.0214
10	60	88460.90	0.878	800	77668.67	0.0103
	90	194974.97	0.878	1540	171188.03	0.0090
	120	328632.81	0.878	5070	288539.60	0.0176
	150	512097.34	0.878	8290	449621.47	0.0184
20	60	91048.37	0.878	800	79940.47	0.0100
	90	187498.47	0.878	2010	164623.65	0.0122
	120	332975.91	0.878	3240	292352.85	0.0111
	150	517813.35	0.878	6300	454640.12	0.0139
30	60	90325.93	0.878	690	79306.16	0.0087
	90	192079.88	0.878	2200	168646.14	0.0130
	120	329327.10	0.878	3220	289149.19	0.0111
	150	500989.59	0.878	3740	439868.86	0.0085

拟合黏土工程堆积体 4 种不同砾石质量分数条件下土壤流失量 A 与 B 之间关系，即黏土土石质因子 T 值，不同砾石质量分数土壤流失量 A 与 B 的关系见图 6-10。

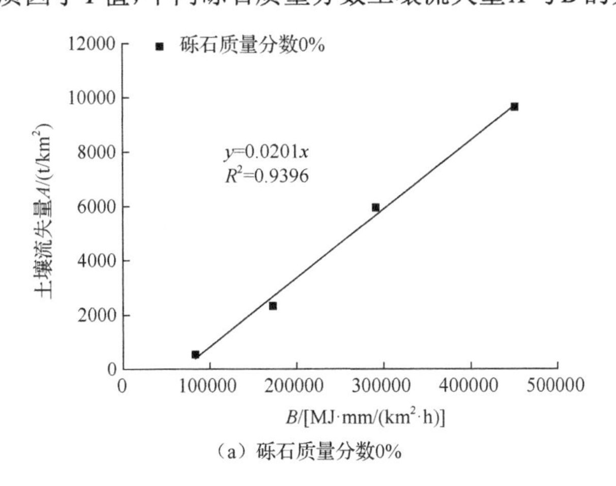

（a）砾石质量分数0%

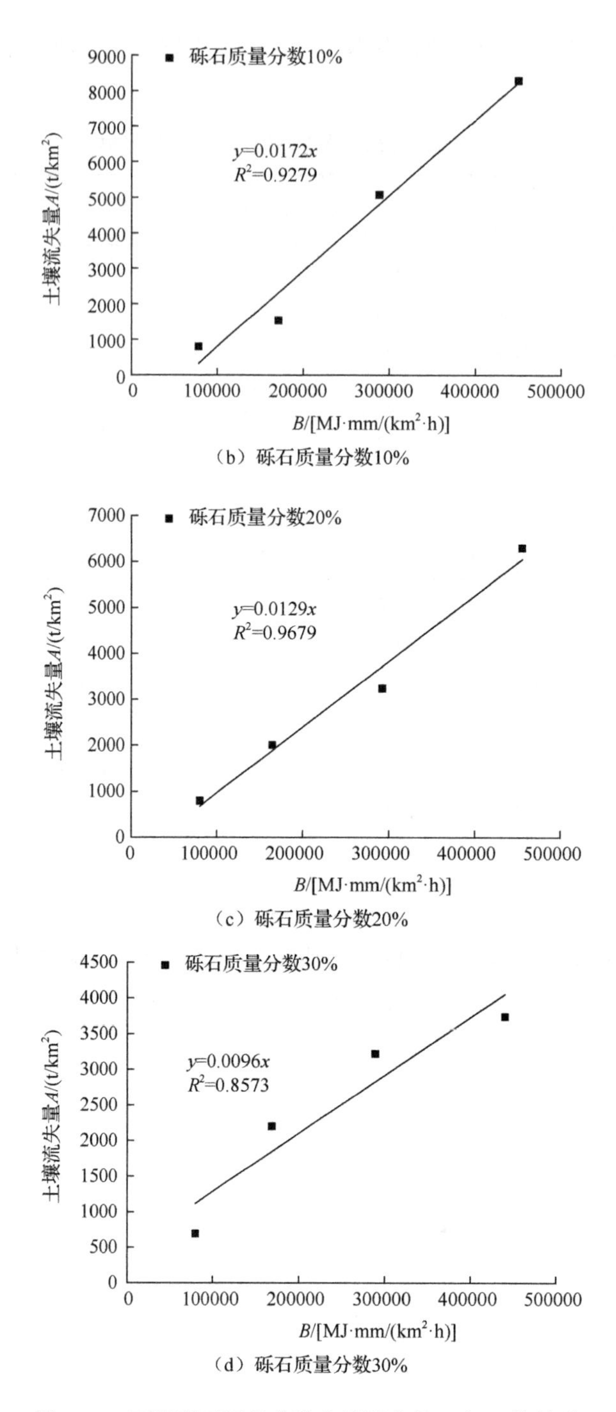

（b）砾石质量分数10%

（c）砾石质量分数20%

（d）砾石质量分数30%

图 6-10　不同砾石质量分数土壤流失量 A 与 B 的关系

由图可知，黏土工程堆积体在砾石质量分数为 0%（纯土体）、10%、20%和 30%时的土石质因子 T 分别为 0.0201t·km²·h/(km²·MJ·mm)、0.0172t·km²·h/(km²·MJ·mm)、0.0129t·km²·h/(km²·MJ·mm)和 0.0096t·km²·h/(km²·MJ·mm)，单位为国际制。黏土堆积体随砾石质量分数增大，土石质因子 T 减少 14.43%～52.24%。

土石质因子 T 与砾石质量分数 G 的关系，如式（6-22）所示。

$$T = 0.021\mathrm{e}^{-2.505G}, \quad R^2 = 0.982, \quad P = 0.009 \tag{6-22}$$

4）降雨侵蚀力 R

考虑我国现有研究降雨侵蚀力指标成果和国际降雨侵蚀力指标的一致性，本章降雨侵蚀力指标采用 EI_{30}，降雨侵蚀力采用式（6-23）～式（6-25）计算（王万中等,1996；Wischmeier and Smith,1958）。

$$e = \begin{cases} 0.119 + 0.0873\lg I (I \leqslant 76\text{mm/h}) \\ 0.283 (I > 76\text{mm/h}) \end{cases} \tag{6-23}$$

$$E = \sum eP \tag{6-24}$$

$$R = EI_{30} \tag{6-25}$$

式中，e 为单场降雨某一时段的降雨动能[MJ/(hm²·mm)]；I 为对应时段的降雨强度（mm/h）；E 为降雨动能（MJ/hm²）；P 为对应时段的降雨强度（mm）；I_{30} 为一次降雨 30min 最大降雨强度（mm/h）；R 为降雨侵蚀力。

3. 预报模型

通过上述分析，确定生产建设项目工程堆积体水土流失预报模型如下：

$$A = \begin{cases} 0.283PI_{30} \cdot \left(a\mathrm{e}^{-bD}\right) \cdot 0.909\left(\lambda / 4.53\right)^{0.552} \cdot 0.966\left(\theta / 25\right)^{0.883} (I > 76\text{mm/h}) \\ \left(0.119 + 0.0873\lg I\right) PI_{30} \cdot \left(a\mathrm{e}^{-bD}\right) \cdot 0.909\left(\lambda / 4.53\right)^{0.552} \cdot 0.966\left(\theta / 25\right)^{0.883} \\ \qquad (I \leqslant 76\text{mm/h}) \end{cases} \tag{6-26}$$

式中，砂土 a=0.071，b=3.047；壤土 a=0.025，b=3.301；黏土 a=0.021，b=2.505。

4. 模型验证

本章建模的模拟降雨试验是完全组合试验，同时对砂土和黏土完成坡度、坡长、砾石质量分数的正交试验。剔除用于模型建立的试验数据，将砂土、壤土和黏土的其他降雨场次获得的实际土壤流失量数据与模型拟合的预测值进行对比，其中砂土和黏土堆积体分别采用 16 组降雨数据，壤土堆积体砾石质量分数在 0%～30%的 72 场降雨数据，以及壤土堆积体在砾石质量分数 40%～50%的 8 场降雨数据。4 种条件下土壤流失量预测值与实测值的拟合结果见图 6-11。拟合结果表明，模型对砂土和黏土堆积体土壤流失量预测值均高于实测值，而壤土堆积体预测值低于实测值，体现在拟合方程的斜率。砂土、黏土、壤土和壤土堆积体砾石质量分数为 40%～50%拟合方程的 R^2 分别为 0.7128、0.9176、0.6905 和 0.9793，标准误分别 0.048、0.036、0.058 和 0.040。模型对壤土大砾石质量分数和黏土堆积体的拟合效果较砂土和壤土堆积体拟合效果好，但方程经检验均有效，可用于生产建设项目工程堆积体土壤流失量的预测。

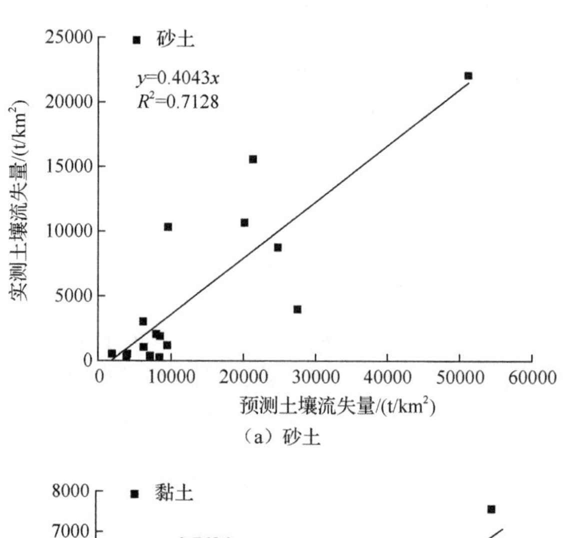

（a）砂土

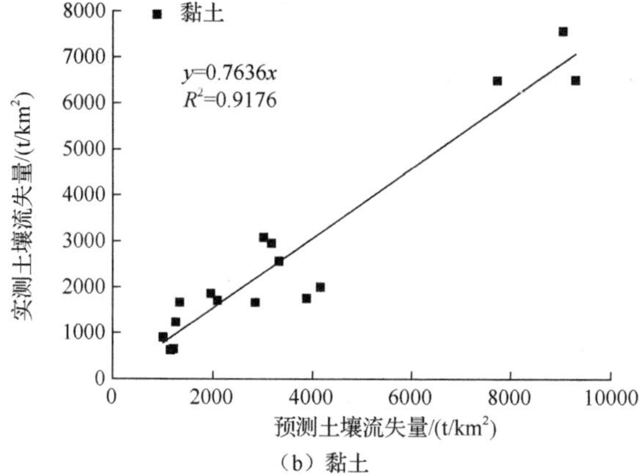

（b）黏土

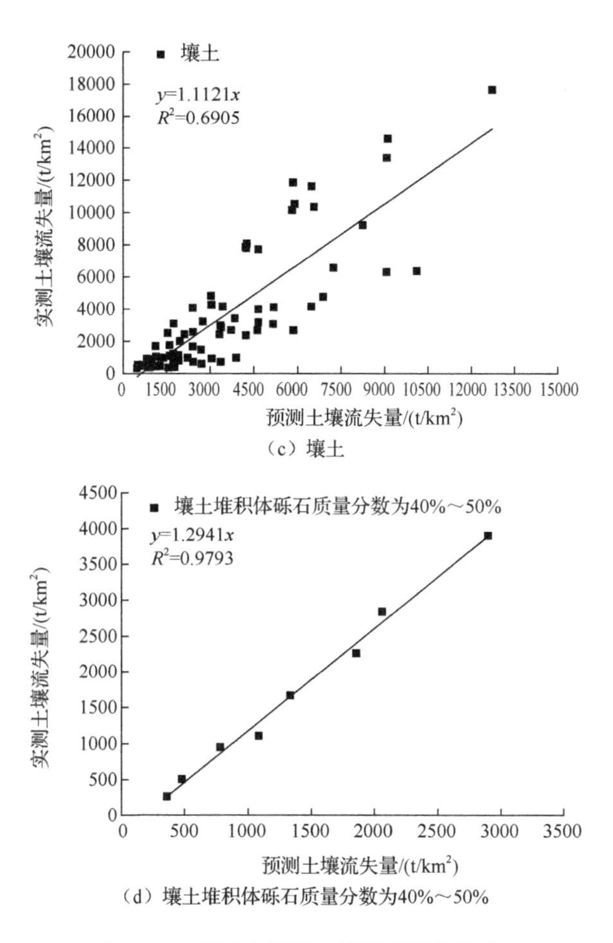

（c）壤土

（d）壤土堆积体砾石质量分数为40%～50%

图 6-11　降雨实测值与模型预测值关系

6.3　本 章 小 结

本章以野外模拟降雨和放水冲刷试验，以及室内工程堆积体模拟降雨试验数据为基础，建立了野外生产建设项目水土流失预报模型和室内生产建设项目工程堆积体水土流失预报模型，其中野外生产建设项目水土流失预报模型包括降雨条件下水土流失预报模型和冲刷条件下水土流失预报模型。得出以下结论。

（1）野外降雨条件下生产建设项目水土流失预报模型包括土壤因素、降雨因素、地形因素和径流因素，通过进一步偏相关分析，提出了模型以土壤颗粒质量分形维数、降雨强度、中值粒径、坡度、单位径流功率、径流率和含沙量作为具体的计算参数，经验证，实测值与估算值的相关系数达到 0.942，模型效率系数达到 0.940，可有效用于计算降雨引起生产建设项目土壤流失量。

（2）野外放水冲刷下生产建设项目水土流失预报模型以土壤因素、地形因素和径流因素 3 个为主，偏相关分析表明模型具体计算参数包括土壤颗粒质量分形维数、流速、中值粒径、坡度、单位径流功率、径流率和含沙量，经验证，侵蚀速率实测值与预测值呈极显著线性关系，模型决定系数达到 0.88，模型效率系数达到 0.90。

（3）借鉴 RUSLE 建模思路，提出了生产建设项目工程堆积体标准小区及各因子定义，并给出了各因子具体计算方法，借鉴土壤可蚀性因子首次提出了土石质因子概念。提出以幂函数计算生产建设项目工程堆积体坡度及坡长因子，其幂指数分别为 0.883 和 0.552。以砂土、壤土及黏土将我国生产建设项目划分为三大类型，并根据堆积体中土石不同质量比例分别计算生产建设项目工程堆积体土石质因子，提出以指数函数能有效计算土石质因子。建立了生产建设项目工程堆积体水土流失预报模型，给出了各因子的具体表达式，经实测数据的率定与验证，模型预测效果较好，实测值与预测值呈极显著线性相关，决定系数达到 0.6905～0.9793。该模型能够适用于不同土质类型工程堆积体，普适性强，各因子参数具有一定的物理意义，且参数易获取，具有很强的现场操作性和实用性。

参 考 文 献

曹龙熹, 符素华, 2007. 基于 DEM 的坡长计算方法比较分析[J]. 水土保持通报, 27(5): 58-62.

程冬兵, 张平仓, 张长伟, 等, 2014. 工程开挖面土壤侵蚀模型的构建[J]. 农业工程学报, 30(10): 106-112.

付兴涛, 张丽萍, 叶碎高, 2010. 经济林地坡长对侵蚀产沙动态过程影响的模拟[J]. 水土保持学报, 24(4): 73-77.

郭明明, 王文龙, 李建明, 等, 2014. 神府煤田土壤颗粒分形及降雨对径流产沙的影响[J]. 土壤学报, 51(5): 983-992.

侯旭蕾, 2013. 降雨强度、坡度对红壤坡面水文过程的影响研究[D]. 长沙: 湖南师范大学.

胡刚, 宋慧, 刘宝元, 等, 2015. 黑土区基准坡长和 LS 算法对地形因子的影响[J]. 农业工程学报, 31(3): 166-173.

江忠善, 郑粉莉, 武敏, 2005. 中国坡面水蚀预报模型研究[J]. 泥沙研究,(4): 1-6.

黎四龙, 蔡强国, 吴淑安, 等, 1998. 坡长对径流及侵蚀的影响[J]. 干旱区资源与环境, 12(1): 29-34.

李建明, 王文龙, 王贞, 等, 2013. 神府东胜煤田弃土弃渣体径流产沙过程的野外试验[J]. 应用生态学报, 24(12): 3537-3545.

李璐, 袁建平, 刘宝元, 2004. 开发建设项目水蚀量预测方法研究[J]. 水土保持研究, 11(2): 81-84.

刘宝元, 毕小刚, 符素华, 等, 2010. 北京土壤流失方程[M]. 北京: 科学出版社.

秦伟, 左长清, 郑海金, 等, 2013. 赣北黏土坡地土壤流失方程关键因子的确定[J]. 农业工程学报, 29(21): 115-125.

汤国安, 刘学军, 闾国年, 2005. 数字高程模型及地学分析的原理与方法[M]. 北京: 科学出版社.

王万中, 焦菊英, 郝小品, 等, 1996. 中国降雨侵蚀力 *R* 值的计算与分布(Ⅱ)[J]. 土壤侵蚀与水土保持学报, 2(1): 29-39.

王小燕, 李朝霞, 徐勤学, 等, 2011. 砾石覆盖对土壤水蚀过程影响的研究进展[J]. 中国水土保持科学, 9(1): 115-120.

吴普特, 周佩华, 1993. 地表坡度与薄层水流侵蚀关系的研究[J]. 水土保持通报, 13(3): 1-5.

杨培岭, 罗远培, 石元春, 1993. 用粒径的重量分布表征的土壤分形特征[J]. 科学通报, 38(20): 1896-1899.

张光辉, 2001. 土壤水蚀预报模型研究进展[J]. 地理研究, 20(3): 274-281.

张翔, 高照良, 2018. 不同坡长条件下塿土堆积体坡面产流产沙过程[J]. 水土保持研究, 25(6): 79-84.

赵暄, 谢永生, 王允怡, 等, 2013. 模拟降雨条件下弃土堆置体侵蚀产沙试验研究[J]. 水土保持学报, 27(3): 1-8, 76.

ALI M, SEEGER M, STERK G, et al., 2013. A unit stream power based sediment transport function for overland flow[J]. Catena, 101: 197-204.

ALI M, STERK G, SEEGER M, et al.,2011. Effect of hydraulic parameters on sediment transport capacity in overland flow over erodible beds[J]. Hydrology and Earth System Sciences Discussions, 8(4): 6939-6965.

FOSTER G R, WISCHMERIER W H, 1974. Evaluating irregular slopes for soil loss prediction[J]. Transactions of ASAE, 17(2): 305-309.

GOVERS G, RAUWS G, 1986. Transporting capacity of overland flow on plane and on irregular beds[J]. Earth Surface Processes and Landforms, 11(5): 515-524.

GUY B T, RUDRA R P, Dickenson W T, et al., 2009a. Empirical model for calculating sediment-transport capacity in shallow overland flows: Model development[J]. Biosystems Engineering, 103(1): 105-115.

GUY B T, SOHRABI T M, RUDRA R P, et al., 2009b. An empirical model development for the sediment transport capacity of shallow overland flows: Model validation[J]. Biosystems Engineering, 103(4): 518-526.

LI W J, LI D X, WANG X K, 2011. An approach to estimating sediment transport capacity of overland flow[J]. Science China Technological Sciences, 54(10): 2649-2656.

MAHMOODABADI M, GHADIRI H, ROSE C, et al., 2014. Evaluation of GUEST and WEPP with a new approach for the determination of sediment transport capacity[J]. Journal of Hydrology, 513: 413-421.

MC COOL D K, BROWN L C, FOSTER G R, et al., 1987. Revised slope steepness factor for the universal soil loss equation[J]. Transactions of ASAE, 30(5): 1387-1396.

RENARD K G, FOSTER G R, 1997. RUSLE revised: Status, question, answers, and the future[J]. Soil and Water Conservation, 49(3): 213-220.

WISCHMEIER W H, SMITH D D, 1965. Predicting Rainfall-erosion Losses from Cropland East of the Rocky Mountain Guide for Selection of Practices for Soil and Water Conservation[R]. Agricultural Handbook, Washington, D C: USDA-ARS.

WISCHMEIER W H, SMITH D D, 1958. Rainfall energy and its relationship to soil loss[J]. Transactions of American Geophysical Union, 39(3): 285-291.

ZINGG A W, 1940. Degree and length of land slope as it affects soil loss in runoff[J]. Agricultural Engineering, 21(2): 59-64.

第 7 章　晋陕蒙矿区水土流失防治效益

7.1　不同防治措施对产流的影响及其减水效益

7.1.1　不同覆盖措施对产流的影响及其减水效益

通过自然降雨条件下的小区监测研究了不同覆盖条件（沙打旺秸秆覆盖、稻草帘子覆盖、沙柳方格、撒播种草）下排土场边坡的产流特征及其减水效益。

1. 次降雨过程中坡面降雨产流特征

2013 年 7 月～9 月，试验地共发生 5 次降雨产流过程，记录了次降雨产流过程的降雨时间、次降雨量、降雨历时和平均降雨强度等资料，次降雨过程特征如表 7-1 所示。

表 7-1　次降雨过程特征

降雨时间	次降雨量/mm	降雨历时/h	平均降雨强度/（mm/h）
7 月 14 日	33.3	12.42	2.68
7 月 27 日	10.5	2.83	3.71
8 月 11 日	13.1	2.08	6.26
8 月 22 日	33.7	18.00	1.87
8 月 27 日	29.0	3.08	9.39

图 7-1 为次降雨过程中坡面降雨产流特征。每场降雨过程中，不同措施径流小区产生的径流深基本表现为撒播种草＞沙柳方格＞裸地＞沙打旺秸秆覆盖和稻草帘子覆盖的规律。沙打旺秸秆覆盖小区产生的径流深较裸地减少 45.53%～86.67%；稻草帘子覆盖小区较裸地减少 57.89%～87.76%（不包括 8 月 22 日的降雨过程）。7 月 14 日、7 月 27 日、8 月 11 日三次降雨产流过程中，沙打旺秸秆覆盖小区和稻草帘子覆盖小区的径流深均与裸地存在显著差异（$P<0.05$），两覆盖措施间无显著差异；8 月 22 日和 8 月 27 日两种覆盖措施小区径流深均与裸地存在显著差异，且两覆盖措施间也存在显著差异，其中，8 月 22 日稻草帘子覆盖小区的径流深较裸地增大 58.78%。7 月 14 日和 7 月 27 日 2 次降雨产流过程中，撒播种草小区的径流深与裸地小区无显著差异；8 月 11 日、8 月 22 日和 8 月 27 日

撒播种草小区的径流深显著高于裸地小区。7 月 14 日和 7 月 27 日 2 次降雨产流过程中，沙柳方格小区的径流深显著低于裸地小区；8 月 11 日沙柳方格小区的径流深显著高于裸地小区；8 月 22 日和 8 月 27 日沙柳方格小区的径流深与裸地小区无显著差异。

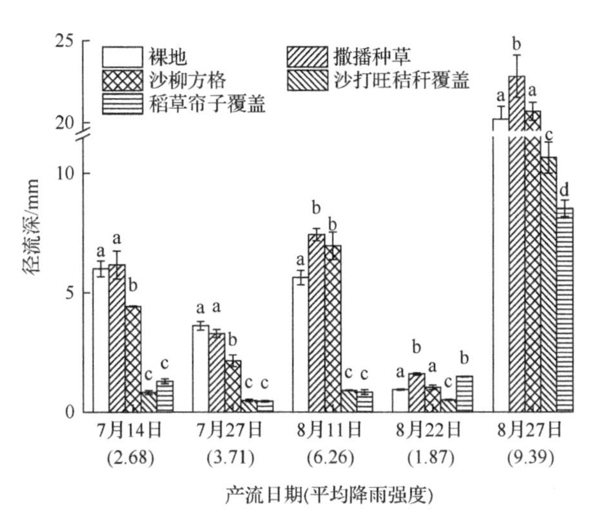

图 7-1 次降雨过程中坡面降雨产流特征

横坐标下方括号内数据为次降雨的平均降雨强度，单位为 mm/h；
字母 a～d 表示单次降雨条件下 5 种径流小区径流量的差异显著性比较（S-N-K 检验，α=0.05）

两种覆盖措施均可有效降低径流深，这可能是因为覆盖层避免了雨滴对坡面的直接打击，使土壤表层结构受损程度减弱，不易形成结皮层，更利于降雨入渗；此外，覆盖层的存在增加了地表粗糙度，使产流时间延缓，径流流速减慢，降雨在坡面上的停留时间延长，更利于降雨入渗。经过人工整理、压实处理的稻草帘子基本阻隔了雨滴和地表的接触，在小降雨强度、长历时降雨过程中，雨水首先被稻草帘子吸持，随着降雨时间的延长，覆盖层持水能力达到最大，在重力作用下，部分降雨沿着稻草帘子向下坡方向传输，最终流出覆盖层，汇入径流池，出现 8 月 22 日降雨产流过程中稻草帘子覆盖小区径流深大于裸地小区的现象。8 月 27 日，沙打旺秸秆覆盖小区的径流深显著高于稻草帘子覆盖小区，出现这一现象的原因可能是沙打旺秸秆覆盖层较为蓬松，较大降雨强度条件下（平均降雨强度为 9.39mm/h），穿透雨对其覆盖下的坡面进行较为强烈的击溅侵蚀，造成土壤非毛管孔隙减少，降雨入渗被抑制，径流深增加（郑粉莉，1998）。

雨季初期（7 月份），撒播种草小区的植物还处于发芽期和幼苗期，植株弱小，盖度很低，植被对径流的调控作用还未得到充分发挥；对于沙柳方格小区而言，沙柳条的存在对径流流速有一定减缓作用，延长了径流在坡面的停滞时间，使入渗量增加，径流深减少，此时其径流调控效果较好。雨季后期（8 月），径流深均表现为撒播种草小区＞沙柳方格小区＞裸地小区，其中撒播种草小区较裸地增加 12.88%～70.82%，沙柳方格小区较裸地增加 2.28%～23.63%，这种裸地径流深大于种草坡面径流深的现象与黄土地貌条件下的产流规律相反（马波等，2013；冯浩等，2005），可能是因为露天矿排土场边坡的土层在排弃的过程中夹杂着形状各异、大小不一的砾石，雨季初期，裸地小区坡面出现砂砾化面蚀，使得砾石逐渐出露（白中科等，1997；王治国等，1994），地表粗糙度增大，径流流速减缓，入渗量增加，径流深下降。其次，随着侵蚀过程的发展，裸地小区坡面细沟发育，径流对沟底的下切侵蚀强度增大，细沟内土层逐渐变薄，甚至下切至岩石堆积层，导致细沟内入渗量增加，径流深降低。沙柳方格小区的径流深小于撒播种草小区的现象可能与沙柳方格对径流流速的阻滞效果更好有关。

2. 雨季坡面产流特征

整个雨季（7～9 月）不同覆盖措施下的总径流深关系为撒播种草＞裸地＞沙柳方格＞沙打旺秸秆覆盖＞稻草帘子覆盖，图 7-2 为雨季不同覆盖措施小区的产流特征。稻草帘子覆盖小区、沙打旺秸秆覆盖小区、沙柳方格小区的径流深均与裸地小区存在显著差异，各措施总径流深分别较裸地减少 65.53%、63.35%、3.19%，两种覆盖措施的总径流深显著低于沙柳方格小区。撒播种草小区总径流深与裸地小区存在显著差异，其较裸地小区增加 13.47%。由此可见，稻草帘子覆盖措施的减水效益最好，沙打旺秸秆覆盖措施次之，沙柳方格措施具有一定的减水效益，撒播种草措施则在一定程度上促进坡面径流的产生。

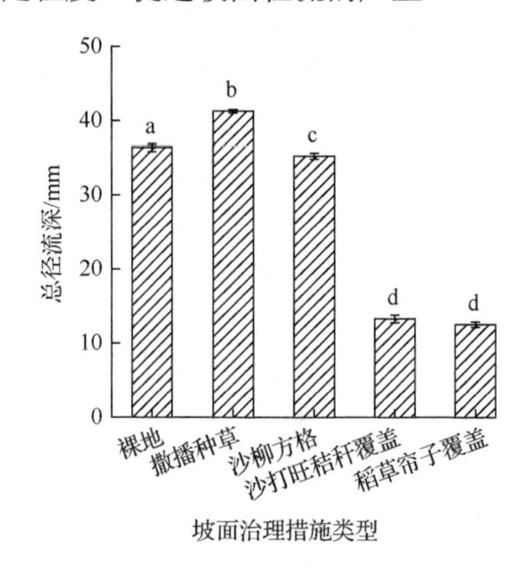

图 7-2　雨季不同覆盖措施小区的产流特征

字母 a～d 表示 5 种径流小区总径流深的差异显著性比较（S-N-K 检验，α=0.05）

7.1.2　种草、布设鱼鳞坑措施对产流的影响及其减水效益

在野外原位模拟降雨试验条件下研究了种草、布设鱼鳞坑 2 种措施条件下的弃土弃渣体坡面产流特征及其减水效益。

1. 径流率随产流历时的变化

图 7-3～图 7-5 分别为偏土质弃渣体、偏石质弃渣体和煤矸石坡面径流率随产流历时的变化。由图可知，3 种弃渣体的径流率在产流 6～9min 后逐渐趋于稳定。对于偏土质弃渣体（图 7-3），1.0mm/min、1.5mm/min 降雨强度情况下，未防护坡面径流率随降雨历时呈下降—稳定的变化趋势，这与坡面结皮的产生和破坏过程密切相关，当一定含量的砾石镶嵌于地表土壤时，结皮强度将大大增加，坡面入渗率较小（符素华，2005），而径流对坡面经过一定时间的冲刷后，结皮被破坏，入渗率增大，并随着土壤水分的增加逐渐趋于稳定。种草和鱼鳞坑 2 种防护措施下坡面径流率随降雨历时呈增大—稳定的变化趋势。2 种降雨强度条件下，种草和鱼鳞坑 2 种措施下坡面起始径流率较未防护坡面分别减小 80.40%、90.71%和 83.65%、89.65%。对于偏石质弃渣体（图 7-4），2 种降雨强度下，不同措施径流率均呈先增大后稳定的变化趋势。对于煤矸石堆积体（图 7-5），1.0mm/min 降雨强度下，与防护坡面不同，在未防护坡面未观测到产流现象，这可能是因为降雨强度较小时，煤矸石体大孔隙密布，降雨全部就地入渗，而种草和布设鱼鳞坑时对煤矸石弃渣体坡面表层物质结构进行了重塑，使得弃渣体边坡表面大孔隙数量大大降低，促进了产流。在 2 种降雨强度条件下坡面径流率随降雨历时均呈现出先增加后稳定的变化趋势。

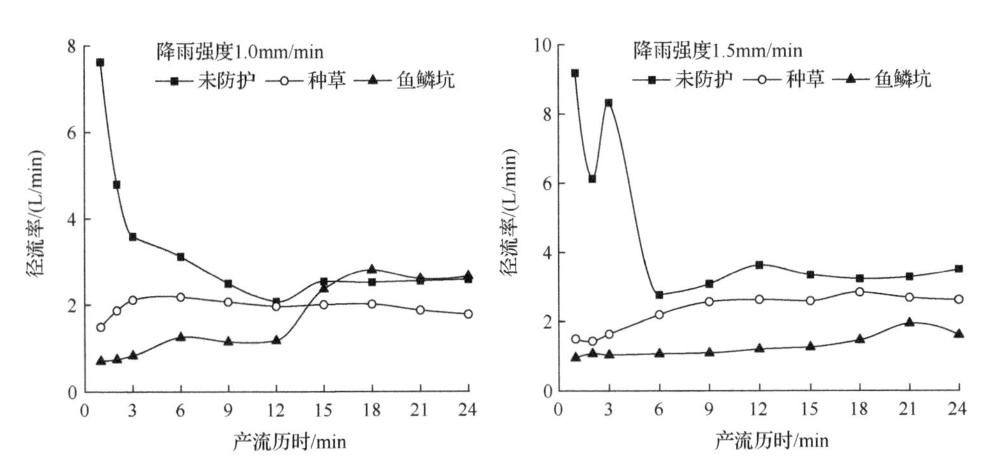

图 7-3　偏土质弃渣体径流率随产流历时的变化

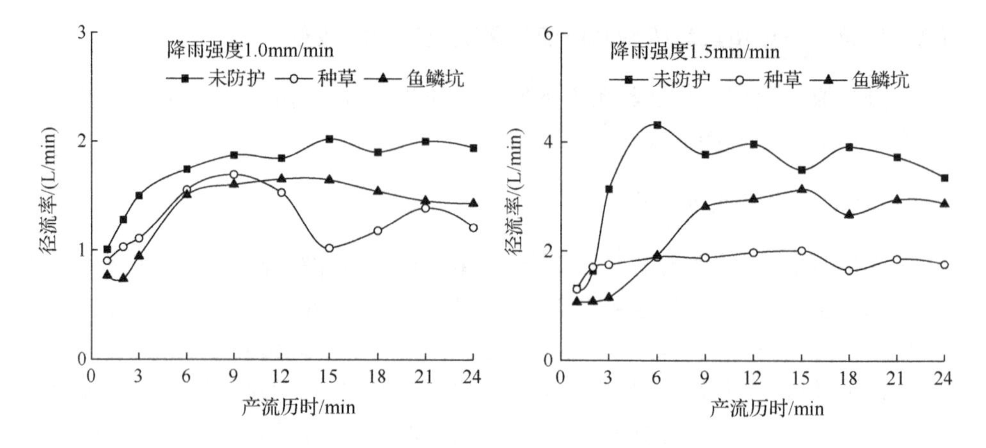

图 7-4 偏石质弃渣体径流率随产流历时的变化

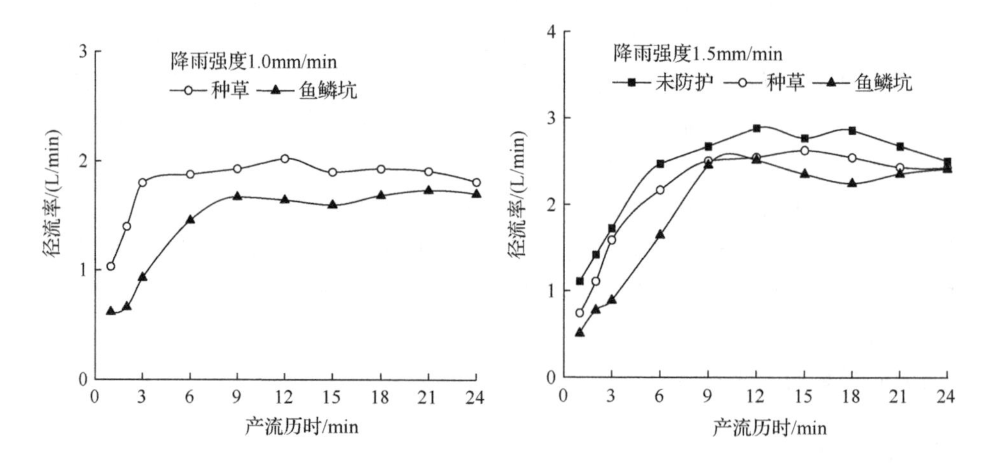

图 7-5 煤矸石坡面径流率随产流历时的变化

2. 不同防护措施减水效益

图 7-6 为弃渣体平均径流率变化。降雨强度为 1.0mm/min 和 1.5mm/min 时，偏土质弃渣体在未防护、种草、鱼鳞坑措施下的平均径流率分别为 3.38L/min、1.94L/min、1.63L/min 和 4.64L/min、3.97L/min、2.31L/min，2 种防护措施的减水效益分别为 42.60%、51.78%和 14.44%、50.22%，可见，2 种防护措施的减水效益十分明显，且鱼鳞坑的减水效益较种草高 21.53%～247.76%，这是因为鱼鳞坑具有通过改变坡面局部地形，增加地面粗糙度以削弱径流的能力；1.5mm/min 降雨强度时，2 种防护措施的减水效益较 1.0mm/min 降雨强度减小 66.10%和 3.01%，这表明降雨强度越大，2 种防护措施的减水效益减小。降雨强度为 1.0mm/min 和

1.5mm/min 时，偏石质弃渣体在未防护、种草、鱼鳞坑措施下的平均径流率分别为 1.71L/min、1.26L/min、1.33L/min 和 2.27L/min、1.78L/min、1.82L/min，种草和鱼鳞坑的减水效益分别为 26.32%、22.22%和 21.59%、19.82%，种草对于偏石质弃渣体坡面径流的消减效果较鱼鳞坑好，其减水效益较鱼鳞坑措施高 18.45%～8.89%。对于煤矸石弃渣体而言，1.0mm/min 降雨强度下种草坡面径流率比鱼鳞坑措施低 17.61%；降雨强度 1.5mm/min 时，未防护和 2 种防护措施的坡面平均径流率为 2.31L/min、1.82L/min、2.07L/min，2 种防护措施减水效益分别为 21.21%和 10.39%，种草的减水效益比鱼鳞坑高 1.04 倍。与偏土质弃渣体相反，偏石质弃渣体、石质（煤矸石）弃渣体种草措施减水效益均比鱼鳞坑大原因可能是植被上部叶片拦截降雨，枝干又拦截了一定的径流，而砾石也具有改变径流路径削弱径流的能力（康宏亮等，2016；史东梅等，2015；李建明等，2013；朱元骏和邵明安，2006），二者的共同作用使得下渗作用更强；而鱼鳞坑措施仅仅改变了小地形，短时间内拦截了降雨，效果略低于种草。

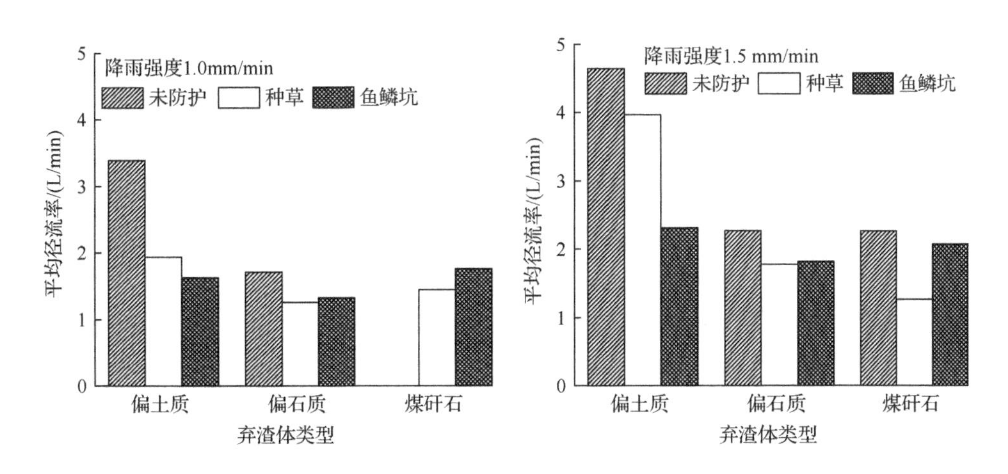

图 7-6　弃渣体平均径流率变化

7.1.3　不同植被类型对产流的影响及其减水效益

采用野外放水冲刷试验方法研究了不同植被类型（沙打旺条播 D_A、沙柳+沙打旺撒播 B_{SA}、沙打旺撒播 B_A、草木樨撒播 B_{MS}、紫花苜蓿撒播 B_{MA}）对露天煤矿排土场边坡径流的影响及其减水效益。

1. 不同放水流量下土壤入渗率变化

土壤入渗指水分经地表进入土壤后，运移、存储变为土壤水的过程，是自然界水循环的一个重要环节. 随放水进行，土壤含水量逐渐增大，入渗率随产流历时的延长而逐步下降，坡面产流经过一定的时间之后经坡面入渗趋于逐渐稳定。平均入渗率变化如表 7-2 所示，含植被措施坡面平均入渗率大于裸地，放水流量由 5L/min 增加到 20L/min 时，植被措施坡面平均入渗率较裸地分别增大 12.77%～29.79%、15.87%～65.08%、7.55%～115.09%和 59.38%～192.19%；各放水流量条件下，平均入渗率最小的植被措施分别为沙打旺撒播/沙打旺条播、草木樨撒播、紫花苜蓿撒播和沙柳+沙打旺撒播；放水流量为 5L/min 和 10L/min 时，平均入渗率最大植被措施分别为沙柳+沙打旺条播和沙打旺撒播；放水流量为 15L/min 时，沙打旺条播的平均入渗率大于其他植被措施。沙打旺条播和沙柳+沙打旺撒播的平均入渗率随放水流量的增加而逐渐增大，而裸地、沙打旺撒播、草木樨撒播、紫花苜蓿撒播平均入渗率随着放水流量的增加先增大后减小再增大，在放水流量为 20L/min 时，不同措施的平均入渗率达到最大，5L/min 时，平均入渗率最小。

表 7-2　平均入渗率变化　　（单位：mm/min）

放水流量	植被措施					
	BS	D_A	B_{SA}	B_A	B_{MS}	B_{MA}
5L/min	0.47	0.53	0.61	0.53	0.57	0.56
10L/min	0.63	0.84	0.78	1.04	0.73	0.89
15L/min	0.53	1.14	0.81	0.87	0.58	0.57
20L/min	0.64	1.26	1.02	1.24	1.46	1.87

2. 不同放水流量下植被措施减水效益

植被对径流的影响主要表现在阻滞地表径流、延长入渗时间、影响水量的再分配等。植被减少和调节地表径流的功能主要在于植被增加了土壤表面的粗糙度（张洪江等，2006）。不同放水流量条件下径流量变化如图 7-7 所示，放水流量由 5L/min 增加到 20L/min 时，含植被措施的坡面径流量较裸地分别减少 34.6%～90.49%，15.70%～65.50%、31.35%～53.05%和 0.97%～33.23%，放水流量为 20L/min 时，减水效益减弱，说明植被措施在削弱径流作用上的局限性。随放水流量增大，各植被措施的减水效益由大到小分别为沙柳+沙打旺撒播>草木樨撒播>紫花苜蓿撒播>沙打旺条播>沙打旺撒播，沙打旺撒播>紫花苜蓿撒播>沙打旺条播>沙柳+沙打旺撒播>草木樨撒播，沙打旺条播>草木樨撒播>紫花苜蓿撒播>沙打旺撒播>沙柳+沙打旺撒播和紫花苜蓿撒播>沙打旺条播>沙打旺撒播>沙柳+沙打旺撒播>草木樨撒播。由此可知，放水流量为 5L/min 时沙打旺撒播的减水效益最差，10L/min 和 20L/min 放水流量条件下草木樨撒播的减水效益均小于其他植被措施。同一下垫面下，径流量随放水流量的增大而增大，放水流量每增加

5L/min，径流量增大 0.19～32.7 倍。随放水流量增大，各植被措施条件下径流量的变异系数由 0.62 减小到 0.19，放水流量对径流量的影响较植被影响显著。径流量（VR，L）与放水流量（Q，L/min）之间呈显著的幂函数关系：VR=aQ^b（a 为 0.03～3.29，b 为 1.89～3.44），R^2 为 0.93～0.99，N=4。

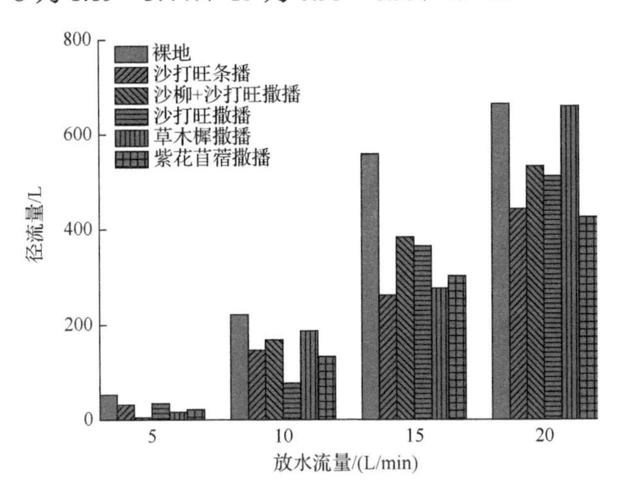

图 7-7　不同放水流量条件下径流量变化

7.1.4　不同植被配置模式对产流的影响及其减水效益

采用野外放水冲刷试验方法研究了不同植被配置模式[上坡冰草（面积占比 30%）+下坡沙蒿（面积占比 70%），C3H7；上坡冰草（面积占比 70%）+下坡沙蒿（面积占比 30%），C7H3；冰草和沙棘混合配置，CG；全冰草，QC]对露天煤矿排土场边坡径流的影响及其减水效益。

1. 径流率随产流历时的变化

不同放水流量下不同植被配置坡面径流率随产流历时的变化如图 7-8 所示。随着放水流量的递增，坡面径流率随产流历时的延长呈阶梯式增长。各坡面径流率分别在 1.28～16.40L/min、0.10～12.23L/min、0.09～14.93L/min、0.12～15.69L/min 和 0.06～12.48L/min 变化。放水流量由 5L/min 递增至 10L/min 时，BS、C3H7、C7H3、QC 和 CG 坡面瞬时径流率（图 7-8 中 45～48min、90～93 min、135～138min）增大 2.20 倍、7.78 倍、6.48 倍、19.92 倍和 16.11 倍；放水流量由 10L/min 递增至 15L/min，各坡面瞬时径流率增大 2.77 倍、1.97 倍、8.26 倍、1.99 倍和 1.96 倍；放水流量由 15L/min 递增至 20L/min，瞬时径流率增大 1.43 倍、2.08 倍、1.13 倍、1.78 倍和 2.07 倍，可见首次放水流量递增时径流率变化最为明显。坡面在经历初始放水流量 5L/min 时（图 7-8 中副图所示），C3H7、C7H3、QC 和

CG 坡面的径流率变化较为稳定，径流率均在 1L/min 以下波动，各植被配置具有较好的防护作用，而 BS 坡面径流率明显大于其余 4 种植被防护坡面，且径流率随着产流历时的延长呈突增—下降—稳定变化的趋势。由于坡面细小颗粒被冲刷时堵塞土壤表面孔隙，短时间内使入渗减小，产流突然增大；当细颗粒逐渐被径流搬运后，下垫面结构变得松散，入渗能力变大导致径流率呈下降趋势；由于坡面细颗粒已被基本冲刷完毕，径流已在坡面形成稳定的流路，径流率保持稳定变化。随着放水流量的递增，未防护坡面瞬时径流率反而小于其余植被配置坡面，即防护坡面与未防护坡面的差异性逐渐缩小。

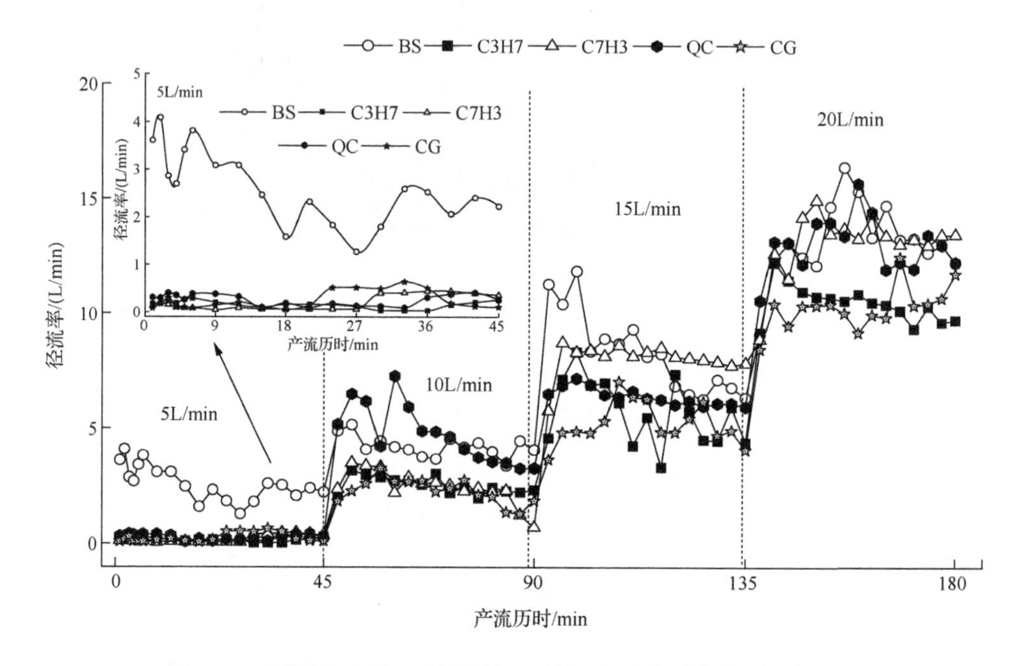

图 7-8　不同放水流量下不同植被配置坡面径流率随产流历时的变化

2. 不同植被配置模式对边坡的减水效益

图 7-9 为不同植被配置坡面总径流量。如图所示，BS、C3H7、C7H3、QC 和 CG 坡面的累积径流量分别为 1267L、848L、1070L、1098L、812L。相较于裸地，两种不同类型根系的草本植被搭配 C3H7 和 C7H3 坡面的减水效益分别为 33.07% 和 15.55%，单一根系植被 QC 坡面减水效益为 13.34%，而冰草和沙棘混合配置 CG 坡面具有最好的减水效益，为 35.91%。放水流量由 5L/min 递增至 20L/min 时，BS、C3H7、C7H3、QC 和 CG 坡面的产流贡献率分别为 9%～47%、1%～56%、1%～55%、1%～53%和 1%～57%，各放水流量的总产流贡献率随放水流量增大而增大。

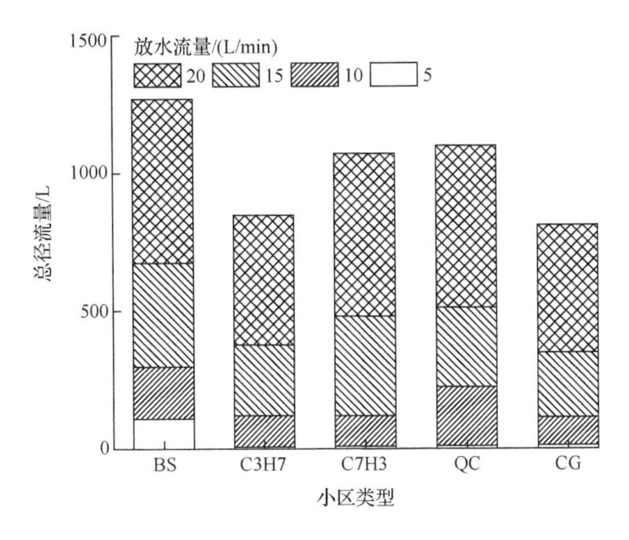

图 7-9　不同植被配置坡面总径流量

7.2　不同防治措施对产沙的影响及其减沙效益

7.2.1　不同覆盖措施对产沙的影响及其减沙效益

通过自然降雨条件下的小区监测研究了不同覆盖条件（沙打旺秸秆覆盖、稻草帘子覆盖、沙柳方格、撒播种草）下排土场边坡的产沙特征及其减沙效益。

1. 次降雨过程中坡面侵蚀产沙特征

每次降雨产流过程中，不同措施小区的产沙量差异明显，但大多表现出 4 种坡面治理措施的产沙量低于裸地的规律，次降雨过程中坡面的产沙量特征见图 7-10。5 场次降雨过程中，稻草帘子覆盖小区和沙打旺秸秆覆盖小区的产沙量均与裸地小区存在显著差异，两种覆盖措施的减沙效益分别为 67.70%～98.45%和 74.27%～98.46%。前三场降雨过程中，撒播种草小区的产沙量与裸地小区均无显著差异，而后两场降雨过程中，其产沙量与裸地小区有显著差异。撒播种草措施的减沙效益随植株生长有逐渐增强的趋势，其减沙效益随时间的变化为 0%、8.37%、10.23%、67.95%、59.74%。7 月 14 日和 8 月 11 日，沙柳方格小区的产沙量与裸地小区无显著差异，而其他 3 场降雨过程中，两者间均存在显著差异。4 种坡面治理措施间的多重比较结果显示，两种覆盖措施的产沙量基本上显著低于撒播种草措施和沙柳方格措施。

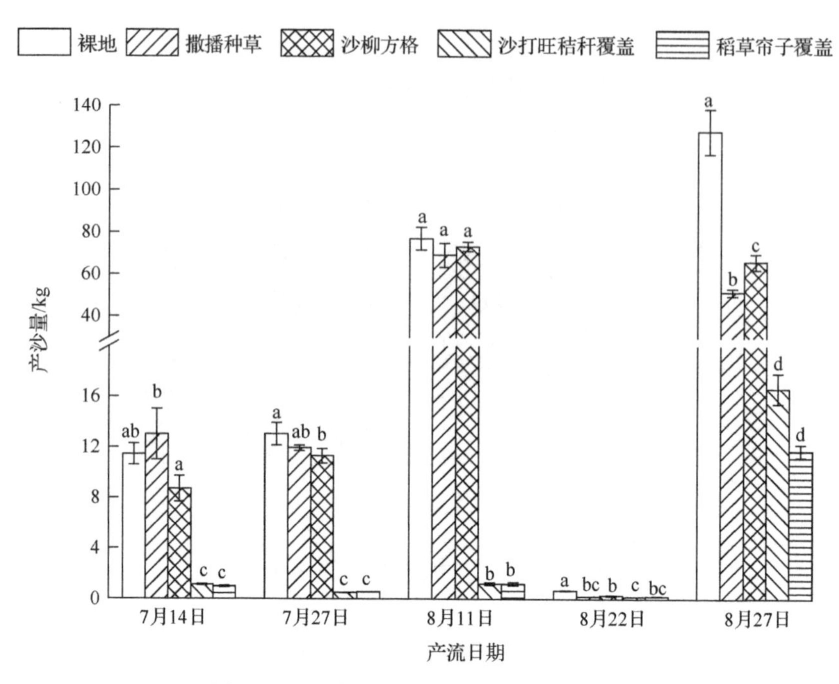

图 7-10 次降雨过程中坡面的产沙量特征

字母 a～d 表示次降雨条件下 5 种径流小区产沙量的差异显著性比较（S-N-K 检验，α=0.05）

由以上分析可知，两种覆盖措施的减沙效益最好，这可能是因为覆盖物在地表形成缓冲层，消减雨滴动能，分散地表径流，使径流冲刷动力被大大削弱，坡面侵蚀过程被抑制。撒播种草措施可以有效地减少坡面产沙，7 月 27 日之前小区植物还处于出苗期和幼苗期，植株对地表的保护作用未能体现，随着植株生长时间的增加，枝叶变大，根系深扎，其减沙效益逐渐增强，这说明植物护坡的减沙作用具有时滞性，只有当植物生长到一定阶段时才突显出来。8 月 27 日产流过程中，撒播种草措施的减沙效益出现下降的现象，这可能与该次降雨过程降雨强度较大，植被对降雨能量的消减作用减弱有关。沙柳方格具有一定的减沙效益，这是因为沙柳条阻挡径流的流线，减缓径流流速，使得径流挟沙能力降低，从而减少坡面产沙。

2. 雨季坡面产沙特征

雨季不同覆盖措施小区的总产沙特征见图 7-11。整个雨季各措施下的总产沙量变化情况为裸地＞沙柳方格＞撒播种草＞沙打旺秸秆覆盖＞稻草帘子覆盖，各措施的减沙效益分别为 30.75%、36.64%、91.46%、93.63%。方差分析和多重比较结果显示，5 种不同坡面形式对产沙量的影响可以分为 3 组，第 I 组为沙打旺秸秆覆盖和稻草帘子覆盖；第Ⅱ组为撒播种草和沙柳方格；第Ⅲ组为裸地。其中，第Ⅰ组的减沙效益最优，第Ⅱ组次之。

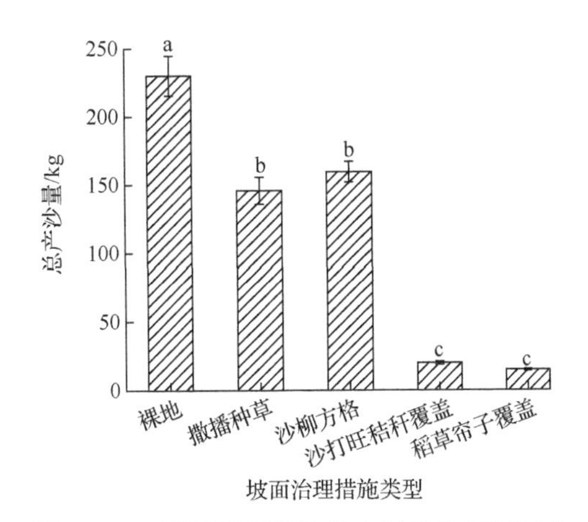

图 7-11　雨季不同覆盖措施小区的总产沙特征

字母a～c表示5种径流小区雨季总产沙量的差异显著性比较（S-N-K 检验，α=0.05）

综合 4 种边坡防护措施的减水减沙效益可知，沙打旺秸秆覆盖和稻草帘子覆盖两种措施具有良好的减水减沙效益；沙柳方格措施的减水减沙效益次之；撒播种草措施在一定程度上促进坡面径流的产生，但具有一定的减沙效益。稻草帘子覆盖措施和沙打旺秸秆覆盖措施都会随着覆盖层的腐烂分解而失去水土保持功能，其减水减沙效益不具有可持续性，撒播种草措施的减沙效益具有一定的时滞性，因此对于新生的排土边坡而言，将撒播种草与两种覆盖措施结合起来可能具有更好的减水减沙效益。

7.2.2　种草、布设鱼鳞坑对产沙的影响及其减沙效益

在野外原位模拟降雨试验条件下研究了种草、布设鱼鳞坑 2 种措施条件下的弃土弃渣体坡面产沙特征及其减沙效益。

1. 侵蚀速率随产流历时的变化

图 7-12～图 7-14 分别为偏土质弃渣体、偏石质弃渣体和煤矸石侵蚀速率随产流历时的变化。

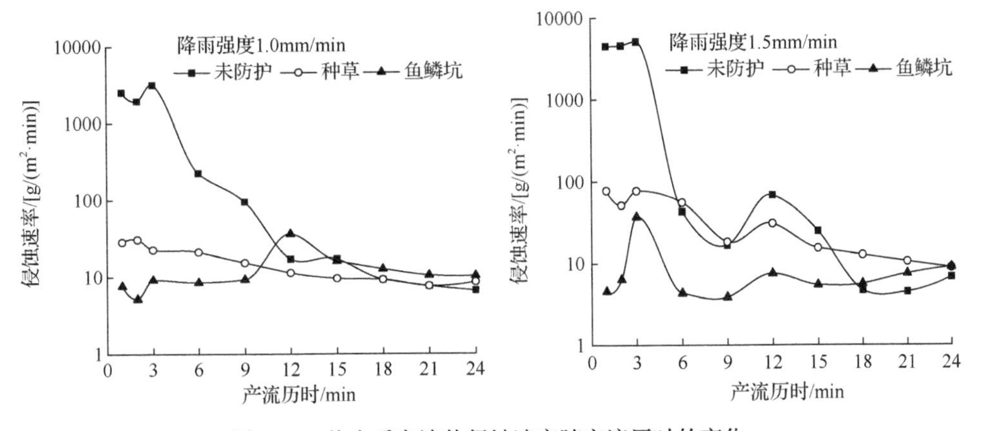

图 7-12　偏土质弃渣体侵蚀速率随产流历时的变化

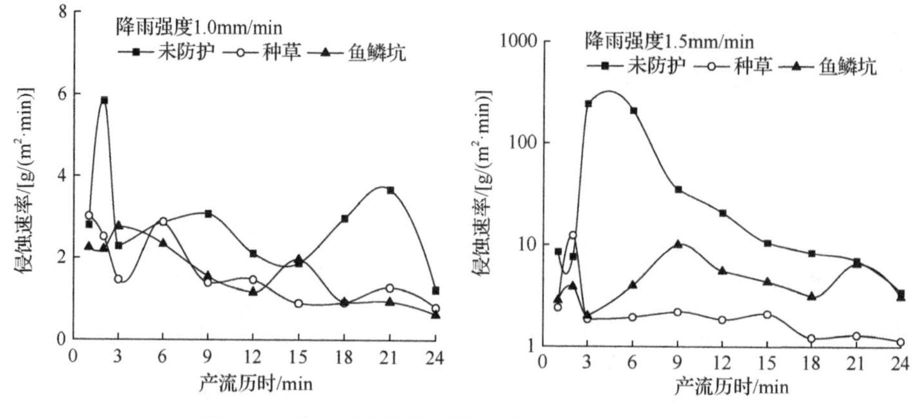

图 7-13　偏石质弃渣体侵蚀速率随产流历时的变化

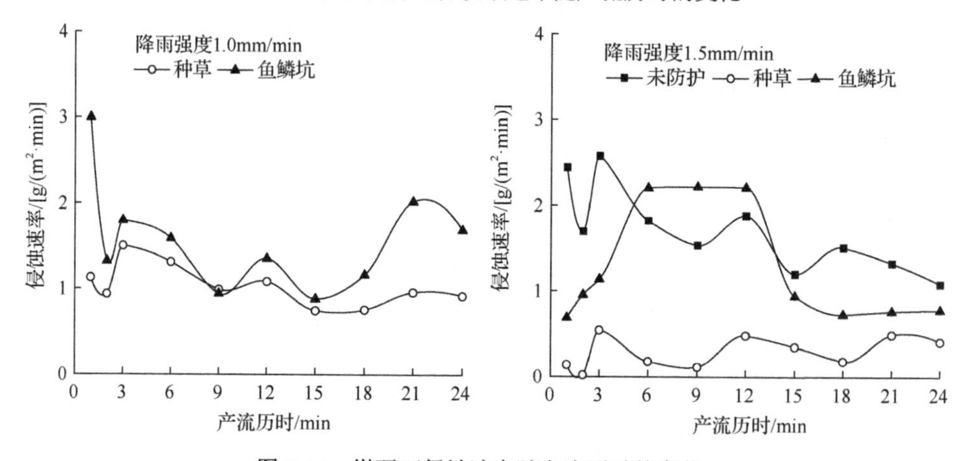

图 7-14　煤矸石侵蚀速率随产流历时的变化

由图 7-12～图 7-14 可知，3 种弃渣体在不同降雨强度下未防护边坡侵蚀速率均呈波动减小趋势，防护坡面侵蚀速率变化呈多峰多谷，或波动减小，或在某一值附近上下波动。对于偏土质堆积体（图 7-12），未防护坡面侵蚀速率在 0～6min 波动剧烈，1.0mm/min 和 1.5mm/min 降雨强度下侵蚀速率峰值分别达到 3173.93 g/（m^2·min）和 5177.29g/（m^2·min），远大于 2 种防护措施的侵蚀速率，这是因为偏土质弃渣体结构性、稳定性差，不具有良好土壤的各项物理化学性质，在产流初期表层黏结性较好的细颗粒容易被侵蚀，留下稳定性较差的大颗粒物质，因此降雨前期侵蚀速率波动较大。对于偏石质堆积体（图 7-13），在 1.0mm/min 和 1.5mm/min 降雨强度条件下，未防护坡面侵蚀速率随时间的变化差异较大，种草和鱼鳞坑措施防护坡面侵蚀速率差异较小，总体上呈现下降的趋势。在 1.5mm/min 的降雨强度时，偏石质弃渣体同样是在产流前期起伏较大，后期较小，原因可能是随着坡面细颗粒逐渐被搬运，弃渣体中未被侵蚀的大颗粒之间相互支撑形成了稳定渣床面，侵蚀速率逐渐稳定下来，但相比偏土质弃渣体则波动大，说明砾石的存在影响了降雨的侵蚀作用，使偏石质堆积体侵蚀差异性增大。对于煤矸石（图 7-14），其侵蚀速率随时间的变化呈多峰多谷型，这与煤矸石弃渣体物质结构的复杂性关系密切。

2. 不同防护措施减沙效益

图 7-15 为弃渣体平均侵蚀速率变化。由图可知，偏土质弃渣体边坡平均侵蚀速率均远大于偏石质弃渣体和煤矸石。对于偏土质弃渣体，2 种防护措施的减沙效益十分明显，1.0mm/min、1.5mm/min 降雨强度时未防护坡面平均侵蚀速率高达 803.69g/(m^2·min)、1451.76g/(m^2·min)，而种草和鱼鳞坑防护坡面为 16.44g/(m^2·min)、12.58g/(m^2·min)和 35.77g/(m^2·min)、9.14g/(m^2·min)，2 种措施在 2 种降雨强度条件下减沙效益分别高达 97.95%、98.41%和 97.54%、99.37%，且鱼鳞坑措施防护效益更高，其减沙效益比种草高出 0.46%～1.83%。降雨强度由 1.0mm/min 增大到 1.5mm/min 时，未防护坡面侵蚀速率增长了约 0.81 倍，因此矿区裸露偏土质弃渣体的防护显得尤为重要。与偏土质弃渣体相比，偏石质弃渣体边坡平均侵蚀速率要小很多，其未防护坡面在 2 种降雨强度下的平均侵蚀速率较偏土质堆积体降低约 99.6%、96.2%，说明砾石的存在有明显减小土壤侵蚀的作用；2 种降雨强度下，2 种措施的减沙效益分别为 42.26%、41.98%和 94.90%、91.84%，种草措施的减沙效益较高，较鱼鳞坑措施高出 0.28%～3.06%。煤矸石弃渣体由于所含成分复杂，含细小砾石和煤灰较多，黏性较大，在 1.0mm/min 降雨强度下 2 种措施的侵蚀速率较小，分别为 0.29g/(m^2·min)、1.26g/(m^2·min)，降雨强度为 1.5mm/min 时，未防护坡面侵蚀速率为 1.71g/(m^2·min)，相比其他 2 类弃渣体，其侵蚀速率降低了很多，2 种措施的减沙效益为 39.50%和 7.80%，种草措施减沙效益较鱼鳞坑措施高 31.70%。

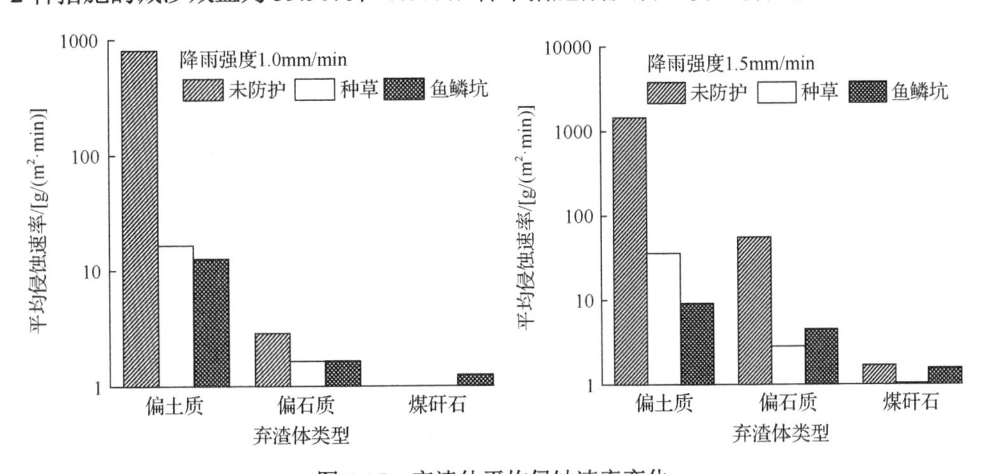

图 7-15　弃渣体平均侵蚀速率变化

7.2.3　不同植被类型对产沙的影响及其减沙效益

采用野外放水冲刷试验方法研究了不同植被类型（沙打旺条播 D_A、沙柳+沙打旺撒播 B_{SA}、沙打旺撒播 B_A、草木樨撒播 B_{MS}、紫花苜蓿撒播 B_{MA}）对露天煤矿排土场边坡产沙的影响及其减沙效益。

1. 不同放水流量下侵蚀速率变化

侵蚀速率表征单位时间内单位面积上的侵蚀量，对于量化坡面产沙过程具有重要的意义。不同放水流量条件下侵蚀速率变化如图 7-16 所示。表 7-3 为不同植被措施与放水流量下的侵蚀速率特征值。4 组放水流量的侵蚀速率过程线从初始产流开始均呈现波动减小的趋势，变异系数达 0.25～0.95（表 7-3）。放水流量为 5L/min 和 10L/min 时，裸坡的变异系数均为最大，放水流量为 15L/min 和 20L/min 时，紫花苜蓿撒播和沙打旺撒播的变异系数较大，具有多极值的特点。同一措施下侵蚀速率随放水流量的增大而增加，放水流量每增加 5L/min，侵蚀速率增大 0.11～39.62 倍。随放水流量增大，平均侵蚀速率由大到小分别为裸地>沙打旺条播>沙打旺撒播>紫花苜蓿撒播>草木樨撒播>沙柳+沙打旺撒播，裸地>草木樨撒播>沙柳+沙打旺撒播>沙打旺撒播>沙打旺条播>紫花苜蓿撒播，裸地>沙打旺撒播>沙柳+沙打旺撒播>草木樨撒播>沙打旺条播>紫花苜蓿撒播和裸地>沙打旺撒播>草木樨撒播>沙柳+沙打旺撒播>沙打旺条播>紫花苜蓿撒播。放水流量为 5L/min 时，植被措施中沙柳+沙打旺撒播的平均侵蚀速率最小，为裸地的 2.88%；在其他放水流量下，紫花苜蓿撒播的平均侵蚀速率最小，与裸地相比，可分别减少 85.14%、92.00%和 92.99%的产沙量。草木樨撒播和沙打旺撒播在放水流量为 10L/min 和 20L/min 时平均侵蚀速率较其他植被措施大，分别为裸地的 33.55%和 42.20%；沙打旺条播和沙打旺撒播的平均侵蚀速率在放水流量为 5L/min 和 15L/min 时达到最大值，分别为裸地的 39.56%和 35.80%。

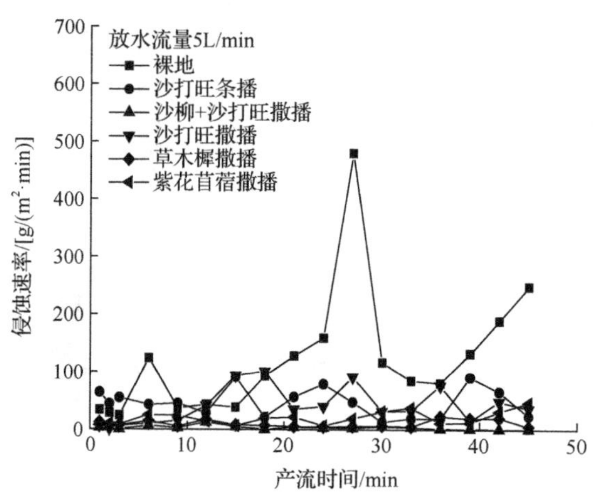

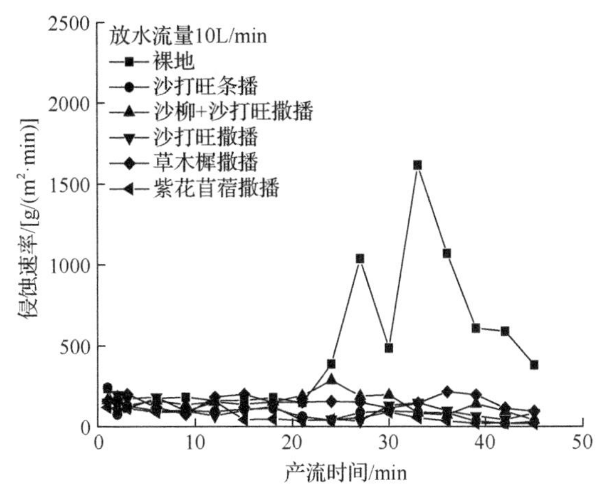

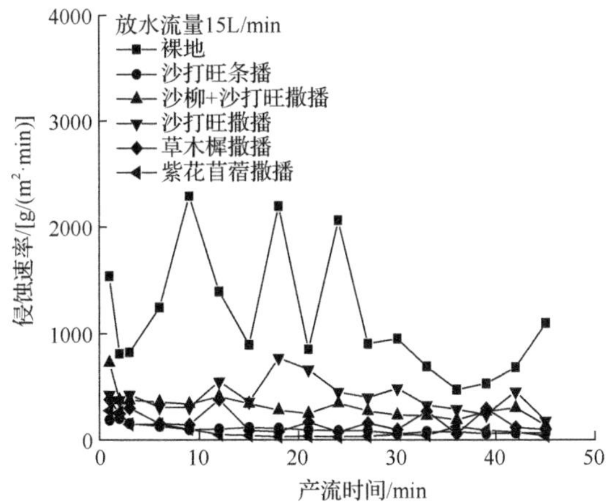

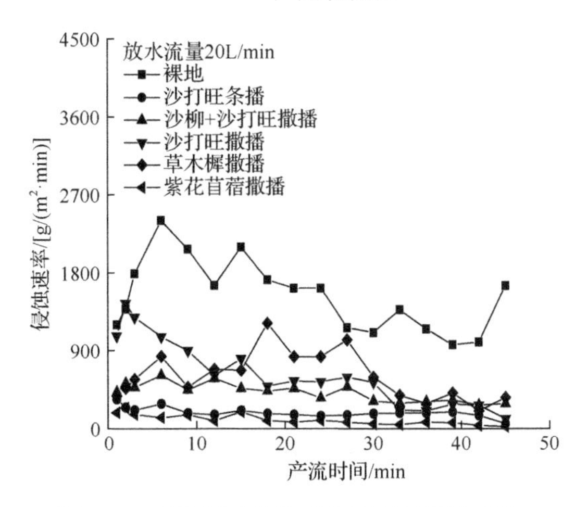

图 7-16　不同放水流量条件下侵蚀速率变化

表 7-3　不同植被措施与放水流量下的侵蚀速率特征值

单位：[g/(m²·min)]

植被措施-放水流量/(L/min)	最大值	最小值	平均值	标准误	变异系数
BS-5	480.31	23.87	119.97	112.10	0.93
D_A-5	91.29	13.43	47.46	24.92	0.53
B_{SA}-5	12.76	0.10	3.46	3.08	0.89
B_A-5	101.13	0.94	39.99	32.36	0.81
B_{MS}-5	22.89	4.56	10.08	6.23	0.62
B_{MA}-5	46.61	6.39	19.54	11.87	0.61
BS-10	1615.82	86.46	447.66	426.56	0.95
D_A-10	241.68	19.28	87.40	50.54	0.58
B_{SA}-10	287.52	38.62	147.00	57.22	0.39
B_A-10	197.85	34.40	103.63	52.70	0.51
B_{MS}-10	214.47	76.43	150.21	39.44	0.26
B_{MA}-10	152.74	17.20	66.52	40.99	0.62
BS-15	2293.55	468.29	1141.80	571.83	0.50
D_A-15	201.89	55.20	102.89	42.84	0.42
B_{SA}-15	721.59	136.48	316.52	126.73	0.40
B_A-15	764.80	176.38	408.78	147.82	0.36
B_{MS}-15	377.41	56.03	180.82	106.81	0.59
B_{MA}-15	274.48	26.31	91.36	77.06	0.84
BS-20	2405.26	965.94	1527.49	414.74	0.27
D_A-20	338.45	57.62	189.28	61.18	0.32
B_{SA}-20	616.87	271.06	416.25	104.49	0.25
B_A-20	1443.07	113.42	644.61	393.79	0.61
B_{MS}-20	1214.66	204.05	601.00	274.78	0.46
B_{MA}-20	239.53	25.61	107.12	60.96	0.57

2. 不同放水流量植被措施减沙效益

不同放水流量条件下产沙量变化如图 7-17 所示。放水流量由 5L/min 增加到 20L/min 时，含植被坡面的产沙量（43.36kg、174.35kg、416.52kg 和 555.23kg）较裸地分别减少 64.47%～97.27%、69.39%～87.56%、64.51%～93.64%和 59.77%～93.80%。综上可知，大多植被措施可减少 60%以上的产沙量，具有良好的减沙效益。流量为 5L/min 时，沙柳+沙打旺撒播的减沙效益最好，草木樨撒播次之，沙打旺条播的减沙效益最差；在放水流量为 10L/min、15L/min 和 20L/min

时撒播紫花苜蓿的减沙效益最佳，沙打旺条播次之。沙打旺条播和撒播的减沙效益随放水流量的增加先增大后减小，沙柳+沙打旺撒播和草木樨撒播的减沙效益先增大后减小再增大，紫花苜蓿撒播的减沙效益则呈现逐渐增加的趋势。产沙量（SY，kg）与放水流量（Q，L/min）之间呈显著幂函数关系：SY=aQ^b（a 为 0.008～3.87，b 为 0.88～3.48），R^2 为 0.91～0.99，N=4。

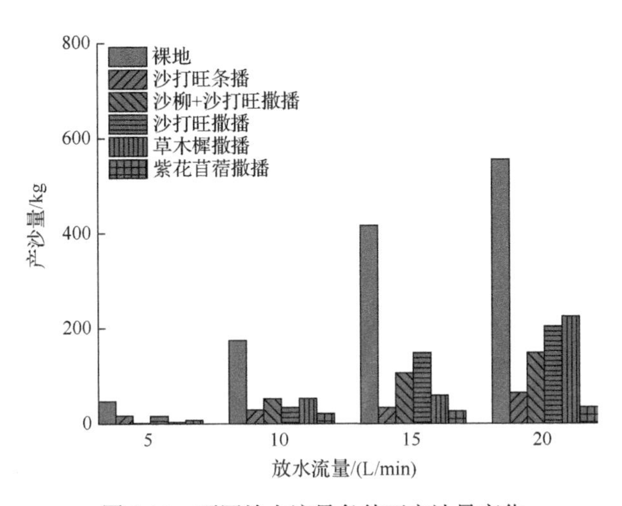

图 7-17　不同放水流量条件下产沙量变化

7.2.4　不同植被配置模式对产沙的影响及其减沙效益

采用野外放水冲刷试验方法研究了不同植被配置模式[上坡冰草（面积占比 30%）+下坡沙蒿（面积占比 70%），C3H7；上坡冰草（面积占比 70%）+下坡沙蒿（面积占比 30%），C7H3；冰草和沙棘混合配置，CG；全冰草，QC]对露天煤矿排土场边坡产沙的影响及其减沙效益。

1. 侵蚀速率变化过程

不同植被配置坡面侵蚀速率随产流历时的变化如图 7-18 所示。BS、C3H7、C7H3、QC 和 CG 坡面侵蚀速率分别在 52.38～1221.88g/(m^2·min)、1.42～214.63g/(m^2·min)、0.42～192.13g/(m^2·min)、0.25～223.63g/(m^2·min) 和 0.52～407.25g/(m^2·min)变化。

相对于径流率在递增型放水流量条下随产流历时的阶梯式增长，侵蚀速率整体上在流量递增阶段随产流历时的变化差异较小，坡面侵蚀速率仅在流量改变初期波动较大。各流量条件下未防护裸坡坡面（BS）侵蚀速率高于 4 种植被防护坡面，即植被配置坡面侵蚀量小于未防护的裸坡。放水流量由 5L/min 递增至 10L/min，由 10L/min 递增至 15L/min，由 15L/min 递增至 20L/min 时，BS、C3H7、C7H3、

QC 和 CG 坡面瞬时侵蚀速率（图 7-18 中 45～48min、90～93min、135～138min）增大了 7.77 倍～8.90 倍、4.15 倍～38.09 倍、123.3 倍～204.6 倍、57.98～75.67 倍和 2.73 倍～199.5 倍。在流量突增阶段，瞬时侵蚀速率均呈明显增大趋势。但侵蚀速率突增仅维持在流量改变初期的 9min 以内，之后侵蚀速率表现为下降趋势，且部分坡面侵蚀速率低于前一个放水流量，整体上与径流率突增改变后依然保持大放水流量下大产流的趋势不同。坡面经初始 5L/min 放水流量条件下（图 7-18 中副图所示），未防护坡面（BS）侵蚀速率远高于 C3H7、C7H3、QC 和 CG 4 种植被配置坡面，且 BS 坡面侵蚀速率随产流历时的变幅大于 4 种不同植被配置的防护坡面。与径流率的变化情况一致，侵蚀速率随产流历时也为突增—下降—稳定的变化趋势，4 种植被防护坡面侵蚀速率变幅则较低，保持在 25g/(m^2·min)以下变化，远低于未采取防护措施的裸坡。

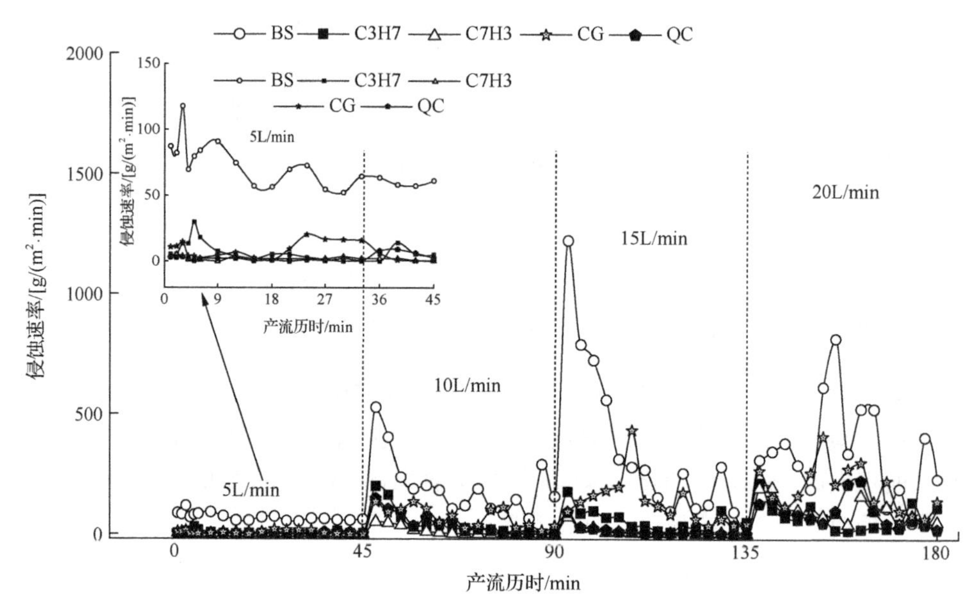

图 7-18　不同放水流量下不同植被配置坡面侵蚀速率随产流历时的变化

2. 不同植被配置模式对边坡的减沙效益

图 7-19 为不同植被配置坡面总产沙量。结果表明，BS、C3H7、C7H3、QC 和 CG 坡面累积产沙量分别为 350.9kg、65.72kg、44.61kg、53.35kg 和 144.8kg，各植被防护坡面的减沙效益分别为 81.28%、87.29%、84.80%和 58.73%，其中 CG 配置坡面相对其他坡面减沙效益最低，C7H3 配置坡面减沙效益最高。4 种流量条件下，各坡面的产沙贡献率分别为 7%～36%、3%～40%、2%～79%、2%～61% 和 2%～48%。随着放水流量的递增，部分坡面的产沙贡献率有下降趋势，即流量

由 5L/min 依次递增至 10L/min、15L/min、20L/min 时，坡面平均侵蚀速率和总侵蚀量表现为下降趋势。原因是当流量增大到一定条件时，径流经过的坡面易蚀性细颗粒物质逐渐被侵蚀完毕，径流的挟沙能力保持稳定，当流量再次增大时，坡面侵蚀细颗粒物质却远低于前次放水时坡面保留的易蚀性细颗粒，进而流量增大，总产沙量减小。

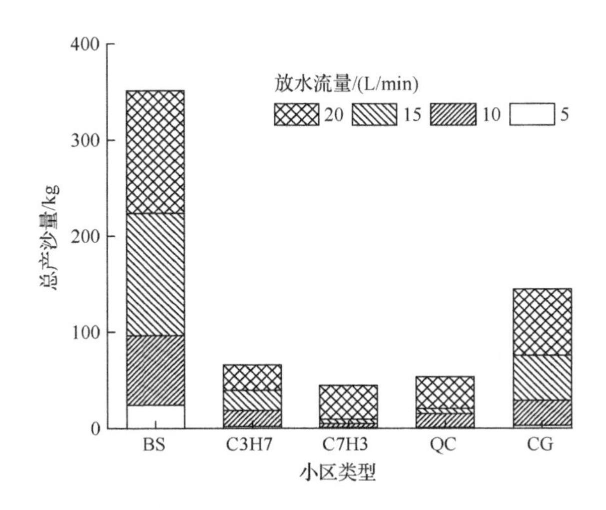

图 7-19　不同植被配置坡面总产沙量

7.3　水沙关系对不同防治措施的响应

7.3.1　弃渣体坡面水沙关系对不同防护措施的响应

在野外原位模拟降雨试验条件下研究了种草、布设鱼鳞坑 2 种措施条件下的弃土弃渣体坡面水沙关系对不同防护措施的响应。

表 7-4 为不同措施条件下 3 类弃渣体侵蚀速率与径流率相关性及函数关系。由表可知，3 种堆积体坡面在未采取防护措施的情况下，侵蚀速率与径流率均呈显著线性关系。其中，偏土质弃渣体和偏石质弃渣体侵蚀速率随径流率的增大而增大，而煤矸石弃渣体坡面上侵蚀速率随径流率增大而减小，这与煤矸石弃渣体物质成分的特殊性有着密切联系。由于煤矸石弃渣体中煤灰较多，使其黏性较大，土壤颗粒不易被冲走，在降雨初期，土壤水分未达到饱和，下渗水分较多，径流量较小，但由于坡面含有一定量的细小易蚀颗粒，所以径流率小但侵蚀速率却较大。随着降雨时间的延长，当其入渗达到饱和以后，坡面径流量将增大，导致径流率增大，而煤矸石弃渣体的黏结性依然较大，后期径流中所含的泥沙颗粒较少，侵蚀速率较小。

表 7-4　不同措施条件下 3 类弃渣体侵蚀速率与径流率相关性及函数关系

措施类型	相关性参数	偏土质弃渣体	N	偏石质弃渣体	N	煤矸石弃渣体	N
未防护	相关系数	0.881**	20	0.806**	20	−0.671*	10
	显著性水平	<0.01		<0.01		0.034	
	拟合方程	$y = 769.8x - 1963.7$		$y = 27.3x - 48.1$		$y = -0.5x + 2.9$	
种草	相关系数	−0.501*	20	0.111	20	−0.178	20
	显著性水平	0.024		0.641		0.453	
	拟合方程	$y = -56.5\ln x + 66.9$		—		—	
鱼鳞坑	相关系数	0.054	20	0.621**	20	−0.102	20
	显著性水平	0.823		0.003		0.668	
	拟合方程	—		$y = 1.7x + 0.004$		—	

在种草措施下，偏土质弃渣体侵蚀速率和径流率呈显著对数关系，而偏石质和煤矸石弃渣体坡面上二者相关性不显著。鱼鳞坑措施下，除偏石质弃渣体的侵蚀速率和径流率具有极显著线性关系外，在偏土质弃渣体和煤矸石弃渣体坡面上，二者相关性未达到显著性水平。防护措施对侵蚀速率与径流率关系产生了重要影响。对于植被措施而言，植被根系能够改变土壤疏松程度，增加土壤孔隙度，根系对土体具有拉伸和固持作用，有利于增加降雨入渗能力和土壤持水能力，同时使土壤表层出现结皮。植被冠层对降雨的拦截作用较强，减轻了雨滴对地面的直接打击作用，降低击溅侵蚀，侵蚀速率也随之降低，最终导致侵蚀速率和径流率的相关性较小。就鱼鳞坑措施而言，其作为水保工程措施能够改变局部小地形，在降雨期间能够有效蓄积储存降雨，拦蓄坡面降雨径流，增强降雨的入渗能力，降低土壤侵蚀。因此，种草和鱼鳞坑措施处理坡面可以打破侵蚀速率与径流率的一般关系，改变坡面水沙关系。

7.3.2　排土场边坡水沙关系对不同植被配置模式的响应

采用野外放水冲刷试验方法研究了不同植被配置模式[上坡冰草（面积占比 30%）+下坡沙蒿（面积占比 70%），C3H7；上坡冰草（面积占比 70%）+下坡沙蒿（面积占比 30%），C7H3；冰草和沙棘混合配置，CG；全冰草，QC]对露天煤矿排土场边坡侵蚀水沙关系的影响。

图 7-20 为不同植被配置坡面侵蚀速率与径流率关系。BS、C3H7、QC 和 CG 坡面的侵蚀速率和径流率均呈极显著（R^2 为 0.242～0.528，P<0.01，N=64）的幂函数关系，而 C7H3 坡面侵蚀速率和径流率为极显著的线性关系（R^2=0.438，P<0.01，N=64）。说明当增加相同单位的径流率时，C7H3 坡面侵蚀速率增加值要低于其余 4 种坡面，即坡面径流率增大的速率大于侵蚀量增大的速率，同理可知，增加相同单位的径流率时，BS 坡面增加侵蚀量的值远高于其他植被配置坡面，进一步说明排土场坡面减沙效益最好的为须根系和直根系搭配 C7H3 配置坡面。由

以上关系可知，边坡无论有无植被措施防护，侵蚀速率均随径流率的增大而增大，坡面水沙情况表现为水大沙大的特征。由于植被的阻控效应，即植被地上部分对降雨径流的拦截作用，以及植被地下根系的固土和蓄水作用，使坡面在放水流量相同，即各坡面径流率一致时，植被覆盖坡面侵蚀量明显小于裸露坡面。

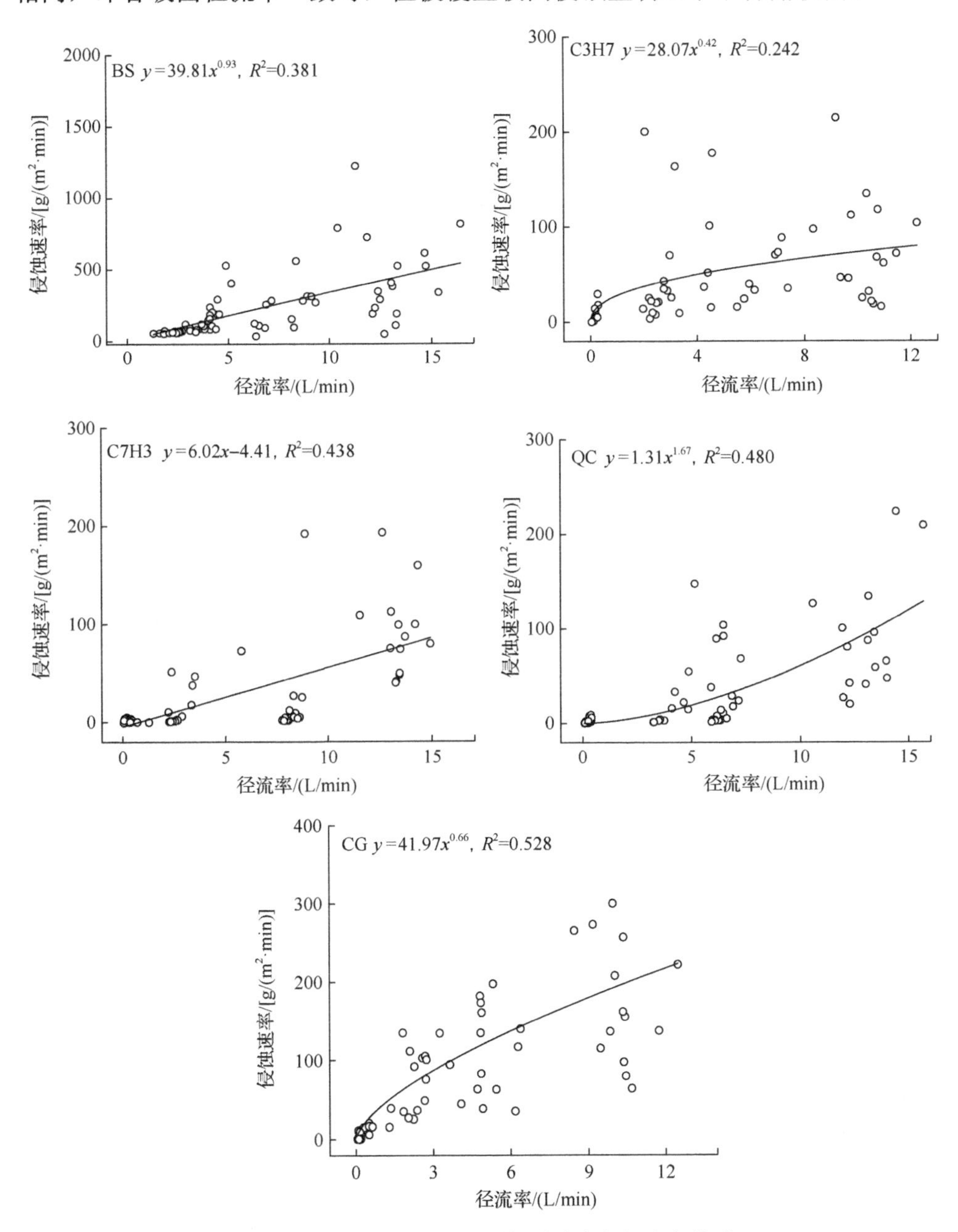

图 7-20　不同植被配置坡面侵蚀速率与径流率关系

7.4　排土场边坡土壤性质及细沟侵蚀对不同防治措施的响应

7.4.1　植被恢复措施对排土场边坡土壤性质的改良作用

表 7-5 为不同排土年限排土场边坡土壤物理性质。由表可知，排土场边坡土壤粒径分布中的黏粒粒径<0.002mm、粉粒粒径 0.002～0.02mm 和砂粒粒径 0.02～2mm，其体积分数分别介于 4.28%～11.11%、18.62%～30.00%和 62.03%～77.10%，平均值为 7.28%、22.26%和 70.46%。根据国际制土壤质地分级标准(黄昌勇，2000)，3 个排土场土壤质地均为砂质壤土。以 1a 排土年限边坡为基准，当排土年限增大到 3a 时，同一措施下的黏粒和粉粒体积分数分别增大 21.91%～86.21%和 1.22 %～61.12%，砂粒体积分数减小 1.78%～19.55%，且增幅/减幅均为沙柳方格+沙打旺＞裸地＞沙柳方格+沙棘+油菜/沙打旺，土壤质地变黏重；随排土年限继续增加到 5a，裸地的黏粒和砂粒体积分数继续增大，而粉粒体积分数较排土年限为 3a 时减小 24.20%。

表 7-5　不同排土年限排土场边坡土壤物理性质

样地代码	机械组成/%			分形维数	容重/（g/cm³）
	粒径<0.002mm	粒径 0.002～0.02mm	粒径 0.02～2mm		
B-1	4.73	19.27	76.00	2.49	1.20±0.04Aa
SHA-1	5.02	19.64	75.34	2.50	1.24±0.01Aa
SA-1	4.28	18.62	77.10	2.48	1.20±0.03Aa
B-3	8.53	24.79	66.68	2.63	1.35±0.03Ba
SHA-3	6.12	19.88	74.00	2.53	1.20±0.02Bb
SA-3	7.97	30.00	62.03	2.59	1.33±0.03Ba
B-5	9.94	18.79	71.27	2.66	1.44±0.03Ca
SHA-5	7.81	26.13	66.06	2.59	1.33±0.03Cb
SA-5	11.11	23.23	65.65	2.66	1.38±0.03Cb

注：机械组成用体积分数表示；样地代码中 B、SHA、SA 分别表示裸地、沙柳方格+沙棘+油菜/沙打旺、沙柳方格+沙打旺；1、3、5 表示排土年限（a）。

排土场边坡表层土壤颗粒分形维数介于 2.48～2.66，均值为 2.57。同一植被措施下，土壤分形维数随排土年限的增大而加大。以排土年限 1a 为基准，裸地、沙柳方格+沙棘+油菜/沙打旺和沙柳方格+沙打旺表层土体分形维数在排土年限为3a 和 5a 时分别增加 1.20%～5.62%和 3.60%～7.26%，且沙柳方格+沙棘+油菜/沙打旺的增幅最小。同一排土年限下，沙柳方格+沙打旺和沙柳方格+沙棘+油菜/沙打旺坡面的分形维数与裸地差异较小。通过比较土壤分形维数与土体质地的关系可知，黏粒体积分数对分形维数影响较大，黏粒体积分数越高分形维数越高。

各下垫面的土壤容重介于 1.20～1.44g/cm^3，平均值为 1.30g/cm^3，变异系数为0.07，属弱变异性。通过对细沟形态进行方差分析可知，排土年限为 1a 时，各植被措施间的土壤容重差异均不显著。对裸地和沙柳方格+沙棘+油菜/沙打旺而言，土壤容重在不同排土年限下差异显著。土壤容重随排土年限的增加而增大，同一措施下 5a 排土场坡面土壤容重较 1a 排土场增加 7.26%～20.00%。排土年限为 5a 时，植被措施排土场边坡土壤容重较裸地分别减小 4.17%～7.64%。孙强（2006）、徐敬华（2008）认为黄土丘陵区人工植被可有效地降低土壤容重，尤其对表层土壤（0～20 cm）容重的影响最大，这与本章的结果相似。李晓丹（2007）通过对阜新露天矿排土场土壤特征进行研究，认为沙棘可以减小土壤容重的 16%～60%。由此可知，植被在降低土壤容重、改良土壤结构方面具有重要作用。由于矿区排土场堆砌露天开采过程中产生的表土和岩石等废弃物，使得土壤具有透水性、通气性差，土壤容重大的特点。植物根系可伸入土壤深层，促进小粒径微团聚体的团聚，具有降低土壤容重，增加土壤孔隙度的作用。

7.4.2 植被恢复措施对煤矿排土场边坡细沟侵蚀特征的影响

1. 不同排土年限细沟形态变化

细沟的基本形态指标包括细沟长度、宽度和深度。选取细沟数量、细沟总长、细沟密度、最大沟长、平均沟深、最大沟深、平均沟宽、细沟宽深比和细沟割裂度等 9 个衍生指标，用于对比不同排土年限和植被措施的细沟形态差异，坡面细沟侵蚀基本特征见表 7-6。研究区各坡面细沟数量、细沟密度、平均沟深、平均沟宽、细沟宽深比和细沟割裂度分别为 5～14 条、0.54～2.19m/m^2、2.50～18.15m、5.31～24.81m、1.34～2.60 和 0.04%～0.32%。裸地的细沟数量、细沟总长、细沟密度、平均沟深、最大沟深、平均沟宽和细沟割裂度随排土年限增加而加大，3a 和 5a 各特征值较排土年限为 1a 时增大 14.29%～100%、97.65%～349.76%、10.34%～277.59%、80.51%～205.11%、156.22%～273.35%、28.69%～83.50%和 50%～625%；裸地细沟宽深比随排土年限的增大从 2.23 减小到 1.34，减幅 39.91%；裸地的最大沟长随排土年限的增加呈先增大后减小的变化特点。沙柳方格+沙棘+油菜/沙打旺措施的细沟数量、细沟总长、细沟密度、最大沟长、平均沟深、平均沟宽和细沟割裂度随排土年限增加而加大，3a 和 5a 各特征值较排土年限为 1a 时增加 20%～

60%、86.37%～129.30%、12.96%～175.93%、86.66%～87.68%、1.81%～21.32%、60.61%～67.63%和 75%～275%；最大沟深和细沟宽深比随排土年限的增加呈先增加后减小的变化特点，且特征值为 3a＞5a＞1a。细沟宽深比反映细沟形态横断面特征，其值增大表示细沟下切减缓。裸地由于缺少植被的保护，细沟发育程度随排土年限的增加逐渐增强。植物措施防护的初期，细沟侵蚀得到一定的抑制，下切侵蚀减弱。随排土年限增加，径流汇集作用加强，细沟的下切侵蚀加强。排土年限为 1a 和 3a 时，细沟密度大小均为沙柳方格+沙打旺＞裸地＞沙柳方格+沙棘+油菜/沙打旺，说明沙柳方格+沙棘+油菜/沙打旺措施可以减小细沟密度而沙柳方格+沙打旺措施在排土年限较短时，对细沟密度甚至起促进作用；当排土年限增加到 5a，含植被措施坡面细沟密度较裸地减小 31.96%～46.58%。

表 7-6　坡面细沟侵蚀基本特征

样地代码	细沟数量	细沟总长/m	细沟密度/（m/m^2）	最大沟长/m	平均沟深/cm	最大沟深/cm	平均沟宽/cm	细沟宽深比	细沟割裂度/%
B-1	7	27.27	0.58	5.87	3.13	6.83	6.97	2.23	0.04
SHA-1	5	27.30	0.54	6.82	4.41	9.43	7.26	1.65	0.04
SA-1	11	43.66	1.50	6.12	2.50	6.87	5.81	2.32	0.32
B-3	8	53.90	0.64	12.20	5.65	17.50	8.97	1.59	0.06
SHA-3	6	50.88	0.61	12.73	4.49	14.07	11.66	2.60	0.07
SA-3	9	67.82	1.30	11.47	3.90	10.80	5.31	1.36	0.07
B-5	14	122.65	2.19	11.90	9.55	25.50	12.79	1.34	0.29
SHA-5	8	62.60	1.49	12.80	5.35	13.00	12.17	2.27	0.15
SA-5	11	98.10	1.17	12.50	18.15	47.25	24.81	1.37	0.31

2. 细沟侵蚀量与细沟形态参数相关性

细沟发育是细沟侵蚀的基础，细沟的发育使坡面径流汇集产生更强的冲刷力，导致细沟侵蚀量加大。细沟侵蚀量与细沟形态特征指标的相关分析见表 7-7，细沟侵蚀量与平均沟深、最大沟深和平均沟宽呈极显著正相关关系，相关系数均大于等于 0.92，表明细沟侵蚀量与这 3 个指标之间信息重叠较多，相互解释度较高。因此，平均沟深、最大沟深和平均沟宽可以反映细沟侵蚀量的大小。细沟侵蚀量与细沟总长和细沟割裂度呈显著正相关关系，与其他形态指标参数均无显著相关关系。通过对各形态特征指标相关分析可知，细沟总长、平均沟深、最大沟深与其他指标的相关性较高，而细沟宽深比与其他指标相关性均不显著。综上可见，细沟总长、平均沟深、最大沟深是评价细沟侵蚀和细沟形态的优选指标。细沟长度和深度的增加会提高侵蚀量，尤其是细沟的崩塌会使泥沙浓度增大。这是因为细沟的形成改变了径流汇集的方式，相应地使径流汇集入沟量增大，同时径流又促进细沟的发育，二者相互促进，使得细沟侵蚀量随细沟长度及深度的增加而加大。沈海鸥等（2015）将坡面侵蚀速率和细沟侵蚀速率与细沟形态特征指标进行相关分析后认为，评价细沟侵蚀和细沟形态的最优指标是细沟割裂度。

表 7-7　细沟侵蚀量与细沟形态特征指标的相关分析

参数	细沟侵蚀量	细沟数量	细沟总长	细沟密度	最大沟长	平均沟深	最大沟深	平均沟宽	细沟宽深比
细沟数量	0.59	1	—	—	—	—	—	—	—
细沟总长	0.75*	0.83**	1	—	—	—	—	—	—
细沟密度	0.38	0.86**	0.75*	1	—	—	—	—	—
最大沟长	0.36	0.21	0.63*	0.22	1	—	—	—	—
平均沟深	0.98**	0.49	0.71*	0.31	0.45	1	—	—	—
最大沟深	0.97**	0.51	0.74*	0.28	0.53	0.99**	1	—	—
平均沟宽	0.92**	0.36	0.62	0.23	0.51	0.95**	0.94**	1	—
细沟宽深比	−0.54	−0.45	−0.58	−0.32	−0.24	−0.55	−0.54	−0.29	1
细沟割裂度	0.67*	0.84**	0.64*	0.77**	0.06	0.58	0.56	0.54	−0.12

3. 不同排土年限细沟侵蚀模数变化

图 7-21 为不同排土年限细沟侵蚀模数变化。以 1a 为基准，当排土年限增大到 3a 和 5a 时，裸地的细沟侵蚀模数增加 4.11%和 581.28%，沙柳方格+沙棘+油菜/沙打旺的细沟侵蚀模数减小 27.27%和 50.65%；当排土年限为 3a 时，沙柳方格+沙打旺较排土年限为 1a 时的细沟侵蚀模数减小 43.86%，说明 2 种植被防护措施对坡面细沟侵蚀均有良好的防治效果。沙柳方格+沙棘+油菜/沙打旺和沙柳方格+沙打旺措施的细沟侵蚀模数在排土年限为 1a 时大于裸地，产生这种现象的原因可能为：①沙柳方格措施的实施加大了坡面的扰动强度，使得表层土体的抗冲性大大降低；②沙柳方格将坡面分割为小型的径流单元，较为规则的结构对坡面径流产生一定的引导作用，坡面径流将更容易汇聚成股，使得径流冲刷作用增强，细沟发育加快。沙柳方格+沙棘+油菜/沙打旺和沙柳方格+沙打旺的细沟侵蚀模数在排土年限为 3a 时小于裸地，这可能是随着植物的生长，植被盖度增大，根系延展深扎，植物措施的保土效果增强，坡面细沟侵蚀得到有效抑制。对于 5a 排土边坡，细沟侵蚀模数表现出沙柳方格+沙打旺＞裸地＞沙柳方格+沙棘+油菜/沙打旺，沙柳方格+沙打旺的细沟侵蚀模数是裸地的 1.63 倍，产生这种现象的原因可能是：①随排土年限增大，沙柳方格损毁严重，其对坡面径流的阻滞效果大大降低；②沙柳方格措施对径流有一定的汇聚效果，导致坡面细沟侵蚀异常发育，表 7-7 中的平

均沟深、平均沟宽均可以说明排土年限为 5a 时沙柳方格+沙打旺坡面的细沟发育程度高于裸地。

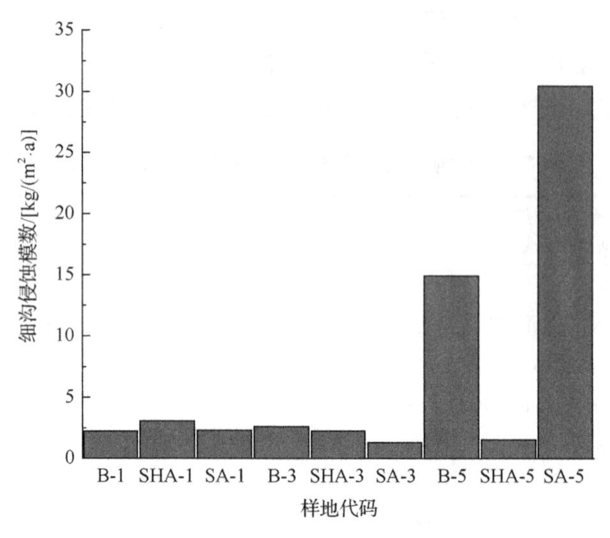

图 7-21　不同排土年限细沟侵蚀模数变化

7.5　本 章 小 结

通过模拟降雨试验、放水冲刷试验、自然降雨监测，以及边坡细沟调查多种方法研究了生产建设项目工程堆积体边坡水土流失防治效益，得到以下主要结论。

（1）采用野外模拟降雨的方法，以不同类型弃土弃渣体为研究对象，在 1.0mm/min、1.5mm/min 降雨强度下，分析在种草和鱼鳞坑措施下的径流率、侵蚀速率随时间的变化特征及其减水减沙效益，得出不同措施下 3 种弃渣体边坡径流率均在产流 6～9min 后趋于稳定，产流过程中未防护边坡侵蚀速率均呈波动减小趋势，防护坡面侵蚀速率变化呈多峰多谷，或波动减小，或在某一值附近上下波动；种草对 3 种弃渣体的减水效益和减沙效益分别为 21.21%～51.78%和 7.80%～97.95%；鱼鳞坑分别为 10.39%～48.21%和 39.50%～99.37%。下垫面为偏土质弃渣体时鱼鳞坑措施防护效益优于种草措施，而下垫面为偏石质和煤矸石条件下种草措施防护效益更好；未防护条件下 3 种弃渣体坡面的侵蚀速率与径流率呈现显著（$P<0.05$）的线性关系，而种草和鱼鳞坑措施可改变坡面水沙关系，使侵蚀速率与径流率的关系与原坡面差别较大。

（2）以内蒙古永利煤矿恢复 4a 的排土场边坡为研究对象，采用原位放水冲刷试验方法，以裸坡（BS）为对照，研究了递增型放水流量（5～20L/min）条件下内蒙古永利煤矿排土场边坡不同植被配置模式[上坡冰草（面积占比 30%）+下坡沙蒿（面积占比 70%），C3H7；上坡冰草（面积占比 70%）+下坡沙蒿（面积占比 30%），C7H3；冰草，QC；冰草和沙棘混合配置，CG]的减水减沙效益。流量递增初期（0～9min），径流率与侵蚀速率急剧增大，后波动减小。随着放水流量的递增，坡面径流率随产流历时的延长呈阶梯式增长，相对于首次放水流量（5L/min）冲刷时，流量增大至 10L/min、15L/min、20L/min 防护坡面与未防护径流率差异缩小。侵蚀速率随放水流量的变化较径流率的变化趋势减小，且后期较大流量下，坡面侵蚀速率有下降趋势；C3H7、C7H3、QC、CG 配置模式坡面的减水和减沙效益分别为 33.07%、15.55%、13.34%、35.91%和 81.28%、87.29%、84.80%、58.73%。冰草和沙棘混合配置（CG）坡面和上坡冰草+下坡沙蒿配置（C7H3）坡面分别具有最优的减水效益和减沙效益；坡面不同根系植被混合搭配时的减水减沙效益高于单一根系植被防护坡面，直根系与须根系植被合理配置具有更好的防护效果；各坡面侵蚀速率和径流率呈极显著的幂函数（BS、C3H7、QC、CG）和线性（C7H3）关系。坡面各植被配置模式在该区能较好地抵御持续暴雨径流的冲刷袭击。

（3）采用野外放水冲刷的试验方法，研究不同放水流量下（5L/min、10L/min、15L/min、20L/min），沙打旺条播，沙柳方格+沙打旺撒播，沙打旺撒播，草木樨撒播和紫花苜蓿撒播等植被措施对边坡产流产沙的影响。结果表明：植被措施坡面平均入渗率较裸地增大 7.55%～192.19%，沙打旺条播和沙柳+沙打旺撒播的平均入渗率随放水流量的增加而增大，而裸地、沙打旺撒播、草木樨撒播、紫花苜蓿撒播平均入渗率随着放水流量的增加先增大后减小再增大。植被措施坡面的径流量较裸地减少 0.97%～90.49%。放水流量为 5～15L/min 时，沙打旺减水效益最好，流量为 20L/min 时，撒播紫花苜蓿减水效益最高。各植被措施的径流量与放水流量均呈显著的幂函数关系。植被措施坡面的产沙量较裸地减小 59.77%～97.27%，撒播紫花苜蓿的减沙效益最佳，条播沙打旺次之。各植被措施的产沙量与放水流量均呈显著幂函数关系。

（4）以排土年限为 1a 的边坡为对象，采用野外径流小区定位观测方法，分析了自然降雨条件下撒播种草、沙柳方格、沙打旺秸秆覆盖、稻草帘子覆盖 4 种边坡防护措施的减水减沙效益。结果表明：稻草帘子覆盖措施的径流调控效果最好，沙打旺秸秆覆盖措施次之，两者产生的径流量分别较裸地减少了 65.53%和 63.35%；沙柳方格措施的减水效益一般，较裸地减少 3.19%；撒播种草措施的减水效益不明显。稻草帘子覆盖措施和沙打旺秸秆覆盖措施的减沙效益分别为 93.63%和 91.46%，效果良好；撒播种草措施和沙柳方格措施次之，减沙效益分别为 36.64%，30.75%。

（5）采用野外调查方法，测定排土年限（1a、3a、5a）和植被措施不同（裸地、沙柳方格+沙棘+油菜/沙打旺、沙柳方格+沙打旺）的排土场边坡物理指标和细沟形态指标。结果表明：排土年限为5a时，同一措施下分形维数和土壤容重较1a增大7.26%～20.00%，含植被措施土壤颗粒分形维数与裸地差异较小；以排土年限1a为基准，裸地和沙柳方格+沙棘+油菜/沙打旺措施的细沟总长、细沟密度、平均沟深、平均沟宽和细沟割裂度随排土年限增加而加大 97.65%～349.76%、10.34%～277.59%、80.51%～205.11%、28.69%～83.50%、50%～625%和86.37%～129.30%、12.96%～175.93%、1.81%～21.32%、60.61%～67.63%、75%～275%；排土年限为3a和5a时裸地细沟侵蚀模数较1a增加4.11%和581.28%，沙柳方格+沙棘+油菜/沙打旺减小27.27%和50.65%；细沟总长、细沟深是评价细沟侵蚀和细沟形态的优选指标。

参考文献

白中科, 王治国, 赵景逵, 等, 1997. 安太堡露天煤矿水土流失特征与控制[J]. 煤炭学报, 22(5): 96-101.

冯浩, 吴淑芳, 吴普特, 等, 2005. 草地坡面径流调控放水试验研究[J]. 水土保持学报, 19(6): 25-27.

符素华, 2005. 土壤中砾石存在对入渗影响研究进展[J]. 水土保持学报, 19(1): 171-175.

黄昌勇, 2000. 土壤学[M]. 北京: 中国农业出版社.

康宏亮, 王文龙, 薛智德, 等, 2016. 北方风沙区砾石对堆积体坡面径流及侵蚀特征的影响[J]. 农业工程学报, 32(3): 125-134.

李建明, 王文龙, 王贞, 等, 2013. 神府东胜煤田弃土弃渣体径流产沙过程的野外试验[J]. 应用生态学报, 24(12): 3537-3545.

李晓丹, 2007. 阜新露天矿排土场土壤特征分析及演化规律研究[D]. 辽宁: 辽宁工程技术大学.

马波, 吴发启, 李占斌, 等, 2013. 作物与坡度交互作用对坡面径流侵蚀产沙的影响[J]. 水土保持学报, 27(03): 33-38.

沈海鸥, 郑粉莉, 温磊磊, 等, 2015. 降雨强度和坡度对细沟形态特征的综合影响[J]. 农业机械学报, 46(7): 162-170.

史东梅, 蒋光毅, 彭旭东, 等, 2015. 不同土石比的工程堆积体边坡径流侵蚀过程[J]. 农业工程学报, 31(17): 152-161.

孙强, 2006. 黄土丘陵区植物群落演替对土壤主要性状的影响[D]. 杨凌: 西北农林科技大学.

王治国, 白中科, 赵景逵, 等, 1994. 黄土区大型露天矿排土场岩土侵蚀及其控制技术的研究[J]. 水土保持学报, 8(2): 10-17.

徐敏华, 2008. 黄土丘陵区人工植被恢复对土壤水力性质的影响[D]. 杨凌: 西北农林科技大学.

张洪江, 孙艳红, 程云, 等, 2006. 重庆缙云山不同植被类型对地表径流系数的影响[J]. 水土保持学报, 20(6): 11-13, 45.

郑粉莉, 1998. 黄土区坡耕地细沟间侵蚀和细沟侵蚀的研究[J]. 土壤学报, 35(1): 95-103.

朱元骏, 邵明安, 2006. 不同碎石含量的土壤降雨入渗和产沙过程初步研究[J]. 农业工程学报, 22(2): 64-67.

第8章 生产建设项目水土保持建议、对策与展望

本书通过野外原位调查、模拟降雨、放水冲刷、自然监测，以及室内模拟降雨试验方法，研究了生产建设项目典型下垫面及工程堆积体边坡水土流失防治措施及其减水减沙效益。重点分析了降雨、径流、地形（坡度和坡长）、下垫面（典型下垫面、砾石质量分数）等因素对工程扰动下垫面径流水动力特性和侵蚀产沙的影响，揭示了生产建设项目水土流失规律及其侵蚀动力机制；明确了不同植被恢复措施的减水减沙效益，揭示了植被防护侵蚀的内在机制，取得了一定的成果。然而，生产建设项目类型多样，受扰动方式及程度又有差异，且不同施工时序下垫面扰动方式及程度，以及水土保持措施发挥成效也不相同，如在施工准备期的场平、施工期的开挖填筑、施工结束初期的植被恢复及后续的自然恢复，使得生产建设项目水土流失特征、土壤侵蚀机制及防治存在较大的不确定和不统一性。截至目前，针对生产建设项目水土流失，主要以落实水土保持方案设计的各项水土保持措施为主，辅以建设过程中的监督监管和水土保持设施自主验收验后的核查等行政手段。然而，以上方式所起到的作用有限，尤其是施工过程中实施的各项水土保持措施效益等较难取得定量成果，导致生产建设项目水土保持工作停留在表面。从机理层面，开展生产建设项目水土流失机制与水土保持研究，并制订出一套科学完善且能受到有效监督管理的水土流失综合防护措施体系已迫在眉睫。

此外，近年来极端气候事件频发，工程建设形成的工程创面及工程堆积体，已成为地质灾害发生的潜在风险点，在强降雨条件下可能发生严重的水土流失，不仅威胁工程自身稳定安全，还对下游的公路、铁路等公共设施安全形成重大隐患，严重时甚至发生泥石流、滑坡、崩塌等危害人类生命财产安全的灾难性事件。然而，针对生产建设项目的水土流失研究目前仍停留在理论层面，缺少可推广的普适范式，如何将生产建设项目水土流失取得的研究成果应用于指导工程实际，也缺少相应的标准。

生产建设项目造成的扰动范围，除永久占地范围内的硬化及建筑物外，其余的临时用地受大型机械碾压，采用常规的植被恢复手段较难在短期内取得预期的植被覆绿效果，尤其大型生产建设项目弃渣场，具有下垫面物质组成复杂、坡度陡峭、缺乏有机质及养分等特点，无法在短期内实现生态恢复，工程弃渣体相较

于其他固体废弃物而言，通过物理、化学、生物等措施改良后可以作为可再生利用资源，开展生产建设项目临时占地的生态修复也是实现增加可利用土地资源的重要内容，但目前该领域的研究仍较薄弱。

生产建设项目水土流失防治及水土保持工作是我国生态文明建设的重要内容和体现，从生产建设项目水土保持角度出发，后续研究应该加强新方法、新技术、新材料的研发，同时紧跟学科动态前沿，吸收引进新理论与内容，不断拓宽水土保持与土壤侵蚀学科范畴，为水土保持高质量发展奠定基础。

针对本书研究存在的不足，提出以下后续研究的建议、对策及展望。

（1）本书建立了原位模拟降雨、径流冲刷和室内模拟降雨条件下的水土流失预报模型，模型的建立是基于大量的人工模拟试验，将其应用于实践并作为行政主管部门开展生产建设项目水土保持监督仍需要进一步的验证。同时，对于模型各个参数的计算仍需要进一步简化，通过开发软件，让使用者在现场直接输入测量数据，进而高效便捷地预测水土流失量。

（2）本书相关研究从二十一世纪初持续至今，随着经济的快速发展，各类监测及观测设备不断更新，包括各种软件的开发，都为生产建设项目水土流失预报提供了基础。本书的野外及室内模拟试验采用的是常规的技术和方法，所获得的第一手试验数据精确、可靠，并接近于实际，但存在耗时长、受气候及人类干扰大、效率较低等缺点。今后的研究应时刻了解国际前沿，将先进的仪器设备和技术应用于生产建设项目土壤侵蚀研究中，为治理水土流失，恢复生态环境奠定基础。

（3）本书野外人工模拟降雨和径流冲刷试验，以及边坡水土流失防治效益研究以煤矿为例，具有典型性和代表性。但在现实中，生产建设项目类型多样，涉及各个领域，由于项目自身特点，加之自然环境差异以及人为干扰，水土流失强度、类型等方面都有较大差别。因此，在今后研究中应该进一步提炼不同类别生产建设项目的共性，使得建立的水土流失预报模型能够适用于大多数类别项目，具备普适性和推广性。

（4）室内模拟试验以工程堆积体侵蚀机理为主要内容，目前尚未对工程堆积体侵蚀防护机制进行系统研究，针对生产建设项目工程堆积体水土流失成为新增水土流失的主要策源地，研究有效的防护措施已迫在眉睫，需要与景观城市、海绵城市、无废城市等建设理念相统一，制订有效的水土流失防治措施体系。

（5）生产建设项目造成的水土流失具有历时短、强度大、突发性强等特点，在制订水土流失防治措施体系时，不仅要从长远利益考虑实施植被恢复，同时需要兼顾工程措施和临时措施，从整体上控制土壤侵蚀。